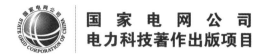

国家电网公司
电力科技著作出版项目

电力系统 负荷预测

第二版

康重庆　夏　清　刘梅　编著

中国电力出版社
CHINA ELECTRIC POWER PRESS

内 容 提 要

　　本书系统地介绍了电力系统负荷预测的概念、原理、模型、方法及其应用效果。全书分为 4 篇：第 I 篇为总论，分别介绍了负荷预测的基本原理和理念、数学基础及共性预测方法、负荷分析、负荷预测的多级协调、预测效果的分析与评价；第 II 篇的核心是系统级中长期负荷预测，分时序趋势外推和相关分析两大类，介绍了中长期负荷预测的模型、方法和协调技术，给出了电力需求的不确定性分析方法，探讨了预测模型的自动选择和综合预测技术，并结合年度预测、月度预测的具体内容，介绍了有针对性的预测技术；第 III 篇为系统级短期负荷预测，剖析了基于时序分析的正常日预测思想及其相应的预测方法，探讨了短期负荷预测中相关因素的影响分析方法，给出了规范化处理相关因素的策略和预测技术，介绍了概率性短期负荷预测的方法，分析了短期负荷预测的综合模型，同时阐述了节假日负荷预测、超短期负荷预测等问题。第 IV 篇为母线负荷预测，分析了母线负荷预测区别于系统级负荷预测的特点，介绍了母线负荷预测的基本思路与方法，给出了母线负荷预测的坏数据处理策略，提出了虚拟母线技术及预测方法，并介绍了系统和母线负荷预测的协调方法。

　　本书可供电力规划、计划、调度、市场交易、营销（用电）等专业的科技人员和管理人员，高等院校有关专业的教师、研究生和高年级本科生阅读参考，也可作为电力系统相关专业的教材。

图书在版编目（CIP）数据

　　电力系统负荷预测/康重庆，夏清，刘梅编著. —2 版. —北京：中国电力出版社，2017.2（2023.6重印）
　　ISBN 978-7-5123-8770-6

　　I. ①电… 　II. ①康…②夏…③刘… 　III. ①电力系统-负荷（电）-预测 　IV. ①TM715

　　中国版本图书馆 CIP 数据核字（2016）第 078046 号

中国电力出版社出版、发行

（北京市东城区北京站西街 19 号　100005　http://www.cepp.sgcc.com.cn）
固安县铭成印刷有限公司印刷
各地新华书店经售

*

2007 年 7 月第一版
2017 年 2 月第二版　2023 年 6 月北京第九次印刷
787 毫米×1092 毫米　16 开本　28 印张　677 千字
印数 12721—13720 册　定价 **89.00** 元

前　言

不知不觉之中，《电力系统负荷预测》一书从 2007 年 7 月出版至今已有 10 年了。该书出版后在学术界和工业界得到了好评，先后两次印刷的 6900 册均已售罄，而社会上仍然有读者询问购买。大约两年多之前出版社希望再次印刷，询问作者是否借此机会进行修订。另外，从 2009 年起，本书第一作者康重庆教授在清华大学电机系为本科生开设"电力系统预测技术"课程，迄今开设 9 个学年，均采用该书作为教材。作者始终坚持将最新的学术研究成果融入到课程教学中，促使修订书稿被提到了议事日程之中。

2007 年以来，伴随着对电力系统自动化程度要求的进一步提高，电力系统预测领域的学术研究重点也发生了一定的变化。其中一个动向是，母线负荷预测受到了专家学者以及电力调度机构的广泛关注。在以往的电力系统运行中，以系统负荷预测结果为依据，将其按某种比例分配到各个母线上（即通常所提的"分布因子法"），得到母线负荷预测结果，虽然基本可以满足粗放式管理和决策的要求，但由于母线负荷的变化规律复杂，难以形成较为理想的预测方法，导致对于母线负荷预测的研究较少。近年来随着节能发电调度的逐步推进，对电网精益化管理的要求日益提高，完善的母线负荷预测将成为这些管理和决策工作的基础。在国家电网公司节能发电调度课题的支持下，清华大学与中国电力科学研究院、国网电力科学研究院一起攻关母线负荷预测技术；随后作者又主持了国家自然科学基金项目"母线负荷预测的新型理论架构及其关键技术研究"，提出了一整套母线负荷预测理论框架和方法体系，研制开发了母线负荷预测软件，在全国 200 个地市以上供电单位取得了显著的预测效果。作者认为有必要将这些实际工作成果向广大读者进行介绍。

另一个值得注意的问题是，电力负荷预测是一个包含时间、空间、属性等多维度、多级别的复杂体系。随着负荷预测研究的深入，预测对象更加多样化，负荷预测结果在多空间层级、多时间尺度上的不协调问题也变得更为显著与迫切。我们将该问题称为负荷预测的多级协调问题。对于同一预测量，电力系统会在不同时间（周期）、不同空间，基于不同行政级别，根据不同属性、不同结构等特征，分别作出预测，得到各自的预测结果。各种负荷预测的结果之间理应在本质的物理机理上存在关联且满足一定的关系。由于不可避免的预测误差的存在，各级预测结果之间并不能自然地达到一致，如何实现负荷预测结果的统一和协调，迫切需要一套科学的理论支持。在教育部博士学科点专项科研基金项目"电力系统多级负荷预测及其协调问题的研究"的支持下，我们对这一问题进行了深入研究，取得了积极成果，也希望借此机会介绍给读者。这是修订原书稿的又一个原因。

基于上述考虑，作者对第一版进行补充和修订，形成了目前的第二版。整体而言，第二版的主要工作有以下 5 个方面：

（1）在第一版共 3 篇 20 章内容的基础上，新增了第Ⅳ篇"母线负荷预测"共 9 章内容，全面论述母线负荷预测的问题以及解决方法。其中第 27 章"母线极值负荷的概率化预测"内容来自《电力系统不确定性分析》一书并作了适当修改，由于该内容是母线负荷预测的一个重要方面，因此也专门列入本书之中。同时，删除了第一版第 19.5 节关于母线负荷预测的论述内容。

（2）在第二版中，系统阐述了负荷预测的多级协调理论，相应增加了3章内容，分别是第Ⅰ篇"总论"中的第4章"负荷预测的多级协调"、第Ⅱ篇"系统级中长期负荷预测"中的第13章"中长期负荷预测的多级协调"和第Ⅳ篇"母线负荷预测"中的第30章"系统—母线负荷预测协调方法"。

（3）编排体系结构图的修改。第一版中使用了"居中一条主线、左右两条路径"的方式绘制该图，其中两条路径分别对应"中长期负荷预测"和"短期负荷预测"。第二版由于增加了"母线负荷预测"一篇，只能采用"左侧一条主线、右侧三条平行路径"的方式，分别体现后续的3篇内容。

（4）符号体系的修改。为了更为清晰地体现同类型日、基准日等概念，短期负荷预测的符号体系作了大幅度修改。

（5）对第一版中谬误的修订。第一版出版之后，在清华大学电机系以该书作为教材使用的9年时间里，一方面，通过与同学们在课上课下的广泛互动和深入交流，针对同学们反映学习中存在的问题和难点，对授课体系、内容及其难易程度作出了迭代式的改进，以期增强同学们对预测的学习效果和理解程度；另一方面，同学们在使用过程中也陆续发现了书中个别错漏之处。同时，在第一版出版后的10年之中我们也陆续收集了其他读者对第一版的宝贵意见和建议。上述意见和建议，均在第二版中进行了统一修改。

在进行上述修订之后，目前的书稿由4篇31章组成。除第Ⅰ篇"总论"之外，其余3篇的主题，实际上是分别从"系统级/母线级"和"中长期/短期"这2个角度划分得到的。若完全按照逻辑上的组合方式，应该有4个主题，考虑到母线负荷预测主要面向短期，因此后3篇的主题分别是系统级中长期负荷预测、系统级短期负荷预测、母线负荷预测。本书基本上不涉及在中长期时间尺度上进行母线负荷预测的问题。请读者阅读时注意各篇主题之间的逻辑关系。

第二版书稿中新增章节和篇目，有一些引自本课题组所培养的研究生牟涛、徐玮、汪洋、陈新宇、童星等人的学位论文或学术论文。本课题组的童星、王毅、苗键强、杨经纬、徐乾耀、赵唯嘉等协助校对了本书第二版的初稿。

承蒙清华大学梅生伟教授在百忙之中审阅了第二版的初稿，并提出许多宝贵的意见，在此深表感谢。清华大学电机系和电力系统研究所继续为本书的修订提供了良好的条件，作者在此一并表示感谢。第二版中部分内容得到了国家杰出青年科学基金项目（51325702）、国家自然科学基金项目（51077077）、教育部高等学校博士学科点专项科研基金项目（200800030039）、国家重点研发计划"智能电网技术与装备"重点专项项目（2016YFB0900100）等的支持，特此致谢。

作者要再次感谢中国电力出版社的大力支持。感谢本书的责任编辑王春娟副编审、邓慧都编辑和周秋慧编辑精心审阅了第二版书稿并提出有益意见。本书第二版再次得到"国家电网公司电力科技著作出版项目"的支持和资助，作者谨借此机会表达深切的谢意。

由于作者水平所限，尽管反复阅读和修正，但是书稿中可能还会有疏漏、不足甚至错误，真诚期待读者对本书第二版继续给予批评和指正。

作　者

2017 年 2 月 16 日于清华园

第一版前言

电力系统负荷预测是指从电力负荷自身的变化情况以及经济、气象等因素的影响规律出发，通过对历史数据的分析和研究，探索事物之间的内在联系和发展变化规律，以未来的经济、气象等因素的发展趋势为依据，对电力需求作出预先的估计和推测。科学的预测是正确决策的依据和保证，电力系统负荷预测是电力系统的规划、计划、营销（用电）、市场交易、调度等部门工作的重要依据，其重要性早已被人们所认识。

长期以来，国内外专家学者和电力系统负荷预测相关人员不断探索，形成了一系列行之有效的预测方法。近 10 余年来，清华大学电机系也在负荷预测研究中投入了较大精力。在充分了解我国电力系统负荷预测有关条例的基础上，我们对现有的较为成熟的预测理论与方法作了系统的总结与分析，适当借鉴其他领域预测工作中的成功经验，将预测方法按各自的适用范围进行了合理的分类研究，并提出了一些新颖的预测方法。基于深入的理论研究，20世纪 90 年代末，清华大学电机系开发了用电需求预测软件包，作为原国家电力公司安全运行与发输电部的推荐产品，并配备教材《电力市场需求预测理论及其应用》，在各级电力部门广泛使用。同时，我们还与电力生产部门配合，共同展开研究，不断地解决实际预测工作中的难题，并上升为理论。当时软件已推广到全国 10 多个网省的 140 多个供电局使用，取得了广泛的社会效益。2002 年，该成果获得教育部二等奖、清华大学推广效益显著奖。此后几年，作者多次应邀在中国电力企业联合会举办的"电力负荷预测与管理"高级研修班上讲课，所使用的讲义也是在该教材的基础上修改润色而形成的。

与此同时，我们也在不断地思考负荷预测的深层次问题。对预测方法的探索，一直是国内外学者所关注的热点，负荷预测的相关论文浩如烟海。从 Engineering Village、中国期刊网等网站查阅，经不完全统计，仅近 10 年来的负荷预测相关论文就有上千篇。纵观这些论文，可以发现，负荷预测的"数学化"倾向日益加剧，尽管这些模型与方法是先进的，但是容易导致生产部门的预测人员困惑，他们越来越难以理解和掌握，也无法在实践中灵活应用。实际上，预测问题是经济、社会发展、地质灾害、水文、气象、粮食产量以及电力系统等领域的共性问题，这些预测工作既有共性，也各有其自身的特点。探讨负荷预测的方法，应重视电力负荷本身内在变化规律的研究。如果把负荷数据当成一系列"纯粹"的数据看待，这就失去了电力系统的特色。负荷预测工作应从负荷构成的物理机理入手，研究其变化规律。那么，在现阶段，预测领域的研究工作究竟应该关注什么？这样的问题一直都困扰着我们。

为了进一步推动负荷预测的研究，《电力系统自动化》杂志社于 2003～2004 年向全国负荷预测专家发起了"电力负荷预测"研究领域的专项咨询。在汇集了全国许多专家意见的基础上，我们应邀为该杂志撰写了 2 篇特约专稿，论述了负荷预测领域研究的发展趋势和方向。此后，我们进一步对原编的负荷预测教材进行了梳理、总结和润色，经过三年多的积累，形成了目前的书稿。

本书试图比较系统地分析电力系统负荷预测的模型和方法，探讨负荷预测的发展方向，并对我国今后的预测工作提出一些建议。本书中许多内容是作者近年来的科研成果。读者们可以发现，本书不但全面深入地介绍了负荷预测的理论与方法，还包括了实际应用的效果和经验。这正是本书写作过程中贯穿的一个理念：试图淡化纯粹数学化的介绍内容，突出对电力负荷的物理本质的分析，在叙述方法上追求理论与工程实际相结合，而在推导过程中则追求简明扼要，不过分追求纯数学意义上的严谨性，以便于读者能够理解本书的基本内容。许多专项预测方法实际上是结合问题的特点，采用理论联系实际的方式而形成的新方法。当然，关于实例分析，需要说明的是，由于短期负荷预测的原始数据量非常大，限于篇幅，也就无法清晰地列举全部计算过程；而中长期负荷预测的原始数据量较小，因此书中尽可能地列举了一些典型的算例和应用效果。同时，为了便于读者进一步查阅文献，并考虑到不同篇的参考文献差别较大，本书在每篇之后分别给出了各篇的参考文献。

书中的模型和方法，有一些引自本课题组所培养的研究生程旭、高峰、许征、赵倩、杨高峰、汪洋、孙珂、杨文佳等人的学位论文或学术论文。本课题组的江健健、牟涛、孙珂、汪洋等博士研究生协助校对了本书的初稿。研究生牟涛、汪洋、毛毅、郭炜、贾曦协助调查了相关文献并作了归纳和整理。

承蒙清华大学梅生伟教授在百忙之中审阅了全书的初稿，并提出许多宝贵的意见，在此深表感谢。清华大学电机系和电力系统研究所为本书的撰写提供了良好的条件，作者在此一并表示感谢。本书中部分内容得到了国家自然科学基金项目（No. 50377016）和霍英东教育基金会资助项目（No. 104020）的支持，特此致谢。

作者由衷地感谢中国电力出版社的大力支持，感谢肖兰副总编辑的热忱推荐，使得本书得以在中国电力出版社出版，并成为电力科技专著出版基金资助项目。

为了方便阅读，根据读者所从事的专业或关心的目标，给出如下的阅读指南，供阅读时参考。如果主要关心的目标是电力规划、计划、营销（用电）等，则请重点阅读第1～12章，对于那些以从事实践工作为主的人员，则可以跳过第2章；如果主要关心的目标是电力调度、短期市场交易等，则请重点阅读第1～4章、第13～20章，对于那些以从事实践工作为主的人员，也可以跳过第2章。此外，还请参考本书的编排体系，它将为您的阅读提供直观的导引。

本书探讨了电力系统负荷预测问题的特点、内容和方法，并根据目前的研究现状，指出了预测问题将来的研究方向；同时在实践方面，借鉴国外的一些经验，对我国预测工作提出了一些建议。我们希望本书能够起到抛砖引玉的作用，能为广大预测人员提供一些参考，推动我国预测理论向更高的水平发展，为我国电力工业的预测水平上一个台阶作出贡献。在本书的编写过程中，我们虽然对体系的安排、素材的选取、文字的叙述精心构思安排，但是，由于作者水平所限，文字中可能会有疏漏、不足甚至错误，整个内容中可能还存在不妥之处，我们真诚地期待读者对本书提出指导、批评和指正。

作　者
2007 年 5 月 1 日于清华园

本书的编排体系

为了阅读方便，这里用框图方式给出了本书的编排体系，同时也作为阅读导引。

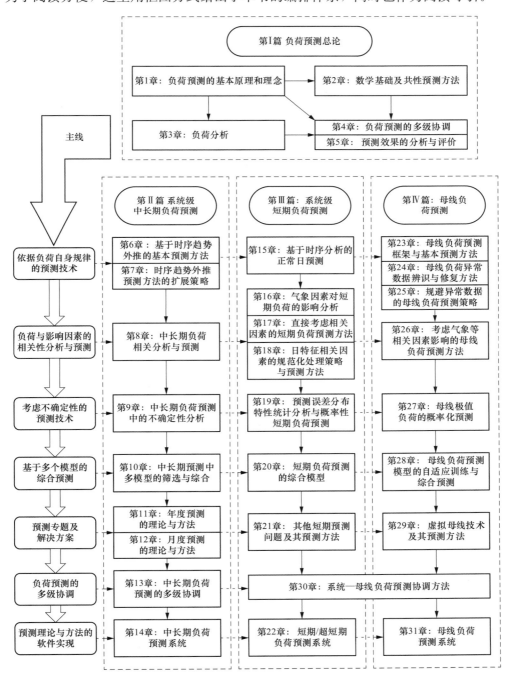

目　录

第Ⅰ篇　负荷预测总论

第Ⅱ篇 系统级中长期负荷预测

第 III 篇 系统级短期负荷预测

负荷预测总论

第1章

负荷预测的基本原理和理念

1.1 什么是预测

1.1.1 预测的基本概念

预测，是一类科学问题的总称，是对尚未发生或目前还不明确的事物进行预先的估计和推测。科学的预测是正确决策的依据和保证。许多行业和领域，都会遇到预测问题，除了人们比较熟悉的宏观经济预测、股票市场预测、天气预报以外，还有人口预测（政府部门往往根据人口预测的结果来规划基础设施建设、社会保障等）、产品销售量预测（这是营销决策的基础）、市场需求预测（这是决定企业生产计划的前提和基础），等等。

关于预测的定义有多种表达，一般可以认为，预测是在一定的理论指导下，以事物发展的历史和现状为出发点，以调查研究所取得的资料和统计数据为依据，在对事物发展过程进行深刻的定性分析和严密的定量计算的基础上，研究并认识事物的发展变化规律，进而对事物发展的未来变化预先做出科学的推测。

1.1.2 预测的广泛性和互通性

由于各类预测问题都是服务于某个特定的行业和领域的，因此人们会想象，各行各业的预测问题必然有着本质的区别。但是，与人们的想象恰恰相反，许多预测问题的核心原理是大同小异的，基本的预测技术和评价手段几乎可以应用于各个预测领域。也正因为如此，各行各业的预测人员可以互相学习交流、相互借鉴经验。在某个领域所形成的预测思想，很可能在较短时间内被其他领域所借鉴。这个事实可以从如下几个方面得到证实：

（1）在国际上具有较高学术地位的专门讨论预测的杂志，如 *International Journal of Forecasting*（http：//www. forecasters. org/ijf）和 *Journal of Forecasting*（http：//ideas. repec. org/s/jof/jforec. html），都专注于讨论最新的预测方法、各领域预测研究的新进展、各行业预测的实际应用等。值得注意的是，这些杂志无一例外地都是以各学科的预测问题为讨论对象，并没有仅仅局限于某类预测（当然，经济预测的论文是主体）。

（2）类似地，我国的专业预测杂志《预测》（http：// yuce. chinajournal. net. cn），也是一个以经济预测为主、兼顾其他领域预测问题的专业性杂志。

（3）欧洲所建立的智能预测系统（Intelligent Forecasting Systems, IFS, http：// www. uni—paderborn. de/～IFS）就着眼于众多学者、科研机构、企业用户之间的跨学科、跨行业的联合。实际上，IFS尝试建立一个遍及欧洲甚至全球的、以智能预测为主题的工作网络，可应用于各行各业的预测问题。在此网络中，大学、研究中心、工业界相互协作，及时交流信息、探讨预测方法。

（4）EUNITE Network 于 2001 年 8 月 1 日宣布举行一次全球性网上预测竞赛（http：//neuron. tuke. Sk/competition/index. php），竞赛内容是：组织者公布了斯洛伐克东部电力公司 1997～1998 年每 30min 的负荷及每天的温度、节假日类型等数据，要求参赛者根据这些数据，以及 1999 年 1 月各日的气象数据，预测出 1999 年 1 月份 31 天每日最大负荷。要求参赛者必须于 2001 年 11 月 20 日前向竞赛网站提交预测结果，随后评价这些结果，并公布成绩，还举行了专门的工作组会议进行研讨。虽然这次竞赛的预测对象是电力系统，但是这个竞赛得到了众多的关注与参与，预测结果最好的是台湾大学计算机科学与信息工程系的林智仁所领导的团队（他本人的研究领域主要是机器学习和运筹学，而不是电力系统），所采用的方法是支持向量机（Support Vector Machine，SVM）[125]。在 2002 年 4 月 19 日，还进行了其他领域类似的竞赛，可参见其网址 http：// neuron. tuke. sk/competition2。这些都充分表明了预测技术的跨领域特征。

（5）针对能源需求预测，2012 年由 IEEE Power & Energy Society 资助，北卡罗莱纳州立大学夏洛特分校的 Tao Hong 等人发起并举办了一项全球性能源需求预测竞赛（Global Energy Forecasting Competition，GEFCom，网址 http：// www. drhongtao. com/gefcom）。该赛事是预测领域唯一专门针对能源需求而设立的国际性竞赛，从 2012 首届开始就受到了全球预测人员的广泛关注。2014 年，该竞赛的主题设为概率性预测，与以往不同，此次竞赛不再要求预测确定值，而是要求参赛者预测概率分布函数。根据预测对象的不同，该项竞赛下总共包含负荷预测、电价预测、风电出力预测以及光伏出力预测四个子项目。竞赛总共持续 12 周，最终结果依据预测平均分以及参赛者提交的报告评定。由于该项竞赛的评分依据 12 周的平均成绩而定，因此要求预测方法的可靠程度更高。最终，预测竞赛获奖者受邀于 2015 年夏季在美国丹佛举办的 IEEE PES General Meeting 上发言并领奖。

（6）关于预测软件。专业的统计和预测类软件五花八门，比较典型的例如 Eviews 和 SPSS。其中，Eviews（http：// www. eviews. com）可以用于各类时间序列分析问题的建模和预测，各领域的预测问题，只要符合时间序列分析的要求，就可以使用该软件进行分析；SPSS（主站点：http：// www. spss. com；SPSS 中国：http：// www. spss. com. cn）可以提供数据统计、数据挖掘、预测分析等功能，供各行业人员使用。如果需要自己进行深入研究，还可以使用诸如 Matlab（http：// www. mathworks. com）、R（https：//www. r-project. org）、Python（https：//www. python. org）之类的专业软件来编程。

1.1.3 预测所涉及的名词及其含义

准确地掌握预测这门科学，必须对表 1-1 给出的一些名词有深刻的理解。

表 1-1   预测领域的基本名词解释

名　词	含　　义
预测对象	被预测的物理量
输入信息	一般是预测时所搜集的历史数据。或称为已知信息、观测信息
预测结果（输出信息）	描述未来时期事物发展规律的数据。在预测时，有关该预测结果的准确性是未知的，只能随着时间的推移，到实际数据发生后，才能对预测结果的精度进行判断。在某些情况下，可以对某些时期的已知信息进行某种假定的预测，将预测结果与实际数据相比较，以便检验预测模型和方法效果的优劣
预测模型	用某种数学模型来描述预测对象的发展变化规律，其中包括了一些待定的参数。可以用历史上的已知信息来辨识数学模型中的这些参数。因为预测对象的变化规律千差万别，应针对不同预测对象寻求最合适的数学模型
变　量	模型中的变化部分，有自变量和因变量之分
参　数	模型中的固定参量，需要根据历史规律的数据计算这些参数

名 词	含 义
因变量	一般情况下，预测对象是作为因变量出现的，但是某些特殊情况下，它同时也是自变量（例如自回归模型）
自变量	自变量的类型比较多。时间量是天然的自变量，被显式地或隐含地包含在绝大多数预测模型中，因此，时间序列分析方法是预测所采用的最基本的方法。其他的自变量需要根据预测模型的物理背景确定
预 测	根据预测对象的已知信息，选择最佳的预测模型并计算相应的模型参数；然后利用这一模型预测未来的变化规律。可见，预测模型就是根据预测对象的历史发展规律，推测未来的变化。这个过程可被称为"让历史告诉未来"

1.2 什么是负荷预测

电力系统负荷预测是根据电力负荷、经济、社会、气象等的历史数据，探索电力负荷历史数据变化规律对未来负荷的影响，寻求电力负荷与各种相关因素之间的内在联系，从而对未来的电力负荷进行科学的预测。

负荷预测对电力系统许多部门都起着重要的作用。例如，一年以上的中长期负荷预测是制定电力系统发展规划的前提，以日负荷曲线为预测对象的短期负荷预测则是制定日前发电计划的基础。负荷预测问题涉及电力系统规划和设计、电力系统运行的经济性和安全性、电力市场交易等多个方面，它已成为现代化电力系统运行和管理中的一个重要研究领域。电力系统的主要任务是为各类用户提供经济、可靠和高质量的电能，应随时满足用户的负荷需求量与负荷特性的要求。为此，在电力系统规划设计、运行管理和电力市场交易中，必须对负荷需求量的变化与负荷特性有一个准确的预测。这就是人们不断研究并发展电力系统负荷预测理论的重要原因。

无论是传统的还是现代的预测方法，着眼于在获得预测对象的历史变化规律后，将这种规律延伸以预测未来。

理论上讲，负荷预测的核心是如何获得预测对象的历史变化规律及其与某些影响因素的关系。预测模型实际上是表述这种变化规律的数学函数。建立良好的数学模型，减小负荷预测误差、提高预测精度，是预测人员关注的核心问题。

在电力系统发展规划阶段，如果负荷预测结果偏低，将会导致系统的规划装机容量、输电裕度等不足，无法满足社会的用电需求，甚至还可能缺电；而如果负荷预测结果偏高，则会导致一些发电、输电设备投入系统后的运行效率不高，引起投资的浪费。

文献[61，62]量化地分析了负荷预测的误差对电力系统运行所造成的影响。文献[61]通过蒙特卡洛模拟的手段，分析了不同负荷预测精度下电力系统的经济性。文献[62]还给出了已知预测结果的分布方差时系统运行风险的评估结果。这些分析表明，提高负荷预测的精度是电力系统规划和运行的必然要求。众多的学者不遗余力地进行负荷预测的研究，其主要的出发点大都是以更为先进的理论提高预测的准确性，为电力系统运行的经济性和安全性提供有力的保障。

在电力进入市场化运行后，电力负荷预测实质上是对电力市场需求的预测。电力供需瞬时平衡的特点决定了电力行业的预测需求比其他行业更加紧迫，人们越来越认识到，做好电力负荷预测工作是实现电网安全、经济运行的重要保障。传统的负荷预测是电力系统中规划、计划、营销、调度等部门的基础工作，其重要性早已被人们所认识。在电力工业市场化的过程中，负荷预测又成为市场交易、市场营销等部门的核心业务之一。

1.3 负荷预测的基本原则和要求

1.3.1 负荷预测的一般原理

与其他预测问题类似，负荷预测基于的原理如下：

（1）可知性原理：人类可以认识过去、现在，也可以据此预测未来。预测的可靠性取决于掌握事物发展规律的程度。

（2）可能性原理：事物未来的发展，存在各种可能性，而不是单一可能，因此，只能对其可能性进行预测。

（3）可控制原理：事物未来的发展是可以控制和干预的。预测的动机即在于，将所预测的未来信息反馈至现在，从而作出决策，以调整和控制未来的行动。

（4）系统性原理：预测对象在时间上是连续的，预测将来必须已知过去和现在。

1.3.2 负荷预测的基本原则

负荷预测中的模型、方法是依据下述基本原则建立起来的：

（1）延续性原则，或称为惯性定理、连贯原则。可以说，没有一种事物的发展会与其过去的行为失去联系。设想在各种因素没有改变的情况下，电力需求也不可能随意变动。否则，电力需求的预测就没有任何规律性可循，预测理论也就没有了立根之本。这表明，预测量的历史行为中已经包含了许多信息，其中包括其他影响因素对其的作用效果。

事物过去的行为不仅影响到现在，还会影响到未来，任何事物的发展都带有一定的惯性。惯性实际上反映的是系统"势"的大小。系统越大，"势"越大，表现出来的惯性也就越大，外推预测技术就是基于延续性原则产生的。预测量的历史行为对未来的影响越大，应用外推预测技术得到的精度越高。

（2）类推原则，或称为相似性原则。许多事物之间在发展变化上常有类似的地方。因此，可以把先发展事物的变化过程类推到后发展的事物上去，从而对后者做出预测。例如，研究国外前几年的变化规律，可能对我国近期的发展预测有着重要的作用；通过某种抽样调查，研究了某个局部或小范围的发展变化规律，也可以类推到整体和大范围的发展中去。此外，在相同的背景下，预测量会体现出与历史量相同的规律。

可见，在预测活动中，可以而且应该根据预测对象与类似已知事物的发展状况进行类比，更可以与其历史发展规律进行类比，从而推知对象的未来发展规律。电力系统中也经常使用这种技术。例如，各年春节期间的日负荷曲线往往表现出彼此相同、但与其他日负荷曲线完全不同的形态，因此，节假日曲线形状的预测，可以参照往年的情况得出预测结果。

（3）相关原则。任何事物的发展变化都不是孤立的，都与其他事物有着相互的联系，因此有着相互的影响——其中最重要的是因果关系。例如，电力系统受到经济发展、天气变化等因素的影响。这种事物发展变化过程中的相互联系就是相关性。基于相关原则，产生了相关预测技术。

（4）概率推断原则，或称为统计规律性原则。预测量的历史行为中必然包含着一定的随机因素，同时，由于无法确切判断各类相关因素对预测对象的量化影响，这给预测带来了很大的困难。因此，只能分析预测对象所呈现的某种统计规律性，这需要预测人员对具有不确定性结果的预测对象提出较为确定的结论，也就要应用概率推断原则。预测量的这种统计规律性是应用概率论与数理统计的理论和方法进行预测的基础。例如，定量预测中的置信区间就是一个典型的代表。

（5）反馈原则。预测实际上就是利用预测对象过去和现在的信息对未来的行为作出估计，因此必须依赖于信息的搜集。可信的信息搜集得越多，就越有可能做好预测。但是，即便如此，预测的偏差也不可能完全消除，预测误差的大小和正负号表明了预测模型和客观实际情况偏离的程度。据此，可以利用预测误差所反映出来的一些信息，对模型和参数进行修正，尽量使模型符合实际情况，从而在以后的预测中减小误差。

以上负荷预测的基本原则，是保证预测技术科学性的前提条件，也是直接产生预测技术的基础，由此衍生出了多种多样的预测方法。

1.3.3 负荷预测的基本要求

要做好负荷预测，需要满足以下几方面的要求：

（1）基础资料的合理性。负荷预测的目的是得到合理、可信的预测结果，负荷预测的核心是根据预测对象的历史资料，建立数学模型来表述其发展变化规律。因此，要做好负荷预测，需要搜集和掌握大量全面、准确的资料，并且进行必要的分析和整理。这是进行电力系统负荷预测的基础。

（2）历史数据的可用性。如果各种渠道所取得的数据互相矛盾，就要对历史数据进行合理性分析与取舍，去"伪"存"真"。"伪"产生的原因主要有：人为因素造成的错误（如录入错误），统计口径不同带来的误差，"异常数据"的存在。前两种"伪"容易修正。而由于历史上的突发事件或某些特殊原因会对统计数据带来重大影响，这些受到影响的统计数据称为"异常数据"。"异常数据"的存在会给正常历史序列带来较大的随机干扰，影响预测体系的预测精度，如果"异常数据"过大，甚至会误导预测体系的预测结果。因此必须排除"异常数据"带来的不良影响。

（3）统计分析的全面性。对于大量的历史资料，要进行客观而全面的统计分析。预测工作者应该从客观情况出发，本着实事求是的原则，反复研究和分析历史发展的内在规律性，为预测工作打好基础。

（4）预测手段的先进性。其包含两层含义：一是预测工具的先进性，由于数据量很大，可采用计算机进行各种统计分析及预测工作，预测人员可以从繁杂的大量计算中解脱出来；二是预测理论的先进性，可以不断发展和应用新的预测理论与方法，借鉴其他领域预测工作中的成功经验，使电力系统负荷预测达到一个较高的水平。

（5）预测方法的适应性。预测量发展变化的自然规律复杂多样，因此要求预测方法所具有的适应性包括：

1）由于电力系统负荷预测是在一定的假设条件下进行的，其中包含了许多不确定因素，采用单一的方法进行预测，很难取得令人满意的结果。预测方法能适应预测量发展变化规律的多样性，即要求预测系统建立完备的预测模型库，这是建立负荷预测软件系统的基础。

2）各个预测模型，需要进行参数的合理估计，并根据预测效果不断进行自适应调整，以期达到更好的预测效果。

3）在多种预测模型得到的不同规律的基础上，进行合理的综合分析、优化组合，得到可靠性好、预测精度高、最接近于该预测项的历史规律的综合模型。这个思想将在后文详细阐述。

1.4 负荷预测的内容及其分类

1.4.1 经典负荷预测的内容及其分类

首先，简要地按预测指标分类，电力系统负荷预测的内容可分为电量预测（如全社会电量、网供电量、各行业电量、各产业电量等）和电力预测（如最大负荷、最小负荷、峰谷差、负荷率、负荷曲线等）两大类。考虑到国民经济与社会发展是电力系统负荷预测的依据，一些综合指标（如电力弹性系数、产业单耗等）是某些预测方法的基础参数，则可以从不同统计口径列出预测内容如下：

（1）年度预测：①国民经济发展的预测或结果获取（GNP及产业产值、人口等）；②综合指标预测（电力弹性系数、产值单耗、人均用电量、人均生活用电量、年最大负荷利用小时数等）；③年度电量预测（网供电量、售电量、全社会用电量、各产业电量、八大行业电量及各小行业电量等）；④年度电力预测（最大负荷、平均负荷、最小负荷、年代表峰谷差/负荷率/最小负荷率等）；⑤年负荷曲线预测。

（2）月度预测：①月度参数的预测或结果获取（月最高温度、月平均最高温度、月最低温度、月平均最低温度、降水量、拉路限电情况等）；②月度电量预测（网供电量、售电量、全社会用电量、各产业电量、各行业电量）；③月度电力预测（最大负荷、平均负荷、最小负荷、月代表峰谷差/负荷率/最小负荷率）；④月典型日负荷特性预测，包括各月典型工作日、典型周六负荷曲线、典型周日负荷曲线、各月特殊日（最大/最小负荷日、最大/最小电量日、最大/最小峰谷差日）负荷曲线。

（3）日度预测：①正常日（工作日/休息日）负荷曲线，可进行逐日负荷曲线预测，一般是一周以内每天的负荷曲线预测，每日的负荷曲线由24、48、96或288点组成；②各典型节假日（元旦、春节、五一、十一等）负荷曲线。

（4）时分预测：进行超短期负荷预测，一般以5～30min为预测周期，预测后续1小时到几个小时内的负荷变化。

这样的列举虽然已经很细致，但还不够全面。实际上，负荷预测的分类是一个有争议的问题。在传统的负荷预测中，从应用的广泛性来区分，按照预测期限的不同，可分为长期预测、中期预测、短期预测、超短期预测，如图1-1所示。本书为了描述方便，分别将其对应为年度预测、月度预测、日度预测、时分预测。

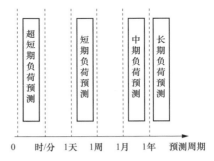

图1-1 传统负荷预测的时序分类

其中，根据预测机理的不同，又将年度预测、月度预测合称为中长期预测。从国内外研究的情况看，国外由于其负荷发展变化规律趋于稳定，关于中长期预测的研究远远少于短期预测，国内则基本上两者并重。

表1-2简要而综合地给出并对比了经典负荷预测中经常遇到的各种期限的预测问题。

表 1-2 不同期限预测问题的对比

预测期限	长期预测（年度）	中期预测（月度）	短期预测（日度）	超短期预测（时分）
预测对象与内容	某物理量（负荷、电量）的年度统计数据	某物理量（负荷、电量）的月度统计数据	某日内每个时刻（例如 24、48、96 或 288 点）的负荷，日电量	当前时刻往后若干时段的负荷
作用	提供电源、电网规划的基础数据，确定年度检修计划、运行方式等	安排月度检修计划、运行方式，水库调度计划，电煤计划	安排日开停机计划和发电计划	用于实时安全分析、实时经济调度、自动发电控制（AGC）
预测特点	数据基本上单调变化（一般是递增的）、无周期性	周期性增长，各个年度的 12 个月具有相似的规律	在年、月、周、日不同期限上均有明显的周期性	与前几日同时段的瞬时变化规律比较类似
主要影响因素	国民经济发展情况、人口、产值单耗、产业结构调整情况、电价政策等	大用户生产计划、气象条件、产业结构调整情况、电价政策等	星期类型、气象因素（温度、湿度、降雨等）、电价	一般较少考虑，暑期时可以计及实时温度变化
主要的成熟预测方法	自身规律外推法（包括回归分析、动平均、指数平滑、灰色预测等），考虑主要影响因素的各类相关预测法	历史同月数据的外推预测，考虑年度周期性的时间序列预测，考虑主要影响因素的各类相关预测法	同类型日预测，考虑各种周期性的时间序列预测，神经网络预测，考虑气象因素的各类相关预测方法	考虑前几日同时段瞬时变化规律的外推预测，如线性外推、指数平滑等

注 表中"电量"包括各种口径的数值，例如发电量、全社会用电量、网供电量等，甚至还可以细分为各产业电量、各行业电量等；"负荷"既包括最大/最小/平均负荷以及峰谷差，也包括发电负荷、全社会用电负荷、网供负荷等各种口径的数值。

1.4.2 新负荷预测内容的引入

为了更好地满足电力系统运行的需求，一些新的负荷预测内容逐渐被引入。

（1）连续多日负荷曲线预测。电力系统的规划和运行需要一系列的负荷曲线，如应用于电力系统规划中电力电量平衡的年负荷曲线和典型日负荷曲线，应用于可靠性评估的年负荷持续曲线，这些都应作为负荷预测的内容。但在传统的负荷预测中，这些曲线只是简单经过历史数据的统计或平均后直接作为结果来使用。

鉴于负荷曲线预测在电力系统的工程实践中扮演的重要角色，后来逐步开展了这方面的研究工作。但是，还存在一些局限性。例如，在短期负荷预测中，往往实现的是一天至几天的曲线预测；而在中长期负荷预测中，研究的重点则是日典型负荷曲线的预测。进行连续若干日、一个月乃至更长时间的曲线预测的研究很少。

文献［66］提出了连续多日负荷曲线预测这一新问题，通过对历史负荷曲线数据的考察和分析，结合中长期负荷预测和短期负荷预测的既有结果，能够完整预测连续多日的负荷曲线，为电力系统的中期计划和运行评估提供了依据。

（2）扩展短期负荷预测。在电力系统的运行中，电力部门提前一天完成日短期负荷预测，确定次日发电计划，其后监视当日计划的执行情况，在原计划与实际负荷发生较大偏离（＞3%）时，及时进行该日剩余时段负荷的重新预测和计划调整，这称为滚动发电计划。现有的短期负荷预测注重一天至几天的负荷曲线预测，而超短期负荷预测完成几小时内的负荷预测。显然，超短期负荷预测及日负荷预测不能满足滚动修改发电计划的要求。

根据这个要求，文献［67］提出了"扩展短期负荷预测"的概念和方法，其主要思路是，利用当前可以获得的最新信息（包括负荷信息、气象信息等），预测当日当前时刻以后多个小时的负荷。研究表明，由于该方法利用了当日的已知信息进行当天剩余点的负荷预测，其预测精度明显高于常规的日负荷预测。

从图 1-1 传统负荷预测的时序分类中可以看出，在 1 小时到 1 天、1 周到 1 月的期限内，传统负荷预测是有一定的"空隙"的。而前面这些新的预测问题的引入，恰好弥补了这些空隙，如图 1-2 所示。

因此，目前所研究的负荷预测问题在时间广度上更加宽泛，是传统负荷预测的扩展。此时，预测内容及其作用可总结为表 1-3。

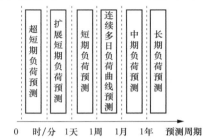

图 1-2　引入新内容后的
负荷预测时序分类

表 1-3 预测问题及其意义和作用

预测期限	电　量	最大负荷	负荷曲线
长期预测（年度）	年度发电计划的基础	系统扩展规划的基础	可分季节预测典型日负荷曲线，作为电力规划中电力平衡的基础
中期预测（月度）	月度发电计划的基础	月度发电计划、检修安排的基础	可分工作日、休息日预测典型负荷曲线，服务于月度电力平衡
连续多日预测	无	作为整体负荷曲线的一个点出现	发电合同分解、系统运行情况评估的基础
短期预测（日度）	日电量可用于衡量日负荷率	作为整体负荷曲线的一个点出现	预调度计划（机组组合、经济调度）的基础
扩展短期预测	无	作为整体负荷曲线的一个点出现	滚动修改日发电计划的基础
超短期预测（时分）	无	后续若干时段实时调度计划的基础	无

注　表中"无"表示该内容的预测暂时不具备或者意义不大。

1.4.3　负荷预测分类方式剖析

前述的分类过程，主要是根据预测期限、预测量的属性进行的。实际上，在通常的分类中，人们经常并列地提到长期负荷预测、母线负荷预测、日负荷曲线预测、空间负荷预测等概念。如果继续深入分析，可以发现，这种并列的提法是不确切的。

总体来看，负荷预测可分别按照不同的角度划分如下：

（1）时间角度。从时间角度，可以分为年、季、月、周、日和时分负荷预测。这里，分类是以预测的循环周期为依据的，例如，年度预测是指一般每年进行一次。因此，年度电量预测、年负荷曲线预测等均属于年度预测。当然，有时候会根据最新变化的情况进行"滚动预测",但这并不影响此类周期的预测的实质。

（2）空间角度。从空间角度，可以分为整体、分区、节点（母线）、用户负荷预测。

（3）指标属性。从指标属性角度，可以分为整刻度值、统计值、连续曲线、积分值负荷预测。其中，整刻度值主要是功率的采样值，如果一天中是 96 点采样，则对应于每 15min 一个点；统计值可以是最大、平均、最小负荷等；连续曲线对于不同期限有不同的含义，例如年度预测中的年负荷曲线、日负荷预测中的日负荷曲线等；积分值主要是电量值。

（4）行政级别。从行政级别角度，可以分为国家、区域、省级、地级、县级负荷预测。

（5）口径角度。从口径角度，可以分为全体、电网企业负荷预测。其中，电网企业统计的是该电网企业范围内的负荷或电量，例如省级电网企业关心省网统调负荷，地级电网企业关心的是网供负荷等。这里的"全体"主要是指不区分电网企业内部、外部的总体统计指标，例如全社会用电量、全口径发电量等。

（6）环节角度。从环节角度，可以分为发电、供电、售电、用电负荷预测。其中，售电一般是站在电网企业的角度来统计的。

（7）结构角度。从结构角度，可以分为总量、分类负荷预测。这里的分类对于不同结构划分有不同的含义，例如，如果将"总量"对应为全社会用电量，则可将其划分为一、二、三产业和城乡居民生活用电，也可以划分为各行业电量。对于电网企业而言，如果将"总量"对应为售电量，则可将其划分为不同电价类别的售电量。

综上，负荷预测的各种分类方式构成了一个 7 维空间，任何类型的预测问题都是这个 7 维空间中的一个点（对应 7 个维度属性的组合）。例如，"年—整体—积分值—省级—全体—用电—分类"这个点（即这 7 个属性的组合），意味着对某个省级电网的年度某产业（行业）用电量进行预测；而"日—整体—连续曲线—省级—电网企业—发电—总量"这个点（即这 7 个属性的组合），则正是通常所提到的省级电网日负荷曲线预测（统调发电口径）。当然，在这个空间中也可以找到周负荷预测、母线（节点）负荷预测、空间负荷预测等。同时需要指出，有些组合是没有意义的。

为了完整地描述负荷预测的分类，这里利用一种典型的多维图——雷达图（Radar Chart）来表示各种预测内容及其分类。雷达图实质上是一种数据表征的技术，在用于表征负荷预测的分类时，首先确定一个中心点，然后根据上述 7 个维度的分类依据，将中心点周围 360°作 7 等分，每个等分位置划一条线段，构成 7 个坐标轴，每个轴对应 1 个维度。在每一坐标轴上，根据该分类的属性数目的多少进行等分。由此，对于每一个完整的 7 维分类，分别将 7 个取值画到相应坐标轴的某个对应位置，各个坐标轴上的点依次连接起来，就成了这个分类的雷达图。

负荷预测分类的雷达图如图 1-3 所示。图中标出了一些常见的负荷预测类型，它们与属性的对应关系见表 1-4。

按以上方法进行属性的组合，可以得到负荷预测的各个类别。考虑到实际情况：①某些地区的预测还包括季、旬、周，但是不太常见。②就预测内容而言，必须区分总量预测和空间分布预测，前者是本书的讨论重点，后者的成熟例子是城市电网负荷密度预测，由于其预测机理比较独特，本书不作为重点。

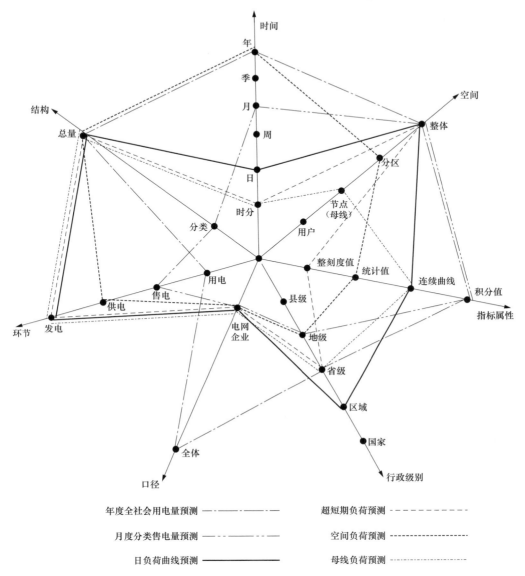

图 1-3 负荷预测分类的雷达图

表 1-4 常见的负荷预测类型及其与属性的对应关系

类别	时间	空间	指标属性	行政级别	口径	环节	结构
年度全社会 用电量预测	年	整体	积分值	均可	全体	用电	总量
月度分类售 电量预测	月	整体	统计值	均可	电网企业	售电	分类（按照电 价类别划分）
日负荷曲线预测	日	整体	连续曲线	均可	电网企业	发电	总量
超短期负荷曲线	时分	整体	整刻度值	均可	电网企业	发电	总量
空间负荷预测	年	分区	统计值/积分值	地市	电网企业	供电	总量
母线负荷预测	时分	节点（母线）	连续曲线	均可	电网企业	供电	总量

注 表中有些单元格标注了"均可"，表明该预测类型不是唯一的。

因此，结合国内外对负荷预测的实际需求，本书着重描述的负荷预测对象和内容见表 1-5。

表 1-5   负荷预测的对象和内容

预测对象	预测内容及举例
年度指标量	某物理量的年度统计数据，例如年用电量、年最高负荷等
年度负荷曲线	年负荷曲线（由 12 个月的最大负荷按照时序构成）
	年持续负荷曲线（由各小时负荷按照累计时间构成）
	年典型日负荷曲线（也可进一步分为冬季典型日、夏季典型日等）
月度指标量	某物理量的月度统计数据，例如月度售电量、月度最高负荷等
月度负荷曲线	月典型日负荷曲线（也可进一步分为典型工作日、典型休息日等）
日度指标量	某物理量的日度统计数据，例如日电量、日最大负荷等
日负荷曲线	正常日负荷曲线（一周以内）
	节假日负荷曲线（一月以内）
	连续多日负荷曲线（一周以上至一月以内）
时段负荷 （不构成整日曲线）	超短期负荷预测（几个小时以内）
	扩展短期负荷预测（当日 24 时以前）
母线负荷曲线	各电压等级母线的日负荷曲线

1.5 负荷预测的步骤

电力系统负荷预测一般分为以下几个步骤：

（1）预测目标和预测内容的确定。不同级别的电网对预测内容的详尽程度有不同的要求，同一地区在不同时期对预测内容的要求也不尽相同，因此应确定合理、可行的预测内容。

（2）相关历史资料的收集。根据预测内容的具体要求，广泛搜集所需的有关资料。资料的收集应当尽可能全面、系统、连贯、准确。除了电力系统负荷数据以外，还应收集经济、天气等影响负荷变化的一些因素的历史数据。

（3）基础资料的分析。在对大量的资料进行全面分析之后，选择其中有代表性的、真实程度和可用程度高的有关资料作为预测的基础资料。对基础资料进行必要的分析和整理，对资料中的异常数据进行分析，作出取舍或修正。

（4）电力系统相关因素数据的预测或获取。电力系统不是孤立的系统，它受到经济发展、天气变化等因素的影响。可以从相关部门获取其对相关因素未来变化规律的预测结果，作为电力系统负荷预测的基础数据。在必要时，电力系统有关人员还可以尝试进行相关因素的预测。

（5）预测模型和方法的选择和取舍。根据所确定的预测内容，考虑本地区实际情况和资料的可利用程度，选择适当的预测模型。如果具有一个庞大的预测方法库，则需要适当判断，进行模型的取舍。

（6）建模。对预测对象进行客观、详细的分析，根据历史数据的发展情况，考虑本地区实际情况和资料的可利用程度，根据所确定的模型集，选择建立合理的数学模型。一般来说，这个步骤可以选取一些成熟的模型。

（7）数据预处理。如果有必要，可以按所选择的数学模型，用合理的方法对实际数据进行预处理。这个步骤在某些预测模型中是必要的，例如灰色预测中的"生成"处理，还有些模型中需要对历史数据进行平滑处理。

（8）模型参数辨识。预测模型一旦建立，即可根据实际数据求取模型的参数。

（9）评价模型，检验模型显著性。根据假设检验原理，判定模型是否适合。如果模型不够合适，则舍弃该模型，更换另外的预测模型，重新进行步骤（6）～（8）。

（10）应用模型进行预测。根据所确定的模型以及所求取的模型参数，对未来时段的行为作出预测。

（11）预测结果的综合分析与评价。选择多种预测模型进行上述的预测过程。然后对多种方法的预测结果进行比较和综合分析，判定各种方法的预测结果的优劣程度，并对多种方法的预测结果进行比较和综合分析，实现综合预测模型。可以根据预测人员的经验和常识判断，对结果进行适当修正，得到最终的预测结果。

1.6 负荷预测问题的抽象化表述

1.6.1 只考虑预测对象自身时序规律的预测问题

为了进行预测，必须寻找历史数据的变化规律。此时，时间量是天然的自变量。因此，我们首先单独从时间序列分析的角度看待预测问题，其基本思想如图 1-4 所示。图中的时间变量 t 可以是年、月、日、小时、分钟等，根据预测问题的本质而确定。从历史数据中搜集"离散"的样本数据 y_t，$t \in [1, T]$，一般地，T 时段是已知数据的最后一个时期，现在需要根据预测对象 y 的历史发展规律，对未来 $T+a \leqslant t \leqslant T+b$ 时段作预测。此时：

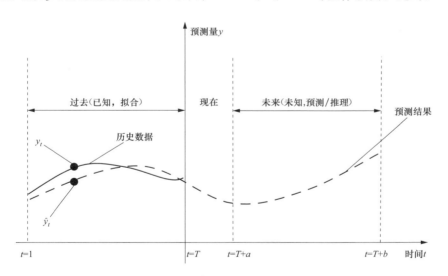

图 1-4　时序预测问题的示意图

（1）对于 $t \in [1, T]$，称为历史时段，或称为拟合时段，这段数据 y_t 作为已知数据（如图中的实线），在预测建模时一般将被"拟合"（有些预测方法没有拟合，而是直接计算预测结果，例如后文介绍的日负荷曲线预测中的"点对点倍比法"），得到 $\hat{y}_t$，$t \in [1, T]$（如图中介于 $1 \leqslant t \leqslant T$ 之间的虚线）；需要指出，图中的曲线形态只是起到示意的作用，它既可以描述一些单调变化的序列预测（例如，年度量的预测，一般是单调递增的），也可以描述一些具有周期性变化规律的预测问题（例如，日负荷曲线的预测，具有明显的周期性）。

（2）对于 $t \in [T+a, T+b]$，称为推理时段（$a \leqslant b$），在预测模型建立并完成预测之后，即可计算得到 $\hat{y}_t$，$t \in [T+a, T+b]$（如图中介于 $T+a \leqslant t \leqslant T+b$ 之间的虚线），这表示连续预测若干时期的未来数据，例如，已知前几年的年度数据，要求预测明年起 5 年内的年度数值，此时 t 表示年份，$a=1$，$b=5$；对于有些问题，可能出现 $a=b$ 的情况，例如，已知前几年的年度数据，只要求预测明年的年度数值，此时，推理时段变成了一个点，或称为"单步预测"。

（3）在历史时段和推理时段之间，还存在一个时间段，即 $t \in (T, T+a)$（注意，此区间是开区间）。这个时间段表示了预测的提前量。对于大部分预测问题，这段提前量的存在是由于数据采集或统计的滞后而引起的，例如，已知 2000～2005 年的年度数据，要求预测 2007 年的年度数值，如果预测发生在 2006 年秋季，此时，2006 年的数据尚未统计出来，那么只好用 2000～2005 年的数据预测 2007 年，使得历史时段和推理时段之间出现了间隔（预测的提前量）。但是，对于有些预测问题，也可能不存在提前量，而是直接根据上一时段的历史数据预测下一时段，典型的代表是电力系统超短期负荷预测，在预测过程中，每当出现一个新的数据（例如 5min 的采样值），都会被立即加入到预测的历史样本中，用于预测下一个 5min 后的数值。

综合上述分析，我们可以将一般所说的"预测"分为"拟合"与"推理"，这是两个不同的概念，因为它们对应了不同的时间段。

再引入误差定义

$$v_t = \hat{y}_t - y_t \tag{1-1}$$

此时，称数据系列 y_t，$t \in [1, T]$ 为原始序列，全部的 $\hat{y}_t$，$t \in [1, T+b]$ 形成了由原始序列得到的预测序列。其中，与历史时段相对应的子序列 $\hat{y}_t$，$t \in [1, T]$ 称为原始序列的拟合序列，相应的误差 v_t，$t \in [1, T]$ 称为拟合误差（这里是残差，也可以用相对误差百分比来表示）；而与未来时段相对应的子序列 $\hat{y}_t$，$t \in [T+a, T+b]$ 称为原始序列的推理序列，相应地，当时间推移到 $t \in [T+a, T+b]$ 后，则可计算误差 v_t，$t \in [T+a, T+b]$，称为推理误差（在不至于引起误解的情况下，也可以将其称为预测误差）。

1.6.2 考虑相关因素的预测问题

对于绝大多数预测对象，其变化规律都要受到其他因素的影响。因此，预测中尽量考虑这些相关因素，已经成为人们的共识。考虑相关因素后，预测的基本思想如图 1-5 所示。

图中，横轴之下所标注的是每个时段的相关因素。假定搜集到了与预测对象 y 相关的因素共 m 种，记为向量 $\boldsymbol{X}=[\boldsymbol{X}_1, \boldsymbol{X}_2, \cdots, \boldsymbol{X}_m]^{\mathrm{T}}$。设已知在历史时段 t（$1 \leqslant t \leqslant T$），相关因素的取值为 $\boldsymbol{X}_t=[x_{1t}, x_{2t}, \cdots, x_{mt}]^{\mathrm{T}}$，待预测量的取值为 y_t。需要根据其历史发展规律，对未来时段 $t \in [T+a, T+b]$ 作预测（推理）。由于采用了相关预测技术，这里不仅需要知道 m 种相关因素在历史时段 $1 \leqslant t \leqslant T$ 的取值，而且也要知道其在未来时段 $T+a \leqslant t \leqslant T+b$ 的取值。这些数据一般可以从电力系统以外的其他部门获取，例如，从统计部门获得经济数据，从气象部门获取气象信息。

需要指出的是，图中只是展示了"同时段相关"的思想，即 y_t 仅仅与 $\boldsymbol{X}_t$ 相关。实际上，y_t 有时候不仅与 $\boldsymbol{X}_t$ 直接相关，而且还可能与提前时段的因素（例如 $\boldsymbol{X}_{t-1}$）相关，这正是所谓的先行指标。这种情况的一个典型应用是在短期负荷预测中考虑温度的累积效应，日负荷可能与其前几天的累积平均温度相关。不过，作为概念性的说明，本节还是立足于"同时段相关"。

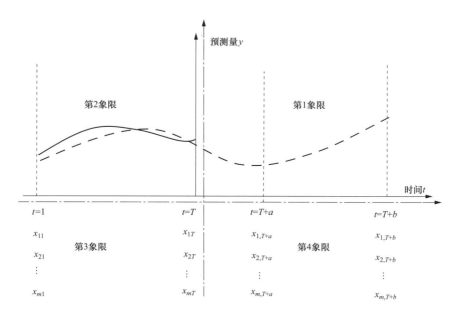

图 1-5　考虑相关因素后预测问题的示意图

此时，如果我们把时间轴看作横轴，以"现在"这个时段所在点的竖线作纵轴，则该图形可以看作一个二维坐标系（如图 1-5 中的纵横两条点划线所示），那么，"现在"这个时段所在点就是坐标原点。以坐标原点为中心，可以划分出 4 个象限。在所给定的已知条件下，实际上是用第 2、3、4 象限的数据，预测第 1 象限。如果进一步区分，实际上是用第 2、3 象限的数据进行历史拟合，得到预测模型；而第 4 象限的数据作为预测模型的输入，从而得到对第 1 象限的预测结果。

一般地，设预测模型的抽象表达形式为

$$y = f(\boldsymbol{S}, \boldsymbol{X}, t) \qquad (1\text{-}2)$$

或写为分时段的对应形式为

$$y_t = f(\boldsymbol{S}, \boldsymbol{X}_t, t) \qquad (1\text{-}3)$$

式中，$\boldsymbol{X}$ 为 m 种相关因素组成的向量；t 为时间序号；y 为待预测量；$\boldsymbol{S}$ 为该预测模型的参数向量。这里需要对"参数向量 $\boldsymbol{S}$"作出特别的说明。一般情况下，参数 $\boldsymbol{S}$ 表征了预测模型的待定常数变量的集合，需要根据历史数据的拟合作出估计。例如，对于不考虑相关因素的线性预测模型 $y = a + bx$，有 $\boldsymbol{S} = [a, b]^{\mathrm{T}}$。对于神经网络这样的预测模型，实际上也可以用参数向量 $\boldsymbol{S}$ 来表示其网络连接关系、神经元之间的连接权重等各种用于决定神经网络结构的参数。因此，可以抽象地设想模型总共有 k 个参数，则 $\boldsymbol{S} = [s_1, s_2, \cdots, s_k]^{\mathrm{T}}$。

相关因素向量 $\boldsymbol{X}$ 是根据预测模型的本质而选择的。例如，年度预测中传统的电力弹性系数法，就是用国内生产总值作为唯一的相关因素来预测全社会用电量；日负荷曲线预测中，则可以选择温度、湿度等作为相关因素。特别地，如果没有任何相关因素，即向量 $\boldsymbol{X}$

为空，就演变成为前一小节的单独考虑时间序列变化规律的预测模型。

预测的重点是，根据所有历史时段的 X_t 和 y_t，通过某种途径对模型的参数向量 S 进行估计，然后作出预测。

假定通过某种途径得到参数向量的估计值为 $\hat{S}=[\hat{s}_1,\hat{s}_2,\cdots,\hat{s}_k]^T$（例如，预测中通常以历史各时段拟合残差的平方和 $Q=\sum\limits_{t=1}^{T}v_t^2$ 最小为目标，这就是最小二乘估计），则其对历史时段拟合值的计算公式为

$$\hat{y}_t=f(\hat{S},X_t,t),\quad 1\leqslant t\leqslant T \tag{1-4}$$

由此，可评价历史时段的拟合残差为

$$v_t=\hat{y}_t-y_t=f(\hat{S},X_t,t)-y_t,\quad 1\leqslant t\leqslant T \tag{1-5}$$

同时，未来时段的预测公式为

$$\hat{y}_t=f(\hat{S},X_t,t),\quad T+a\leqslant t\leqslant T+b \tag{1-6}$$

未来时段的拟合残差只能通过事后评价才能得到。

1.6.3　虚拟预测

单纯追求尽可能高的拟合精度，并不一定能保证较高的预测精度。因此，拟合精度的好坏，不能作为衡量预测结果的唯一标准。那么，如何更好地衡量预测精度呢？虚拟预测理念的提出，从新的角度解决了预测精度的估计问题。其基本思想如图 1-6 所示。

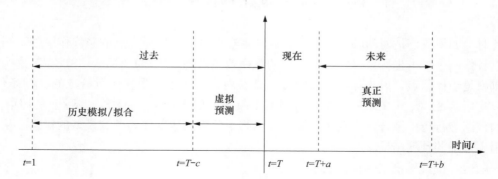

图 1-6　虚拟预测理念的示意图

图中，已经搜集到历史的样本数据 y_t，$t\in[1,T]$，需要对未来 $T+a\leqslant t\leqslant T+b$ 时段作预测。此时，引入虚拟预测时段数 c（$0<c<T$），将历史的样本数据按照时间顺序分为 2 个子集合，$G=\{y_t\mid t\in[1,T-c]\}$ 和 $H=\{y_t\mid t\in[T-c+1,T]\}$，然后分 3 步完成这个预测：

第 1 步：分析集合 G 中的数据规律性，选择合适的预测方法对此段时间区间上的数据进行建模（记为模型 A），使其达到一定的历史拟合精度。该过程也可以称为"历史模拟"。

第 2 步：将集合 H 中的数据视为未知的，利用第 1 步得到的模型 A，对 $T-c+1\leqslant t\leqslant T$ 时段作出预测。由于该区间上的数据本来是已知数据，因此这种预测是"假定"的，称为"虚拟预测"。显然，我们需要尽量调整和优化模型 A 的参数，使得虚拟预测结果与集合 H

中的数据尽可能地接近，表示"虚拟预测"误差尽可能小。只有这样，才有可能达到对未来 $T+a{\leqslant}t{\leqslant}T+b$ 时段的最佳预测效果。

第 3 步：利用调整后的模型 A 及其优化参数，对未来 $T+a{\leqslant}t{\leqslant}T+b$ 时段作出真正的预测。

显然，可以看出虚拟预测与一般预测的区别为：

（1）对于某个预测模型，在确定模型参数时，一般预测的原则是追求历史时段 $1{\leqslant}t{\leqslant}T$ 的整体拟合误差最小；而虚拟预测则以历史时段中比较靠后的若干时段为假定的预测对象，追求这段已知数据的虚拟预测误差最小。

（2）一般预测模型试图将历史拟合效果最佳的模型及其参数应用于对未来时段的预测；而虚拟预测则选取了对最近一段历史数据进行假定预测时效果最好的模型及其参数，应用于对未来时段的预测。

虚拟预测的思想是非常重要的。文献［67］所描述的"扩展短期负荷预测"，正是将当日前半段已知信息作为虚拟预测对象，调整和优化预测模型的参数，进而预测剩余负荷曲线。相对而言，一般预测属于"事前预测"，因为在实施该预测时，待预测时段的数据是未知的；而虚拟预测实际上是一种"事后预测"，因为在实施该预测时，待预测时段的数据是已知的，其作用恰恰在于检验预测模型的准确性。

1.6.4　预测结果的表现形式

人们所预期的预测结果，一般分为 3 类：

（1）"事件结果预测"（Event Outcome Forecast）：指在某一个给定时间里，可能发生某个事件，该事件的结果有若干种可能性，但是在预测时是不能确知的。例如，预测某地区明年夏季是否可能发生地震，其结果只能是"发生"和"不发生"。

（2）"事件发生时间预测"（Event Timing Forecast）：指将来可能发生某个事件，事件的结果也是已知的，但是事件的发生时间却是未能确知的。例如，某地区每年冬季都要下雪，那么，预测即将来临的冬季里第一场雪发生的日期，就是气象部门所关心的一个问题。

（3）"时间序列预测"（Time Series Forecast）：指对未来某段时间内预测对象的数值进行预测。这是最为常见的一类定量预测问题，需要根据预测对象的历史数据进行分析，得出一些变化规律，然后预测未来。为了与前两种区别，也可称之为"数值化预测"。在"数值化预测"中，预测结果的表现形式有 3 种：

1）点预测（Point Forecast），或称为"确定性数值预测"。这是实际应用中最多的一类预测，其预测的结果对于未来某个时期是确定的数值。例如，预测某地区明年的粮食产量将达到 1000 万 kg。

2）区间预测（Interval Forecast）。顾名思义，对于未来某个时期，区间预测的结果不是一个简单的确定性数值，而是一个区间，并且这个区间还对应了一定水平的期望概率。例如，预测明年国内生产总值增长率将以 90% 的概率落在区间 ［0.3%，6.3%］ 之内。

3）概率密度预测（Density Forecast）。概率密度预测将给出未来值的完整的概率分布。例如，预测明年国内生产总值增长率的概率密度服从均值为 3.3%、标准差为 1.83% 的正态分布。

实际上，人们所预期的 3 类预测结果，除了以时间序列表征的"数值化预测"，"事件结果预测"也可以用概率形式表达。例如，气象部门预测"明日的降水概率为30%"，这是一个典型的"事件结果预测"，其结果就是"降水"和"不降水"，这里的30%表明了"降水"这个事件发生的可能性。

对于预测结果的3种表现形式，它们之间存在一些明显的关系和结论：

（1）有时候，预测结果是对应一系列时点的确定性数值，但是每个时点的预测结果是唯一确定的数值，这仍然属于点预测的范畴，更确切地是属于"确定性数值预测"。在后续的电力系统负荷预测中，日负荷曲线预测就属于这种类型。

（2）当时间推移到所预测的时间之后，即可根据实际数据计算当初预测的误差。一般来说，点预测的误差不会是零；而区间预测结果则可能包含了最后统计出来的实际数据。

（3）区间预测比点预测传递了更多的信息。因此，给定某个区间预测结果，可以根据这个区间的中点，得到一个点预测值；反之，仅仅给定一个点预测的结果，则无法得到一个区间预测。

（4）进一步，概率密度预测比区间预测传递了更多的信息，当然其信息量也比点预测更多。通过概率密度预测结果，可以建立任意置信水平的区间预测结果。

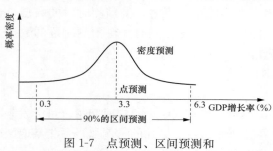

图 1-7　点预测、区间预测和
概率密度预测之间的相互关系

图 1-7 以国内生产总值 GDP 增长率的预测为例，示意了点预测、区间预测和概率密度预测之间的相互关系。

如果单独从预测结果所拥有的信息量来看，显然概率密度预测是最为详尽的，而点预测是最为"单薄"的。事实上，实际中应用最多的恰恰是点预测，其次是区间预测，最后才是概率密度预测。其主要原因是：①区间预测和概率密度预测的方法需要依赖于更多的推导和假设，涉及更加复杂的计算，目前还远未达到实用化的程度，还需进一步的研究；②点预测的结果符合人们的直观认识，容易理解，也便于应用。

1.7　负荷预测应遵循的理念

由于预测是建立在概率统计以及其他数学知识基础上的，因此，为了解决好预测问题，有些人往往过于追求复杂高深的数学方法，而忽视了对预测问题的本质性分析，从而走入误区。因此，在建立预测模型之前，明确一些预测理念是必要的。

1.7.1　区分拟合与预测

拟合不等于预测，历史拟合的最佳并不等于预测结果的最佳。通过采用各类拟合技术并不断改进，所建立的数学模型也许能够很好地拟合历史数据，适应历史数据的变化规律，但却无法建立与未来数据的任何联系，有可能导致预测效果不好。

一个极端的例子是"零误差拟合"。例如，搜集历史上 5 个年度数据，预测下一年度的数据。此时，由于历史数据只有 5 个，因此，用一个 4 次多项式（含 5 个待定参数）进行最小二乘拟合，即可使得每个历史点的拟合误差为 0。但是，此时的预测结果则无法判断，有可能远远偏离了实际值。

1.7.2　遵循简约原则

简约原则（Parsimony Principle）是指，在其他条件相同的情况下进行预测时，简单优于复杂。这是因为，与复杂的模型相比，简单模型的参数易于估计，且求解结果易于解释、理解和检查，更容易识别出模型的异常变动。当然，即便是简单模型，也必须反映预测对象的变化机理。

1.7.3 "近大远小"原则

预测中"近大远小"原则的含义是，物理量未来的变化趋势更多地取决于历史时段中近期的发展规律，远期的历史数据与未来发展趋势的相关性较弱。在常规预测中，实际上采用了"各时段拟合残差同等对待"的做法。在考虑"近大远小"原则的情况下，其处理思路应该是：区别对待各时段的拟合残差，近期的发展规律应该得到更好地拟合，远期历史数据的拟合程度可以稍低。在中长期预测中，"近大远小"原则是比较容易实现的，所采用的方法主要是加权参数估计，其优点是可以更好地体现负荷预测的惯性规律。但是，短期预测中，由于突出强调和体现负荷发展的周期性，"近大远小"原则易被忽视而不易得到贯彻。

1.7.4 重视负荷成因分析

应重视电力负荷本身内在变化规律的研究。某些电力系统负荷预测的研究工作，把负荷数据当成一系列"纯粹"的数据看待，使用纯粹的数学方法，这就失去了电力系统的特色。为了避免这种不足，研究人员应从电力系统的角度，重视负荷发展的内在规律分析。这需要更多细致的探索和研究。即在负荷预测工作中，从负荷构成的物理机理入手，研究其变化规律。不但不同的电量、负荷指标的成因有较大差异；即使是同一指标，其统计方法、管理模式在不同口径上的差异，也将导致其成因的明显差别。

以地方小水电的影响为例。在我国大部分地区，由于地方小水电数量众多、单机容量偏小、分散面广等客观原因，无法将其纳入统一调度范围。由此导致的结果是，电网调度部门只关心网供负荷的数据，因为这对其安排统一调度机组的发电计划至关重要。可是，真正具有规律性的是全社会用电负荷，它与温度因素等密切相关；同时，地方小水电靠天吃饭，有了降雨，就可以发电上网，没有来水就不发电。这种实际情况对网供负荷具有重大影响。对电网调度部门而言，如果不参考小水电的变化情况、单纯依靠网供负荷自身的发展趋势进行预测，则势必带来较大误差。

1.7.5 负荷预测中相关因素的考虑

电力系统的预测问题，并不仅仅是局限于电力系统内部的，它实际上要受到许多外界因素的影响。因此，如何在预测中引入一些主要的相关因素来提高预测精度，是值得深入研究的问题。在中长期预测中，国内生产总值、总人口等是常见的影响因素，所使用的方法主要是多元相关分析。此外还可以考虑季节性温度的影响。短期预测中，常见的影响是温度，在缺少温度等相关因素时，文献［102］甚至提出自主的气温预测方法，进而应用于负荷预测。此外，湿度、风力、天气类型、工作日/休息日及节假日类型等因素都被纳入考虑范围，所使用的方法主要有神经网络、ARMAX、模糊预测等。有些论文还探索了规范化处理相关因素的方法。

在电力系统负荷预测目前的研究中，预测方法应与实际相结合，尤其注重气候条件、电价弹性、市场环境、负荷构成等对预测具有重要影响的因素的细致研究。考虑到电力系统是一个多因素共同作用的系统，与相关因素分析相配合，可以尝试对历史数据进行数据挖掘，从中找出影响预测精度的主要相关因素（或者称为主导因素），这是一个有价值的发展方向。

同时，还要着力挖掘新的相关因素，例如，当日温度对当日负荷的影响只是一个方面，由于温度具有累积效应，连续多日高温和某日单独高温对该日的负荷影响程度大不相同，因此，可以尝试引入能够体现温度累积效应的指标，构成相关预测模型。

1.7.6 从确定性预测到区间预测、概率性预测

传统的预测结果一般都是确定性的。常规的负荷预测，只是给出一个确定的数值，其缺点是无法确定预测结果可能的波动范围。实际上，由于预测问题的超前性，实现概率性的预测更符合客观需求。在传统的电力系统规划中，要求给出电力负荷发展的高、中、低水平，实际上就是为了满足进行敏感性分析、风险分析的需要，从某种意义上讲，这也是一种概率预测结果。此外，某些传统的预测方法中，从概率论中置信区间分析的角度，可以给出一个喇叭型伸展的带状区域，使得未来数据的预测有一个大致的变化范围。这些都是概率性预测的雏形。

概率性的预测已经体现在国外的某些负荷预测方法[96]中，但其实际应用效果还有待检验和完善，特别是各种预测结果的概率分布函数是很难解决的问题。

1.7.7 综合预测

不同地区不同时段负荷的变化规律都不一样，这就要求提供尽可能多的预测模型，以适合不同地区不同时段的预测需要。预测人员可选择的模型是多种多样的，究竟选择哪一种适合本地区负荷发展规律的预测模型，需要预测人员在工作实践中，通过经验的积累，逐渐找到适合于本地区的预测模型。然而，这毕竟是一件工作量非常大的事情。不仅如此，随着时间的推移，负荷发展的规律将发生变化，预测人员又必须重新开始寻找适合负荷现状的预测模型。另一方面，数学模型是理想抽象，负荷发展的自然规律很难用单一数学模型加以描述，任何单一的预测模型的精度不可能很好。而且采用不同的预测模型一般会得到不同的预测结果，如果简单地将预测误差较大的一些预测模型舍弃掉，将会丢弃一些有用的信息。

无论是从预测人员方便地选择模型的角度，还是从提高预测的精度的角度，都需要研究如何将不同种模型进行有机的组合，形成综合预测模型，从而便于尽可能地利用各种预测方法所提供的有用信息，形成对负荷发展自然规律的更贴切或完备的描述，最终提高预测精度，帮助预测人员自动寻找适合本地区负荷发展规律的方法。这样的思想，可称为组合预测、综合预测、复合预测、结合预测等，本书统一使用综合预测。

实际上，综合预测的思想早在1954年就被美国学者 Schmitt 探索性地研究过。但直到1969年 J. M. Bates 和 C. W. J. Granger 在 *Operations Research Quarterly* 上发表 *The combination of forecasts* 一文，才首次对这类方法进行了比较系统的研究，其成果才引起预测学者的重视。后续的几十年，这类预测在理论界和预测实践中得到进一步发展。1989年，国际预测领域的权威学术刊物 *Journal of Forecasting* 还出版了这方面的研究专辑。我国在这方面的研究引人注目，最突出的是电子科技大学唐小我教授及其研究团队的成果。

电力系统引入综合预测的时间比较晚，国内研究电力系统综合预测模型是在20世纪90年代末期才发展起来的。目前电力系统综合预测模型的研究主要是针对中长期预测，当然也有针对短期预测的尝试。

综合预测的主要出发点是，不同方法的预测结果一般都有差异，应设法在这些预测结果的基础上综合判断，给每个预测模型赋予不同的权重，由此得到一个预测效果更好的综合模型。人们认为综合预测有许多优点，也会很自然地想象出两个结论：参与综合预测的模型数目越多越好；综合预测的误差平方和一定小于各个单一预测模型。实际上，这两个问题的答案都是否定的。唐小我等人对此进行了研究和证明，并给出准确的表述是：综合预测模型的预测误差平方和不大于参与组合的各个单一模型的预测误差平方和的最小者。

就预测机理而言，综合预测的权重确定仍然是一个未能很好解决的问题。例如，一般认

为综合预测的权重应该非负，而有些论文则尝试了权重取负值的问题，但负权重思想还存在一些争议，有些专家认为负权重表示了预测失效，因此是不可接受的。这个问题需要进一步探讨。还有一些分析是讨论变权重组合的问题。

1.8 负荷预测的研究动向

负荷预测作为长期的研究课题，本节将详细论述随着新形势的不断变化，特别是在电力市场条件下，其理论研究和实际工程应用应该重视的问题。

1.8.1 预测中原始数据的处理

首先要重视原始数据的收集和分析。近年来我国的电力负荷预测的研究，对于模型的建立比较重视，但在分析和收集原始数据方面存在问题。同时，历史上的突发事件或某些特殊原因对统计数据带来的重大影响，产生了称为"异常数据"或"伪数据"的情况。其原因主要有以下几方面：

（1）由人为因素引起的"异常数据"，例如数据通道通信错误、数据丢失、数据整理错误。

（2）统计口径不同带来的误差。

（3）数据是真实的，但是数据还是有异常，其原因是突发事件或某些特殊原因导致了非规律性的变化。

"异常数据"的存在会给正常数据带来较大的干扰，影响预测体系的预测精度，如果"异常数据"过大甚至会误导预测体系的预测结果，因此必须排除由"异常数据"带来的不良影响。可以通过以下途径来排除"异常数据"的影响：

（1）修正法。适用于不常见的突发事件，例如拉闸限电，应该对拉闸限电的负荷作出估计，并给予直接修正，以恢复其在自然发展状况下用电需求的"本来面目"。

（2）解析分析法。利用同样星期类型、相邻日等各种曲线的相似性，对某些表现出特殊异常的点进行修正。

（3）相关法。适用于预测量和异常因素是"因果"型相关关系的情况，预测量是"果"，由"因"的异常而造成"果"的异常。例如某年夏季气候异常，气温居高不下，持续干燥少雨，空调负荷猛增，使日负荷随之激增，从而表现出了前所未有的日负荷曲线形态。

解决上述问题的方法是运用相关预测技术，或者依据相关关系将预测量的数值还原为正常"因"下的状况，或者直接采用相关预测技术进行预测，将"因"项作为相关元，使预测体系有可能根据"因"的变化对"果"即预测量作出合理的预测。当然，应用此法的前提是准确掌握"因"相应的历史资料和预测资料，从而增加了预测人员数据收集的工作量。

（4）调整历史数据的可信度。历史数据的可信度表征了历史数据的合理性程度。在预测中如果采用加权形式的残差平方和作为目标函数，就可以区别对待各时段的拟合残差。即，为每个时期的数据赋以不同的可信度，在求取模型参数时以这些可信度为参考依据。

因此，可以依据"异常数据"的异动情况来调整可信度，即调整各时段残差的拟合程度。"异常数据"的异动情况越剧烈，可信度越低，甚至置为零，预测系统将会自动作出相应的分析处理，相应时段残差的拟合程度越低，预测量受到该"异常数据"的影响就越小，从而排除了"异常数据"给预测系统带来的干扰。

（5）自动检测与辨识不良数据。将电力系统不良数据检测与辨识的科学理论应用于负荷预测的数据处理中，对原始序列作检测与辨识，从而有效地处理历史数据中的异常值，使剔除不良数据后的参数估计结果更为精确，在改善建模的精度的同时对异常值作出可靠的估计。但是这种方法要求大样本量，辨识结果存在漏检/误检的可能。

正确地识别不良数据、补足所缺损的数据非常重要，这个工作在中长期预测和短期预测中都有一些探索，文献［95］还对此作了总结与对比。但总体来看，目前的研究还达不到实用的程度，需要进一步研究。

1.8.2　预测模型的参数估计

对于中长期、短期预测问题，一般要通过客观数据的调研，寻找适当的数学模型，然后按照一定的参数估计方法求解其中的若干个待定参数。这里，最常用的是最小二乘估计。

鉴于最小二乘估计的某些不足，又提出了许多新的参数估计方法，包括加权最小二乘估计及其各种改进方法、岭估计等。

实践证明，不同的参数估计方法，其效果可能差别较大。选择适当的参数估计方法，可以避免一些不合理的预测结果，提高预测精度。这方面的分析比较和估计策略的选择，还需要进一步深入研究。

1.8.3　预测模型的预评估

负荷发展的历史规律性如何，在某种程度上决定并限制了预测所能达到的最佳效果。因此，不能针对任何数据，都盲目地提出无限制高精度的预测要求。

由此产生了预测模型的预评估问题，其目标是在预测量未发生之前，衡量（估算）某个模型用于某种环境的预测后所能达到的预测精度。由于预测精度同时取决于预测模型的好坏和历史数据的规律性，因此，可以采用"虚拟预测"的策略进行探索，根据若干误差特性分析指标和拟合精度分析指标，作为预测评价的依据。

在此方面，文献［119，120］提出了一种基于内蕴误差评价的电力系统短期负荷预报方法。该方法建立在对负荷规律性和预报方法有效性全面评估的基础上，使预报和误差评价融于一体。在分析历史变化规律的基础上，该方法可以在预报前估计预报误差的上下限。这个思路很值得继续深入研究。

1.8.4　预测新方法、新思路和新策略的探索

在已经具有许多预测方法的情况下，众多学者仍然坚持不懈，不断探索新的预测方法。

在中长期预测中，除传统的序列预测方法之外，模糊理论、专家系统等方法均被应用。

而在短期预测中，应用最广泛、研究最多的是神经网络，文献［78］对此进行了很好的总结。除此以外，卡尔曼滤波、聚类分析均有成功应用。在新方法的探索中，我国学者热情很高，分别采用了小波分析、人工智能中的事例推理、模糊集理论、混沌分形理论、数据挖掘等进行预测的尝试，取得了一些效果。

想方设法地应用某种新的数学方法，特别是时髦的人工智能理论等来进行预测，这种纯粹为了应用某理论的预测方法，还需要由实践检验其预测效果，进而评价其应用前景。例如，就国内外目前的论文情况看，神经网络几乎是"万能"的，哪个地方都可以用，这种研究思路值得商榷。这就要求研究工作者不能仅仅停留在"对某个已有预测方法的改进"和"新的数学方法的应用"这种层面上，而应该提出在预测策略方面的新思路。例如，从单一预测模型走向综合预测（组合预测）普遍被认为是预测策略的一种进步，是否还有这样的新策略，值得继续挖掘。

1.8.5 研究自适应与自学习的预测策略

负荷预测方法，应该重视提高其适应性。同时，在负荷预测中引入自适应的思想也是非常必要的。自适应是指各种预测方法根据其所应用的地区，或最新的实际数据，进行模型参数的自动调整，达到更好的预测效果。好的预测方法应根据预测的偏差不断调整模型的结构与参数，这实际上构成了一个闭环的反馈。

自适应的思想首先在人工神经网络中得到了集中体现，这种思想意味着网络训练是一种独立的、无外部控制的操作。一个自适应系统可以从自身的挫折、对外部世界的观察和经历中进行学习。当条件发生变化时，系统能够对自身进行调整。除了神经网络方法，目前所提出的自适应短期负荷预测方法还有模糊系统方法等。文献［118］总结、对比了目前所提出的各种自适应短期负荷预测方法。

自适应预测是电力系统发展的迫切要求，需要予以关注，这在母线负荷预测中的需求更为突出。

1.8.6 自动运行与滚动预测的软件

国内外都已经开发了若干种实用化的预测软件。新形势对预测软件提出了许多新要求，主要表现在自动运行与滚动预测上。这是指在正常情况下，预测系统无需人工干预，可以连续不断地根据最新获取的数据进行周期性的滚动预测，只有当预测误差较大、需要人工处理时，才由预测人员进行调整。实现自适应预测方法，是解决自动运行与滚动预测的前提和关键。

1.9 对开展负荷预测工作的建议

在总结了负荷预测的基本原理和理念的基础上，借鉴国外经验，根据我国实际情况，本节主要对我国开展预测工作提出一些建议。

1.9.1 预测软件的规范、升级、标准化

为了适应电力系统的发展，国外的预测软件在不断地改进和升级。文献［123］报道了北美地区广为使用的 ANNSTLF 软件。在美国 EPRI 的支持下，该软件从 1992 年开发，到 1998 年升级为第三代，用户数（电力公司）达 35 个。

我国目前见诸文献报道的预测软件五花八门，因此探索适合电力市场的预测软件的规范，是当务之急。区分中长期预测与短期预测，分别提出软件的功能规范和预测精度要求、考核标准等，对提高我国的负荷预测水平具有重要的意义。

1.9.2 电力系统内预测机构的整合

目前我国电力系统中，规划、计划、用电营销、调度等部门均有预测需求，各自设立专门的预测人员，但是信息共享不够，工作内容往往有交叠，不利于提高总体的工作效率。因此，整合预测工作人员，组建跨部门的预测机构，是一个行之有效的途径。

1.9.3 组建权威的预测管理机构

建议在我国组建权威的预测管理机构。由于电力市场中预测内容的扩展，该机构不应局限于负荷预测，而是一个广义的预测机构，工作内容包括电力市场中所提出的一些新的预测问题。参考 IFS 的做法，提出如下建议：

（1）预测机构的主要目标与职责是：

1）负责起草预测的有关标准和考核评价办法；

2) 负责建立标准化的预测比较题目，见 1.9.4；

3) 实现标准的预测演示程序；

4) 以 Internet 为媒介，在研究机构和工业界之间建立一个高效的信息交互渠道；

5) 对世界范围内最新的预测研究动向及时进行总结与交流，在网上及时公布；

6) 及时报道最新的预测产品、工具和其他方面的研究进展；

7) 促进最新预测技术从大学、研究机构向工业界转化和使用；

8) 组织培训高级预测人员。

(2) 预测机构应提供如下服务：

1) 建立一个预测专用的 www 服务器，供参与者浏览信息；

2) 建立一个预测专用的 ftp 服务器，供参与者上传、下载各种电子出版物；

3) 提供现有的预测产品的功能描述、使用方法及其应用介绍；

4) 提供预测相关的学术会议、展览会、工作组、出版物的总览，供参与者查询和使用；

5) 在网上寻求预测项目的合作；

6) 建立基于 Internet 的预测新闻版，供所有参与者随时提问、寻求联系。

1.9.4 建立用于测试预测效果的标准例题库

借鉴国外的这些经验，建议由预测管理机构牵头，负责建立一组预测效果的考核标准和考核例题库，其作用是：

(1) 对现有主要方法进行比较和推荐。

(2) 对各开发方的预测软件进行统一的测评和比较，向各地区推荐较好的预测软件。

(3) 对新提出的预测方法进行预测效果的检验，要求预测结果可以重现。

(4) 全面评价预测的研究动向和应用效果，包括：①在外界扰动的情况下各种预测方法的鲁棒性评价；②各种预测方法的准确性评价；③各种预测方法的有效性评价；④为完成预测而采取的数据准备与处理措施评价；⑤预测系统的在线能力与性能评价。

关于负荷预测的标准例题的选择和建立，提出以下原则：

(1) 必须符合我国现阶段电力系统改革的趋势，即选择 3 种级别的预测样本，分别对应典型大区、典型省份、典型地区（城市）。

(2) 所选择的预测样本，应该具有较为完整的历史资料，包括电力系统有关资料、气象资料、国民经济资料等。

(3) 负荷构成具有多样性，例如大工业用户、典型商业用户、居民用户等负荷的比例要比较均衡，不能严重失衡。

建立标准例题的具体方法，应该专门研究。

第2章

数学基础及共性预测方法

2.1 负荷预测中数学理论的应用

电力系统负荷预测的本质是在纷繁复杂的负荷、气象、经济等多元数据中找到各数据之间的关联关系或函数关系，掌握负荷变化的基本规律，从而实现电力负荷的预测。其预测过程为：首先对数据进行一定的处理，选择或提取用于预测的特征，建立面向预测的模型，然后通过大量的数据训练，确定模型中的参数，从而得到预测结果。对于上述预测模式，我们需要解决以下 3 个方面的问题：

（1）如何对包含负荷、气象、经济等在内的各种数据进行处理，选择或提取有效反映用电变化规律的特征，确定预测输入量，才能得到更好的预测效果？这涉及到预测中的数据处理、数据特征选择与提取技术，本章将介绍傅里叶分析、小波分析、灰色系统等数据变换技术以及通用的特征选择（Feature selection）和特征提取（Feature extraction）技术。

（2）应该建立怎样的预测模型，才能抓住负荷变化及其与外界因素相互关联的机理，从而实现高精度的预测？这涉及预测模型的构建这一核心问题，本章将介绍回归分析、时间序列分析、决策树分析、人工神经网络、支持向量机等共性的预测技术。

（3）如何根据大量的训练数据优化确定模型的相关参数？这涉及预测中优化问题的求解，本章将介绍最小二乘法和常用的优化方法。

预测中需要使用许多数学知识，表 2-1 列举了主要的几个方面。

表 2-1   负荷预测中使用的数学理论

内　　容	举　　例
数学建模	年、月、日、时的不同预测模型
优化方法	非线性规划（无约束、有约束）；遗传算法
概率论与数理统计	概率分布，假设检验，回归分析
参数辨识	最小二乘法（线性、非线性）；不良数据检测与辨识
数据处理	区间映射，平滑技术
模式识别	模式匹配，聚类分析
其他技术	神经网络，灰色系统，专家系统，小波分析，机器学习

这些内容在中长期预测与短期预测中大部分都要涉及，因此在这里集中进行简要的介绍，详细的进一步内容可参考有关的专门著作。实际上，这里介绍的许多数学理论，例如回归分析，本身就是比较常见的预测技术。

2.2 常用优化方法

2.2.1 非线性规划

2.2.1.1 非线性规划概述

在负荷预测中，很多实际问题可以归结为最优化问题。其中的线性规划问题，其目标函数和约束条件都是变量的一次函数。单纯形法是求解线性规划问题的典型方法。但是，还有另外一些问题，其目标函数和（或）约束条件很难用线性函数表达。如果目标函数或约束条件中包含有非线性函数，就称这种规划问题为非线性规划问题。一般说来，解非线性规划问题比解线性规划问题困难。

非线性规划问题的数学模型为

$$\min \quad f(\boldsymbol{X})$$
$$s.t. \quad h_i(\boldsymbol{X}) = 0, \quad i = 1, 2, \cdots, m \qquad (2\text{-}1)$$
$$g_j(\boldsymbol{X}) \geqslant 0, \quad j = 1, 2, \cdots, l$$

其中，$\boldsymbol{X} = [x_1, x_2, \cdots, x_n]^{\mathrm{T}}$，是 n 维欧氏空间中的向量（点）；$f(\boldsymbol{X})$ 为目标函数；$h_i(\boldsymbol{X}) = 0$ 和 $g_j(\boldsymbol{X}) \geqslant 0$ 为约束条件。

由于 $\max f(\boldsymbol{X}) = -\min [-f(\boldsymbol{X})]$，当须使目标函数极大化时，只须使其负值极小化即可。若某约束条件是"$\leqslant$"不等式，仅须用 -1 乘以约束的两端，即可将这个约束化为"$\geqslant$"的形式。因而上述的模型表达无损于一般性。

2.2.1.2　无约束极值问题的解法

无约束极值问题可表述为

$$\min \quad f(\boldsymbol{X}) \qquad (2\text{-}2)$$

在无约束的情况下，为了求某可微函数的最优解，可令该函数的梯度等于零，即 $\nabla f(\boldsymbol{X}) = 0$，由此求得驻点；然后用一些条件判别是否为全局最优点，求出所要的解。对某些较简单的函数，这样做有时是可行的，可以很方便地求出问题的解；但对一般 n 元函数 $f(\boldsymbol{X})$ 来说，由条件 $\nabla f(\boldsymbol{X}) = 0$ 得到的通常是一个非线性方程组，求解它本身就相当困难，因此常直接使用迭代法。

求解上述问题的迭代法可大体分为两大类，一类要用到函数的一阶导数和（或）二阶导数，由于用到了函数的解析性质，故称为解析法，例如梯度法、共轭梯度法、变尺度法等；另一类在迭代过程中只用到函数值，而不要求函数的解析性，这类方法称为直接法，例如模矢法等。一般说来，直接法的收敛速度较慢，只是在变量较少时才适用。但是直接法的迭代步骤简单，特别是目标函数的解析表达式十分复杂，甚至写不出具体表达式时，它们的导数很难求得，或者根本不存在，这时解析法就无能为力了。

在求解无约束极值问题的解析法中，梯度法（最速下降法）是最为古老但又十分基本的一种数值方法。它的迭代过程简单，使用方便，而且又是某些其他最优化方法的基础。其过程是：

（1）给定初值 $\boldsymbol{X}^{(0)}$，置迭代次数 $q = 0$，给定收敛条件 $\varepsilon > 0$，去（2）。

（2）判断 $\| \nabla f(\boldsymbol{X}^{(q)}) \|^2 < \varepsilon$？若是，则已收敛，去（5）；否则去（3）。

（3）用下式作出修正（其中，沿负梯度方向的步长 λ_0 可采用一维搜索得到），去（4）。

$$\boldsymbol{X}^{(q+1)} = \boldsymbol{X}^{(q)} - \lambda_0 \nabla f(\boldsymbol{X}^{(q)})$$

（4）置 $q = q+1$，去（2）继续迭代。

（5）迭代结束。

应用：在负荷预测中，一元回归分析模型的参数求解是典型的无约束极值问题。对于线性模型等，$\nabla f(\boldsymbol{X}) = 0$ 对应的是一个线性方程组，可以直接得到模型参数的解；对于指数模型、对数模型等，$\nabla f(\boldsymbol{X}) = 0$ 对应的是一个非线性方程组，可以采用上述迭代方法求解。

2.2.1.3 有约束极值问题的解法

实际工作中遇到的大多数极值问题，其变量取值均受到一定限制，这种限制由约束条件来体现。带有约束条件的极值问题称为有约束极值问题。

求解有约束极值问题要比求解无约束极值问题困难得多，对极小化问题来说，除了要使目标函数在每次迭代有所下降之外，还要时刻注意解的可行性问题（某些算法除外），这给寻优工作带来了很大困难。

著名的库恩—塔克（Kuhn—Tucker）条件为非线性规划问题解的判定提供了有力的工具。K—T条件是非线性规划领域中最重要的理论成果之一，是确定某点是否为最优点的必要条件（但一般不是充分条件，只有对于凸规划，K—T条件才是最优点存在的充分必要条件）。

还有一类方法是制约函数法，其思想是将非线性规划问题的求解转化为求解一系列无约束极值问题，因而也称这种方法为序列无约束最小化技术，简称SUMT（Sequential Unconstrained Minimization Technique）。常用的制约函数基本上有两类：一是惩罚函数（或称罚函数），二是障碍函数。对应于这两种函数，SUMT有外点法和内点法。

若某非线性规划的目标函数为自变量的二次函数，约束条件又全是线性的，就称这种规划为二次规划。二次规划是非线性规划中比较简单的一类，较容易求解，一般可转化为线性规划问题求解。

> 应用：在中长期负荷预测中，综合预测模型是典型的有约束极值问题。进一步分析可知，这个问题属于二次规划。

2.2.2 遗传算法

2.2.2.1 遗传算法（GA）概述

遗传算法（Genetic Algorithms，GA）是目前使用最广泛的一种进化算法，它基于达尔文"适者生存"的思想而发展起来，属于随机优化算法（随机搜索技术）。它从一组初始的群体出发，通过选择、杂交、变异、评价等各类操作，使群体进化到搜索空间中尽可能佳的区域。

将传统方法与进化算法进行对比，可以看出：传统方法一般以目标函数的梯度作为寻优方向，初始点的选择至关重要，容易收敛到局部极值点。进化算法直接用目标函数（适合度）作为控制寻优的策略，各种随机信息处理技术的引入，使其对初始解的依赖性大大减小，对目标函数并无连续或可导的要求，并且可以获得全局最优解。

GA可以直接用于不带约束的优化（搜索）问题；同时，由于编码的原因，GA可以方便地求解带决策变量上下限约束的优化问题。它对目标函数无特殊要求（即不连续或不可导也可求解），对决策变量的类型不限（离散/连续/0—1）。总结起来，GA可用于以下几类典型问题的求解：

（1）连续变量的线性/非线性规划问题；

（2）整数变量的线性/非线性优化——组合优化；

（3）混合整数/连续优化问题；

（4）0—1规划问题（线性/非线性）。

在GA的各个环节上加入一些特殊设计，则GA也可用于求解带一般约束的优化问题，这已在各种实际应用中得到验证，也大大扩展了GA的应用领域。

2.2.2.2 遗传算法的流程

（1）给定参数：迭代收敛指标，群体规模m，杂交率p_c，变异率p_m和其他控制参数。

（2）编码：选定控制变量，进行个体编码。

（3）形成初始解群：按编码规则随机产生 M 个可行的个体，形成初始解群 S。

（4）群体评价：解群 S 中每个个体的评价包括以下步骤：

1）对个体解码，得到其对应的控制变量的取值；

2）计算在这些取值下的目标函数；

3）计算个体的适应度。

（5）选择：用转轮法或竞争法在群体 S 中进行个体的选择，形成繁殖库。

（6）繁殖操作：以繁殖库中的个体作为父代，进行杂交、变异等操作，产生的所有新个体形成新一代群体 S，判断所有新个体的可行性，并将不可行的新个体处理为可行。

（7）群体评价：对新一代群体进行评价［步骤同（4）］。

（8）判断是否满足收敛指标：若是，去（9）；否则去（5）循环迭代。

（9）迭代结束：将当前群体 S 中适应度最大的个体进行解码，即得到最优解。

2. 2. 2. 3　遗传算法的几个关键环节

为便于描述，以如下优化问题为例

$$
\begin{aligned}
\max \quad & f(\boldsymbol{X}) \\
s.t. \quad & \underline{\boldsymbol{X}} \leqslant \boldsymbol{X} \leqslant \overline{\boldsymbol{X}}
\end{aligned}
\tag{2-3}
$$

其中，$\boldsymbol{X}=[x_1,x_2,\cdots,x_n]^{\mathrm{T}}$，$\underline{\boldsymbol{X}}=[\underline{x_1},\underline{x_2},\cdots,\underline{x_n}]^{\mathrm{T}}$，$\overline{\boldsymbol{X}}=[\overline{x_1},\overline{x_2},\cdots,\overline{x_n}]^{\mathrm{T}}$。$f(\cdot)$ 为标量函数（即为单目标问题），x_i 既可为整数，也可以为实数。

2. 2. 2. 3. 1　编/译码（Coding/Decoding）方式

GA 不直接处理决策变量 x_1，x_2，$\cdots$，x_n，而是对其作编码后再行处理（一种特殊的情况是，当 x_1，x_2，$\cdots$，x_n 均为 0—1 量时，可直接用决策量进行编码，此时处理编码也就是处理决策量本身），因此编/译码是一个关键。步骤如下：

（1）确定编码长度。可根据问题求解的精度要求，为各个决策变量确定各自的二进制编码长度，例如，对第 i 个变量 x_i，取编码长度为 k_i，则全部变量的编码总长度为 $\sum\limits_{i=1}^{n} k_i$。

（2）编码策略。编码是指将十进制的决策变量对应成二进制串。事实上，当各变量的串长确定以后，此变量所能寻优的精度也相应确定，例如若第 i 个变量 x_i 的串长为 k_i，则其"分辨率"为

$$
\Delta_i = \frac{\overline{x_i}-\underline{x_i}}{2^{k_i}-1}
\tag{2-4}
$$

即将 x_i 的定义域区间 $[\underline{x_i},\overline{x_i}]$ 分为 $2^{k_i}-1$ 等份，每一份的宽度为 Δ，产生出 2^{k_i} 个离散点：0，1，2，$\cdots$，$2^{k_i}-1$。现在只需将 x_i 对应到某一个离散点，即实现了其编码。可用下式求

$$
g(x_i) = < \frac{x_i-\underline{x_i}}{\overline{x_i}-\underline{x_i}} \cdot (2^{k_i}-1) >
\tag{2-5}
$$

其中，$<\cdot>$ 表示取整函数，$g(x_i)$ 即为 x_i 所对应的二进制编码。

（3）译码策略。译码为编码的逆过程，计算公式为

$$
x_i = \underline{x_i} + \frac{\overline{x_i}-\underline{x_i}}{2^{k_i}-1} \cdot g(x_i)
\tag{2-6}
$$

即由二进制码 $g(x_i)$ 恢复出实际值 x_i。

应该指出，编码相当于 A/D 转换，由于截断处理，会产生跳变；译码则相当于 D/A 转换，无失真现象。

2.2.2.3.2　评价函数

要求所设计的适应度函数能将目标函数取值映射成为非负的可以相互比较的适应度，有两个步骤：

（1）将目标函数映射成为适应度函数 F（•）方法很多，例如：

1）对于极大化问题，有：

若 $f(X)$ 非负，则直接取 $F[f(X)] = f(X)$；

若 $f(X) \geqslant -A$，其中 $A>0$，则采用平移变换，即 $F[f(X)] = A + f(X)$；

若 $f(X) < 0$，则取 $F[f(X)] = -f(X)$。

2）对于极小化问题，有：

若 $f(X)$ 非负，则取 $F[f(X)] = 1/f(X)$；

若 $f(X) \geqslant -A$，其中 $A>0$，则取 $F[f(X)] = 1/[A + f(X) + \varepsilon]$；

若 $f(X) < 0$，则取 $F[f(X)] = -1/f(X)$。

（2）适应度函数定标（Scaling）。GA 有时会出现一些不利因素：

1）进化初期出现的适应度特别大的个体，会在下一代群体中占很大比例，有可能导致未成熟收敛现象。

2）若某个种群中，各个体平均适应度已接近于当时的最佳个体，则个体间竞争力减弱，各个体的选择机会几乎相当，有可能使优化过程处于无目标的随机漫游之中。因此，需对适应度再处理（称为定标），其方式有：

a）线性定标：$F' = aF + b$；

b）σ 截断：$F' = F - (F_0 - c\sigma)$，σ 为方差，c 为常数；

c）乘幂：$F' = F^a$，a 为常数。

2.2.2.3.3　GA 的控制参数设计

应慎重选择 GA 的如下参数：

（1）群体规模 m。m 太小，优化性能不佳，有可能陷入局部极小；m 太大，计算复杂度高。

（2）编码长度 k_i。提高 k_i，可以提高对相应变量的分辨能力，但 k_i 太大会加大计算量。一般对于一些关键变量，可取串长 k_i 稍大一些，对于非关键变量，k_i 可小一些。

（3）交叉概率 p_c。p_c 太大，搜索区域加大，但同化的可能性也大；p_c 太小，搜索效率减弱。

（4）变异概率 p_m。p_m 太大，导致盲目、随机地搜索；p_m 太小，解的多样性不够。

对于 p_c 和 p_m，可以引入自适应机制，使 p_c 和 p_m 在进化过程中是可变的，例如，若下一代平均性能远不如上一代，则说明突变严重，于是可采取加大杂交、限制变异的办法，如

$$p'_c = ap_c, a > 1 \qquad\qquad (2\text{-}7)$$
$$p'_m = bp_m, 0 < b < 1 \qquad\qquad (2\text{-}8)$$

2.2.2.3.4　选择

从群体中选出优胜的个体，参与下一代繁殖，这就是选择的目的。选择操作将形成一个繁殖库，库中的个体是以后进行繁殖操作的个体源。常用的选择手段有：

（1）直接保留/复制（Copy）。将当前群体中适应最高的若干个个体直接选中，参与下一代繁殖，其好处是当前的最优解总能生存，但它有可能导致局部最优。

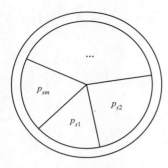

图 2-1 转轮选择法的示意图

（2）转轮法（Roulette Wheel Selection）。基本思想是，个体选中的概率与其适应度 F_i 成比例。即

$$p_{si} = F_i / \left(\sum_{i=1}^{m} F_i \right) \qquad (2-9)$$

式中，m 为种群规模。如图 2-1 所示，各个体的概率可用图中扇形域表示，满足

$$\sum_{i=1}^{m} p_{si} = 1 \qquad (2-10)$$

选取原点 O，然后转动圆盘，即产生 [0，1] 上的随机数 α，则满足如下条件的第 j 个个体被选中，表达式为

$$\sum_{i=1}^{j-1} p_{si} \leqslant \alpha \leqslant \sum_{i=1}^{j} p_{si} \qquad (2-11)$$

（3）竞争法（Tournament Selection）。选定一个竞争规模 λ（例如，取 $\lambda=2$），从群体中任取 λ 个个体，其中适应度最高的个体被选中。

2.2.2.3.5　杂交与变异

随机选取两个个体 X_1、X_2，再随机选取一个杂交分量，个体中该位置所对应的变量转换为二进制形式，再随机选取一个杂交位置，从而进行 X_1、X_2 的杂交。变异操作与此类似。多点杂交和变异可依此类推。

 应用：在中长期负荷预测中，应用遗传算法实现了三种典型饱和曲线的扩展。

2.2.3　优化问题的讨论

优化问题在科学研究和工程实践中经常遇到。一般，从实际问题出发建立相应的数学模型，这个过程比较直观，而如何求解这一模型，则需要斟酌。

一般地，求解从实际问题中产生的数学优化模型有两种方法：

（1）采用现成的数学优化理论。

（2）根据实际问题和模型的特点，以数学优化理论为基础，设计特殊的求解方法。

如果所建立的数学模型符合某个标准优化方法的要求（例如，某些标准优化方法要求目标函数可微，或要求约束为线性等），完全可以采用该优化理论直接求解。而且，现在已经有许多专门的数学软件包，只须准备建模需要的有关数据进行输入，然后简单运行软件，即可得到问题的解，而无须自己编制程序。

但是，有些实际问题如果采用标准优化方法求解，可能会产生收敛不到最优解的情况，或计算时间太长。此时，有必要研究探索特殊的求解方法。可以根据实际问题的物理特征，结合所建立的数学模型的特点，对现成的数学优化理论进行取舍和加工，提出合理的求解方法。这样做的好处是：①根据问题的特点所设计的算法，针对性强，计算速度可以很快；②对于有些问题，标准优化方法不一定能达到最优解，而专门设计的算法则有可能达到最优解；③在进行软件设计时，由于现成的专门数学软件包的源程序不易得到，重新实现标准优化方法需要的编程量过大，而设计特殊的求解方法所需要的程序量小，并且可以灵活设计与数据库的接口。当然，有些实际问题本身不易设计特殊的算法，此时只有采用第一种途

径解决。

> 应用：在负荷预测中，综合预测模型属于二次规划问题，是典型的有约束极值问题。我们曾经使用罚函数法进行求解，发现数值稳定性不好，并且不易达到最优解，因此设计了专门的求解算法，成功地解决了上述问题。

2.3 最小二乘法

2.3.1 最小二乘法概述

确定预测模型的函数表达式中的未知参数是预测的重点，最常用的办法是最小二乘法。

如果已知一组实际数据 $(\boldsymbol{X}_t, y_t)$，使用如式（1-3）所示的预测模型进行拟合，最小二乘法的基本任务就是寻找参数向量 $\boldsymbol{S}$ 的取值 $\hat{\boldsymbol{S}} = [\hat{s}_1, \hat{s}_2, \cdots, \hat{s}_k]^{\mathrm{T}}$，使由此确定的模型最好地逼近历史数据。为了突出历史数据的"离散"特性，同时与矩阵转置符号相区分，这里将历史时段数目 T 用 n 代替。

如果不存在任何误差，则在 n 个历史时段 $1 \leqslant t \leqslant n$ 均严格满足

$$y_t = f(\boldsymbol{S}, \boldsymbol{X}_t, t) \tag{2-12}$$

但是，历史数据不可能完全满足所选择的模型，因此，由上式确定的 n 个方程一般将构成矛盾方程组。此时，只能用最小二乘法求解这个矛盾方程组，使各个方程的不平衡成分尽可能小。令拟合残差平方和为

$$Q = \sum_{t=1}^{n} v_t^2 = \sum_{t=1}^{n} (y_t - \hat{y}_t)^2 = \sum_{t=1}^{n} \left[y_t - f(\boldsymbol{S}, \boldsymbol{X}_t, t) \right]^2 \tag{2-13}$$

则目标是使各历史时段拟合残差的平方和 Q 最小，即

$$\min Q = \sum_{t=1}^{n} \left[y_t - f(\boldsymbol{S}, \boldsymbol{X}_t, t) \right]^2 \tag{2-14}$$

若记待预测量的实际值与拟合值的向量分别为

$$\boldsymbol{Y} = [y_1, y_2, \cdots, y_n]^{\mathrm{T}}, \hat{\boldsymbol{Y}} = \begin{bmatrix} \hat{y}_1 \\ \hat{y}_2 \\ \vdots \\ \hat{y}_n \end{bmatrix} = \begin{bmatrix} f(\boldsymbol{S}, \boldsymbol{X}_1, 1) \\ f(\boldsymbol{S}, \boldsymbol{X}_2, 2) \\ \vdots \\ f(\boldsymbol{S}, \boldsymbol{X}_n, n) \end{bmatrix}$$

则以残差平方和表达的目标函数可表述为矩阵形式

$$\min_{s} Q = [\boldsymbol{Y} - \hat{\boldsymbol{Y}}]^{\mathrm{T}} [\boldsymbol{Y} - \hat{\boldsymbol{Y}}] \tag{2-15}$$

其中，$\hat{\boldsymbol{Y}}$ 为参数向量 $\boldsymbol{S}$ 的函数，可记作 $\hat{\boldsymbol{Y}} = \hat{\boldsymbol{Y}}(\boldsymbol{S})$。

这是一个无约束非线性规划问题。用驻点条件 $\frac{\partial \boldsymbol{Q}}{\partial \boldsymbol{S}^{\mathrm{T}}} = 0$ 求解该问题，即可得到包含 k 个未知数的 k 个线性或非线性方程。分两种情况：

（1）对于由此组成的线性方程组，可以直接求得其解析解；

（2）对于非线性方程组，一般需要迭代求解。

这两种情况的求解过程分别描述如下。

2.3.2 线性最小二乘法

如果是线性模型，则可在预测对象相关因素 m 的基础上再考虑一个常数项，一般有 $k = m+1$，即模型参数的数目 k 比自变量数目 m 多 1，最典型的就是多元线性相关问题。故可记为 $\boldsymbol{S} = [a_0, a_1, \cdots, a_m]^{\mathrm{T}}$。设已知自变量的取值为 $\boldsymbol{X}_t = [x_{1t}, x_{2t}, \cdots, x_{mt}]^{\mathrm{T}} (1 \leqslant t \leqslant n)$，因变量的取值为 $y_t (1 \leqslant t \leqslant n)$。根据历史数据，引入矩阵 $\boldsymbol{A} = \begin{bmatrix} 1 & x_{11} & \cdots & x_{m1} \\ \vdots & \vdots & \ddots & \vdots \\ 1 & x_{1n} & \cdots & x_{mn} \end{bmatrix}$，则残差平方和为

$$Q = \sum_{t=1}^{n} v_t^2 = (\boldsymbol{AS} - \boldsymbol{Y})^{\mathrm{T}} (\boldsymbol{AS} - \boldsymbol{Y}) \tag{2-16}$$

令 $\dfrac{\partial Q}{\partial \boldsymbol{S}^{\mathrm{T}}} = 0$，可直接求得模型参数的估计值为

$$\boldsymbol{S} = (\boldsymbol{A}^{\mathrm{T}} \boldsymbol{A})^{-1} \boldsymbol{A}^{\mathrm{T}} \boldsymbol{Y} \tag{2-17}$$

2.3.3 非线性最小二乘法

对于非线性模型，一般需要迭代求解。迭代求解过程如下：

取参数向量的初值为 $\boldsymbol{S}^{(0)}$，将 $\hat{\boldsymbol{Y}}(\boldsymbol{S})$ 在 $\boldsymbol{S}^{(0)}$ 附近作一阶泰勒展开，忽略高阶项，有

$$\hat{\boldsymbol{Y}}(\boldsymbol{S}) \approx \hat{\boldsymbol{Y}}(\boldsymbol{S}^{(0)}) + \left[\frac{\partial \hat{\boldsymbol{Y}}(\boldsymbol{S})}{\partial \boldsymbol{S}^{\mathrm{T}}} \right]_{\boldsymbol{S} = \boldsymbol{S}^{(0)}} \cdot (\boldsymbol{S} - \boldsymbol{S}^{(0)}) \tag{2-18}$$

以满足 $\dfrac{\partial Q}{\partial \boldsymbol{S}^{\mathrm{T}}} = 0$ 的 $\boldsymbol{S}$ 值作为新的参数估计值 $\boldsymbol{S}^{(1)}$，即

$$\frac{\partial Q}{\partial \boldsymbol{S}^{\mathrm{T}}} = -2 \left[\frac{\partial \hat{\boldsymbol{Y}}(\boldsymbol{S})}{\partial \boldsymbol{S}^{\mathrm{T}}} \right]^{\mathrm{T}} \cdot [\boldsymbol{Y} - \hat{\boldsymbol{Y}}]$$

$$\approx -2\boldsymbol{H}^{\mathrm{T}} [\boldsymbol{Y} - \hat{\boldsymbol{Y}}(\boldsymbol{S}^{(0)}) - \boldsymbol{H} \cdot (\boldsymbol{S}^{(1)} - \boldsymbol{S}^{(0)})] = 0 \tag{2-19}$$

其中雅可比矩阵为

$$\boldsymbol{H} \approx \left[\frac{\partial \hat{\boldsymbol{Y}}(\boldsymbol{S})}{\partial \boldsymbol{S}^{\mathrm{T}}} \right]_{\boldsymbol{S} = \boldsymbol{S}^{(0)}} \tag{2-20}$$

解得

$$\boldsymbol{S}^{(1)} = \boldsymbol{S}^{(0)} + (\boldsymbol{H}^{\mathrm{T}} \boldsymbol{H})^{-1} \boldsymbol{H}^{\mathrm{T}} [\boldsymbol{Y} - \hat{\boldsymbol{Y}}(\boldsymbol{S}^{(0)})] \tag{2-21}$$

由此可构造迭代过程，第 q 次迭代为

$$\boldsymbol{H} = \left[\frac{\partial \hat{\boldsymbol{Y}}(\boldsymbol{S})}{\partial \boldsymbol{S}^{\mathrm{T}}} \right]_{\boldsymbol{S} = \boldsymbol{S}^{(q)}} \tag{2-22}$$

$$\Delta \boldsymbol{S}^{(q)} = (\boldsymbol{H}^{\mathrm{T}} \boldsymbol{H})^{-1} \boldsymbol{H}^{\mathrm{T}} [\boldsymbol{Y} - \hat{\boldsymbol{Y}}(\boldsymbol{S}^{(q)})] \tag{2-23}$$

$$\boldsymbol{S}^{(q+1)} = \boldsymbol{S}^{(q)} + \Delta \boldsymbol{S}^{(q)} \tag{2-24}$$

以 $\max\limits_{1 \leqslant j \leqslant k} |\Delta s_j^{(q)}| < \varepsilon$ 为判断收敛的条件，其中 k 为模型待定参数的数目。迭代结束后，以 $\boldsymbol{S}^{(q+1)}$ 作为模型参数的最终估计值。

2.4 回归分析法

2.4.1 概述

回归分析的任务是寻找因变量（应变量）y 与自变量（解释变量）$\boldsymbol{X}$ 之间存在着的相关

关系及其回归方程式 $y = f(\mathbf{S}, \mathbf{X})$，这里 $\mathbf{S}$ 为回归模型的参数向量。请注意，这里为了便于说明，并未显式地在回归方程中写出时间变量 t。按自变量的多少可分为一元回归分析和多元回归分析；按照自变量与因变量之间的回归方程的类型可分为线性回归分析和非线性回归分析。因此共有四类：①一元线性回归分析；②多元线性回归分析；③一元非线性回归分析；④多元非线性回归分析。一般只讨论前三种回归分析法。

2.4.2　一元线性回归分析

一元回归分析是基于曲线拟合的预测方法，即根据自变量与因变量的记录值，确定适当的函数类型及相应的参数，拟合一条"最佳"的曲线（称之为配曲线问题），然后将此曲线外延至未来的适当时刻，在已知自变量取值时得到因变量的预测值。其中，最简单的是一元线性回归分析。

一元线性回归分析的模型可表述为

$$y = f(\mathbf{S}, \mathbf{X}) = a + bx \tag{2-25}$$

其中，$\mathbf{S} = [a, b]^{\mathrm{T}}$。设已知自变量、因变量在历史时段 $1 \leqslant t \leqslant n$ 的取值分别为 x_1，x_2，$\cdots$，x_n 和 y_1，y_2，$\cdots$，y_n，自变量在未来时段 $n+1 \leqslant t \leqslant N$ 的取值为 x_{n+1}，x_{n+2}，$\cdots$，x_N，则残差平方和为

$$Q = \sum_{t=1}^{n} v_t^2 = \sum_{t=1}^{n} [y_t - (a + bx_t)]^2 \tag{2-26}$$

按最小二乘法，使 Q 取极小值，令

$$\frac{\partial Q}{\partial a} = -2 \sum_{t=1}^{n} (y_t - a - bx_t) = 0 \tag{2-27}$$

$$\frac{\partial Q}{\partial b} = -2 \sum_{t=1}^{n} x_t (y_t - a - bx_t) = 0 \tag{2-28}$$

可解得

$$b = \left[\sum_{t=1}^{n} (x_t - \overline{x})(y_t - \overline{y}) \right] \bigg/ \left[\sum_{t=1}^{n} (x_t - \overline{x})^2 \right] \tag{2-29}$$

$$a = \overline{y} - b\overline{x} \tag{2-30}$$

其中，$\overline{x} = \dfrac{1}{n} \sum_{t=1}^{n} x_t, \overline{y} = \dfrac{1}{n} \sum_{t=1}^{n} y_t$。

由此确定了回归方程中的 $\mathbf{S} = [a, b]^{\mathrm{T}}$，从而用式（2-25）进行预测。

2.4.3　多元线性回归分析

多元线性回归预测模型可表述为

$$y = f(\mathbf{S}, \mathbf{X}) = s_0 + \sum_{i=1}^{m} s_i x_i \tag{2-31}$$

可对其中的参数进行估计，然后用于预测。

2.4.4　可化为线性的一元非线性回归分析

一元回归分析（线性或非线性）可称为"配曲线问题"。除一元线性回归分析模型外，其他常用的趋势曲线有以下若干种，它们可经过适当的变换转化为一元或多元线性回归分析模型，下面列出各种模型及其变换方法：

（1）指数模型 1：$y = a\mathrm{e}^{bx}$（或 $y = ab^x$），变换方法为：令 $y' = \ln y, x' = x$。

(2) 指数模型 2：$y = ae^{b/x}$，变换方法为：令 $y' = \ln y$，$x' = 1/x$。

(3) 对数模型：$y = a + b\ln x$，变换方法为：令 $y' = y$，$x' = \ln x$。

(4) 双曲线模型 1：$y = a + b/x$，变换方法为：令 $y' = y$，$x' = 1/x$。

(5) 双曲线模型 2：$1/y = a + b/x$，变换方法为：令 $y' = 1/y$，$x' = 1/x$。

(6) 幂函数模型：$y = ax^b$，变换方法为：令 $y' = \ln y$，$x' = \ln x$。

(7) Gompertz 曲线：$\ln y = a + be^{-x}$，变换方法为：令 $y' = \ln(y)$，$x' = e^{-x}$。

(8) 抛物线模型：$y = a + bx + cx^2$，变换方法为：令 $y' = y$，$x_1 = x$，$x_2 = x^2$。

(9) 高次曲线模型：$y = s_0 + s_1 x + s_2 x^2 + \cdots + s_r x^r$，变换方法为：令 $y' = y$，$z_1 = x$，$z_2 = x^2$，$\cdots$，$z_r = x^r$。

上述 9 个函数中，模型（1）～（7）均可化为如下的一元线性回归分析模型

$$y' = a' + b'x' \tag{2-32}$$

模型（8）、（9）分别化为如下的多元线性回归分析模型

$$y' = a + bx_1 + cx_2 \tag{2-33}$$

$$y' = s_0 + s_1 z_1 + s_2 z_2 + \cdots + s_r z_r \tag{2-34}$$

2.4.5 关于回归分析的讨论

2.4.5.1 趋势外推模型

前面的分析中，使用了自变量为 X 的抽象表述方式。对于预测问题而言，几乎每种预测模型都离不开时间变量。如果单独考虑仅有一个自变量"时间"的预测模型（仍然是配曲线问题），则实际上是完全依靠预测对象的历史规律进行分析并作出预测，可称为"趋势外推模型"。可以认为，趋势外推模型是自变量为时间的回归模型，属于一般回归分析模型的特例。因而，前面所介绍的一些回归分析的处理方法，当自变量 X 成为单独的时间 t 时，则可用于处理趋势外推模型，也可称为时间回归分析。时间回归分析法的图解说明如图 2-2 所示。

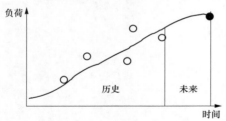

图 2-2 时间回归分析法的图解说明

具体分析趋势外推模型，当时间序列无明显的季节变动和循环变动时，我们可以试图找到一条适当的函数曲线来反映它随时间变化而呈现的某种趋势，即以时间 t 为自变量，时间序列 y_t 为因变量，建立曲线趋势模型 $y_t = f(t)$。当这种趋势可以延伸至未来时，给定时间 t 的未来值，将其代入模型即可得到相应时刻时间序列变量的预测值。这种方法也可称为曲线趋势预测法。

2.4.5.2 回归分析中历史数据序列的单调性问题

在时间回归分析中，强调了"时间序列无明显的季节变动和循环变动"，或者说，时间回归分析所适用的历史数据序列一般是关于时间变量的单调序列，这在经济预测中更为常见，例如预测每年的 GDP，一般是逐年递增的。但是，不能将这种单调特性错误地套用到一般回归分析模型中。

例如，在电力系统负荷分析中，假定需要分析日电量与日平均温度之间的关系，我们可以直接作日电量与日平均温度的实际历史序列曲线，如图 2-3 所示。

显然，日电量关于时间变量并不是单调变化的，而是有明显的波动特性；日平均温度同样如此。但是，日电量曲线与日平均温度曲线的变化趋势和波动特性存在着明显的类似性，当温度升高时，日电量也处于升高的阶段；当温度降低时，日电量也处于降低的阶段。两者变化曲线的峰和谷也基本上重合。

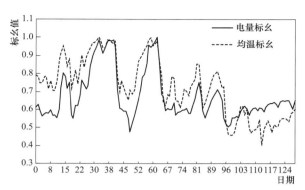

图 2-3　日电量与日平均温度曲线

从图 2-3 中可以判断，日电量与日平均温度应该具有比较大的相关性。这为下一步的相关性分析提供了依据。此时，我们重新回到"回归分析"的本质上，直接寻找日电量与日平均温度之间的相互关系，如图 2-4 所示。

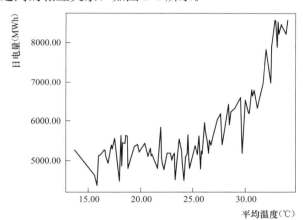

图 2-4　日电量与平均温度的关系曲线

从图 2-4 中可以看出，日电量与平均温度之间的关系曲线接近于二次曲线的形状，在回归分析中要考虑到这一点，建立相应的模型。同样可以看出，即便是日电量与平均温度之间的直接关系曲线，也不具备单调的特点。

因此，需要强调指出：回归分析的对象既可以是单调序列，也可以是波动的数据序列。

2.4.5.3　回归分析的分类描述

本书为了叙述的方便，并且为了不引起混淆，采用如下描述方法：

（1）将只包含一个自变量"时间"的一元回归分析问题称为时间回归分析方法，有时称为"趋势外推模型""曲线趋势预测法"。

（2）自变量不是时间项的一元回归分析问题，称为一元相关量回归分析法，简称为一元相关分析法。

（3）自变量是时间量或各种相关因素的多元回归分析问题，称为多元相关量回归分析法，简称为多元相关分析法。

2.5　灰色系统理论

2.5.1　简介

灰色系统理论是 20 世纪 80 年代初由我国学者、当时的华中理工大学教授邓聚龙提出并

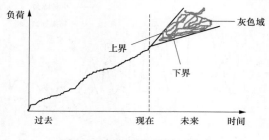

图 2-5　灰色理论的图解说明

发展的。该理论在近年来被广泛地应用。其基本模型是灰色模型（Grey Model，简称GM）。灰色系统理论用颜色形象地描述模型信息的已知程度。白色的模型表示模型的信息全部已知，黑色的模型表示模型的信息全部未知，灰色的模型表示模型的信息已知程度介于白与黑之间。负荷预测就是一个灰色问题，人们对未来有关预测量信息部分已知，部分未知，如图 2-5 所示。

与通过大量样本进行统计分析的传统方法相比，灰色系统建模的优越性体现在两个方面。其一是前者需要的原始数据越多越好，其精度才有保障，而后者没有如此苛刻的要求。其二是后者一般采用一定的方式对原始数据进行生成处理（如累加生成和累减生成），将杂乱无章的原始数据整理成规律性较强的生成数据，从而弱化原随机序列的随机性，获得光滑的离散函数，再进一步基于这些生成数据建模。因此，灰色模型具有建模所需信息较少、建模精度较高等特点。

一般意义上的灰色模型为 $GM(u,h)$，表示对 h 个变量建立 u 阶微分方程。作预测用的模型一般为 $GM(u,1)$，实际应用最多的是 $GM(1,1)$。

2.5.2　常规 GM(1,1) 建模与预测

以上标"（0）"表示原始序列，上标"（1）"表示累加生成序列，$GM(1,1)$ 的建模与预测步骤如下：

（1）给定原始序列

$$\boldsymbol{X}^{(0)} = \left[x^{(0)}(1), x^{(0)}(2), \cdots, x^{(0)}(n)\right] \tag{2-35}$$

（2）对原始序列作累加生成

$$x^{(1)}(j) = \sum_{i=1}^{j} x^{(0)}(i), j = 1, 2, \cdots, n \tag{2-36}$$

显然有

$$x^{(1)}(i) - x^{(1)}(i-1) = x^{(0)}(i), i = 2, 3, \cdots, n \tag{2-37}$$

（3）建立相应的微分方程为

$$\frac{\mathrm{d}x^{(1)}}{\mathrm{d}t} + ax^{(1)} = b \tag{2-38}$$

式中，a 称为发展灰数；b 称为内生控制灰数。采用等时距，将式中的微商用差商代替，并用两点的平均值代替 $x^{(1)}$，有

$$\left[x^{(1)}(i+1) - x^{(1)}(i)\right] + a \cdot \frac{1}{2}\left[x^{(1)}(i+1) + x^{(1)}(i)\right] = b, i = 1, 2, \cdots, n-1 \tag{2-39}$$

即

$$-\frac{1}{2}\left[x^{(1)}(i+1) + x^{(1)}(i)\right]a + 1 \cdot b = x^{(0)}(i+1) \tag{2-40}$$

（4）引入向量 $\boldsymbol{Y} = \left[x^{(0)}(2), x^{(0)}(3), \cdots, x^{(0)}(n)\right]^{\mathrm{T}}$ 及矩阵

$$\boldsymbol{B} = \begin{bmatrix} -0.5\left[x^{(1)}(1) + x^{(1)}(2)\right] & 1 \\ \vdots & \vdots \\ -0.5\left[x^{(1)}(n-1) + x^{(1)}(n)\right] & 1 \end{bmatrix}, \hat{\boldsymbol{b}} = \begin{bmatrix} a \\ b \end{bmatrix}$$

则残差为

$$V = Y - B \cdot \hat{b} \qquad (2-41)$$

显然应使 $V^{\mathrm{T}}V$ 取极小，由此作参数 a,b 最小二乘估计

$$\begin{bmatrix} a \\ b \end{bmatrix} = (B^{\mathrm{T}}B)^{-1}B^{\mathrm{T}}Y \qquad (2-42)$$

（5）得到时间响应函数，预测（拟合）模型为

$$\hat{x}^{(1)}(i) = \left[x^{(0)}(1) - b/a\right]\mathrm{e}^{-a(i-1)} + b/a, i \geqslant 1 \qquad (2-43)$$

据此可得 $i \geqslant n+1$ 时的预测值 $\hat{x}^{(1)}(i)$。

（6）累减还原

$$\hat{x}^{(0)}(i) = \hat{x}^{(1)}(i) - \hat{x}^{(1)}(i-1), i \geqslant 2 \qquad (2-44)$$

$$\hat{x}^{(0)}(1) = \hat{x}^{(1)}(1) = x^{(0)}(1) \qquad (2-45)$$

至此，得到原始序列 $x^{(0)}(i)(i=1,2,\cdots,n)$ 的历史拟合值 $\hat{x}^{(0)}(i)(i=1,2,\cdots,n)$ 及未来预测值 $\hat{x}^{(0)}(i)(i \geqslant n+1)$。

建立 GM(1,1) 模型一般要通过一系列检验，如建立的 GM(1,1) 模型检验不合格或精度不理想，则要对模型进行残差修正。

灰色模型的精度检验通常有残差检验、关联度检验和后验差检验三种形式，而预测值的精度则以推算预测值的均方差作为判定依据。

2.6　时间序列分析模型

由美国学者 George Box 和英国统计学家 Gwilym Jenkins 在 1968 年提出的时间序列分析模型，被认为是最经典、最系统的一类预测方法，称为 Box-Jenkins 预测方法，广泛地应用于各类预测之中，也是短期负荷预测的常用方法。

Box-Jenkins 预测方法把时间序列看作随机过程来研究和描述，其基本思想是：首先假设所分析的时间序列是由某个随机过程产生的，然后用时间序列的原始数据建立一个描述该过程的模型，并进行参数估计，此后运用所建立的模型，在已知时间序列在过去和现在的观测值的情况下，求得时间序列未来的预测值。

对于平稳性时间序列，Box-Jenkins 预测方法的模型分为 3 种：自回归模型（Auto regression model，AR）、移动平均模型（Moving average model，MA）、自回归—移动平均模型（Auto regressive moving average model，ARMA）。对于非平稳性时间序列，则可应用累积式自回归—移动平均模型（Auto regressive integrated moving average model，ARIMA）。对于周期性时间序列，则可利用 X-12-ARIMA 等模型进行时间序列分解。

2.6.1　自回归模型

在短期负荷预测研究中，引起负荷变化的因素很多，不可能把影响负荷的因素都归入模型。从各级调度部门可获得的是过去记录的历史负荷，易于得出某一时刻的负荷与它过去相关时刻的负荷有关。自回归模型的基本思想是：因变量是待预测的负荷，而自变量则是负荷自身的过去值。

自回归模型认为：负荷的现在值 x_t 可由过去值的加权值的有限线性组合及一个干扰量 ε_t 来表示。于是，由随机变量的滞后项的加权和以及一个随机干扰项确定的具有如下结构的模型称为 p 阶自回归模型，简记为 AR(p)

$$x_t = \phi_0 + \phi_1 x_{t-1} + \phi_2 x_{t-2} + \cdots + \phi_p x_{t-p} + \varepsilon_t \qquad (2\text{-}46)$$

其中，x_t 代表随机变量；p 代表模型阶数；ϕ_0 为常数项；ϕ_1，ϕ_2，$\cdots$，ϕ_p 称为自回归系数（模型系数），$\phi_p \neq 0$；ε_t 为随机干扰项。条件 $\phi_p \neq 0$ 保证了模型的最高阶数为 p。这里，预测负荷与它过去时刻的负荷有关，故称为自回归模型。

当 $\phi_0 = 0$ 时，模型又称为中心化 AR(p) 模型。

实际上，非中心化 AR(p) 序列都可以通过下面的变换转化为中心化 AR(p) 序列。引入均值 $\mu = \phi_0/(1-\phi_1-\cdots-\phi_p)$，令 $y_t = x_t - \mu$，则 $\{y_t\}$ 为 $\{x_t\}$ 的中心化序列。中心化变换实际上就是非中心化的序列整个平移了一个常数位移，这种整体移动对序列值之间的相关关系没有任何影响，所以在分析 AR 模型的相关关系时，都简化为对它的中心化模型进行分析。

引进延迟算子 B，有

$$x_{t-1} = Bx_t$$
$$x_{t-2} = B^2 x_t$$
$$\vdots$$
$$x_{t-p} = B^p x_t$$

中心化 AR(p) 模型又可以简记为

$$\Phi_p(B)x_t = \varepsilon_t \qquad (2\text{-}47)$$

其中，$\Phi_p(B) = 1 - \phi_1 B - \phi_2 B^2 - \cdots - \phi_p B^p$，称为 p 阶自回归系数多项式。

2.6.2 移动平均模型

在 AR 模型中，理论上干扰的影响是在无限长的时间内存在的，即一个初始时刻的干扰将会影响到未来无限长时间内的负荷值。如假设干扰的影响在时间序列中只表现在有限的几个连续时间间隔内，然后就完全消失，获得派生模型，即移动平均模型。移动平均模型由随机干扰项的当期和滞后项的加权之和确定，具有如下结构的模型称为 q 阶移动平均模型，简记为 MA(q)

$$x_t = \mu + \varepsilon_t - \theta_1 \varepsilon_{t-1} - \theta_2 \varepsilon_{t-2} - \cdots - \theta_q \varepsilon_{t-q} \qquad (2\text{-}48)$$

其中，x_t 代表随机变量；q 代表模型阶数；μ 为常数项；θ_1，θ_2，$\cdots$，θ_q 称为移动平均系数（模型系数），$\theta_q \neq 0$；ε_t 为随机干扰项。条件 $\theta_q \neq 0$ 保证了模型的最高阶数为 q。

当 $\mu = 0$，称为中心化 MA(q) 模型。对非中心化 MA(q) 模型只要做一个简单的位移 $y_t = x_t - \mu$，就可以转化为中心化 MA(q) 模型。这种中心化运算不会影响序列值之间的相关关系，所以在分析 MA 模型时，常常简化为对它的中心化模型进行分析。

使用延迟算子，中心化 MA(q) 模型又可以简记为

$$x_t = \Theta_q(B)\varepsilon_t \qquad (2\text{-}49)$$

其中，$\Theta_q(B) = 1 - \theta_1 B - \theta_2 B^2 - \cdots - \theta_q B^q$，称为 q 阶移动平均系数多项式。

2.6.3 自回归—移动平均模型

为了使模型在拟合实际数据时具有更大的灵活性，有时在模型中既包含自回归部分也包含移动平均部分，这就是自回归—移动平均模型。ARMA(p, q) 的模型结构如下

$$x_t = \phi_0 + \phi_1 x_{t-1} + \phi_2 x_{t-2} + \cdots + \phi_p x_{t-p} + \varepsilon_t - \theta_1 \varepsilon_{t-1} - \theta_2 \varepsilon_{t-2} - \cdots - \theta_q \varepsilon_{t-q} \qquad (2\text{-}50)$$

其中，$\phi_p \neq 0$，$\theta_q \neq 0$。模型的参数与 AR 模型和 MA 模型相同。

若 $\phi_0 = 0$，该模型称为中心化 ARMA(p, q) 模型。

引进延迟算子，ARMA(p，q) 简记为

$$\Phi_p(B)x_t = \Theta_q(B)\varepsilon_t \tag{2-51}$$

其中，$\Phi_p(B)=1-\phi_1 B-\phi_2 B^2-\cdots-\phi_p B^p$，为 p 阶自回归系数多项式；$\Theta_q(B)=1-\theta_1 B-\theta_2 B^2-\cdots-\theta_q B^q$，为 q 阶移动平均系数多项式。

显然，当 $q=0$ 时，ARMA(p，q) 模型就退化成了 ARMA(p，0)，实际上就是 AR(p) 模型；当 $p=0$ 时，ARMA(p，q) 模型就退化成了 ARMA(0，q)，实际上就是 MA(q) 模型；所以，AR(p) 模型和 MA(q) 模型实际上是 ARMA(p，q) 模型的特例，它们都统称为 ARMA 模型。而 ARMA(p，q) 模型的统计性质也正是 AR(p) 模型和 MA(q) 模型统计性质的有机组合。

2.6.4 累积式自回归—移动平均模型

以上 3 种时间序列模型都是建立在随机序列平稳性假设的基础上的，电力系统的负荷变化虽然有一定的规律，但还受各种因素的影响，如季节更替、天气突然变化、设备事故和检修、大的节假日、国家政策以及经济发展等，使得负荷时间序列的变化出现非平稳的随机过程。因此首先要进行平稳化处理，通过差分计算将其转换为平稳过程，然后再按平稳时间序列模型进行建模。这就需要建立累积式自回归—移动平均模型。累积式自回归—移动平均模型（ARIMA）适用于非平稳随机时间序列的模型，并能将非平稳随机过程中的平稳随机变化负荷包含在模型中。

Box-Jenkins 预测方法认为，对于齐次非平稳性序列，只要对其进行一次或多次差分，就可以转换为平稳序列。因此，需要引入差分算子 ∇ 如下

$$\nabla x_t = x_t - x_{t-1} \tag{2-52}$$

其中，∇x_t 称为 x_t 的 1 阶差分。

显然，差分算子 ∇ 与延迟算子 B 之间存在如下的关系

$$\nabla = 1 - B \tag{2-53}$$

依此类推，记 $\nabla^d x_t$ 为 x_t 的 d 阶差分

$$\nabla^d x_t = \nabla^{d-1} x_t - \nabla^{d-1} x_{t-1} \tag{2-54}$$

其中，$\nabla^d = (1-B)^d$。

引入 d 阶差分，具有如下结构的模型称为累积式自回归—移动平均模型，简记为 ARIMA(p,d,q) 模型

$$\Phi_p(B)\nabla^d x_t = \Theta_q(B)\varepsilon_t \tag{2-55}$$

由上式易见，ARIMA 模型的实质就是差分运算与 ARMA 模型的组合，其含义是，非平稳序列可以通过适当阶次的差分实现平稳化，然后对差分后的序列进行 ARMA 模型拟合。而 ARMA 模型的分析方法非常成熟，这意味着对差分平稳序列的分析也将非常简单、非常可靠。

关于模型的定阶、参数估计等，可参考文献[54，108，144～150]。

2.6.5 X-12-ARIMA 模型

对含有明显周期分量的时间序列，可以对周期分量进行剥离和调整。以月度电量为例，由于受到季节特性等各种因素的影响，每年月度电量既有上升的趋势，又有明显的周期波动特性，此时需要对增长趋势量和周期波动量进行分离，这称为月度电量季节调整。这种特性的时间序列在经济数据等中也非常常见。季节变动要素和不规则要素往往掩盖了序列的变化规律，给研究序列趋势和进行序列相关分析带来困难。因此，无论是研究用电量序列还是研

究经济指标序列，都需要对序列进行季节调整。特别是月度用电量序列受季节因素的影响很大，用电量的季节分解对于月度负荷预测具有重要意义。

在所有的季节调整算法中，均含有一个潜在的假设，即认为月度或季度时间序列数据是由4种因素组成的，分别为：长期趋势因素（T），波动循环因素（C），季节因素（S）与不规则因素（I）。长期趋势因素代表经济时间序列长期的趋势特性。波动循环因素是以数年为周期的一种景气变动，在研究经济序列时，它反映了经济的扩张与收缩，繁荣与萧条。季节因素是每年重复出现的循环变动，反映了由于温度、降雨、假期等因素引起的，以12个月或4个季度为周期的周期影响。季节因素和波动循环因素的区别在于，季节变动是固定间距的循环，而波动循环因素是周期不固定的波动。不规则因素又称为随机因子、残余变动或噪声，其变动无规律可循，这类因素是由偶然发生的事件引起的，如罢工、意外事故、地震、恶劣气候、战争等。现有的季节调整方法主要有：移动平均比率法、TRAMO/SEATS法、X-11法、X-12-ARIMA法、BV4法与结构时间序列模型等。下面简要介绍应用广泛的X-12-ARIMA模型。

X-12-ARIMA程序可以分为regARIMA和增强版X-11两个模块，regARIMA用于对数据的预处理，包括进行序列向前和向后的延拓，离群值的检测与各种效应的先验调整等。增强版X-11是基于移动平均的季节调整，通过3次筛选，确定最终的季节因素、趋势—循环因素以及不规则因素。X-12-ARIMA在调整的最后还给出了模型的详细诊断，为改进模型提供了必要的信息。

图2-6是X-12-ARIMA季节调整程序的基本流程，其中实线箭头代表程序的流程，虚线箭头代表季节调整中实际需要经历的操作过程，通过"调整—诊断—再调整"得到序列的最佳季节调整。

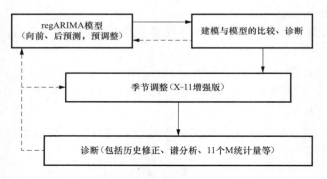

图2-6　X-12-ARIMA季节调整程序的基本流程

预调整模块regARIMA主要用于延拓时间序列，其全称为带有ARIMA时间序列误差的线性回归模型，是对ARIMA时间序列建模的重要革新。该方法在建立ARIMA时间序列模型时加入对于离群值、日历效应等影响因素的回归变量，自动选择影响显著的效应与最佳ARIMA模型。特别是对于一些带有缺失值或异常值的序列，regARIMA的系数估计和预测具有一定的稳健性。其中"移动假日效应"是日历效应的一种，主要指日期每年不同的假日所引起的效应，如美国的劳动节、感恩节，中国的春节、元宵节等。在假日中，人们的生产活动与平时不同，这往往会带来一些统计指标的异常变动，如用电量、工业增加值的减少，居民收入、消费支出的增加等。由于这些假日的循环周期不是正好一年，使得这些假日的效应往往不能被季节分解完全地吸收。需要建立与之对应的变量在regARIMA环节中进行回归。春节是中国的传统节日，由于农历与公历时间上的差别使得每年春节周期性的出现在 1 月 20 日至 2 月 20 日之间。由于 X-12-ARIMA 不能对中国的春节因素进行直接建模，因此需要利用其用户自定义回归变量的功能进行春节因素的回归。具体做法是，根据季节分解的目标序列的性质，设春节因素的影响体现在春节前 b 天至春节后 a 天，根据每年春节的日期确定影响日分布在每个月的天数，再根据每个月影响日的天数确定每个月的权重，没有影响日的月份权重为 0，每年各月的权重之和为 1。

X-12-ARIMA 中增强版 X-11 模块用于将月度或季度的时间序列分解为趋势—循环成分（TC），季节成分（S）和不规则成分（I）。所用的分解模型有以下 4 种：

（1）乘法模型（M）

$$Y_t = TC_t \times S_t \times I_t$$

（2）加法模型（A）

$$Y_t = TC_t + S_t + I_t$$

（3）伪加法模型（PA）

$$Y_t = TC_t \times (S_t + I_t - 1)$$

（4）对数加法模型（LAD）

$$Y_t = \log(TC_t + S_t + I_t)$$

乘法模型适用于保持正值并且随着序列水平增长其季节性波动幅度也增长的序列，大多数宏观季节时间序列都适用于乘法模型。加法模型与之类似。伪加法模型适用于在每年的某个相同月份取值很小、接近于零的时间序列的调整。对数加法模型主要用于算法研究的目的，实际中应用较少。关于 X-12-ARIMA 的具体理论推导及其应用可参考文献[149、150]。

2.7 频域分析方法

2.7.1 傅立叶分析

电力负荷是具有较强周期性的时间序列，因此可以对其使用时间序列频域分析方法进行分析，在指定建模时域 D^- 的负荷时间序列 $P(t)$ 可做如下傅立叶分解

$$P(t) = a_0 + \sum_{i=1}^{N-1} (a_i \cos\omega_i t + b_i \sin\omega_i t) \tag{2-56}$$

其中，N 为负荷序列的长度。

根据傅立叶分解的性质，分解后得到的信号是彼此正交的。用这种方法把 $P(t)$ 分解成角频率为 $\omega_i = \dfrac{i}{N} \times 2\pi$（$i = 1, 2, \cdots, N-1$）的若干分量。傅立叶分析方法提供了一种把时域信号转换到频域进行分析的途径，但它只考虑时域和频域之间的一对一映射关系，是一种时频完全分离的分析方法。

2.7.2 小波分析

经典的傅立叶分析存在不足之处，主要表现在：傅立叶分析是针对整个时域和频域的均匀处理，受整体化约束，只能描述 $f(x)$ 在整个时域上的频谱特征，而很多实际问题，比如说负荷预测，难点正在于如何清楚地分析局部信息、预测短时变化趋势。即便通过加窗来分析局部的时域信息，得到所谓的加窗傅立叶变换，也存在一定的局限，因为加窗之后，窗宽一般是固定的，当频率变化时，分析的精度就会受到很大影响。

正因为如此，将能够灵活进行变尺度分析的小波变换引入负荷预测领域，是一个很好的尝试。

与傅立叶分析类似，小波变换也是通过时域和频域的变换，从而将序列或函数在时域上分解为各种频率的分量。简单地说，小波变换就是用合适的母小波（Mother wavelet）通过时间轴上的位移、放缩和幅度的变化，产生一系列的派生小波，用这一系列小波对所要分析的信号进行时间轴上的平移比较，获得用以表征信号与小波相似程度的小波系数。由于派生小波可以达到任意小的规定精度，并可以对有限长的信号进行精确的度量，因此可以获得在傅立叶分析中所不能获得的局部时间区间的信息，起到"显微"的作用。

若平方可积的函数 $\Psi(t) \in L^2(R)$ 满足如下容许性条件

$$I_\Psi = \int_R \frac{|\hat{\Psi}(\omega)|^2}{|\omega|} \mathrm{d}\omega < \infty \tag{2-57}$$

则称 $\Psi(t)$ 为一个基本小波或母小波。将母小波 $\Psi(t)$ 进行伸缩和平移后，可以得到小波序列

$$\Psi_{a,b}(t) = \frac{1}{\sqrt{|a|}} \Psi\left(\frac{t-b}{a}\right)$$

其中，

$$a, b \in R, a \neq 0 \tag{2-58}$$

函数 $f(t) \in L^2(R)$ 关于基小波 $\Psi(t)$ 的连续小波为

$$W_f(a, b) = <f, \Psi_{a,b}> = \frac{1}{\sqrt{|a|}} \int_R f(t) \Psi\left(\frac{t-b}{a}\right) \mathrm{d}t \tag{2-59}$$

其逆变换为

$$f(t) = \frac{1}{I_\Psi} \iint_{R^+ R} \frac{1}{a^2} W_f(a, b) \Psi\left(\frac{t-b}{a}\right) \mathrm{d}a \mathrm{d}b \tag{2-60}$$

具体小波函数的选取要根据被分析的函数 f 和相关的算法确定。

其中，一系列子小波 $W_f(a, b)$ 中存在两个可调参数 a 和 b。其中，a 可以视为频率参数，时间轴上伸缩控制子小波的振荡频率；b 视为时移参数，表示在时间轴上的平移，通过以上公式不难分析出小波变换的优点。

首先，母小波函数 h 可以选择为近似窗函数，从而实现视频的局部化。同时这种局部化和频率的高低密切相关，在频率高的地方，时间局部化程度也高，这点和加窗傅立叶变换有明显的不同，相当于小波有自动"变焦"的性能，对高频部分有显微能力。

其次，各个小波分量具有和傅氏分解相似的性质，完全正交解耦，不存在冗余和交叉信息，便于分别进行分析和综合。

2.8 特征选择与特征提取技术

近年来，数据越来越受到重视，如何从海量的数据中挖掘有用的信息，开展大数据分析，让数据"说话"吸引了越来越多研究人员的注意。从大量的数据中通过算法搜索隐藏于其中信息的过程称为数据挖掘。数据挖掘引起了信息产业界的极大关注，其主要原因是存在大量数据，可以广泛使用，并且迫切需要将这些数据转换成有用的信息和知识。数据挖掘技术主要包括分类（Classification）、估计（Estimation）、预测（Prediction）、相关性分析（Association rules）、聚类（Clustering）等。

2.8.1 基于学习方法的特征选择问题

对样本数据进行特征选择是实现机器学习的一个关键环节。特征选择问题可以概括为在由全部 n 个特征描述的数据集中，选择出 p 个特征组成新的数据集，而且在新的数据集中对原问题的描述不变。

在机器学习过程中之所以要进行特征选择是因为：

（1）需要学习机器考虑的相关特征越少，整个学习过程的速度将越快。

（2）减少需要考虑的相关特征数可以提高学习结果的准确性。设想考虑要通过 m 个特征 $\boldsymbol{X} = (1, x_1, x_2, \cdots, x_m)$ 来对 y 作回归估计，为简化问题，我们假设拟合函数具有如下线性形式

$$y = s_0 + \sum_{i=1}^{m} s_i x_i + \varepsilon \tag{2-61}$$

其中，误差余项 ε 为均值为 0、方差为 σ^2 的独立同分布样本。如果用最小二乘法拟合数据，可以得到回归系数 $\boldsymbol{S}$ 的估计值，再利用 $\boldsymbol{S}$ 的估计值来预测未知的 $\hat{y}$ 值。有关文献证明了使用全部 m 个特征预测出的 $\hat{y}$ 值的方差恒大于等于只使用部分自变量预测出的 $\hat{y}$ 值的方差，也就是说，减少特征的个数有助于减小学习结果的方差。

（3）减少需要学习机器考虑的相关特征数可以帮助我们更好地认识问题的本质，由此我们可以了解哪些特征是描述该问题所必需的，而哪些特征则是冗余的。这一点尤其具有实际意义。由于客观世界中还有很多事物的规律没有被人类正确认识或全面认识，机器学习或人工智能方法吸引我们的魅力正在于它可以启发我们从一个全新的角度去认识世界。

举例来说，影响电力系统发展的指标可能很多。对这些指标一一分析，从原理上讲是可以的，但是，工作量必然很大。因此，有必要在众多的因素中挖掘出最具代表性和影响力的若干因素，称之为主导因素。如何挖掘主导因素就是机器学习中的特征选择问题。

由于特征选择问题在整个机器学习过程中的重要性，近年来其越来越受到研究人员的重视。尤其是 20 世纪 90 年代以来，随着整个人工智能领域研究的不断推进，特征选择问题的研究也取得了丰硕的成果。

基于上节讨论，可以重新定义特征选择问题。所谓的特征选择就是根据 n 个观测样本数据，在所有可能的特征集合中选取某一子集，使用该子集内包含的特征元素对目标变量建立学习机器，以期得到最佳的学习结果或最快的学习速度。

目前常见的特征选择算法可以分成两大类：一种是基于传统的逐步回归等统计分析的方法；另外一种是基于新兴起的人工智能方法，比如决策树、神经网络以及遗传算法等。还可以根据特征选择算法与随后的机器学习算法之间的关系分成两类，一类称作过滤模型（Filter Model），其特征选择算法独立于后续的机器学习算法，一般是用来找出最小特征子集；另一类称作包装模型（Wrapper Model），它根据随后的学习算法的准确性评价选用的特征选择算法。

这里介绍几种常见的特征选择算法。

2.8.1.1 前向选择（Forward selection）

在前向选择过程中，首先选取使 $Q = \sum\limits_{i=1}^{n} (y_i - s_j x_{ij})^2$ 最小的自变量 $\boldsymbol{X}_j$（$j = 1, \cdots, k$）。容易证明，与向量 $\boldsymbol{Y}$ 相关度最大（即两向量夹角余弦值最大）的向量 $\boldsymbol{X}_j$ 就是使上式中 Q 最小的自变量 $\boldsymbol{X}_j$。将 $\boldsymbol{X}_j$ 加入选择集后，将向量 $\boldsymbol{X}_j$ 记为 $\boldsymbol{X}_{(1)}$，将向量 $\boldsymbol{Y} - \boldsymbol{S}\boldsymbol{X}_j$ 记为 $\boldsymbol{Y}_{(1)}$，这时 $\boldsymbol{Y}_{(1)}$ 和 $\boldsymbol{X}_{(1)}$ 是正交的。将自变量集合 $\boldsymbol{X}$ 中其余的向量对 $\boldsymbol{X}_{(1)}$ 做正交化，得到 $\boldsymbol{X}_{(1)}$ 的正交空间

的新一组向量。用这组新的向量对 $Y_{(1)}$ 重复上述的前向选择过程，直到 Q 值不再随新的自变量的加入而减小，这时假设选择集中包含自变量 $X_{(1)}$，$X_{(2)}$，$\cdots$，$X_{(p)}$，容易看出，$Y_{(p)}$ 与未被选择的自变量 $X_{(p+1)}$，$X_{(p+2)}$，$\cdots$，X_k 之间是正交的关系，也就是说这些未被选择的自变量无法继续最小化 Q 值。

前向选择算法的不足之处在于，当 Y 和某些自变量 X 的线性组合（比如 $X_1 - X_2$）相关度很大，而与单个的变量 X_j 相关度很小的时候，使用前项选择算法很难将这两个变量添加到选择集中。

2.8.1.2 Efroymson 算法（Efroymson's algorithm）

Efroymson 算法是对前项选择算法的一种改进。其具体思路是在选择集中每添加一个新的自变量后，测试在当前的选择集中是否可以去掉一些以前加入的自变量。该算法提出了新的加入自变量和删除自变量的判断依据。

首先来看添加自变量。设 Q_p 为选择集中加入 p 个自变量后拟合函数值与目标值之间的余项的平方和，当第 $p+1$ 个变量被添加进选择集后，余项的平方和将变成 Q_{p+1}，计算数值

$$R = \frac{Q_p - Q_{p+1}}{Q_{p+1}/(n-p-2)} \tag{2-62}$$

如果 R 值大于某一事先定义的阈值 F_e，则该变量可以被加入到选择集中。如果 $R \leqslant F_e$，即使 $Q_{p+1} < Q_p$，该变量也不能被加入选择集中。

再来看删除自变量，设当前时刻选择集中有 p 个自变量，从选择集中删除一个自变量后余项平方和将由 Q_p 变成 Q_{p-1}，同样计算数值

$$R = \frac{Q_{p-1} - Q_p}{Q_p/(n-p-1)} \tag{2-63}$$

如果 R 值小于某一事先定义的阈值 F_d，则从选择集中删除该自变量。如果 $R \geqslant F_d$，即使 $Q_{p-1} < Q_p$，该变量也不能从选择集中除去。

通过简单的数学推导即可证明保证本算法收敛的充分条件为 $F_d < F_e$。

2.8.1.3 后向消除（Backward Elimination）

在后向消除过程中，首先将全部可能的 m 个自变量添加进选择集中。当选择集中有 m 个元素的时候，拟合函数值与目标值之间的余项的平方和仍然用 Q_m 表示。下一步尝试从选择集中去掉一个变量，使余下的 $m-1$ 个变量做拟合后的 Q_{m-1} 最小。不断地重复这个步骤，直到选择集中剩余的变量做拟合后的 Q_p 不再减小或满足一定的判决条件，比如 Q_p 小于某个足够小的值。

后向消除方法的不足之处在于当求逆矩阵为病态时，或者在观测样本数小于自变量数的时候，得到的结果并不理想。

2.8.2 基于学习方法的特征提取技术

2.8.2.1 主成分分析

主成分分析（Principal Component Analysis）是数理统计学中多元分析中的一个常用方法。所谓多元分析就是统计中讨论多元随机变量统计方法的总称。多元分析在地质、生物、医学、气象等领域的资料分析工作以及计算机模式识别方面有着广泛的应用，已成为数理统计学中的一个重要研究方向。主成分分析实质上是研究怎样用较少的指标去近似描述多个指标或者给多个指标进行重要程度排队的一种方法。

其具体思路是：首先将各指标所代表的特征进行正交变换，以保证用来分析的各特征向量之间互不相关；变换之后，每一个特征向量和一个方差对应，而这个方差又由相应的特征值表示。那么任取一个特征向量，如果它所对应的特征值在整个数据集上代表着一个显著的方差值，就称之为这个数据集上的一个主成分。

主成分分析的算法十分直观方便，但它也存在许多缺点。比如由于它是基于原始特征的一种线性变换，所以无法反映原始特征之间的非线性关系；还有经过上述线性变换后数据会产生失真，对原始数据进行不同的归一化过程会导致最后得到不同的结果；而且通常我们很难解释选取出来的主成分的含义，尽管原始特征的物理含义十分清楚，但是经过线性变换后其语义含义可能会变得晦涩费解。

2.8.2.2 因子分析

因子分析法是一种多元数理统计分析方法，属于主成分分析的推广方法。它可以把相互间具有复杂关系的指标通过一定计算，找出其中控制着所有指标的各个因素。这些因素的涵义是比较抽象的，称之为因子。函数表达式中因子的系数称为因子负荷。因子分析中，估计因子负荷和方差，得到合理结论。若难以得到合理结论，则进行因子旋转，从而得到合理答案。

下面说明 R 型因子分析法。其步骤略述如下：

（1）对 n 个指标的原始数据进行标准化处理，并计算两两指标间的相关系数矩阵 $\boldsymbol{R}$。

（2）变换相关系数矩阵 $\boldsymbol{R}$，使其方差达到最大，并求 $\boldsymbol{R}$ 的特征值 λ_i 相应的特征向量 $\boldsymbol{U}_i$ 以及贡献率 v_i

$$v_i = \lambda_i / \sum \lambda_i \tag{2-64}$$

（3）计算初始因子矩阵 $\boldsymbol{A}$，$\boldsymbol{A} = \{a_{ij}\}$

$$a_{ij} = \boldsymbol{U}_j \sqrt{\lambda_i} \tag{2-65}$$

（4）对初始因子再作变换。采用方差极大法对初始因子轴进行正交旋转，于是得正交因子表。也可采用四次幂极小法作因子旋转。

（5）分析主成分，找到为数不多的几个因子负荷较大的指标将其聚为一类。

如此进行，直至全部指标被分类筛选。

2.9 聚类分析

聚类的目的是把具有相似特性的对象分为一类，而把具有差异的对象尽可能分开，从而实现无监督式的学习。根据聚类的目的，有很多不同的方法用于聚类分析，这里简要介绍聚类基本算法及其分类。通过聚类分析可以寻找具有相似特性的对象，从而选择参考输入，开展相应的预测，所以聚类分析在预测中也属于特征选择和特征提取中的一种。

2.9.1 传统聚类分析方法

传统的聚类分析计算方法主要有如下几种：

1. 划分方法（Partitioning methods）

给定一个有 N 个元组或者记录的数据集，用分裂法将其构造为 K 个分组，每一个分组就代表一个聚类，$K < N$。这 K 个分组满足下列条件：①每一个分组至少包含一个数据记录；②每一个数据记录属于且仅属于一个分组（此要求在某些模糊聚类算法中可以放宽）。

对于给定的 K，算法首先给出一个初始的分组方法，以后通过反复迭代的方法改变分组，使得每一次改进之后的分组方案都较前一次好，而所谓好的标准就是：同一分组中的记录越近越好，而不同分组中的记录越远越好。使用这个基本思想的算法有：K-means 算法、K-MEDOIDS 算法、CLARANS 算法。

2. 层次方法（Hierarchical methods）

层次方法对给定的数据集进行层次似的分解，直到某种条件满足为止。具体又可分为"自底向上"和"自顶向下"两种方案。例如在"自底向上"方案中，初始时每一个数据记录都组成一个单独的组，在接下来的迭代中，它把那些相互邻近的组合并成一个组，直到所有的记录组成一个分组或者某个条件满足为止。代表算法有：BIRCH 算法、CURE 算法、CHAMELEON 算法等。

3. 基于密度的方法（Density-based methods）

基于密度的方法与其他方法的根本区别是：它不是基于各种各样的距离的，而是基于密度的。这样就能克服基于距离的算法只能发现"类圆形"聚类的缺点。该方法的指导思想是，只要一个区域中的点的密度大过某个阈值，就把它加到与之相近的聚类中去。代表算法有：DBSCAN 算法、OPTICS 算法、DENCLUE 算法等。

4. 基于网格的方法（Grid-based methods）

基于网格的方法首先将数据空间划分成为有限个单元（cell）的网格结构，所有的处理都是以单个的单元为对象的。这么处理的一个突出优点是处理速度很快，通常这与目标数据库中记录的个数无关，只与把数据空间分为多少个单元有关。代表算法有：STING 算法、CLIQUE 算法、WAVE-CLUSTER 算法。

5. 基于模型的方法（Model-based methods）

基于模型的方法给每一个聚类假定一个模型，然后去寻找能够很好地满足这个模型的数据集。这样一个模型可能是数据点在空间中的密度分布函数或者其他。该方法的潜在假定是：目标数据集由一系列的概率分布所决定。通常有两种尝试方向：统计方案和神经网络方案。此外聚类方法还有：传递闭包法，布尔矩阵法，直接聚类法等。

2.9.2　K-means 聚类算法举例

K-means 聚类问题的假设是有一组 N 个数据的集合 $\boldsymbol{X}=\{x_1,x_2,x_3,\cdots,x_n\}$ 待聚类。目标是要找到 $\boldsymbol{X}$ 的一个划分 $\boldsymbol{P}_k=\{C_1,C_2,C_3,\cdots,C_k\}$，使目标函数 $f(\boldsymbol{P}_k)=\sum\limits_{i=1}^{k}\sum\limits_{x_i\in c_i}d(x_i,m_i)$ 最小。其中，$m_i=1/n_i\sum\limits_{x_i\in c_i}x_i$ 表示第 i（$i=1,\cdots,k$）个簇中心位置；n_i 是簇 C_i 中数据项的个数；$d(x_i,m_i)$ 表示 x_i 到 m_i 的距离。通常的空间聚类算法是建立在各种距离基础上的，最常用的是欧几里得距离。

K-means 聚类算法的基本思想是：给定一个包含 n 个数据对象的数据库，以及要生成簇的数目 k，随机选取 k 个对象作为初始的 k 个聚类中心；然后计算剩余各个样本到每一个聚类中心的距离，把该样本归到离它最近的那个聚类中心所在的类，对调整后的新类使用平均值的方法计算新的聚类中心；如果相邻两次的聚类中心没有任何变化，说明样本调整结束且聚类平均误差准则函数已经收敛。本算法在每次迭代中都要考察每个样本的分类是否正确，若不正确，就要调整。在全部样本调整完成后修改聚类中心，进入下一次迭代。如果在一次迭代算法中，所有的样本被正确分类，则不会有调整，聚类中心不会有变化。在算法迭代中值在不断减小，最终收敛至一个固定的值。该准则也是衡量算法是否正确的依据之一。

K-means 聚类算法的过程可以描述为：

（1）算法。划分并计算基于簇中对象的平均值。

（2）输入。簇的数目 K 和包含 n 个对象的数据库。

（3）输出。平方误差总和最小条件下的 K 个簇。

（4）方法。

1）任意选择 K 个对象作为初始的簇中心；

2）将所有对象划分到相应的簇中；

3）计算每个簇中对象的平均值，将所有对象重新赋给类似的簇；

4）重复上述步骤，直到不再发生变化。

K-means 聚类算法的缺陷在于它生成硬性划分的聚类，即每个数据点唯一地分配给一个且仅一个聚类。由于事先不知道实际的聚类情况，因此这可能是一种严重的局限。同时，K-means 聚类算法很容易陷入局部极小值从而无法获取全局最优解，在大矢量空间搜索中性能下降。同时，K-means 聚类算法对于孤立和异常数据敏感，并对非球型簇可能失效。目前对 K-means 聚类算法改进的研究也非常多，可参见文献［152，153］。

2.10　决策树理论

2.10.1　决策树概述

决策树（Decision tree）又称为分类树（Classification tree），是最为广泛的归纳推理算法之一，处理类别型或连续型变量的分类预测问题，可以用图形和 if-then 的规则表示模型，可读性较高。决策树模型透过不断地划分数据，使依赖变量的差别最大，最终目的是将数据分类到不同的组织或不同的分枝，在依赖变量的值上建立最强的归类。

决策树的目标是针对类别应变量加以预测或解释反应结果，分析技术与判别分析、区集分析、无母数统计，与非线性估计所提供的功能是一样的。决策树的弹性，使得数据本身具有更加吸引人的分析选项，但并不意味许多传统方法就会被排除在外。实际应用时，当数据本身符合传统方法的理论条件与分配假说，这些方法或许是较佳的，但是站在探索数据技术的角度或者当传统方法的设定条件不足时，决策树对于研究者来说，是较佳的建议技巧。

决策树是一种监督式的学习方法，产生一种类似流程图的树结构。决策树对数据进行处理是利用归纳算法产生分类规则和决策树，再对新数据进行预测分析。树的终端节点"叶子节点（Leaf nodes）"，表示分类结果的类别（Class），每个内部节点表示一个变量的测试，分枝（Branch）为测试输出，代表变量的一个可能数值。为达到分类目的，变量值在数据上测试，每一条路径代表一个分类规则。

决策树是用来处理分类问题，适用目标变量属于类别型的变量，目前已扩展到可以处理连续型变量，如 CART（Classification and regression trees）模型。

2.10.2　决策树学习

决策树的建构有 3 个主要步骤：第一是选择适当的算法训练样本建构决策树，第二是适当地修剪决策树，第三则是从决策树中萃取知识规则。

1. 决策树的分割

决策树是通过递归分割（Recursive partitioning）建立而成，递归分割是一种把数据分割成不同小的部分的迭代过程。建构决策树的归纳算法为：

（1）将训练样本的原始数据放入决策树的树根。

（2）将原始数据分成两组，一组为训练组数据，另一组为测试组资料。

（3）使用训练样本来建立决策树，在每一个内部节点依据信息论（Information theory）来评估选择哪一个属性继续做分割的依据，又称为节点分割（Splitting node）。

（4）使用测试数据来进行决策树修剪，修减到决策树的每个分类都只有一个节点，以提升预测能力与速度。即经过节点分割后，判断这些内部节点是否为树叶节点，如果不是，则以新内部节点为分枝的树根来建立新的次分枝。

（5）将（1）至（4）步骤不断递归，一直到所有内部节点都是树叶节点为止。当决策树完分类后，可将每个分枝的树叶节点萃取出知识规则。

如果有以下情况发生，决策树将停止分割：

（1）该群数据的每一笔数据都已经归类到同一类别。

（2）该群数据已经没有办法再找到新的属性来进行节点分割。

（3）该群数据已经没有任何尚未处理的数据。

一般来说，决策树分类的正确性有赖于数据来源的多寡，若是透过庞大数据建构的决策树，其预测和分类结果往往是符合期望的。

决策树学习主要利用信息论中的信息增益（Information gain），寻找数据集中有最大信息量的变量，建立数据的一个节点，再根据变量的不同值建立树的分枝，每个分枝子集中重复建树的下层结果和分枝的过程，一直到完成建立整株决策树。决策树的每一条路径代表一个分类规则，与其他分类模型相比，决策树的最大优势在于使模型图形化，让使用者容易了解，模型解释也变得容易。

在树的每个节点上，使用信息增益选择测试的变量，信息增益是用来衡量给定变量区分训练样本的能力，选择最高信息增益或最大熵（Entropy）简化的变量，将之视为当前节点的分割变量，该变量促使需要分类的样本信息量最小，而且反映了最小随机性或不纯性（Impurity）。

若某一事件发生的概率是 p，令此事件发生后所得的信息量为 $I(p)$，若 $p=1$，则 $I(p)=0$，因为某一事件一定会发生，因此该事件发生不能提供任何信息。反之，如果某一事件发生的概率很小，不确定性愈大，则该事件发生带来的信息很多，因此 $I(p)$ 为递减函数，并定义 $I(p)=-\log(p)$。

给定数据集 S，假设类别变量 A 有 m 个不同的类别（c_1，…，c_i，…，c_m）。利用变量 A 将数据集分为 m 个子集（s_1，s_2，…，s_m），其中 s_i 表示在 S 中包含数值 c_i 中的样本。对应的 m 种可能发生概率为（p_1，…，p_i，…，p_m），因此第 i 种结果的信息量为 $-\log(p_i)$，则称该给定样本分类所得的平均信息为熵，熵是测量一个随机变量不确定性的测量标准，可以用来测量训练数据集内纯度（Purity）的标准。熵的函数表示为

$$I(s_1,s_2,\cdots,s_m)=-\sum_{i=1}^{m}p_i\log_2(p_i)$$

其中，p_i 是任意样本属于 c_i 的概率，对数函数以 2 为底，因为信息用二进制编码。

变量分类训练数据集的能力，可以利用信息增益来测量。算法计算每个变量的信息增益，具有最高信息增益的变量选为给定集合 S 的分割变量，产生一个节点，同时以该变量为标记，对每个变量值产生分枝，以此划分样本。

2. 决策树的剪枝

决策树学习可能遭遇模型过度配适（Overfitting）的问题，过度配适是指模型过度训练，导致模型记住的不是训练集的一般性，反而是训练集的局部特性。模型过度配适，将导致模型预测能力不准确，一旦将训练后的模型运用到新数据，将导致错误预测。因此，完整的决策树构造过程，除了决策树的建构外，尚且应该包含树剪枝（Tree pruning），解决和避免模型过度配适问题。

当决策树产生时，因为数据中的噪声或离群值，许多分枝反映的是训练资料中的异常情形，树剪枝可处理这些过度配适的问题。树剪枝通常使用统计测量值剪去最不可靠的分枝，可用的统计测量有卡方值或信息增益等，如此可以加速分类结果的产生，同时也可以提高测试数据能够正确分类的能力。

树剪枝有两种方法：先剪枝（Prepruning）和后剪枝（Postpruning）。先剪枝是通过提前停止树的构造来对树剪枝，一旦停止分类，节点就成为树叶，该树叶可能持有子集样本中次数最高的类别。在构造决策树时，卡方值和信息增益等测量值可以用来评估分类的质量，如果在一个节点划分样本，将导致低于预先定义阈值的分裂，则给定子集的进一步划分将停止。选取适当的阈值是很困难的，较高的阈值可能导致过分简化的树，但是较低的阈值可能使得树的简化太少。后剪枝是由已经完全生长的树剪去分枝，通过删减节点的分枝剪掉树节点，最底下没有剪掉的节点成为树叶，并使用先前划分次数最多的类别作标记。对于树中每个非树叶节点，算法计算剪去该节点上的子树可能出现的期望错误率。再使用每个分枝的错误率，结合每个分枝观察的权重评估，计算不对该节点剪枝的期望错误率。如果剪去该节点导致较高的期望错误率，则保留该子树，否则剪去该子树。产生一组逐渐剪枝后的树，使用一个独立的测试集评估每棵树的准确率，就能得到具有最小期望错误率的决策树。也可以交叉使用先剪枝和后剪枝形成组合式，后剪枝所需的计算比先剪枝多，但通常可产生较可靠的树。

2.10.3　决策树算法

完成数据处理阶段后，需要选择一个合适的决策树模型算法。最常用的决策树模型算法是 CART，代表分类树和回归树，是一种广泛应用于树结构产生分类和回归模型的过程。其他算法有 CHAID（Chi-square automatic interaction detector），Quinlan 提出的 ID3（Iterative dichotomizer 3），以及后续的版本 C4.5 和 C5.0，其中 C4.5 和 C5.0 在计算机领域中广泛应用。大多数的决策树模型算法是由核心算法改变而来，利用由上向下的贪心算法（Greedy algorithm）搜索所有可能的决策树空间，这种算法是 ID3 算法和 C4.5 算法的基础。

决策树在处理分类问题时，数据型态可以是类别数据和连续性数据，除了 CART 算法可以处理离散型数据和连续性数据之外，ID3、C4.5、C5.0 和 CHAID 都只能处理离散型数据。不同算法其分割规则和修剪树规则也有差异，具体的决策树算法不在此赘述。

2.11　神经网络理论

2.11.1　神经网络理论概述

人工神经网络是一门高度综合的交叉学科，它的研究和发展涉及神经生理学、数理科学、信息科学和计算机科学等众多学科领域。

人工神经网络是模仿生物脑结构和功能的一种信息处理系统。虽然目前的模仿还处于低级水平，但已显示出一些与生物脑类似的特点：大规模并行结构，信息的分布式存储和并行处理，具有良好的自适应性、自组织性和容错性，具有较强的学习、记忆、联想、识别功能等。神经网络已经在信号处理、模式识别、目标跟踪、机器人控制、专家系统、组合优化、网络管理等众多领域的应用中取得了引人注目的成果。

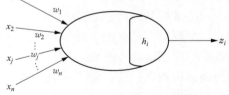

图 2-7　神经元

2.11.2　神经元特性

神经元是多输入、单输出信息处理单元，其图示符号如图 2-7 所示。图中，x_j 代表来自其他第 j 个神经元轴突的信号强度；h_i 代表兴奋的阈值；w_j 代表神经元与 x_j 的突触结合权；z_i 代表神经元的输出信号。

该神经元的总输入为

$$u_i = \sum_j w_j x_j - h_i \tag{2-66}$$

如果使用的节点特性函数为

$$g(t) = 1/(1 + e^{-t}) \tag{2-67}$$

则该神经元的输出为

$$z_i = 1/(1 + e^{-u_i}) \tag{2-68}$$

2.11.3　BP 网络及其学习算法

反向传播（Back-Propagation）网络（BP 网络）是最常用的神经网络模型之一，如图 2-8 所示。

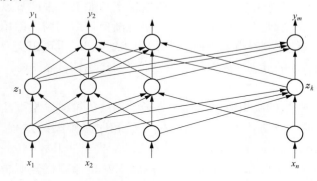

图 2-8　BP 网络

图中每一个节点表示一个神经元。BP 网络实际上是一个多层感知器的前馈网络。多层感知器由输入层、隐含层（内部层）和输出层组成。隐含层可以是一层或多层。隐含层和输出层中的任一神经元的实际输入等于与它相邻的上一层中各神经元输出的加权和。从数学意义上讲，BP 网络所完成的信息处理工作是利用训练样本实现从输入到输出的映射。若输入层节点数为 n，输出层节点数为 m，则网络是从 R^n 到 R^m 的一个高度非线性映射。BP 网络不需要知道描述这种映射的具体数学表达式，而只是在所选网络的拓扑结构下，通过学习算法调整各神经元的阈值和连接权值，使误差信号最小。

BP 网络在有教师的学习方式下，根据反向传播误差学习准则，寻求最佳权集，实现网络正确输出。带有一个隐含层的三层 BP 网络是根据输出层内各处理单元的正确输出与实际输出之间的误差进行连接权的调整，以实现误差最小输出的。由于隐含层的存在，输出层对产生误差的学习必须通过隐含层与输出层连接权值的调整进行。因此，隐含层能对输出层反传过来的误差进行学习，这是 BP 网络的一个主要特征。

BP 网络的基本学习算法是误差反向传播算法。它由正向和反向组成。模式是从输入层输入，经隐含层逐层处理后传入输出层。在正向传播阶段，每一神经元的状态只影响下一层神经元的状态。如果输出层得不到期望的输出结果，则进入误差的反向传播阶段。误差信号沿原来的连接通路返回，网络根据反向传播的误差信号修改各层的连接权，使误差信号达到最小。

对于一个结构确定的 BP 网络，其权值及阈值所形成的向量记为 $\boldsymbol{W}$，对任一输入信号 $\boldsymbol{X} \in R^n$，产生输出 $\boldsymbol{Y} \in R^m$，可表示为

$$\boldsymbol{Y} = \boldsymbol{F}(\boldsymbol{W}, \boldsymbol{X}) \tag{2-69}$$

式中，$\boldsymbol{F}(\cdot)$ 为 m 维向量函数，记其各分量函数为 $f_i(\cdot), i = 1, 2, \cdots, m$。

设有 k 对训练样本，第 j 对样本为 $(\boldsymbol{X}_j, \boldsymbol{Y}_j)$，$j = 1, 2, \cdots, k$。其中输入向量为 $\boldsymbol{X}_j = [x_{j1}, x_{j2}, \cdots, x_{jm}]$，期望输出向量为 $\boldsymbol{Y}_j = [y_{j1}, y_{j2}, \cdots, y_{jm}]$。在 $\boldsymbol{X}_j$ 作用下所得到的网络实际输出记为 $\boldsymbol{Y}_j^n = [y_{j1}^n, y_{j2}^n, \cdots, y_{jm}^n]$，则有

$$y_{ji}^n = f_i(\boldsymbol{W}, \boldsymbol{X}_j) \tag{2-70}$$

使用平方型误差函数，网络训练的任务是寻求一个 $\boldsymbol{W}$，使样本误差平方和最小。其中样本 j 的误差为

$$v_j = \frac{1}{2} \sum_{i=1}^{m} (y_{ji}^n - y_{ji})^2 \tag{2-71}$$

所有样本的总误差为

$$v = \sum_{j=1}^{k} v_j \tag{2-72}$$

常用 BP 网络为单隐层，由此形成三层前向 BP 网络。输入层、输出层节点数根据具体问题而定，应选取合适的隐含层节点数。对输入输出值可作标幺化（无量纲化）处理，并且为了避开节点特性函数的饱和区，需要对训练样本的各输入输出数据分别作线性区间变换。

BP 算法针对平方型误差函数，使用最速下降法寻优。对于 k 对训练样本，一般可有以下两种学习方式：

（1）逐一学习方式：每次取一个训练样本，利用该样本的输出误差调整各神经元的阈值和连接权值，直至收敛；再取下一个训练样本进行调整；重复这一过程，直至对所有样本都满足精度要求。

（2）批量学习方式：一次性将所有训练样本全部输入，利用其总体的输出误差调整各神经元的阈值和连接权值，反复进行直至收敛。

BP 算法针对平方型误差函数，使用最速下降法寻优，容易收敛到局部极小。BP 网络所使用的学习算法还可以有共轭梯度法等，这里不一一介绍。此外，已有学者提出应用模拟退火法、遗传算法等进行 BP 网络的学习，使得实现全局最优。

2.12 支持向量机理论

2.12.1 支持向量回归机概述

在负荷预测中，人工神经网络算法得到了广泛应用，其中使用最多的是 BP 神经网络。但是随着负荷预测研究的深入，BP 神经网络的缺点也日益暴露出来。例如，BP 网络用梯度法来训练权值，过分强调克服学习错误而泛化性能不强；隐层数目难以确定；网络的训练效率受初值影响大等。此外，神经网络的学习算法采用经验风险最小化原理，仅仅试图使经验

风险最小化，并没有使期望风险最小化，训练过程一定程度上也缺乏理论依据。

支持向量机（Support vector machies，SVM）是由 Vapnik 等人于 1995 年提出来的。之后随着统计理论的发展，SVM 逐渐受到了各领域研究者的关注，在很短的时间就得到了很广泛的应用。SVM 是建立在统计学习理论的 VC 维理论和结构风险最小化原理基础上，利用有限的样本所提供的信息对模型的复杂性和学习能力寻求最佳折中，以获得最好的泛化能力。SVM 的基本思想是把训练数据非线性地映射到一个更高维的特征空间（Hilbert 空间）中，在这个高维的特征空间中寻找到一个超平面使得正例和反例二者间的隔离边缘被最大化。SVM 的出现有效解决了传统的神经网络结果选择问题、局部极小值、过拟合等问题。并且在小样本、非线性、数据高维等机器学习问题中表现出很多令人注目的性质，被广泛地应用在模式识别、数据挖掘等领域。

SVM 可以用于分类和回归问题，二者可以相互转化。SVM 本身是针对经典的二分类问题提出的，支持向量回归机（Support Vector Regression，SVR）是支持向量在函数回归领域的应用。SVM 回归的样本点只有一类，所寻求的最优超平面不是使两类样本点分得"最开"，而是使所有样本点离超平面的"总偏差"最小，这时样本点都在两条边界线之间，求最优回归超平面同样等价于求最大间隔。

2.12.2　SVM 的基本思想

SVM 的理论基础是统计学习理论。统计学习理论的研究最早可追溯到 20 世纪 60 年代末，在其后的 20 年时间里，前苏联的 Vapnik 和 Chervonenkis 做了大量开创性、奠基性的工作，并于 20 世纪 90 年代中期，提出了基于该理论设计的 SVM 理论。

机器学习的目的是根据给定的训练样本，求对某系统输入输出之间存在依赖关系的估计函数，使它能够对未知数据做出尽可能准确的估计。学习的直接目标就是要使该函数的实际风险最小，但由于样本的信息有限，函数的实际风险是无法准确计算的，传统的学习方法如神经网络等往往采用的是经验风险最小化原则。而 SVM 的基本思想就是：通过用内积函数定义的非线性变换，将输入空间变换到一个高维空间，在这个高维空间中寻找输入变量和输出变量之间的非线性关系。

SVM 的问题最终可归结为一个约束最优化问题，而且是一个带有线性约束的凸二次规划问题，因此，传统的求解二次规划问题的算法都可以用来求解 SVM 问题。当然，在样本数目过大时，二次规划算法将面临维数灾，导致无法用计算机正常处理，此时考虑到 SVM 中的最优化问题是一类特殊的最优化问题，具有解的稀疏性和最优化问题的凸性等一些良好的特性，于是可以利用这些特性构造出用于解决 SVM 问题的快速专用算法，根据子问题的选取和迭代策略的不同，主要有选块算法（Chunking）、分解算法（Decomposing）、序列最小化算法（Sequential minimum optimization）等。随着科研人员对 SVM 优化算法的深入研究，近年来又开发出了一些新的优化算法，如 SVMlight 算法、SOR 算法、LSVM 算法、ASVM 算法、SSVM 算法以及 LIBSVM 算法等。这些算法在运算速度和效果上都取得了一定的改善。

SVM 的应用主要在模式识别、函数回归和概率密度估计方面。SVM 最初用来解决模式识别问题，用其分类算法实现了较好的泛化功能。后来，SVM 扩展到用于解决非线性回归估计问题。SVM 用来估计回归函数时，与神经网络相比，具有 3 个特点：①SVM 利用在高维空间中定义的线性函数集来估计回归；②SVM 利用线性最小化来实现回归估计，采用的是 Vapnik 的不敏感损失函数来度量风险；③SVM 采用的风险函数是由经验误差和一个由结构风险最小化原则导出的正则化部分组成的。正是由于 SVM 在回归估计上的这些特点，使得 SVM 具有预测能力强、收敛速度快和全局最优等特点，因而在电力系统负荷预测中的应用得到了广泛关注。

2.12.3 SVR 基本模型与算法

对于线性情况，SVM 函数拟合首先考虑用线性回归函数 $f(x) = \omega x + b$ 拟合（x_i，y_i）（$i = 1, 2, \cdots, n$），$x_i \in R^n$ 为输入量，$y_i \in R$ 为输出量，即需要确定 ω 和 b，如图 2-9 所示。

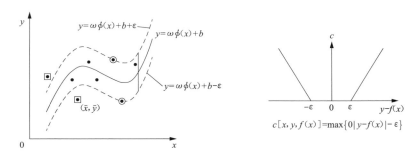

图 2-9　SVR 结构图与 ε 不灵敏度函数

惩罚函数是学习模型在学习过程中对误差的一种度量，一般在模型学习前已经选定，不同的学习问题对应的损失函数一般也不同，同一学习问题选取不同的损失函数得到的模型也不一样。标准支持向量机采用不灵敏度函数 ε，即假设所有训练数据在精度 ε 下用线性函数拟合，如图 2-9 所示。

$$\begin{cases} y_i - f(x_i) \leqslant \varepsilon + \xi_i \\ f(x_i) - y_i \leqslant \varepsilon + \xi_i^* & i = 1, 2, \cdots, n \\ \xi_i, \xi_i^* \geqslant 0 \end{cases} \tag{2-73}$$

式中，ξ_i、ξ_i^* 是松弛因子，当划分有误差时，ξ、ξ_i^* 都大于 0，误差不存在，取 0。此时，该问题转化为求优化目标函数最小化问题

$$R(\omega, \xi, \xi^*) = \frac{1}{2}\omega^T\omega + C\sum_{i=1}^{n}(\xi_i + \xi_i^*) \tag{2-74}$$

上式中第一项使拟合函数更为平坦，从而提高泛化能力；第二项为减小误差；常数 $C > 0$ 表示对超出误差 ε 的样本的惩罚程度，这是一个凸二次优化问题，可以通过引入 Lagrange 函数进行求解 ω 和 b。

因此根据样本点（x_i，y_i）求得的线性拟合函数为

$$f(x) = \omega x + b = \sum_{i=1}^{n}(\alpha_i - \alpha_i^*)x_i x + b \tag{2-75}$$

非线性 SVR 的基本思想是通过事先确定的非线性映射将输入向量映射的一个高维特征空间（Hilbert 空间）中，然后在此高维空间中再进行线性回归，从而取得在原空间非线性回归的效果。

首先将输入量 x 通过映射 $\Phi: R^n \to H$ 映射到高维特征空间 H 中用函数 $f(x) = \omega\phi(x) + b$ 拟合数据（x_i，y_i）（$i = 1, 2, \cdots, n$）。核函数的选取应使其为高维特征空间的一个点积。核函数作为 SVM 理论的重要的组成部分引起了很多研究者的兴趣。常用的满足 Mercer 条

件的核函数有线性函数、多项式函数、径向基函数、Sigmoid 函数等，选择不同的核函数可以构造不同的支持向量机。

（1）线性函数

$$K(x,x_i) = <x,x_i>$$

（2）多项式函数

$$K(x,x_i) = [<x,x_i>+1]^d$$

（3）径向基函数

$$K(x,x_i) = \exp\left\{-\frac{|x-x_i|^2}{\sigma^2}\right\}$$

（4）Sigmoid 函数

$$K(x,x_i) = \tanh[v<x,x_i>+a]$$

由这 4 种核函数可以构造出线性 SVM、多项式 SVM、RBF SVM 和感知 SVM。满足 Mercer 条件核函数很多，这样又带来另外一个问题，即 SVM 的核函数如何选择。目前没有明确的标准来指导核函数的选择。在模型不确定的情况下，RBF 核函数是一个不错的选择。

于是可求的非线性拟合函数的表示式为

$$
\begin{aligned}
f(x) &= \omega\phi(x)+b \\
&= \sum_{i=1}^{n}(\alpha_i - \alpha_i^*)K(x,x_i)+b
\end{aligned}
\tag{2-76}
$$

综上所述，SVR 基本模型其优化目标为：

$$
\begin{aligned}
&\min_{w,b,\xi} \quad \frac{1}{2}\parallel w \parallel^2 + C\sum_{i=1}^{l}(\xi_i + \xi_i^*) \\
&s.t. \quad y_i - \omega\phi(x_i) - b \leqslant \varepsilon + \xi_i \\
&\qquad \omega\phi(x_i) + b - y_i \leqslant \varepsilon + \xi_i^* \\
&\qquad \xi_i \geqslant 0 \\
&\qquad \xi_i^* \geqslant 0, i = 1,2,\cdots,l
\end{aligned}
\tag{2-77}
$$

SVR 算法一般在优化目标中增加函数项，变量或系数等方法使公式变形，产生出各种有某一方面优势或者一定应用范围的算法，从而实现结构改进。

第3章

负 荷 分 析

充分收集基础资料，是进行电力负荷预测的前提。负荷预测模型是对负荷特性的描述，收集负荷数据，进行负荷特性分析，是负荷预测必要的准备工作。

由于日负荷曲线的分析是短期和中长期负荷分析的共性基础，因此，本章先分析短期问题，再分析中长期问题。

3.1 短期负荷分析及预测

3.1.1 认识日负荷曲线

反映电力系统中电力负荷在一天内变化特征的曲线称为日负荷曲线，图 3-1 是北京市 2005 年夏季某日的负荷曲线。

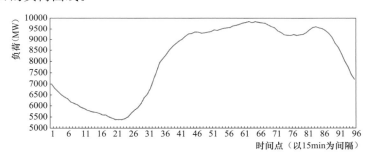

图 3-1　北京市夏季日负荷曲线

日负荷曲线的主要特征可归纳如下：

（1）一天内负荷波动较大，存在明显的高峰负荷和低谷负荷，以及中间的过渡负荷水平——平段。

（2）对应地，可将一天 24h 划分为峰时段、平段、谷时段。

（3）低谷时段一般出现在每日的凌晨前后。

（4）峰时段因地区、因季节而异，有些地方存在早高峰、晚高峰这两个峰时段，有些地方则有早高峰、下午高峰、晚高峰这三个峰时段。

3.1.2 单日负荷特性分析

设某日的负荷序列为 $y_t(t = 1, 2, \cdots, n)$，这里 $n = 24$、48、96、288 等，分别对应时间间隔为 60min、30min、15min、5min。其有关的数字特征计算如下：

（1）日最高负荷

$$y_{\max} = \max_{1 \leqslant t \leqslant n} y_t \qquad (3-1)$$

（2）日最低负荷

$$y_{\min} = \min_{1 \leqslant t \leqslant n} y_t \qquad (3-2)$$

（3）日峰谷差

$$L = y_{\max} - y_{\min} \qquad (3-3)$$

（4）日平均负荷

$$\bar{y} = \frac{1}{n} \sum_{t=1}^{n} y_t \tag{3-4}$$

（5）日负荷率

$$\gamma = \bar{y} / y_{\max} \tag{3-5}$$

（6）日最小负荷率

$$\beta = y_{\min} / y_{\max} \tag{3-6}$$

（7）均方根值

$$g = \sqrt{\frac{1}{n} \sum_{t=1}^{n} y_t^2} \tag{3-7}$$

（8）方差

$$S^2 = \frac{1}{n-1} \sum_{t=1}^{n} (y_t - \bar{y})^2 \tag{3-8}$$

（9）标准差

$$S = \sqrt{\frac{1}{n-1} \sum_{t=1}^{n} (y_t - \bar{y})^2} \tag{3-9}$$

除此以外，统计、记录并分析每日的最高负荷发生时刻、最低负荷发生时刻，以及分析负荷高于某给定数值的时段数、负荷低于某给定数值的时段数，也都是非常有意义的，便于确切地把握当地的负荷特征。

3.1.3 连续多日负荷特性分析

对持续若干天内的各日数据作如上统计，然后进行如下分析。这里的持续若干天可以是周、旬、月、季度、年或任意时间区间。

其统计特征包括：①最高负荷；②最低负荷；③平均负荷；④峰谷差；⑤负荷率；⑥最小负荷率。

对于持续若干天内各日统计的上述指标，可以分别分析其最大值、最小值、平均值，由此揭示这些天内负荷变化的规律。

这里以一个月为例进行分析，最终得到如表 3-1 所示的 18 个指标。

表 3-1　　　　　　　　　　　　　　　某月的负荷特性指标

负荷指标 ＼ 取值情况	最大值	最小值	平均值
最高负荷	月最高负荷	本月日峰荷最小值	本月日峰荷平均值
最低负荷	本月日谷荷最大值	月最低负荷	本月日谷荷平均值
平均负荷	本月日均荷最大值	本月日均荷最小值	月平均负荷
峰谷差	本月日峰谷差最大值	本月日峰谷差最小值	本月日峰谷差平均值
负荷率	本月日负荷率最大值	本月日负荷率最小值	本月日负荷率平均值
最小负荷率	本月日最小负荷率最大值	本月日最小负荷率最小值	本月日最小负荷率平均值

3.1.4 短期负荷预测的内容及其特点

短期负荷预测是负荷预测的重要组成部分，它主要用于预报未来几小时、1 天至几天的电力负荷，对于调度安排开停机计划、机组最优组合、经济调度、最优潮流、电力市场交易有着重要的意义。负荷预测精度越高，越有利于提高发电设备的利用率和经济调度的有效性。

短期负荷预测的研究已有很长历史，国内外的许多专家、学者在预测理论和方法方面作了大量的研究工作，取得了很多卓有成效的进展。由于负荷的随机因素太多，非线性极强，而有些传统方法理论依据尚存在局限性，因此，新理论和新技术的发展一直推动着短期负荷预测的不断发展，新的预测方法层出不穷。

短期负荷预测的最大特点是其具有明显的周期性，包括：

（1）不同日之间 24h 整体变化规律的相似性；

（2）不同周、同一星期类型日的相似性；

（3）工作日/休息日各自的相似性；

（4）不同年度的重大节假日负荷曲线的相似性。

在具备上述周期性的同时，短期负荷的另外一个特点是其明显受到各种环境因素的影响，如季节更替、天气因素突然变化、设备事故和检修、重大文体活动等，这使得负荷时间序列的变化出现非平稳的随机过程。

节假日预测是一类特殊的短期预测问题，主要原因是节假日期间的负荷变化规律与正常日明显不同，而且一般需要提前多日进行节假日预测，使得预测精度更加难以达到。

超短期负荷预测根据系统的实际负荷，预测下一个或若干个时段的负荷，供调度部门的各个应用系统使用，一般要求在线实时运行，并将获取的最新负荷信息用于下一次预测。超短期负荷预测的周期短，要求预测方法的计算速度非常快。

3.2 短期负荷预测中负荷的规律性与稳定度分析

以往人们对负荷预测方法本身进行了大量的研究，而缺少对负荷规律性及其对预测误差影响的研究。负荷的变化主要取决于人们生产和生活的规律性，并受到一些相关因素（诸如天气类型、温度等）的影响。因此，负荷的变化既有规律性又有随机性。负荷变化的周期性和随机性是一对矛盾。两者之间的消长决定了负荷的可预测性，并且是影响负荷预测精度的重要因素。负荷预测的任务就是尽可能充分地发掘负荷历史数据中的规律性，从而降低预测的误差。但是，负荷变化中的随机因素是客观存在的，因而，任何负荷预测方法都不能保证没有误差。不同地区、不同时段负荷规律性的差异都会对负荷预测结果产生支配性很大的影响，因此，将历史数据、建模方法和误差分析结合起来进行研究，分析历史负荷的稳定度，才能更全面地评价各相关因素的作用，了解预测误差的构成，使预测者可以清晰、透彻地把握预测过程。这方面，国外的早期研究做过探索，国内的穆钢教授等人作了较为全面的总结。

由此提出了历史负荷规律性和稳定度辨识的问题，其任务可归纳为：对历史负荷进行频域分析并分解，最终用量化指标给出某地区某个时间区间内的历史负荷规律性的稳定程度。这里采用的工具为谱分析，对电力负荷的内在规律性和稳定度进行分析，得到量化的指标。

3.2.1 历史负荷数据、预测模型与预测误差间的关系

首先对预测模型进行分析。设建模的历史负荷数据所在的时间域为 D^-，预测的负荷数据所在的时间域为 D^+。

一般而言，对于一定窗宽的历史负荷数据 $P^-(t)(t \in D^-)$，若经由任何方法得到可预测的负荷模型，其在 D^- 内的相应值为 $M^-(t)$，则建模误差为

$$v_{\mathrm{I}}^{-}(t) = P^{-}(t) - M^{-}(t), t \in D^{-} \tag{3-10}$$

用 $M^{-}(t)$ 预测次日负荷时,若预测日负荷 $P^{+}(t)$ 与 D^{-} 内负荷有相同的模式,则与 $v_{\mathrm{I}}^{-}(t)$ 有相同统计特性的误差将延续到 D^{+} 内。同时还可能出现一个外推误差 $v_{\mathrm{E}}^{+}(t)$,故负荷的预测误差可表示为

$$v_{\Sigma}^{+}(t) = v_{\mathrm{I}}^{-}(t) + v_{\mathrm{E}}^{+}(t) = P^{+}(t) - M^{+}(t), t \in D^{+} \tag{3-11}$$

事实上,根据任意一种(或多种)负荷建模方法,总可以将一组用于建模的负荷数据 $P^{-}(t)$ 分解为

$$P^{-}(t) = \sum_{i=1}^{k_m} M_i^{-}(t) + \sum_{i=1}^{k_u} U_i^{-}(t) = M^{-}(t) + U^{-}(t) \tag{3-12}$$

式中,$M_i^{-}(t)$ 是某种规律负荷模型的响应,将导致对本来负荷相应分量的预测;$U_i^{-}(t)$ 是对未来负荷预测精度无实质性贡献的负荷分量。

对比式(3-10)和式(3-12)可知,建模误差为

$$v_{\mathrm{I}}^{-}(t) = U^{-}(t), t \in D^{-} \tag{3-13}$$

由以上分析可见,建模误差的大小既与 $P^{-}(t)$ 的规律性强弱有关,又与所采用的建模方法有关。因此,对于给定的负荷历史数据 $P^{-}(t)$ 和既定的建模方法,相对建模误差的统计特征反映了在 D^{-} 内模型响应 $M^{-}(t)$ 逼近 $P^{-}(t)$ 的程度。对于给定的负荷历史数据 $P^{-}(t)$,无论怎样改进建模方法,相对建模误差都不会为 0,历史负荷数据总是存在非规律性的部分,建模方法存在一个精度上的极限,这正是我们从负荷历史数据的规律性入手的理论基础,对负荷预测研究工作的开展有着重要意义。

3.2.2 频域分解与误差估计

电力负荷是具有较强周期性的时间序列,因此可以对其使用时间序列频域分析方法进行分析,在指定建模时域 D^{-} 的负荷时间序列 $P(t)$ 可作如下傅立叶分解

$$P(t) = a_0 + \sum_{i=1}^{N-1} (a_i \cos \omega_i t + b_i \sin \omega_i t) \tag{3-14}$$

式中,N 为负荷序列的长度。根据傅立叶分解的性质,分解后得到的信号是彼此正交的。用这种方法,我们把负荷 $P(t)$ 分解成角频率为 $\omega_i = \dfrac{i}{N} \times 2\pi, (i = 1, 2, \cdots, N-1)$ 的分量。通过适当的组合,并依据负荷变化周期性的特点,可将 $P(t)$ 重构成下式

$$P(t) = a_0 + D(t) + W(t) + L(t) + H(t) \tag{3-15}$$

其中,日周期分量 $a_0 + D(t)$ 和周周期分量 $W(t)$ 是按固定周期变化的负荷分量,在预测时可以直接外推。因此,关键问题是如何对剩余分量建立预测模型。对剩余分量建模应反映其主要变化规律。

低频剩余分量 $L(t)$ 的各分量的周期大于 24h,实践表明对 $L(t)$ 的建模会改善负荷预测的精度。高频分量 $H(t)$ 反映了电力负荷的随机波动,无法建立模型进行预测,属于不可预测分量。

在此,引入历史负荷规律性的判别指标——稳定度,其含义是,历史负荷中变化规律易于把握的部分占总负荷的比例,一般用一个百分比数值来表示。

电力负荷中高频分量比重的大小就决定了其稳定度,我们可以分离时间序列中的高频分量,来估计历史负荷稳定度的上限

$$L_{\mathrm{upper}} = \left\{ 1 - \sqrt{\frac{\sum_{t=1}^{N} (|H(t)|/P(t))^2}{N}} \right\} \times 100\% \tag{3-16}$$

式中，$P(t)$ 为原始负荷序列，$H(t)$ 为分离出来的高频负荷序列。

低频分量一般情况下主要受气象因素影响，对其进行建模通常会改善负荷预测的精度。但是，低频分量预测的精度很大程度上取决于负荷受气象因素影响规律性的强弱以及气象预测的精度，并不总能准确预测，属于部分可预测分量。一个合格的负荷预测方法，其预测能力的最低限度是要能准确预测电网负荷中除低频分量和高频分量以外的部分。设分离出来的低频负荷序列为 $L(t)$，则估计历史负荷稳定度的下限估计值为

$$L_{\text{lower}} = \left(1 - \sqrt{\frac{\sum\limits_{t=1}^{N} \left(|L(t) + H(t)| / P(t) \right)^2}{N}} \right) \times 100\% \qquad (3\text{-}17)$$

3.2.3 频域分解算法

前文在已知频域分解结果的情况下，给出了历史负荷规律性的稳定度上下限的估计方法。这样，问题本身也就转化为如何利用傅立叶分解，对式（3-14）中的系数 a_i，b_i 进行求解；并根据角频率 ω_i 的大小，按照不同的集合进行重组，依次算出 $a_0 + D(t)$、$W(t)$、$L(t)$、$H(t)$。

3.2.3.1 分解结果的重构方法

为了便于分析，需要引入取模运算（或者求余运算）：用 $\text{mod}(m, n)$ 表示 m 除以 n 的余数。如果 $\text{mod}(m, n) = 0$，则表示 m 可以被 n 整除。

以电力负荷每日 96 点采样为例：

（1）$D(t)$ 的周期为 96，它是负荷中以 24h 为周期变化的分量，$a_0 + D(t)$ 即为负荷的日周期分量。日周期分量 $a_0 + D(t)$ 包括的角频率集合 $\Omega_{\text{day}} = \{\omega_0\} \bigcup \left\{ \omega_i \middle| \text{mod}\left(96, \frac{2\pi}{\omega_i}\right) = 0 \right\}$。以 14 天日 96 点采样为例，频率下标 i 所有可能取值组成的集合为：$\{i \mid \text{mod}(i, 14) = 0, i = 0, 1, \cdots, N-1\} \bigcup \{0\}$，其中，角频率 0 对应的是直流分量。

（2）$W(t)$ 的周期为 7×96，是负荷的周周期分量；周周期分量 $W(t)$ 包括的角频率集合为 $\Omega_{\text{week}} = \left\{ \omega_i \middle| \text{mod}\left(7 \times 96, \frac{2\pi}{\omega_i}\right) = 0 \text{ 且 } \text{mod}\left(96, \frac{2\pi}{\omega_i}\right) \neq 0 \right\}$。同样以 14 天日 96 点采样为例，周周期分量 $W(t)$ 的频率下标 i 所有可能取值组成的集合为 $\{i \mid \text{mod}(i, 2) = 0 \text{ 且 } \text{mod}(i, 14) \neq 0, i = 0, 1, \cdots, N-1\}$。

（3）扣除 a_0、$D(t)$、$W(t)$ 之后，剩余分量可分为 $L(t)$ 和 $H(t)$。$L(t)$ 是剩余分量中低频分量的总和，它反映了气象因素等慢变相关因素对负荷的影响；$H(t)$ 是剩余分量中高频分量的总和，主要体现了负荷变化的随机性。剩余低频分量 $L(t)$ 和高频分量 $H(t)$ 包括的角频率集合分别为 $\Omega_{\text{low}} = \left\{ \omega_i \middle| \frac{2\pi}{\omega_i} \geqslant 96 \text{ 且 } \omega_i \notin \Omega_{\text{day}} \bigcup \Omega_{\text{week}} \right\}$ 和 $\Omega_{\text{high}} = \left\{ \omega_i \middle| \frac{2\pi}{\omega_i} < 96 \text{ 且 } \omega_i \notin \Omega_{\text{day}} \bigcup \Omega_{\text{week}} \right\}$。同样以 14 天日 96 采样为例，剩余低频分量 $L(t)$ 和高频分量 $H(t)$ 的频率下标 i 所有可能取值组成的集合分别为 $\{i \mid \text{mod}(i, 2) \neq 0, i = 1, \cdots, 14\}$ 和 $\{i \mid \text{mod}(i, 2) \neq 0, i > 14, i < N\}$。

分解后，Ω_{day}、Ω_{week}、Ω_{low}、Ω_{high} 两两的交集为空，且四者的并集为全体角频率的集合。

3.2.3.2 离散傅立叶变换的应用

计算的目标是获得傅立叶分解后的系数 a_i，b_i。根据傅立叶分解（级数展开）和傅立叶变换的关系，我们可以得到傅立叶展开的系数和傅立叶变换得到的频谱间的关系。以下是离散傅立叶变换（DFT）和离散傅立叶逆变换（IDFT）之间的变换核

$$X(\omega_k) = \sum_{n=0}^{N-1} x(n) \mathrm{e}^{-j(\frac{2\pi}{N})nk} \qquad (3\text{-}18)$$

$$x(n) = \frac{1}{N} \sum_{k=0}^{N-1} X(\omega_k) \mathrm{e}^{j(\frac{2\pi}{N})nk} \qquad (3\text{-}19)$$

根据傅立叶正变换关系，傅立叶分解后的系数 a_i、b_i 和傅立叶变换后的频谱 $X(\omega_i)$ 之间有如下关系

$$X(\omega_i) = N(a_i - jb_i) \qquad (3\text{-}20)$$

因此，对原有的负荷序列进行离散傅立叶变换后，可以由频谱值求得系数 a_i、b_i。

但我们的最终目的还是把原始序列分离，得到 $a_0 + D(t)$、$W(t)$、$L(t)$、$H(t)$ 等四个序列，从而对预测进行评价。求得系数 a_i、b_i 后，还要进行一定的计算。

从欧拉公式 $\mathrm{e}^{j\theta} = \cos\theta + j\sin\theta$ 入手，利用傅立叶逆变换过程，求得分解后的序列。在式 (3-19) 中

$$\begin{aligned} X(\omega_k)\mathrm{e}^{j\frac{2\pi n}{N}k} &= N(a_k - jb_k)\mathrm{e}^{j\omega_k} \\ &= N(a_k - jb_k)(\cos\omega_k + j\sin\omega_k) \\ &= N(a_k\cos\omega_k + b_k\sin\omega_k) + jN(a_k\sin\omega_k - b_k\cos\omega_k) \end{aligned} \qquad (3\text{-}21)$$

根据上式的推导，我们可以利用傅立叶逆变换算子，求得分解后的序列。

由于篇幅限制，这里仅以求解 $H(t)$ 为例：

（1）对原始序列 $P(t)$ 进行离散傅立叶变换（DFT），得到 $X(\omega_i)$，$\omega_i = \frac{i}{N} \times 2\pi, (i = 0, 1, \cdots, N-1)$。

（2）对所有 $\omega_i \notin \Omega_{\mathrm{high}}$，令 $X(\omega_i) = 0$，得到新的频谱序列 $X'(\omega_i)$。即

$$X'(\omega_i) = \begin{cases} X(\omega_i), \omega_i \in \Omega_{\mathrm{high}} \\ 0, \qquad \text{其他值} \end{cases} \qquad (3\text{-}22)$$

（3）对 $X'(\omega_i)$ 进行傅立叶逆变换，可得

$$IDFT[X'(\omega_i)] = \sum_{\omega_i \in \Omega}(a_i\cos\omega_i t + b_i\sin\omega_i t) + j\sum_{\omega_i \in \Omega}(a_i\sin\omega_i t - b_i\cos\omega_i t) \qquad (3\text{-}23)$$

$X'(\omega_i)$ 进行傅立叶逆变换后，得到的序列为 $Hx(t)$。$Hx(t)$ 的实部即为我们所要计算的 $H(t)$。

上述的推导求解过程，同样适用于求解日周期分量 $a_0 + D(t)$、周周期分量 $W(t)$、低频分量 $L(t)$ 等各个序列。总的来说，这里主要利用了离散傅立叶变换和傅立叶展开的关系，并利用了离散傅立叶变换及其逆变换的线性性质，得到了所需的频域序列。

3.2.4 实验及效果分析

根据上述思想，我们选取北京市 2005 年的电力负荷，并分别对 3 月、7 月进行频域分解和稳定度估计。

图 3-2 给出了北京市 2005 年 3 月一段时间内（14 天）的电力负荷的频域分解结果。日周期分量、周周期分量、低频分量和高频分量依次如图所示。

图 3-3 给出了北京市 2005 年 6 月 27 日～7 月 10 日内，电力负荷的频域分解结果。其中，日采样点数为 96。与图 3-2 比较，图 3-3 中的低频分量与高频分量的波动较大，这说明，电力负荷不仅存在地区性差异，而且存在季节性差异。表 3-2 对这一问题作了进一步的说明。

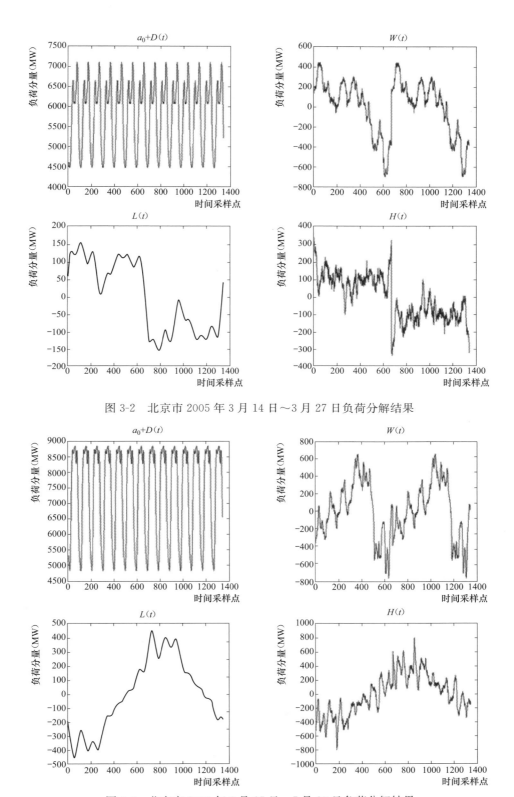

图 3-2　北京市 2005 年 3 月 14 日～3 月 27 日负荷分解结果

图 3-3　北京市 2005 年 6 月 27 日～7 月 10 日负荷分解结果

表 3-2	2005 年北京市不同月份的历史负荷稳定度估计	
时 间 段	稳定度估计下限	稳定度估计上限
3 月份 14 天	95.96%	97.62%
3 月份 28 天	93.40%	96.47%
7 月份 14 天	92.48%	96.00%
7 月份 28 天	90.48%	95.00%

从表 3-2 中的实验结果可以看出，7 月份采样与 3 月份的采样相比，7 月份稳定度估计的上、下限都比较低，说明了夏季负荷变化比较剧烈，特别是受温度的影响大，随机因素多，选择相对较好的预测模型比较困难，从而加剧了预测的难度。

同样，从 28 天采样和 14 天采样进行比较，采样天数多，稳定度估计的上、下限都有所下降，这说明历史数据更多，用同一个规律更加难于把握更多的天数。

实验说明了 6～7 月历史负荷数据的规律性相对较差，对温度特别敏感，预测也比较困难。而 3 月份受温度因素影响较小，稳定度较高，相对而言，预测精度容易得到保证。

值得指出的是，历史负荷的规律性和稳定度必然在某种程度上影响预测精度，但是，稳定度估计的上、下限只能作为预测的一个参考，不能将稳定度和预测精度完全等同起来。

3.3 中长期负荷预测的问题描述

3.3.1 年度预测问题

年度预测问题中，最为常见的是年度物理量的序列预测，可用图 3-4 示意这种预测。

其中，"实际值"曲线的数据采集截至 2006 年底，因此，可用 2000～2006 年的数据对未来的 2007～2010 年连续 4 年做出预测，并得到"预测值"曲线。

年负荷曲线的预测是电力系统规划中一个重要的内容。图 3-5 表示了东北电网 1990～1996 年的年负荷曲线。

其中，每年的年负荷曲线由 12 个月的最高负荷依次连接而成，图 3-5 中列出的是全网统调发电负荷数据，单位为万千

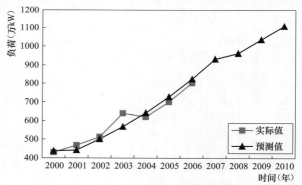

图 3-4　某地区的年度物理量预测

瓦。在进行预测时，就是用历史年份的年负荷曲线数据对未来年份的年负荷曲线进行预测。

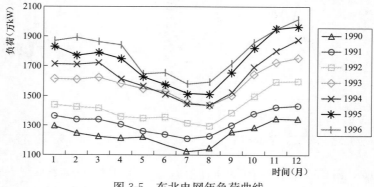

图 3-5　东北电网年负荷曲线

年度预测中，还有年负荷持续曲线、年典型日负荷曲线的预测问题，这些问题将在第Ⅱ篇中具体分析。

3.3.2 月度预测问题

月度预测问题中，最为常见的是月度物理量的预测，可用图 3-6 示意月度数据。该图描述了连续 3 年（即 36 个月）的数据，从中可以看出两个特点，一是数据明显呈现出 12 月为单元的周期性，二是相邻年份呈现递增态势。由此可产生几类关于月度量的预测方法。

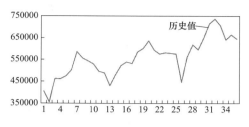

图 3-6　某地区的月度物理量

月度预测问题中，还有一类重要问题是月典型日负荷曲线的预测，在后文做具体分析。

3.4　中长期负荷预测中的负荷分析

3.4.1　序列数据的特性分析

电力负荷历史数据可以看作一个时间序列，因此可以应用时间序列的特性分析方法，分析中长期负荷特性。

设给定历史序列为 $y_t, t = 1, 2, \cdots, n$，其有关的数字特征计算如下：

（1）分布特性。

1）最大值

$$y_{\max} = \max_{1 \leqslant t \leqslant n} y_t \tag{3-24}$$

2）最小值

$$y_{\min} = \min_{1 \leqslant t \leqslant n} y_t \tag{3-25}$$

3）极差：指样本数据中的最大值与最小值之差。

$$L = y_{\max} - y_{\min} \tag{3-26}$$

4）均方根均值：简称均方根值，指样本数据的平方和取算术平均值之后的平方根值。

$$g = \sqrt{\frac{1}{n} \sum_{t=1}^{n} y_t^2} \tag{3-27}$$

（2）增长速率。

1）递增速率：指相邻两个数据的相对增幅。

$$\Delta_{t,t-1} = (y_t - y_{t-1}) / y_{t-1} \times 100\%, t = 2, 3, \cdots, n \tag{3-28}$$

2）平均增长速率

$$\overline{\Delta} = [(y_n / y_1)^{\frac{1}{n-1}} - 1] \times 100\% \tag{3-29}$$

（3）特征参数。

1）算术平均值

$$\overline{y} = \frac{1}{n} \sum_{t=1}^{n} y_t \tag{3-30}$$

2）方差

$$S^2 = \frac{1}{n-1} \sum_{t=1}^{n} (y_t - \overline{y})^2 \tag{3-31}$$

3）标准差

$$S = \sqrt{\frac{1}{n-1}\sum_{t=1}^{n}(y_t - \bar{y})^2}$$

(3-32)

4）变异系数

$$C_V = S/\bar{y}$$

(3-33)

3.4.2 负荷特性分析

在前文的连续多日负荷特性分析中所涉及到的指标计算，可以用于年、月负荷特性分析。除此以外，中长期负荷特性还有一些值得特别关注的指标。

（1）当年负荷曲线以 12 个月各月的最大负荷表示时，则可以计算年不均衡率，计算方法为

$$\rho = \left(\frac{1}{12}\sum_{m=1}^{12} 第\, m\, 月最大负荷\right)/年最大负荷$$

(3-34)

（2）将全年实际用电量与全年按最大负荷用电所需电量之比值称为年负荷率 δ。其定义式为

$$\delta = \frac{W}{8760 P_{\max}}$$

(3-35)

式中，δ 为年负荷率；W 为全年实际用电量；$P_{\max}$ 为全年最大负荷。

（3）负荷持续曲线（Load Duration Curve，LDC）用来表示不同大小的负荷所持续的时间，横坐标代表持续时间，纵坐标代表负荷。在实际使用时常将横、纵坐标互换，得到转置负荷持续曲线（Inverted Load Duration Curve，ILDC）。图 3-7 和图 3-8 分别是北京市 2004 年实际的负荷持续曲线和转置负荷持续曲线。

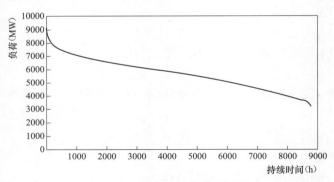

图 3-7　北京市 2004 年负荷持续曲线

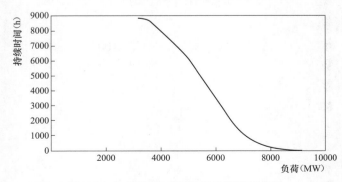

图 3-8　北京市 2004 年转置负荷持续曲线

第4章

负荷预测的多级协调

4.1 负荷预测的"多维多级"特征

在负荷预测工作中，一般需要对不同层次的电力需求进行预测。按照不同的标准，可以将电力需求分为多个级别或层次，分别称为总需求与子需求。例如，按空间角度划分，如果全网电力需求为总需求，则网内各子区域或各节点电力需求为子需求；按行政级别划分，如果全省电力需求为总需求，则省内各地区电力需求即为子需求；又如，按时间角度划分，某一定时期内的电力需求为总需求，则子需求对应该时期内各段时间的电力需求，由此，年电量为总需求，各月电量则为子需求；此外，还可以按结构角度划分，如全行业（产业）电力需求为总需求，则各行业（产业）电力需求为子需求。

实际上，电力需求不仅可以按一个标准划分，还可以同时按多个标准划分，从而构成多维总需求与子需求的关系。如按行政级别和时间两个标准划分，省级电网有年电力需求和各月电力需求，省内各地区也分别有年和月电力需求，这就是一个两维问题。在该问题中，省网某月的电力需求相对省网年电力需求为子需求，而相对省内各地区同一月的电力需求则为总需求；省内某地区的年电力需求相对省网的年电力需求为子需求，而相对该地区各月电力需求则为总需求。

总之，在负荷预测中总需求和子需求的对照几乎无处不在，预测问题呈现明显的"多维多级"特征，这里的"多维多级"包括多个时间周期、多种空间划分、多个行政级别、多种属性分类等。这里需要给出"维"和"级"的定义。

定义 4-1：维度，简称"维"，是指预测所对应的某一个分类角度。

定义 4-2：级别，简称"级"，是指某个维度所划分出来的子类别。

根据上述定义，维度可以有时间维度、结构维度等；而时间维度中，又包括了年/季/月/周/日/时分等级别。其他维度也是类似。各维与各级的对应关系如表 4-1 所示。

表 4-1　　　　　　　　　　　　"维"与"级"之间的对应关系

维	级
时间	年/季/月/周/日/时分
空间	整体/分区/节点/用户
行政级别	国家/区域/省级/地级/县级
口径	全体/电网企业
结构	总量/分类

表 4-1 中，口径维度中"电网企业"统计的是该电网企业范围内的负荷或电量，例如省级电网企业关心省网统调负荷，地级电网企业关心的是网供负荷等；而"全体"主要是指不区分电网企业内部、外部的总体统计指标，例如全社会用电量、全口径发电量等，显然，该数值不同于电网企业营业范围内的数值。结构维度的分类对于不同结构划分有不同的含义。

例如，如果将"总量"对应为全社会用电量，则可将其划分为一、二、三产业和城乡居民生活用电，也可以划分为各行业电量，这些都是"分类"数值。对于电网企业而言，如果将"总量"对应为售电量，则可将其划分为不同电价类别的售电量，常见的包括大工业售电量、非普工业售电量、农业售电量、非居民售电量、居民售电量、商业售电量、趸售电量等。

4.2 多级电力需求的关联特性

作为预测对象的"多维多级"电力需求，具有级内、级间关联的特性。

4.2.1 级内关联性

同一维度某个级别内的多个同级的电力需求一般不是相互孤立的，它们之间满足一定的关联性：

（1）时间维度，如各月电量之间受天气和经济发展的影响而具有一定的相关性。

（2）空间维度，如分区负荷之间不仅由于地区之间的经济关联而存在关联性，还受电网物理约束的限制。

（3）行政级别维度，如省内各市负荷之间存在一定相互关联，这是由地区之间的经济关联以及气象条件的共同作用等原因造成的，而且由于各市负荷的平衡一般是通过同一电网实现的，因此各市负荷也受电网物理约束的影响。

（4）口径维度，如各电网企业的负荷受电网物理约束的限制而相互关联。

（5）结构维度，如行业电量之间满足一定的相关性，这是因为各行业一般都是属于某个产业链的，即某个行业的产品是另一个行业的原材料，而在各行业的产品生产过程中一般都伴随着相应的电量消耗——行业电量，因此行业电量之间理应满足一定的关联关系。

4.2.2 级间关联性

同一维度的各级电力需求之间也具有一定的关联性。而对于不同的统计指标，不同维度的各级电力需求的关联关系并不相同，具体对应关系如表4-2所示。

表 4-2 级 间 关 联 性

维度	电量	平均负荷	最大负荷	最小负荷	负荷曲线
时间	直接加和	时间比例加权和	最大值	最小值	复杂关联
空间	直接加和	直接加和	考虑同时率的加和	考虑同时率的加和	复杂关联
行政级别	直接加和	直接加和	考虑同时率的加和	考虑同时率的加和	复杂关联
口径	直接加和	直接加和	考虑同时率的加和	考虑同时率的加和	复杂关联
结构	直接加和	直接加和	考虑同时率的加和	考虑同时率的加和	复杂关联

表4-2中"直接加和"是指同一维度的上级统计量是下级相同统计量的加和。如对电量：时间维度，年度电量等于年内各月电量之和，季度电量等于季内各月电量之和；空间维度，全网电量等于分区电量之和；行政级别维度，区域电量等于区内各省电量之和，全省电量等于省内各市电量之和；口径维度，全社会用电量等于各电网企业电量之和；结构维度，全社会用电量等于各产业电量之和，产业电量等于产业内各行业电量之和，总售电量等于分类电价电量之和，等。

对于平均负荷，某个周期内的平均负荷可以理解为电量除以该周期的时间长度，因此也具有类似电量的加和性。比较特殊的是时间维度的平均负荷，由于该维度不同级别的时间周期不同，所以不能直接加和，而是满足"间接"的加和性，如年平均负荷等于各月平均负荷以各月时间长度占年度时间长度的比例为权重的加权和。

表 4-2 中的"最大值"和"最小值"是指同一维度的上级统计量是下级相同统计量的最大值和最小值。如时间维度，年最大负荷是年内各月最大负荷的最大值；月最小负荷是月内各日最小负荷的最小值。

对于空间、行政级别、口径、结构等维度，由于同一维度不同级别的最大负荷（或最小负荷）并不一定在同一时刻出现，所以上级最大负荷（或最小负荷）不等于下级最大负荷（或最小负荷）的直接加和，而必须考虑"同时率"才能加和。同时率是指上级最大负荷（或最小负荷）与下级最大负荷（或最小负荷）之和的比值。

负荷曲线包括持续负荷曲线和时序负荷曲线，对于时间维度，不同类型的负荷曲线，其上下级的关联性也是不同的，其关联关系比较复杂，如年持续负荷曲线是各月持续负荷曲线的重新排序；月典型日负荷曲线不是该月的任何一条日负荷曲线，但又与每一条日负荷曲线相关。

对于空间、行政级别、口径、结构等维度的负荷曲线，由于负荷统计口径和负荷发生时刻等的不同，同一维度上级曲线一般并不等于下级曲线的直接加和。如对行政级别维度的日负荷曲线，全省负荷曲线的统计口径一般为网供负荷，即省网的供电总量，包括全省统调机组发电负荷加上省间联络线交换（送入为正，送出为负）；而地市负荷曲线的统计口径虽然一般也为网供负荷，但却是省网在该市的下网负荷。因此，全省负荷曲线并不等于省内各市负荷曲线之和。全省负荷曲线与省内各市负荷曲线之和的差额为厂用电和高压网损。而对由 12 个月的最大负荷按照时序构成的年负荷曲线，由于上级曲线与其下级各曲线并不一定在同一时刻出现，所以必须考虑"同时率"才能加和。对年典型日、月典型日等负荷曲线，上下级曲线不仅统计口径不匹配，而且由于其不是某个确切日的负荷曲线，也有类似最大负荷"同时率"的问题，因此这类负荷曲线必须同时考虑统计口径和同时率等因素后才具有加和性。

表 4-2 所示的是同一维度的级间关联性，而正是由于同一维度的级间关联性，多维多级的电力需求之间也具有了关联性。如对时间与结构两个维度，月度产业电量是年度产业电量和月度全社会用电量的纽带，使得它们之间也相互关联。

4.3 多级负荷预测及其协调

4.3.1 多级负荷预测及其协调问题

同一维度的上下级电力需求之间理应满足关联性，而实际工作中常常遇到类似这样的情形：某个省级电网公司预测全省明年的全社会用电量为 1000 亿 kWh，而其下属的 9 个地市也分别对各地明年的全社会用电量进行了独立的预测，9 个地市预测结果之和为 1030 亿 kWh，出现了 3% 左右的偏差。此时，究竟以省级电网公司的预测结果为准，还是以 9 个地市的预测结果为准？如果以省级电网公司的预测结果为准，则一般会按比例修正各个地区的预测结果；如果以 9 个地市的预测结果为准，则直接加总之后作为省级电网公司的预测结果。可见，不同的处理方式，会得到不同的最终结果。这就是负荷预测中非常常见的多个预测结果之间的不吻合、不协调现象。

进一步分析可以发现，如此的不吻合、不协调现象并不仅仅在上下级电网的预测结果之间存在，在时间、空间、口径、结构等各个维度的相邻级预测结果之间都存在。

电力负荷预测是一个包含时间、空间、属性等多维度、多级别的复杂体系。各级别的负荷预测结果的统一和协调，迫切需要一套科学的理论支持，这就提出了"电力系统多级负荷预测的协调"这一科学问题。这一科学问题涉及到两个基本概念：多级负荷预测和多级负荷预测的协调。其定义如下：

定义 4-3：多级负荷预测，是指对于同一预测量，电力系统会在不同时间（周期）、基于不同行政级别、根据不同属性、不同结构等特征，分别作出预测，得到各自的预测结果。

定义 4-4：多级负荷预测的协调，是指多级负荷预测的结果之间理应在本质的物理机理上存在关联，应该满足一定的关系，而由于不可避免的预测误差的存在，各级预测结果之间并不能自然地达到一致，必须经过一定的调整才能使其在数值上保持统一和协调。

对于电力系统中多级负荷预测的协调问题，比较直观的解决方法有 2 类：自上而下式协调和自下而上式协调。自上而下式协调认为总需求预测比较准确，对总需求预测值不做调整，通过按比例分配总需求预测值来调整各子需求的预测结果；而自下而上式协调则认为子需求预测比较准确，对子需求预测不调整，以各子需求预测值之和作为总需求预测的估计值。分析发现，自上而下式协调实际上是按各子需求预测的比例分配总不平衡量，没有考虑各子需求预测的可信赖程度；自下而上式协调中总不平衡量都由总需求承担，忽略了总需求的预测可信度。显然，这两种典型的协调方式都有其固有的缺陷。而且，这两种方法都只能解决一维两级协调问题，在需要同时协调时间、空间、属性等多个维度时将无法使用。为此必须探寻新的更有效的多级负荷预测协调方法。

"多级负荷预测协调"这个科学问题，旨在为电力部门提供一套行之有效的分析工具，进行多级负荷预测结果之间的协调，更好地指导电力系统的规划和运行。多级负荷预测的协调问题是时间、空间、属性等多维度多级别的协调，已有的研究中只是在空间负荷预测这个问题中涉及了空间上的协调问题，而时间、属性等方面的协调几乎没有相关研究。该问题及其解决方案将是对现有负荷预测理论的一个有益补充，将使负荷预测理论得到进一步的发展和完善。

4.3.2 多级负荷预测协调问题的类别

根据所研究问题的"维"和"级"的数目，可以列出多级负荷预测的分类如表 4-3 所示。

表 4-3　　　　　　　　　　　　　　　　多级负荷预测的分类

	1级	2级	3级	>3级
1维	无意义	一维两级基本协调	一维三级关联协调	一维多级关联协调不常见
2维	无意义	两维两级关联协调	两维三级关联协调	两维多级关联协调不常见
≥3维	无意义	多维两级关联协调	多维三级关联协调不常见	多维多级关联协调不常见

值得注意的是：

（1）预测结果的协调至少应该在某个维度的两级或者两级以上之间才能存在。如果每个维度都仅仅预测了一个级别，这时就不存在负荷预测的协调问题，此时只是类似于负荷预测 7 种分类角度的组合，例如"月—整体—积分值—省级—全体—用电—分类"，表示全省月度行业电量。

（2）对于某个维度所划分出来的子类别，只有当子类别之间存在一种层次关系时，才有协调问题。此时每个层次对应一个级别。从这个意义上讲，时间、空间、行政级别、结构等维度都是具有层次关系的，它们内部存在不同级别之间预测结果的协调问题。

正因为上述原因，对于多维度、多级别的负荷预测协调问题，更应该突出"多级"。

4.4 不同维/级的负荷预测协调问题的特点

在多级负荷预测的所有分类中，不同的协调问题各有特点。从问题的特点来看，横向"一维"的各个协调问题和纵向"两级"的各个协调问题是最主要的子类别。

4.4.1 "一维"协调问题

（1）一维两级协调。一维两级协调是最简单的协调问题，对该问题协调时只需满足简单约束条件即可。例如，"地市—全省"之间某个物理量的预测就是一维两级协调模型，协调后只需保证全省预测值等于各地市预测值之和。

（2）一维多级协调。一维三级及其以上协调问题，是在一维两级协调的基础上增加了更多级，从而构成了多个一维两级协调问题。例如，"地市—全省—大区"之间某个物理量的预测就属于一维三级协调模型（如图 4-1 所示），该模型是"全省—大区"及多个"地市—全省"协调模型的组合。

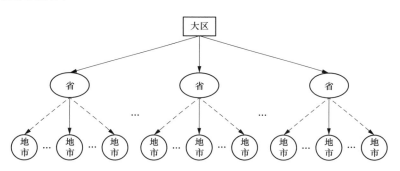

图 4-1　一维三级协调

4.4.2 "两级"协调问题

（1）两维两级协调。两维两级模型是两个维度方向上的多个一维两级协调的组合，可以用图 4-2 表示其特点。

图 4-2 有两个维度。例如，维度 1 表示"地区"电量，维度 2 表示"月"电量，则点 (i, j) 表示第 i 个地区第 j 月的电量，点 $(0, j)$ 表示第 j 月各地区电量之和，即全省第 j 月电量，点 $(i, 0)$ 表示第 i 个地区各月总电量，即第 i 个地区年电量。

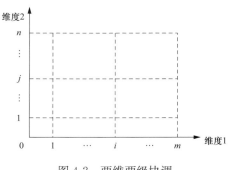

图 4-2　两维两级协调

（2）多维两级协调。多维两级模型是两维两级模型的一种扩展，例如，三维两级模型就可以扩展为 3 维图形来表示。

如图 4-3 所示，维度 1 表示"地区"电量，维度 2 表示"月"电量，维度 3 表示"行业"电量，则点 (i, j, k) 表示第 i 个地区第 j 个月第 k 行业的电量，$(0, j, k)$ 表示所有地区第 j 个月第 k 行业的总电量，$(i, 0, k)$ 表示第 i 个地区第 k 行业的年电量，$(i, j, 0)$ 表示第 i 个地区第 j 个月的全社会用电量。

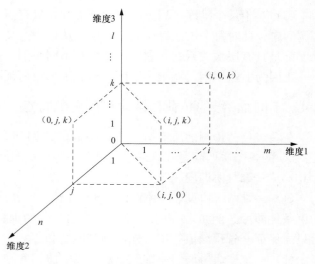

图 4-3　三维两级协调

4.4.3　其他协调问题

（1）两维三级协调。两维三级模型不仅仅是两个一维三级模型的组合。如果在某个一维三级模型的基础上增加新的维度（记为维度 2），原来的一维三级模型中的每个元素都将变为在维度 2 方向上的一维三级模型。如在图 4-1 所示的一维三级协调模型中增加结构维度"行业—产业—全社会"，则图中每个元素都将扩展为一个一维三级模型，图 4-1 的元素"省"将变为类似图 4-1 形式的"全省行业电量—全省产业电量—全省全社会用电量"一维三级模型。而且各个维度 2 方向上的一维三级模型在维度 1 方向上还有关联，如"地市产业电量"与"省产业电量"存在关联等。所以两维三级模型是一个复杂的多树状组合结构。

（2）其他多维多级协调问题。至于其他多维多级的协调模型将是空间中多个维度、多个级别的关联结构，已很难用直观的图形表示。

4.4.4　两类协调模式

基于以上分析，多级负荷预测的所有分类中，可以归纳出两种模式。

（1）基本协调模式。一维两级协调模型是最简单的多级协调问题，是其他多级协调问题的基础，称为基本协调模式，其特点是协调过程中对于预测量的调整只存在简单约束条件。

（2）关联协调模式。一维两级协调外的其他协调模型都是多个一维两级协调子模型的组合，而且其中的多个一维两级协调子模型彼此之间存在着相互交织的复杂关联关系，对某个一维两级子问题的协调会影响到其他的一维两级协调问题。对这些类别问题的协调统称为关联协调模式，它包括了除一维两级协调模型以外的所有模型，其特点是，协调过程中预测量的调整受到多方面的制约，约束条件复杂。

第5章

预测效果的分析与评价

负荷预测主要是根据输入数据建立预测模型，求得模型的参数，然后进行预测。然而，仅仅做到这一步是不全面的。预测人员不仅仅应该关心预测的结果，还应了解该预测结果的误差范围。评价预测结果是负荷预测更深层次的工作。本章将探讨预测结果的分析和评价问题。

5.1 线性回归的分析与检验

线性回归，特别是一元线性回归的分析与检验是其他预测模型的分析与检验的基础。

5.1.1 一元线性回归的分析与检验

设 y 是预测变量，影响它的主要因素是变量 x，则 y 与 x 之间的一元线性回归模型为

$$y = a + bx + \varepsilon \tag{5-1}$$

或者按照不同的采样点 $t=1，2，\cdots，n$ 表示为

$$y_t = a + bx_t + \varepsilon_t \tag{5-2}$$

这里 a，b 为参数，$b \neq 0$。ε 是一个随机变量，它在 0 附近取值，表示除 x 外其他因素对 y 总的影响，称之为随机干扰。

回归分析要求模型式（5-2）满足以下假定：

假定 1（正态性假定）：每个 ε_t（$t=1，2，\cdots，n$）服从正态分布；

假定 2（零期望假定）：每个 ε_t（$t=1，2，\cdots，n$）的期望为 0；

假定 3（同方差假定）：所有 ε_t（$t=1，2，\cdots，n$）的方差相等，且为常数；

假定 4（无自相关假定）：不同的随机项彼此不相关；

假定 5（非随机性假定）：自变量 x 可视为非随机变量。

假定 1 成立时可得出参数 a、b 以及 y 预测值的置信区间，假定 2～5 成立时参数 a、b 的最小二乘估计量必为最佳线性无偏估计量。

在预测问题中，有理由认为假定 1、2、3、5 都成立，只有假定 4 有可能不成立（由于预测通常是对时间序列进行，时间序列往往存在自相关）。所以在每次回归分析中，都必须对假定 4 是否成立作统计检验，如发现这个假定不成立，就必须采取适当的措施。

在进行回归分析时，一开始就可以用已知数据对 y 和 x 之间是否有线性关系进行检验，以确定选择线性回归模型是否合适。这一检验等价于对参数 b 是否为 0 做统计检验，习惯上称为 $\hat{b}$ 的显著性检验。

相关系数是衡量一元线性回归分析的重要指标，其定义为

$$r = \frac{\sum_{t=1}^{n}(x_t - \bar{x})(y_t - \bar{y})}{\sqrt{\sum_{t=1}^{n}(x_t - \bar{x})^2}\sqrt{\sum_{t=1}^{n}(y_t - \bar{y})^2}} \tag{5-3}$$

相关系数满足

$$-1 \leqslant r \leqslant 1 \tag{5-4}$$

r 越接近于 1，说明 y 和 x 之间相关关系越显著；r 接近于 -1，说明 y 和 x 之间呈现显著的负相关关系；r 越接近于 0，说明 y 和 x 之间相关关系越不显著。

5.1.2 多元线性回归的假设检验

在预测中，当预测对象 y 受到多个因素 x_1，x_2，$\cdots$，x_m 影响时，如果各个影响因素与 y 的相关关系可以同时近似地用线性函数表示，这时则可以建立多元线性回归模型来进行分析和预测

$$y_t = s_0 + s_1 x_{1t} + s_2 x_{2t} + \cdots + s_m x_{mt} + \varepsilon_t, t = 1, 2, \cdots, n, n > m + 1 \tag{5-5}$$

多元线性回归模型需要满足 6 个基本假定，前 5 个假定与一元回归相同。

假定 6：m 个自变量彼此线性独立。

多元线性模型需要做的显著性检验包括四种：

（1）因变量与自变量整体线性关系的显著性检验（F 检验）。分析检验 x_1，x_2，$\cdots$，x_m 作为一个整体是否与 y 有显著的线性关系。

（2）每个回归系数的显著性检验（t 检验）。整体性检验通过，只能说明 x_1，x_2，$\cdots$，x_m 作为一个整体，与 y 有线性关系，但这并不意味着每个 x_j 都对 y 有显著的线性影响。所以第一步检验完成后，尚需分别检验每个回归系数 s_j 是否显著异于 0。如果是，则 x_j 对 y 线性影响显著；否则不显著。应将那些对 y 影响不显著的自变量剔除，再将 y 对剩下来的自变量重新回归，直至两步检验都通过时为止。

（3）DW 检验。根据统计学原理，对时序数列而言，如果自相关存在，那么就意味着一种有显著影响的因素——时序没有在回归模式的考虑之中，从而使误差平方和不是最小值，这样就不能进行有效的判断。因此，应进行自相关检验。最常见的自相关检验是 Durbin-Watson 检验，简称 DW 检验。

DW 检验的目的是检验基本假定 4 是否满足，如不满足，表示模型制定不合理，必须重新制定模型。导致假定 4 不满足的主要原因有两类：

1）模型中遗漏了对 y 有重要影响的自变量或模型的函数形式取得不恰当。

2）存在某些对因变量有系统（非随机性）影响而又难以找出的因素。

DW 检验的主要目的在于判断是否存在导致假定 4 不满足的第一类原因。

（4）多重共线性检验。在多元回归模型中，如果全部或部分自变量之间存在严格线性关系（假定 6 被破坏），或接近严格的线性关系，就分别称此模型存在完全或不完全多重共线性。

存在多重共线性会引起一些计算方面的问题。如果存在完全多重共线性，则用最小二乘法不可能确定参数估计值。如果存在不完全多重共线性，则参数估计值虽然可算出，但可能出现两方面的问题：

1）参数估计值对数据变动十分敏感，计算必须在很高的精度水平上进行，否则连微小的四舍五入误差也可能对计算结果产生重大影响。

2）参数估计值的标准差很大，t 检验往往不显著，即估计值是高度不稳定的，越接近完全共线性，不稳定性越严重。

多重共线性的实质是共线性变量所提供的有关 y 的信息彼此重复。

完全共线性应在制定模型时就被排除，一般遇到的共线性都是不完全共线性。

5.2 一般预测结果的分析与评价

在一元线性回归中进行了模型的分析与检验，可以将该过程的有关结论推广至其他预测中。设原始序列为 y_t，$t=1$，2，$\cdots$，n，原始序列的均值为 $\bar{y}=\dfrac{1}{n}\sum\limits_{t=1}^{n}y_t$。经过某种方法的预测，对原序列的拟合值形成的序列为 $\hat{y}_t$，$t=1$，2，$\cdots$，n，分析的内容如下。

5.2.1 偏差分析

偏差也称为离差，即各点的偏离误差，是指实际值与实际平均值之差。

（1）逐点偏差

$$u_t = y_t - \bar{y} \tag{5-6}$$

（2）绝对值最大偏差

$$u_{\max} = \max_{1 \leqslant t \leqslant n} |u_t| \tag{5-7}$$

（3）绝对值最小偏差

$$u_{\min} = \min_{1 \leqslant t \leqslant n} |u_t| \tag{5-8}$$

（4）平均偏差

$$\bar{u} = \frac{1}{n}\sum_{t=1}^{n} |u_t| \tag{5-9}$$

5.2.2 残差分析

残差又称残余误差、剩余误差，指实际值与拟合曲线上的理论计算值之差，即通常所说的绝对误差。

（1）逐点残差

$$v_t = \hat{y}_t - y_t \tag{5-10}$$

（2）绝对值最大残差

$$v_{\max} = \max_{1 \leqslant t \leqslant n} |v_t| \tag{5-11}$$

（3）绝对值最小残差

$$v_{\min} = \min_{1 \leqslant t \leqslant n} |v_t| \tag{5-12}$$

（4）平均残差

$$\bar{v} = \frac{1}{n}\sum_{t=1}^{n} |v_t| \tag{5-13}$$

5.2.3 回归差分析

回归差是回归误差的简称，指拟合曲线上理论计算值与实际平均值之差。

（1）逐点回归差

$$w_t = \hat{y}_t - \bar{y} \tag{5-14}$$

（2）绝对值最大回归差

$$w_{\max} = \max_{1 \leqslant t \leqslant n} |w_t| \tag{5-15}$$

（3）绝对值最小回归差

$$w_{\min} = \min_{1 \leqslant t \leqslant n} |w_t| \tag{5-16}$$

（4）平均回归误差

$$\bar{w} = \frac{1}{n} \sum_{t=1}^{n} |w_t| \qquad (5-17)$$

5.2.4 相对误差分析

相对误差是指拟合值与实际值的差别占实际值的百分数。

（1）逐点相对误差

$$d_t = \left[(\hat{y}_t - y_t) / y_t \right] \times 100\% = v_t / y_t \times 100\% \qquad (5-18)$$

（2）绝对值最大相对误差

$$d_{\max} = \max_{1 \leqslant t \leqslant n} |d_t| \qquad (5-19)$$

（3）绝对值最小相对误差

$$d_{\min} = \min_{1 \leqslant t \leqslant n} |d_t| \qquad (5-20)$$

（4）平均相对误差

$$\bar{d} = \frac{1}{n} \sum_{t=1}^{n} |d_t| \qquad (5-21)$$

5.2.5 拟合精度分析

拟合精度可以用相关指数（相关系数）、标准差、离散系数等加以分析。

首先需要计算三个平方和指标：①剩余平方和（Q），是指残差的平方和，一般的最小二乘回归就是追求剩余平方和尽可能小；②回归平方和（U），是指回归差的平方和，即拟合值与实际平均值之差的平方和；③总离（偏）差平方和（L_{yy}），是指实际值与实际平均值之差的平方和。对于线性拟合，总离（偏）差平方和等于剩余平方和与回归平方和之和，即 $L_{yy} = Q + U$。

（1）剩余平方和

$$Q = \sum_{t=1}^{n} (\hat{y}_t - y_t)^2 = \sum_{t=1}^{n} v_t^2 \qquad (5-22)$$

（2）回归平方和

$$U = \sum_{t=1}^{n} (\hat{y}_t - \bar{y})^2 = \sum_{t=1}^{n} w_t^2 \qquad (5-23)$$

（3）总离（偏）差平方和

$$L_{yy} = \sum_{t=1}^{n} (y_t - \bar{y})^2 = \sum_{t=1}^{n} u_t^2 \qquad (5-24)$$

（4）相关指数。对于一般的拟合，将1减去剩余平方和占总离（偏）差平方和的比例定义为相关指数，记为 R^2，计算公式如下

$$R^2 = 1 - \frac{Q}{L_{yy}} = 1 - \frac{\displaystyle\sum_{t=1}^{n} (\hat{y}_t - y_t)^2}{\displaystyle\sum_{t=1}^{n} (y_t - \bar{y})^2} = 1 - \frac{\displaystyle\sum_{t=1}^{n} v_t^2}{\displaystyle\sum_{t=1}^{n} u_t^2} \qquad (5-25)$$

R 的值越接近于1，表明曲线拟合的效果越好，相关性越强。

（5）剩余标准差。经过统计学的理论分析，回归平方和、剩余平方和分别服从各自的概率分布，其自由度分别记为 K_U、K_Q。于是，可计算剩余标准差

$$S = \sqrt{\frac{Q}{K_Q}} \qquad (5\text{-}26)$$

剩余标准差 S 的值愈小，说明预测曲线与实际曲线的相关程度愈高，因此，剩余标准离差 S 是反映拟合精度的一个标志。

简单分析时，如果某个预测模型的参数个数为 k，则一般可认为 $K_U = k-1$，$K_Q = n-k$。

（6）离散系数。以剩余标准差为基础，定义离散系数为

$$V = S/\bar{y} \qquad (5\text{-}27)$$

同样，V 越小，表明拟合程度越好。

5.2.6 利用灰色理论进行误差分析

灰色系统中用后验差比值、小误差概率、关联度等指标衡量建模的效果。把这一思想应用于其他模型的预测结果分析之中，则有：

（1）计算历史数据均方差

$$S_1 = \sqrt{\frac{1}{n}\sum_{t=1}^{n}(y_t - \bar{y})^2} = \sqrt{\frac{1}{n}\sum_{t=1}^{n}u_t^2} \qquad (5\text{-}28)$$

（2）计算残差均方差

$$S_2 = \sqrt{\frac{1}{n}\sum_{t=1}^{n}(v_t - \bar{v})^2} \qquad (5\text{-}29)$$

（3）计算后验差比值

$$c = S_2/S_1 \qquad (5\text{-}30)$$

（4）计算小误差概率

$$p = P\{\,|v_t - \bar{v}| < 0.6745 \cdot S_1\,\} \qquad (5\text{-}31)$$

（5）计算逐点关联系数

$$\xi_t = \frac{v_{\min} + \rho v_{\max}}{|v_t| + \rho v_{\max}} \qquad (5\text{-}32)$$

其中，ρ 为关联度计算系数（分辨系数），满足 $\rho > 0$。一般取 $0 < \rho < 1$，例如取 $\rho = 0.5$。

（6）计算关联度

$$\xi = \frac{1}{n}\sum_{t=1}^{n}\xi_t \qquad (5\text{-}33)$$

灰色系统误差分析结果的判定如表 5-1 所示。

表 5-1   预测精度分级

等　　　级	小误差概率 p	后验差比值 c	等　　　级	小误差概率 p	后验差比值 c
1 级（好）	[0.95, 1.00]	[0.00, 0.35]	3 级（勉强）	[0.70, 0.80)	(0.50, 0.65]
2 级（合格）	[0.80, 0.95)	(0.35, 0.50]	4 级（不合格）	[0.00, 0.70)	(0.65, 1.00)

5.2.7 模型的显著性分析

可利用方差分析检验显著性。令

$$F = \frac{\text{回归均方}}{\text{剩余均方}} = \frac{\text{回归平方和／回归自由度}}{\text{剩余平方和／剩余自由度}} = \frac{U/K_U}{Q/K_Q} \qquad (5\text{-}34)$$

对于给定的置信度 α，以及各自的自由度 K_U、K_Q，查 F 分布表得对应的临界值

$F_\alpha(K_U, K_Q)$，则假设检验为：

(1) 若 $F \geqslant F_\alpha$，则认为模型显著可靠；

(2) 若 $F < F_\alpha$，则认为模型不显著可靠。

这里，一般取置信度为 $\alpha = 0.05$ 或 0.1。

5.3 合理选择预测模型的准则

在预测领域，模型选择（Modes Selection）是一个极为重要的问题。不同选择准则之间的差别在于自由度（待估计参数的个数）惩罚程度的差异。

5.3.1 不考虑自由度的模型选择准则

首先分析不考虑自由度的模型选择准则。

(1) 残差平方和（Sum of Squared Residuals）。此为最基本的选择准则

$$Q = \sum_{t=1}^{n} v_t^2 \tag{5-35}$$

式中，n 为样本容量；$v_t = \hat{y}_t - y_t$；$\hat{y}_t$ 为拟合值。

(2) 均方误差（Mean Squared Error，MSE）。定义为

$$MSE = \frac{\sum\limits_{t=1}^{n} v_t^2}{n} \tag{5-36}$$

MSE 与残差平方和密切相关。从 MSE 的计算公式可以看出，MSE 的最小化等价于残差平方和的最小化，因为比例因子 $1/n$ 不改变排列顺序。因此，选择最小的 MSE 等价于选择最小的 Q。

(3) 平均绝对误差（Mean Absolute Error，MAE）。定义为

$$MAE = \frac{\sum\limits_{t=1}^{n} |v_t|}{n} \tag{5-37}$$

(4) 相关指数［见式（5-25）］。为了方便起见写为如下形式

$$R^2 = 1 - \frac{\sum\limits_{t=1}^{n} v_t^2}{\sum\limits_{t=1}^{n} (y_t - \bar{y})^2} \tag{5-38}$$

公式中的分母恰好是 y 与样本均值离差的平方和（称为总离差平方和），总离差平方和只与样本数据有关，而与拟合模型无关。因此，选择最小的 Q 也就等价于选择最大的 R^2。

根据 MSE 或其他等价的形式选择模型并不是一个好办法。因为，模型包括的变量越多，Q 就越小，因而 MSE 就越小，R^2 就越大。随着模型中包含更多的高次幂项，MSE 会逐渐减小，同样 Q 不会变大，即使这些高次幂项对预测没有什么作用。这种现象称为样本内"过拟合"（In-sample Overfitting），它们表述了同一个思想：在预测模型中增加更多的变量不一定会提高预测效果，只不过模型更好地"拟合"了历史数据。因此，在某些时候，需要对自由度施加惩罚。

5.3.2 对自由度施加惩罚的模型选择准则

5.3.2.1 自由度修正的均方差

经自由度修正过的均方差定义为

$$S^2 = \frac{\sum\limits_{t=1}^{n} v_t^2}{n-k} \tag{5-39}$$

式中，k 表示自由度个数（等于待估计参数的个数）。S^2 恰好是回归扰动项方差的无偏估计量，即回归标准误差的平方。因此选择最小的 S^2 等价于选择最小的回归标准误差。

为了说明 MSE 与自由度惩罚之间的关系，可以将 S^2 表示为惩罚因子与 MSE 的乘积，即

$$S^2 = \left(\frac{n}{n-k}\right) \frac{\sum\limits_{t=1}^{n} v_t^2}{n} = \left(\frac{n}{n-k}\right) \cdot \text{MSE} \tag{5-40}$$

在进行自由度惩罚之后，特别需要指出的是，回归模型中引入更多的变量不一定会使 S^2 的值变小，因为虽然 MSE 变小了，但自由度惩罚变大了，所以乘积的方向不定（可能变大，也可能变小）。

5.3.2.2 校正的 R 平方

S^2 与校正的 R^2 密切相关

$$\overline{R}^2 = 1 - \frac{\sum\limits_{t=1}^{n} v_t^2 / (n-k)}{\sum\limits_{t=1}^{n} (y_t - \bar{y})^2 / (n-1)} = 1 - \frac{S^2}{\sum\limits_{t=1}^{n} (y_t - \bar{y})^2 / (n-1)} \tag{5-41}$$

$\overline{R}^2$ 的分母只与样本数据有关，而与拟合模型无关。简而言之，选择最小的 S^2，或选择最小的回归标准误差，与选择最大的 $\overline{R}^2$ 相互等价。

5.3.2.3 赤池信息准则

与 S^2 相同，许多重要的模型选择准则都是"惩罚因子乘以 MSE"的形式。赤池信息准则是最为重要的模型选择准则之一，是 20 世纪 70 年代日本统计学家赤池（Akaike）根据极大似然估计原理提出的一种较为一般的模型选择准则，通常称之为 Akaike 信息准则（Akaike Information Criterion，简称 AIC），它不仅可用于回归变量选择中，还可用于时间序列分析的自回归模型的定阶上。赤池信息准则计算公式为

$$\text{AIC} = e^{\frac{2k}{n}} \frac{\sum\limits_{t=1}^{n} v_t^2}{n} \tag{5-42}$$

有的软件（例如 Eviews）给出的是 AIC 的对数值或其他变形

$$\ln\text{AIC} = \ln\left(\frac{1}{n}\sum\limits_{t=1}^{n} v_t^2\right) + \frac{2k}{n} \tag{5-43}$$

AIC 值越小表明模型的拟合优度越高。

5.3.2.4 施瓦茨信息准则

施瓦茨信息准则（Schwarz Information Criterion，SIC）是另一个非常重要的模型选择

准则，计算公式如下

$$\mathrm{SIC} = n^{\frac{k}{n}} \frac{\displaystyle\sum_{t=1}^{n} v_t^2}{n} \tag{5-44}$$

其对数值形式为

$$\ln\mathrm{SIC} = \ln\left(\frac{1}{n}\sum_{t=1}^{n} v_t^2\right) + \frac{k}{n}\ln n \tag{5-45}$$

同样，SIC 值越小表明模型的拟合优度越高。

虽然在实际预测中，有的软件（例如 Eviews）给出的是 AIC 和 SIC 的对数值或其他变形，然而无论如何变形，各个准则得到的模型排位却不会变化，选择的结果也是同一个。

5.3.2.5　模型选择准则比较

在前面的几个选择准则中，对自由度进行惩罚的惩罚因子都是 k/n（待估计参数的个数/样本观察值个数）的函数，图 5-1 给出了惩罚因子随 k/n 的变化而变动的情况。

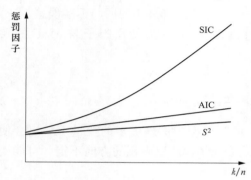

图 5-1　各种模型选择准则的自由度惩罚

从图 5-1 中可见，S^2 的惩罚较小，且随 k/n 的变化增长缓慢；AIC 的惩罚稍大一些，但随 k/n 的变化增长也相对缓慢；SIC 的惩罚最为严重，并且表现出一个明显的增长态势。

5.3.3　预测残差平方和准则

最好的逼近效果并不意味着同时可以获得最好的预测效果。预测残差平方和（Predicted Residual Sums of Squares，PRESS）是一个新的衡量拟合函数对样本数据集的推广能力的指标。

其具体实现思路为：在全部 n 个观测样本中去掉第 t 个观测值 x_t 后，用选择集中的自变量对余下的 $n-1$ 个样本作函数拟合，设拟合参数为 $\hat{S}_{(t)}$；然后用拟合结果检验第 t 个观测值，设 $\hat{y}_{(t)}$ 为在第 t 个观测处的拟合值。该拟合值与真实观测值 y_t 之间的误差记为 $v_{(t)} = \hat{y}_{(t)} - y_t$。当前选择集的 PRESS 值定义为

$$\mathrm{PRESS} = \frac{1}{n}\sum_{t=1}^{n} v_{(t)}^2 = \frac{1}{n}\sum_{t=1}^{n}(\hat{y}_{(t)} - y_t)^2 \tag{5-46}$$

选择具有最小 PRESS 值的自变量选择集进行函数拟合，可以得到预测能力最好的拟合函数。利用 PRESS 准则进行模型选择的过程又称为交互确认（Cross-Validation）过程。

5.4　我国调度部门关于预测效果的评价与考核

我国调度部门主要对日负荷预测准确率和日最高（最低）负荷预测准确率进行考核。

（1）日负荷预测准确率。第 i 日日负荷预测准确率计算如下

$$A_i = \left[1 - \sqrt{\frac{1}{T}\sum_{t=1}^{T} d_{it}^2}\right] \times 100\% \tag{5-47}$$

式中，T 为第 i 日负荷总点数；$d_{it} =$（负荷预测值－负荷实际值）/负荷实际值×

100%，为第 i 日第 t 点的相对误差。

（2）当月平均的日负荷预测准确率

$$A = \frac{1}{I} \sum_{i=1}^{I} A_i \times 100\% \tag{5-48}$$

式中，I 为全月日历天数。

日负荷预测准确率要求按日统计，月指标取算术平均。

（3）日最高（最低）负荷预测准确率。第 i 日日最高（最低）负荷预测准确率计算如下

$$B_{i1} = [1 - (当日实际最高负荷 - 当日预测最高负荷)/当日实际最高负荷] \times 100\% \tag{5-49}$$

$$B_{i2} = [1 - (当日实际最低负荷 - 当日预测最低负荷)/当日实际最低负荷] \times 100\% \tag{5-50}$$

（4）当月平均的日最高（最低）负荷预测准确率

$$B = \frac{1}{2I} \sum_{i=1}^{I} (B_{i1} + B_{i2}) \times 100\% \tag{5-51}$$

日最高（最低）负荷预测准确率也要求按月统计。

第Ⅰ篇参考文献

[1] 弗朗西斯. X. 迪博尔德. 经济预测 [M]. 张涛，译. 第 2 版. 北京：中信出版社，2003.

[2] 傅毓维，张凌. 预测决策理论与方法 [M]. 哈尔滨：哈尔滨工程大学出版社，2003.

[3] Robert S. Pindyck, Daniel L. Rubinfeld. 计量经济模型与经济预测 [M]. 钱小军，等，译. 第 4 版. 北京：机械工业出版社，1999.

[4] 李宝仁. 经济预测：理论、方法及应用 [M]. 北京：经济管理出版社，2005.

[5] 陈玉祥，张汉亚. 预测技术与应用 [M]. 北京：机械工业出版社，1985.

[6] 唐小我. 经济预测方法 [M]. 成都：成都电讯工程学院出版社，1989.

[7] 唐小我. 经济预测与决策的新方法及其应用研究 [M]. 成都：电子科技大学出版社，1997.

[8] 唐小我，马永开，曾勇，等. 现代组合预测和组合投资决策方法及应用 [M]. 北京：科学出版社，2003.

[9] 孙明玺. 现代预测学 [M]. 杭州：浙江教育出版社，1998.

[10] 徐国祥，胡清友. 统计预测和决策 [M]. 第 2 版. 上海：上海财经大学出版社，2005.

[11] 刘晨晖. 电力系统负荷预报理论与方法 [M]. 哈尔滨：哈尔滨工业大学出版社，1987.

[12] 牛东晓，等. 电力负荷预测技术及其应用 [M]. 北京：中国电力出版社，1998.

[13] 赵希正. 中国电力负荷特性分析与预测 [M]. 北京：中国电力出版社，2002.

[14] 肖国泉，王春，张福伟. 电力负荷预测 [M]. 北京：中国电力出版社，2001.

[15] 电力工业部规划计划司. 电力需求预测工作条例（试行）[M]. 北京：电力出版社，1995.

[16] 中国电力企业联合会调研室. 《中国电力供需模型研究系列资料（一）（二）》. 1994.

[17] 国家电网公司. 国家电网公司创一流同业对标指标体系（第三版）. 2006.

[18] 吴喜之，王兆军. 非参数统计方法 [M]. 北京：高等教育出版社，1996.

[19] 陈希孺，王松桂. 近代回归分析—原理方法及应用 [M]. 合肥：安徽教育出版社，1987.

[20] 项静恰，林寅，王军. 经济周期波动的监测和预警 [M]. 北京：中国标准出版社，2000.

[21] http://www.forecasters.org/ijf/

[22] http://ideas.repec.org/s/jof/jforec.html

[23] http://yuce.chinajournal.net.cn/

[24] http://www.uni-paderborn.de/~IFS/

[25] http://neuron.tuke.Sk/competition/index.php

[26] http://neuron.tuke.sk/competition2/

[27] http://www.eviews.com/

[28] http://www.spss.com/

[29] http://www.spss.com.cn/

[30] http://www.mathworks.com/

[31] https://www.r-project.org

[32] https://www.python.org

[33] 康重庆. 综合资源规划的研究 [D]. 北京：清华大学，1997.

[34] 刘梅. 用电需求预测的理论及应用 [D]. 北京：清华大学，1998.

[35] 程旭. 基于模式识别的短期负荷预测自适应理论的研究 [D]. 北京：清华大学，2001.

[36] 高峰. 负荷预测中自适应方法的研究 [D]. 北京：清华大学，2003.

[37] 许征. 电力系统中基于学习理论的特征选择方法研究 [D]. 北京：清华大学，2004.

[38] 杨高峰. 不确定性市场环境下电网规划方案的适应性评估 [D]. 北京：清华大学，2005.

[39] 康重庆，夏清，张伯明. 电力系统负荷预测研究综述与发展方向的探讨 [J]. 电力系统自动化，2004，28（17）：1-11.

[40] 康重庆，夏清，胡左浩，等. 电力市场中预测问题的新内涵 [J]. 电力系统自动化，2004，28（18）：1-6.

[41] 于尔铿，刘广一，周京阳，等. 能量管理系统 [M]. 北京：科学出版社，1998.

[42] 孙洪波. 电力网络规划 [M]. 重庆：重庆大学出版社，1996.

[43] 沙利文. 电力系统规划 [M]. 孙绍先，译. 北京：水利电力出版社，1984.

[44] 沈根才. 电力发展战略与规划 [M]. 北京：清华大学出版社，1993.

[45] 王锡凡. 电力系统规划基础 [M]. 北京：水利电力出版社，1994.

[46] 侯煦光. 电力系统最优规划 [M]. 武汉：华中理工大学出版社，1991.

[47] 王锡凡. 电力系统优化规划 [M]. 北京：水利电力出版社，1990.

[48] 于尔铿. 电力系统状态估计 [M]. 北京：水利电力出版社，1985.

[49] 王锡凡，王秀丽，陈皓勇. 电力市场基础 [M]. 西安：西安交通大学出版社，2003.

[50] 柳焯. 最优化原理及其在电力系统中的应用 [M]. 哈尔滨：哈尔滨工业大学出版社，1988.

[51] 陈宝林. 最优化理论与方法 [M]. 北京：清华大学出版社，1989.

[52] 盛骤，谢式千，潘承毅. 概率论与数理统计 [M]. 北京：高等教育出版社，1990.

[53] 清华大学应用数学系概率统计教研组. 概率论与数理统计 [M]. 长春：吉林教育出版社，1987.

[54] 常学将，陈敏，王明生. 时间序列分析 [M]. 北京：高等教育出版社，1993.

[55] 杨青云. 数据处理方法 [M]. 北京：冶金工业出版社，1993.

[56] 邓聚龙. 灰色系统理论教程 [M]. 武汉：华中理工大学出版社，1990.

[57] 焦李成. 神经网络系统理论 [M]. 西安：西安电子科技大学出版社，1989.

[58] 程相君，王春宁，陈生潭. 神经网络原理及其应用 [M]. 北京：国防工业出版社，1995.

[59] 蔡自兴，徐光祐. 人工智能及其应用 [M]. 第 2 版. 北京：清华大学出版社，1996.

[60] 胡广书. 数字信号处理：理论、算法与实现 [M]. 北京：清华大学出版社，1997.

[61] Ranaweera Damitha K.，Karady George G.，Farmer，Richard G. Economic impact analysis of load forecasting [J]. IEEE Transactions on Power Systems，1997，12（3）：1388-1392.

[62] Douglas Andrew P.，Breipohl Arthur M.，Lee Fred N.，et al. Risk due to load forecast uncertainty in short term power system planning [J]. IEEE Transactions on Power Systems，1998，13（4）：1493-1499.

[63] E. H. Barakat，S. A. Al-rashed. Long range peak demand forecasting under conditions of high growth [J]. IEEE Transactions on Power Systems，1992，7（4）：1483-1486.

[64] M. S. Kandil，S. M. El-Debeiky，N. E Hasanien. Overview and comparison of long-term forecasting techniques for a fast developing utility：part I [J]. Electric Power Systems Research，2001，58（1）：11-17.

[65] 康重庆，夏清，相年德，等. 中长期日负荷曲线预测的研究 [J]. 电力系统自动化，1996，20（6）：16-20.

[66] 赵倏，康重庆，葛睿，等. 电力市场中多日负荷曲线的预测 [J]. 电力自动化设备，2002，22（9）：31-33.

[67] 莫维仁，张伯明，孙宏斌，等. 扩展短期负荷预测的原理和方法 [J]. 中国电机工程学报，2003，23（3）：1-4.

[68] 牟涛. 多级协调的电力需求预警与预测理论研究 [D]. 北京：清华大学，2008.

[69] 赵海青，牛东晓. 灰色优选组合预测模型及其应用 [J]. 保定师范专科学校学报，2002，15 (2)：12-15.

[70] 蒋平，鞠平. 应用人工神经网络进行中期电力负荷预报 [J]. 电力系统自动化，1995，19 (6)：11-17.

[71] 邓志平，陈旭升. 城市民用电月耗量的统计分析及预测 [J]. 哈尔滨理工大学学报，1997，2 (6)：63-67.

[72] 于渤，于浩. 基于随动思想的月度用电量时间序列预测模型 [J]. 电力系统自动化，2000，24 (7)：42-44.

[73] Alfares Hesham K.，Nazeeruddin Mohammad. Electric load forecasting：Literature survey and classi-fication of methods [J]. International Journal of Systems Science，2002，33 (1)：23-34.

[74] Liu K.，Subbarayan S.，Shoults R. R.，et al. Comparison of very short-term load forecasting tech-niques. IEEE Transactions on Power Systems，1996，11 (2)：877-882.

[75] 孙洪波，徐国禹，秦翼鸿. 模糊理论在电力负荷预测中的应用 [J]. 重庆大学学报，1994，17 (1)：18-22.

[76] 陈章潮，顾洁. 模糊理论在上海浦东新区电力负荷预测中的应用 [J]. 系统工程理论与实践，1995 (1)：63-68.

[77] Kandil M. S.，El-Debeiky S. M.，Hasanien N. E. Long-term load forecasting for fast developing utility using a knowledge-based expert system [J]. IEEE Transactions on Power Systems，2002，17 (2)：491-496.

[78] Hippert H. S.，Pedreira C. E.，Souza R. C. Neural networks for short-term load forecasting：A review and evaluation [J]. IEEE Transactions on Power Systems，2001，16 (1)：44-55.

[79] Bhattacharya T. K.，Basu T. K. Medium range forecasting of power system load using modified Kalman filter and Walsh transform [J]. International Journal of Electrical Power and Energy System，1993，15 (2)：109-115.

[80] Sfetsos A. Short-term load forecasting with a hybrid clustering algorithm [J]. IEE Proceedings：Communications，2003，150 (3)：257-262.

[81] 邰能灵，侯志俭，李涛，等. 基于小波分析的电力系统短期负荷预测方法 [J]. 中国电机工程学报，2003，23 (1)：45-50.

[82] 赵登福，吴娟，刘昱，等. 基于事例推理的短期负荷预测 [J]. 西安交通大学学报，2003，37 (6)：608-611.

[83] 严华，吴捷，马志强，等. 模糊集理论在电力系统短期负荷预测中的应用 [J]. 电力系统自动化，2000，24 (11)：67-72.

[84] 权先璋，蒋传文，张勇传. 电力负荷的混沌预测方法 [J]. 华中理工大学学报，2000，28 (7)：92-94.

[85] 李天云，刘自发. 电力系统负荷的混沌特性及预测 [J]. 中国电机工程学报，2000，20 (11)：36-40.

[86] 梁志珊，王丽敏，付大鹏，等. 基于 Lyapunov 指数的电力系统短期负荷预测 [J]. 中国电机工程学报，1998，18 (5)：368-371.

[87] 唐立春，李光熹，熊曼丽. 基于分形的电力系统负荷预测 [J]. 电力系统及其自动化学报，1999，11 (4)：21-24，35.

[88] 吴小明，邱家驹，张国江，等. 软计算方法和数据挖掘理论在电力系统负荷预测中的应用 [J]. 电力系统及其自动化学报，2003，15 (1)：1-4，94.

[89] 康重庆，夏清，刘梅，等. 应用于负荷预测中的回归分析的特殊问题 [J]. 电力系统自动化，1998，

22（10）：38-41.

［90］ Mbamalu G. A. N., El-Hawary M. E. Load forecasting via suboptimal seasonal autoregressive models and iteratively reweighted least squares estimation ［J］. IEEE Transactions on Power Systems, 1993, 8（1）：343-348.

［91］ Mastorocostas Paris A., Theocharis John B., Petridis Vassilios S. Constrained orthogonal least-squares method for generating TSK fuzzy models：Application to short-term load forecasting ［J］. Fuzzy Sets and Systems, 2000, 118（2）：215-233.

［92］ 陈慧玉，孟宪生. 岭估计在上海居民生活用电预测中的应用 ［J］. 高校应用数学学报 A 辑, 1998, 13（4）：421-426.

［93］ 康重庆，夏清，相年德. 灰色系统的参数估计与不良数据辨识 ［J］. 清华大学学报, 1997, 37（4）：72-75.

［94］ 莫维仁，张伯明，孙宏斌，等. 扩展短期负荷预测方法的应用 ［J］. 电网技术, 2003, 27（5）：6-9.

［95］ 陈亚红，穆钢，段方丽. 短期电力负荷预报中几种异常数据的处理 ［J］. 东北电力学院学报, 2002, 22（2）：1-5.

［96］ Charytoniuk W., Chen M. S., Kotas P., et al. Demand forecasting in power distribution systems using nonparametric probability density estimation ［J］. IEEE Transactions on Power Systems, 1999, 14（4）：1200-1206.

［97］ 董景荣. 基于因素影响的电力消费预测研究 ［J］. 重庆师范学院学报, 2000, 17（2）：1-6.

［98］ Barakat E. H., Al-Qassim J. M., Al Rashed S. A. New model for peak demand forecasting applied to highly complex load characteristics of a fast developing area ［J］. IEE Proceedings, Part C：Generation, Transmission and Distribution, 1992, 139（2）：136-140.

［99］ Karaki S. H. Weather sensitive short-term load forecasting using artificial neural networks and time series ［J］. International Journal of Power and Energy Systems, 1999, 19（3）：251-256.

［100］ Douglas Andrew P., Breipohl Arthur M., Lee Fred N., et al. Impacts of temperature forecast uncertainty on Bayesian load forecasting ［J］. IEEE Transactions on Power Systems, 1998, 13（4）：1507-1513.

［101］ Yang Hong-Tzer, Huang Chao-Ming, Huang Ching-Lien. Identification of ARMAX model for short term load forecasting：an evolutionary programming approach ［J］. IEEE Transactions on Power Systems, 1996, 11（1）：403-408.

［102］ Khotanzad Alireza, Davis Malcolm H., Abaye Alireza, et al. Artificial neural network hourly temperature forecaster with applications in load forecasting ［J］. IEEE Transactions on Power Systems, 1996, 11（2）：870-876.

［103］ Senjyu T., Higa S., Uezato K. Future load curve shaping based on similarity using fuzzy logic approach ［J］. IEE Proceedings：Generation, Transmission and Distribution, 1998, 145（4）：375-380.

［104］ Srinivasan Dipti, Chang C. S., Liew A. C. Demand forecasting using fuzzy neural computation, with special emphasis on weekend and public holiday forecasting ［J］. IEEE Transactions on Power Systems, 1995, 10（4）：1897-1903.

［105］ 康重庆，程旭，夏清，等. 一种规范化的处理相关因素的短期负荷预测新策略 ［J］. 电力系统自动化, 1999, 23（18）：32-35.

［106］ Song Y. H., Kim Chang-Il, Yu In-Keun. Kohonen neural network and wavelet transform based approach to short-term load forecasting ［J］. Electric Power Systems Research, 2002, 63（3）：169-176.

[107] Srinivasan Dipti, Tan Swee Sien, Chang C. S., et al. Parallel neural network-fuzzy expert system strategy for short-term load forecasting: system implementation and performance evaluation [J]. IEEE Transactions on Power Systems, 1999, 14 (3): 1100-1105.

[108] Yang Hong-Tzer, Huang Chao-Ming. New short-term load forecasting approach using self-organizing fuzzy ARMAX models [J]. IEEE Transactions on Power Systems, 1998, 13 (1): 217-225.

[109] 谢敬东，唐国庆，徐高飞，等. 组合预测方法在电力负荷预测中的应用 [J]. 中国电力, 1998, 31 (6): 3-5.

[110] 康重庆，夏清，沈瑜，等. 电力系统负荷预测的综合模型 [J]. 清华大学学报, 1999, 39 (1): 8-11.

[111] 徐光虎，申刚，顾洁，等. 基于自适应进化规划的电力系统负荷预测综合模型 [J]. 电力自动化设备, 2002, 22 (6): 29-32.

[112] 程旭，康重庆，夏清，等. 短期负荷预测的综合模型 [J]. 电力系统自动化, 2000, 24 (9): 42-44.

[113] G. J. Chen, K. K. Li, T. S. Chung, et al. Application of an innovative combined forecasting method in power system load forecasting [J]. Electric Power Systems Research, 2001, 59 (2): 131-137.

[114] 莫维仁，张伯明，孙宏斌，等. 短期负荷综合预测模型的探讨 [J]. 电力系统自动化, 2004, 28 (1): 30-34.

[115] Yoo Hyeonjoong, Pimmel Russell L. Short term load forecasting using a self-supervised adaptive neural network [J]. IEEE Transactions on Power Systems, 1999, 14 (2): 779-784.

[116] 吴捷，严华. 基于自适应最优模糊逻辑系统的短期负荷预测方法 [J]. 电力系统自动化, 1999, 23 (17): 35-37.

[117] 谢敬东，唐国庆. 具有自学习功能的电力负荷模糊推理预测 [J]. 东南大学学报, 1998, 28 (4): 156-160.

[118] Singh D., Singh S. P. Self organization and learning methods in short term electric load forecasting: A review [J]. Electric Power Components and Systems, 2002, 30 (10): 1075-1089.

[119] 穆钢，侯凯元，杨右虹，等. 一种内蕴误差评价的负荷预报方法 [J]. 电力系统自动化, 2001, 25 (22): 37-40.

[120] 穆钢，侯凯元，杨右虹，等. 负荷预报中负荷规律性评价方法的研究 [J]. 中国电机工程学报, 2001, 21 (10): 96-101.

[121] 胡子珩，陈晓平，刘顺桂，等. 深圳电网自动运行的短期负荷预测系统 [J]. 电网技术, 2003, 27 (5): 21-25.

[122] 罗滇生，姚建刚，何洪英，等. 基于自适应滚动优化的电力负荷多模型组合预测系统的研究与开发 [J]. 中国电机工程学报, 2003, 23 (5): 58-61.

[123] Khotanzad Alireza, Afkhami-Rohani Reza, Maratukulam Dominic. ANNSTLF-artificial neural network short-term load forecaster - generation three [J]. IEEE Transactions on Power Systems, 1998, 13 (4): 1413-1422.

[124] 清华大学电机系. 电力市场需求预测理论及其应用. 1997.

[125] Bo-Juen Chen, Ming-Wei Chang, Chih-Jen Lin. Load forecasting using support vector machines: A study on EUNITE competition 2001 [J]. IEEE transactions on power systems, 2004, 19 (4): 1821-1830.

[126] Kwak N., C. -H. Choi. Input feature selection for classification problems [J]. Neural Networks, IEEE Transactions on, 2002, 13 (1): 143-159.

[127] Cox D. R., E. J. Snell. Choice of variables in observational studies [J]. Applied Statistics, 1974. 23 (1): 51-59.

[128] Zhao J., et al. The study on technologies for feature selection. in Machine Learning and Cybernetics, 2002. Proceedings. 2002 International Conference on. 2002.

[129] Miller A. J. Subset selection in regression. London: Chapman and Hall, 1990. 1-83.

[130] Allen D. M. Mean square error of prediction as a criterion for selecting variables. Technometrics, 1971. 13 (3): 469-475.

[131] Akaike H. A New Look at the Statistical Model Identification [J]. IEEE Transactions on Automatic Control, 1974. AC-19 (6): 716-723.

[132] Linhart H., W. Zucchini. Model Selection. New York: Wiley, 1986, 73-136.

[133] Setiono R., H. Liu. Neural-network feature selector. Neural Networks [J]. IEEE Transactions on, 1997, 8 (3): 654-662.

[134] Chakraborty B. Genetic algorithm with fuzzy fitness function for feature selection. in Industrial Electronics, 2002. ISIE 2002. Proceedings of the 2002 IEEE International Symposium on. 2002.

[135] 童其慧. 主成分分析方法在指标综合评价中的应用 [J]. 北京理工大学学报（社会科学版），2002，4 (1): 59-61.

[136] Hong X., P. M. Sharkey, K. Warwick. A robust nonlinear identification algorithm using PRESS statistic and forward regression [J]. IEEE Transactions on Neural Networks, 2003, 14 (2): 454-458.

[137] Liu, H., et al. PRESS model selection in repeated measures data [J]. Computational Statistics and Data Analysis, 1999. 30 (2): 169-184.

[138] 郑君里，应启珩，杨为里. 信号与系统 [M]. 第二版. 北京：高等教育出版社，2002.

[139] 黄嘉佑. 气象统计分析与预报方法 [M]. 第三版. 北京：气象出版社，2004.

[140] 宋超，黄民翔，叶剑斌. 小波分析方法在电力系统短期负荷预测中的应用 [J]. 电力系统及其自动化学报，2002，14 (3): 8-12.

[141] 顾洁. 应用小波分析进行短期负荷预测 [J]. 电力系统及其自动化学报，2003，15 (2): 40-65.

[142] 牛东晓，邢棉，谢宏，等. 短期电力负荷预测的小波神经元网络模型的研究 [J]. 电网技术，23 (4): 21-24.

[143] 王家红，黄阿强，熊信艮. 基于小波网络的短期负荷预测方法 [J]. 电力自动化设备，2003，23 (3): 11-12.

[144] 田铮. 动态数据处理的理论与方法时间序列分析 [M]. 西安：西北工业大学出版社，1995.

[145] 叶瑰昀，罗耀华，刘勇，等. 基于 ARMA 模型的电力系统负荷预测方法研究. 信息技术. 2002，6: 74-76.

[146] Shyh-Jier Huang, Kuang-RongShih. Short-term load forecasting via ARMA model identification including non-Gaussian process considerations [J]. IEEE Transactions on Power Systems, Vol.18, Iss. 2, May 2003, pp. 205-215.

[147] 高铁梅. 计量经济分析方法与建模 [M]. 北京：清华大学出版社，2006.

[148] 范维，张磊. 石刚. 季节调整方法综述及比较 [J]. 统计研究，2006，02: 70-73.

[149] Zhang N, Kang C, Xia Q. Monthly Load Forecasting Model Considering Seasonal Decomposition and Calendar Effects [C] //The International Conference on Electrical Engineering 2009.

[150] 中国人民银行. 时间序列 X-12-ARIMA 季节调整 [M]. 北京：中国金融出版社，2006.

[151] Hartigan J A, Wong M A. A K-means clustering algorithm. [J]. Applied Statistics, 1979, 28 (1): 100-108.

[152] 王千，王成，冯振元，等. K-means 聚类算法研究综述 [J]. 电子设计工程，2012，20 (7): 21-24.

[153]　秦钰，荆继武，向继，等. 基于优化初始类中心点的 K-means 改进算法［J］. 中国科学院大学学报，2007，24（6）：771-777.

[154]　Han J，Kamber M. Data Mining：Concepts and Technologies［J］. Data Mining Concepts Models Methods & Algorithms Second Edition，2001，5（4）：1-18.

[155]　康重庆，牟涛，夏清. 电力系统多级负荷预测及其协调问题（一）研究框架［J］. 电力系统自动化，2008，32（7）：34-38.

[156]　牟涛，康重庆，夏清，等. 电力系统多级负荷预测及其协调问题（二）基本协调模型［J］. 电力系统自动化，2008，32（8）：14-18.

[157]　王继业，季知祥，史梦洁，等. 智能配用电大数据需求分析与应用研究［J］. 中国电机工程学报，2015，08：1829-1836.

[158]　何耀耀，闻才喜，许启发，等. 考虑温度因素的中期电力负荷概率密度预测方法［J］. 电网技术，2015，01：176-18.

[159]　王鹏，陈启鑫，夏清，等. 应用向量误差修正模型的行业电力需求关联分析与负荷预测方法［J］. 中国电机工程学报，2012，32（4）：100-107.

[160]　康重庆，赵燃，陈新宇，等. 多级负荷预测的基础问题分析［J］. 电力系统保护与控制，2009，37（9）：1-7.

[161]　清华大学电机系. 用电需求预测软件包 TH-PSLF 用户手册. 1998.

第 II 篇

系统级中长期负荷预测

第6章

基于时序趋势外推的基本
预 测 方 法

中长期负荷预测中，时序趋势外推预测是最为常见的一类问题，一般根据时间序列的历史值来预测其未来值。时序趋势外推预测有多种不同的方法。如果预测对象的历史数据构成了基本的单调序列，那么本章介绍的这些预测模型一般都可以适用。而具有周期性的序列的预测方法和具有相关性的预测模型将在后续章节中描述。

需要指出的是，第Ⅰ篇中所介绍的回归分析模型可以直接用于时序趋势外推预测，这里不再赘述。本章讨论的基础是：已知某个物理量的历史数据为 $y_1, y_2, \cdots, y_t, \cdots, y_n$，现在需要根据这 n 个数据所形成的时间序列，对未来 $n+1$，$n+2$ 等各个时段的值作出预测。

基于时序趋势外推的基本预测方法包括动平均法、指数平滑法、增长速度法、灰色预测、马尔可夫预测法、灰色马尔可夫预测法和生长曲线法。

6.1 动平均法

动平均法是对一组时间序列数据进行某种意义上的算术平均值计算，并以此为依据进行预测，包括一次动平均法、加权动平均法和二次动平均法等。动平均法图解说明如图 6-1 所示。

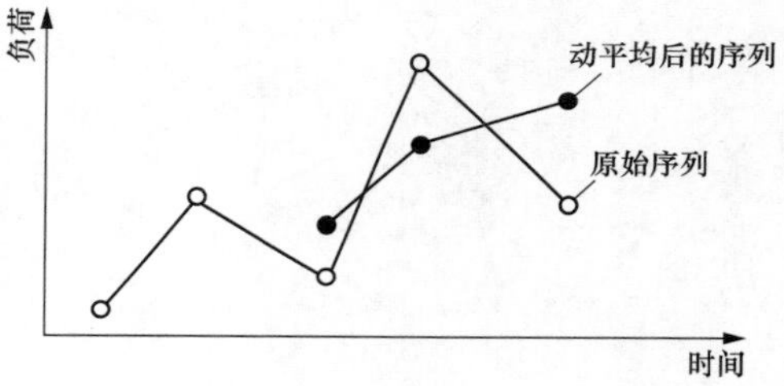

图 6-1 动平均法图解说明

6.1.1 一次动平均法

所谓一次动平均法，就是取时间序列的 L 个观测值予以平均，并依次滑动，直至将数据处理完毕，得到一个平均值序列。

对于时间序列 y_1，y_2，$\cdots$，y_t，$\cdots$，y_n，一次动平均计算公式为

$$M_t^{(1)} = \frac{y_t + y_{t-1} + \cdots + y_{t-L+1}}{L} \quad (t \geqslant L) \tag{6-1}$$

式中，$M_t^{(1)}$ 为第 t 期的一次动平均值；L 为动平均的项数（或称步长）。

一般情况下，如果时间序列没有明显的周期变化和趋势变化，可用第 t 期的一次动平均值作为第 $t+1$ 期的预测值，即

$$\hat{y}_{t+1} = M_t^{(1)} \tag{6-2}$$

一次动平均法的预测能力只有一期。

6.1.2 二次动平均法

一次动平均只适用于下一步的预测，而不适用于以后若干步的预测，因此，一般采用二次动平均法进行预测。所谓二次动平均法，就是将一次动平均序列再进行一次动平均。其计算公式为

$$M_t^{(2)} = \frac{M_t^{(1)} + M_{t-1}^{(1)} + \cdots + M_{t-L+1}^{(1)}}{L} \tag{6-3}$$

当时间序列具有线性增加或线性减少的发展趋势时，如果用动平均法进行预测，就会出

现滞后偏差，表现为：对于线性增加的时间序列，预测值偏低，而对于线性减少的时间序列，则预测值偏高。为了消除滞后偏差的影响，可在一次、二次动平均的基础上，建立线性趋势模型来进行预测

$$\hat{y}_{t+\tau} = \hat{a}_t + \hat{b}_t \tau \tag{6-4}$$

式中，t 为当前期；τ 为预测超前期；$\hat{a}_t$ 为截距，$\hat{a}_t = 2M_t^{(1)} - M_t^{(2)}$；$\hat{b}_t$ 为斜率，$\hat{b}_t = \dfrac{2}{L-1}(M_t^{(1)} - M_t^{(2)})$。

二次动平均法有多期的预测能力。

6.2 指数平滑法

指数平滑法是一种序列分析法，其拟合值或预测值是对历史数据的加权算术平均值，并且近期数据权重大，远期权重小，因此对接近目前时刻的数据拟合得较为精确。指数平滑法的图解说明如图 6-2 所示。

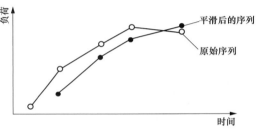

图 6-2 指数平滑法的图解说明

对于时间序列 y_1，y_2，$\cdots$，y_n，要求预测 y_{n+1}。信息的时效性要求预测量 $\hat{y}_{n+1}$ 应由全部历史数据 y_1，y_2，$\cdots$，y_n 的加权平均值构成，而且一般要求权值应随着数据离预测期越来越远而逐渐减小。即应有如下关系

$$\hat{y}_{n+1} = \sum_{t=0}^{n-1} \alpha_t y_{n-t} \tag{6-5}$$

$$\left. \begin{array}{l} 0 < \alpha_t < 1 \\ \sum_{t=0}^{n-1} \alpha_t = 1 \end{array} \right\} \tag{6-6}$$

$$\alpha_0 > \alpha_1 > \alpha_2 > \cdots > \alpha_{n-1} \tag{6-7}$$

在有些情况下，最后一个条件可以不满足。

6.2.1 简单指数平滑法

简单指数平滑法中，选定参数 $0 < \alpha < 1$，权值取为

$$\alpha_t = \alpha(1-\alpha)^t, t = 0,1,2,\cdots,n-1 \tag{6-8}$$

由于式（6-5）右端是 n 项之和，计算不便，为此将其改写成如下递推关系：

初始条件

$$S_0 = y_1$$

平滑方程

$$S_t = \alpha y_t + (1-\alpha)S_{t-1}, \; t = 1, \; 2, \; \cdots, \; n \tag{6-9}$$

预测公式

$$\hat{y}_{t+1} = S_t$$

6.2.2 二次指数平滑法

一般用于预测的是二次指数平滑法。设时间序列为 y_1，y_2，$\cdots$，y_n，取平滑系数为

α（$0 \leqslant \alpha \leqslant 1$）。指数平滑的方法、模型较多，这里采用常见的 Brown 单一参数线性二次指数平滑法，其步骤为：

（1）对原始序列进行一次指数平滑

$$y'_t = \alpha y_t + (1-\alpha) y'_{t-1}, 2 \leqslant t \leqslant n \tag{6-10}$$

其中，可取 $y'_1 = y_1$。

（2）对一次平滑序列作二次指数平滑

$$y''_t = \alpha y'_t + (1-\alpha) y''_{t-1}, 2 \leqslant t \leqslant n \tag{6-11}$$

其中，可取 $y''_1 = y'_1$。

（3）对最末一期数据，计算两个系数

$$a_n = 2y'_n - y''_n \tag{6-12}$$

$$b_n = \frac{\alpha}{1-\alpha}(y'_n - y''_n) \tag{6-13}$$

（4）建立如下的预测公式

$$\hat{y}_t = a_n + b_n(t-n) \tag{6-14}$$

其中，$t > n$。

6.3 增长速度法

对于一个平稳的历史数据序列，可以计算其相邻时间间隔的增长速度，如果这一增长速度序列的变化较有规律，则可以对这一速度序列进行外推预测，从而得到未来时间段的速度，来进行数据的预测。

对于历史序列 y_1，y_2，$\cdots$，y_n，预测步骤为

（1）统计历史序列的增长速度，公式为

$$\Delta_{t,t+1} = \frac{y_{t+1} - y_t}{y_t} \times 100\%, t = 1,2,\cdots,n-1 \tag{6-15}$$

式中，$\Delta_{t,t+1}$ 表示第 $t+1$ 时刻相对于第 t 时刻的增长速度。

（2）以增长速度序列：$\Delta_{1,2}$，$\Delta_{2,3}$，$\cdots$，$\Delta_{n-1,n}$ 为依据，运用回归分析方法，利用各种模型预测未来的增长速度 $\hat{\Delta}_{t,t+1}$（$t \geqslant n$）。

（3）以基准时刻（n 时刻）的历史数据为基准，按增长速度的定义进行未来时段的数据预测，则未来 t 时刻的预测值 $\hat{y}_t$ 为

$$\hat{y}_t = y_n \Big[\prod_{j=n}^{t-1} (1 + \hat{\Delta}_{j,j+1}) \Big], t \geqslant n+1 \tag{6-16}$$

6.4 灰色预测

灰色预测是建立在灰色系统理论基础上的。中长期负荷预测除了可以应用 GM(1,1) 进行常规的灰色预测以外（见第Ⅰ篇），还可以进行等维递补灰色预测。

等维递补灰色预测是一种滚动预测，其原理是：以 1~n 时刻的值所构成的序列对 $n+1$ 时刻作出预测，然后以 2~n 时刻的值以及 $n+1$ 时刻的预测值所构成的序列对 $n+2$ 时刻作出预测，依此类推。

显然，等维递补灰色预测均以某 n 个值所构成的序列对下一时刻作出预测，即用作预测

的原始序列的长度始终固定。这也是"等维递补"名称的由来。

6.5 马尔可夫预测法

马尔可夫法是以俄国数学家 A. A. Markov 名字命名的一种方法。它将时间序列看作一个随机过程，通过对事物不同状态的初始概率和状态之间转移概率的研究，确定状态变化趋势，以预测事物的未来。

（1）一重链状相关预测。对于时间序列 y_t，若其在 $t=\tau+1$ 时取值的统计规律只与其在 $t=\tau$ 时的取值有关，而与 $t=\tau$ 以前的取值无关，则称此序列为一重链状相关时间序列，或称为一重马尔可夫链。

假定目前预测对象处在状态 E_i，用 p_{ij}（$j=1,2,\cdots,J$）描述由目前状态向各个状态转移的可能性，例如，p_{i1} 表示转向状态 E_1 的可能性，p_{i2} 表示转向状态 E_2 的可能性，p_{ij} 表示转向状态 E_J 的可能性，等等。将 J 个状态转移概率按大小排列，可能性大者就是预测的结果，即可以得知预测对象经过一步转移最大可能达到的状态。

（2）模型预测。在实际预测中，往往需要知道经过一段时间后，预测对象可能处于的状态，这就要求建立一个能反映变化规律的数学模型。马尔可夫模型预测是利用概率建立一种随机型时序模型进行预测的方法，通常称为马尔可夫法。马尔可夫预测模型用公式表示为

$$S^{(\tau+1)} = S^{(\tau)} P \tag{6-17}$$

其中，$S^{(\tau)}$ 是预测对象在 $t=\tau$ 时刻的状态向量；P 为一步转移概率矩阵。

如果各时段的状态转移概率保持稳定，即 P 恒定，则由式（6-17）可推得

$$S^{(\tau+1)} = S^{(0)} P^{\tau+1} \tag{6-18}$$

其中，$S^{(0)}$ 为预测对象的初始状态向量。由于实际的客观事物很难长期保持同一状态转移概率，故此方法一般适用于有限步的预测。

6.6 灰色马尔可夫预测法

马尔可夫过程是一种特殊的随机过程，它表明事物的状态由过去转变到现在，再由现在转变到未来，一环扣一环，像一根链条。其特点是"无后效性"，即，一个时间序列，它在未来是什么状态，将取什么数值只与它现在的状态及取什么数值有关，而与它以前的状态是什么、以前取什么数值无关。一般地，第 τ 期末的状态，只与第 τ 期内的增减变化和第 $\tau-1$ 期末的状态有关，而与第 $\tau-1$ 期以前的状态无关。这一特点是马尔可夫过程运用于预测的首要考虑条件。

灰色预测模型是另一类应用比较广泛的预测方法。灰色 GM（1，1）模型的预测解为指数曲线，预测值的几何图形是一条较平滑的曲线，要么单调增，要么单调减，进行长期预测时，对随机波动性较大的数列拟合效果可能不好。而马尔可夫模型预测的对象是一个随机变化的动态系统，它是根据状态之间转移概率来预测未来系统的发展，转移概率反映了各种随机因素的影响程度，反映了各状态之间转移的内在规律性，因此马尔可夫概率矩阵预测适合于随机波动性较大的数据的预测问题。马尔可夫概率矩阵预测对象不但应具有马氏链特点，而且要具有平稳过程等特点，而现实世界中更多的是随时间变化而呈现某种变化趋势的非平稳随机过程。所以，灰色 GM（1，1）预测与马尔可夫预测的优点可以互补，从而形成灰色马尔可夫模型预测法。

其基本过程如下：

（1）利用 GM（1，1）方法，对物理量的历史数据进行虚拟预测与拟合，得到若干历史点的虚拟预测值和拟合值，并且求得它们与历史值之间的相对误差。

（2）利用聚类分析思想，将相对误差加以分类，认为相对误差接近的点属于同一个状态，据此划分出若干状态。这里首先利用最大相对误差与最小相对误差之间的距离确定误差变化的区间，然后设置一个误差步长作为相邻两个状态之间的一种度量。

（3）构造状态转移概率矩阵，这里仅考虑一步状态转移概率矩阵。将每一个状态及其下一个状态利用矩阵的形式表示出来，就构成了一步转移状态矩阵。其中，p_{ij}代表状态i转化为状态j的概率。例如

$$
\begin{array}{c}
\qquad\quad 状态1 \quad 状态2 \quad \cdots \quad 状态J \\
\begin{array}{c}
状态1 \\
状态2 \\
\vdots \\
状态J
\end{array}
\left[
\begin{array}{cccc}
p_{11} & p_{12} & \cdots & p_{1J} \\
p_{21} & p_{22} & \cdots & p_{2J} \\
\vdots & \vdots & \ddots & \vdots \\
p_{J1} & p_{J2} & \cdots & p_{JJ}
\end{array}
\right]
\end{array}
$$

（4）根据一步状态转移概率矩阵和最后一个历史点的状态，就可以求出待预测点的最可能的状态（即概率最大的状态），及在这个状态下的变化率，将它看作为待预测点的变化率。

（5）根据待预测点的变化率和最后一个历史点的实际值，求得待预测点的预测值。

6.7 生长曲线法

生物学中，习惯于把生长现象在图上用曲线表示出来，一般是在横轴上标出时间，纵轴上标出测定值，称为生长曲线（或成长曲线）。群体生长多呈 S 型曲线（sigmoid curve），这是最普通的生长曲线。从微生物直到人类的生物种群，其个体数的增加，常常符合此类曲线。

电力系统负荷预测也有这样的例子。某个地区的负荷发展，可能首先是开始时期的低速增长（相当于生物的生长前期）；到某个转折点后，开始进入快速增长期；再发展到某个转折点后，开始进入饱和期（相当于生物的生长后期）。

常用的生长曲线，作为一种解析化的数学表达式，完全可以直接用于负荷预测，其预测原理类似于回归分析中的各个对数模型、指数模型等。

6.7.1 简单 S 型曲线

在 Logistic 曲线的一种形态 $y = \dfrac{k}{1+\alpha e^{-\beta x}}$ 的基础上，可以得到一种简单 S 型曲线，表达式为

$$y = \frac{1}{a + b e^{-x}} \tag{6-19}$$

或

$$\frac{1}{y} = a + b e^{-x} \tag{6-20}$$

其在无穷远处的形态为

$$
\left.
\begin{array}{l}
x \to +\infty \quad y = \dfrac{1}{a} \\
x \to -\infty \quad y = 0
\end{array}
\right\} \tag{6-21}
$$

再对原式求导，得

$$y'_x = \frac{b e^{-x}}{(a + b e^{-x})^2} \tag{6-22}$$

故：①当 a、b 同号，分母必不为 0。②当 a、b 异号，则在 $x = \ln(-\dfrac{b}{a})$ 处分母为 0，这是曲线的分叉点。因此，曲线的形态分别如图 6-3 和图 6-4 所示。

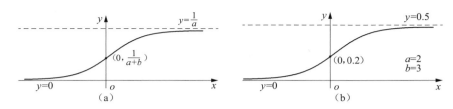

图 6-3　简单 S 型曲线 Ⅰ（a 与 b 同号的情况）

（a）抽象形式（$ab>0$）；（b）具体形式（取 $a=2$，$b=3$）

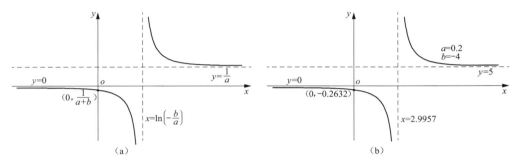

图 6-4　简单 S 型曲线 Ⅱ（a 与 b 异号的情况）

（a）抽象形式（$ab<0$）；（b）具体形式（取 $a=0.2$，$b=-4$）

对于 $\dfrac{1}{y}=a+b\mathrm{e}^{-x}$ 这样的简单 S 型曲线，可以借鉴回归分析的原理，令 $y'=1/y$，$x'=\mathrm{e}^{-x}$，即可化为形如 $y'=a+bx'$ 的模型，用于负荷预测，其过程类似于第 2 章第 4 节的分析，这里从略。

6.7.2　其他具有 S 型特征的曲线

其他具有 S 型特征的曲线还包括：

（1）修正指数曲线，其表达式为

$$y=K+ab^{x}\quad（或\ y=K+a\mathrm{e}^{bx}）\tag{6-23}$$

（2）Logistic 曲线，其表达式为（其中一种形态）

$$y=\frac{1}{K+ab^{x}}(K>0,a>0,0<b<1)\tag{6-24}$$

（3）Gompertz 曲线，其表达式为

$$\ln y=a+b\mathrm{e}^{-x}\tag{6-25}$$

这些具有 S 型特征的曲线，也可以借鉴回归分析的原理进行处理，从而用于负荷预测。

6.8　应用实例

以 1998～2004 年山西省全社会用电量数据为基础对 2005 年该省全社会用电量进行预测，详细数据见表 6-1。

表 6-1　　　　　　　　　　　　　　山西省全社会用电量数据

年　份	1998	1999	2000	2001	2002	2003	2004	2005
历史数据（亿 kWh）	437.8482	456.4571	502.0917	557.5788	628.8249	725.1993	833.0106	946.3270

为了验证各个模型的预测效果，利用 1998～2004 年数据，采用多种模型对 2005 年山西省全社会用电量进行预测。预测结果见表 6-2 和表 6-3。

表 6-2　应用回归类预测模型对山西省全社会用电量的预测结果及相对误差

（亿 kWh，%）

预测模型	线性模型	指数模型 1	指数模型 2	对数模型	双曲线模型 1	双曲线模型 2	幂函数模型	S 型曲线模型	Gompertz 曲线	抛物线模型	高次曲线模型
预测表达式	$y=327.33+66.06x$	$y=362.18e^{0.12x}$	$y=780.65e^{-\frac{0.82}{x}}$	$y=362.13+188.39\ln x$	$y=722.84-354.37/x$	$\frac{1}{y}=0.0011+\frac{0.0020}{x}$	$y=358.90x^{0.385}$	$\frac{1}{y}=0.0015+0.0039e^{-x}$	$\ln y=6.46-1.29e^{-x}$	$y=431.79-3.58x+8.71x^2$	$y=432.10-3.94x+8.81x^2-0.0087x^3$
1998	393.39	406.65	343.85	362.13	368.46	324.40	358.90	345.58	399.95	436.92	436.97
1999	459.45	456.59	518.10	492.72	545.65	479.79	468.84	501.77	539.35	459.45	459.4
2000	525.51	512.67	593.97	569.10	604.71	570.96	548.15	601.84	602.07	499.40	499.34
2001	591.57	575.62	635.97	623.30	634.24	630.90	612.44	649.49	626.94	556.75	556.75
2002	657.63	646.31	662.58	665.34	651.96	673.31	667.46	668.98	636.34	631.52	631.57
2003	723.69	725.68	680.94	699.69	663.77	704.90	716.06	676.44	639.83	723.69	723.75
2004	789.76	814.80	694.36	728.73	672.21	729.34	759.90	679.23	641.12	833.28	833.23
2005	855.82	914.86	704.60	753.89	678.54	748.81	800.04	680.26	641.60	960.28	959.96
1998	−10.15	−7.13	−21.47	−17.29	−15.85	−25.91	−18.03	−21.07	−8.66	−0.21	−0.20
1999	0.66	0.03	13.50	7.94	19.54	5.11	2.71	9.93	18.16	0.66	0.64
2000	4.66	2.11	18.30	13.35	20.44	13.72	9.17	19.87	19.91	−0.54	−0.55
2001	6.10	3.24	14.06	11.79	13.75	13.15	9.84	16.48	12.44	−0.15	−0.15
2002	4.58	2.78	5.37	5.81	3.68	7.07	6.14	6.39	1.20	0.43	0.44
2003	−0.21	0.07	−6.10	−3.52	−8.47	−2.80	−1.26	−6.72	−11.77	−0.21	−0.20
2004	−5.19	−2.19	−16.64	−12.52	−19.30	−12.45	−8.78	−18.46	−23.04	0.03	0.03
2005	−9.56	−3.33	−25.54	−20.34	−28.30	−20.87	−15.46	−28.12	−32.20	1.47	1.44

注　这里列出了各个模型的表达式和参数，便于读者验证。其中，1998~2004 年的误差为拟合误差，2005 年的误差为预测误差。

表 6-3　　　　　　应用其他预测模型对山西省全社会用电量的预测结果及相对误差　　（亿 kWh,％）

预测模型	人工神经网络法	动平均法	指数平滑法	灰色系统法
1998	406.82	437.85	437.85	437.85
1999	450.76	456.46	451.80	442.21
2000	510.39	502.09	490.68	500.73
2001	582.99	557.58	544.87	566.99
2002	658.84	628.82	615.03	642.01
2003	725.41	705.93	708.30	726.97
2004	775.36	815.01	816.70	823.16
2005	808.96	901.01	892.48	932.09
1998	−7.09	0.00	0.00	0.00
1999	−1.25	0.00	−1.02	−3.12
2000	1.65	0.00	−2.27	−0.27
2001	4.56	0.00	−2.28	1.69
2002	4.77	0.00	−2.19	2.10
2003	0.03	−2.66	−2.33	0.24
2004	−6.92	−2.16	−1.96	−1.18
2005	−14.52	−4.79	−5.69	−1.50

注　其中，1998～2004 年的误差为拟合误差，2005 年的误差为预测误差。

其中一些预测模型的预测效果如图 6-5 所示。

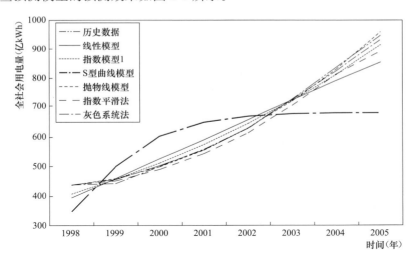

图 6-5　山西省全社会用电量的预测效果

由这些预测结果可见，不同预测模型的预测效果差别是较大的。分析如下：

（1）有些模型，拟合效果和预测效果均较好，例如此例中的抛物线模型、高次曲线模型（该例中模型最高阶次为 3）、灰色系统模型。

（2）有些模型，拟合效果较好，但预测效果不好，例如此例中的指数模型 1、动平均法、指数平滑法。

（3）有些模型，拟合效果和预测效果均不好，例如此例中的双曲线模型 1、双曲线模型 2、S 型曲线模型。

由此可见，不同的预测模型，有着不同的适用范围，在实际预测过程中，需要根据实际情况，选择合适的预测模型。这也是我们强调"预测模型多样性"的出发点。

第7章

时序趋势外推预测方法的扩展策略

7.1 扩展问题概述

上一章讨论了基本的时序趋势外推预测方法。从提高预测精度的要求出发，我们显然不能仅仅依靠这些基本的预测方法，而是要尽力地增强基本模型的预测性能。通过深入的分析，我们可以提出如下的具体方向和问题：

（1）基本预测模型一般有其固有的特征。对于某些历史数据，其预测效果可能较好，但是，对于另外一些历史数据，预测效果可能不见得好。这就存在着预测模型适应性不高的问题。那么，在基本预测模型的基础上，如何进一步提高模型的适应性？

（2）在应用最小二乘法求取模型参数时，有时为了简单起见，可以采用线性估计方法。如何进一步提高模型参数的估计精度，这需要研究参数的非线性估计方法。

（3）历史数据有空缺时，如何作出有效的预测？

（4）对于预测而言，一般认为物理量在未来时段的变化趋势更多地取决于历史时段中近期的发展规律，远期的历史数据与未来时段发展趋势的相关性较弱，这也正是"近大远小"原则。因此，如何在时序趋势外推预测方法中贯彻"近大远小"原则是值得研究的。

（5）实际序列常含有异常值（不良数据）。在建模时，个别的异常数据会影响模型精度，因此对不良数据的检测与辨识是必要的，并可对异常值作出可靠的估计。那么，历史数据中有异常值时，如何正确识别，并进一步作出有效的预测？

如果能较好地解决上述问题，那么，时序趋势外推预测方法的应用范围将得到大大地扩展。本章的目标是就上述问题进行分析，并给出解决方法。

对于各个时序趋势外推预测方法而言，上述问题可能是共性的；但是，对于每一个问题，其对应于每个预测方法的解决方案又可能各不相同。因此，在本章的分析中，对于某些问题，将以某一个具体的预测方法为例进行阐述。

7.2 提高预测模型适应性的策略

对于时序趋势预测方法，其适应性与模型的可变参数的数目密切相关。经过分析发现，预测模型中可变参数数目的多少，对预测结果有很大的影响。

对于时序趋势预测方法，其抽象的预测模型可表示为 $y = f(\boldsymbol{S}, t)$。显然，模型参数向量 $\boldsymbol{S}$ 的选择，在预测中起着至关重要的作用。参数向量 $\boldsymbol{S}$ 的分量如果太少，将导致模型的拟合效果很差，因为预测模型的自由度太低；参数向量 $\boldsymbol{S}$ 的分量如果太多，必然可以提高拟合精度，但参数向量 $\boldsymbol{S}$ 可能会有多组取值都可以达到相似的拟合效果，使参数辨识的收敛准则变得很模糊，外推预测时的波动程度也必然加大，不利于预测。因此，从提高预测模型适应性的角度看，选择恰当的模型参数数目，是一个非常重要的问题。

在已有的中长期负荷预测模型中（例如回归分析），很多模型的变量数目为 2，包括线性模型、指数模型、对数模型、双曲线模型等。这样的模型结构，可变参数数目太少，不利于预测精度的提高。因此，提出一种对已有的中长期负荷预测模型进行扩展的策略，其核心思想是：适当增加模型中可变参数的数目，提高参数辨识的效果和拟合精度。当然，必须根据实际情况具体判断，而不能盲目地增加模型的参数。

为了叙述的方便，下面以生长曲线为例进行具体分析，本节以 x 表示时间变量。

7.2.1 生长曲线的分析

7.2.1.1 简单 S 型曲线的分析

简单 S 型曲线 $y = \dfrac{1}{a' + b'\mathrm{e}^{-x}}$ 由于模型结构的限制，参数自由度小，无法更精确地拟合原始数据，故对其进行如下的扩展。其基本思路是对 x，y 进行线性变换。

按照下面的简单推导，可对简单 S 型曲线进行扩展

$$y = \frac{1}{a' + b'\mathrm{e}^{-x}} \Rightarrow \alpha y + \beta = \frac{1}{a' + b'\mathrm{e}^{-(px+q)}} \Rightarrow \alpha y = -\beta + \frac{1}{a' + b'\mathrm{e}^{-q}\mathrm{e}^{-px}}$$

$$\Rightarrow y = \frac{-\beta}{\alpha} + \frac{1}{\alpha a' + (\alpha b'\mathrm{e}^{-q}\mathrm{e}^{-px})}$$

上式中，α、β、p、q 均为推导中引入的参数。进一步可变换为

$$y = d + \frac{1}{a + b\mathrm{e}^{-cx}} \tag{7-1}$$

这就是最终的扩展 S 型曲线的表达式。通过以上过程，将原来模型的参数由 2 个（a，b）增加为 4 个（a，b，c，d）。

再分析新模型的形态，对模型求导得到

$$y'_x = \frac{bc\mathrm{e}^{-cx}}{(a + b\mathrm{e}^{-cx})^2} \tag{7-2}$$

同样：

（1）当 a、b 同号，分母必不为 0；

（2）当 a、b 异号，则在 $x = \dfrac{1}{c}\ln\left(-\dfrac{b}{a}\right)$ 处分母为 0，这是曲线的分叉点。

若 $c > 0$，则 $\begin{cases} x \to +\infty, y = d + \dfrac{1}{a}; \text{若 } c < 0 \text{ 则相反} \\ x \to -\infty, y = d \end{cases}$

通过上述分析可知，曲线的形态分别如图 7-1 和图 7-2 所示。

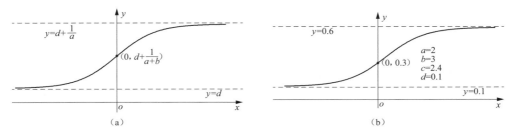

图 7-1　扩展 S 型曲线（a 与 b 同号的情况）

（a）抽象形式（$ab > 0$）；（b）具体形式（取 $a = 2$，$b = 3$，$c = 2.4$，$d = 0.1$）

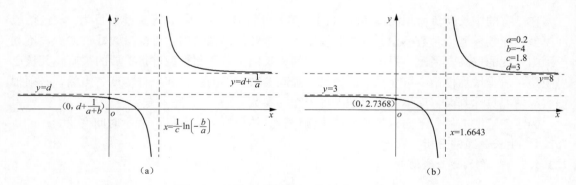

图 7-2 扩展 S 型曲线（a 与 b 异号的情况）

(a) 抽象形式（$ab<0$）；(b) 具体形式（取 $a=0.2$，$b=-4$，$c=1.8$，$d=3$）

模型参数扩展后，其参数辨识的难度也大大增加。可以采用两种思路：

（1）直接的非线性优化方法。例如最速下降法，迭代过程非常简单，但有可能陷入局部最优解。

（2）随机优化方法。例如遗传算法，迭代过程复杂，求解过程慢，但可以以某种概率达到全局最优解。

本书建议采取第 2 种思路。

7.2.1.2 Gompertz 曲线模型的分析

对 Gompertz 曲线 $\ln y = a' + b'\mathrm{e}^{-x}$ 进行扩展：

$$\ln y = a' + b'\mathrm{e}^{-x} \Rightarrow \ln(\alpha y + \beta) = a' + b'\mathrm{e}^{-(px+q)}$$

$$\Rightarrow \ln \alpha + \ln\left(y + \frac{\beta}{\alpha}\right) = a' + b'\mathrm{e}^{-q}\mathrm{e}^{-px}$$

$$\Rightarrow \ln\left(y + \frac{\beta}{\alpha}\right) = (a' - \ln \alpha) + (b'\mathrm{e}^{-q})\mathrm{e}^{-px}$$

$$\Rightarrow \ln(y + d) = a + b\mathrm{e}^{-cx}$$

$$\Rightarrow y = -d + \mathrm{e}^{(a+b\mathrm{e}^{-cx})}$$

最终的扩展 Gompertz 曲线的表达式为

$$y = -d + \mathrm{e}^{(a+b\mathrm{e}^{-cx})} \tag{7-3}$$

7.2.2 扩展策略的启示——新型预测模型

通过上文过程，可以总结出中长期负荷预测模型的扩展策略为：对于原始模型，如果需要在某个因素（自变量或因变量）上进行加工，则只需要在模型中对该因素的变量进行线性变换。因此，模型的扩展不一定要求对自变量和因变量同时进行变换。

上述扩展策略不仅可以应用于对已有预测模型的改造，还有利于提出新的预测模型。

正切函数将自变量从（$-\pi/2$，$\pi/2$）映射到（$-\infty$，∞）。相应地，反正切函数将自变量从（$-\infty$，∞）映射到（$-\pi/2$，$\pi/2$），并且，其中包含了高速、平稳、低速、饱和等各种变化趋势。可以利用上述扩展策略，提出基于扩展反正切曲线的预测新模型。

反正切函数为

$$y = \arctan x \tag{7-4}$$

对反正切曲线进行扩展

$$y = \arctan x \Rightarrow a'y + b' = \arctan(c'x + d') \Rightarrow y = b + a\arctan(cx + d)$$

于是得到扩展反正切曲线的表达式为

$$y = b + a\arctan(cx + d) \tag{7-5}$$

该表达式正是波动发展形势下所需要的新的预测模型。

7.3 模型参数的非线性估计方法

模型参数的辨识，是负荷预测中的关键环节。为了追求拟合的效果，应尽可能提高模型参数辨识的精度，具体地说，应尽可能使残差平方和最小化。于是，需要研究模型参数的非线性估计方法。

以回归分析问题为例。显然，在2.4.4中将一元非线性回归问题化为线性回归，只是在一定程度上满足配曲线的最佳要求。例如指数模型 $y = a\mathrm{e}^{bx}$，此时曲线拟合的目的理应是使残差平方和 $Q = \sum_{t=1}^{n} [y_t - a\mathrm{e}^{bx_t}]^2$ 极小化；而通过在两边取对数的变换化为线性回归后，只是使 $Q' = \sum_{t=1}^{n} [\ln y_t - (\ln a + bx_t)]^2$ 极小化，两者并不一致，因此模型参数的线性估计只是一种近似。为此，需要研究直接极小化残差平方和的方法，这就产生了模型参数的非线性估计方法。

在第 I 篇 2.3.3 节中，已经描述了一般性非线性参数估计的最小二乘法。可以将其直接应用于非线性回归问题，有以下两个环节需要注意：

（1）初值问题。可以用常规回归预测中的线性估计方法求得参数向量的初值 $\boldsymbol{S}^{(0)}$。

（2）雅可比矩阵的计算。非线性参数估计过程中，需要计算雅可比矩阵 $\boldsymbol{H}$，若模型待定参数的数目和历史时段数分别为 k 和 n，则 $\boldsymbol{H}$ 为 $n \times k$ 阶矩阵。

这里以指数模型 $y = f(\boldsymbol{S}, \boldsymbol{X}) = a\mathrm{e}^{bx}$ 来说明其计算方法。

此时预测公式为 $\hat{y}_t = a\mathrm{e}^{bx_t}$，于是

$$\frac{\partial \hat{y}_t}{\partial a} = \mathrm{e}^{bx_t}, \quad \frac{\partial \hat{y}_t}{\partial b} = ax_t\mathrm{e}^{bx_t} \tag{7-6}$$

这里 $\boldsymbol{S} = [a, b]^\mathrm{T}$，故 $k = 2$，由此得到 $n \times 2$ 阶雅可比矩阵为

$$\boldsymbol{H} = \begin{bmatrix} \mathrm{e}^{bx_1} & ax_1\mathrm{e}^{bx_1} \\ \mathrm{e}^{bx_2} & ax_2\mathrm{e}^{bx_2} \\ \cdots & \cdots \\ \mathrm{e}^{bx_n} & ax_n\mathrm{e}^{bx_n} \end{bmatrix} \tag{7-7}$$

在第 q 次迭代中，以 $\boldsymbol{S}^{(q)}$ 决定 $\boldsymbol{H}$ 矩阵中参数 a，b 的当前取值。

各回归曲线的雅可比矩阵的计算与前述的指数模型的推导过程相仿。这里不一一推导。

需要说明的是，某些模型的 $\boldsymbol{H}$ 矩阵为常数阵，即 $\boldsymbol{H}$ 矩阵与迭代过程中 $\boldsymbol{S}^{(q)}$ 的取值无关（例如，2.4.4 中的线性模型、对数模型、双曲线模型 1、抛物线模型、高次曲线均属 $\boldsymbol{H}$ 矩阵为常数阵的情况）。此时，无论参数向量 $\boldsymbol{S}$ 的初值 $\boldsymbol{S}^{(0)}$ 如何选取，均可只经过一步迭代即告收敛，得到模型参数的最终估计值。事实上，这一结果与常规回归预测中线性估计方法求得的结果相同。

7.4 非连续历史序列的处理

时序趋势外推总是基于一些历史序列展开预测工作。在前面所介绍的方法中，总是假定历

史序列是连续的，也即，从起始时段到终止时段之间的数据没有任何缺失。但是，实际情况中，很可能出现非连续序列的情况，例如，由于某年资料不慎丢失而引起该年数据在整个历史序列中出现空白。在这种情况下，如何进行有效的预测？以下以灰色预测为例进行分析。

7.4.1 常规 GM (1, 1) 建模过程的扩展

近年来已有许多学者将灰色系统理论用于电力系统负荷预测，但均基于全序列建模。而实际系统中有可能出现历史数据不连续的情况（称为空穴序列），而灰色系统在对等时距序列建模时，要求序列中没有空穴，因此在遇到历史数据局部缺失时，一般采用均值生成、级比生成或插值生成等局部生成方式填补空穴后建模。但这样做显得过于简单，并且它实际上是将空穴生成数据与其余的实际数据同等对待。

这里讨论含空穴序列的建模问题。

在常规 GM (1, 1) 模型中，$\hat{x}^{(0)}(i)(i \geqslant 2)$ 有统一表达式，而首元素的估计值与初始值相同，残差为零。因此，可以认为灰色模型对序列的估计是分段表示的，它只对第 2，3，$\cdots$，n 个元素作残差检验，而首元素不作检验。

常规 GM (1, 1) 建模时，预测模型的一般形式为

$$\hat{x}^{(1)}(i) = ce^{-a(i-1)} + b/a, i \geqslant 1 \tag{7-8}$$

常规 GM (1, 1) 模型所取边界条件为

$$c = x^{(0)}(1) - b/a \tag{7-9}$$

为行文方便，采用简化符号，记输入序列为 $x_i(i = 1, 2, \cdots, n)$，并记其拟合值为 $\hat{x}_i(i \geqslant 1)$，因此

$$\hat{x}_i = c[e^{-a(i-1)} - e^{-a(i-2)}], i \geqslant 2 \tag{7-10}$$

$$\hat{x}_1 = c + b/a \tag{7-11}$$

引入以下定义：

(1) 设输入序列为 $\boldsymbol{A} = \{x_1, x_2, \cdots, x_n\}$，其下标集为 $\boldsymbol{I} = \{1, 2, \cdots, n\}$，由所有 x_i ($i \in \boldsymbol{I}$) 形成的 n 维样本向量记为 $\boldsymbol{X} = [x_1, x_2, \cdots, x_n]^{\mathrm{T}}$。$\boldsymbol{A}$ 中元素有两种情况：若 i 位置有具体值，则称 x_i 为 i 时刻的观测值（设有 m 个，$m \leqslant n$），从而形成 m 维观测向量 $\boldsymbol{Z}$，对应下标集合记为 $\boldsymbol{I}_Z$；若 i 位置处为空穴，则 i 时刻数据遗漏或未作观测，形成 $l = n - m$ 维空穴向量 $\boldsymbol{U}$，对应下标集合记为 $\boldsymbol{I}_U$。

(2) 式 (7-8) 将灰色模型参数扩展为三个：a，b，c，称 $\boldsymbol{S} = [a, b, c]^{\mathrm{T}}$ 为参数向量。由观测向量 $\boldsymbol{Z}$ 建立灰色模型，可得到参数的估计值 $\hat{\boldsymbol{S}}$，这一过程称为参数估计，记为 $\hat{\boldsymbol{S}} = \boldsymbol{f}_Z(\boldsymbol{Z})$。显然，常规 GM (1, 1) 模型中由边界条件将参数 c 视为 a，b 的派生参数，一旦 a，b 被确定，c 也唯一地确定。而这里将 a，b，c 同等对待，它们之间不是派生的关系。

(3) 由参数估计值计算出样本向量 $\boldsymbol{X}$ 的拟合值称为样本估计值，这一过程称为样本估计，记为 $\hat{\boldsymbol{X}} = \boldsymbol{h}(\hat{\boldsymbol{S}})$。显然 $\boldsymbol{h}(\boldsymbol{S})$ 为 n 维向量函数，由前文可知

$$h_i(\boldsymbol{S}) = c[e^{-a(i-1)} - e^{-a(i-2)}], i \geqslant 2 \tag{7-12}$$

$$h_1(\boldsymbol{S}) = c + b/a \tag{7-13}$$

$\boldsymbol{h}(\boldsymbol{S})$ 对应的雅可比矩阵（$n \times 3$ 阶）及其元素 h_{ij} ($i = 1, 2, \cdots, n$; $j = 1, 2, 3$) 为

$$\boldsymbol{H}(\boldsymbol{S}) = \frac{\partial \boldsymbol{h}(\boldsymbol{S})}{\partial \boldsymbol{S}} = \begin{bmatrix} h_{11} & h_{12} & h_{13} \\ \vdots & \vdots & \vdots \\ h_{n1} & h_{n2} & h_{n3} \end{bmatrix} \tag{7-14}$$

$$h_{i1} = \frac{\partial h_i(\boldsymbol{S})}{\partial a} = c\left[(1-i)\mathrm{e}^{-a(i-1)} - (2-i)\mathrm{e}^{-a(i-2)}\right], 2 \leqslant i \leqslant n \tag{7-15}$$

$$h_{i2} = \frac{\partial h_i(\boldsymbol{S})}{\partial b} = 0, 2 \leqslant i \leqslant n \tag{7-16}$$

$$h_{i3} = \frac{\partial h_i(\boldsymbol{S})}{\partial c} = \mathrm{e}^{-a(i-1)} - \mathrm{e}^{-a(i-2)}, 2 \leqslant i \leqslant n \tag{7-17}$$

$$h_{11} = \frac{\partial h_1(\boldsymbol{S})}{\partial a} = -b/a^2 \tag{7-18}$$

$$h_{12} = \frac{\partial h_1(\boldsymbol{S})}{\partial b} = 1/a \tag{7-19}$$

$$h_{13} = \frac{\partial h_1(\boldsymbol{S})}{\partial c} = 1 \tag{7-20}$$

与 $\boldsymbol{I}_Z$、$\boldsymbol{I}_U$ 相对应，将 $\boldsymbol{h}(\boldsymbol{S})$ 分为 m 维和 l 维两个向量函数，记为 $\boldsymbol{h}_Z(\boldsymbol{S})$ 和 $\boldsymbol{h}_U(\boldsymbol{S})$；相应地，$\boldsymbol{H}(\boldsymbol{S})$ 分为 $m \times 3$ 和 $l \times 3$ 阶两个子矩阵，记为 $\boldsymbol{H}_Z(\boldsymbol{S})$ 和 $\boldsymbol{H}_U(\boldsymbol{S})$。

7.4.2　含空穴情况下灰色预测的参数估计过程

通过上述改造，已经将输入序列形成的 n 维样本向量 $\boldsymbol{X}$ 划分为 m 维观测向量 $\boldsymbol{Z}$ 和 l 维空穴向量 $\boldsymbol{U}$。为了消除空穴的影响，可以仅仅以观测数据为依据，采用牛顿法进行参数估计，得到不依赖于空穴数据的参数，从而避免了常规模型将空穴处生成数据与其余实际观测数据同等对待的弊端，同时可以对空穴数据作出更好的拟合。

同样，这又是一个非线性参数估计问题。这里直接给出迭代步骤：

（1）判断给定序列有无空穴，若有空穴，去（2）；否则去（3）。

（2）对空穴位置作局部生成以填补空穴，去（3）。

（3）用常规 GM（1，1）建模方法估计参数 a，b 并求 c，以此作为参数向量初值 $\boldsymbol{S}^{(0)}$，置迭代次数 $q=0$，给定收敛条件 $\varepsilon>0$，去（4）。

（4）用下式求修正量，其中 $\boldsymbol{H}_Z$ 的取值为 $\boldsymbol{H}_Z(\boldsymbol{S}^{(q)})$，去（5）。

$$\Delta\boldsymbol{S}^{(q)} = (\boldsymbol{H}_Z^{\mathrm{T}}\boldsymbol{H}_Z)^{-1}\boldsymbol{H}_Z^{\mathrm{T}}\left[\boldsymbol{Z} - \boldsymbol{h}_Z(\boldsymbol{S}^{(q)})\right] \tag{7-21}$$

（5）作出修正：$\boldsymbol{S}^{(q+1)} = \boldsymbol{S}^{(q)} + \Delta\boldsymbol{S}^{(q)}$，得到新的参数向量 $\boldsymbol{S}^{(q+1)}$，去（6）。

（6）判断 $\max\limits_{1 \leqslant j \leqslant 3}|\Delta s_j^{(q)}| < \varepsilon$，若是，则已收敛，去（7）；否则置 $q=q+1$，去（4）继续迭代。

（7）迭代结束，以 $\boldsymbol{S}^{(q+1)}$ 作为最优参数估计值 $\hat{\boldsymbol{S}}$。

对比可见，常规 GM（1，1）模型将空穴处的生成数据与其余的实际数据同等对待；而这里先用该方法的参数估计结果作为初值，采用牛顿法对参数进行迭代修正，修正方向仅取决于样本中的观测部分，与空穴处的生成数据无关，因此参数估计的效果更好。通过这种处理，实际上是将参数估计作为灰色预测的预处理过程，使得历史序列在填补空穴后能够建立具有一定精度的灰色模型，从而可以明显改善预测结果。

7.5　"近大远小"原则的处理策略

"近大远小"（又称"厚今薄古"）原则的物理意义是，物理量未来的变化趋势更多的取决于历史时段中近期的发展规律，远期的历史数据与未来发展趋势的相关性较弱。这里以回归分析问题为例，阐述"近大远小"原则的处理策略。

7.5.1 回归分析问题中"近大远小"原则的处理

对于已经搜集到历史的样本数据 y_t, $t \in [1, n]$, 常规的回归预测是将各时段拟合残差同等对待。按照"近大远小"原则,应区别对待各时段的拟合残差,即历史时段中近期的发展规律应该得到更好地拟合,远期历史数据的拟合程度可以稍低。为此,设历史序列中 t 时段拟合残差的权重为 w_t(有些文献称之为"折扣系数")。一般有

$$w_t \geqslant 0, 1 \leqslant t \leqslant n \tag{7-22}$$

$$w_1 \leqslant w_2 \leqslant \cdots \leqslant w_n \tag{7-23}$$

那么,加权残差平方和为

$$Q = \sum_{t=1}^{n} w_t [y_t - \hat{y}_t]^2 = \sum_{t=1}^{n} w_t [y_t - f(\boldsymbol{S}, \boldsymbol{X}_t)]^2 \tag{7-24}$$

下面依次讨论几种类型的回归模型。

7.5.1.1 一元线性加权回归预测

一元线性回归问题的加权残差平方和为

$$Q = \sum_{t=1}^{n} w_t [y_t - (a + bx_t)]^2 \tag{7-25}$$

令

$$\frac{\partial Q}{\partial a} = -2 \sum_{t=1}^{n} [w_t (y_t - a - bx_t)] = 0$$

$$\frac{\partial Q}{\partial b} = -2 \sum_{t=1}^{n} [w_t x_t (y_t - a - bx_t)] = 0 \tag{7-26}$$

即

$$\left(\sum_{t=1}^{n} w_t \right) a + \left(\sum_{t=1}^{n} w_t x_t \right) b = \sum_{t=1}^{n} w_t y_t \tag{7-27}$$

$$\left(\sum_{t=1}^{n} w_t x_t \right) a + \left(\sum_{t=1}^{n} w_t x_t^2 \right) b = \sum_{t=1}^{n} w_t x_t y_t \tag{7-28}$$

解得

$$a = \frac{\left(\sum_{t=1}^{n} w_t x_t^2 \right) \left(\sum_{t=1}^{n} w_t y_t \right) - \left(\sum_{t=1}^{n} w_t x_t \right) \left(\sum_{t=1}^{n} w_t x_t y_t \right)}{\left(\sum_{t=1}^{n} w_t x_t^2 \right) \left(\sum_{t=1}^{n} w_t \right) - \left(\sum_{t=1}^{n} w_t x_t \right) \left(\sum_{t=1}^{n} w_t x_t \right)} \tag{7-29}$$

$$b = \frac{\left(\sum_{t=1}^{n} w_t x_t y_t \right) \left(\sum_{t=1}^{n} w_t \right) - \left(\sum_{t=1}^{n} w_t y_t \right) \left(\sum_{t=1}^{n} w_t x_t \right)}{\left(\sum_{t=1}^{n} w_t x_t^2 \right) \left(\sum_{t=1}^{n} w_t \right) - \left(\sum_{t=1}^{n} w_t x_t \right) \left(\sum_{t=1}^{n} w_t x_t \right)} \tag{7-30}$$

如果将各 w_t 均取为 1, 则此时 a、b 的计算公式与不加权时的结果相同。

7.5.1.2 多元线性加权回归预测

设多元线性回归预测模型为 $y = f(\boldsymbol{S}, \boldsymbol{X}) = a_0 + \sum_{i=1}^{m} a_i \cdot x_i$, 其中, m 为自变量数目,$\boldsymbol{S} = [a_0, a_1, \cdots, a_m]^{\mathrm{T}}$, $\boldsymbol{X} = [x_1, x_2, \cdots, x_m]^{\mathrm{T}}$, 设已知自变量的取值为

$$\boldsymbol{X}_t = [x_{1t}, x_{2t}, \cdots, x_{mt}]^{\mathrm{T}} \quad (1 \leqslant t \leqslant n)$$

引入矩阵

$$A = \begin{bmatrix} 1 & x_{11} & \cdots & x_{m1} \\ \vdots & \vdots & \ddots & \vdots \\ 1 & x_{1n} & \cdots & x_{mn} \end{bmatrix}$$

引入向量

$$Y_n = [y_1, y_2, \cdots, y_n]^\mathrm{T}$$

为简化公式，记各时段权重 w_t 形成的对角阵为 $W = diag\{w_t\}$，则多元线性回归问题的加权残差平方和为

$$Q = (AS - Y_n)^\mathrm{T} W (AS - Y_n) \tag{7-31}$$

令 $\dfrac{\partial Q}{\partial S^\mathrm{T}} = 2A^\mathrm{T}WAS - 2A^\mathrm{T}WY_n = 0$，则回归系数的最佳估计值为

$$S = (A^\mathrm{T}WA)^{-1} A^\mathrm{T}WY_n \tag{7-32}$$

同样，如果将 w_t 均取为 1，则对角阵 W 成为单位阵，此时的计算公式与不加权时的结果相同。

7.5.1.3　非线性模型的加权回归预测

首先，在基于"近大远小"原则的线性加权回归预测法中，对于可以化为线性的一元非线性加权问题，可以采用与常规的回归预测中相同的变换方法，使非线性问题变为线性问题，进而使用上述的一元或多元线性加权回归方法进行参数估计与预测。

进一步，现在将基于"近大远小"原则的加权回归预测问题和模型参数的非线性估计问题放在同一框架下统一考虑。显然，非线性加权回归预测问题只是对原来的目标函数（残差平方和）的表达式作了修正，因此可以在新的目标函数要求下，确定非线性模型参数的直接估计方法。

一般性回归问题的加权残差平方和为 $Q = (Y - \hat{Y})^\mathrm{T} W (Y - \hat{Y})$。参照前述思路可以得出求解公式。这里略去推导过程，直接给出非线性加权回归预测的求解步骤如下：

（1）对于一般性回归问题 $y = f(S, X)$，首先按前述思路化为一元或多元线性加权回归问题，从而用前述求解方法得到参数向量 S 的初值 $S^{(0)}$。置迭代次数 $q=0$，给定收敛条件 ε（$\varepsilon > 0$），去（2）。

（2）由 $S^{(q)}$ 决定 H 阵中各元素的取值。

（3）计算修正量

$$\Delta S^{(q)} = (H^\mathrm{T}WH)^{-1} H^\mathrm{T} W [Y - \hat{Y}(S^{(q)})] \tag{7-33}$$

（4）作出修正，得 $S^{(q+1)}$。

（5）判断收敛条件 $\max\limits_{1 \leqslant j \leqslant k} | \Delta s_j^{(q)} | < \varepsilon$ 是否成立。若成立，则结束迭代，去（6）；否则，置 $q = q+1$，去（2）继续迭代。

（6）得最优解 $S^{(*)} = S^{(q+1)}$。

当某些模型的雅可比矩阵为常数阵时，采用一元或多元线性加权回归方法所得到的参数向量 $S^{(0)}$ 已是最优解，无须进行非线性迭代。

7.5.2　"近大远小"原则中历史时段权重的讨论

一般情况下，各时段残差的权重 w_t 应该可以涵盖如下几种情况：

（1）采用加权形式的残差平方和作为目标函数，可以将历史序列中不同时段的数据区别对待。如果某个历史时段的数据可靠程度较差，则可将该时段相应的 w_t 取较小的值。

（2）上节曾以灰色预测为例，阐述了在历史序列不连续的情况下，如何进行有效的参数估计。实际上，采用加权形式的残差平方和作为目标函数，同样可以处理历史序列的不连续情况或含有不可靠数据的情况。若某个历史时段的数据不可信，或有遗漏，则可将该时段权重 w_t 取为 0。若某个 $w_t=0$，则说明不对 t 时段进行拟合，于是，拟合曲线的结果与历史序列中 t 时段的数据取值无关。这样，非线性加权回归预测方法可以区别对待各时段的历史数据，并且参数估计的结果与遗漏的数据无关，从而提高计算精度。

（3）显然，如果将各时段残差的权重 w_t 均取为 1，则成为常规回归预测中将各时段残差同等对待的情况。

至于权重 w_t 的选择，一般取 0 到 1 之间的正数即可。可以有如下几种方案：

（1）等比数列型（指数递减）：给定一个 $0<\alpha \leqslant 1$（一般接近于 1），按照下面公式取权重

$$w_t = \alpha^{n-t} \tag{7-34}$$

（2）等差数列型（等额递减）：给定一个 $0<\beta<1$（一般接近于 0），按照下面公式取权重

$$w_t = 1 - \beta(n-t) \tag{7-35}$$

（3）在上述两个方案的基础上，对于数据有遗漏或者不可靠的个别时段，则单独置为 0。

7.6 历史序列中的不良数据辨识

实际序列有时会含有异常值（不良数据）。在建模时，个别的异常数据会影响模型精度，因此对不良数据的检测与辨识是必要的，并可对异常值作出可靠的估计。

7.6.1 引入观测误差后参数估计过程的分析

历史序列中的异常值如何识别？我们可以逆向思维，即在参数估计过程中，分析不良数据带来的后果及其特征，进而在所有数据中将具备这种特征的数据作为异常值检测出来。

与非连续历史序列的处理相类似，这里也需要引入以下定义：

（1）设输入序列为 $\boldsymbol{A}=\{x_1, x_2, \cdots, x_n\}$，其下标集合为 $\boldsymbol{I}=\{1, 2, \cdots, n\}$，由所有 x_i（$i\in\boldsymbol{I}$）形成的 n 维样本向量记为 $\boldsymbol{X}=[x_1, x_2, \cdots, x_n]^{\mathrm{T}}$。$\boldsymbol{A}$ 中元素有两种情况：①若 i 位置处为不良数据，形成 l 维不良数据向量 $\boldsymbol{U}$，对应下标集合记为 $\boldsymbol{I}_U$。②若 i 位置有具体值，则称 x_i 为 i 时刻的观测值（共有 $m=n-l$ 个），从而形成 m 维观测向量 $\boldsymbol{Z}$，对应下标集合记为 $\boldsymbol{I}_Z$。

（2）设 $\boldsymbol{S}$ 为模型的参数向量（假定为 k 维）。由观测向量 $\boldsymbol{Z}$ 建立模型，可得到参数的估计值 $\hat{\boldsymbol{S}}$，这一过程称为参数估计，记为 $\hat{\boldsymbol{S}}=f_{\boldsymbol{Z}}(\boldsymbol{Z})$。

（3）由参数估计值计算出样本向量 $\boldsymbol{X}$ 的拟合值称为样本估计值，这一过程称为样本估计，记为 $\hat{\boldsymbol{X}}=h(\hat{\boldsymbol{S}})$。显然 $h(\hat{\boldsymbol{S}})$ 为 n 维向量函数。$h(\boldsymbol{S})$ 对应的雅可比矩阵（$n\times k$ 阶）及其元素 h_{ij}（$i=1, 2, \cdots, n$；$j=1, 2, \cdots, k$）为

$$\boldsymbol{H}(\boldsymbol{S}) = \frac{\partial \boldsymbol{h}(\boldsymbol{S})}{\partial \boldsymbol{S}} = \begin{bmatrix} h_{11} & \cdots & h_{1k} \\ \vdots & \ddots & \vdots \\ h_{n1} & \cdots & h_{nk} \end{bmatrix} \tag{7-36}$$

与 I_Z、I_U 相对应,将 $h(S)$ 分为 m 维和 l 维两个向量函数,记为 $h_Z(S)$ 和 $h_U(S)$;相应地,$H(S)$ 分为 $m \times k$ 和 $l \times k$ 阶两个子矩阵,记为 $H_Z(S)$ 和 $H_U(S)$。

由于观测存在随机误差,因此观测向量 Z 与其真值 Z_0 之间有如下关系

$$Z = Z_0 + V_Z \tag{7-37}$$

式中,V_Z 为 m 维观测误差向量,假设其分量 $v_i (i \in I_Z)$ 是均值为 0、方差为 σ_i^2 的正态分布随机变量,所有 v_i 相互独立,则 V_Z 的方差阵为

$$R_Z = E(V_Z V_Z^T) = diag[\sigma_i^2] \tag{7-38}$$

R_Z 为 $m \times m$ 阶对角阵。以其逆矩阵 R_Z^{-1} 作加权,则给定观测向量 Z 以后,最优参数估计的目标函数为

$$\min J(S) = [Z - h_Z(S)]^T R_Z^{-1} [Z - h_Z(S)] \tag{7-39}$$

在给定参数向量初值 $S^{(0)}$ 以后,将 $h_Z(S)$ 在 $S^{(0)}$ 附近作一阶泰勒展开,忽略高阶项,有

$$h_Z(S) = h_Z(S^{(0)}) + \left[\frac{\partial h_Z(S)}{\partial S}\right]_{S=S^{(0)}} (S - S^{(0)}) \tag{7-40}$$

以满足 $\frac{\partial J(S)}{\partial S} = 0$ 的 S 值作为最优参数估计值 $\hat{S}$,用 $\left[\frac{\partial h_Z(S)}{\partial S}\right]_{S=S^{(0)}} = H_Z(S^{(0)})$ 作为 $\frac{\partial h_Z(S)}{\partial S} = H_Z(S)$ 的近似,并简记为 H_Z,有

$$\begin{aligned}\frac{\partial J(S)}{\partial S} &= -2\left[\frac{\partial h_Z(S)}{\partial S}\right]^T R_Z^{-1}[Z - h_Z(S)] \\ &= -2H_Z R_Z^{-1}[Z - h_Z(S^{(0)}) - H_Z(\hat{S} - S^{(0)})] = 0\end{aligned} \tag{7-41}$$

解得

$$\hat{S} = S^{(0)} + (H_Z^T R_Z^{-1} H_Z)^{-1} H_Z^T R_Z^{-1}[Z - h_Z(S^{(0)})] \tag{7-42}$$

式中,H_Z 的取值为 $H_Z(S_0)$。这正是参数估计过程中的关键,反映了观测向量以及方差阵在参数估计中的影响。据此可以作为不良数据辨识的基础。

7.6.2 不良数据检测与辨识

设某系统的参数真值为 S_0,则有 $Z = h_Z(S_0) + V_Z$。用 Z 进行参数估计得 $\hat{S}$,仿前文可得

$$\hat{Z} = h_Z(\hat{S}) = h_Z(S_0) + H_Z(\hat{S} - S_0) \tag{7-43}$$

$$\hat{S} - S_0 = (H_Z^T R_Z^{-1} H_Z)^{-1} H_Z^T R_Z^{-1}[Z - h_Z(S_0)] = (H_Z^T R_Z^{-1} H_Z)^{-1} H_Z^T R_Z^{-1} V_Z \tag{7-44}$$

式中,H_Z 的取值为 $H_Z(S_0)$。定义残差向量 $r = Z - \hat{Z}$,有

$$\begin{aligned}r &= [h_Z(S_0) + V_Z] - [h_Z(S_0) + H_Z(\hat{S} - S_0)] \\ &= V_Z - H_Z(H_Z^T R_Z^{-1} H_Z)^{-1} H_Z^T R_Z^{-1} V_Z = W V_Z\end{aligned} \tag{7-45}$$

其中

$$W = E - H_Z(H_Z^T R_Z^{-1} H_Z)^{-1} H_Z^T R_Z^{-1} \tag{7-46}$$

式中,E 为单位矩阵。

可验证 W 为 $m \times m$ 阶幂等矩阵,且 $W R_Z$ 为对称矩阵,即满足

$$W \cdot W = W \tag{7-47}$$

$$[W R_Z]^T = W R_Z \tag{7-48}$$

记 $W R_Z$ 的对角元素 $d_{ii} = w_{ii} \sigma_i^2$ 所构成的对角阵为

$$D = diag[\mathbf{W}\mathbf{R_Z}] \tag{7-49}$$

定义标准化残差向量

$$\mathbf{r_N} = \sqrt{\mathbf{D^{-1}}}\mathbf{r} = \sqrt{\mathbf{D^{-1}}}\mathbf{W}\mathbf{V_Z} \tag{7-50}$$

由于 r_i（$i \in \mathbf{I_Z}$）是 v_j（$j \in \mathbf{I_Z}$）的线性组合，因此有

$$r_{Ni} = r_i / (\sigma_i \sqrt{w_{ii}}) = \left(\sum_{j \in \mathbf{I_Z}} w_{jj} v_j\right) \bigg/ (\sigma_i \sqrt{w_{ii}}), i \in \mathbf{I_Z} \tag{7-51}$$

从而 r_{Ni}（$i \in \mathbf{I_Z}$）也是 v_j（$j \in \mathbf{I_Z}$）的线性组合，由于假设 v_j 均值为 0（$j \in \mathbf{I_Z}$），故 r_{Ni} 均值为 0，即

$$E(r_{Ni}) = 0, i \in \mathbf{I_Z} \tag{7-52}$$

又

$$E(\mathbf{r_N}\mathbf{r_N^T}) = E(\sqrt{\mathbf{D^{-1}}}\mathbf{W}\mathbf{V_Z}\mathbf{V_Z^T}\mathbf{W^T}\sqrt{\mathbf{D^{-1}}}) = \sqrt{\mathbf{D^{-1}}}\mathbf{W}E(\mathbf{V_Z}\mathbf{V_Z^T})\mathbf{W^T}\sqrt{\mathbf{D^{-1}}}$$
$$= \sqrt{\mathbf{D^{-1}}}\mathbf{W}\mathbf{R_Z}\mathbf{W^T}\sqrt{\mathbf{D^{-1}}} = \sqrt{\mathbf{D^{-1}}}\mathbf{W}\mathbf{R_Z}\sqrt{\mathbf{D^{-1}}} \tag{7-53}$$

其中

$$\mathbf{W}(\mathbf{R_Z}\mathbf{W^T}) = \mathbf{W}(\mathbf{W}\mathbf{R_Z})^T = \mathbf{W}(\mathbf{W}\mathbf{R_Z}) = \mathbf{W}\mathbf{W}\mathbf{R_Z} = \mathbf{W}\mathbf{R_Z} \tag{7-54}$$

由此可知矩阵 $\sqrt{\mathbf{D^{-1}}}\mathbf{W}\mathbf{R_Z}\sqrt{\mathbf{D^{-1}}}$ 的对角元素全为 1，即

$$E(r_{Ni}^2) = 1, i \in \mathbf{I_Z} \tag{7-55}$$

综合来看，上述结果表明：$r_{Ni} \sim N(0,1)$，即 $r_{Ni}(i \in \mathbf{I_Z})$ 为标准正态分布随机变量。因此在正常观测条件下，若某小概率 α 对应的概率密度为 $\gamma_\alpha = N_\alpha(0,1)$，则有

$$P\{|r_{Ni}| > \gamma_\alpha\} = \alpha \tag{7-56}$$

在怀疑有不良数据时，用下述假设检验方法进行检测：

（1）H_0 假设：$|r_{Ni}| < \gamma_\alpha$，无不良数据，H_0 属真，接受 H_0。

（2）H_1 假设：$|r_{Ni}| \geqslant \gamma_\alpha$，有不良数据，$H_0$ 不真，接受 H_1。

即，经计算后得出标准化残差向量 $\mathbf{r_N}$，检查各个分量 r_{Ni}，在给定 α、γ_α 的条件下，若发现 $\forall i \in \mathbf{I_Z}$，有 $|r_{Ni}| < \gamma_\alpha$，则认为无不良数据（有可能漏检）；若至少存在一个 i（$i \in \mathbf{I_Z}$）使 $|r_{Ni}| \geqslant \gamma_\alpha$，则认为其中含有不良数据（有可能误检）。

通过检测发现含不良数据后，可用搜索辨识法确定其位置并在观测向量中排除它，步骤是：将 $n-l$ 个观测按标准化残差绝对值 $|r_{Ni}|$（$i \in S_Z$）由大到小进行排列，以第 1 个观测为可疑数据，去掉它后用余下的 $n-l-1$ 个观测重新作参数估计，计算新的标准化残差向量 $\mathbf{r_N}$，并判断是否有不良数据存在：若已无不良数据，则该可疑数据为不良数据，且余下的观测均可靠，辨识结束；若仍有不良数据，则有两种可能：

（1）目标函数 $\mathbf{J}(\mathbf{S})$ 有明显下降，则该可疑数据为不良数据，且余下的观测中仍含有不良数据，重复以上过程直到辨识出所有不良数据；

（2）若目标函数 $\mathbf{J}(\mathbf{S})$ 无明显下降，则认为该可疑数据为正常数据，然后以第 2 个观测为可疑数据，进行上述辨识过程。

7.7 扩展策略的应用实例

7.7.1 以生长曲线为基础提高模型适应性的实例

同样搜集 1998～2005 年山西省全社会用电量数据。为了验证各个模型的预测效果，利

用 1998～2004 年数据，根据上述策略，分别使用原始的简单 S 型曲线模型、Gompertz 曲线和改进后的扩展 S 型曲线、扩展 Gompertz 曲线，以及新建立的扩展反正切曲线，对山西电网的 2005 年全社会用电量指标进行了预测。预测结果见表 7-1。

表 7-1　　　　　　　　应用生长曲线类预测模型对山西省全社会
用电量的预测结果及相对误差　　　　　　　　（亿 kWh,%）

预测模型	历史值	S 型曲线模型	Gompertz 曲线	扩展 S 型曲线	扩展 Gompertz	扩展反正切
预测表达式		$\dfrac{1}{y}=0.00147+$ $0.00387e^{-x}$	$\ln y=6.464-$ $1.286e^{-x}$	$y=305.596+$ $\dfrac{1}{0.00008+0.0105e^{-0.25x}}$	$y=438.437+$ $e^{6.768-7.047e^{-0.311x}}$	$y=999.657+$ $535.768\mathrm{arctan}$ $(0.248x-2.058)$
1998	437.85	345.58	399.95	427.22	443.41	428.48
1999	456.46	501.77	539.35	461.39	458.19	463.09
2000	502.09	601.84	602.07	505.00	492.72	506.45
2001	557.58	649.49	626.94	560.57	552.32	561.48
2002	628.82	668.98	636.34	631.22	634.45	631.88
2003	725.20	676.44	639.83	720.77	730.25	721.42
2004	833.01	679.23	641.12	833.89	829.05	831.80
2005	946.33	680.26	641.60	976.12	922.13	958.88
1998		−21.07	−8.66	−2.43	1.27	−2.14
1999		9.93	18.16	1.08	0.38	1.45
2000		19.87	19.91	0.58	−1.87	0.87
2001		16.48	12.44	0.54	−0.94	0.70
2002		6.39	1.20	0.38	0.89	0.49
2003		−6.72	−11.77	−0.61	0.70	−0.52
2004		−18.46	−23.04	0.11	−0.47	−0.15
2005		−28.12	−32.20	3.15	−2.56	1.33

注　这里列出了各个模型的表达式和参数，便于读者验证。其中，1998～2004 年的误差为拟合误差，2005 年的误差为预测误差。

由表 7-1 可见，原始的简单 S 型曲线模型、Gompertz 曲线，由于其模型结构的限制，拟合效果和预测效果均较差，拟合误差最大者达−23%左右，预测误差最大者达−32%左右；而采取了提高预测模型适应性的措施后，扩展 S 型曲线、扩展 Gompertz 曲线的拟合效果和预测效果均较好，拟合误差最大者仅为−2.43%，预测误差分别为 3.15%和−2.56%，明显优于原始的两种曲线。

同时，新建立的扩展反正切曲线也取得了较好的预测效果，拟合误差最大者仅为−2.14%，预测误差为 1.33%。

这说明，这种提高预测模型适应性的措施是有实际价值的。当然，模型参数数目的增加，必须适度把握，防止出现"过拟合"的情况。

7.7.2 "近大远小"原则下采用非线性参数估计的回归预测

已知京津唐电网1990～1997年6月网供电量如表7-2所示。以1990～1996年的数据对1997年作预测。分别用本章中各种情况作计算，"近大远小"权重取1996年为1，其余各年以0.8的等比递减。

表7-2 预测所用历史数据及权重

年　份	权　重	网供电量（GWh）	年　份	权　重	网供电量（GWh）
1990	0.262144	3195.800	1994	0.640000	4426.293
1991	0.327680	3873.520	1995	0.800000	4508.357
1992	0.409600	3960.590	1996	1.000000	4800.477
1993	0.512000	4041.684	1997		4977.040

指数模型和抛物线模型的计算结果列于表7-3。

表7-3 模型精度及预测效果对比

计算方法	指　数　模　型		抛　物　线　模　型	
	Q	δ	Q	δ
（A1，B1）	145.042	3.68	100.447	−2.38
（A1，B2）	142.535	2.85	100.447	−2.38
（A2，B1）	48.420	2.38	38.644	−0.84
（A2，B2）	47.851	1.95	38.644	−0.84

注 表中A1—不加权，A2—按"近大远小"原则加权；B1—采用线性参数估计法，B2—采用非线性参数估计法；残差平方和Q的量纲为10^3（GWh）^{2}（其中对应于A2的Q值为加权形式）；δ表示1997年预测值与实际值的相对误差（%）。

对表7-3中的计算结果作分析。就模型的拟合而言，可以看出，对于指数模型，采用B2的两个Q分别优于采用B1的结果，说明非线性参数估计比线性参数估计法的精度高；而对于抛物线模型，采用B2的两个Q分别与采用B1的结果相同，这是因为其雅可比矩阵为常数阵。

再对比预测精度。无论何种预测模型，采用A2的两个预测相对误差δ均分别明显优于采用A1的结果，说明按"近大远小"原则加权可以得到更好的预测效果。

算例（A1，B1）正是常规回归预测的结果，（A2，B2）则是非线性加权回归预测法的结果。显然，后者对模型的求解精度以及预测的效果均优于前者，尤其是后者得到两种模型的预测相对误差分别仅为1.95%和−0.84%，而前者则为3.68%和−2.38%。这表明了采取扩展策略的有效性。

7.7.3 在包含空穴和不良数据的情况下进行灰色预测

已知东北地区1986～1996年全社会用电量如表7-4中第二列所示，为检验预测效果，以1986～1995年数据预测1996年的值。

为说明方法的有效性，构造了两个算例：例1为正常情况，即输入序列为各年实际值（无空穴和不良数据）；例2为原始序列中存在空穴与不良数据的情况，假设1988年数值空缺，1994年数值输入错误（将126.163误为162.163）。

分别按两种途径对上述两例作了计算与比较。第一种途径是直接按常规步骤建模后作样本估计及预测（称为常规方法，记为 A），第二种途径是处理空穴及不良数据之后再作预测（称为本书方法，记为 B）。

取小概率 $\alpha=0.05$，查标准正态分布表可知 $\gamma_a=\gamma_{0.05}=N_{0.05}(0，1)=2.81$，逐年的计算结果见表 7-4，表 7-5 对比了两种方法的一些统计指标。

表 7-4   **各年用电量预测结果**

原始序列		例1，法 A		例1，法 B		例2，法 A		例2，法 B	
年份	用电量（TWh）	估计值（TWh）	相对误差（%）	估计值（TWh）	相对误差（%）	估计值（TWh）	相对误差（%）	估计值（TWh）	相对误差（%）
1986	76.247	76.247	0.000	76.247	0.000	76.247	0.000	76.247	0.000
1987	83.370	83.252	−0.142	83.278	−0.110	80.607	−3.314	83.061	−0.371
1988	89.013	88.320	−0.779	88.348	−0.747	86.827	−2.456	88.147	−0.973
1989	92.777	93.697	0.992	93.727	1.024	93.526	0.807	93.545	0.828
1990	97.850	99.401	1.585	99.433	1.618	100.743	2.957	99.272	1.453
1991	104.380	105.452	1.027	105.486	1.060	108.517	3.963	105.351	0.930
1992	113.665	111.872	−1.577	111.909	−1.545	116.890	2.837	111.802	−1.639
1993	121.664	118.682	−2.451	118.722	−2.418	125.909	3.489	118.647	−2.480
1994	126.163	125.907	−0.203	125.950	−0.169	135.625	7.500	125.912	−0.199
1995	131.552	133.572	1.536	133.618	1.570	146.090	11.051	133.622	1.574
1996	138.760	141.704	2.122	141.753	2.157	157.362	13.406	141.804	2.194

注   1. 表中原始序列为东北三省及蒙东一市二盟全社会用电量的统计值。

    2. 表中未列出参数估计值，只列出样本估计值，便于与原始序列对比。

表 7-5   **预测结果的统计指标对比**

项　　目	例1，法 A	例1，法 B	例2，法 A	例2，法 B
绝对误差平方和	21.148	21.135	367.762	21.321
相对误差平方和（×10^{-4}）	16.073	16.087	240.711	16.100
绝对值最大相对误差（%）	−2.451	−2.418	11.051	−2.480

在正常情况（例1）下，A、B 两个结果的绝对、相对误差平方和相差无几，效果均较好，但 B 法误差分布更均匀，最大相对误差（2.418%）比 A 法（2.451%）稍小。

在例 2 中原始序列同时存在空穴与不良数据的情况下，A 法结果急剧变坏，绝对误差平方和达 367.762，相对误差平方和达 240.711×10^{-4}，最大相对误差达 11.051%，精度明显较差。而 B 法能正确辨识出不良数据并剔除，重新进行估计后效果仍然较好，误差平方和与全序列效果相当；对空穴处的估计值（88.147）比 A 法的结果（86.827）更接近于该年实际值（89.013）；对不良数据处的修正估计值为 125.912，与实际值差别仅为 −0.199%，而 A 法的结果（135.625）误差达 7.500%。

对 1996 年预测结果表明，例 1 中 A、B 两种方法均使用历史年份的所有有效数据（即全序列）建模并预测，结果接近，这说明在全序列建模时两种方法效果相当；在例 2 中，由于存在空穴和不良数据，A 法的预测结果与实际值的相对误差达 13.406%；而 B 法有效地处理了空穴和不良数据，预测结果与实际值的相对误差仅为 2.194%，与全序列预测效果相当。

第8章

中长期负荷相关分析与预测

前两章中介绍了时序趋势外推的中长期预测方法，其基本特征是，仅仅根据预测对象的历史数据进行分析和预测。但是，各个物理量的发展变化，往往受到其他因素的影响。如果能够找到这些因素对预测对象的影响规律，进而应用于预测过程之中，就有可能取得更好的预测效果。因此，本章讨论在考虑相关因素前提下的中长期分析与预测方法。

8.1 年度全社会用电量与相关因素的关系

分析和研究电力系统有关指标与国民经济发展主要指标之间的定量关系，对电力系统规划与运行都有着积极的意义。这里以年度全社会用电量为例进行分析。

8.1.1 分析方法及步骤

搜集电力、经济等方面的数据，对其中电力系统有关指标进行分析，主要过程是：确定一个待分析的电力系统指标 y，在所有资料中搜集与之相关的经济类数据，然后进行以下三个方面的分析。

（1）进行该指标 y 的自然增长规律分析，它反映了该指标 y 与时间之间的关系，即 $y = y(t)$。这里的时间 t 为年，分析对象是该指标 y 的年度自然增长规律。一般通过线性模型、抛物线模型等若干种数学模型分别进行试算，得到各自的模型参数和总体精度，从中选择精度最高的模型作为描述指标 y 的自然增长规律 $y = y(t)$ 的最佳模型。在此基础上进行敏感性分析，利用 $\dfrac{\mathrm{d}y(t)}{\mathrm{d}t}$ 可以求得每年的增长量及其大致范围，从而为定量分析指标 y 的自然增长规律提供依据。

（2）进行该指标 y 的单一相关因素的影响规律分析。选择对 y 有直接影响的某个经济指标 x，寻找 x 对 y 的影响规律，即 $y = y(x)$。一般通过线性模型、抛物线模型、幂函数模型等多种模型的试算，寻找最佳模型。在此基础上进行敏感性分析和弹性分析，利用 $\dfrac{\mathrm{d}y(x)}{\mathrm{d}x}$ 求得自变量（影响因子）x 每变化一个单位时指标 y 的变化量，并根据弹性计算公式计算该指标的弹性，从而正确把握这个影响因素 x 对该指标 y 的影响程度。

（3）进行指标 y 的综合分析。选择对指标 y 有直接影响的若干个经济指标 x_1，x_2，…及时间 t，利用（1）、（2）中所建立的各个影响因素的最佳模型，组成描述指标 y 变化规律的综合分析模型 $y = f(t, x_1, x_2, \cdots)$，然后通过数据分析得到模型的参数。同样，可以通过求偏导数对各个影响因素进行组合情况下的敏感性分析。

需要说明的是，一般在曲线拟合时，都采用"误差平方和最小"的原则，但是考虑到预测工作的习惯，这里采用平均相对误差进行评价。因此，在选择最佳模型时仍然以平均相对误差最小作为依据。同时，为了便于说明分析过程，这里结合具体的数值例子进行描述。

8.1.2 年度自然变化规律分析

本例中所采用的数据来自于福建省电力公司1990～2002年的资料，见表8-1。

表 8-1　　　　　　　　　　　　　福建省年度样本数据

年份	全社会用电量 （万 kWh）	国内生产总值 （亿元）	总人口 （万人）	进出口总额 （万美元）	全体居民消费水平 （元/人）
1990	1237778	522.28	3037	433908	962
1991	1428794	619.87	3079	574776	1096
1992	1649622	784.68	3116	805873	1342
1993	1870175	1128.29	3150	1004181	1688
1994	2236449	1675.66	3183	1218953	2320
1995	2594770	2145.92	3237	1444569	2944
1996	2799490	2560.05	3261	1551972	3356
1997	2997313	2974.50	3282	1795280	3826
1998	3201954	3286.56	3299	1716065	3934
1999	3533703	3550.24	3316	1761956	4066
2000	4015149	3920.07	3410	2122332	4428
2001	4391860	4253.68	3440	2262601	4611
2002	4968387	4681.97	3466	2840000	4900

为了行文简洁，下文中将年份、全社会用电量、国内生产总值、总人口、进出口总额、全体居民消费水平分别用 Year、E、GDP、Po、INOUT、Cost 表示。

根据现有的数据作出福建省年度全社会用电量随时间变化的曲线如图8-1所示。

可以看出，全社会用电量随时间的增长而不断增加，可以选择合适的函数模型对曲线进行拟合。表8-2是用不同函数模型的拟合结果及平均相对误差。

比较各模型拟合所得结果的平均相对误差，抛物线函数最佳，所以选取抛物线函数进行分析，其拟合结果与原始曲线的比较如图8-2所示。

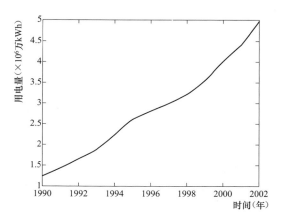

图 8-1　福建省年度全社会用电量曲线

作全社会用电量对时间的敏感性分析，可得到

$$\frac{\mathrm{d}E}{\mathrm{d}(\text{Year}-1990)} = 18580.4 \times (\text{Year}-1990) + 1.8514 \times 10^5 \tag{8-1}$$

则可知，全社会用电量每年的增长量近似呈线性变化的趋势。

表 8-2 不同模型的拟合效果

模 型	参数估计结果	平均相对误差	模 型	参数估计结果	平均相对误差
线性函数 $E=a\times(Year-1990)+b$	$a=2.9663\times10^5$ $b=1.0607\times10^6$	4.16%	幂函数 $E=a(Year-1990)^b+c$	$a=1.4005\times10^5$ $b=1.2936$ $c=1.3014\times10^6$	2.83%
抛物线函数 $E=a(Year-1990)^2+$ $b(Year-1990)+c$	$a=9290.2$ $b=1.8514\times10^5$ $c=1.2651\times10^6$	2.67%	扩展 S 型曲线 $E=\dfrac{1}{a+b\times e^{-c(Year-1990)}}+d$	$a=1.0285\times10^{-7}$ $b=9.0842\times10^{-7}$ $c=0.1688$ $d=3.605\times10^5$	3.75%

8.1.3 年度用电量受单一相关因素的影响分析

这里以 GDP 作为单一影响因素为例进行分析。其他因素的分析过程类似，不一一列举。

首先绘出福建省年度全社会用电量随 GDP 变化的曲线如图 8-3 所示。

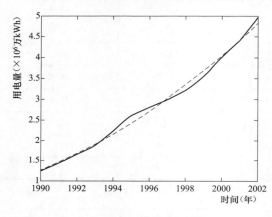

图 8-2 抛物线函数的效果曲线　　　　图 8-3 福建省全社会用电量与 GDP 的关系曲线

可以看出，全社会用电量随 GDP 的增加不断增加，可以选择合适的函数模型对曲线进行拟合。表 8-3 是用不同模型的拟合结果及平均相对误差。

表 8-3 不同模型的拟合效果

模型	参数估计结果	平均相对误差
线性函数 $E=a\times GDP+b$	$a=800.22$ $b=8.6424\times10^5$	4.77%
抛物线函数 $E=a\times GDP^2+b\times GDP+c$	$a=7.9478\times10^{-2}$ $b=407.49$ $c=1.1974\times10^6$	4.60%
幂函数 $E=a\times GDP^b+c$	$a=14.837$ $b=1.4646$ $c=1.3062\times10^6$	4.98%
简单 S 型曲线 $E=\dfrac{1}{a+b\times e^{-GDP/1000}}+c$	$a=2.2618\times10^{-7}$ $b=6.8417\times10^{-6}$ $c=1.3291\times10^6$	7.10%
双曲线 $\dfrac{1}{E}=a+\dfrac{b}{GDP}$	$a=1.1335\times10^{-7}$ $b=5.3868\times10^{-4}$	12.4%

比较各模型拟合所得结果的平均相对误差，抛物线函数的最小，所以选取抛物线函数进行分析。其拟合结果与原始曲线的比较如图 8-4 所示。

进一步分析全社会用电量对国内生产总值的敏感性，可得到

$$\frac{dE}{d(GDP)} = 0.159GDP + 407.49 \tag{8-2}$$

由此可计算，在不同的 GDP 水平上，每增加一个单位的 GDP 所带来的全社会用电量增加量。

同时，还可以计算全社会用电量对国内生产总值的弹性系数为

$$k = \frac{(0.159GDP + 407.49)GDP}{7.9478 \times 10^{-2}GDP^2 + 407.49GDP + 1.1974 \times 10^6} \tag{8-3}$$

可以绘制全社会用电量与 GDP 之间的弹性系数随着 GDP 变动的情况，如图 8-5 所示。

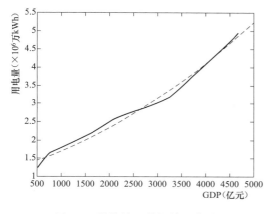

图 8-4　抛物线函数的效果曲线

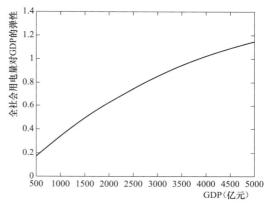

图 8-5　全社会用电量与 GDP 之间的
弹性系数随 GDP 的变化曲线

从全社会用电量对国内生产总值的弹性系数变化来看，根据弹性系数是否大于 1，可以将曲线分为两个阶段。1998 年及以前，福建省 GDP 在 3200 亿元以下，全社会用电量对国内生产总值的弹性系数均小于 1，这说明当时电量增长滞后于经济增长；而 2000 年及以后，福建省 GDP 达到 3800 亿元以后，全社会用电量对国内生产总值的弹性系数均大于 1，这说明 2000 年以来电量增长处于一个快速增长的发展势头中。

8.1.4　年度电量多因素的综合影响分析

根据以上单变量模型分析的结果，选取合适的函数建立全社会用电量的多元非线性相关分析模型。由于抛物线函数在各个单一变量拟合中的相对误差均较小，所以建立如下数学模型（注意：5 个抛物线的常数项合并为一个）

$$E = a_1 \times (Year - 1990)^2 + b_1 \times (Year - 1990) + a_2 \times GDP^2 + b_2 \times GDP + a_3 \times Po^2$$
$$+ b_3 \times Po + a_4 \times INOUT^2 + b_4 \times INOUT + a_5 \times Cost^2 + b_5 \times Cost + c \tag{8-4}$$

进行多元非线性拟合，得到参数估计的结果是

$$E = 27716 \times (Year - 1990)^2 + 1.2734 \times 10^5 \times (Year - 1990)$$
$$- 0.016 \times GDP^2 + 1247.7 \times GDP + 0.40748 \times Po^2 - 277.5 \times Po$$
$$+ 1.7213 \times INOUT - 0.22765 \times Cost^2 + 2173.8 \times Cost - 2.2346 \times 10^6 \tag{8-5}$$

拟合的平均相对误差是 0.3%，精确度明显好于各个单因素分析的结果。

在综合分析模型的基础上，可以做出敏感性分析。

例如，用电量对 GDP、总人口的偏导数分别为

$$\frac{dE}{d(Year-1990)} = 55432 \times (Year-1990) + 1.2734 \times 10^5 \qquad (8\text{-}6)$$

$$\frac{dE}{dGDP} = -0.032GDP + 1247.7 \qquad (8\text{-}7)$$

$$\frac{dE}{dPo} = 0.81496Po - 277.5 \qquad (8\text{-}8)$$

由此可计算出：

（1）如果在 1990～1992 年期间 GDP 在 500 亿～800 亿元的水平上，GDP 每增加 1 亿元，全社会用电量增长大约为 1200 万 kWh；而在 2000～2002 年期间 GDP 在 3900 亿～4700 亿元的水平上，GDP 每增加 1 亿元，全社会用电量增长大约为 1100 万 kWh。

（2）如果在 1990～1991 年期间总人口在 3050 万人的水平上，总人口每增加 1 万人，全社会用电量增长大约为 2200 万 kWh；而在 2000～2002 年期间总人口在 3450 万人的水平上，总人口每增加 1 万人，全社会用电量增长大约为 2530 万 kWh。

8.2　中长期负荷预测中考虑单相关因素的预测方法

8.2.1　单因素回归分析

回归法是进行单因素相关分析的有效途径。在 8.1 中所描述的年度量分析方法中，主要采用的技术就是回归法。

一般地，设已知相关因素、待预测对象在历史时段 $1 \leqslant t \leqslant n$ 的取值分别为 x_1，x_2，$\cdots$，x_n 和 y_1，y_2，$\cdots$，y_n，同时已知相关因素在未来时段 $n+1 \leqslant t \leqslant N$ 的取值为 x_{n+1}，x_{n+2}，$\cdots$，x_N，则单因素回归分析的步骤是：

（1）选定回归模型：可以选择合适的回归分析模型。这里以抽象的 $y = f(\boldsymbol{S}, x)$ 表示，其中 $\boldsymbol{S}$ 为模型的参数向量。

（2）根据相关因素、待预测对象在历史时段 $1 \leqslant t \leqslant n$ 的取值分别为 x_1，x_2，$\cdots$，x_n 和 y_1，y_2，$\cdots$，y_n，由模型 $y = f(\boldsymbol{S}, x)$ 做出最小二乘拟合，得到参数向量的估计值 $\hat{\boldsymbol{S}}$。

（3）由下式对未来时段做出预测

$$\hat{y}_t = f(\hat{\boldsymbol{S}}, x_t), n+1 \leqslant t \leqslant N \qquad (8\text{-}9)$$

8.2.2　弹性系数法

弹性系数法是电力系统规划中非常经典的一种预测方法。

弹性是经济学中常见的概念，其表达式为 $\varepsilon = \frac{dy}{y} \Big/ \frac{dx}{x}$，这里 x，y 分别表示两个变量，实际上，弹性系数是两个变量的变化率之比。弹性系数的种类很多，在电力系统中最常用的是全社会用电量对于国民经济指标（特别是 GDP）的弹性系数，称为电力弹性系数。

电力弹性系数反映在一定时期内电量需求与国民经济的增长速度之间的内在关系。电力弹性系数大于 1，则表明电量需求的增长速度高于国民经济的增长速度。若设相邻两年的国内生产总值分别为 GDP_t，GDP_{t+1}，相应两年的电量需求为 E_t，E_{t+1}，则有如下定义：

GDP 增长速度

$$\alpha_{t,t+1} = (\mathrm{GDP}_{t+1} - \mathrm{GDP}_t)/\mathrm{GDP}_t \qquad (8\text{-}10)$$

电量增长速度

$$\beta_{t,t+1} = (E_{t+1} - E_t)/E_t \qquad (8\text{-}11)$$

电力弹性系数

$$\varepsilon_{t,t+1} = \beta_{t,t+1}/\alpha_{t,t+1} \qquad (8\text{-}12)$$

当已知历史时段的电力弹性系数依次为 $\varepsilon_{1,2}$，$\varepsilon_{2,3}$，…，$\varepsilon_{n-1,n}$，并已知未来年份 GDP 的增长速度为 $\alpha_{t,t+1}$（$t \geqslant n$）时，可以首先按电力弹性系数发展的规律性，运用回归技术、动平均法、指数平滑法、灰色模型等手段，预测未来年份的电力弹性系数 $\hat{\varepsilon}_{t,t+1}$（$t \geqslant n$），再以基准年的电量 E_n 为基础，预测未来各年的电量需求

$$\hat{E}_t = E_n \cdot \prod_{j=n}^{t-1}(1 + \alpha_{j,j+1}\hat{\varepsilon}_{j,j+1}), t \geqslant n+1 \qquad (8\text{-}13)$$

此方法要求首先对未来年份国民经济的发展速度作出预测，即已知未来年份 GDP 的增长速度 $\alpha_{t,t+1}$（$t \geqslant n$）。

例 8-1 弹性系数法预测全社会用电量。

以山西省 1995～2002 年的数据对 2003 年作预测，计算过程如表 8-4 所示。

表 8-4　　　　　　　　　　　　　　弹性系数法计算表

年　　份	全社会用电量（万 kWh）	电量增长率	GDP（亿元）	GDP 增长率	弹性系数
1995	3984348		1034.476		
1996	4234216	0.063	1226.019	0.185	0.339
1997	4465246	0.056	1381.131	0.127	0.431
1998	4378482	−0.019	1486.080	0.076	−0.256
1999	4564571	0.043	1506.785	0.014	3.051
2000	5020917	0.100	1643.810	0.091	1.100
2001	5575788	0.111	1779.970	0.083	1.334
2002	6288249	0.128	2017.540	0.133	0.957
2003			2456.590	0.218	

其中，"电量增长率"一列由"全社会用电量"一列直接计算，"GDP 增长率"一列由"GDP"一列直接计算。"弹性系数"一列则由"电量增长率"和"GDP 增长率"两列对应相除得到。2003 年作为待预测年，全社会用电量未知，但 GDP 已知。

由"弹性系数"一列作预测，得到 2003 年弹性系数的综合预测结果为 0.93。因此，可计算 2003 年电量增长率＝2003 年弹性系数×2003 年 GDP 增长率＝0.93×0.218＝0.203，于是，2003 年电量＝2002 年电量×（1＋2003 年电量增长率）＝6288249×（1＋0.202）＝7558475。

实际上，山西省 2003 年的全社会用电量实际值为 7251993，此次预测的误差为（7558475－7251993）/7251993×100％＝4.226％。

8.2.3　GDP 综合电耗法

GDP 综合电耗法适用于全社会用电量的预测。

GDP 综合电耗反映了单位国内生产总值所消耗的电量，是一个综合的能耗指标。在一定的时期内，GDP 综合电耗的变化有一定的规律性。

当已知历史上各年的 GDP 综合电耗 g_1，g_2，$\cdots$，g_n 时，可以首先按 g_t 发展变化的规律性，运用回归技术、动平均法、指数平滑法、灰色系统法等手段，预测未来年份的 GDP 综合电耗 $\hat{g}_t(t>n)$。然后，以国内生产总值的预测值 $\hat{\text{GDP}}_t(t>n)$ 为基础，按式（8-14）预测未来的全社会用电量

$$\hat{E}_t = \hat{\text{GDP}}_t \cdot \hat{g}_t, t > n \qquad (8\text{-}14)$$

此方法要求首先对国民经济的发展作出预测。

例 8-2 单耗法预测全社会用电量。

以山西省 1995～2002 年的数据对 2003 年作预测，预测结果如表 8-5 所示。

表 8-5   单 耗 法 计 算 表

年 份	全社会用电量（万 kWh）	GDP（高次曲线模型）（亿元）	GDP 用电单耗（动平均法）
1995	3984348	1034.4762	3124.4631
1996	4234216	1226.0194	3040.935
1997	4465246	1381.1309	2930.6975
1998	4378482	1486.0799	2633.8197
1999	4564571	1506.7845	2609.6682
2000	5020917	1643.81	2667.6555
2001	5575788	1779.97	2733.2066
2002	6288249	2017.54	2760.4898
2003 实际值	7251993	2456.59	2806.5168
2003 预测值	6674780	2375.73	2809.57
预测误差	−7.96%	−3.29%	0.11%

8.2.4 人均用电法

人均用电法适用于全社会用电量的预测。

与 GNP 综合电耗相似，人均用电量也是一个综合的能耗指标。当已知历史上各年的人均用电量 q_1，q_2，$\cdots$，q_n 时，可以按其发展变化的规律性，运用回归技术、动平均法、指数平滑法、灰色系统法等手段，预测未来年份的人均用电量 $\hat{q}_t(t>n)$。然后，以总人口的预测值 $\hat{Po}_t(t>n)$ 为基础，按下式预测未来的全社会用电量

$$\hat{E}_t = \hat{Po}_t \cdot \hat{q}_t, t > n \qquad (8\text{-}15)$$

此方法要求首先对总人口作出预测。

8.2.5 产业产值单耗及人均生活用电法

产业产值单耗及人均生活用电法适用于三产业电量及城乡居民生活用电的预测。

经对历史数据的统计分析，历史上各产业的产值单耗及人均生活用电量为已知，记第 t 年第 j 产业的产值单耗为 $g_t^{(j)}$，第 t 年的人均生活用电量为 r_t。可以分别分析这些数据的变

化规律；采用外推手段预测未来年份的值：$\hat{g}_t^{(j)}$，$\hat{r}_t$。

当已知第 j 产业（$j=1,2,3$）在未来第 t 年的产值为 $\hat{b}_t^{(j)}$ 时，该产业在第 t 年的用电量由下式计算

$$\hat{E}_t^{(j)} = \hat{b}_t^{(j)} \cdot \hat{g}_t^{(j)}, j=1,2,3 \tag{8-16}$$

同理，当已知未来第 t 年总人口的预测值 $\hat{Po}_t$ 时，城乡居民生活用电可由式（8-17）计算

$$\hat{E}_t^{(4)} = \hat{Po}_t \cdot \hat{r}_t \tag{8-17}$$

此方法要求首先对三产业的产值及城乡总人口数作出预测。

8.2.6 最大负荷利用小时数法

最大负荷利用小时数法适用于最大负荷的预测。

年最大负荷利用小时数的定义是

$$H_t = E_t / P_t \tag{8-18}$$

式中，E_t、P_t、H_t 分别为第 t 年的年电量、年最大负荷和年最大负荷利用小时数。

年最大负荷利用小时数的变化一般比较有规律，可以按历史数据采用外推方法得出未来年份的值 $\hat{H}_t$，在已知未来年份电量预测值 $\hat{E}_t$ 的情况下，采用下式计算该年度的年最大负荷预测值 $\hat{P}_t$

$$\hat{P}_t = \hat{E}_t / \hat{H}_t \tag{8-19}$$

8.3 中长期负荷预测中考虑多相关因素的预测方法

8.3.1 多元回归分析法

回归分析法是中长期负荷预测中考虑多相关因素的基本预测方法。中长期负荷预测中除了可以应用第Ⅰ篇介绍的普通回归分析方法外，还可以采用盲数理论等，改进传统的回归预测模型。这里从略。

8.3.2 聚类预测法

8.3.2.1 普通聚类预测法

聚类预测的思想是：对于待测量和影响待测量的环境因素（如人口、工业总产值、农业总产值、国内生产总值等），搜集其历史值，对由此所构成的样本按一定的方法进行分类，形成各类环境因素特征和待测量的变化模式，然后将待测时段的环境状态与各历史环境特征比较，判断出这种环境与哪个历史类最为接近，则该时段的预测量也与该历史类所对应的预测变量具有相同或相似的变化模式。

8.3.2.2 模糊聚类法

在普通聚类预测法的基础上，引进模糊理论，又形成了模糊聚类预测法、最大模糊熵法等。所谓模糊聚类就是用模糊数学的方法对样本进行分类，用聚类分析来实现预测。最大模糊熵法与模糊聚类法类似。该方法在模糊熵基础上，用基于最大模糊熵的方法对所输入的各项经济和人口指标进行聚类，将不同的年份分类，将每类年份的负荷增长率加权平均，从而求得每类的负荷增长率。然后用模糊熵的方法，对待预测年的各项数据指标进行分析判断，将其归为它所属的那一类，就认为它的负荷增长率为那一类的负荷增长率。

8.3.2.3 物元聚类法

可拓学是我国学者蔡文于 1983 年提出的。可拓学研究的基本思想是利用物元理论、事元理论和可拓集合理论，结合各应用领域的理论和方法去处理该领域中的矛盾问题，以化不可行为可行，化不可知为可知，化不属于为属于，化对立为共存。可拓集合和物元概念能根据事物关于特征的量值来判断事物属于某集合的程度，而关联函数能使识别精确化、定量化，为解决从变化的角度进行识别的问题提供了新途径。

物元聚类方法的思路是：首先运用逐步回归与层次分析技术确定各种因素对电力负荷的影响权重，然后利用物元理论对选中的各影响因素与电力负荷及其增长率建立物元模型，再根据系统聚类分析的方法，对电力负荷及其相关环境因素的历史样本进行归纳分类，最后采用合适的物元关联函数结合未来环境因素状态，对未来负荷变化模式进行识别，从而预测出电力负荷的未来值。

8.3.3 决策树法

决策树技术是数据挖掘中的一种重要而有效的分类方法。它采用自上而下、分而治之的策略，将给定对象集合随着树的增长划分为越来越小的子集，把一个复杂的多类别分类问题转化为若干个简单的分类问题来解决。

利用决策树技术进行负荷预测的思路是：首先利用负荷影响因素（如 GDP、产业产值、财政支出、外贸出口总额和消费品零售额等）的历史数据作为训练数据，用决策树算法生成一棵决策树，由此产生分类规则；然后依据预测年的负荷影响因素原始数据，按照规则预测出同年负荷增长率；最后依据预测出的增长率数据，计算得到负荷预测值。

8.3.4 计量经济法

计量经济学建立在数理经济学、经济统计学和数理统计学等学科的基础上，是一门研究如何运用统计方法和统计数据对经济现象及相关领域的问题进行解释、模拟和预测的学科。其基本方法是将研究对象及其相关因素的关联关系用数学方程式加以表达，并用实际数据进行模拟计算、验证，若验证确认这种关联关系可以接受且可适用于将来，则可作为对今后趋势的预测。

计量经济法用于负荷预测，是考虑到经济指标，特别是宏观经济指标对用电量的影响。它的基本思路是结合宏观经济模型，从分析国民经济循环入手，建立对未来经济发展情况的预测模型，预测未来的经济指标，通过经济指标与用电量的关系来进行负荷预测。这种方法的重点在于分析国民经济循环中各个模块的关系，建立各个模块间互相影响的模型。

建立计量经济模型首先要对所研究的对象进行深入的分析，根据研究的目的选择模型中的变量，其中拟预测的变量称为被解释变量，那些与被解释变量有关系从而构成回归分析模型的变量称为解释变量。再根据经济行为理论和样本数据所显示出的变量间的关系，建立描述这些变量之间关系的数学表达式，即估计方程或理论模型，由此做出预测。

这里使用对数线性模型为第一、二、三产业及居民生活用电分别建模。步骤如下：

（1）准备相关数据。

（2）建立相应的回归方程。

1）第一产业用电的解释变量为第一产业产值、气温（最高气温）及上年第一产业用电量。其估计方程式为

$$\ln E_1 = s_0 + s_1 \ln \mathrm{GDP}_1 + s_2 T_{\mathrm{emp}} + s_3 E_1' \tag{8-20}$$

式中，E_1 为第一产业用电量；GDP_1 为第一产业产值；T_{emp} 为气温（最高气温）；E_1' 为上年第一产业用电量。

2）第二产业用电的解释变量为第二产业产值、价格指数及上年第二产业用电量。其估计方程式为

$$\ln E_2 = s_0 + s_1 \ln GDP_2 + s_2 \ln PI_{IR} + s_3 \ln E_2' \qquad (8\text{-}21)$$

式中，E_2 为第二产业用电量；GDP_2 为第二产业产值；PI_{IR} 为工业用电价格指数；E_2' 为上年第二产业用电量。

3）第三产业用电的解释变量为第三产业产值、气温（最高气温）及上年第三产业用电量。其估计方程式为

$$\ln E_3 = s_0 + s_1 \ln GDP_3 + s_2 T_{emp} + s_3 \ln E_3' \qquad (8\text{-}22)$$

式中，E_3 为第三产业用电量；GDP_3 为第三产业产值；T_{emp} 为气温（最高气温）；E_3' 为上年第三产业用电量。

4）居民生活用电的解释变量为国内生产总值 GDP、生活用电价格指数、气温（最高气温）以及上年居民生活用电量。

其回归估计方程式为

$$\ln E_4 = s_0 + s_1 \ln GDP + s_2 \ln PI_{LR} + s_3 T_{emp} + s_4 \ln E_4' \qquad (8\text{-}23)$$

式中，E_4 为居民生活用电量；GDP 为国内生产总值；PI_{LR} 为生活用电价格指数；T_{emp} 为气温（最高气温）；E_4' 为上年居民生活用电量。

（3）由于以上的模型并不是线性模型，如果利用非线性方法估计各个模型的参数，计算量将会很大。这里我们做一个简单的替换，将对数项看作一个整体，那么它们便转化成了准线性模型，这时我们就可以利用线性最小二乘法方便地估计其参数。在求解最小二乘线性方程组时可以采用高斯消去法。

（4）利用估计得到的参数和回归方程进行预测。

8.3.5　系统动力学法

系统动力学（System Dynamics，SD），由麻省理工学院（MIT）著名学者 Jay W. For-rester 教授于 1961 年提出，它是一门分析研究信息反馈系统的学科，也是一门认识和解决系统问题的、交叉的、综合性的新学科。其模型本质上是带时滞的一阶微分方程组。这种方法在建模时借助于流图，其中流位变量、流率变量、辅助变量等都具有明确的物理（经济）意义，是一种面向实际的建模方法。在 SD 方法中，关于社会经济系统的观察、建模以及结果分析是由人来完成，关于系统的动态过程的跟踪则由计算机来完成。系统动力学正是将人对事物有敏锐的观察力、富于创造力与想象力的优势与计算机具有复杂运算的能力结合起来，有效发挥其各自优势的一种方法。系统动力学通过对系统中的各种作用因素及其相互关系的分析，确定哪些是系统发展的主要原因，哪些是次要原因，从而对系统的未来发展趋势作出合理的预测。

系统动力学也是一门借助于计算机对系统运行进行动态的离散模拟仿真的一门边缘学科。它是为了弥补运筹学之不足而产生的。因为运筹学一般是研究可解析模型（非循环模型），用解析或迭代方法求解；而系统动力学则是从实际出发，进行非解析离散动态模拟，根据变量之间的多重因果循环关系建立闭式模型，模型中的参数依据经验及历史资料的统计结果进行处理（这一点区别于经济计量学），最后输入变量初值，并确定模拟规则（如系统

运行策略、单位时间长度即离散区间、模拟仿真时间总长度等）进行动态模拟仿真。

利用系统动力学方法建立模型并用于预测的步骤为：

（1）确定目标、系统元素、系统边界。元素指流量与存量性经济变量。

（2）分析元素间相互关系即各种因果关系反馈环，并确定特定策略下元素间相互关系。这里的特定策略指所研究的变量与其他变量之间的特定关系，包括模型变量的个数、模型结构、模型参数、模型初值、模型步长及时间总长度，建立的模型是差分方程组。

（3）编制面向具体问题的计算机模拟程序。

（4）求取模拟值，并于历史资料对比，验证模型或分析模型值是否令人满意，若模拟结果不理想，则修改策略，直至取得合适结果。

（5）利用模型进行递推预测或有条件预测。

系统动力学特别适用于多因素、多变量、长时间、各因素之间又存在复杂的多重因果关系的情形。但当时间较长时，初始条件的微小变化会导致最后结果较大的、甚至巨大的变化，因此模型参数较难确定。

8.3.6　最优分割预测法

最优分割预测法是利用因果传递关系，将预测因子（自变量）的未来值与历史资料中的预测因子的某一群数值相比较，寻求与其最接近的数值，然后把这一组数值所对应的预测变量数值作为预测值。

令 x 和 y 分别表示预测因子和预测变量

$$\boldsymbol{X} = \begin{bmatrix} x_{11} & x_{12} & \cdots & x_{1m} \\ x_{21} & x_{22} & \cdots & x_{2m} \\ \vdots & \vdots & \ddots & \vdots \\ x_{n1} & x_{n2} & \cdots & x_{nm} \end{bmatrix} \quad \boldsymbol{Y} = \begin{bmatrix} y_1 \\ y_2 \\ \vdots \\ y_n \end{bmatrix} \tag{8-24}$$

式中，x_{ij} 表示第 j 个预测因子第 i 个历史数值；y_i 表示预测变量第 i 个历史数值；$\boldsymbol{Y}$ 是按大小顺序排列的；$\boldsymbol{X}$ 是对应的排列。

将 $\boldsymbol{Y}$、$\boldsymbol{X}$ 分割成 l（$l < n$）段，因而有 $l-1$ 个割点，求出最优分割，换言之，求出使总离差平方和最小的分割。方法是将各割段内的离差平方和相加，得出总变差，则使总变差最小的 l 分割为最优分割。在具体步骤上可先求 $\boldsymbol{Y}$ 的最优分割，再求 $\boldsymbol{X}$ 的最优分割。若两者分割的割点一致，则可以进入预测阶段；若两者割点不一致，则降低 $\boldsymbol{X}$ 的维数，即减少 $\boldsymbol{X}$ 的分量个数，直至二者的分割一致。

预测过程是：将预测因子的未来值与最优分割的预测因子的每一割段比较，取其最接近者，并将相应的预测变量历史值作为预测值。

第9章

中长期负荷预测中的不确定性分析

9.1 背景

从前面的预测方法可以看出，常规的负荷预测结果一般都是确定性的，只是给出一个确切的数值，但是无法估计该数值可能出现的概率，也无法确定预测结果可能的波动范围。实际上，由于预测问题的超前性，实现不确定性的预测更符合客观需求，利用不确定性的预测结果有助于决策者在电网规划、风险分析、可靠性评估等方面更好地把握数据的变化情况，根据预测结果的概率特性，从不确定性分析的角度研究电力系统其他指标的不确定性因素，实现更为可靠和科学的分析与评估。为此，引入不确定性的分析思想，实现不确定性的预测和分析，具有重要意义。这个思路可以在传统预测方法只给出几个确定值的基础上，设法描述未来电力需求取值的可能范围，即各种预测结果的概率分布函数以及置信度区间等，以达到更佳的预测效果。

为了行文方便，本章用"电力需求"来统称负荷预测的对象。

在实际工作中，不确定性电力需求的分析思想实际上已经有一些雏形。例如，为了实现具有较好适应性的电力系统规划，一般要求给出电力负荷发展的高、中、低水平，从某种意义上讲，这也是一种不确定性预测结果——因为它意味着电力需求的分布区间。

此外，某些已有的预测方法中，例如灰色预测，从置信区间分析的角度，可以给出一个喇叭型伸展的带状区域，使得未来数据的预测有一个大致的变化范围。文献［74］针对负荷预测的高、中、低速三个结果，参照正态分布概率密度函数给出了概率值表达式，以此来考虑负荷预测结果的不确定性因素。文献［75］提出了用二维（需求和温度）正态分布概率密度函数来描述电力需求的分布函数的方法，并用该分布函数来实现电力需求的估算，给出了相关的电力需求指标运算法则。这些都是不确定性分析思想的体现。

这些雏形化的概率性分析方法是可喜的，但其实际应用效果还有待检验和完善，特别是各种预测结果的概率分布函数是很难解决的问题。这里在剖析传统的电力需求分析方法的基础上，引入序列运算理论，形成一个新的不确定性分析思路。

9.2 不确定性电力需求分析基本思想

9.2.1 电力需求的层次

预测工作中，可将按照不同标准划分的电力需求称为子需求，而将全系统的电力需求总量视为总需求。在不确定性电力需求分析的过程中，分清子需求与总需求之间的关系，是做好电力需求不确定性预测和分析工作的前提。

子需求的分类方式可根据实际的需要，按照不同的划分标准来进行分类，主要有以下形式：

（1）子需求对应按照属性分类的电力需求，则总需求对应电力需求总量。例如，各行业

（产业）电力需求与全行业（产业）电力需求的对应关系。

（2）子需求对应按照时间分类的电力需求，则总需求对应累积的电力需求总量。例如，各月电力需求与全年电力需求的对应关系。

（3）子需求对应按照空间分类的电力需求，则总需求对应电力需求总量。这种划分模式下又分为多种，例如：

1）各区域与全网之间电力需求的对应关系；

2）各节点与全网之间电力需求的对应关系。

同时，电力需求可以划分为电量类需求和负荷类需求两大方面，由于电量和负荷自身各具特点，在进行电力需求分析的时候针对二者的具体处理方式也有所不同。

对电量类需求数据可以将子需求直接求和，得到总需求。而对于负荷类需求数据，一般是统计最大、最小负荷等特征指标，具有非常强烈的时间特性，不能简单将子需求直接求和得到总需求，必须区别对待，考虑同时率等因素。

本章以电量类需求为突破口，主要着眼于针对各种不同的子需求分类方式，具体探讨子需求概率分布和总需求概率分布的不同考虑方式下的分析模型和求解方法。

9.2.2 分析工具——序列运算理论

序列运算理论是在电力系统领域的研究中应运而生的，以数字信号处理领域中的序列卷积为出发点，经过数学抽象和提高，已经成为一个解决复杂离散性概率问题的有力工具。序列运算理论自提出以来，已经成功运用于随机生产模拟与电力市场不确定性电价分析两个领域中，所构成的分析方法具有计算简单、概念明晰等显著特点。

本章将序列运算理论应用于不确定性电力需求分析。运用序列运算理论，可以将电力需求的具体数据用方便简洁的概率序列加以描述，同时采用规范化的数学运算法则加以分析，由此形成一个较为系统的不确定性电力需求的序列化分析体系。

9.3 对传统高中低发展速度判别方法的剖析

传统规划、计划工作中的电力需求分析与预测，核心是基于规划、计划方案的负荷发展速度进行处理。对各种类别的电力需求（包括负荷和电量等），具体做法是，分为高、中、低三种速度得到预测结果，然后对各个子类别按照三种速度分别直接求和得到总的预测结果。实际上，不同行业或地区等之间的发展速度差别很大，用同样的发展速度去衡量，必然产生误差。这种处理方式也忽略了电力需求预测本身的概率特性，得到的总需求的电量预测结果只是单纯的加和，而割裂了各子需求之间的相互关系和影响，使得最终的电量总需求预测结果可信度不够高。实际上，电力需求预测中的高、中、低速三种预测结果本身涉及到不确定性因素，因而总的预测结果也应当是一个具有概率分布的序列，单纯将该预测结果按照确定性数值相加难免会产生一定的误差。为此，有必要深入研究各子需求之间的关联和影响，从不确定性的角度去分析电力需求及其预测方法。

9.3.1 高中低发展速度的序列化分析

设按照某种子需求分类方法，将总需求分为 M 个子需求，对于某个特定时间段，每个子需求均有高、中、低速三个预测结果，每个结果都对应一个可能出现的概率值。设第 k（$k=0, 1, 2, \cdots, M$）个子需求的高、中、低速三个预测结果依次为 y_k^h、y_k^m、y_k^l，其对应

的概率分别为 p_k^h、p_k^m、p_k^l，并且满足 $p_k^h + p_k^m + p_k^l = 1$。当然，对于不同的预测方法，每个子需求的概率分布会不一样，这里各个预测结果对应概率取值的确定，需要结合以往的需求预测结果和实际需求进行对比，从而给出一个与实际较为相符的概率分布。为了形式的统一起见，将总需求用下标"0"表示。

根据序列运算理论，需要将这些数值离散化。由于序列是定义在非负整数点上，为将电力需求的预测结果转化为概率性序列，首先以各子需求的最大公因子 Δy 为步长进行电力需求离散化。设某子需求 k 取值为 y_k，以 Δy 对其进行离散化，设 N_k 为子需求 k 的离散化数值个数，令

$$N_k = [y_k / \Delta y] \tag{9-1}$$

式中，$[x]$ 表示不超过 x 的最大整数，在本书中均采用这种表示方式。

则此子需求共有 $N_k + 1$ 个状态，其中第 i 个状态的电力需求为

$$G_{ik} = i\Delta y, \quad 0 \leqslant i \leqslant N_k \tag{9-2}$$

离散化是本算法的第一步，通过离散化过程中选取不同的离散化步长，可以满足不同的计算速度要求与精确度要求。

该子需求对应的概率性序列为 $a_k(i)$，$i = 0，1，\cdots，N_k$，则序列 $a_k(i)$ 的具体取值为

$$a_k(i) = \begin{cases} p_k^h, & i = [y_k^h / \Delta y] \\ p_k^m, & i = [y_k^m / \Delta y] \\ p_k^l, & i = [y_k^l / \Delta y] \\ 0, & i = 其他 \end{cases} \tag{9-3}$$

根据序列运算理论以及对需求预测结果的相应分析，子需求预测结果形成概率性序列，运用序列运算理论中关于概率性序列的派生运算法则，通过合理派生运算形式，得到最终用于描述总需求的概率性序列。描述该系统的总需求的序列 $x(i)$ 应当为各个子需求的概率性序列卷和结果，即

$$x(i) = a_1(i) \oplus a_2(i) \oplus \cdots \oplus a_M(i) \tag{9-4}$$

需要指出的是，本章用 $x(i)$ 表示经过子需求之间的计算后所得到的总需求的分布，而用 $a_0(i)$ 表示总需求自身的分布。

由此得到了用概率性序列描述的全系统总需求的表达式。可见，从不确定性分析的角度，总需求不再是只有三个对应的值，而是一系列的具有分布概率的数值。

对该序列可以通过求取其期望值来得到总电量需求的期望值 E_y

$$E_y = \Delta y \sum_{i=0}^{N_0} i x(i) \tag{9-5}$$

式中，$N_0 = \sum_{k=1}^{M} N_k$。

9.3.2　实例分析

以江苏省 2005 年电量预测结果的高、中、低发展速度为例，这里的子需求按产业分类，分别为第一产业、第二产业、第三产业和生活用电四种类型，如表 9-1 所示。

表 9-1

类型	中方案		高方案		低方案	
	电量（TWh）	概率	电量（TWh）	概率	电量（TWh）	概率
全省	198.74	—	200.33	—	197.15	—
一产	5.44	0.51	5.48	0.26	5.40	0.23
二产	159.82	0.53	161.10	0.24	158.54	0.23
三产	14.33	0.57	14.45	0.21	14.22	0.22
生活	19.15	0.54	19.30	0.27	18.99	0.19

2005 年分产业电量预测结果

直接根据表 9-1，依据四个产业类型的电量预测结果，可以得到全省电量预测结果期望值为

$$E_y = \sum_{k=1}^{4} (y_k^h p_k^h + y_k^m p_k^m + y_k^l p_k^l) = 198.77(\text{TWh}) \tag{9-6}$$

根据序列运算理论，取 $\Delta y = 0.01\text{TWh}$，将表 9-1 中的电量预测结果离散化，从而可以得到四个概率性序列 $a_1(i)$、$a_2(i)$、$a_3(i)$ 和 $a_4(i)$。对这四个概率性序列根据式（9-4）可以求得按照产业划分子需求时全省总电量预测结果的序列化分布，如图 9-1 所示。

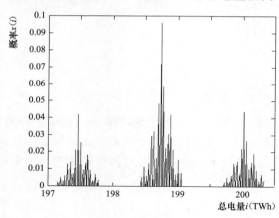

图 9-1　2005 年江苏省电量预测结果概率分布

对于这个分析结果，进行如下的比较和分析：

（1）根据式（9-5），可以求得此时全省总电量计算结果的期望值为

$$E_y = \Delta y \sum_{i=0}^{N_0} i x(i) = 198.77(\text{TWh}) \tag{9-7}$$

式中，$x(i)$ 为描述总需求最终计算结果的概率序列。

这与前文中子需求按产业分类的计算结果完全相同，也与序列运算理论中卷和的基本性质相符。

（2）从图 9-1 可以看出，最终计算结果的概率性序列的非零值集中在三个取值范围之内，在图上形成了三个比较明显的"局部"正态分布。下面尝试计算每个"局部"正态分布的中心点：

对第一个"局部"正态分布，其离散化序列的取值范围为 $[19715，19769]$，可以求得其中心点（即正态分布的期望值）为

$$\mu_1 = \Delta y \cdot \frac{\sum_{i=19715}^{19769} i x(i)}{\sum_{i=19715}^{19769} x(i)} = 197.46(\text{TWh}) \tag{9-8}$$

同理可以求得其他两个"局部"正态分布的中心点分别为：$\mu_2 = 198.74\text{TWh}$、$\mu_3 = 200.02\text{TWh}$。

可以看出，每个"局部"正态分布的中心点恰好接近于表 9-1 所列的全省总电量在高、

中、低发展速度下直接求和的数值。

（3）依据传统的计算模式，直接将三种速度下的总需求电量值求平均，则得到传统计算模式总电量的期望值为

$$E_y = \frac{1}{3}\sum_{k=1}^{3}(y_k^h + y_k^m + y_k^l) = 198.74\text{TWh} \tag{9-9}$$

这个结果接近于按照序列化分析得到的总电量期望值（198.77TWh），但不完全相同。

综合以上的三种比较，可以看出，运用序列运算理论进行分析后的预测结果，较之传统的计算方法得出的结果更细致地反映了需求预测的不确定性，并通过概率性序列的方式直观地展现了未来电力需求的各种可能的取值方式及其对应概率，有更大的参考价值。同时，期望值的计算结果与传统模式的计算结果接近，但也存在一定的差异，这恰好反映了确定性计算方法与不确定性计算方法的区别。

9.3.3 高中低发展速度分析方法的推广

电力需求序列化分析方法，不但可以用于每个子需求有高中低三个发展速度的问题，也可以用于一般性的问题，即存在多个子需求（设为 M 个），每个子需求都具有不同数目的非零概率点。

此时，同样可设第 $k(k=0,1,2,\cdots,M)$ 个子需求的概率分布为 $a_k(i),i=0$，1，$\cdots$，N_k，值得注意的是此时 $a_k(i)$ 不再只有三个非零取值点，而是存在一系列的非零取值点，意味着其概率分布已知。由此，根据前文的分析方法，可以采用与式（9-4）完全相同的模型来描述进行推广后的电力需求序列化分析方法。

9.4 单一预测量的概率分布模型

不确定性分析与预测中，如何直接分析预测结果的概率分布函数一直是一个难题，同时这个问题的探索又具有非常重要的意义——从预测结果的概率分布函数中可以提炼出重要的决策指标，例如预测结果的期望值、方差、置信区间等，由此可以分析预测结果的分布特征。

为此，本书在分析总需求和子需求之间关联关系的基础上，引入了需求的概率分布函数，采用抽样离散化的方式，运用序列运算理论，建立求解概率分布函数的关键参数的模型。

9.4.1 概率分布及其抽样

对于特定的预测结果，从不确定性分析的角度，可以认为其满足一个特定的概率分布——不妨假设预测结果满足正态分布，因此，如果假定第 $k(k=0,1,2,\cdots,M)$ 个需求的正态分布参数为期望值 μ_k、方差 σ_k，则其概率密度表达式为

$$a_k(i) = \frac{1}{\sqrt{2\pi}\sigma_k}\mathrm{e}^{-\frac{(i-\mu_k)^2}{2\sigma_k^2}} \tag{9-10}$$

需要指出的是，正态分布本身是描述连续型随机变量的函数，其取值范围为（$-\infty$，$+\infty$），而式（9-10）是连续正态分布离散化后的结果。为了分析方便，本书采用了如下的抽样方式：

（1）直接以单位"1"为间隔对其进行抽样（相当于在下面具体数值分析中取最大公因

子 $\Delta y = 0.1$TWh）。

（2）从概率论可以知道，对于期望值为 μ，方差为 σ 的正态分布，其变量离中心位置 μ 的距离超过 3σ 的概率不到 $3‰$，这就是在正态统计判别和产品质量管理中形成的很有用的 3σ 法则。因此，这里的抽样范围为 3σ 之内的点。

此时，这一系列的离散点所形成的序列，即式（9-10），就可以看作是整个正态分布的一个抽样序列，且所有离散点的概率值之和近似为 1，形成一个近似的概率性序列。

在上述分析的背景下，实际上还有两种可能的处理思路：

（1）根据人们的经验判断，认为总需求的主观概率特征参数已知，例如一般认为预测误差在 $0.5‰ \sim 3‰$ 左右，由此分析子需求的概率分布。

（2）不引入总需求的主观概率，认为总需求、子需求的概率特征参数均未知，直接求解客观意义上的概率。

下文将依次针对这两种思路进行分析。

9.4.2　总需求的主观概率模型

9.4.2.1　模型

在这种情况下，总需求、子需求的期望值根据预测得到，同时根据人们的经验，判断总需求的方差为已知，由此分析子需求的概率分布，由于假定了正态分布，因此实际上只要求各个子需求概率密度函数的方差 σ_k。

根据序列运算理论，可以用各个子需求的概率分布序列进行卷和，由此逼近总需求的概率分布序列（简称为"逼近序列"）。由于不可能达到百分之百的逼近，因此与预测问题类似，采用最小二乘的处理方式，追求逼近序列与总需求的概率分布序列在最小二乘意义上足够接近。则可构造如下的优化模型

$$
\begin{aligned}
&\min \quad \sum_{i=0}^{N_0} \left[x(i) - a_0(i) \right]^2 \\
&s.t. \quad x(i) = a_1(i) \oplus a_2(i) \oplus \cdots \oplus a_M(i) \\
&\qquad a_k(i) = \frac{1}{\sqrt{2\pi}\sigma_k} \mathrm{e}^{-\frac{(i-\mu_k)^2}{2\sigma_k^2}}, \qquad k = 0,1,2,\cdots,M \\
&\qquad \sigma_k > 0, \qquad\qquad k = 1,2,\cdots,M
\end{aligned}
\tag{9-11}
$$

式中，$x(i)$ 为各个子需求的概率分布序列卷和后的逼近序列；$a_0(i)$ 为总需求的概率分布序列。模型中，$a_0(i)$、μ_k 为已知，σ_k 为待求量（$k = 1, 2, \cdots, M$）。

9.4.2.2　模型的求解技巧

式（9-11）所示的模型，看上去比较直观，但由于对每个子需求而言，其离散化后的电量值有可能非常大，因此卷和过程和优化问题的求解难度很大，必须针对正态概率分布的具体性质，引入一定的技巧，对概率序列进行处理。

考虑到每个子需求的方差 σ_k 是待求变量，3σ 法则不能够直接应用到式（9-11）的优化过程之中。因此对每个子需求，取一个特定的系数 η（取值范围为 $0 < \eta < 1$），只要满足 $\eta\mu_k \geqslant 3\sigma$，则对第 k 个子需求，可以认为其概率密度函数主要分布在 $\left[(1-\eta)\mu_k, (1+\eta)\mu_k \right]$ 这个区间之内。该区间也称作参考置信区间，主要用于计算求解的过程中，即进行优化计算时各需求的取值点均在对应的参考置信区间之中，与实际的置信区间有所差别。这样用于进行卷和运

算的概率取值点就会大为减少，缩小计算所需时间。

9.4.2.3 算例

对总需求的电量预测结果，其正态分布的期望值取为电量预测的推荐方案（中方案）结果，即 $\mu_0 = y_0^m$。根据常规的预测经验判断主观概率，假定其正态分布的方差为 $\sigma_0 = 1\% y_0^m = 0.01\mu_0$。同样采用江苏省 2005 年的电量预测结果，将子需求分为苏南、苏中、苏北三个部分（如图 9-2 所示，分别用下标 1、2、3 标记），离散化的过程中取 $\bar{y} = 0.1\text{TWh}$。根据上面的数学模型，取 $\eta = 0.05$，则根据前文对参考置信区间的定义可以求出各需求的对应参考置信区间。

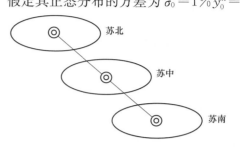

图 9-2　江苏省地域分布示意图

本书中，模型的建立和求解过程均以离散化的方式进行，但为了直观起见，下面关于计算结果的图表和数据均以有名值表示。已知数据和待求变量如表 9-2 所示。

表 9-2　　　　　　　　　2005 年江苏省电量预测结果正态分布参数（离散化数值）

类　　别	μ	σ	参考置信区间
系统总需求	1988	20	[1888, 2088]
苏南	1439	待求	[1367, 1511]
苏中	279	待求	[265, 293]
苏北	270	待求	[256, 284]

采用式（9-11）的优化模型，最终可以得到一组优化结果为

$$\sigma = [\sigma_1 \ \sigma_2 \ \sigma_3] = [19.4117 \ 3.4767 \ 3.3299] \tag{9-12}$$

用计算得到的结果进行验证可以发现，每个子需求的概率分布卷和之后与原有的总需求概率分布很好的吻合。在求解得到的这个方差结果下，苏南的概率密度分布如图 9-3 所示，且优化模型式（9-11）的优化目标函数值为

$$\sum_{i=0}^{N_0} [x(i) - a_0(i)]^2 = 8.1568 \times 10^{-10} \tag{9-13}$$

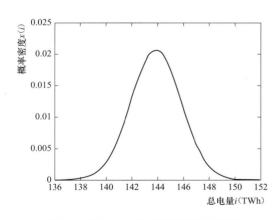

图 9-3　苏南电量需求概率密度分布图

这种考虑不确定性分析中，在给出需求概率分布的基础上，还能够给出子需求的置信区间，为预测工作提供了一个很好的辅助分析工具。在上面的算例中，苏南、苏中、苏北的电量预测期望值分别为 143.9、27.9、27.0TWh，其方差分别为 1.94、0.35、0.33TWh。根据正态分布的 3σ 法则，可以知道三个区域的电量预测结果对应 99.7% 置信度的置信区间分别为 [138.08, 149.72]、[26.85, 28.95]、[26.01, 27.99]，表示各个地区的电量预测结果将主要落在相应范围之内。可以看出，此时求出的置信区间是包

含于原始计算中的参考置信区间之中，这也说明前文所做的处理是满足实际的计算精度需要的。

以上的计算是以假定总需求的预测方差为1％这种主观判断为例的情况下作出的，当然还可以假定0.5％、2％等情况，进行计算和比较。实际分析时，需要根据所掌握的数据做出恰当的判断。

9.4.3 总需求的客观概率模型

9.4.3.1 模型

上节的分析过程是基于人们对总需求的主观概率的判断做出的，如果这种判断缺乏足够的依据，或者，总需求的概率分布函数同样未知（即方差 σ_0 也未知），那么就需要探索另外的分析思路。实际上，这样的情况在实际的预测工作中更为常见。在实际的预测工作中，更多的预测方法都只能够预测出未来电量需求的某个特定的取值，而无法给出电量需求的取值区间和大致的取值分布情况。用这种模型则可以在知道总需求和子需求的特定取值（即期望值）的情况下，通过优化求解得到相对误差最小的总需求和子需求概率分布函数指标，对预测工作者具有较大参考价值。

在这种假定下，总需求和子需求仍然采用统一的正态分布概率密度表达式来描述，但是需要注意的是，σ_0 不再采用上节中的处理方式，而是与其他子需求的方差一样，属于待求的未知变量。

同样采用最小二乘的思想，根据序列运算理论可以构造如下的优化模型

$$
\begin{aligned}
\min \quad & \sum_{i=0}^{N_0} \big[x(i) - a_0(i)\big]^2 \\
s.t. \quad & x(i) = a_1(i) \oplus a_2(i) \oplus \cdots \oplus a_M(i) \\
& a_k(i) = \frac{1}{\sqrt{2\pi}\sigma_k} e^{\frac{(i-\mu_k)^2}{2\sigma_k^2}}, \qquad k = 0,1,2,\cdots,M \\
& \sigma_k > 0, \qquad k = 0,1,2,\cdots,M
\end{aligned}
\tag{9-14}
$$

该模型与式（9-11）所描述的模型的区别是：总需求的概率分布序列 $a_0(i)$ 不再是已知，与其他各个子需求的概率序列一样含有未知变量。同时 σ_0 也作为新增的未知量并在约束函数中有所体现。

根据上节的思路，这里同样也可以采用参考置信区间的处理方式，以提高计算效率。

9.4.3.2 算例

对前面的算例稍作调整，同样离散化的过程中取 $\Delta y = 0.1\text{TWh}$，$\eta = 0.05$，离散化后的已知数据和待求变量类似于表9-2，但其中 σ_0 也为未知。采用式（9-14）的模型，进行优化计算，可以得到一组优化结果为

$$
\sigma = \begin{bmatrix} \sigma_0 & \sigma_1 & \sigma_2 & \sigma_3 \end{bmatrix} = \begin{bmatrix} 11.6775 & 11.1956 & 2.6510 & 1.9987 \end{bmatrix}
\tag{9-15}
$$

该方差结果与各需求的期望值比值为

$$
\eta = \begin{bmatrix} \eta_0 & \eta_1 & \eta_2 & \eta_3 \end{bmatrix} = \begin{bmatrix} 0.59\% & 0.78\% & 0.95\% & 0.74\% \end{bmatrix}
\tag{9-16}
$$

在求解得到的这个方差结果下，优化模型（9-14）的优化目标函数值为

$$\sum_{i=0}^{N_0} \left[x(i) - a_0(i) \right]^2 = 7.9670 \times 10^{-16} \tag{9-17}$$

9.4.4 对比分析

对比总需求的主观概率模型和客观概率模型的分析结果，可以发现，采用客观概率模型进行优化所得到的子需求卷和逼近序列与总需求概率分布序列的误差要远小于采用主观概率模型所产生的误差。

采用主观概率模型的情况，是根据人们的经验判断，认为总需求的主观概率特征参数已知。在这种情况下，相当于是求解客观概率模型在已知的总需求方差 σ_0 附近的一个局部最优解，或者说，客观概率模型是在方差 σ_0 的所有可能取值的情况下寻找一个最好的逼近。因此可以认为，主观概率模型实际上是客观概率模型在给定方差 σ_0 情况下的一个特例。

9.5 多预测量的联合概率分布

9.5.1 问题的提出及其解决思路

在前面的章节中，应用基本的一维序列运算理论，以电量为例，建立了单一指标（预测量）的概率分析方法。

实际工作中，还会遇到同时分析多个指标的问题。如果这些指标相互之间没有相关性，那么，完全可以应用前述的分析方法，给出每个指标各自的概率分布；但是，如果这些指标相互之间具有相关性，那么就意味着，各个指标的概率分布不是相互独立的，必须给出它们的联合概率分布。

这种问题可以应用扩展后的序列运算理论——多维序列运算理论来解决。基本的一维序列运算理论中将取值于数轴上非负整数点（可称之为"状态"）上的一系列数值（可称之为"属性"）称为序列。多维序列运算理论则考虑这样的情况：在进行某个问题的分析的时候，需要同时考虑该问题的多个状态量或者多个属性值。如果采用一般意义上的序列来描述这些状态量和属性值，就需要采用多个一维序列，并分别对这多个一维序列进行相关的运算与分析。但是，试图通过这样的途径考虑每个状态量或者属性值之间存在的一一对应联系，有时候会比较困难。由此，将基本的一维序列推广到多维序列。首先提出了描述多个状态量的 $m \times 1$ 维序列与描述多个特征量的 $1 \times n$ 维序列，然后将其推广到更一般的形式，即 $m \times n$ 维序列。

由此可见，基本的一维序列运算理论无法考虑非独立状态量及属性值的共同概率特性，而多维序列运算理论可以很好地解决该问题。同时，如果用基本的一维序列运算理论来实现多维序列运算理论相应的计算功能，则需要同时描述多个一维序列，然后再逐一对这些一维序列进行运算与分析。这样一来，其计算量将会大为增加，计算的过程也会错综复杂，还可能要针对各种状态量或属性值之间的相互关系进行相应的算法设计。而多维序列运算理论可以一步到位，清晰地实现计算与分析。同时，多维序列运算的结果也可以更好地展现相应变量之间的相互关系。

下面采用 $m \times 1$ 维序列及其运算，实现多个预测对象的联合概率分析。为了便于说明问题，这里使用最常见的用电量和最大负荷作为两个预测对象进行分析。

9.5.2 实例分析

采用江苏省 2010 年用电量及负荷预测结果，并同样将子需求分为苏南、苏中、苏北三个区域。按全系统和三个区域同时给出低、中、高三个预测方案，预测结果见表 9-3。

表 9-3 　　　　　　　　　　　**2010 年江苏省分区电力需求预测结果**

区　　域		苏南	苏中	苏北	全省合计
低方案	用电量（TWh）	203.4	44.9	43.4	291.7
	最大负荷（GW）	37.8	8.2	8.0	54.0
中方案	用电量（TWh）	205.8	45.4	43.8	295.0
	最大负荷（GW）	38.1	8.4	8.1	54.6
高方案	用电量（TWh）	208.4	46.0	44.3	298.7
	最大负荷（GW）	38.5	8.5	8.2	55.2

需要注意的是，在表 9-3 中统计整个江苏省电力系统最大负荷，是将三个地区的最大负荷直接相加，而在实际的系统中，则需要考虑各个区域的负荷同时率的问题。

根据 2010 年江苏省分区电量与电力需求预测的结果，每个区域对应的用电量与最大负荷预测值均给出了低、中、高方案下的三个数值，因此，综合考虑每个区域的用电量及最大负荷数据，共有 9 种可能的组合。针对这 9 种组合，可以给出每种用电量与最大负荷的组合发生的概率。

以苏南地区为例，首先对苏南地区的用电量及最大负荷预测结果进行离散化处理，为了表述的方便，本书中离散化的步长分别取为 0.1TWh 和 0.1GW。则用一个 2×1 维序列 $\boldsymbol{a}_{2 \times 1}(\boldsymbol{P}_i)$ 来描述苏南地区预测结果，由多维序列运算理论可知，该序列的长度为

$$N_a = \prod_{j=1}^{2} (p^j + 1) - 1 = (2084 + 1) \times (385 + 1) - 1 = 804809 \tag{9-18}$$

序列 $\boldsymbol{a}_{2 \times 1}(\boldsymbol{P}_i)$ 中的非零项共有 9 个，分别对这 9 个非零项赋以对应的概率指标，见表 9-4。

表 9-4 　　　　　　　　　　　**序列 $\boldsymbol{a}_{2 \times 1}(\boldsymbol{P}_i)$ 中非零项明细表**

i	$\boldsymbol{P}_i$	$\boldsymbol{a}_{2 \times 1}(\boldsymbol{P}_i)$
785502	(2034, 378)	0.07
785505	(2034, 381)	0.15
785509	(2034, 385)	0.05
794766	(2058, 378)	0.14
794769	(2058, 381)	0.29
794773	(2058, 385)	0.1
804802	(2084, 378)	0.05
804805	(2084, 381)	0.11
804809	(2084, 385)	0.04

其中，$i = p_{i,1} \times (p_a^2 + 1) + p_{i,2}$，且 $p_a^2 = 385$。

同样，用 2×1 维序列 $\boldsymbol{b}_{2 \times 1}(\boldsymbol{P}_i)$ 来描述苏中地区电力需求预测结果，其长度 $N_b =$

39645，该序列中的非零项同样为 9 个，见表 9-5。

以 2×1 维序列 $\boldsymbol{c}_{2 \times 1}(\boldsymbol{P}_i)$ 来描述苏北地区电力需求预测结果，其长度 $N_c = 36851$，该序列中的非零项见表 9-6。

表 9-5   序列 $\boldsymbol{b}_{2 \times 1}(\boldsymbol{P}_i)$ 中非零项明细表

i	$\boldsymbol{P}_i$	$\boldsymbol{b}_{2 \times 1}(\boldsymbol{P}_i)$	i	$\boldsymbol{P}_i$	$\boldsymbol{b}_{2 \times 1}(\boldsymbol{P}_i)$
38696	(449, 82)	0.06	39129	(454, 85)	0.11
38698	(449, 84)	0.16	39642	(460, 82)	0.05
38699	(449, 85)	0.06	39644	(460, 84)	0.12
39126	(454, 82)	0.11	39645	(460, 85)	0.04
39128	(454, 84)	0.29			

表 9-6   序列 $\boldsymbol{c}_{2 \times 1}(\boldsymbol{P}_i)$ 中非零项明细表

i	$\boldsymbol{P}_i$	$\boldsymbol{c}_{2 \times 1}(\boldsymbol{P}_i)$	i	$\boldsymbol{P}_i$	$\boldsymbol{c}_{2 \times 1}(\boldsymbol{P}_i)$
36102	(434, 80)	0.05	36436	(438, 82)	0.13
36103	(434, 81)	0.11	36849	(443, 80)	0.06
36104	(434, 82)	0.05	36850	(443, 81)	0.11
36434	(438, 80)	0.15	36851	(443, 82)	0.05
36435	(438, 81)	0.29			

同时，以 2×1 维序列 $\boldsymbol{x}_{2 \times 1}(\boldsymbol{P}_i)$ 来描述江苏省的总电力需求预测结果，则该序列应当等于各个子需求序列的卷和，即

$$\boldsymbol{x}_{2 \times 1}(\boldsymbol{P}_i) = \boldsymbol{a}_{2 \times 1}(\boldsymbol{P}_i) \bigoplus \boldsymbol{b}_{2 \times 1}(\boldsymbol{P}_i) \bigoplus \boldsymbol{c}_{2 \times 1}(\boldsymbol{P}_i) \tag{9-19}$$

根据多维序列卷和运算的性质，序列 $\boldsymbol{x}_{2 \times 1}(\boldsymbol{P}_i)$ 的长度为

$$N_x = \prod_{j=1}^{2}(p_a^j + p_b^j + p_c^j + 1) - 1 = 1652363 \tag{9-20}$$

而 $N_a + N_b + N_c = 881305$，这表明，实际得到的序列的长度要明显大于三个原始序列的长度之和。

根据式（9-19）可以求得江苏省按照区域划分子需求时全系统总电力需求预测结果的序列，该序列的概率序列化分布见图 9-4。

从图 9-4 可以看出，最终的计算结果是在一系列用电量及最大负荷对应的点上均有非零取值，其实际意义相当于概率论中的二维随机变量的联合分布，与传统的高中低发展速度方法进行直接加和的结果有明显的区别。同时，每个概率值指标分别对应一组可能出现的用电量及最大负荷组合，能够更好地体现用电量与最大负荷预测结果之间的内在联系。

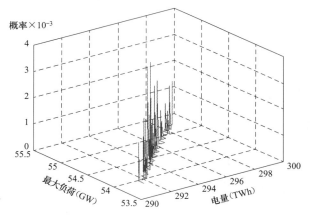

图 9-4   江苏省总电力需求概率分布示意图

第10章

中长期预测中多模型的筛选与综合

10.1 概述

在各行各业的预测之中，预测方法的多样性是一个得到普遍认可的原则。由于预测是在一定的假设条件下进行的，预测量发展变化规律存在多样性和复杂性，也包含了许多不确定因素，采用单一的方法进行预测，很难取得令人满意的结果，因此需要选用多种预测方法进行预测。本篇前几章介绍了许多预测方法，都属于"单一预测模型"。

当我们可以选择多种"单一预测模型"的时候，就会面临这样一个问题：各种方法的预测结果一般有些差异，究竟以哪种方法的预测结果为准？在有些情况下，预测人员可以根据经验和常识判断，从国家能源政策、产业结构调整等方面综合考虑，再按本地区的具体情况和特点，对多种方法的预测结果进行合理比较和综合分析，逐渐找到适合于本地区的预测模型。然而，这毕竟是一件工作量大的事情。不仅如此，随着时间的推移，负荷发展的规律将发生变化，预测人员又必须重新开始寻找适合负荷规律的预测模型。

因此，在面临多种"单一预测模型"的时候，我们会提出两个层次的需求：第一层次，对于可得到的许多"单一预测模型"，应该从中进行判断和筛选，去除一些明显不能达到较好预测效果的模型，使剩余的若干种"单一预测模型"从单一方法角度看，都能够做出较好的预测；第二层次，对于所筛选出来的若干"单一预测模型"，必须进行综合分析，将不同模型的结果加以合理、科学地组合，得到最终唯一的同时又是预测效果最佳的综合预测结果。

第一层次的问题，我们称之为"预测模型筛选"。这主要是考虑到，数学模型是理想的抽象，负荷发展的自然规律很难用单一数学模型加以描述，任何单一预测模型的精度不可能在所有情况下都很好。因此，可以对多种可选的预测模型，逐一进行试探性的分析和预测，舍弃那些效果明显较差的模型，同时也选择出比较有效的模型，使得我们能获得更加准确的预测结果。

第二层次的问题，我们称之为"综合预测"。综合预测模型的本质是以某种目标的导向作用下的权重来反映每种单一方法在最终预测结果中的比重。由于在"预测模型筛选"中已经将各种单一方法中预测精度较差的模型去除，它们不参与综合模型过程，这就使得剩余的那些预测效果较好的预测模型进一步组合在一起，达到更佳的预测效果。

整个过程先后有"预测模型筛选"和"综合预测"两个阶段，但是，在介绍顺序上，我们还是先介绍"综合预测"，姑且假定所有参与综合预测的单一模型都是已经被筛选上的；然后，再介绍"预测模型筛选"的分析方法。

10.2 综合预测的概念

10.2.1 综合预测的有关定义

沿用第Ⅰ篇的 1.6 节中所叙述的负荷预测问题的抽象化表述概念，同时使用第Ⅰ篇的

2.3 节中的符号进行如下的分析。

假定历史时段为 $1 \leqslant t \leqslant n$（拟合时段），根据原始序列 y_1，y_2，$\cdots$，y_n，分别使用 q 种模型对未来时段进行预测，设其中第 k 个预测模型为 $y = f_k(S_k, X_k, t)$，它对原始序列的拟合序列为 $\hat{y}_{k1}$，$\hat{y}_{k2}$，$\cdots$，$\hat{y}_{kn}$。这里，S_k、X_k 分别为第 k 个预测模型的参数向量和相关因素向量。

（1）各预测模型的拟合残差与方差、协方差的定义分别为：

第 k 个预测模型在时段 t 的拟合残差为

$$v_{kt} = \hat{y}_{kt} - y_t \quad (k = 1, 2, \cdots, q; t = 1, 2, \cdots, n) \tag{10-1}$$

第 k 个预测模型的拟合方差为

$$h_{kk} = \sum_{t=1}^{n} v_{kt}^2 \quad (k = 1, 2, \cdots, q) \tag{10-2}$$

对于某两个预测模型 k、j 的预测结果，设时段 t 的拟合残差分别为 v_{kt}、v_{jt}，则类似地定义两种预测结果的拟合协方差为

$$h_{kj} = \sum_{t=1}^{n} v_{kt} v_{jt} \quad (k, j = 1, 2, \cdots, q) \tag{10-3}$$

（2）综合预测模型及综合预测结果的定义为：

引入一组权重 w_k（$k = 1, 2, \cdots, q$），满足

$$\sum_{k=1}^{q} w_k = 1 \tag{10-4}$$

$$w_k \geqslant 0, k = 1, 2, \cdots, q \tag{10-5}$$

则构成如下模型，称其为关于这 q 种方法的综合预测模型

$$y = \sum_{k=1}^{q} w_k \cdot f_k(S_k, X_k, t) \tag{10-6}$$

同时，得到如下的预测结果，称其为关于这 q 种方法的综合预测模型的综合预测结果

$$\hat{y}_{0t} = \sum_{k=1}^{q} w_k \hat{y}_{kt}, t = 1, 2, \cdots, n \tag{10-7}$$

10.2.2 实现综合预测的途径

显然，满足前述条件的权重 w_k 的组合是非常多的，那么，究竟如何选择适当的权重组合，才能使得综合预测模型的预测效果尽可能达到较好甚至最好呢？这里有 4 个途径：

（1）平均权重的综合预测模型。即各种方法取相同的权重而得到的综合模型

$$w_k = \frac{1}{q}, k = 1, 2, \cdots, q \tag{10-8}$$

这是一种不得已而为之的思路，由于无法判断各种预测模型的优劣，只好按照每个预测模型等权重的原则，进行简单的加权平均。在人工预测时，这种方式比较常见。

（2）以历史拟合效果最佳为目标的综合预测模型。各个单一预测模型都拥有各自对历史规律的某种程度的拟合效果。在此基础上，对于综合预测模型而言，我们可以追求其拟合效果尽可能地好，这就是综合最优拟合模型。

（3）综合次优拟合模型。综合最优拟合模型的求解过程比较繁琐，需要反复迭代，因此，提出综合次优拟合模型，其目标仍然是追求综合预测模型的拟合效果较好，但是求解过程非常简单，可以给出解析解。可以认为，综合次优拟合模型是对综合最优拟合模型的一种近似。

（4）综合最优预测模型。从预测的根本目的看，我们当然希望预测效果最佳。前面以拟合效果最佳为目标的几种综合预测模型，是否能达到预测效果最佳需要深入讨论。寻求一种在概率意义上直接追求预测效果最佳的综合预测模型，是综合最优预测模型的研究目标。

10.3　综合最优拟合模型

10.3.1　综合最优拟合模型的建立

综合最优拟合模型的目标是：对于总共 q 个预测序列 $\hat{y}_{kt}(k=1,2,\cdots,q;t=1,2,\cdots,n)$，希望寻找一组权重，使得综合预测模型的拟合误差尽可能小。其数学模型可表示为

$$
\begin{aligned}
\min \quad & z=\sum_{t=1}^{n}(\hat{y}_{0t}-y_t)^2 \\
s.t. \quad & \sum_{k=1}^{q}w_k=1 \\
& w_k\geqslant 0,\quad k=1,2,\cdots,q
\end{aligned}
\tag{10-9}
$$

这是一个以 w_k 为决策变量的优化模型，属于非线性规划中的二次规划问题。我们首先分析此问题的特征，用矩阵形式表示。

按照综合预测模型的定义，目标函数可转化为

$$
\begin{aligned}
z &=\sum_{t=1}^{n}(\hat{y}_{0t}-y_t)^2=\sum_{t=1}^{n}\Big[\Big(\sum_{k=1}^{q}w_k\hat{y}_{kt}\Big)-\Big(\sum_{k=1}^{q}w_k\Big)y_t\Big]^2 \\
&=\sum_{t=1}^{n}\Big[\sum_{k=1}^{q}w_k(\hat{y}_{kt}-y_t)\Big]^2=\sum_{t=1}^{n}\Big(\sum_{k=1}^{q}w_k v_{kt}\Big)^2 \\
&=\sum_{t=1}^{n}\Big[\sum_{k=1}^{q}(w_k v_{kt})^2+2\sum_{k\neq j}(w_k\cdot v_{kt})(w_j v_{jt})\Big] \\
&=\sum_{k=1}^{q}\Big(w_k^2\sum_{t=1}^{n}v_{kt}^2\Big)+2\sum_{k\neq j}\Big(w_k w_j\sum_{t=1}^{n}v_{kt}v_{jt}\Big)
\end{aligned}
\tag{10-10}
$$

根据拟合方差和拟合协方差的定义，记

$$
\boldsymbol{H}=\begin{bmatrix}
h_{11} & h_{12} & \cdots & h_{1q} \\
h_{21} & h_{22} & \cdots & h_{2q} \\
\vdots & \vdots & \ddots & \vdots \\
h_{q1} & h_{q2} & \cdots & h_{qq}
\end{bmatrix},
\boldsymbol{W}=\begin{bmatrix}
w_1 \\ w_2 \\ \vdots \\ w_q
\end{bmatrix}
$$

$$
\boldsymbol{V}=\begin{bmatrix}
v_{11} & v_{12} & \cdots & v_{1n} \\
v_{21} & v_{22} & \cdots & v_{2n} \\
\vdots & \vdots & \ddots & \vdots \\
v_{q1} & v_{q2} & \cdots & v_{qn}
\end{bmatrix},
\boldsymbol{e}=\begin{bmatrix}
1 \\ 1 \\ \vdots \\ 1
\end{bmatrix}
\tag{10-11}
$$

则

$$
z=\boldsymbol{W}^{\mathrm{T}}\boldsymbol{V}\boldsymbol{V}^{\mathrm{T}}\boldsymbol{W}=\boldsymbol{W}^{\mathrm{T}}\boldsymbol{H}\boldsymbol{W}
\tag{10-12}
$$

式中，$\boldsymbol{H}=\boldsymbol{V}\boldsymbol{V}^{\mathrm{T}}$ 为非负定对称矩阵。

于是问题的矩阵表述形式为

$$\min \quad z = \boldsymbol{W}^{\mathrm{T}} \boldsymbol{H} \boldsymbol{W}$$
$$s.t. \quad \boldsymbol{e}^{\mathrm{T}} \boldsymbol{W} = 1 \tag{10-13}$$
$$\boldsymbol{W} \geqslant 0$$

10.3.2 综合最优拟合模型的求解

式（10-13）描述的是一个以 $\boldsymbol{W}$ 为决策变量的非线性规划问题，可以采用典型的非线性规划方法求解，例如二次规划法、罚函数法等。

能否针对问题的特点构造更加有效的直接求解算法呢？我们仔细分析，可以发现该问题的等式约束有如下的特点：该约束为线性等式约束且所有决策变量的系数均为 1。有鉴于此，这里提出如下基于直接搜索的简捷求解方法。其思路是：由于所有决策变量之和保持为 1，故针对问题的一个当前解，考虑其中一个决策变量增加一个非零值（可正可负），另外一个决策变量减小相同数值，分析此时目标函数的变化，找到使目标函数下降的条件。

以下的思路是基于摄动法而产生的。

假设迭代至第 i 步时，问题的当前解向量为

$$\boldsymbol{W}^{(i)} = [w_1^{(i)}, \quad w_2^{(i)}, \quad \cdots, \quad w_q^{(i)}]^{\mathrm{T}} \tag{10-14}$$

任取 $k, j \in \{1, 2, \cdots, q\}$ 且 $k \neq j$，令下一步迭代的解向量形式为

$$\boldsymbol{W}^{(i+1)} = [w_1^{(i)}, \quad \cdots, \quad w_k^{(i)} + \delta, \quad \cdots, \quad w_j^{(i)} - \delta, \quad \cdots, \quad w_q^{(i)}]^{\mathrm{T}} \tag{10-15}$$

相应地令

$$\boldsymbol{x} = [0, \quad \cdots, \quad \delta, \quad \cdots, \quad -\delta, \quad \cdots, \quad 0]^{\mathrm{T}} \tag{10-16}$$

为使 $\boldsymbol{W}^{(i+1)}$ 为可行解，当且仅当

$$\left. \begin{array}{l} w_k^{(i)} + \delta \geqslant 0 \\ w_j^{(i)} - \delta \geqslant 0 \end{array} \right\} \tag{10-17}$$

计及 δ 的非零性，则要求

$$\left. \begin{array}{l} -w_k^{(i)} \leqslant \delta \leqslant w_j^{(i)} \\ \delta \neq 0 \end{array} \right\} \tag{10-18}$$

计算目标函数的变化

$$\begin{aligned} \Delta z^{(i)} &= z^{(i+1)} - z^{(i)} = \boldsymbol{W}^{(i+1)\mathrm{T}} \boldsymbol{H} \boldsymbol{W}^{(i+1)} - \boldsymbol{W}^{(i)\mathrm{T}} \boldsymbol{H} \boldsymbol{W}^{(i)} \\ &= (\boldsymbol{W}^{(i)} + \boldsymbol{x})^{\mathrm{T}} \boldsymbol{H} (\boldsymbol{W}^{(i)} + \boldsymbol{x}) - \boldsymbol{W}^{(i)\mathrm{T}} \boldsymbol{H} \boldsymbol{W}^{(i)} \\ &= \boldsymbol{x}^{\mathrm{T}} \boldsymbol{H} \boldsymbol{x} + 2 \boldsymbol{x}^{\mathrm{T}} \boldsymbol{H} \boldsymbol{W}^{(i)} \\ &= (h_{kk} + h_{jj} - 2h_{kj})\delta^2 + 2\delta \sum_{p=1}^{q} (h_{kp} - h_{jp}) w_p^{(i)} \end{aligned} \tag{10-19}$$

现在分析 k, j 及 δ 满足何种条件时，可以使目标函数值有所下降，即 $\Delta z^{(i)} < 0$。令

$$\begin{aligned} a &= h_{kk} + h_{jj} - 2h_{kj} \\ &= \sum_{t=1}^{n} v_{kt}^2 + \sum_{t=1}^{n} v_{jt}^2 - 2 \sum_{t=1}^{n} v_{kt} v_{jt} = \sum_{t=1}^{n} (v_{kt} - v_{jt})^2 \geqslant 0 \end{aligned} \tag{10-20}$$

$$b = \sum_{p=1}^{q} (h_{kp} - h_{jp}) w_p^{(i)} \tag{10-21}$$

则目标函数的变化值为二次函数

$$\Delta z^{(i)} = a\delta^2 + 2b\delta \tag{10-22}$$

当且仅当 $v_{kt} = v_{jt}$ ($t = 1, 2, \cdots, n$) 时，$a = 0$，此时由拟合协方差的定义显然有：$h_{kp} =$

$h_{jp}(p=1,2,\cdots,q)$，故 $b=0$，从而目标函数的变化值必为 0，不能下降。这是两种预测结果完全相同的情况。

因此只考虑 $a>0$ 的情况。由于

$$\Delta z^{(i)} = a\delta^2 + 2b\delta = a\left(\delta + \frac{b}{a}\right)^2 - \frac{b^2}{a} \tag{10-23}$$

令极小点：$r = -\dfrac{b}{a}$

考虑式（10-18）的约束，则：

若 $r>0$，取 $\delta = \min(w_j^{(i)}, r)$；

若 $r<0$，取 $\delta = \max(-w_k^{(i)}, r)$。

这样的 δ 取值可以使目标函数得到最大的下降（若 $r=0$，则目标函数的变化值必为 0，不能下降），如图 10-1 所示。

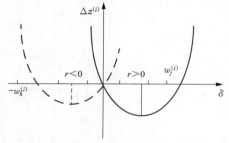

图 10-1　迭代过程中目标函数的分析

由以上分析可知，扫描任意两种预测结果：若存在使 $\Delta z^{(i)}<0$ 的非零值 δ，则更新 $W^{(i+1)} \to W^{(i)}$，令 $i+1 \to i$ 继续进行迭代；否则，选择下一组 k、j 进行下一次迭代。如此循环，直至没有任何一组使 $\Delta z^{(i)}<0$ 的 k、j 存在。

显然，如此构造的迭代过程，总是满足相邻两次目标函数的变化值 $\Delta z^{(i)}<0$，即：$z^{(0)}>z^{(1)}>z^{(2)}>\cdots>z^{(i)}>z^{(i+1)}$，故算法可以单调收敛到最优解 $W^{(*)}$。此外，该算法不依赖于初始解的选取，例如可简单地取为 $W^{(0)} = \left[\dfrac{1}{q}, \quad \dfrac{1}{q}, \quad \cdots, \quad \dfrac{1}{q}\right]^{\mathrm{T}}$。

10.4　综合次优拟合模型

前面建立的综合最优拟合模型，求解时需要反复迭代。可否在保持原目标——追求综合预测模型的拟合效果较好的同时，提供一种简化的方案呢？为此，我们分析并建立综合次优拟合模型，希望给出模型的解析解。由于该分析过程主要是基于方差的推导而得到的，因此也可以称为方差分析综合预测模型。

进一步分析式（10-13）的问题。其中矩阵 H 的元素 h_{kj}，也即拟合方差或拟合协方差，事实上表示了两个残差序列 v_{kt} 和 v_{jt}，$t=1,2,\cdots,n$ 的内积。类似于统计论中方差与协方差的概念，考虑到 v_{kt} 和 v_{jt} 分别是两种不同的预测方法所得到的残差，可以近似认为两者之间相互独立，故应有：

对角元素（拟合方差）

$$h_{kk}>0, k=1,2,\cdots,q \tag{10-24}$$

非对角元（拟合协方差）

$$h_{kj} \approx 0(k,j=1,2,\cdots,q \text{ 且 } k \neq j) \tag{10-25}$$

那么矩阵 H 近似成为对角阵

$$H = diag\{h_{kk}\} \tag{10-26}$$

重新求解式（10-13）的问题，引入拉格朗日乘子 λ，暂不考虑其中的不等式约束，可

建立如下的拉格朗日函数

$$L = \boldsymbol{W}^{\mathrm{T}} \boldsymbol{H} \boldsymbol{W} + \lambda (\boldsymbol{e}^{\mathrm{T}} \boldsymbol{W} - 1) \tag{10-27}$$

由 Kuhn-Tucker 条件得

$$\frac{\partial L}{\partial \boldsymbol{W}^{\mathrm{T}}} = 2 \boldsymbol{H} \boldsymbol{W} + \lambda \boldsymbol{e} = 0 \tag{10-28}$$

$$\frac{\partial L}{\partial \lambda} = \boldsymbol{e}^{\mathrm{T}} \boldsymbol{W} - 1 = 0 \tag{10-29}$$

由式（10-28）解得

$$\boldsymbol{W} = -\frac{1}{2} \boldsymbol{H}^{-1} \cdot \lambda \boldsymbol{e} \tag{10-30}$$

代入式（10-29）得

$$-\frac{1}{2} \boldsymbol{e}^{\mathrm{T}} \cdot \boldsymbol{H}^{-1} \cdot \lambda \boldsymbol{e} - 1 = 0 \tag{10-31}$$

由于 $\boldsymbol{H}$ 为对角阵，故

$$\boldsymbol{H}^{-1} = diag \left\{ \frac{1}{h_{kk}} \right\} \tag{10-32}$$

$$\boldsymbol{e}^{\mathrm{T}} \boldsymbol{H}^{-1} \boldsymbol{e} = \sum_{k=1}^{q} \frac{1}{h_{kk}} \tag{10-33}$$

于是由式（10-31）解得

$$\lambda = \frac{-2}{\boldsymbol{e}^{\mathrm{T}} \boldsymbol{H}^{-1} \boldsymbol{e}} = \frac{-2}{\displaystyle\sum_{k=1}^{q} \frac{1}{h_{kk}}} \tag{10-34}$$

代入式（10-30）则有

$$\boldsymbol{W} = \frac{1}{\displaystyle\sum_{k=1}^{q} \frac{1}{h_{kk}}} \boldsymbol{H}^{-1} \boldsymbol{e} \tag{10-35}$$

其中

$$w_j = \frac{1}{\displaystyle\sum_{k=1}^{q} \frac{1}{h_{kk}}} \cdot h_{jj}^{-1} = \frac{1}{h_{jj} \displaystyle\sum_{k=1}^{q} \frac{1}{h_{kk}}}, \quad j = 1, 2, \cdots, q \tag{10-36}$$

显然，由于 $h_{kk} > 0$ 成立，故 $w_j > 0$，因此优化模型中不等式约束已经满足，故已经得到问题的最优解 $\boldsymbol{W}^{(*)}$，即综合次优拟合模型的解。虽然这种近似将使其精度有所下降，但由于近似最优解可以直接求得，无须迭代求解，从而可以减少计算量。

10.5　"近大远小"原则下的综合模型

上述分析中，都还没有区别对待不同历史时段的拟合误差，因此，下面分析"近大远小"原则下的综合模型。

回顾不考虑"近大远小"原则的综合模型：$z = \displaystyle\sum_{t=1}^{n} (\hat{y}_{0t} - y_t)^2$，此时，引入

$$\hat{\boldsymbol{Y}} = \begin{bmatrix} \hat{y}_{11} & \hat{y}_{21} & \cdots & \hat{y}_{q1} \\ \hat{y}_{12} & \hat{y}_{22} & \cdots & \hat{y}_{q2} \\ \vdots & \vdots & \ddots & \vdots \\ \hat{y}_{1n} & \hat{y}_{2n} & \cdots & \hat{y}_{qn} \end{bmatrix}, \boldsymbol{W} = \begin{bmatrix} w_1 \\ w_2 \\ \vdots \\ w_q \end{bmatrix}, \boldsymbol{Y} = \begin{bmatrix} y_1 & y_1 & \cdots & y_1 \\ y_2 & y_2 & \cdots & y_2 \\ \vdots & \vdots & \ddots & \vdots \\ y_n & y_n & \cdots & y_n \end{bmatrix}, \boldsymbol{Y}_n = \begin{bmatrix} y_1 \\ y_2 \\ \vdots \\ y_n \end{bmatrix}, \boldsymbol{e} = \begin{bmatrix} 1 \\ 1 \\ \vdots \\ 1 \end{bmatrix}$$

则

$$\boldsymbol{Y} = \boldsymbol{Y}_n \boldsymbol{e}^{\mathrm{T}} \tag{10-37}$$

故

$$\begin{aligned} z &= (\hat{\boldsymbol{Y}}\boldsymbol{W} - \boldsymbol{Y}_n)^{\mathrm{T}} (\hat{\boldsymbol{Y}}\boldsymbol{W} - \boldsymbol{Y}_n) \\ &= (\hat{\boldsymbol{Y}}\boldsymbol{W} - \boldsymbol{Y}_n \boldsymbol{e}^{\mathrm{T}} \boldsymbol{W})^{\mathrm{T}} (\hat{\boldsymbol{Y}}\boldsymbol{W} - \boldsymbol{Y}_n \boldsymbol{e}^{\mathrm{T}} \boldsymbol{W}) \\ &= (\hat{\boldsymbol{Y}}\boldsymbol{W} - \boldsymbol{Y}\boldsymbol{W})^{\mathrm{T}} (\hat{\boldsymbol{Y}}\boldsymbol{W} - \boldsymbol{Y}\boldsymbol{W}) \\ &= \boldsymbol{W}^{\mathrm{T}} (\hat{\boldsymbol{Y}} - \boldsymbol{Y})^{\mathrm{T}} (\hat{\boldsymbol{Y}} - \boldsymbol{Y}) \boldsymbol{W} \\ &= \boldsymbol{W}^{\mathrm{T}} \boldsymbol{V}^{\mathrm{T}} \boldsymbol{V} \boldsymbol{W} = \boldsymbol{W}^{\mathrm{T}} \boldsymbol{H} \boldsymbol{W} \end{aligned} \tag{10-38}$$

式中，$\boldsymbol{V} = \begin{bmatrix} v_{11} & v_{21} & \cdots & v_{q1} \\ v_{12} & v_{22} & \cdots & v_{q2} \\ \vdots & \vdots & \ddots & \vdots \\ v_{1n} & v_{2n} & \cdots & v_{qn} \end{bmatrix}$，$\boldsymbol{e}^{\mathrm{T}} \boldsymbol{W} = 1$。

这里，$\boldsymbol{H} = \boldsymbol{V}^{\mathrm{T}} \boldsymbol{V}$ 为非负定对称矩阵。

而考虑"近大远小"原则时，设 t 时段权重为 u_t（u_t 非负，$1 \leqslant t \leqslant n$），则

$$z = \sum_{t=1}^{n} u_t (\hat{y}_{0t} - y_t)^2$$

令 $U = \mathrm{diag}\{u_t\}$，则
$$\begin{aligned} z &= (\hat{\boldsymbol{Y}}\boldsymbol{W} - \boldsymbol{Y}_n)^{\mathrm{T}} \boldsymbol{U} (\hat{\boldsymbol{Y}}\boldsymbol{W} - \boldsymbol{Y}_n) \\ &= (\hat{\boldsymbol{Y}}\boldsymbol{W} - \boldsymbol{Y}_n \boldsymbol{e}^{\mathrm{T}} \boldsymbol{W})^{\mathrm{T}} \boldsymbol{U} (\hat{\boldsymbol{Y}}\boldsymbol{W} - \boldsymbol{Y}_n \boldsymbol{e}^{\mathrm{T}} \boldsymbol{W}) \\ &= (\hat{\boldsymbol{Y}}\boldsymbol{W} - \boldsymbol{Y}\boldsymbol{W})^{\mathrm{T}} \boldsymbol{U} (\hat{\boldsymbol{Y}}\boldsymbol{W} - \boldsymbol{Y}\boldsymbol{W}) \\ &= \boldsymbol{W}^{\mathrm{T}} (\hat{\boldsymbol{Y}} - \boldsymbol{Y})^{\mathrm{T}} \boldsymbol{U} (\hat{\boldsymbol{Y}} - \boldsymbol{Y}) \boldsymbol{W} \\ &= \boldsymbol{W}^{\mathrm{T}} \boldsymbol{V}^{\mathrm{T}} \boldsymbol{U} \boldsymbol{V} \boldsymbol{W} = \boldsymbol{W}^{\mathrm{T}} \boldsymbol{H}' \boldsymbol{W} \end{aligned} \tag{10-39}$$

式中，$\boldsymbol{H}' = \boldsymbol{V}^{\mathrm{T}} \boldsymbol{U} \boldsymbol{V}$ 为非负定对称矩阵。

对比式（10-38）与式（10-39），可以看出，形式上完全一致，只有 $\boldsymbol{H}$ 与 $\boldsymbol{H}'$ 的差别。如果定义 $h'_{kk} = \sum_t u_t v_{kt}^2$，$h'_{kj} = \sum_t u_t v_{kt} v_{jt}$，则可完全可以采用前文类似的求解方式。这表明，在考虑"近大远小"原则的情况下，综合最优拟合模型与综合次优拟合模型的求解方法都可以套用。

10.6 综合最优预测模型

10.6.1 综合最优预测模型的提出

前面得到的综合最优/次优拟合模型的优化目标是：对于所选择的若干个单一预测模型，

寻找一组权重,使得综合模型的拟合误差尽可能小。但是,我们知道,拟合与预测是不同的概念,一个预测模型,其拟合效果好,并不等于其预测效果必然就好。综合模型同样也是如此,一组权重的组合所形成的综合模型的拟合效果好,并不等于其预测效果必然就好。正因为如此,前面所形成的综合模型被命名为"综合最优拟合模型"和"综合次优拟合模型",醒目地体现出它们的优化目标是追求"拟合"效果的最优和次优。

那么,我们必然要问,对于所选择的若干个单一预测模型,是否有可能寻找一组权重的组合,使得其预测效果尽可能好呢?

我们注意到如下事实:

(1)为了做好预测,首先要立足于对历史规律的把握。前面的"综合最优拟合模型"恰好是最好地把握了历史规律的综合预测模型。类似地,如果另外一些综合预测模型能够达到比较好的拟合效果(非最优拟合),则也表明其在很大程度上已经把握住了历史规律,我们可称其为"综合较优拟合模型"。如果某个预测模型,其对历史数据的拟合效果很差,则表明它没有把握历史规律,因此就无法用于预测。

(2)由于物理量发展变化规律的波动性和随机性,未来的变化趋势可能在一定程度上遵循历史规律,但并不是完全按照历史规律来发展。因此,那个最好地把握了历史规律的"综合最优拟合模型",和那些比较好地把握了历史规律的"综合较优拟合模型",都有可能在某种程度上得到较佳的预测效果。

由上述分析可见,鉴于未来变化趋势的随机性,单独使用"综合最优拟合模型",或者单独使用任何一个"综合较优拟合模型",都有可能失之偏颇。而在某种程度上将"综合最优拟合模型"和"综合较优拟合模型"重新进行组合,充分挖掘各自的优势,就有可能在概率意义上得到最优的预测效果。这就提出了"综合最优预测模型"。

10.6.2 综合最优预测模型的形成

由上述的分析可知,综合最优预测模型的确定,可归结为求取一组最优和较优的综合预测模型的数学期望。因此可以将整个问题看作一个多方案比较、概率寻优的问题。

为了清晰地表示这个过程,引入如下的定义:

(1)预测模型的组合概率。在综合预测模型的定义中,对 q 种单一预测模型,引入了一组权重 $w_k(k=1, 2, \cdots, q)$。称这组权重为各个单一预测模型的组合概率。

显然,根据这个定义,纯粹从拟合的角度看,若第 k 种预测模型的拟合方差较小,则说明该方法的拟合程度较高,其可信度也应该较大。但是,当我们同时考虑"综合最优拟合模型"和"综合较优拟合模型"后,则希望在它们之间有一种折中,于是,产生了如下定义。

(2)综合最优预测模型。综合最优拟合模型和一组综合较优拟合模型的组合概率的数学期望,形成了一组新的组合概率,称为统计意义上的最优组合概率,由此形成的综合预测模型称为综合最优预测模型。

假定选取了 p 个综合预测模型,其中包括综合最优拟合模型和 $p-1$ 个综合较优拟合模型。每个综合预测模型均对应 q 种单一预测模型。假定第 j 个($j=1, 2, \cdots, p$)综合预测模型所对应的 q 种单一预测模型的组合概率为:$w_1^{(j)}, w_2^{(j)}, \cdots, w_q^{(j)}$。我们为每个综合预测模型引入权重系数 $\delta^{(j)}$,则形成表 10-1。

表 10-1 综合最优预测模型的形成

综合预测模型序号	综合预测模型权重系数	该综合预测模型所对应的 q 种单一预测模型的组合概率	满足的条件
1	$\delta^{(1)}$	$w_1^{(1)}$，$w_2^{(1)}$，$\cdots$，$w_q^{(1)}$	$\sum\limits_{k=1}^{q} w_k^{(1)} = 1$
2	$\delta^{(2)}$	$w_1^{(2)}$，$w_2^{(2)}$，$\cdots$，$w_q^{(2)}$	$\sum\limits_{k=1}^{q} w_k^{(2)} = 1$
$\cdots$	$\cdots$	$\cdots$	
j	$\delta^{(j)}$	$w_1^{(j)}$，$w_2^{(j)}$，$\cdots$，$w_q^{(j)}$	$\sum\limits_{k=1}^{q} w_k^{(j)} = 1$
$\cdots$	$\cdots$	$\cdots$	
p	$\delta^{(p)}$	$w_1^{(p)}$，$w_2^{(p)}$，$\cdots$，$w_q^{(p)}$	$\sum\limits_{k=1}^{q} w_k^{(p)} = 1$
0（表示综合最优预测模型）	$\sum\limits_{j=1}^{p} \delta^{(j)} = 1$	$w_1^{(0)}$，$w_2^{(0)}$，$\cdots$，$w_q^{(0)}$	$\sum\limits_{k=1}^{q} w_k^{(0)} = 1$

表 10-1 中，最后一行即形成了综合最优预测模型，其组合概率系数为 $w_1^{(0)}$，$w_2^{(0)}$，$\cdots$，$w_q^{(0)}$，其中

$$w_k^{(0)} = \sum_{j=1}^{p} \delta^{(j)} w_k^{(j)} \tag{10-40}$$

显然，$w_1^{(0)}$，$w_2^{(0)}$，$\cdots$，$w_q^{(0)}$ 要作为组合概率系数，我们必须验证 $\sum\limits_{k=1}^{q} w_k^{(0)} = 1$ 是否成立，答案是肯定的，简单推导如下

$$\sum_{k=1}^{q} w_k^{(0)} = \sum_{k=1}^{q} \sum_{j=1}^{p} \delta^{(j)} w_k^{(j)} = \sum_{j=1}^{p} \sum_{k=1}^{q} \delta^{(j)} w_k^{(j)} = \sum_{j=1}^{p} \delta^{(j)} \sum_{k=1}^{q} w_k^{(j)} = \sum_{j=1}^{p} \delta^{(j)} \cdot 1 = 1$$

因此，综合最优预测模型可表示为

$$y = \sum_{k=1}^{q} w_k^{(0)} \cdot f_k(\boldsymbol{S}_k, \boldsymbol{X}_k, t) = \sum_{k=1}^{q} \left(\sum_{j=1}^{p} \delta^{(j)} w_k^{(j)} \right) \cdot f_k(\boldsymbol{S}_k, \boldsymbol{X}_k, t) \tag{10-41}$$

综合最优预测模型表示了综合最优拟合模型和一组综合较优拟合模型的再次综合，$\delta^{(j)}$ 为综合预测模型 j 的加权系数，反映了综合模型 j 对历史数据的拟合程度和可能的预测效果。

这里可以进一步认识"组合概率"的含义。一般情况下，若第 k 种单一预测模型的拟合方差较小，则说明该方法的拟合程度较高，其组合概率也应该较大。更进一步，如果存在一种模型，自身的拟合精度不算最高，但与其他若干模型组合后的拟合精度较高，则这种模型的组合概率也有可能较大，甚至会大于某些自身拟合精度高的模型。在这种情况下，更能体现出"组合"概率的含义。

10.6.3 综合最优预测模型的求解

综合最优预测模型的求解，主要是寻找若干组的权重组合，应该说，采用遗传算法进行寻优是很直观的。每一组模型组合概率对应一个方案，针对这组模型组合概率立即可以求得

综合预测模型的预测结果，从而与原始序列比较得到目标函数拟合方差，并构造适应度函数求出适应度；依据各方案的适应度在方案之间进行选择、杂交、变异等繁殖操作，从而产生新的方案；通过逐代的繁殖，产生一组最优和较优拟合模型的组合概率，其数学期望即为最优预测模型组合概率，从而得到了综合最优预测模型。

需要注意遗传过程中所有个体的可行性。在此问题中，一组可行的模型组合概率应满足两个条件：

（1）区间约束：各权重均为［0，1］区间的实数。

（2）加和性约束：各权重之和为1。

区间约束可以在遗传过程中直接处理，加和性约束不能直接满足，可以在产生新个体后作归一化处理。

由此设计求解过程如下（这里仍考虑"近大远小"原则）：

（1）给定参数：迭代收敛指标，群体规模 m，杂交率 p_c，变异率 p_m 和其他控制参数。

（2）编码：以各种预测模型的模型组合概率为控制变量进行个体编码。

（3）形成初始解群：按编码规则随机产生 m 个可行的个体，形成初始解群 S。

（4）群体评价：解群 S 中每个个体的评价包括以下步骤：

1）对个体解码，得到其对应的模型组合概率；

2）计算在该模型组合概率下的综合预测模型及其预测结果；

3）将综合预测结果与原始序列进行比较，得到目标函数拟合方差；

4）计算个体的适应度，本书取适应度为目标函数的倒数。

（5）选择：用转轮法或竞争法在群体 S 中进行个体的选择，形成繁殖库。

（6）繁殖操作：以繁殖库中的个体作为父代，进行杂交、变异等操作，产生的所有新个体形成新一代群体 S；判断所有新个体的可行性，并将不可行的新个体处理为可行。

（7）群体评价：对新一代群体进行评价，步骤同（4）。

（8）判断是否满足收敛指标：若是，去（9）；否则去（5）循环迭代。

为了保证群体 S 的拟合精度的整体可靠性，采用的收敛指标定义为：如果群体 S 的目标函数均值与最优拟合模型组合概率条件下的目标函数的相对误差达到了预定的精度指标，则认为满足了收敛指标。

（9）迭代结束：将当前群体 S 中适合度最大的个体进行解码，即得到最优的模型组合概率，同时得到了多个较优的模型组合概率。

（10）生成综合最优预测模型：由若干最优和较优的模型组合概率可直接得到一组综合最优和较优拟合模型，这一组综合模型预测结果的加权均值就构成了最终的预测结果。

10.7 综合预测模型的进一步分析

10.7.1 综合预测模型与单一预测模型的比较

拟合精度和预测精度是衡量模型优劣的两个重要指标。拟合精度主要由拟合方差的大小反映，而预测精度则由预测值与实际值的相对误差体现。有些单一预测模型的拟合方差较小，但其预测精度较低；有些单一预测模型的预测精度高，但拟合方差可能较大。与此相比，特别是就整体而言，综合预测模型的拟合方差和预测相对误差总体上一般优于单一模型。说明，与单一预测模型相比较，综合预测模型能更好地体现预测量的发展变化规律。

每一种单一预测模型都要受到某种假设条件的限制（如线性模型的假设条件是：预测量满足线性发展规律），有时候偏离实际情况，因此可能导致预测结果与实际值相差较远。而综合预测模型则是在这些模型预测的基础上，对各个单一预测模型重新进行组合，充分挖掘各个单一预测模型的信息，可以得到更好的预测效果。

综合预测模型在保证预测精度方面具有优势。由于单一预测模型的拟合精度不等于预测精度，这就使得选择何种单一预测模型来进行预测缺乏依据。而且，各个单一预测模型的预测结果可能相差较远，模型的选择尤为重要。而综合预测模型是各个单一预测模型的总体优化组合，其拟合精度较高，预测精度较稳定。

10.7.2 综合最优预测模型与综合最优拟合模型的比较

综合最优预测模型与综合最优拟合模型的寻优目标不同，综合最优拟合模型追求综合预测模型对历史数据的最优拟合；综合最优预测模型是在对历史数据进行较优拟合的前提下，追求综合预测效果的最佳。

综合预测模型的预测结果具有随机性，综合最优拟合模型也不例外。而且在某种意义上可以说，综合最优拟合模型受到随机因素的影响更大。而综合最优预测结果是多个最优或次优拟合模型的预测结果的平均值，其预测结果的平均值接近于预测期望值，而实际真值出现在此期望值附近的概率最大。因此，综合最优预测结果更有可能接近实际值。

因此，需要强调的是：拟合最优不等于预测最优，真正的最优预测结果较大概率地由综合较优拟合模型的数学期望得到。

10.7.3 各种综合预测模型的应用实例

延续第 6 章的实例，搜集 1998～2005 年山西省全社会用电量数据，利用 1998～2004 年数据，采用多种模型对 2005 年山西省全社会用电量进行预测。选择其中指数模型 1、抛物线模型、灰色系统法这三个单一预测模型完成综合预测。为了便于查阅，重列这三个单一模型的预测结果如表 10-2 所示。

表 10-2 三个单一模型的预测结果

年 份	历史数据	指数模型 1	抛物线模型	灰色系统法
1998	437.85	406.65	436.92	437.85
1999	456.46	456.59	459.45	442.21
2000	502.09	512.67	499.40	500.73
2001	557.58	575.62	556.75	566.99
2002	628.82	646.31	631.52	642.01
2003	725.20	725.68	723.69	726.97
2004	833.01	814.80	833.28	823.16
2005	946.33	914.86	960.28	932.09

下面分别采用本章所提到的 4 种综合预测模型，对这三个单一模型的预测结果作出分析和优化计算，得到综合预测模型中各个单一预测方法的权重如表 10-3 所示。

表 10-3 　　　　　　　　　所建立的 4 种综合预测模型中各单一预测方法的权重

综合模型类别	等权重	方差分析	最优拟合	最优预测
指数模型 1	0.333333	0.012589	0	0.050751
抛物线模型	0.333333	0.941963	0.930039	0.851273
灰色系统法	0.333333	0.045448	0.069961	0.097974

表 10-4 　　　　　　　　　　所建立的 4 种综合预测模型的预测结果

综合模型类别	等权重	方差分析	最优拟合	最优预测
1998	427.14	436.58	436.98	435.47
1999	452.75	458.63	458.25	457.62
2000	504.26	499.62	499.49	500.2
2001	566.45	557.46	557.47	558.71
2002	639.95	632.18	632.25	633.3
2003	725.45	723.87	723.92	724.12
2004	823.75	832.59	832.57	831.35
2005	935.74	958.42	958.31	955.21

由此，可以将 4 种综合预测模型的预测效果与三个单一模型的预测结果作出对比，如表 10-5 所示。

表 10-5 　　　　　　　　　单一预测方法和综合预测模型的误差对比

	模型类别	单 一 模 型			综 合 模 型			
		指数模型 1	抛物线模型	灰色系统法	等权重	方差分析	最优拟合	最优预测
拟合部分	1998	−7.13	−0.21	0.00	−2.45	−0.29	−0.20	−0.54
	1999	0.03	0.66	−3.12	−0.81	0.48	0.39	0.25
	2000	2.11	−0.54	−0.27	0.43	−0.49	−0.52	−0.38
	2001	3.24	−0.15	1.69	1.59	−0.02	−0.02	0.20
	2002	2.78	0.43	2.10	1.77	0.53	0.54	0.71
	2003	0.07	−0.21	0.24	0.03	−0.18	−0.18	−0.15
	2004	−2.19	0.03	−1.18	−1.11	−0.05	−0.05	−0.20
预测部分	2005	−3.33	1.47	−1.50	−1.12	1.28	1.27	0.94
拟合误差平方和		$7.82×10^{-3}$	$1.01×10^{-4}$	$1.85×10^{-3}$	$1.37×10^{-3}$	$8.74×10^{-5}$	$7.93×10^{-5}$	$1.11×10^{-4}$

可以从如下几个角度对这个预测结果进行分析：

（1）单一方法与综合模型的对比。从拟合效果角度看，综合模型结合了各个单一方法的优点，其拟合效果优于单一方法的可能性较大。特别是"最优拟合"是严格意义上的拟合误差平方和最小化，因此它的拟合效果必然优于各个单一方法。

从预测效果角度看，综合模型以各个单一方法的预测结果为基础进行加工，其预测效果优于单一方法的可能性较大，这在本例中得到了体现：4 种综合预测模型的预测结果无一例外地都优于各个单一方法。当然，这个结论不是绝对成立的。

（2）4 种综合预测模型之间的对比。从拟合效果角度看，"最优拟合"是严格意义上的拟合误差平方和最小化，因此它的拟合效果必然优于其他综合模型；"方差分析"属于"最优拟合"的一种简化和近似，其拟合效果略逊于"最优拟合"；"最优预测"试图通过多个

"次优拟合"的再次组合达到预测效果最佳的目标，因此并不是严格追求拟合误差平方和最小化，因此其拟合效果不是最好的。

从预测效果角度看，"最优预测"放弃了单纯的"拟合误差平方和最小化"目标，而是定位于"预测效果最佳"，这在本例中得到了验证；"最优拟合"尽管其拟合误差平方和确实达到了最小化，但其预测效果比不上"最优预测"。

10.8 预测决策与模型筛选

10.8.1 预测决策的概念及其研究意义

预测模型的多样性一直是负荷预测中特别强调的一个问题。然而，对于多种预测模型，如何在舍弃效果较差的模型的同时选择出比较有效的模型，从而获得更加准确的预测结果，始终是一个难点。综合模型的提出，在一定程度上解决了这一问题。综合模型采用优化技术将不同模型的结果加以组合，从而产生了综合最优拟合、综合最优预测模型等等。在综合模型中，每种方法被赋予权重，权重在区间 $[0，1]$ 中取值。综合模型的本质是以权重体现每种单一方法在最终预测结果中的比重。很自然地，我们产生了这样的想法，既然某些单一方法在预测中精度差（在综合模型中权重必然小），我们能不能先行将其去除，使它们不参与综合模型过程？这就形成了预测决策的基本思想。

预测决策可以抽象概括为：假定针对物理量 Y 进行预测，采样的历史值序列为 $Y=[y_1，y_2，\cdots，y_n]$，这里 n 为采样点数。现在使用 q 种预测模型对其未来的发展规律进行预测，显然各个模型的预测精度可能会有较大的差别。我们的目标是，在 q 种预测模型中选择预测精度较为显著的若干种（记为 q'，这里 $q'<q$）作为可信预测结果，而其余的 $q-q'$ 种预测模型则被放弃。最后，以这 q' 种预测模型组成综合预测模型作为最终预测结果。我们把这一过程称为预测决策。

这里主要以中长期负荷预测为例来阐述预测决策的算法。其原理亦可应用于短期负荷预测等。

10.8.2 预测决策的算法

预测决策算法可以概括如下：①利用决策理论中的 Odds-matrix 法，对于单一的预测模型的有效性进行定量分析，引入权重概率分布函数来描述各个方法的优劣性；②估计分布函数的数学期望，筛选出符合特定地区、特定时期负荷特点的预测方法；③利用前文的综合预测模型对已筛选出的方法进行优化组合，通过这种思路可以得到高精度的预测结果。

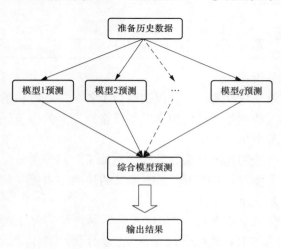

图 10-2　现有的负荷预测过程

我们知道，原来的负荷预测过程可以用图 10-2 概括表示。

当我们增加了预测决策这一环节之后，负荷预测过程可以用图 10-3 表示。

预测决策算法可以分为以下 3 个步骤：

（1）应用决策理论中的 Odds-matrix 方

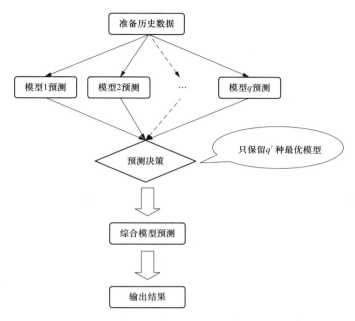

图 10-3　包含预测决策后的负荷预测过程

法评价各个单一方法，以单一方法的权重代表其优劣性。

（2）构造各个单一方法权重的概率分布函数，估计分布函数的数学期望，得到优越方法的集合。

（3）应用综合预测模型算法，对步骤 2 中得到的优越方法进行进一步优化组合，得到一个最终的预测结果。

10.8.3　Odds-matrix 法原理

Odds-matrix 法即几率矩阵法，它是属于决策理论中解决多目标优化问题的一种方法，其原理如下：

假设我们有 q 种单一预测方法，这 q 种方法实际的优劣性用权重向量 $\boldsymbol{W}$ 表示，$\boldsymbol{W}=[w_1, w_2, \cdots, w_q]^\mathrm{T}$，权重 w_k 越大，表明方法 k 越好。我们定义决策矩阵 $\boldsymbol{O}$，同时引入权重比值矩阵 $\boldsymbol{R}$

$$\boldsymbol{O} = \begin{bmatrix} O_{11} & O_{12} & \cdots & O_{1q} \\ O_{21} & O_{22} & \cdots & O_{2q} \\ \vdots & \vdots & \ddots & \vdots \\ O_{q1} & O_{q2} & \cdots & O_{qq} \end{bmatrix} \tag{10-42}$$

$$\boldsymbol{R} = \begin{bmatrix} \dfrac{w_1}{w_1} & \dfrac{w_1}{w_2} & \cdots & \dfrac{w_1}{w_q} \\ \dfrac{w_2}{w_1} & \dfrac{w_2}{w_2} & \cdots & \dfrac{w_2}{w_q} \\ \vdots & \vdots & \ddots & \vdots \\ \dfrac{w_q}{w_1} & \dfrac{w_q}{w_2} & \cdots & \dfrac{w_q}{w_q} \end{bmatrix} \tag{10-43}$$

令

$$O \approx R \tag{10-44}$$

则

$$O_{kj} \approx w_k / w_j, k, j \in \{1, 2, \cdots, q\} \tag{10-45}$$

决策矩阵 O 中每一个元素 O_{kj} 可以看作方法 k 优于方法 j 的几率，k, $j \in \{1, 2, \cdots, q\}$。这里 O 的每一个元素都是正数，而且 $O_{kk} = 1$。

如果决策人对 O_{kj} 的估计一致，则有

$$O_{kj} = 1 / O_{jk}, \quad k, j \in \{1, 2, \cdots, q\} \tag{10-46}$$

$$O_{kj} = O_{ki} O_{ij}, \quad k, j, i \in \{1, 2, \cdots, q\} \tag{10-47}$$

根据几率的概念（即随机事件发生的概率与其不发生的概率的比率），我们可以这样估计矩阵 O。

（1）令 π_{kj} 表示在下一次实际预测中方法 k 优于方法 j 的概率。

（2）用比例 π_{kj} / π_{jk} 代表模型 k 优于模型 j 的几率，即 $O_{kj} = \pi_{kj} / \pi_{jk}$。

当进行预测实验时，假设我们使用方法 k 和 j，分别对于历史上 n 个点作了预测。a_{kj} 代表模型 k 优于模型 j 的次数，a_{jk} 代表模型 j 优于模型 k 的次数（$a_{kj} + a_{jk} = n$）。那么比率 a_{kj} / n（即频率）代表了我们需要的概率 π_{kj}；比率 a_{jk} / n 代表了我们需要的概率 π_{jk}。在进行预测实验时，我们多次调用单一预测方法对历史负荷进行拟合或虚拟预测。历史点数越多，拟合或虚拟预测的次数越多，我们认为 π_{kj} 越可信。

10.8.4 求解权重 W 的方法

下面介绍两种方法求解权重 W。

10.8.4.1 最小二乘法

如果决策人对 O_{kj} 的估计不一致，则只有

$$O_{kj} \approx w_k / w_j \tag{10-48}$$

因此一般 $O_{kj} w_j - w_k$ 的值并不为 0，但是我们可以选择一组权重 $\{w_1, w_2, \cdots, w_q\}$ 使误差的平方和为最小，即

$$\min z = \sum_{k=1}^{q} \sum_{j=1}^{q} (O_{kj} w_j - w_k)^2 \tag{10-49}$$

式（10-49）中的权 $\{w_1, w_2, \cdots, w_q\}$ 受约束于

$$\sum_{k=1}^{q} w_k = 1 \tag{10-50}$$

$$w_k > 0, k = 1, 2, \cdots, q \tag{10-51}$$

这是一个典型的二次规划问题，可以应用标准算法求解。

10.8.4.2 特征向量法

分析矩阵 $\begin{bmatrix} \dfrac{w_1}{w_1} & \dfrac{w_1}{w_2} & \cdots & \dfrac{w_1}{w_q} \\ \dfrac{w_2}{w_1} & \dfrac{w_2}{w_2} & \cdots & \dfrac{w_2}{w_q} \\ \vdots & \vdots & \ddots & \vdots \\ \dfrac{w_q}{w_1} & \dfrac{w_q}{w_2} & \cdots & \dfrac{w_q}{w_q} \end{bmatrix}$，它只有一个线性无关的行（列），可知其秩是 1；又由

于它的对角元素均为 1，因此该矩阵的迹（即对角元素之和）是 q。那么它只有一个非 0 的特征值，这个特征值一定是 q。

由式（10-42）～式（10-44）可知

$$OW \approx \begin{bmatrix} \dfrac{w_1}{w_1} & \dfrac{w_1}{w_2} & \cdots & \dfrac{w_1}{w_q} \\ \dfrac{w_2}{w_1} & \dfrac{w_2}{w_2} & \cdots & \dfrac{w_2}{w_q} \\ \vdots & \vdots & \ddots & \vdots \\ \dfrac{w_q}{w_1} & \dfrac{w_q}{w_2} & \cdots & \dfrac{w_q}{w_q} \end{bmatrix} \begin{bmatrix} w_1 \\ w_2 \\ \vdots \\ w_q \end{bmatrix} = q \begin{bmatrix} w_1 \\ w_2 \\ \vdots \\ w_q \end{bmatrix} \tag{10-52}$$

因此有

$$(O - qE)W \approx 0 \tag{10-53}$$

式中，E 是单位矩阵。如果 O 估计准确，上式严格等于 0，则齐次方程组对于未知 W 只有平凡解。如果 O 的估计不能准确到使上式等于 0，则矩阵 O 有这样的性质：它的元素的小的摄动意味着特征值的小的摄动，从而有

$$OW = \lambda_1 W \tag{10-54}$$

式中，λ_1 是矩阵 O 的主特征值。可以使用"幂法"求得 λ_1 及与其相应的主特征向量，将主特征向量归一化即为权重 W。

幂法是一种计算实矩阵主特征值和相应的特征向量的一种迭代法。假设矩阵 $A \in R^{n \times n}$ 的 n 个特征值满足

$$|\lambda_1| \geqslant |\lambda_2| \geqslant \cdots \geqslant |\lambda_n| \geqslant 0 \tag{10-55}$$

并且有对应的 n 个线性无关的特征向量 x_1，x_2，$\cdots$，x_n。其中，模最大的特征值 λ_1 称为主特征值，对应的特征向量 x_1 称为主特征向量。

幂法的基本思想是，对于给定的非 0 实向量 $v_0 \in R^n$，用矩阵 A 对 v_0 连续左乘，构造迭代过程

$$v_k = A v_{k-1} = A^k v_0, k = 1, 2, \cdots \tag{10-56}$$

按特征向量的假设条件，v_0 可表示为 $v_0 = \sum_{i=1}^{n} \alpha_i x_i$，从而

$$v_k = A^k \sum_{i=1}^{n} \alpha_i x_i = \sum_{i=1}^{n} \alpha_i \lambda_i^k x_i = \lambda_1^k \left[\alpha_1 x_1 + \sum_{i=2}^{n} \alpha_i \left(\frac{\lambda_i}{\lambda_1} \right)^k x_i \right] \tag{10-57}$$

若记 $(x_i)_l$ 为 x_i 的第 l 个分量，则有

$$\frac{(v_{k+1})_l}{(v_k)_l} = \lambda_1 \frac{\alpha_1 (x_1)_l + \sum_{i=2}^{n} \alpha_i \left(\frac{\lambda_i}{\lambda_1} \right)^{k+1} (x_i)_l}{\alpha_1 (x_1)_l + \sum_{i=2}^{n} \alpha_i \left(\frac{\lambda_i}{\lambda_1} \right)^{k} (x_i)_l} \tag{10-58}$$

如果 $\alpha_1 \neq 0$ 以及 $(x_1)_l \neq 0$，那么由前面条件可知，当 k 充分大时有

$$v_k \approx \lambda_1^k \alpha_1 x_1, \frac{(v_{k+1})_l}{(v_k)_l} \approx \lambda_1 \tag{10-59}$$

因为特征向量可以相差任意非 0 常数倍，故式（10-59）的第一式表明，当 k 充分大时

$\boldsymbol{v}_k$ 近似于主特征向量。式（10-59）的第二式表明，当 k 充分大时，相邻两次迭代中向量 $\boldsymbol{v}_{k+1}$ 与 $\boldsymbol{v}_k$ 的对应非 0 分量的比值近似于主特征值。在实际的过程中，还必须每步对迭代向量进行归一化处理。为此，在向量空间中引入"取模最大分量"的函数 max，对于 $\boldsymbol{Z}=(z_1, z_2, \cdots, z_n)^{\mathrm{T}} \in \boldsymbol{R}^n$，定义

$$\max(\boldsymbol{Z}) = z_i, \ |z_i| = \|\boldsymbol{Z}\|_{\infty} \tag{10-60}$$

以上简单介绍了幂法的原理，具体计算矩阵 $\boldsymbol{O}_{q \times q}$ 的主特征值和特征向量的算法如下：

给定非 0 初始向量 $\boldsymbol{u}_0 \in \boldsymbol{R}^n$，这里取 $\boldsymbol{u}_0 = \left(\dfrac{1}{q}, \dfrac{1}{q}, \cdots, \dfrac{1}{q}\right)^{\mathrm{T}}$。

迭代过程：对于 $k=1, 2, \cdots$

(1) $\boldsymbol{v}_k = \boldsymbol{O}\boldsymbol{u}_{k-1}$；

(2) $m_k = \max(\boldsymbol{v}_k)$；

(3) $\boldsymbol{u}_k = \boldsymbol{v}_k / m_k$；

(4) 当 $\|\boldsymbol{u}_k - \boldsymbol{u}_{k-1}\|_{\infty} < \varepsilon$ 时中止；

(5) 输出 m_k 及 $\boldsymbol{u}_k$。

可以证明：

$$\left.\begin{aligned} \lim_{k \to \infty} \boldsymbol{u}_k &= \boldsymbol{x}_1 / \max(\boldsymbol{x}_1) \\ \lim_{k \to \infty} m_k &= \lambda_1 \end{aligned}\right\} \tag{10-61}$$

10.8.5 权重分布与模型筛选

根据上一节的分析，我们可以得到各个单一方法的权重向量 $\boldsymbol{W} = \{w_1, w_2, \cdots, w_q\}$。因为 $w_i \in [0, 1]$，所以我们将区间 $[0, 1]$ 分割成 K 等份$\left(\text{每个区间的宽度是} \dfrac{1}{K}\right)$，统计各个方法的权重在每个等分区间中取值的频数再除以方法总数 q，即得到权重在区间 $[0, 1]$ 上的近似分布概率，$\boldsymbol{p} = \{p_1, \cdots, p_K\}$。这里 $p(x_1) = p_1, \cdots, p(x_K) = p_K$，$\{x_1, \cdots, x_K\}$ 可以看作是每个等分区间的起止值的均值

$$\left.\begin{aligned} \left[0, \frac{1}{K}\right] &\to x_1 = \frac{0 + \frac{1}{K}}{2} = \frac{1}{2K} \\ \left[\frac{1}{K}, \frac{2}{K}\right] &\to x_2 = \frac{\frac{1}{K} + \frac{2}{K}}{2} = \frac{3}{2K} \\ &\cdots \\ \left[\frac{K-1}{K}, 1\right] &\to x_K = \frac{\frac{K-1}{K} + 1}{2} = \frac{2K-1}{2K} \end{aligned}\right\} \tag{10-62}$$

则权重的数学期望是

$$EV = p_1 x_1 + p_2 x_2 + \cdots + p_K x_K \tag{10-63}$$

我们也可以利用另一种思路来求得权重的数学期望，我们假设权重近似服从 β 分布，参数是 (a, b)，即 $p(x) = \begin{cases} \dfrac{\Gamma(a+b)}{\Gamma(a)\,\Gamma(b)} x^{a-1}(1-x)^{b-1}, & 0 < x < 1. \\ 0, & \text{其他} \end{cases}$ 应用概率论与数理统计中极大似然估计法，估计参数 (a, b)，则

$$EV = \frac{a}{a+b} \tag{10-64}$$

我们选择权重概率在 EV 之上的 q'（$q'<q$）种方法，作为优越预测方法集合。

更简单的方法是，我们可以指定一个域值 $\hat{w}$，选取 $w_k \geqslant \hat{w}$，$w_k \in \boldsymbol{W}$ 的 q' 种方法，作为优越方法集合。

应用综合预测模型算法，对于筛选出来的 q' 种模型进行优化组合，得到最终的预测结果。

10.8.6 预测决策算例

这里使用某地区实际的 1997~2001 年度全社会用电量，预测 2002 年全社会用电量（同时拟合 1997~2001 年的全社会用电量）。已有的单一预测模型集合如表 10-6 所示。

表 10-6　　　　　　　　　　　单一预测模型集合

模型 ID	1	2	3	4	5	6	7	8	9	10
单一预测模型	线性模型	指数模型 1	指数模型 2	对数模型	双曲线模型 1	双曲线模型 2	幂函数模型	扩展 S 型曲线	扩展 Gompertz 曲线	扩展反正切曲线
模型 ID	11	12	13	14	15	16	17	18	19	20
单一预测模型	S 型曲线模型	Gompertz 曲线	抛物线模型	3 次曲线模型	人工神经网络方法	动平均法	指数平滑法	灰色系统法	增长速度法	马尔科夫法

在上述单一预测模型中，有一些模型的精度可能并不理想，但是预测决策算法会自动把不理想的模型剔除掉，从而筛选出精度高的模型参与综合预测，这也正体现了预测决策的意义。

首先，不进行预测决策，20 种单一预测模型全部参与综合预测模型。预测结果由表 10-7 列出，这里指出：1997~2001 年的误差是拟合误差，而 2002 年的误差是预测误差。

表 10-7　　　　　　　20 种单一预测模型所形成的综合预测模型的结果

年份	全社会用电量（MWh）	综合模型结果（MWh）	相对误差	年份	全社会用电量（MWh）	综合模型结果（MWh）	相对误差
1997	7740414	7594010.08	−0.0189	2000	9438795	9496878.23	0.0062
1998	7854538	7987549.05	0.0169	2001	10784438	10503559.73	−0.0260
1999	8474820	8644610.90	0.0200	2002	12370167	11928697.66	−0.0357

其次，引入预测决策进行分析。我们使用的单一预测模型的总数 $q=20$，根据每个单一预测模型的原始误差，生成决策矩阵 $\boldsymbol{O}_{20\times20}$，并使用幂法求解 $\boldsymbol{O}_{20\times20}$ 的主特征值，得到主特征值为 23.127。由此计算单位特征向量，即 20 种单一预测模型的权重如表 10-8 所示。

表 10-8　　　　　　　　　　20 种单一预测模型的权重

模型 ID	1	2	3	4	5	6	7	8	9	10
单一预测模型的权重	0.03646404	0.02736582	0.00932304	0.02294786	0.00770158	0.00936089	0.02660728	0.09355576	0.04891016	0.02029493
模型 ID	11	12	13	14	15	16	17	18	19	20
单一预测模型的权重	0.01636759	0.01428479	0.17759278	0.18530641	0.02714793	0.05703845	0.07314086	0.09161867	0.04612093	0.00885023

把区间 $[0，1]$ 等分割成 $K＝10$ 份，则 $EV＝0.15×(2/20)＋0.05×(18/20)＝0.06$，选择权重大于 0.06 的单一预测模型，依次为：3 次曲线模型（ID＝14）、抛物线模型（ID＝13）、扩展 S 型曲线（ID＝8）、灰色系统法（ID＝18）、指数平滑法（ID＝17）。

这 5 种单一预测模型就是在预测决策之后入选的模型。使用以上 5 种单一预测模型形成综合最优预测模型，预测结果由表 10-9 列出。

表 10-9　　　　　　　　　　预测决策后综合最优预测模型的结果

年份	全社会用电量（MWh）	综合模型结果（MWh）	相对误差	年份	全社会用电量（MWh）	综合模型结果（MWh）	相对误差
1997	7740414	7725966.94	−0.0019	2000	9438795	9432960.51	−0.0006
1998	7854538	7872662.20	0.0023	2001	10784438	10765813.20	−0.0017
1999	8474820	8462461.31	−0.0015	2002	12370167	12384650.43	0.0012

同时列出这 5 种方法在综合最优预测模型中的权重，见表 10-10。

表 10-10　　　　　预测决策筛选的 5 种模型在综合最优预测模型中的权重

模　型　ID	权　　重	单一模型预测值（MWh）
8	0.0566	12721164.37
13	0.1093	12563658
14	0.4708	12389372
17	0.3252	12201900.50
18	0.0381	12872711.94
2002 年全社会用电量加权平均值		12384650.43

可见，使用某省电力公司提供的原始数据，在 20 种基本预测模型基础上引入预测决策进行模型筛选，算例结果表明可以得到满意的预测结果。

第11章

年度预测的理论与方法

11.1 年度预测的分析

年度预测以年为预测时段，以年度用电需求指标（如年度电量、年度电力等）作为预测内容。年度预测是制订电力系统发展计划的基础，也是规划工作的重要组成部分，其目的是为合理安排电源和电网的建设进度提供宏观决策的依据，使电力建设满足国民经济增长和人民生活水平提高的需要。

除专家调查法、产值单耗法、弹性系数法、年最大负荷利用小时数等传统而简单实用的预测方法外，年度预测主要采用一些通用的外推预测方法。

根据一些研究结果，对于年度预测方法的建议如下：

（1）年度预测的历史数据以 5～10 年为宜。太多太久远的历史数据，其规律对预测几乎没有参考价值；太少的历史数据，将导致预测方法无法判断历史的发展规律。

（2）如果单独从自身规律预测的角度进行比较，由于年度预测经常具有单调性特点，我国学者邓聚龙教授所提出的灰色预测是预测效果较为稳定的方法；此外，基于各种数学曲线的回归分析模型也是值得推荐的。

（3）如果可以引入相关因素，那么，传统的弹性系数法可以作为有效的方法，因为它对国民经济发展的把握最为准确。

（4）相比较而言，年度预测由于数据序列较少，不太适合应用神经网络这样的需要大样本量训练的预测方法。

当然，除了年度预测量以外，还存在年度曲线预测的需求，包括年时序负荷曲线、年持续负荷曲线等。这方面的预测问题比较特殊，需要研究其专门的预测方法，这也是本章的重点。

11.2 时序负荷曲线的两步建模预测法

长期以来，大量论文对电量、负荷这类序列量的预测进行了详尽的研究，而对中长期负荷曲线预测的研究较少。

针对我国电力部门所积累的基础数据，这里提出一种基于用电结构分析的两步建模法进行负荷曲线的预测。该方法将预测过程分解为两步，第一步基于用电结构分析进行特征参数预测，第二步以特征参数及基准负荷曲线为依据进行曲线预测。在建模时引进了灰色系统的思想，对原始数据作了生成处理，所建立的模型物理意义明确、表达方式简洁，并针对其特点提出了有效的解法。

这里以年负荷曲线的预测为例进行说明。

11.2.1 特征参数的预测

基于用电结构分析的两步建模法的第一步是进行特征参数预测。

令 $T=12$（表示月数），设待分析年的负荷数据为 $P_t(t=1, 2, \cdots, T)$，用最大负荷 P_0

对 P_t 进行标幺化，得到年负荷曲线 d_t(t=1，2，…，T)，则有如下关系

$$P_0 = \max_{1 \leqslant t \leqslant T} P_t \tag{11-1}$$

$$d_t = P_t/P_0, t = 1, 2, \cdots, T \tag{11-2}$$

主要特征参数年平均负荷率 ρ、年最小负荷率 β 计算如下

$$\rho = \frac{1}{T} \sum_{t=1}^{T} d_t \tag{11-3}$$

$$\beta = \min_{1 \leqslant t \leqslant T} d_t \tag{11-4}$$

采用常规序列预测方法如回归分析、动平均法、指数平滑法等，显然可以预测未来的 ρ、β。这里进一步提出基于用电结构分析的预测方法。

设预测样本起始、终止年分别为 $y1$、$y2$，待预测起始、终止年分别为 $y3$、$y4$（$y3 = y2+1$）。记 ρ_y、β_y 分别为 y 年的年平均负荷率和年最小负荷率。与国民经济结构的分类相对应，设可以将用电负荷分为 N 类（例如，按产业途径可分为一、二、三产用电和居民生活用电，则 N=4），记 $E_{k,y}$ 为第 k 类用电负荷 y 年的用电量，E_y 为全社会电量，满足

$$E_y = \sum_{k=1}^{N} E_{k,y} \tag{11-5}$$

对于历史年份，即 $y1 \leqslant y \leqslant y2$ 时，$E_{k,y}$ 及 ρ_y、β_y 均已知；预测年份的 $E_{k,y}$ 可以通过电量预测得出，则相应特征参数预测方法如下：

用 E_y 对 $E_{k,y}$ 进行标幺化处理，有

$$E_{k,y}^{(p.u.)} = E_{k,y}/E_y, k = 1, 2, \cdots, N, y1 \leqslant y \leqslant y4 \tag{11-6}$$

满足

$$\sum_{k=1}^{N} E_{k,y}^{(p.u.)} = 1, y1 \leqslant y \leqslant y4 \tag{11-7}$$

可建立如下的多元线性相关模型

$$\sum_{k=1}^{N} \left[E_{k,y}^{(p.u.)} r_k^{(\rho)} \right] = \rho_y, y1 \leqslant y \leqslant y2 \tag{11-8}$$

$$\sum_{k=1}^{N} \left[E_{k,y}^{(p.u.)} r_k^{(\beta)} \right] = \beta_y, y1 \leqslant y \leqslant y2 \tag{11-9}$$

式中，$r_k^{(\rho)}$，$r_k^{(\beta)}$ 分别为第 k 类用电负荷与年平均负荷率、年最小负荷率的相关系数。当历史年份较多，即 $y2-y1+1 \geqslant N$ 时，可通过最小二乘法求出式（11-8）和式（11-9）的解，记为 $\hat{r}_k^{(\rho)}$、$\hat{r}_k^{(\beta)}$，从而未来年份的特征参数可由下式计算

$$\hat{\rho}_y = \sum_{k=1}^{N} \left[E_{k,y}^{(p.u.)} \hat{r}_k^{(\rho)} \right], y3 \leqslant y \leqslant y4 \tag{11-10}$$

$$\hat{\beta}_y = \sum_{k=1}^{N} \left[E_{k,y}^{(p.u.)} \hat{r}_k^{(\beta)} \right], y3 \leqslant y \leqslant y4 \tag{11-11}$$

11.2.2 负荷曲线的预测

该方法的第二步是基于特征参数的预测结果进行曲线预测。

首先要确定基准曲线。可以对历史上各年曲线作综合分析比较，例如进行加权综合（近期的曲线应占较大的权重），确定代表曲线。也可以选择具有典型性的某年实际曲线作为基准曲线。

下面在已知基准年曲线标幺值 $d_t^{(0)}$ $(t=1,2,\cdots,T)$ 及待预测年特征参数 ρ,β $(0<\beta<\rho<1)$ 的情况下进行该年负荷曲线的预测。假设待预测年曲线标幺值为 d_t $(t=1,2,\cdots,T)$，d_t 与 $d_t^{(0)}$ 有着相似的形状。

11.2.2.1 原始数据生成处理

为了弱化原始数据的随机性，并为建立数学模型提供中间信息，这里引进灰色系统的基本思想，首先对原始数据 $d_t^{(0)}$ 作数据生成处理：

（1）排序处理，即将 $d_t^{(0)}$ 由大到小排序后成为序列 $y_j^{(0)}$，相应地，d_t 排序后记为 y_j $(j=1,2,\cdots,T)$，排序后二序列对应的原始下标记为 h_j，则有

$$1 = y_1^{(0)} \geqslant y_2^{(0)} \geqslant \cdots \geqslant y_T^{(0)} > 0 \tag{11-12}$$

$$1 = y_1 \geqslant y_2 \geqslant \cdots \geqslant y_T = \beta > 0 \tag{11-13}$$

$$y_j^{(0)} = d_{h_j}^{(0)}, j = 1,2,\cdots,T \tag{11-14}$$

$$y_j = d_{h_j}, j = 1,2,\cdots,T \tag{11-15}$$

（2）差数处理，将 $y_j^{(0)}$、y_j 相邻两项求差值，得到

$$x_i^{(0)} = y_i^{(0)} - y_{i+1}^{(0)} \geqslant 0, i = 1,\cdots,T-1 \tag{11-16}$$

$$x_i = y_i - y_{i+1} \geqslant 0, i = 1,\cdots,T-1 \tag{11-17}$$

$$y_j^{(0)} = 1 - \sum_{i=1}^{j-1} x_i^{(0)}, j = 2,\cdots,T \tag{11-18}$$

$$y_j = 1 - \sum_{i=1}^{j-1} x_i, j = 2,\cdots,T \tag{11-19}$$

x_i 与特征参数的关系为

$$\rho = \frac{1}{T}\sum_{j=1}^{T} y_j = \frac{1}{T}\sum_{j=1}^{T}\left(1 - \sum_{i=1}^{j-1} x_i\right) = \frac{1}{T}\left(T - \sum_{j=1}^{T}\sum_{i=1}^{j-1} x_i\right) = \frac{1}{T}\left[T - \sum_{i=1}^{T-1}(T-i)x_i\right] \tag{11-20}$$

$$\beta = y_T = 1 - \sum_{i=1}^{T-1} x_i \tag{11-21}$$

11.2.2.2 数学模型

通过生成处理，问题转化为使 x_i 与 $x_i^{(0)}$ 的差别尽可能小，数学模型为

$$
\begin{aligned}
\min \quad & Z = \frac{1}{2}\sum_{i=1}^{T-1}(x_i - x_i^{(0)})^2 \\
s.t. \quad & \sum_{i=1}^{T-1}(T-i)x_i = T(1-\rho) \\
& \sum_{i=1}^{T-1} x_i = 1-\beta \\
& x_i \geqslant 0, i = 1,2,\cdots,T-1
\end{aligned}
\tag{11-22}
$$

其中，式（11-22）中的第一个约束条件由 ρ 的表达式（11-20）转化而得。

令 $\boldsymbol{X}^{(0)} = \begin{bmatrix} x_1^{(0)} \\ \vdots \\ x_{T-1}^{(0)} \end{bmatrix}$，$\boldsymbol{X} = \begin{bmatrix} x_1 \\ \vdots \\ x_{T-1} \end{bmatrix}$，$\boldsymbol{A} = \begin{bmatrix} T-1, & T-2, & \cdots, & 1 \\ 1, & 1, & \cdots, & 1, \end{bmatrix}$，$\boldsymbol{b} = \begin{bmatrix} T(1-\rho) \\ 1-\beta \end{bmatrix}$

则问题的矩阵描述为

$$\min \quad Z = \frac{1}{2}(\boldsymbol{X} - \boldsymbol{X}^{(0)})^{\mathrm{T}}(\boldsymbol{X} - \boldsymbol{X}^{(0)})$$

$$s.t. \quad \boldsymbol{AX} = \boldsymbol{b}$$

$$\boldsymbol{X} \geqslant 0$$

(11-23)

11.2.2.3 预测模型的求解

式（11-23）是一个典型的二次规划问题，通常可化为线性规划，从而用单纯形法求解，但需要引入多个松弛变量或人工变量，使问题规模变得较大。鉴于此问题有目标函数的海森阵为单位阵、等式约束为线性约束的特点，这里提出如下的简捷求解方法。

引入拉格朗日乘子 $\boldsymbol{W}^{\mathrm{T}} = [w_1, w_2, \cdots, w_{T-1}]$ 和 $\boldsymbol{V}^{\mathrm{T}} = [v_1, v_2]$，并记由 w_i $(i=1, 2, \cdots, T-1)$ 形成的对角阵为 $\boldsymbol{W}_0 = diag\{w_i\}$，令 $\boldsymbol{e}^{\mathrm{T}} = [1, 1, \cdots, 1]$，则

$$\boldsymbol{W}_0 \boldsymbol{e} = \boldsymbol{W}$$

(11-24)

建立如下拉格朗日函数

$$L(\boldsymbol{X}, \boldsymbol{W}_0, \boldsymbol{V}) = \frac{1}{2}(\boldsymbol{X} - \boldsymbol{X}^{(0)})^{\mathrm{T}}(\boldsymbol{X} - \boldsymbol{X}^{(0)}) - (\boldsymbol{W}_0 \boldsymbol{e})^{\mathrm{T}} \boldsymbol{X} - \boldsymbol{V}^{\mathrm{T}}(\boldsymbol{AX} - \boldsymbol{b})$$

(11-25)

二次规划作为凸规划的特例，K—T 条件为充分必要条件，可表述为，在最优点 $\boldsymbol{X}^{(*)}$ 处：

$$\boldsymbol{X}^{(*)} - \boldsymbol{X}^{(0)} - \boldsymbol{W}_0 \boldsymbol{e} - \boldsymbol{A}^{\mathrm{T}} \boldsymbol{V} = 0$$

(11-26)

$$\boldsymbol{AX}^{(*)} - \boldsymbol{b} = 0$$

(11-27)

$$\boldsymbol{W}_0 \boldsymbol{X}^{(*)} = 0$$

(11-28)

$$\boldsymbol{X}^{(*)} \geqslant 0$$

(11-29)

$$\boldsymbol{W}_0 \geqslant 0$$

(11-30)

在式（11-26）两端左乘 $\boldsymbol{A}$，并结合式（11-32）可得

$$\boldsymbol{V} = (\boldsymbol{A}\boldsymbol{A}^{\mathrm{T}})^{-1} \cdot [\boldsymbol{b} - \boldsymbol{A}(\boldsymbol{X}^{(0)} + \boldsymbol{W}_0 \boldsymbol{e})]$$

(11-31)

式中，$(\boldsymbol{A}\boldsymbol{A}^{\mathrm{T}})^{-1}$ 为常数矩阵。迭代求解过程如下：

(1) 置初值 $\boldsymbol{W}_0 = 0$（零矩阵），迭代次数 $q=1$，给定收敛条件 ε $(\varepsilon > 0)$。

(2) 由式（11-31）计算 $\boldsymbol{V}$。

(3) 先计算 $\boldsymbol{X}^{(*)} = \boldsymbol{X}^{(0)} + \boldsymbol{A}^{\mathrm{T}} \boldsymbol{V}$，然后判断各分量 $x_i^{(*)}$ $(i=1, 2, \cdots, T-1)$：若 $x_i^{(*)} \geqslant 0$，则置 $w_i = 0$；否则，令 $w_i = -x_i^{(*)}$，$x_i^{(*)} = 0$。由此得 $\boldsymbol{X}^{(*)}$，$\boldsymbol{W}_0$。

(4) 判断式（11-27）是否成立，可转化为判断如下收敛条件：$\|\boldsymbol{AX}^{(*)} - \boldsymbol{b}\|_2 / \|\boldsymbol{b}\|_2 < \varepsilon$？，这里 $\|\cdot\|_2$ 表示取范数。若成立，则结束迭代，得最优解；否则，置 $q=q+1$，去 (2) 继续迭代。

上述各式只含有低维矩阵及向量，计算量很小，一般在很少几次迭代之后即可收敛，得到最优解 $\boldsymbol{X}^{(*)}$ 及相应的拉格朗日乘子。

11.2.2.4 求解结果的逆生成处理

下面对求解结果作逆生成处理，即由 $\boldsymbol{X}^{(*)}$ 求 d_t，得到最终预测结果。

(1) 逆差数处理，由式（11-13）及式（11-17），得到如下的递推关系

$$y_1 = 1.0$$

(11-32)

$$y_{i+1} = y_i - x_i^{(*)}, i = 1, 2, \cdots, T-1$$

(11-33)

(2) 逆排序处理，即用序列对应的原始下标 h_j 进行恢复，由式（11-15）得

$$d_{h_j} = y_j, j = 1, 2, \cdots, T$$

(11-34)

至此，完成了由 $d_t^{(0)}$，ρ，β 对 d_t 的预测。

11.2.3 算例分析

这里主要说明负荷曲线预测算法的有效性，特征参数的预测略去。

已知东北电网 1990~1996 年间全网统调发电负荷曲线。为了说明算法的适应性，进行了逐年的滚动预测，即：首先以 1990 年负荷曲线为基准，在已知 1991 年特征参数的情况下对该年负荷曲线作预测；其次以 1991 年负荷曲线为基准，在已知 1992 年特征参数的情况下对该年负荷曲线作预测；依此类推。利用前述算法，给定收敛条件 $\varepsilon = 0.000001$，所得到的 1991~1996 年负荷曲线预测结果与相应年份的实际曲线的误差情况如表 11-1 所示，各年预测结果的统计指标如表 11-2 所示。

表 11-1　　　　　　　　各年预测负荷曲线与实际曲线的百分比相对误差

月份 年份	1	2	3	4	5	6	7	8	9	10	11	12
1991	0.759	−1.111	−2.904	−1.046	3.051	0.906	0.000	−0.370	2.356	−1.575	0.639	−0.423
1992	2.493	0.293	1.416	2.058	−1.065	−3.166	−1.489	0.856	−0.481	0.652	−1.590	0.000
1993	−0.344	−0.553	−1.583	−2.984	−2.069	−0.111	0.881	−0.000	4.282	0.858	1.734	0.000
1994	−2.443	−3.070	−1.611	0.402	0.522	2.550	0.970	0.000	−0.550	2.150	1.489	0.000
1995	−0.786	2.588	1.654	−1.808	2.431	1.695	0.831	0.000	−2.344	−0.924	−2.701	0.000
1996	0.756	−3.183	−0.784	−1.620	2.669	−0.845	0.251	−0.891	0.225	0.741	2.724	0.000

由预测结果可见，所提出的负荷曲线预测算法是很有效的，只有个别年份的绝对值最大相对误差超过 4%，其余年份均在 3% 左右；各年相对误差的平均值仅为 1.2% 左右；各年中均有 8~9 个点的相对误差在 2% 以内。尤其是算法的收敛性非常好，只有 1993 年的预测进行了 10 次迭代，其余年份均只进行了 1 次迭代。

表 11-2　　　　　　　　　　　各年预测结果的统计指标

年份	迭代次数	绝对值最大相对误差	相对误差平均值	相对误差<2%的点数
1991	1	3.050%	1.261%	9
1992	1	3.166%	1.296%	9
1993	10	4.281%	1.283%	9
1994	1	3.069%	1.313%	8
1995	1	2.701%	1.480%	8
1996	1	3.182%	1.223%	9

所得预测结果中，平均相对误差的最大值发生在 1995 年，图 11-1 对比了该年预测负荷

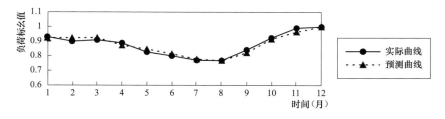

图 11-1　1995 年预测曲线与实际曲线的对比

曲线与实际曲线。由图可见，两条曲线非常接近，这充分证明了模型与算法的有效性。

11.3　负荷持续曲线的神经网络模型

11.3.1　负荷持续曲线模型的提出

电力系统中所关心的负荷曲线预测包含时序曲线和持续曲线。上一节分析了时序负荷曲线，本节分析持续负荷曲线，或者称为负荷持续曲线。

负荷持续曲线是进行电力系统规划、计划的重要工具。在负荷持续曲线下进行随机生产模拟，可以得到系统运行成本、各机组期望发电量及可靠性指标等，这为电力规划决策提供了依据。同样，负荷持续曲线在综合资源规划中的应用也很多，例如评估需求侧管理措施对负荷形状的改善程度及其产生的效益等。因此，建立合理的负荷持续曲线模型非常重要。

目前已有多种负荷持续曲线模型，其中广为使用的 WASP（维也纳自动系统规划程序包，The Wien Automatic System Planning Package）中以一个五阶多项式来拟合实际的各小时负荷数据建立 LDC（负荷持续曲线，Load Duration Curve）模型，用傅立叶级数展开法来表示 ILDC（转置负荷持续曲线，Inversed Load Duration Curve）。评估需求侧管理措施也可利用负荷持续曲线，鉴于评价需求侧管理主要是分析其削峰、填谷以及节约电量的效果，S. Rahman 等人提出了以系统峰荷（P）、基荷（B）和电量（E）这三个因素表示的负荷持续曲线模型——VPI 模型，该模型试图仅以这三个因素描述负荷持续曲线的变化。后来，他们又对此模型作了改进，将负荷持续曲线分为五段表示，各段的数学表达式与原 VPI 模型相同。

WASP 中所用的负荷持续曲线模型表达较精确，但所需数据量大，VPI 模型以 P、B、E 这三个主要因素来显式地表示负荷曲线，但该模型忽略了实际曲线形状。设想两个系统具有不同的负荷持续曲线，但 P、B、E 三个参数均相同，则用 VPI 模型得出的曲线表达式完全一样，反映不出两系统曲线形状的差异。

本节提出一种新的负荷持续曲线建模方法——人工神经网络模型。这一方法综合了上述两种模型的优点，以实际的小时负荷数据及统计性的特征参数作为建模的基础数据，共同描述负荷持续曲线；为避免输入数据量过多，对实际数据作抽样处理。由于问题的显式数学表达式难以寻找，本书采用人工神经网络来描述这一关系。应用这个模型对实际系统作负荷持续曲线预测，结果令人满意。

下面以年负荷持续曲线为例说明处理方法。

11.3.2　负荷持续曲线的模型描述

本书应用多层前馈网络——BP 网络来实现负荷持续曲线的建模。所用网络为单隐层，使用的节点特性函数为

$$g(t) = 1/(1 + e^{-t}) \tag{11-35}$$

为了避免模型的输入数据量过多，需对年负荷持续曲线进行抽样处理。本书采用纵横双向抽样方式，即在每年的负荷持续曲线上，沿负荷轴等间隔抽样 l_1 点，沿时间轴等间隔抽样 l_2 点，则每年共有 $l = l_1 + l_2$ 个数据对，即每年的数据形成 l 个样本对。

考察第 j 年。由该年的实际负荷数据形成该年的负荷持续曲线，它所对应的函数关系记为

$$P_{jt} = h(t) \tag{11-36}$$

该函数关系表示负荷持续曲线，即第 j 年中持续时间为 t 的负荷为 P_{jt}。

年电量 E_j 用下式计算

$$E_j = \sum_{t=1}^{T_j}(P_{jt} \cdot \Delta T) \tag{11-37}$$

式中，T_j 表示该年总时段数；ΔT 为每个时段所包含的小时数。

沿负荷轴等间隔抽样 l_1 点的方法如下：

设 $P_{j,\min}$，$P_{j,\max}$ 分别为该年最小负荷和最大负荷，考虑到在 $0 \leqslant P_{jt} < P_{j,\min}$ 区间内的负荷 P_{jt} 的持续时间恒为 T_j，故只对 $P_{j,\min} \sim P_{j,\max}$ 之间进行抽样，设将该区间分为 $l_1 + 1$ 个等间隔，舍弃两端点，则有

$$y_{ji} = P_{j,\min} + (P_{j,\max} - P_{j,\min}) \cdot i/(l_1 + 1), i = 1,2,\cdots,l_1 \tag{11-38}$$

$$x_{ji} = h^{-1}(y_{ji}), i = 1,2,\cdots,l_1 \tag{11-39}$$

式中，$h^{-1}(\bullet)$ 表示转置负荷持续曲线的函数关系；x_{ji} 为第 j 年第 i 个样本点的负荷持续时间；y_{ji} 为该抽样点的负荷。在式（11-39）中，若 y_{ji} 位于两个离散点之间，则 x_{ji} 可通过线性插值得到。

同样可沿时间轴等间隔抽样 l_2 点。由此，每年的数据形成 $l = l_1 + l_2$ 个样本对。

除抽样点的负荷及其持续时间以外，各样本对还须包含该年度的特征参数，例如可将 j，T_j，$P_{j,\min}$，$P_{j,\max}$，E_j 作为另外的 5 个输入参数。若共有 M 年的历史数据，则可形成 $M \times l = M \times (l_1 + l_2)$ 个样本。其中第 k 个样本为：$\boldsymbol{X}_k = [x_{k1}, x_{k2}, \cdots, x_{k6}]$，$\boldsymbol{Y}_k = [y_{k1}]$，这里输入层节点数为 $n = 6$，输出层节点数为 $m = 1$。若以负荷持续时间为自变量，负荷为因变量，第 k 个样本与第 j 年的第 i 个样本点的数据相对应，则

$$x_{k1} = j, x_{k2} = T_j, x_{k3} = P_{j,\min}, x_{k4} = P_{j,\max}, x_{k5} = E_j, x_{k6} = x_{ji} \tag{11-40}$$

$$y_{k1} = y_{ji} \tag{11-41}$$

由此形成 BP 网络的输入向量和期望输出向量，构成训练样本集，从而进行 BP 网络的训练。网络学习完毕，只需要应用训练成功的 BP 网络，以未来年份的预测电量、峰荷等作为网络的输入，进行推理即可得到预测的曲线。

11.3.3 负荷持续曲线预测

对收集到的东北电网 1986～1993 年的负荷持续曲线数据进行仿真计算。以 1986～1992 年数据作为训练样本进行学习，对 1993 年数据推理（预测），并与实际数据对比。每年沿负荷轴等间隔抽样 10 点，沿时间轴等间隔抽样 10 点，则每年形成 20 个样本对。共可形成（1992－1986＋1）×20＝140 个样本。隐层节点数取为 5。对曲线各采样点的输入输出值首先作了标幺化（无量纲化）处理，并且为了避开 S 型函数的饱和区，对训练样本的各输入输出数据分别作线性区间变换。

用 BP 算法作训练，学习过程结束后，训练与推理结果如表 11-3 所示。图 11-2 和图 11-3 分别表示了网络学习结束后训练样本的相对误差曲线和推理（预测）样本的相对误差曲线。

表 11-3　　　　　　　　　　　　　　　　BP 网络训练与推理的精度

比较项目	最大相对误差	最小相对误差	平均相对误差
训练精度	12.6885%	0.0092%	3.1991%
推理（预测）精度	4.8537%	0.0388%	2.3809%

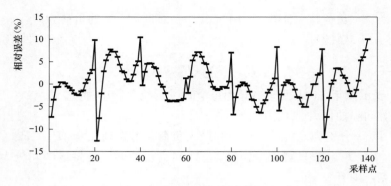

图 11-2　训练样本的相对误差曲线

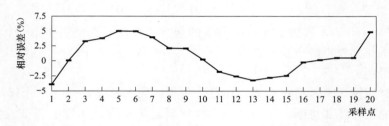

图 11-3　推理（预测）样本的相对误差曲线

　　由表 11-3 和图 11-2、图 11-3 可见，网络学习结束后，对于训练样本而言，除少数点的相对误差较大外，其余点的相对误差均控制在 5％以内，且所有 140 个训练样本的平均相对误差仅为 3.2％；推理（预测）样本的相对误差全部在 5％以内，且平均相对误差仅为2.38％。由此说明采用人工神经网络方法建立的负荷持续曲线模型是有效的。

第12章

月度预测的理论与方法

12.1 月度预测的特点分析

月度预测以月为预测时段，以月度指标（如月度电量、月度电力等）作为预测内容。月度预测是电力计划部门、用电、营销部门的重要工作，其目的是为了合理地安排电力系统的中期运行计划，降低运行成本，提高供电可靠性。

直接沿用趋势外推预测的有关方法，按照各月的历史负荷数据构成的时间序列进行预测，是一种基本思路。但是，通过分析发现，由于数据的多样性和变化规律的复杂性，月度预测有着不同于年度预测的特点。在借鉴趋势外推预测有关方法的同时，应该针对月度物理量的特殊变化规律，构造特殊的预测方法。

设以年份作为 X 轴，以月份作为 Y 轴构成时间平面，月度物理量作为 Z 轴，则月度量的整体变化规律可以用空间中分布的点表示，如图 12-1 所示。

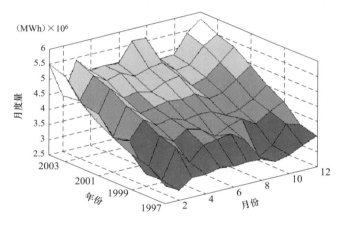

图 12-1 月度数据变化规律示例

实际上，图 12-1 体现了月度数据的空间网状的变化规律。若以 D_{tm} 表示第 t 年第 m 月的月度数据（可以是电量类数据，如月度发电量、月度用电量等；或者负荷类数据，如月度最高负荷、月度最低负荷等），则可以引入如下两种序列的定义：

（1）月度量的年度发展序列。

连接历年（假定 $t=1，2，…，n$）某特定月份（假定为第 m 月）的物理量空间分布点，就形成了月度量的纵向发展序列：$\{D_{1m}，D_{2m}，…，D_{nm}\}$。称此序列为月度量的年度发展序列。

（2）月度量的月度发展序列。

连接某特定年份（假定为第 t 年）中各月（假定 $m=1，2，…，12$）的物理量空间分布点，就形成了月度量的横向发展序列：$\{D_{t1}，D_{t2}，…，D_{t,12}\}$。称此序列为月度量的月度发展序列。

实际上，月度量的年度发展序列点之间的间隔是 1 年，体现了该月度量在国民经济发展水平不断提高的背景下的发展变化规律；而月度量的月度发展序列点之间的间隔是 1 个月，体现了该月度量由于季节不同的变化情况。

月度量的年度发展序列和月度发展序列构成了其空间网状的发展关系，各月度量处于此空间内网状纵横发展趋势的交叉点上。因此预测建模时必须兼顾纵横两种发展趋势。

12.2 现有月度预测方法的剖析

在将月度物理量的变化规律分为上述两种序列的情况下，目前所见到的月度物理量预测的方法（大都是借鉴基本的时间序列预测方法）也可大致分为两类，一类是纯粹按照月度量的年度发展序列构成的预测方法，另一类是利用月度量的月度发展序列构成的预测方法。

12.2.1 按照年度发展序列构成的预测方法

这类预测方法的基本思想是，以月度量的年度发展序列 $\{D_{1m}, D_{2m}, \cdots, D_{nm}\}$ 直接构成原始序列进行预测。一般地，该序列是单调序列，因此常用各种回归曲线进行预测，如线性回归模型、指数回归模型、抛物线回归模型等。在此基础上，也可以应用灰色预测等其他预测方法。

这类预测方法的优点非常突出，对于某月的预测，它使用历史上各年该月的数据构成原始的发展序列，因此数据的提取非常简单，预测模型的选择余地也很大，可以采用非常成熟的预测方法。

同时，这类预测方法的缺点也显而易见，那就是对最新数据的利用程度不够。例如，假定目前是 2004 年 4 月底，已经获取 1998 年 1 月～2004 年 3 月各月的电量数据，设想用这些数据对 2004 年 4 月进行预测，则利用这类预测方法，所使用的原始数据只有 1998～2003 年这 6 年中第 4 月的历史数据，而 2004 年 1～3 月这些最新的且可能对 2004 年 4 月影响最大的数据，都无法借鉴和采用。

12.2.2 按照月度发展序列构成的预测方法

利用月度量的月度发展序列构成的预测方法，实际上是利用了月度量在各年中变化规律的周期性，如图 12-2 所示。

根据利用周期性程度的不同，又可以分为两种子类型：隐含利用周期性的预测方法和直接利用周期性的预测方法。这类预测方法的优点是，充分利用了最新的月度数据，使得这些最新的变化规律对未来的预测影响明显地体现出来。

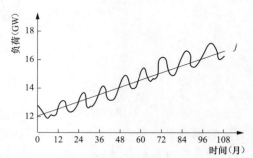

图 12-2 月度负荷数据的周期性示例

（1）隐含利用 12 月周期性的预测方法。由于月度量在各年中变化规律的周期性与短期负荷预测的特点相似，因此可以采用类似于短期负荷预测的方法，包括 ARMA 模型、人工神经网络方法等。

（2）直接利用 12 月周期性的预测方法。

这类预测方法的基本思想是，将月度量看成是一个连续变化的时间序列，则其总变动可以分解为长期趋势变动项、季节性变动项、随机扰动项。如此可以将复杂的曲线分解为几种典型模式分别进行预测，然后叠加。

对于长期趋势变动项，由于它反映了月度量随时间变化的基本趋势，可以直接用某种曲线进行拟合，例如直线、二次曲线、指数曲线等模型。对于季节性变动项，则可以分析其每个月的变化规律进行外推。

但应指出，上述的序列预测方法只适合于平稳发展的序列，对于不稳定序列或周期性序列，其预测精度较低。

12.2.3　月度预测方法的建议

根据一些研究结果，本书对月度预测方法建议如下：

（1）类似于年度预测的分析，月度预测的历史数据也以 5～10 年的各月数据的集合为宜。

（2）在按照年度发展序列构成的预测方法中，如果历史数据比较符合单调性特点，那么可以首先使用灰色预测、回归分析等方法；如果历史数据有一定的波动，则不太适合按照年度发展序列进行预测。

（3）在按照月度发展序列构成的预测方法中，根据 12 月的周期性，可以优先考虑 ARMA 模型。

（4）月度预测中，春节对 1、2 月份电量的影响非常突出，应该采取特殊的措施进行处理。

12.3　体现月度量变化特征的预测方法

12.3.1　月间相关法

从物理量变化机理的角度分析，相邻月份数据的变化往往呈现一定的连带关系。例如，假定某地区去年有一个凉爽的夏季，7、8 月份负荷正常变化；而假定今年夏季出现了罕见的高温，7 月份负荷出现了急剧增长，而高温这个气候特征不可能立即消除，很可能延续到 8 月，那么，8 月份负荷也可能呈现高速增长的态势。如果单纯使用去年及以前的数据预测今年 7、8 月，则必然出现低估今年负荷的情况；而如果能够考虑 7 月份负荷高速增长的实际情况，那么，8 月份的预测就可能比较准确。这就提出了"月间相关"的预测思想[29]。

月间相关预测模型的抽象表达式为

$$y_m = f(y_{m-1}, y_{m-2}, \cdots, y_{m-\tau}) \tag{12-1}$$

式中，y 表示待预测量；y_m 为待预测量在 m 月的取值；y_{m-1}，y_{m-2}，$\cdots$，$y_{m-\tau}$ 则为该预测量在 m 月前 1、2、$\cdots$、τ 月的取值。这里，假定总共使用 τ 个月进行相关预测。

月间相关预测的方式很多，例如基于回归分析的月间相关分析、基于神经网络的月间相关分析等。这里以基于回归分析的月间相关分析为例进行说明。

基于回归分析模型的月间相关分析方法是将待预测量的预测月作为因变量，将相关月（一般选择相邻若干月）作为自变量，通过寻找待预测量的预测月与相关月之间的相关关系，建立相应的回归方程式。根据相关月的数目的不同，可分为单月月间相关分析和多月月间相关分析方法，其算法机理分别对应于一元回归分析模型和多元回归分析模型。

与前述的回归分析模型类似，可以构造如下三类月间相关分析模型：

（1）单月月间线性相关分析；

（2）单月月间非线性相关分析；

（3）多月月间线性相关分析。

单月月间相关分析的表达式比较简单

$$y_m = f(y_{m-1}) \qquad\qquad (12\text{-}2)$$

这里的函数 $f(\cdot)$ 可以采用回归分析中任何比较合理的函数形态。

如果采用多月月间相关分析方法，则可以在 m 月前取 1、2、$\cdots$、τ 月进行预测。但是，这里的相关月份数目 τ 不能太大，一般最多取 3 月，因为相隔较远的月份之间的相关性会逐步减弱。

总之，月间相关方法克服了纯粹的趋势外推预测方法的缺点，不仅考察历年同月的预测量发展变化信息，同时也参考相邻月份的预测量变动情况，从而能作出合理的综合分析判断。

同样，采用月间相关分析方法进行预测，仍然可以考虑"近大远小"原则，只需在模型表达式中加入各时段不同的权重因子。

以上模型的具体求解方法与回归分析相同，这里不赘述。

12.3.2　总量配比法

季节的交替变化对月度量的月度发展序列影响很大，因此，季节变化的规律性决定了月度发展序列的变化也是有规律的，其具体体现是，历年的月度发展序列曲线形状相似，即标幺化曲线基本吻合。

同时，考虑到年度量的惯性要大于月度量的惯性，因此，可以根据年度量的预测结果和月度发展序列的标幺化曲线，来预测各月的月度量。由此产生了总量配比方法。其核心思想是，将年度量的预测结果作为总量，将月度发展序列的标幺化曲线作为分配比例，使得总量按照月份间的比例分配至各月，因此称为总量配比法。

该方法将预测过程分解为如下五步：

（1）历史标幺化曲线和特征参数的形成。设待分析年的月度量数据为 y_m（$m=1，2，\cdots，$ 12），以最大月度量数据 y_0 对 y_m 进行标幺化，得到月度发展序列曲线 d_m（$m=1，2，\cdots，$ 12），则可计算其特征参数：平均标幺值 ρ、最小标幺值 β。平均标幺值 ρ、最小标幺值 β 可以反映曲线的特点与形状，是月度发展序列曲线的主要特征参数，其变化基本反映了月度发展序列曲线的变化。

（2）进行月度发展序列的特征参数预测。特征参数（平均标幺值 ρ、最小标幺值 β）的预测可以采用常规序列预测方法如回归分析、动平均法、指数平滑法等，这里不再详述。

（3）月度发展序列曲线的预测。以特征参数及基准标幺化月度发展序列曲线为依据，预测曲线形状。与前文所述的年度负荷特性的预测方法相同，这里略去。

（4）年度序列预测。月度预测量所对应的年度序列的预测可以采用常规序列预测方法或年度预测的专用方法。

（5）月度发展序列曲线有名化。用年度序列预测的结果将月度发展序列曲线有名化，即得到各年份逐月的月度量。

月度电量和电力指标在算法方面有所不同。

设第 t 年的月度发展序列曲线预测结果（标幺值）为 $x_{t,m}$（$1 \leqslant m \leqslant 12$），该年的年度量

预测结果为 y_t。

月度电量属于累积量,即各月数值之和等于全年数值,因此,需要按照比例将全年数值分配到各月,相应的有名化公式为

$$y_{t,m} = y_t x_{t,m} \bigg/ \sum_{j=1}^{12} x_{t,j}, 1 \leqslant m \leqslant 12 \tag{12-3}$$

式中,$y_{t,m}$ 为第 t 年第 m 月的月度电量。

月度电力指标属于指标量,即各月数值的最大值等于全年数值,因此,各月数值直接等于全年数值与标幺化曲线的对应月份的乘积,相应的有名化公式为

$$y_{t,m} = y_t x_{t,m}, 1 \leqslant m \leqslant 12 \tag{12-4}$$

式中,$y_{t,m}$ 为第 t 年第 m 月的月度电力指标。

12.4 1 月和 2 月负荷预测的特殊问题

12.4.1 问题概述

在月度预测中,1 月和 2 月的电量预测往往误差较大,这主要是由以下两个方面的原因造成的。

(1)春节的影响。春节是我国最重视的传统节日,放假时间长,因此春节期间的电量和日负荷水平与正常日相比有明显变化,而且影响时间长。春节按阴历推算,而月份按阳历划分,因此春节所在的阳历日期每年不同,所在的月份也不定,从而严重影响了 1、2 月电量预测的准确性。

(2)闰年的影响。某年是否是闰年,对其 2 月份电量的影响较大。可以大致推算:2 月闰年 29 天,平年 28 天,设日平均电量为 E_0,二者相对误差为

$$(29E_0 - 28E_0)/28E_0 = 3.6\% \tag{12-5}$$

可见,单独一天的影响,已经导致大约 3.6% 的预测误差。因此,必须设法考虑闰年的影响。

12.4.2 移位修正方法

电量预测的移位修正方法的思路是:将每年春节的影响完全移至某个月(1 月或 2 月),对历史数据进行修正;在修正后的历史数据基础上进行正常预测;根据预测年份春节所在时间对预测结果进行反向修正。具体实现可分为以下步骤:

(1)时期划分。将 1、2 月份划分为三个时期:1 月正常时期、春节时期、2 月正常时期。春节时期指受到春节影响的时间区间,通常需要通过调查分析确定。正常时期是指未受到春节影响的时间区间。

这里考虑到 1、2 月份的经济、气候等环境背景基本相近,假设 1、2 月份中正常时期的平均日电量基本相同,春节时期的平均日电量也基本相同。这一假设从我国一些电网的日电量数据记录中可以得到验证。

设第 t 年(这里 $1 \leqslant t \leqslant n$,为历史年份),正常时期的平均日电量为 E_{t0},春节时期的平均日电量为 E_{ts}。

(2)春节时期平均日电量的异常系数的确定。第 t 年春节时期平均日电量和正常时期平均日电量的比值为

$$\delta_t = E_{ts}/E_{t0} \tag{12-6}$$

式中，δ_t 为第 t 年的春节时期平均日电量的异常系数，一般有 $0 \leqslant \delta_t \leqslant 1$。

设 D_{t1} 为 1 月春节时期天数，D_{t2} 为 2 月春节时期天数，D_t 为 2 月份总天数（平年 $D_t = 28$，闰年 $D_t = 29$），则可分别由式（12-7）计算 1、2 月份的总电量 E_{t1}、E_{t2}

$$E_{t1} = (31 - D_{t1})E_{t0} + D_{t1}\delta_t E_{t0} \tag{12-7}$$

$$E_{t2} = (D_t - D_{t2})E_{t0} + D_{t2}\delta_t E_{t0} \tag{12-8}$$

在上述二式中以 E_{t0} 和 δ_t 为未知量进行联立求解，可得到第 t 年的 δ_t 值，即得到春节时期平均日电量的异常系数历史序列 δ_1，δ_2，$\cdots$，δ_n。

不同地区 δ_t 值的变化规律可能有差异，大致可分为以下两种情况：

1）有规律可循：用序列预测方法预测未来年份的 δ_t。

2）无规律可循：取加权平均值，其权重系数依据"近大远小"原则设定；或取均值。

（3）移位修正。在保证 1、2 月份电量综合恒定的情况下，假设移位目标是 2 月份，也就是说，将春节影响全部移位到 2 月份，则需要对第 t 年 1、2 月份历史数据作出修正。修正过程可用如下公式计算

$$E'_{t1} = E_{t1} \cdot 31 / (31 - D_{t1} + \delta_t D_{t1}) \tag{12-9}$$

$$E'_{t2} = E_{t1} + E_{t2} - E'_{t1} \tag{12-10}$$

（4）常规预测。用修正后的历史数据作常规预测，得到未来某个待预测的 t 年 1、2 月修正数据的预测结果分别为 E'_{t1} 和 E'_{t2}。

（5）移位还原。如果预测年的春节所在时间与移位目标时间相同，例如，春节影响全部在 2 月份，则修正数据的预测结果就是真正的预测结果。

如果预测年的春节所在时间与移位目标时间不符，则需要对预测数据进行反向移位还原，可依下式进行

$$\hat{E}_{t1} = E'_{t1}(31 - D_{t1} + \delta_t D_{t1}) / 31 \tag{12-11}$$

$$\hat{E}_{t2} = E'_{t1} + E'_{t2} - \hat{E}_{t1} \tag{12-12}$$

用移位修正方法对山西电网 2005 年 1、2 月和 2006 年 1 月全社会用电量进行了预测。

通过对 1999～2004 年 1、2 月电量变动规律的分析，确定春节影响时期为：春节前 2 天至春节后 7 天。取 1999～2004 年春节时段平均日电量的异常系数均值作为 2005 年的春节时期异常系数。

首先得到修正后的 1、2 月全社会用电量。由于 2005 春节影响时期在 2 月，而且不是闰年，因此不用进行反向修正。2006 年 1 月需要进行恢复春节影响的反向修正计算。这里对用移位修正方法和用常规方法（指未用移位修正方法）预测得到的结果进行了对比，列于表 12-1 中。

表 12-1　　　　　　　　　移位修正方法与常规方法的比较

预测时间	实际值（万 kWh）	常规方法		移位修正法	
		预测值（万 kWh）	相对误差	预测值（万 kWh）	相对误差
2005.1	778637	723872.6	-7.03%	779388	0.10%
2005.2	768575	776104.6	0.98%	768847	0.04%
2006.1	843982	802039.7	-4.97%	868507	2.91%

可见，由于移位修正后的数据更能在考虑闰年处理的前提下体现出春节的影响，预测精度显著提高。

12.4.3 总量还原方法

春节总是处在 1、2 月之间，因此只影响 1、2 月各自的电量，但 1、2 月的电量总和还是具有明显的规律性。根据"延续性原则"，1、2 月电量总和的预测精度应优于针对单月的预测。基于上述分析，提出了针对 2 月份预测的总量还原方法，其目标是，在 1 月份数据已知的情况下，通过预测 1、2 月的电量总和，然后扣除 1 月份的实际量，则可以较为准确地获得 2 月份的预测结果。

设历史年份为 $1 \leqslant t \leqslant n$，需要预测 $n+1$ 年 2 月的月度电量。而待预测年 1 月份电量已知，设为 $E_{n+1,1}$。

（1）修正闰年数据。将闰年 1、2 月的电量总和修正为平年的数据，即将电量总和减小为原来的 $59/60$ 倍。

（2）累积预测。对 1、2 月的电量总和构成序列 E_{10}，E_{20}，$\cdots$，E_{n0}，并有

$$E_{t0} = E_{t1} + E_{t2}, 1 \leqslant t \leqslant n \tag{12-13}$$

对此序列作常规预测，得到预测年 1、2 月电量总和为 $\hat{E}_{n+1,0}$。

（3）累减还原。预测年 2 月电量为

$$\hat{E}_{n+1,2} = \hat{E}_{n+1,0} - E_{n+1,1} \tag{12-14}$$

需要强调的是，此方法只适用于 2 月的预测。

第13章

中长期负荷预测的多级协调

电力负荷预测可以理解为对未来多级别电力负荷的"量测"，而多级电力负荷在物理机理上是相互关联的，如电量总需求与子需求存在直接加和性，这使得多级负荷预测存在冗余量，因此可以借鉴电力系统状态估计的思想解决多级负荷预测的协调问题。

13.1 多级负荷预测的基本协调模型

13.1.1 基本模型

设多级负荷预测中总需求预测值为 z_0，子需求预测值为 z_i（$i=1，2，\cdots，n$），对于具有"直接加和"特性的物理量，理想情况下应有

$$z_0 = \sum_{i=1}^{n} z_i \tag{13-1}$$

即总需求预测和各子需求预测存在一个冗余量。但实际上由于预测误差的存在，式（13-1）一般情况下并不成立，存在一个不平衡量

$$\Delta_z = \sum_{i=1}^{n} z_i - z_0 \tag{13-2}$$

负荷预测协调的目标是计算各级电力负荷实际值的最优估计值 x_i（$i=0，1，2，\cdots，n$）。考虑到各级预测精度不同，相对调整量加权平方和达到最小的估计值即为各级负荷预测的最优协调值，其数学模型为

$$\min \quad f = \sum_{i=0}^{n} w_i \left(\frac{z_i - x_i}{z_i} \right)^2 \tag{13-3}$$

$$s.t. \quad x_0 = \sum_{i=1}^{n} x_i$$

式（13-3）中的权重 w_i（$i=0，1，\cdots，n$）是各负荷预测结果的可信度。显然，若第 i 项需求的预测精度较高，其可信度也应较大。

13.1.2 基于基本模型的协调方法

式（13-3）是典型的等式约束二次规划问题，可用拉格朗日乘数法求解。设最优解为 $\hat{x}_i$（$i=0，1，\cdots，n$），由式（13-3）建立拉格朗日函数得

$$L = \sum_{i=0}^{n} \frac{w_i}{z_i^2} (z_i - \hat{x}_i)^2 - \hat{\lambda}(\hat{x}_0 - \sum_{i=1}^{n} \hat{x}_i) \tag{13-4}$$

对式（13-4）中各变量求偏导

$$\frac{\partial L}{\partial \hat{x}_0} = 2 \frac{w_0}{z_0^2} (z_0 - \hat{x}_0)(-1) - \hat{\lambda} = 0 \tag{13-5}$$

$$\frac{\partial L}{\partial \hat{x}_i} = 2 \frac{w_i}{z_i^2} (z_i - \hat{x}_i)(-1) + \hat{\lambda} = 0, \quad i=1,2,\cdots,n \tag{13-6}$$

$$\frac{\partial L}{\partial \hat{\lambda}} = -\left(\hat{x}_0 - \sum_{i=1}^{n} \hat{x}_i\right) = 0 \tag{13-7}$$

可解得

$$\hat{\lambda} = \frac{2}{\sum\limits_{i=0}^{n} \dfrac{z_i^2}{w_i}}\left(\sum_{i=1}^{n} z_i - z_0\right) \tag{13-8}$$

由此分别得到

$$\hat{x}_i = z_i - \frac{\dfrac{z_i^2}{w_i}}{\sum\limits_{j=0}^{n} \dfrac{z_j^2}{w_j}}\left(\sum_{j=1}^{n} z_j - z_0\right), \quad i = 1, 2, \cdots, n \tag{13-9}$$

$$\hat{x}_0 = z_0 + \frac{\dfrac{z_0^2}{w_0}}{\sum\limits_{j=0}^{n} \dfrac{z_j^2}{w_j}}\left(\sum_{j=1}^{n} z_j - z_0\right) \tag{13-10}$$

13.1.3 协调结果的调整量与调整系数

13.1.3.1 绝对调整

由式（13-9）和式（13-10）可见，在多级负荷预测的协调过程中，对原始负荷预测值的调整量都是不平衡量 Δ_z 的一定比例，定义这个比例系数为多级预测协调的调整系数。

定义 13-1：在多级预测基本协调中，负荷预测值的调整量与不平衡量的比例系数，称为调整系数，记为 $\delta_i (i = 0, 1, \cdots, n)$，其计算公式为

$$\delta_i = \begin{cases} -\dfrac{\dfrac{z_i^2}{w_i}}{\sum\limits_{j=0}^{n} \dfrac{z_j^2}{w_j}}, & i = 1, 2, \cdots, n \\[4ex] \dfrac{\dfrac{z_0^2}{w_0}}{\sum\limits_{j=0}^{n} \dfrac{z_j^2}{w_j}}, & i = 0 \end{cases} \tag{13-11}$$

引入调整系数，式（13-9）和式（13-10）可统一为

$$\hat{x}_i = z_i + \Delta z_i = z_i + \delta_i \Delta_z, \quad i = 0, 1, \cdots, n \tag{13-12}$$

其中，$\Delta z_i = \delta_i \Delta_z (i = 0, 1, \cdots, n)$ 为多级预测协调的调整量。

由式（13-11）可见，各预测值调整量的大小不仅与可信度有关，还与预测值的大小有关。

相对于总不平衡量 Δ_z 而言，由于总需求调整系数恒为正，子需求调整系数恒为负，所以总需求调整量与不平衡量同向，子需求调整量与不平衡量反向，具体对应关系如表 13-1 所示。

表 13-1   调整量与不平衡量的关系

不平衡量 Δ_z	总需求调整量 Δz_0	子需求调整量 Δz_i
$\Delta_z > 0$	$\Delta z_0 > 0$	$\Delta z_i < 0$
$\Delta_z = 0$	$\Delta z_0 = 0$	$\Delta z_i = 0$
$\Delta_z < 0$	$\Delta z_0 < 0$	$\Delta z_i > 0$

这种协调过程，可以形象地用图形表示。当不平衡量为非零值时，总需求及各子需求的协调结果如图 13-1 和图 13-2 所示（图中以总需求和 3 个子需求的协调为例）。

由图 13-1 和图 13-2 可见，当不平衡量 $\Delta_z > 0$ 时，总需求向上调整，各子需求分别向下调整；当不平衡量 $\Delta_z < 0$ 时，总需求向下调整，各子需求分别向上调整。总之，无论不平衡量为正还是为负，总需求和子需求调整的方向都相反，但都是向减小不平衡量的方向调整，而且总调整量之和正好等于不平衡量 Δ_z。

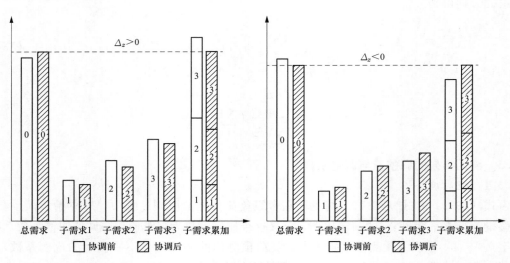

图 13-1　不平衡量大于 0 时的多级协调　　　　图 13-2　不平衡量小于 0 时的多级协调

13.1.3.2　相对调整

式（13-9）和式（13-10）可变形为

$$\frac{\hat{x}_i - z_i}{z_i} = -\frac{\frac{1}{w_i}\frac{z_i}{z_0}}{\sum_{j=0}^{n}\frac{1}{w_j}\left(\frac{z_j}{z_0}\right)^2}\frac{\left(\sum_{j=1}^{n}z_j - z_0\right)}{z_0}, \quad i = 1, 2, \cdots, n \tag{13-13}$$

$$\frac{\hat{x}_0 - z_0}{z_0} = \frac{\frac{1}{w_0}}{\sum_{j=0}^{n}\frac{1}{w_j}\left(\frac{z_j}{z_0}\right)^2}\frac{\left(\sum_{j=1}^{n}z_j - z_0\right)}{z_0} \tag{13-14}$$

式（13-13）和式（13-14）等号左侧均为预测项的相对调整量 Δz_i^r（$i=0$, 1, $\cdots$, n），等号右侧 $\left(\sum_{j=1}^{n}z_j - z_0\right)/z_0$ 为相对不平衡量，记为 Δ_z^r，相应地，定义相对不平衡量 Δ_z^r 的系数为相对调整系数。

定义 13-2：在多级预测基本协调中，负荷预测值的相对调整量与相对不平衡量的比例系数，称为相对调整系数，记为 δ_i^r（$i=0$, 1, $\cdots$, n），其计算公式为

$$\delta_i^r = \begin{cases} -\dfrac{\dfrac{1}{w_i}\dfrac{z_i}{z_0}}{\displaystyle\sum_{j=0}^{n}\dfrac{1}{w_j}\left(\dfrac{z_j}{z_0}\right)^2}, & i=1,2,\cdots,n \\[2em] \dfrac{\dfrac{1}{w_0}}{\displaystyle\sum_{j=0}^{n}\dfrac{1}{w_j}\left(\dfrac{z_j}{z_0}\right)^2}, & i=0 \end{cases} \qquad (13\text{-}15)$$

引入相对调整系数，式（13-13）和式（13-14）可统一为

$$\Delta z_i^r = \delta_i^r \Delta_z^r, \quad i=0,1,\cdots,n \qquad (13\text{-}16)$$

由式（13-15）可见，各预测项相对调整量的大小不仅与可信度有关，还与其预测值与总需求预测值的比例有关。

13.2　不同可信度情况下基本模型的协调结果比较

可信度是预测精度的反映，若某一可信度为 0，即表示该预测值的预测精度极低，式（13-3）的目标函数中将不对该预测值进行优化，对其调整可能较大；若某一预测可信度远大于其他预测，则表示该预测值的预测精度极高，对该预测值的调整应较小甚至不调整；若各预测的可信度相当，则表示各预测值的预测精度相当，对各预测值的调整也应相近。

13.2.1　各预测的可信度相当

若总需求预测与各子需求预测的可信度均相等，即 $w_0=w_1=w_2=\cdots=w_n$，则各子需求的调整系数为

$$\delta_i = -\dfrac{z_i^2}{\displaystyle\sum_{j=0}^{n}z_j^2}, \quad i=1,2,\cdots,n \qquad (13\text{-}17)$$

总需求的调整系数为

$$\delta_0 = \dfrac{z_0^2}{\displaystyle\sum_{j=0}^{n}z_j^2} \qquad (13\text{-}18)$$

因此，如果总需求预测与各子需求预测的可信度均相等，则各预测值按其平方的比例分配总不平衡量，但总需求预测与子需求预测的调整方向相反。

13.2.2　总需求预测完全不可信

若式（13-3）中可信度 $w_0=0$，$w_i\neq0$（$i=1$，2，$\cdots$，n），则总需求和各子需求调整系数分别为

$$\delta_0 = 1 \qquad (13\text{-}19)$$
$$\delta_i = 0, \quad i=1,2,\cdots,n \qquad (13\text{-}20)$$

因此，总需求权重为 0，即表示最不信任该预测值，总不平衡量 Δ_z 都用来调整总需求预测值，这正是传统意义上自下而上式协调的结果。因此自下而上式协调可视为多级预测基本协调方法的一个特例。

13.2.3　某一子需求预测完全不可信

若式（13-3）中第 k 个子需求预测的可信度 $w_k=0$，其他预测的可信度 $w_i\neq0$，（$i=0$，1，$\cdots$，n，且 $i\neq k$），则总需求和除第 k 个子需求外的其他子需求的调整系数为

$$\delta_i = 0, \quad i = 0,1,\cdots,n, \text{且 } i \neq k \tag{13-21}$$

而第 k 个子需求的调整系数为

$$\delta_k = -1 \tag{13-22}$$

因此，第 k 个子需求可信度为 0，即表示最不信任该预测值，总不平衡量 Δ_z 都用来调整该子需求预测值。

13.2.4 总需求预测的可信度远大于各子需求预测

若可信度 $w_0 \gg w_i (i=1, 2, \cdots, n)$，则各子需求的调整系数为

$$\delta_i \approx -\frac{\dfrac{z_i^2}{w_i}}{\displaystyle\sum_{j=1}^{n} \dfrac{z_j^2}{w_j}}, \quad i = 1,2,\cdots,n \tag{13-23}$$

总需求的调整系数为

$$\delta_0 \approx 0 \tag{13-24}$$

因此，总需求预测的可信度远大于各子需求预测时，总需求预测值几乎不用调整。

特别当子需求预测的可信度相当时，即 $w_1 = w_2 = \cdots = w_n$，则子需求的调整系数为

$$\delta_i \approx -\frac{z_i^2}{\displaystyle\sum_{j=1}^{n} z_j^2}, \quad i = 1,2,\cdots,n \tag{13-25}$$

即总不平衡量由各子需求预测按其预测值平方的比例分摊。

13.2.5 各预测可信度均与其基数规模成正比

可信度 $w_i = cz_i (i=0, 1, \cdots, n)$，其中 c 为比例系数，则子需求和总需求的相对调整系数分别为

$$\delta_i^r = -\frac{1}{\displaystyle\sum_{j=0}^{n} \dfrac{z_j}{z_0}}, \quad i = 1,2,\cdots,n \tag{13-26}$$

$$\delta_0^r = \frac{1}{\displaystyle\sum_{j=0}^{n} \dfrac{z_j}{z_0}} \tag{13-27}$$

所以，$|\delta_i^r| = |\delta_0^r| (i=1, 2, \cdots, n)$。这种情况下，各预测项的相对调整量大小相等，但总需求与子需求的调整方向相反。

13.3 基本协调模型的评价标准与算例分析

13.3.1 评价标准

对于多级预测协调，不同的协调方法会得到不同的协调结果。为了便于分析多级协调方法的优点，并可以对比任意的调整方案的效果，需要设定相应的评价标准。同时，在协调效果比较时，可以将原始的预测结果也作为一种方案。

对协调效果的评价需要考虑如下 3 个方面：

(1) 不平衡量。总需求与子需求是否平衡？如果不平衡，不平衡量有多大？相应的评价指标为

$$\alpha = \frac{\left| \displaystyle\sum_{i=1}^{n} \hat{x}_i - \hat{x}_0 \right|}{z_0} \times 100\% \tag{13-28}$$

对协调方法的基本要求是总需求与子需求平衡。如果总需求与子需求平衡，则评价结果为 $\alpha = 0$，这是最理想的情况，而多级协调模型可以达到这个目标；对于原始预测结果而言，或者任意构造的调整方案，总需求与子需求一般不平衡，不平衡量越大，α 也越大，评价效果越差。

（2）总调整量。在多级预测平衡的前提下，总调整量越小越好，但不可能小于 $|\Delta_z|$。相应的评价指标为

$$\beta = \frac{\left| \sum_{i=0}^{n} | \hat{x}_i - z_i | - | \Delta_z | \right|}{z_0} \times 100\% \tag{13-29}$$

对于多级负荷预测，当总调整量正好等于协调前不平衡量 $|\Delta_z|$ 时，$\beta = 0$，这是最理想的情况，而多级协调模型可以达到这个目标；对于任意构造的调整方案，总调整量一般大于协调前不平衡量 $|\Delta_z|$，总调整量越大，β 越大，评价效果越差。

（3）单项需求调整量。多级预测协调对各单项需求的调整应该比较均匀，相应的评价指标为

$$\gamma = \sqrt{\frac{1}{n+1} \sum_{i=0}^{n} (\varepsilon_i - \bar{\varepsilon})^2} \tag{13-30}$$

其中，$\varepsilon_i = \dfrac{|\hat{x}_i - z_i|}{z_i} \times 100\% = | \Delta z_i^{\mathrm{r}} | \times 100\% \ (i = 0, 1, \cdots, n)$ 为单项调整百分比；

$\bar{\varepsilon} = \dfrac{1}{n+1} \sum\limits_{i=0}^{n} \varepsilon_i$ 为单项调整百分比的平均值。

评价指标 γ 类似统计量的标准差，采用这种形式能够较好地反应单项调整的均匀性。理想情况下，$\gamma = 0$；γ 越大，评价效果越差。

上述 3 个指标 α、β、γ 构成三级评价标准。对某一协调方法的评价，首先采用指标 α 评价协调结果是否平衡；如果平衡，则采用指标 β 评价总调整量大小；如果 $\beta = 0$，最后采用指标 γ 评价多级调整的均匀性。显然，基本协调模型能够保证前两级评价 α 和 β 都等于 0，因此只要判断指标 γ 的情况。

为了简单起见，由于上述 α、β、γ 三个指标分别反映了协调模型的三个方面的特征，为全面表征协调效果，可以构造如下综合指标

$$A = (1 + 100\alpha)(1 + 100\beta)(1 + 100\gamma) \tag{13-31}$$

理想情况为 3 个指标 α、β、γ 均等于 0，因此综合评价指标 $A = 1$；A 越大，评价效果越差。本书认为，在这样的协调模型中，A 的取值在 $A^* = (1 + 100 \times 0\%)(1 + 100 \times 0\%)(1 + 100 \times 3\%) = 4$ 以内都是可以接受的。

可以分析一种特殊情况：对于基本协调模型，在各预测可信度与其基数规模成正比的情况下，单项调整百分比

$$\varepsilon_i = \frac{|\hat{x}_i - z_i|}{z_i} = | \Delta z_i^{\mathrm{r}} | = | \delta_i^{\mathrm{r}} \Delta_z^{\mathrm{r}} | = \frac{| \Delta_z^{\mathrm{r}} |}{\sum\limits_{i=0}^{n} \dfrac{z_i}{z_0}}, \quad i = 0, 1, \cdots, n \tag{13-32}$$

为常数，所以 $\gamma = 0$，从而 $A = 1$。

13.3.2 基本协调模型的算例分析

基本协调模型可以解决具有"直接加和"特性的各种一维两级预测协调问题，包括：

（1）时间协调，如年度电量预测与月度电量预测协调、季度电量预测与月度电量预测协调等；

（2）空间协调，如全网电量预测与分区电量预测协调等；

（3）行政级别协调，如区域电量预测与省电量预测协调、全省电量预测与地市电量预测协调等；

（4）口径协调，如全体与电网企业电量预测协调等；

（5）结构协调，如全社会用电量预测与产业电量预测协调、产业电量与行业电量预测协调、总售电量预测与分类电价电量预测协调等。

以某省 2000～2004 年的数据作为历史数据，对 2005 年作负荷预测。第一产业、第二产业、第三产业、城乡居民生活用电和全社会用电量构成具有"直接加和"特性的多级预测协调问题，2005 年各物理量的实际值、预测值和预测误差如表 13-2 所示。

表 13-2 　　　　　　　　　原始预测值与传统协调方法

预测项	实际值（万 kWh）	原始预测		自上而下式协调			自下而上式协调		
		预测值（万 kWh）	预测误差	协调值（万 kWh）	协调误差	调整百分比	协调值（万 kWh）	协调误差	调整百分比
全社会	7562025	7414035.1	−2.0%	7414035.1	−2.0%	0.0%	7705720.2	1.9%	3.9%
第一产业	87776	80585.6	−8.2%	77535.2	−11.7%	−3.8%	80585.6	−8.2%	0.0%
第二产业	5443352	5573124.3	2.4%	5362164.4	−1.5%	−3.8%	5573124.3	2.4%	0.0%
第三产业	813517	805225	−1.0%	774744.8	−4.8%	−3.8%	805225	−1.0%	0.0%
城乡居民生活	1217380	1246785.3	2.4%	1199590.7	−1.5%	−3.8%	1246785.3	2.4%	0.0%

表 13-2 中列出了传统自上而下式和自下而上式协调方法的协调结果。任意构造的欠调整和过调整的协调结果如表 13-3 所示。其中，协调误差为协调后的预测值对实际数据的相对误差，调整百分比为协调后的预测值对原始预测值的相对调整量。

表 13-3 　　　　　　　　　　欠 调 整 与 过 调 整

预测项	欠调整			过调整但平衡			过调整且不平衡		
	协调值（万 kWh）	协调误差	调整百分比	协调值（万 kWh）	协调误差	调整百分比	协调值（万 kWh）	协调误差	调整百分比
全社会	7443203.6	−1.6%	0.4%	7764057.2	2.7%	4.7%	7793225.7	3.1%	5.1%
第一产业	51417.1	−41.4%	−36.2%	109754.1	25.0%	36.2%	109754.1	25.0%	36.2%
第二产业	5543955.7	1.9%	−0.5%	5543955.7	1.9%	−0.5%	5543955.7	1.9%	−0.5%
第三产业	776056.5	−4.6%	−3.6%	834393.5	2.6%	3.6%	834393.5	2.6%	3.6%
城乡居民生活	1217616.8	0.0%	−2.3%	1275953.8	4.8%	2.3%	1275953.8	4.8%	2.3%

对各种协调方式的协调效果评价如表 13-4 所示。

传统自上而下式和自下而上式协调方法能够实现总需求与子需求的统一，并且总调整量正好等于不平衡量 $|\Delta_z|$，即能够保证评价指标 $\alpha=0$ 和 $\beta=0$。如果将原始预测结果也作为一种协调方案，综合评价指标显示传统协调方式优于原始预测结果。特别是自上而下式协调方法，各子需求预测的调整百分比相等。

表 13-4

表 13-4 协 调 效 果 评 价

协调方式	评 价 指 标			
	α	β	γ	A
原始预测	3.9%	3.9%	0.0%	24.3
自上而下式协调	0.0%	0.0%	1.5%	2.5
自下而上式协调	0.0%	0.0%	1.6%	2.6
欠调整	2.0%	2.0%	13.8%	130.7
过调整但平衡	0.0%	2.4%	13.4%	48.5
过调整且不平衡	0.4%	2.8%	13.4%	75.3

对于任意构造的欠调整和过调整的协调结果：当欠调整时，评价指标 $\alpha=\beta>0$，综合评价结果很差；过调整但平衡时，评价指标 $\alpha=0$，$\beta>0$；过调整且不平衡时，不仅 $\beta>0$，而且 $\alpha>0$。这三种协调方式的协调效果明显都很差。这说明，多级负荷预测的协调问题的确是一个复杂的科学问题，一般情况下不能靠人工的设定达到平衡与协调，必须依靠严格的协调模型加以解决。

下面采用基本协调模型，分别针对如下 7 种可信度情况协调负荷预测值：①所有预测的可信度均相当；②总需求预测完全不可信；③第二产业预测完全不可信；④子需求预测的可信度相当，总需求预测的可信度远大于子需求预测；⑤子需求预测的可信度相当，总需求预测值的平方与其可信度之比等于各子需求预测值的平方与其可信度之比的和；⑥各预测可信度与其基数规模成正比；⑦子需求预测的可信度与其基数规模成正比，总需求预测的可信度远大于各子需求预测。各种情况的协调结果如表 13-5 所示。

由表 13-5 可见，不同可信度情况下，都可以实现总需求预测值与各子需求预测值的统一，协调效果都比较令人满意，特别是第 6 种可信度情况下，各需求预测调整百分比的绝对值都为 1.9%，综合评价指标恰好等于 1，验证了前述的理论分析。

表 13-5 不同可信度情况下的协调结果

预测项	情况 1			情况 2			情况 3			情况 4		
	协调值(万 kWh)	协调误差	调整百分比	协调值(万 kWh)	协调误差	调整百分比	协调值(万 kWh)	协调误差	调整百分比	协调值(万 kWh)	协调误差	调整百分比
全社会	7595742.6	0.5%	2.5%	7705720.2	1.9%	3.9%	7414035.1	−2.0%	0.0%	7414035.1	−2.0%	0.0%
第一产业	80564.1	−8.2%	0.0%	80585.6	−8.2%	0.0%	80585.6	−8.2%	0.0%	80528.7	−8.3%	−0.1%
第二产业	5470450.1	0.5%	−1.8%	5573124.3	2.4%	0.0%	5281439.2	−3.0%	−5.2%	5300809.6	−2.6%	−4.9%
第三产业	803081.6	−1.3%	−0.3%	805225	−1.0%	0.0%	805225	−1.0%	0.0%	799540.3	−1.7%	−0.7%
城乡居民生活	1241646.7	2.0%	−0.4%	1246785.3	2.4%	0.0%	1246785.3	2.4%	0.0%	1233156.6	1.3%	−1.1%
综合评价指标	2			2.6			3.1			2.8		

预测项	情况5			情况6			情况7		
	协调值（万kWh）	协调误差	调整百分比	协调值（万kWh）	协调误差	调整百分比	协调值（万kWh）	协调误差	调整百分比
全社会	7559877.6	0.0%	2.0%	7557064.1	−0.1%	1.9%	7414035.1	−2.0%	0.0%
第一产业	80557.1	−8.2%	0.0%	79031	−10.0%	−1.9%	77535.2	−11.7%	−3.8%
第二产业	5436966.9	−0.1%	−2.4%	5465609.5	0.4%	−1.9%	5362164.4	−1.5%	−3.8%
第三产业	802382.6	−1.4%	−0.4%	789690.9	−2.9%	−1.9%	774744.8	−4.8%	−3.8%
城乡居民生活	1239970.9	1.9%	−0.6%	1222732.8	0.4%	−1.9%	1199590.7	−1.5%	−3.8%
综合评价指标	2			1			2.5		

在表13-5中第2种可信度情况下，协调结果与自下而上式协调完全一样；第7种可信度情况下，协调结果与自上而下式协调完全一样。验证了前述理论分析，即自上而下式和自下而上式协调只是基本协调方法的特例。

13.4 两维两级关联协调模型

13.4.1 典型的两维两级关联协调问题

典型的两维两级协调，是时间、空间和属性等维度中的两个维度两级负荷预测的协调问题，如表13-6所示。

表 13-6 两 维 两 级 协 调

		总需求	维度2子需求					
		0	1	⋯	j	⋯	n
总需求	0	$z_{0,0}$	$z_{0,1}$	⋯	$z_{0,j}$	⋯	$z_{0,n}$
维度1子需求1	1	$z_{1,0}$	$z_{1,1}$	⋯	$z_{1,j}$	⋯	$z_{1,n}$
	⋮	⋮	⋮		⋮		⋮
	i	$z_{i,0}$	$z_{i,1}$	⋯	$z_{i,j}$	⋯	$z_{i,n}$
	⋮	⋮	⋮		⋮		⋮
	m	$z_{m,0}$	$z_{m,1}$	⋯	$z_{m,j}$		$z_{m,n}$

表13-6中，下标0表示总需求，下标$i(i=1,2,\cdots,m)$表示维度1的子需求，下标$j(j=1,2,\cdots,n)$表示维度2的子需求。若维度1为地区电量，维度2为月度电量，则$z_{i,j}$表示第i个地区第j个月的电量预测值；$z_{0,j}$表示第j个月各地区总电量预测值；$z_{i,0}$表示第i个地区各月总电量预测值，即第i个地区年电量预测值；$z_{0,0}$表示各地区各月总电量预测值，即全地区年电量预测值。

理想情况下，表13-6中的行和列应分别满足加和性，即满足如下关系

$$z_{i,0} = \sum_{j=1}^{n} z_{i,j}, \quad i=0,1,\cdots,m \tag{13-33}$$

$$z_{0,j} = \sum_{i=1}^{m} z_{i,j}, \quad j=0,1,\cdots,n \tag{13-34}$$

即总需求预测和各子需求预测存在 $m+n+1$ 个约束方程［这是因为式（13-33）和式（13-34）中有一个等式非独立，它可由其他 $m+n+1$ 个等式推出］。但实际上由于预测误差的存在，式（13-33）和式（13-34）所表示的所有关系式一般情况下并不成立。

13.4.2 两维两级关联协调标量模型

与基本协调模型类似，考虑到各级预测可信度的不同，相对调整量 $\Delta z_{i,j}^r = (z_{i,j} - x_{i,j}) / z_{i,j}$（$i=0,1,\cdots,m$；$j=0,1,\cdots,n$）加权平方和达到最小的估计值即为各级负荷预测的最优协调值，其数学模型为

$$
\left.
\begin{aligned}
\min \quad & f = \sum_{i=0}^{m} \sum_{j=0}^{n} w_{i,j} \left(\frac{z_{i,j} - x_{i,j}}{z_{i,j}} \right)^2 \\
s.t. \quad & x_{i,0} = \sum_{j=1}^{n} x_{i,j}, \quad i=1,2,\cdots,m \\
& x_{0,j} = \sum_{i=1}^{m} x_{i,j}, \quad j=0,1,\cdots,n
\end{aligned}
\right\}
\tag{13-35}
$$

多级协调的目标要求 $x_{0,0}$ 既等于 $\sum\limits_{j=1}^{n} x_{0,j}$，又等于 $\sum\limits_{i=1}^{m} x_{i,0}$，而式（13-35）的约束条件中只考虑了 $x_{0,0} = \sum\limits_{i=1}^{m} x_{i,0}$。这是因为，如果再考虑约束条件 $x_{0,0} = \sum\limits_{j=1}^{n} x_{0,j}$，则其与式（13-35）的约束条件将有一个等式是非独立的。

当然数学模型中也可以采用其他约束形式，如考虑约束条件 $x_{0,0} = \sum\limits_{j=1}^{n} x_{0,j}$，而删掉其他任意一个约束条件，或者用对称形式的约束条件 $x_{0,0} = \frac{1}{2} \sum\limits_{i=1}^{m} x_{i,0} + \frac{1}{2} \sum\limits_{j=1}^{n} x_{0,j}$ 代替现有的约束 $x_{0,0} = \sum\limits_{i=1}^{m} x_{i,0}$ 等。以下的分析均基于式（13-35）所示的数学模型。

13.4.3 两维两级关联协调矩阵模型

若对于式（13-35）中的标量，引入如下向量：

$$
\boldsymbol{X}_i = [x_{i,0}, x_{i,1}, \cdots, x_{i,j}, \cdots, x_{i,n}]^{\mathrm{T}}, \quad i=0,1,\cdots,m
$$
$$
\boldsymbol{Z}_i = [z_{i,0}, z_{i,1}, \cdots, z_{i,j}, \cdots, z_{i,n}]^{\mathrm{T}}, \quad i=0,1,\cdots,m
$$
$$
\boldsymbol{W}_i = [w_{i,0}, w_{i,1}, \cdots, w_{i,j}, \cdots, w_{i,n}]^{\mathrm{T}}, \quad i=0,1,\cdots,m
$$

在此基础上定义如下矩阵：

$$
\boldsymbol{X} = [\boldsymbol{X}_0^{\mathrm{T}}, \boldsymbol{X}_1^{\mathrm{T}}, \cdots, \boldsymbol{X}_i^{\mathrm{T}}, \cdots, \boldsymbol{X}_m^{\mathrm{T}}]^{\mathrm{T}}
$$
$$
\boldsymbol{Z} = [\boldsymbol{Z}_0^{\mathrm{T}}, \boldsymbol{Z}_1^{\mathrm{T}}, \cdots, \boldsymbol{Z}_i^{\mathrm{T}}, \cdots, \boldsymbol{Z}_m^{\mathrm{T}}]^{\mathrm{T}}
$$
$$
\boldsymbol{W} = [\boldsymbol{W}_0^{\mathrm{T}}, \boldsymbol{W}_1^{\mathrm{T}}, \cdots, \boldsymbol{W}_i^{\mathrm{T}}, \cdots, \boldsymbol{W}_m^{\mathrm{T}}]^{\mathrm{T}}
$$
$$
\boldsymbol{Q} = \mathrm{diag}(\boldsymbol{W}) \left[(\mathrm{diag}(\boldsymbol{Z}))^2 \right]^{-1}
$$
$$
\boldsymbol{C} = -\boldsymbol{Q}\boldsymbol{Z}
$$
$$
\boldsymbol{A} = \begin{bmatrix} \boldsymbol{O} & \boldsymbol{A}_1 & \cdots & \boldsymbol{A}_i & \cdots & \boldsymbol{A}_m \\ -\boldsymbol{I} & \boldsymbol{I} & \cdots & \boldsymbol{I} & \cdots & \boldsymbol{I} \end{bmatrix}
$$

其中，$\boldsymbol{A}_i$ 为 $m \times (n+1)$ 阶矩阵，其第 i 行首元素为 -1，第 i 行其余元素为 1，其他行

元素均为 0；O 为 $m \times (n+1)$ 阶零矩阵；I 为 $n+1$ 阶单位矩阵。

经过推导，式（13-35）可转化为矩阵形式

$$\min \quad f = \frac{1}{2} \boldsymbol{X}^{\mathrm{T}} \boldsymbol{Q} \boldsymbol{X} + \boldsymbol{C}^{\mathrm{T}} \boldsymbol{X} \tag{13-36}$$

$$s.t. \quad \boldsymbol{A} \boldsymbol{X} = \boldsymbol{0}$$

13.4.4 两维两级关联协调方法

式（13-36）是一个典型的等式约束二次规划问题，可以用拉格朗日法求解。其特点是，可以经过一步迭代而得到最优解，且最优解与初值的选取无关。

设最优点向量为 $\hat{\boldsymbol{X}}$，拉格朗日乘子向量为 $\hat{\boldsymbol{U}}$，根据最优性条件，则

$$\begin{pmatrix} \boldsymbol{Q} & -\boldsymbol{A}^{\mathrm{T}} \\ -\boldsymbol{A} & \boldsymbol{0} \end{pmatrix} \begin{pmatrix} \hat{\boldsymbol{X}} \\ \hat{\boldsymbol{U}} \end{pmatrix} = \begin{pmatrix} -\boldsymbol{C} \\ \boldsymbol{0} \end{pmatrix} \tag{13-37}$$

给定某个估计值 $\boldsymbol{X}^0$，令 $\hat{\boldsymbol{X}} = \boldsymbol{X}^0 + \boldsymbol{P}$，则式（13-37）化为

$$\begin{pmatrix} \boldsymbol{Q} & \boldsymbol{A}^{\mathrm{T}} \\ \boldsymbol{A} & \boldsymbol{0} \end{pmatrix} \begin{pmatrix} -\boldsymbol{P} \\ \hat{\boldsymbol{U}} \end{pmatrix} = \begin{pmatrix} \boldsymbol{G} \\ \boldsymbol{D} \end{pmatrix} \tag{13-38}$$

其中，$\boldsymbol{D} = \boldsymbol{A} \boldsymbol{X}^0$，$\boldsymbol{G} = \boldsymbol{Q} \boldsymbol{X}^0 + \boldsymbol{C}$，$\boldsymbol{P} = \hat{\boldsymbol{X}} - \boldsymbol{X}^0$。

由式（13-38）可解得

$$\hat{\boldsymbol{U}} = (\boldsymbol{A} \boldsymbol{Q}^{-1} \boldsymbol{A}^{\mathrm{T}})^{-1} (\boldsymbol{A} \boldsymbol{Q}^{-1} \boldsymbol{G} - \boldsymbol{D}) \tag{13-39}$$

$$\boldsymbol{P} = \boldsymbol{Q}^{-1} (\boldsymbol{A}^{\mathrm{T}} \hat{\boldsymbol{U}} - \boldsymbol{G}) \tag{13-40}$$

从而可得

$$\hat{\boldsymbol{X}} = \boldsymbol{X}^0 + \boldsymbol{P} = \boldsymbol{X}^0 + \boldsymbol{Q}^{-1} [\boldsymbol{A}^{\mathrm{T}} (\boldsymbol{A} \boldsymbol{Q}^{-1} \boldsymbol{A}^{\mathrm{T}})^{-1} (\boldsymbol{A} \boldsymbol{Q}^{-1} \boldsymbol{G} - \boldsymbol{D}) - \boldsymbol{G}] \tag{13-41}$$

由于问题的最优解与初值的选取无关，为简单起见，本问题中可取 $\boldsymbol{X}^0 = \boldsymbol{Z}$，则 $\boldsymbol{D} = \boldsymbol{A} \boldsymbol{Z}$，$\boldsymbol{G} = \boldsymbol{Q} \boldsymbol{Z} + \boldsymbol{C} = \boldsymbol{0}$，所以

$$\hat{\boldsymbol{X}} = \boldsymbol{Z} + \boldsymbol{Q}^{-1} \boldsymbol{A}^{\mathrm{T}} (\boldsymbol{A} \boldsymbol{Q}^{-1} \boldsymbol{A}^{\mathrm{T}})^{-1} (-\boldsymbol{A} \boldsymbol{Z}) = \boldsymbol{Z} - \boldsymbol{Q}^{-1} \boldsymbol{A}^{\mathrm{T}} (\boldsymbol{A} \boldsymbol{Q}^{-1} \boldsymbol{A}^{\mathrm{T}})^{-1} \boldsymbol{A} \boldsymbol{Z} \tag{13-42}$$

此即为两维两级负荷预测协调值。

13.4.5 不平衡向量与调整系数矩阵

式（13-42）中，矩阵 $\boldsymbol{A} \boldsymbol{Z}$ 为 $m+n+1$ 阶列向量，其展开式为

$$\Delta_z = \boldsymbol{A} \boldsymbol{Z} = \Big[\sum_{j=1}^{n} z_{1,j} - z_{1,0}, \cdots, \sum_{j=1}^{n} z_{i,j} - z_{i,0}, \cdots, \sum_{j=1}^{n} z_{m,j} - z_{m,0},$$

$$\sum_{i=1}^{m} z_{i,0} - z_{0,0}, \sum_{i=1}^{m} z_{i,1} - z_{0,1}, \cdots, \sum_{i=1}^{m} z_{i,j} - z_{0,j}, \cdots, \sum_{i=1}^{m} z_{i,n} - z_{0,n} \Big]^{\mathrm{T}} \tag{13-43}$$

其中的元素均为各级需求预测的一维不平衡量，对应 $m+n+1$ 个约束条件，本书称之为关联协调的不平衡向量。

定义 13-3：各级需求预测的一维不平衡量按一定顺序排列组成的向量，称为关联协调的不平衡向量。

不平衡向量 Δ_z 各元素绝对值之和，加上非独立的约束条件所对应的一维不平衡量，就

是两维两级关联协调的总不平衡量 Δ_z，即

$$\Delta_z = \boldsymbol{I}^{\mathrm{T}} \mid \Delta_z \mid + \left| \sum_{j=1}^{n} z_{0,j} - z_{0,0} \right| = \sum_{i=0}^{m} \left(\left| \sum_{j=1}^{n} z_{i,j} - z_{i,0} \right| \right) + \sum_{j=0}^{n} \left(\left| \sum_{i=1}^{m} z_{i,j} - z_{0,j} \right| \right)$$

$$(13\text{-}44)$$

其中，$\boldsymbol{I}$ 为元素全为 1 的列向量。

定义 13-4：式（13-42）中，不平衡向量 Δ_z 的系数矩阵，称为关联协调的调整系数矩阵，其为 $[(m+1) \times (n+1)] \times (m+n+1)$ 阶矩阵，记为 $\boldsymbol{\Omega}$，即

$$\boldsymbol{\Omega} = -\boldsymbol{Q}^{-1} \boldsymbol{A}^{\mathrm{T}} (\boldsymbol{A} a^{-1} \boldsymbol{A}^{\mathrm{T}})^{-1}$$

$$(13\text{-}45)$$

两维两级关联协调模型中有 $(m+1) \times (n+1)$ 个优化变量，而不平衡向量 Δ_z 由 $m+n+1$ 个一维不平衡量组成，每个优化变量对应每个一维不平衡量都有一个调整系数，所以调整系数矩阵 $\boldsymbol{\Omega}$ 为 $[(m+1) \times (n+1)] \times (m+n+1)$ 阶。由于对角矩阵 $\boldsymbol{Q}$ 的主对角元素为各需求预测可信度与其预测值平方的比值，而矩阵 $\boldsymbol{A}$ 为常数矩阵，所以调整系数矩阵 $\boldsymbol{\Omega}$ 中的元素均为各需求预测值及其可信度的函数。

引入不平衡向量与调整系数矩阵之后，两维两级关联协调方法可表示为

$$\hat{\boldsymbol{X}} = \boldsymbol{Z} + \boldsymbol{\Omega} \boldsymbol{\Delta}_z$$

$$(13\text{-}46)$$

由此可见，两维两级关联协调方法：一方面，基于原始预测值及其可信度调整需求预测值；另一方面，在调整时综合考虑了各级需求预测的各一维不平衡量，体现了两维两级协调的关联特性。

13.5 关联协调方法的特殊应用

13.5.1 一维三级协调

时间、空间或属性中的一个维度的三级负荷预测的协调，可以看作是一类特殊的两维两级协调问题。对于这类问题，表 13-6 中的第一行的局部没有意义，即式（13-34）当 $j \neq 0$ 时没有意义。例如总需求为大区电量，子需求 1 为各省电量，子需求 2 为各地市电量，则 $z_{0,j}$（$j=1, 2, \cdots, n$）没有意义。因此，表 13-6 将简化为树状结构，如图 13-3 所示。

图 13-3 中根节点为总需求 $z_{0,0}$，中间层为第 2 级需求 $z_{1,0}, \cdots, z_{i,0}, \cdots, z_{m,0}$，第 3 层为子需求 $z_{i,1}, \cdots, z_{i,j}, \cdots, z_{i,n}$（$i=1, 2, \cdots, m$）。

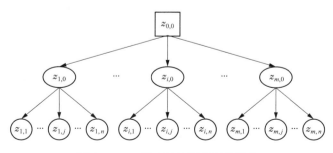

图 13-3　一维三级协调的树状结构

若是一个维度的三级负荷预测的协调，式（13-35）中的约束条件 2 将简化为 $x_{0,0} = \sum_{i=1}^{m} x_{i,0}$，相应的标量协调模型为

$$\min \quad f = w_{0,0}\left(\frac{z_{0,0} - x_{0,0}}{z_{0,0}}\right)^2 + \sum_{i=1}^{m}\sum_{j=0}^{n} w_{i,j}\left(\frac{z_{i,j} - x_{i,j}}{z_{i,j}}\right)^2$$

$$s.t. \quad x_{i,0} = \sum_{j=1}^{n} x_{i,j}, \quad i = 1, 2, \cdots, m \quad (13\text{-}47)$$

$$x_{0,0} = \sum_{i=1}^{m} x_{i,0}$$

矩阵形式的协调模型（13-36）的形式不变，但其中的各矩阵将相应地简化为

$$X = [x_{0,0}, X_1^{\mathrm{T}}, \cdots, X_i^{\mathrm{T}}, \cdots, X_m^{\mathrm{T}}]^{\mathrm{T}}$$

第一个元素为标量，$X_i^{\mathrm{T}}(i=1, 2, \cdots, m)$ 是列向量转置、为 $1 \times (n+1)$ 维，所以 X 为 $[m \times (n+1)+1] \times 1$ 维列向量。下面的 Z、W 与此相似。

$$Z = [z_{0,0}, Z_1^{\mathrm{T}}, \cdots, Z_i^{\mathrm{T}}, \cdots, Z_m^{\mathrm{T}}]^{\mathrm{T}}$$

$$W = [w_{0,0}, W_1^{\mathrm{T}}, \cdots, W_i^{\mathrm{T}}, \cdots, W_m^{\mathrm{T}}]^{\mathrm{T}}$$

$$A = \begin{bmatrix} O & A_1 & \cdots & A_i & \cdots & A_m \\ -1 & E & \cdots & E & \cdots & E \end{bmatrix}$$

其中，O 为 m 维零列向量；E 为 $n+1$ 维行向量，其首元素为 1，其他元素均为 0；其他符号与两维两级协调模型意义相同。

由于协调模型的形式未变，其解仍为

$$\hat{X} = Z - Q^{-1}A^{\mathrm{T}}(AQ^{-1}A^{\mathrm{T}})^{-1}AZ \quad (13\text{-}48)$$

其中，不平衡向量 $\Delta_z = AZ$ 为 $m+1$ 阶列向量，其展开式为

$$AZ = \left[\sum_{j=1}^{n} z_{1,j} - z_{1,0}, \cdots, \sum_{j=1}^{n} z_{i,j} - z_{i,0}, \cdots, \sum_{j=1}^{n} z_{m,j} - z_{m,0}, \sum_{i=1}^{m} z_{i,0} - z_{0,0}\right]^{\mathrm{T}} \quad (13\text{-}49)$$

调整系数矩阵 $\Omega = -Q^{-1}A^{\mathrm{T}}(AQ^{-1}A^{\mathrm{T}})^{-1}$ 为 $[m \times (n+1)+1] \times (m+1)$ 阶矩阵。

13.5.2　对基本协调模型的再分析

关联协调模型是基本协调模型的继承和扩展，而关联协调方法经过一定的简化可以用来解决基本协调（一维两级协调）问题。

假设由总需求和 n 个子需求构成一维两级协调问题，则式（13-36）中的各矩阵将分别简化为

$$Z = [z_0, z_1, \cdots, z_i, \cdots, z_n]^{\mathrm{T}}$$

$$W = [w_0, w_1, \cdots, w_i, \cdots, w_n]^{\mathrm{T}}$$

$$A = [-1, 1, \cdots, 1, \cdots, 1]_{n+1}$$

由式（13-42）可得

$$\hat{X} = Z - Q^{-1}A^{\mathrm{T}}(AQ^{-1}A^{\mathrm{T}})^{-1}AZ = \begin{bmatrix} z_0 \\ z_1 \\ \vdots \\ z_i \\ \vdots \\ z_n \end{bmatrix} - \begin{bmatrix} -\dfrac{z_0^2}{w_0} \\ \dfrac{z_1^2}{w_1} \\ \vdots \\ \dfrac{z_i^2}{w_i} \\ \vdots \\ \dfrac{z_n^2}{w_n} \end{bmatrix} \left(\sum_{i=0}^{n} \frac{z_i^2}{w_i}\right)^{-1} \left(\sum_{i=1}^{n} z_i - z_0\right) \quad (13\text{-}50)$$

这与基本协调模型的求解结果完全一致。

13.6 关联协调模型的评价标准

类似于基本协调模型，对于多级预测关联协调，不同的可信度取值或不同的协调方法会得到不同的协调结果。为了便于分析关联协调方法的优点，并可以对比任意的调整方案的效果，将基本协调模型的评价标准扩展到关联协调模型。在协调效果比较时，同样可以将原始的预测结果也作为一种方案。

13.6.1 单项指标

基本协调模型的 3 个单项指标可以扩展为关联协调模型的评价指标。

（1）不平衡量。两维两级关联协调的不平衡量包括两个维度总共 $m+n+2$ 个不平衡量，相应的评价指标为

$$\alpha = \frac{\sum\limits_{i=0}^{m}\left(\left|\sum\limits_{j=1}^{n}\hat{x}_{i,j}-\hat{x}_{i,0}\right|\right)+\sum\limits_{j=0}^{n}\left(\left|\sum\limits_{i=1}^{m}\hat{x}_{i,j}-\hat{x}_{0,j}\right|\right)}{z_{0,0}}\times100\% \tag{13-51}$$

类似于基本协调，对关联协调方法的基本要求是各总需求与子需求平衡。如果各总需求与子需求都平衡，则评价结果为 $\alpha=0$，这是最为理想的情况，而关联协调模型可以达到这个目标；对于原始预测结果而言，或者任意构造的调整方案，总需求与子需求一般不平衡，不平衡量越大，α 也越大，评价效果越差。

（2）总调整量。在多级预测平衡的前提下，总调整量越小越好，但不可能小于总不平衡量 Δ_z 的 $\frac{1}{p}$（p 为多级协调的协调级，对 d 维 l 级协调问题，$p=d\times(l-1)$。如两维两级协调和一维三级协调均为 $p=2$）。相应的评价指标为

$$\beta = \frac{\left|\sum\limits_{i=0}^{m}\sum\limits_{j=0}^{n}|\hat{x}_{i,j}-z_{i,j}|-\frac{1}{p}\Delta_z\right|}{z_{0,0}}\times100\% \tag{13-52}$$

对于多级负荷预测而言，当总调整量正好等于协调前总不平衡量 Δ_z 的 $\frac{1}{p}$ 时，$\beta=0$，这是最为理想的情况；对于任意构造的调整方案，总调整量一般大于协调前不平衡量 Δ_z 的 $\frac{1}{p}$，总调整量越大，β 越大，评价效果越差。值得注意的是，任何关联协调方法一般情况下都不能保证 $\beta=0$，这一点明显区别于基本协调。这是因为只有各个维度都达到最优时才能使得 $\beta=0$，而由于多维多级协调的关联特性，其中广泛存在着"按下葫芦浮起瓢"的现象，使得一般情况下各个维度不能同时达到最优，除非一些极端特殊的情况。

（3）单项需求调整量。多级预测关联协调对各单项需求的调整同样应该比较均匀，相应的评价指标为

$$\gamma = \sqrt{\frac{1}{(m+1)(n+1)}\left(\sum\limits_{i=0}^{m}\sum\limits_{j=0}^{n}(\varepsilon_{i,j}-\bar{\varepsilon})^2\right)} \tag{13-53}$$

其中，$\varepsilon_{i,j}=\dfrac{|\hat{x}_{i,j}-z_{i,j}|}{z_{i,j}}\times100\%(i=0,1,\cdots,m;j=0,1,\cdots,n)$ 为单项调整百分

比；$\bar{\varepsilon}=\dfrac{1}{(m+1)(n+1)}\sum\limits_{i=0}^{m}\sum\limits_{j=0}^{n}\varepsilon_{i,j}$ 为单项调整百分比的平均值。

类似于基本协调，理想情况下，$\gamma=0$；γ 越大，评价效果越差。

13.6.2　综合评价

类似于基本协调，上述 3 个指标 α、β、γ 构成三级评价标准。对某一关联协调方法的评价，首先采用指标 α 评价协调结果是否平衡；如果平衡，则采用指标 β 评价总调整量大小；如果 β 值相近，最后采用指标 γ 评价多级调整的均匀性。显然，关联协调模型能够保证第一级评价 α 等于 0，因此只要判断指标 β 和 γ 的情况。

类似于基本协调，构造如下综合指标全面表征协调效果

$$A=(1+100\alpha)(1+100\beta)(1+100\gamma) \tag{13-54}$$

理想情况为 3 个指标 α、β、γ 均等于 0，因此综合评价指标 $A=1$；A 越大，评价效果越差。在如此的协调模型中，A 的取值在 $A^{*}=(1+100\times0\%)(1+100\times3\%)(1+100\times3\%)=16$ 以内都是可以接受的。

13.7　关联协调的算例分析

13.7.1　原始数据

以某省 2000～2004 年的数据作为历史数据，对 2005 年作负荷预测，产业电量和月度电量构成两维两级协调问题。其关联协调模型中 $m=4$、$n=12$、总共有 $m+n+1=4+12+1=17$ 个约束条件，不平衡向量 $\boldsymbol{\Delta}_z$ 也为 17 维。优化变量为 $(m+1)\times(n+1)=(4+1)\times(12+1)=65$ 个，相应的调整系数矩阵 $\boldsymbol{\Omega}$ 为 65×17 阶。协调前预测值和预测误差分别如表 13-7 和表 13-8 所示。

此两维两级预测问题中，年度电量与各月电量之和，以及全社会用电量与产业电量之和都不能达到平衡，总不平衡量 $\Delta_z=713278.8$，占年度全社会用电量的 9.62%。

13.7.2　协调结果

采用关联协调结果，假设协调模型中的所有预测的可信度均相当，协调后的预测值、协调误差（协调后的预测值对实际数据的相对误差）和调整百分比（协调后的预测值对原始预测值的相对调整量）分别如表 13-9、表 13-10 和表 13-11 所示。

经过协调，各总需求预测与子需求预测均达到统一。评价指标 $\alpha=0$、$\beta=0.75\%$、$\gamma=1.03\%$、$A=3.56$，协调效果非常好。

13.7.3　各需求预测调整量的主要影响因素

调整系数矩阵 $\boldsymbol{\Omega}$ 每行均有 17 个元素，分别对应本算例的 17 个一维不平衡量，其中前 4 个为年度产业电量与月度产业电量之和的不平衡量（简称为产业不平衡量），第 5 个为年度全社会用电量与年度产业电量之和的不平衡量（简称为年度不平衡量），后 12 个为月度全社会用电量与月度产业电量之和的不平衡量（简称为月度不平衡量）。调整系数矩阵中某预测项对应行的 17 个调整系数表明了各不平衡量对该预测项调整量的影响程度。

产业年度电量、年度全社会用电量、月度全社会用电量均是某种意义上的总需求，如果将其调整系数向量取出并按与不平衡量相同的顺序排列，将构成 17×17 维对称调整系数矩阵，如图 13-4 所示；产业月度电量为本算例的子需求，各产业 12 个月的调整系数如图 13-5 所示（为便于观察规律，图中反转了 z 轴）。

表 13-7　原 始 预 测 值　(万 kWh)

	全年	1月	2月	3月	4月	5月	6月	7月	8月	9月	10月	11月	12月
全社会	7414035.1	597953.1	425957.1	582426.1	620251.3	596709.4	672797.1	700375.1	722054.9	697501.5	673786.2	682960.6	664084.3
第一产业	80585.6	6632	6005.2	6550.4	6698.3	6498.8	6738.6	7255.1	7164.3	7889.3	7023.5	8244.3	7903.2
第二产业	5573124.3	418116.3	310077.3	426077.6	460636.6	444681.7	498798.9	497995.8	501052.3	477514	465892.9	511005.7	501456.2
第三产业	805225	55374.8	50174.5	56784.8	59830.7	59354.6	70486.3	80416.4	84119.9	84462.5	70033.9	64146.7	61840.6
城乡居民	1246785.3	86275.9	90142.9	96422.4	95478.2	88412.4	100295.9	118361.3	133634.9	123528.4	105560.4	100724.8	94031.6

表 13-8　原 始 预 测 误 差

	全年	1月	2月	3月	4月	5月	6月	7月	8月	9月	10月	11月	12月
全社会	-2.0%	3.9%	-4.5%	3.8%	0.4%	0.3%	3.5%	-1.9%	-2.0%	-1.2%	5.1%	2.9%	1.4%
第一产业	-8.2%	-12.5%	-7.0%	8.5%	0.7%	-6.0%	-7.0%	-8.3%	-13.6%	-4.1%	-7.3%	10.1%	6.8%
第二产业	2.4%	-0.2%	3.7%	6.2%	0.6%	1.4%	4.1%	-2.4%	-1.8%	-3.1%	2.9%	3.9%	2.1%
第三产业	-1.0%	-5.4%	-2.4%	3.5%	3.1%	-0.7%	0.0%	-2.0%	-5.3%	-1.8%	-5.7%	-4.6%	-0.3%
城乡居民	2.4%	-4.3%	1.1%	-2.7%	0.6%	-1.8%	7.5%	3.8%	3.4%	3.9%	-0.7%	3.5%	-0.8%

表 13-9　协 调 后 的 预 测 值　(万 kWh)

	全年	1月	2月	3月	4月	5月	6月	7月	8月	9月	10月	11月	12月
全社会	7626847.2	576977.7	445027.9	584404.9	621536.7	597909.4	674763.7	702489.9	724378.6	694567.6	656857.8	683406.1	664527
第一产业	84260.1	6609.5	5980.9	6525.7	6672.6	6474.6	6712.5	7224.9	7134.8	7854.2	6997.2	8205.5	7867.6
第二产业	5511843.4	428040.2	299788.8	424674.1	459524.8	443639.8	497245.6	496455.8	499456.7	478456.2	473574.5	510260.5	500726.4
第三产业	797475.1	55579.5	49930.2	56792.1	59847.7	59371.2	70504.9	80440.8	84145.5	84563.2	70256.4	64176	61867.7
城乡居民	1233268.7	86748.5	89328	96413	95491.7	88423.8	100300.7	118368.5	133641.5	123694	106029.7	100764	94065.4

表 13-10

协调误差

	全年	1月	2月	3月	4月	5月	6月	7月	8月	9月	10月	11月	12月
全社会	0.9%	0.3%	-0.2%	4.2%	0.7%	0.5%	3.8%	-1.6%	-1.7%	-1.6%	2.5%	3.0%	1.4%
第一产业	-4.0%	-12.8%	-7.4%	8.1%	0.3%	-6.3%	-7.4%	-8.7%	-13.9%	-4.5%	-7.7%	9.6%	6.3%
第二产业	1.3%	2.2%	0.3%	5.9%	0.4%	1.2%	3.8%	-2.7%	-2.1%	-2.9%	4.6%	3.8%	2.0%
第三产业	-2.0%	-5.1%	-2.9%	3.6%	3.2%	-0.7%	0.0%	-2.0%	-5.2%	-1.6%	-5.4%	-4.6%	-0.2%
城乡居民	1.3%	-3.8%	0.2%	-2.8%	0.6%	-1.8%	7.5%	3.8%	3.4%	4.0%	-0.2%	3.6%	-0.8%

表 13-11

调整百分比

	全年	1月	2月	3月	4月	5月	6月	7月	8月	9月	10月	11月	12月
全社会	2.9%	-3.5%	4.5%	0.3%	0.2%	0.2%	0.3%	0.3%	0.3%	-0.4%	-2.5%	0.1%	0.1%
第一产业	4.6%	-0.3%	-0.4%	-0.4%	-0.4%	-0.4%	-0.4%	-0.4%	-0.4%	-0.4%	-0.4%	-0.5%	-0.5%
第二产业	-1.1%	2.4%	-3.3%	-0.3%	-0.2%	-0.2%	-0.3%	-0.3%	-0.3%	0.2%	1.7%	-0.2%	-0.2%
第三产业	-1.0%	0.4%	-0.5%	0.0%	0.0%	0.0%	0.0%	0.0%	0.0%	0.1%	0.3%	0.1%	0.0%
城乡居民	-1.1%	0.6%	-0.9%	0.0%	0.0%	0.0%	0.0%	0.0%	0.0%	0.1%	0.4%	0.0%	0.0%

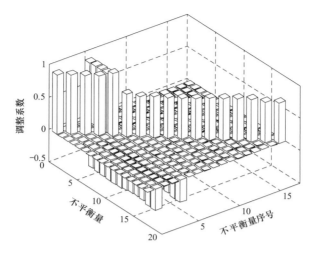

图 13-4 总需求调整系数

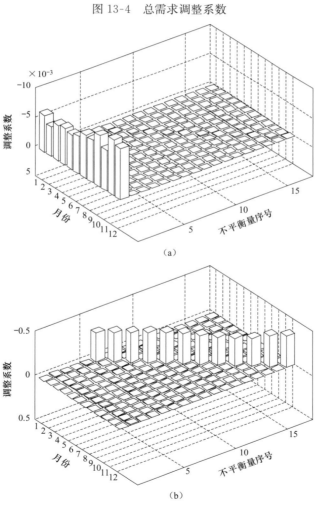

(a)

(b)

图 13-5 子需求调整系数 (一)

(a) 第一产业月度电量调整系数；(b) 第二产业月度电量调整系数

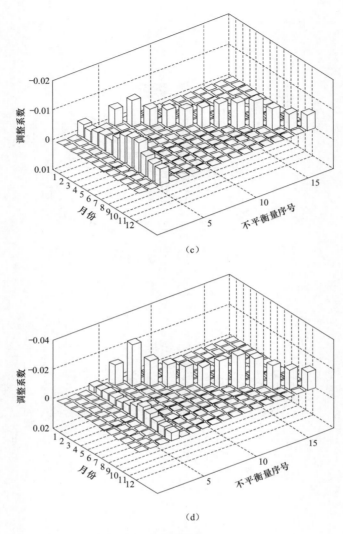

图 13-5　子需求调整系数（二）

（c）第三产业月度电量调整系数；（d）城乡居民月度电量调整系数

图 13-4 明显呈现对角占优的特点，即各总需求预测值调整量主要受对应不平衡量的影响，具体对应关系如表 13-12 所示。

表 13-12　　　　　　　　　各需求预测调整量的主要影响因素

需求预测调整量	产业不平衡量	年度不平衡量	月度不平衡量
产业年度电量	主要受对应产业不平衡量的影响	极小	较小，且与对应产业不平衡量的影响相反
年度全社会用电量	较大	最大	较小，且与其他不平衡量的影响相反
月度全社会用电量	极小	极小	主要受对应月度不平衡量影响
产业月度电量	受对应产业不平衡量的影响相对较大	极小	受对应月度不平衡量的影响相对较大

由图 13-5 可见，不同产业的月度电量调整量的影响因素也呈现一定的规律，即都主要受对应产业和对应月度不平衡量的影响。但要注意图中产业月度电量调整系数的数量级较小。

第14章

中长期负荷预测系统

14.1 中长期负荷预测系统的研究过程

作者已成功研究了单机版和网络版两代负荷预测软件。本章将围绕后者进行简要介绍。

单机版负荷预测软件的初级版本是为原华北电业管理局开发的电力规划决策系统中的一个组成部分。该版本于1994年8月起开发，1994年12月完成。软件包的初级版本基于DOS，界面部分及简单计算部分由汉化FoxBase完成，复杂计算部分用Turbo C语言编程实现。

从1995年3月起，为原东北电业管理局开发了电力系统负荷预测软件包的正式版本（TH-PSLF V1.0），于1995年8月完成。软件包的正式版本基于Windows，以FoxPro 2.6 for Windows为开发平台，界面部分及简单计算部分由FoxPro完成，复杂计算部分用Visual C/C++语言编程实现。

1996年6～8月，根据原华北电业管理局的需要，作者对TH-PSLF V1.0作了改进，形成了TH-PSLF V1.5。1997年4～6月又对TH-PSLF V1.5作了重大改进，形成了TH-PSLF V2.0。至此，形成了一个完整的适用于规划部门的单机版年度预测软件产品。

随着国家经济的发展，电力工业走向市场的趋势对用电/计划部门进行电力需求预测提出了新要求。如何使预测手段及预测结果满足这一新的要求，是用电/计划部门预测人员面临的新课题。基于在电力规划部门应用的成功经验，作者又对TH-PSLF作了大量的扩充与改进，从而使之适应用电部门的要求。在1997年7月在延吉召开的全国用电负荷预测会议上，TH-PSLF受到与会领导及各地区负荷预测工程师们的一致好评。此后经过多次的功能完善，形成适用于用电部门的TH-PSLF V3.0。

在研制过程中，软件开发者始终坚持科学化与实用化相结合的原则，不断与各合作单位进行讨论，听取软件使用方对菜单界面、操作顺序、预测方法与功能等方面提出的意见并能充分接受这些合理建议，使软件进一步满足用户的要求。经过持续改进，形成以Visual FoxPro 5.0为开发平台，基于Windows 95/98/NT的电力系统负荷预测软件包TH-PSLF V4.0。

经过在多个电网的成功应用，1998年8月，国家电力公司安运部将TH-PSLF作为推荐产品，在山东烟台组织了全国电力市场用电需求预测培训班，邀请清华大学的老师对于从预测理论到实际应用等各个方面进行了详细的讲解，获得一致好评。

至2000年，单机版本负荷预测软件已先后在全国15个省级电力公司、150余个供电局推广使用。2001年，该软件通过了国家教育部组织的鉴定，2002年，该成果获得国家教育部科技进步二等奖。

伴随电力企业管理水平的提高和网络信息技术的快速发展，作者从2001年开始对单机版负荷预测软件进行全面升级，2002年成功推出网络化的中长期负荷预测系统。该系统整合规范了各级（网、省、市、区/县）、各部门（计划、营销、规划）电力市场需求分析预测的相关业务，建立了统一的信息和应用平台，使得各级各部门的分析预测工作协调统一，实现了信息标准化、自动化、科学化和敏捷化。网、省、市、区/县不同角色的功能分配构成纵向应用体系结构，满足电力企业的管理要求。该系统已在 260 多个网/省级/地市级电力企业得到成功应用，并获得天津电力公司科技进步一等奖和甘肃、福建、北京电力公司科技进步二等奖。

14.2 中长期负荷预测系统的研究思路

14.2.1 核心设计理念

电力需求分析与预测工作是电力企业制定发展与经营战略的依据。在电力市场环境下，把握电力需求的走势是实施电力企业战略的前提，是保持电力工业与国民经济和谐发展的重要保证，是实现发电资源优化配置与电网安全可靠供电的基础。做好电力需求分析与预测迫切需要实现该工作信息化与科学化，必须遵循以下原则、理念与方法。

（1）必须建立基于调度自动化和用电营销等系统数据资源、采用数据挖掘技术、自上而下的电力需求预测与分析信息化系统，全面实现信息采集、传输、处理、整合的自动化。

（2）必须基于公司的经营战略，整合现有的数据资源，提供多维、图文并茂的分析功能，揭示电力需求的发展规律。

（3）必须建立包含多种预测模型的方法库，对不同时期和地区的电力需求预测规律采用不同的预测模型，并提供自动生成综合模型的方法，实现预测模型选择的自动化。

（4）必须提供对电力需求发展规律性分析的方法，揭示预测精度的可能分布范围。

（5）必须采用最新的信息技术确保电力需求分析与预测系统的信息安全、运行可靠、维护方便、易于扩展、可视化程度高。

（6）必须建立诸如国民经济指标体系与环境因素的数据库，揭示影响电力需求发展的关键因素，形成对电力需求发展的景气分析。

（7）最大限度发挥预测人员在预测工作中的作用，将预测经验与预测系统有机地结合在一起。

（8）最大限度地实现分析与预测信息的表格化、图形化、公文化。

14.2.2 关键技术

为了建立满足全面应用需求的、网络化的中长期负荷预测系统，应在总结国内外先进的电力市场分析预测经验和最新信息技术发展的基础上，结合不同电网特性，应用以下设计思想与技术：

（1）负荷预测的方案管理。方便预测决策者对不同的预测策略进行比较，获得最佳的预测策略。

（2）网络化的预测计算。基于电子商务技术，应用 WEB 开发技术实现预测的网络化计算。

（3）预测模型的自适应。系统应能够根据预测对象及其相关历史数据的特性自动筛选适合的方法模型；同时，系统在跟踪记忆用户的预测过程时，通过方法的选择和误差分析得出适合预测对象的最优综合模型，从而进一步提高系统的便捷程度和模型预测精度。

（4）实现软件的开放性。所有预测方法和预测策略都是对用户开放的。用户可以自定义预测模型中的负荷相关因素，修改各种预测模型的参数，定义各种模型的结构，自定义不同的预测策略，为用户提供充分的空间，将专家经验与预测系统有机结合，从而保证和提高预测精度。

（5）与不同电网的负荷需求特点相融合。通用的预测方法很难获得较好的预测精度，因为这些方法没有考虑所预测地区电力负荷的特点。必须研究各地区、各行业用电负荷需求的特点，设计预测方法，构造预测策略。

（6）基于数据挖掘技术的报表生成。提供自动化的、可扩充的报表、报告功能，方便用户进行各种数据的分析及对数据的汇总上报。

14.2.3 中长期负荷预测方法库

不同地区负荷的发展规律相异，每一种预测方法都代表了一种发展规律。预测方法越多，预测人员的选择余地越大。软件建立的预测方法库，提供了几十种预测方法。预测人员可以结合具体情况灵活选用较为合适的预测方法，比较多种方法的预测结果，再进行合理的综合分析，得出最终的预测结果。

中长期预测模型与方法如图 14-1 所示。

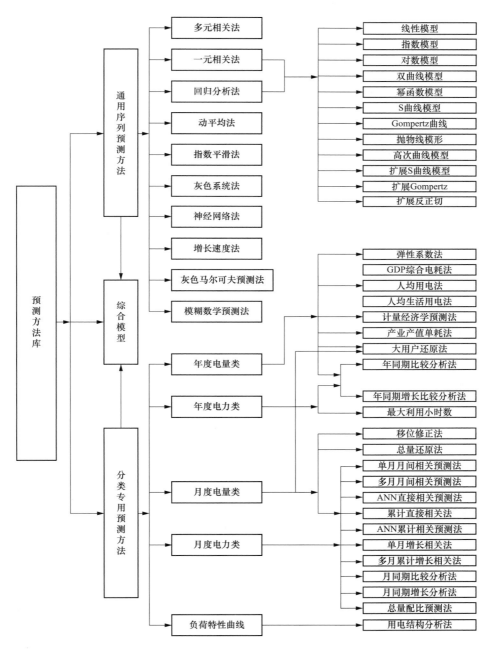

图 14-1 中长期负荷预测方法库的构成图

14.3　系统体系结构

14.3.1　网络构成

系统应用于企业内部广域网，所有服务器均放置于上级电力企业，统一管理。系统授权人员通过内部局域网直接访问 WEB 服务器；有与服务器相连接的广域专网条件的授权用户通过系统内专网访问 WEB 服务器；不具备专线接入条件的授权用户可通过拨号接入的方式接入电力企业内部局域网，实现对本系统的连接，通过指定的用户账号登录本系统。系统内的网络通信全部基于 TCP/IP 协议。

以国网天津市电力公司的应用为例，其网络构成图如图 14-2 所示。

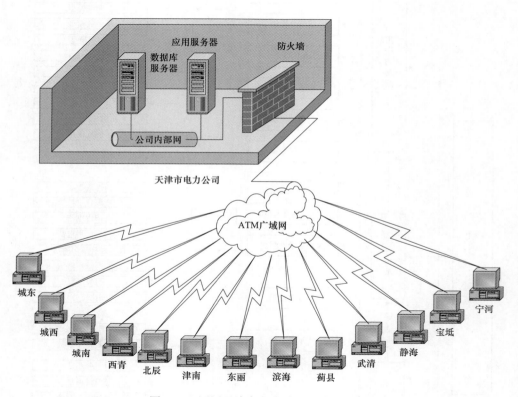

图 14-2　国网天津市电力公司网络构成图

14.3.2　系统结构

网络化的中长期负荷预测系统由服务器端与客户端两部分组成。服务器端的功能是集中存储数据，接受用户请求，系统中所有的分析预测运算与信息管理功能都在服务器端完成；客户端是用户接入本系统的工具，用户通过对客户端的操作实现本系统提供的各种功能，比如预测、数据管理等。

系统采用三层体系结构，服务器端主要由应用服务器（系统中应用服务器与 WEB 服务器架设于同一台服务器之上）与数据库服务器（Data Base Server）两台服务器构成，还包括网络接入等辅助设施。

应用服务器作为中间层（业务逻辑层）实现对用户的接入，接受用户请求、执行复杂的运算，并将结果返回给用户。这是客户端所能直接与之进行通信的一台服务器。

数据库服务器作为数据层，加装大型关系数据库软件，用来存储数据，并接受应用服务器请求，与之相配合进行运算操作。数据库服务器不与客户端直接发生联系，所有操作均通过中间层进行。

客户端（表示层）系统采用浏览器作为客户端软件，用户的客户机上不须加装除 IE 浏览器外的任何其他软件，用户通过浏览器输入 WEB 服务器地址，访问 WEB 服务器就可以实现系统内全部操作。

14.3.3 系统开发平台

在中长期负荷预测系统中，登录点可能是大量的、来自各方面的。需求预测中心和各个用户的计算机系统情况多种多样，预测系统要求有安全的网上数据传输、高效的预测计算性能和查询能力，还要满足先进性、可扩展性、可移植性等系统设计原则。为保持系统的先进性，在系统的选型、分析过程中对各种主流的体系结构作了分析对比，最终确定了目前的体系结构，即 B/S 应用模式，J2EE 架构，全面的 Java 解决方案。这种体系所拥有的优点除与平台无关、运算速度快、可升级性好之外，更具有强大的生命力，因为此种体系已得到 IT 业界的认可，并被广泛地应用。

B/S 结构（浏览器/服务器）架构是基于 Web 的先进的体系结构。在这种架构中，利用 Web 应用服务器和事务处理中间件为应用程序提供 Web 运行环境，数据资源和客户机被应用服务器分隔开，应用服务器上存储着应用逻辑。这种结构着重于客户机对应用服务的请求，有别于着重于数据请求的二层次架构。这种结构提高了系统的性能，简化了用户的管理。

中长期负荷预测系统采用了 B/S 模式主要是针对系统的以下特点：

（1）分布式的应用。本系统应用于网、省电力企业及下属多个电力企业，数据集中、应用集中的处理是本系统所能采用的最好方式。从这个角度来说，B/S 结构是首选。

（2）数据运算量大。本系统的预测运算要用数据量很大的历史数据库，同时又要通过多种方法进行复杂的运算。B/S 结构的集中式处理可以有效的利用投资，配置较高级的服务器，从而获得更佳的运算性能。

J2EE 有以下突出优点：

（1）被大量的业界公司支持，有统一的工业标准。J2EE 是由许多著名的业界公司合作提出的一个开放平台，它拥有业界的广泛支持和众多的中间件软件提供商（比如 IBM，Oracle，Inprise，Sun，Netscape 等）。J2EE 的提供商无关性标准使得新的软件提供商可以毫无阻拦地进入这个市场参与竞争，从而使得客户可以从众多的产品（包括服务器端平台，开发工具和应用组件等）中选择并组合成自己的体系结构。如果客户设计的 J2EE 应用完全符合此标准，那么新的体系结构和平台技术只需进行很少的修改就可以得到应用。先进的基于 J2EE 平台的软件产品可以更多地应用中间件产品从而减少开发人员的工作量。这使得开发人员可以专注于系统功能而不是复杂的中间件开发。

（2）更好地利用已有的 IT 资源。J2EE 建立在已有系统的上层，从而可以完全包装过去的应用投资。几乎所有的已有投资都可以进行包装，客户可以继续使用已有的应用、操作系统、硬件等。这就减少了应用的部署费用和风险度。

（3）对未来投资的更好保护和对变化的快速适应。当今互联网经济对 IT 部门的要求日新月异，新的功能层出不穷，而且往往要求在复杂的互异系统中进行部署。服务器端平台应该可以使客户适应这种变化。一个设计良好的 J2EE 应用只需作很少量的改动就可以在互异的中间件、硬件或操作系统中进行部署，这使得客户可以选择他们所需的服务而不必扔掉早先开发的应用。

J2EE 是一个广泛的概念，它包括了很多种技术，其中在网络化的中长期负荷预测系统中得到应用的有 JDBC、JSP、Servlet 以及 XML 技术等，再加上在先前的 Java 版本中就已推出的 Java Bean、Applet、Swing 图形技术等，全面的 JAVA 应用使本系统的可靠性、可用性、可扩展性、可管理性都在机制上得到了保证。

系统的程序分为客户端与服务器端两部分，客户端主要为浏览器脚本（以 JavaScript 编写）以及 Applet 小应用和 HTML 代码；服务器端以 JSP、Java Bean、Servlet、JNI 为主，结合 XML、JDBC 等其他技术。所用到的技术虽然复杂多样，但由于都是在 J2EE 架构之下运行，所以可以有机、紧密地结合在一起，并且使整个系统更加健壮，生命力更强。

正是由于本系统全面应用了 Java 技术，才满足了系统设计目标中所要求的可移植性、可升级性。在采用这一体系的同时，系统放弃了可以运用但会降低系统性能或系统安全的其他技术，比如 ActiveX 插件等，不让技术环境过于复杂，以保证系统的可用性与可维护性。

14.4　系统核心功能设计

14.4.1　负荷预测功能

预测模块是系统的核心模块，是进行预测工作的主要工作平台。预测模块提供了快速预测、高级预测、批量预测等针对不同需求的预测方式，还提供了预测结果管理、方案库、预测辅助工具等功能。

典型的预测操作界面如图 14-3 所示。

其中，系统针对预测提出了方案的概念。所谓方案，就是指针对一个预测指标进行预测时，所做的关于预测时间、历史数据可信度、预测模型选择、预测模型参数设置等一系列关于预测设置条件的集合，详细记录了一次预测的预测条件和过程设置。下面简单介绍预测模块的几大主要功能。

（1）快速预测：就是使用默认方案进行预测的预测过程，而默认方案则是由系统对保存的方案进行优劣评价后，选择出的最优方案。快速预测只能简单针对预测时间、历史数据时间范围、可信度这三方面的设置条件对预测进行设置。快速预测主要用于需要快速得到预测结果、对预测结果的精度要求不是很高的应用场合。

（2）高级预测：与快速预测相比，高级预测开放了更多的预测设置条件，所有可以调整的预测参数和预测设置在高级预测中都允许用户对其进行调整和设置。高级预测可以保存方案，保存的方案可供快速预测使用。

（3）批量预测：是不同于快速预测和高级预测的一种预测途径和方式。针对月度预测，快速预测和高级预测每次可以外推预测一个月份多年的预测结果；针对年度指标预测，每

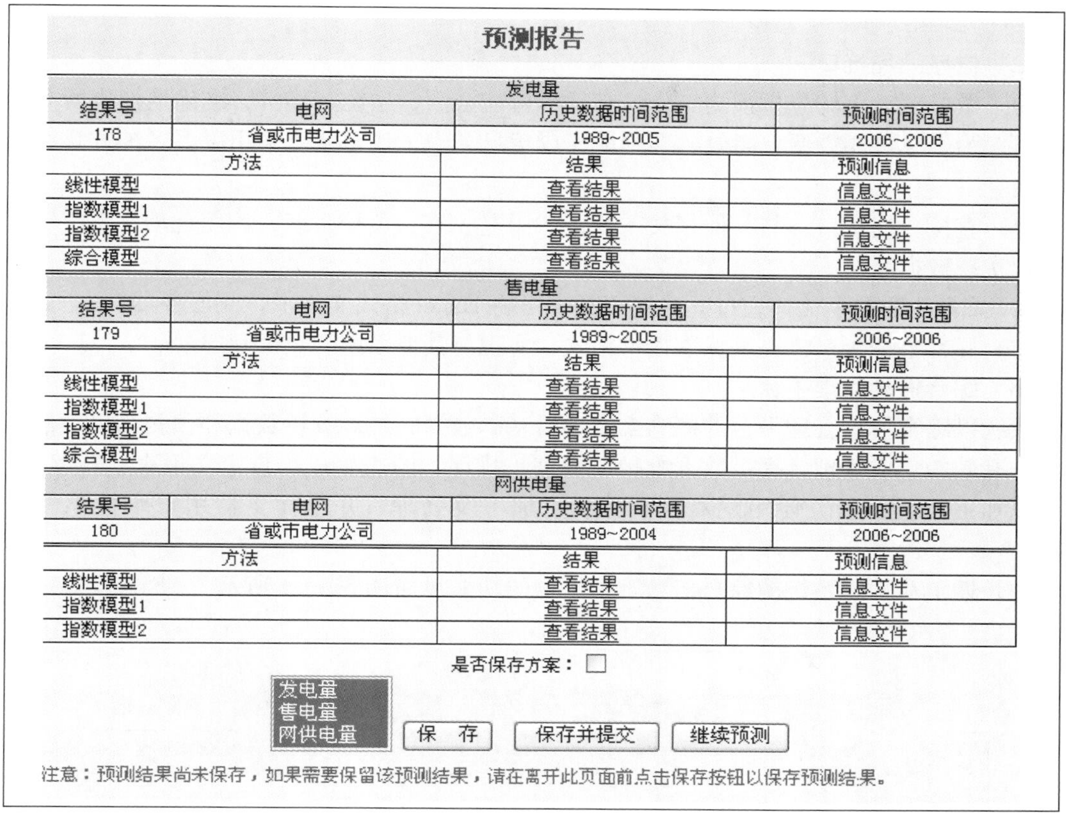

图 14-3　预测操作界面示意图

次可以外推预测出多年的预测结果。而批量预测可以针对一个指标滚动预测多年，或同时针对一个指标的多个月份滚动预测多年。对于大批量多月份的预测，批量预测是一个非常好的途径。

（4）预测结果：提供了管理预测结果的功能，能够进行查看已有的预测结果、提交预测结果、删除预测结果、给预测结果命名等一系列操作。拥有管理员权限的用户可以看见并修改或删除所有人的预测结果；非管理员用户能看到所有人的预测结果，但只能修改自己的预测结果。

（5）方案库：提供了查看方案、管理方案的功能。方案库中的方案是按照预测指标和预测电网来分类的，因为预测指标或地区不同，数据变化的趋势也不同，所以方案之间不具有通用性；因而使用这些作为方案分类的条件。为了满足不同供电区之间互相借鉴方案的要求，方案库中提供了跨供电区试测方案的功能，用于在不同供电区之间共享使用方案。

（6）工具箱中提供了预测决策和相关分析两个功能。预测决策用于自动筛选适合一个预测指标的预测模型，帮助用户选择合适的预测模型进行预测；预测决策的结果是一个方案，这个方案保存后，可以在快速预测或高级预测中使用。相关分析用于分析两个不同指标之间的相关性；分析结果是一个数字，数字越大表明相关性越好，也就是变化趋势之间的关系更紧密。根据相关分析的相关性大小，可以判断一个指标是否适合作为另一个指标预测时的相关元。

14.4.2　信息采集接口

为了做好电力市场分析预测工作，必须尽可能全面、系统、连贯、准确地搜集所需的有关资料。为了尽可能方便、高效、准确地完成信息录入工作，系统采用以下多种方式实现信息采集。

（1）直接数据接口：与其他相关系统，如用电 MIS、负控系统、调度自动化系统等直接接口，实现数据互通。

（2）Excel 数据上传：通过此系统工具，可将 Excel 格式文件上传到服务器。

（3）标准数据接口：提供标准接口格式，实现与其他系统的数据互通。

14.4.3　综合信息管理平台

系统以综合信息管理平台的概念来实现对基础数据、统计分析数据和预测结果等信息的科学、有效的集成管理，提供数据维护、查询、排序、图表生成、自定义报表、转存 Excel 等信息加工工具，以方便用户对信息分析、加工及处理，并全面支持用户个性化的信息组织。

中长期负荷预测系统的综合信息管理平台的功能界面如图 14-4 所示。

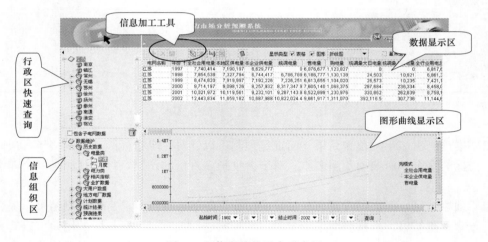

图 14-4　信息维护平台示意图

综合信息管理平台是系统的数据综合查询分析平台。该部分使用 Java Swing 技术开发 Applet 内嵌于浏览器中运行，其功能包括：数据增、删、改、查，数据排序、行列转置、按行或列方式作折线图、饼图、柱图；设定数据显示内容、导出数据为 Excel 文件、导出图片为 png 格式文件；将图片切换为 2D 或 3D 效果作为文件导出，用于制作报告文档、打印等；多供电区数据横向对比作图、同供电区不同时间数据对比作图等。另外，还包括自动统计分析、数据的粘贴复制、个人报表等特殊功能。

14.4.4　综合分析报告功能

系统可将数据库中的信息进行整合，定期生成年度预测分析报告和月度预测分析报告，报告中包含主要电力电量指标的详尽图表分析，并可下载为 Word 文档，保存在本地。

综合分析报告界面示例如图 14-5 所示。

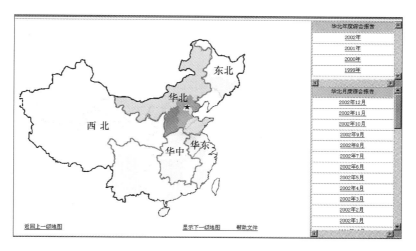

图 14-5　综合分析报告引导主界面

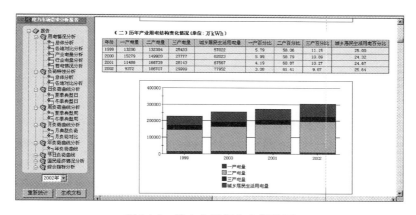

图 14-6　综合分析报告内容界面

14.4.5　综合分析报表功能

系统开发了报表的自动生成工具，可灵活根据用户的工作需求定制报表的内容，并实现

图 14-7　综合分析报表界面

数据的自动提取。报表可转存为 Excel 格式，下载到本地。

14.4.6 系统管理

系统提供了一套完整的机制以保证其安全运行，其中对用户的身份认证与权限管理是最重要的内容。系统对于用户的操作权限进行了细致的管理和规范，即用户所做的每一操作都需得到管理员的认可。同时，将若干项权限组成集合，以方便系统管理员对权限的管理。

（1）用户管理。每一可访问本系统的用户都会被分配一个唯一的用户号，在进入本系统前，用户必须以此用户号进行登录，并输入密码作为身份认证。

在用户创建时由系统管理员设置初始密码，用户可以自己修改，管理员拥有修改任何用户密码的权限。

每一用户至少要被授予一个角色，否则该用户将不会拥有任何权力。

（2）角色管理。角色是权限的集合，也是用户身份的表示。角色与电网无关，不从属于电网，增加、修改、删除及分配角色的权力仅属于系统管理员。

用户权限分为两种：

模块权限：标识用户有无访问某个模块的权力。

数据权限：标识用户在数据管理中可以操作的数据对象的权力，又可细分为增、删、改、查及控制子电网五种子权限。

（3）电网管理。该功能应用于指定的电网，电网间有明确的上下级关系，呈树形分布。在电网管理中提供对电网信息及从属关系的查询功能。

14.5 规划／计划类功能设计

14.5.1 数据类别

规划／计划类的预测系统中，所管理的数据信息包括：

（1）经济类：

1）经济总量类：GDP、一产增加值、二产增加值、工业增加值等。

2）经济指数类：GDP 指数、一产增加值指数、二产增加值指数等。

3）农业增加值类：农业增加值、林业增加值、畜牧业增加值等。

4）工业增加值类：工业总产值、轻工业总产值、重工业总产值、煤炭采选业增加值等。

5）工业产品产量类：原煤产量、原油产量、天然气产量等。

6）第三产业增加值类：交通运输增加值、邮电通信业增加值、商业及餐饮业增加值等。

7）人口类数据：总人口、城镇人口、乡村人口等。

8）居民类数据：居民人均收入、乡村居民人均收入等。

（2）能源类：

1）一次能源生产：原煤产量、原油产量、天然气产量等。

2）一次能源消费：原煤消费量、原油消费量、天然气消费量等。

3）主要能源生产：煤炭产量、焦炭产量、原油产量等。

4）主要能源消费：煤炭消费量、焦炭消费量、原油消费量等。

5）生活能源消费：消费总量、煤炭消费量、煤油消费量等。

6）系统电源类数据：总装机、水电装机、火电装机、核电装机等。

（3）电量指标类：

1）总量类：全社会用电量、全行业用电总计、发电量、统调电量等。

2）分行业用电量。

3）分产业用电量。

（4）负荷指标类：

1）年度负荷指标类：年度最大/平均/最小负荷、最大/最小峰谷差、最大/最小日负荷率、平均负荷率等。

2）月度负荷指标类：月度最大/平均/最小负荷、最大/最小峰谷差、最大/最小日负荷率、平均负荷率等。

（5）负荷曲线类：

1）年负荷曲线。

2）月典型负荷曲线类：月典型工作日曲线、月周六/周日曲线、月最大/最小电量日曲线、月最大/最小负荷日曲线、月最大/最小峰谷差日曲线等。

3）负荷日志：96点负荷曲线。

4）节日负荷曲线类：春节曲线、元旦曲线、五一节曲线、国庆节曲线。

（6）综合指标类：电力弹性系数、人均用电量、人均生活用电量、一产产值单耗、二产产值单耗、三产产值单耗、国民生产总值单耗、年最大负荷利用小时数等。

14.5.2 预测内容

（1）年度预测：

1）国民经济发展的预测或结果获取（GDP、产业产值及人口等）。

2）综合指标预测（电力弹性系数、产值单耗、人均用电量、人均生活用电量、年最大负荷利用小时数等）。

3）年度电量预测（全社会用电量、统调电量，各产业电量，行业分类电量等）。

4）年度电力预测（最大用电负荷、年平均最大用电负荷、最小用电负荷、年代表峰谷差/负荷率/最小负荷率等）。

5）年负荷曲线预测。

（2）月度预测：

1）月度电量预测（全社会用电量、统调电量，各产业电量，行业分类电量等）。

2）月度电力预测（最大用电负荷、平均最大用电负荷、工作日平均最大用电负荷、最小用电负荷、工作日最小用电负荷、月代表峰谷差/负荷率/最小负荷率等）。

3）月典型负荷曲线预测（最大/最小负荷日、最大/最小电量日、最大/最小峰谷差日等）。

14.5.3 经济运行情况分析

包括各类经济指标的对比分析、历年对比及各地对比的图表分析。典型操作界面如图14-8所示。

14.5.4 综合指标分析

包括各类综合指标（弹性系数类、用电单耗类、人均用电类、利用小时数类）的对比分析、历年对比及各地对比分析等。典型操作界面如图14-9所示。

14.5.5 电量分析

所包括的功能包括：

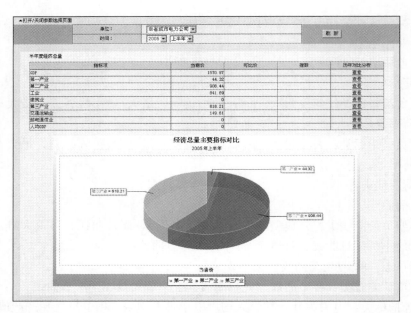

图 14-8　经济运行分析界面

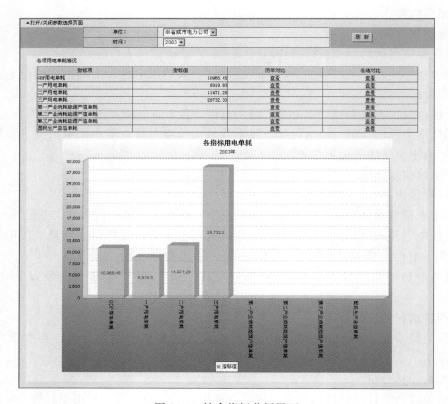

图 14-9　综合指标分析界面

（1）总体分析：全社会用电量、全行业用电总计、购电量、统调电量等指标的图表对比、增长率、增长率提高点数、历年对比分析等。

（2）各地对比分析：对比各地的用电情况、用电增长情况及用电增长贡献率等。

（3）行业电量分析：对比各行业用电量、行业用电增长情况及行业用电增长贡献率、历年行业结构的变化情况等。

（4）产业电量分析：对比各产业用电量、产业用电增长情况及产业用电增长贡献率、历年产业结构的变化情况等。

典型的分析界面如图 14-10 所示。

14.6 营销（用电）类功能设计

14.6.1 所管理的数据类别

营销（用电）类的预测系统中，所管理的数据信息包括：

（1）电量类：

1）总量类：全社会用电量、全行业用电量等。

2）售电量：大工业、非普工业、商业用电、农业用电等。

（2）负荷指标类：

1）年度负荷指标类：年度最大/平均/最小负荷、最大/最小峰谷差、最大/最小日负荷率、平均负荷率等。

2）月度负荷指标类：月度最大/平均/最小负荷、最大/最小峰谷差、最大/最小日负荷率、平均负荷率等。

（3）负荷曲线类：

1）年负荷曲线。

2）月典型负荷曲线类：月典型工作日曲线、月周六/周日曲线、月最大/最小电量日曲线、月最大/最小负荷日曲线、月最大/最小峰谷差日曲线等。

3）负荷日志：96 点负荷曲线。

4）节日负荷曲线类：春节曲线、元旦曲线、五一节曲线、国庆节曲线。

（4）大用户数据：

1）日用电情况：24 点/48 点负荷、日电量、最大负荷、最小负荷等。

2）月用电情况：月用电量、购电均价等。

3）年用电情况：年用电量、购电均价等。

（5）地方电厂类：

1）地方电厂基本情况：各机组单机容量、投产时间和退役时间。

2）地方电厂月度发电情况：各电厂月计划发电量、月实际发电量、月计划上网电量、月实际上网电量、月上网电价。

3）地方电厂年度发电情况：各电厂年计划发电量、年实际发电量、年计划上网电量、年实际上网电量、年上网电价。

14.6.2 预测内容

在规划/计划类某些指标的基础上，突出用电/营销的特点，例如如下内容。

（1）年度预测：

1）年度电量预测（全社会用电量等）。

2）年度电力预测（最大用电负荷等）。

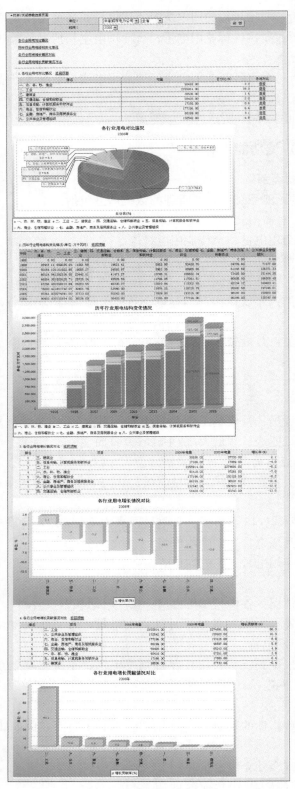

图 14-10　电量分析的典型界面

（2）月度预测：

1）月度电量预测（售电量、各电价类别售电量、全社会用电量等）。

2）月度电力预测（最大用电负荷等）。

14.6.3 大用户分析

大用户分析的内容包括：

（1）大用户列表及基本情况：所属行业、所属地区、经济类型、主营业务等。

（2）年/月用电分析：年/月用电量、地区排名、行业排名、排名异动、用电增长、历年对比分析等。

（3）用电增长对比：年/月用电增长情况、增长率提高点数、地区增长排名、行业增长排名、排名异动等。

（4）用电增长贡献率对比：年/月用电增长贡献率、增长贡献率提高点数、地区增长贡献率排名、行业增长贡献率排名、排名异动等。

典型的分析界面如图 14-11 所示。

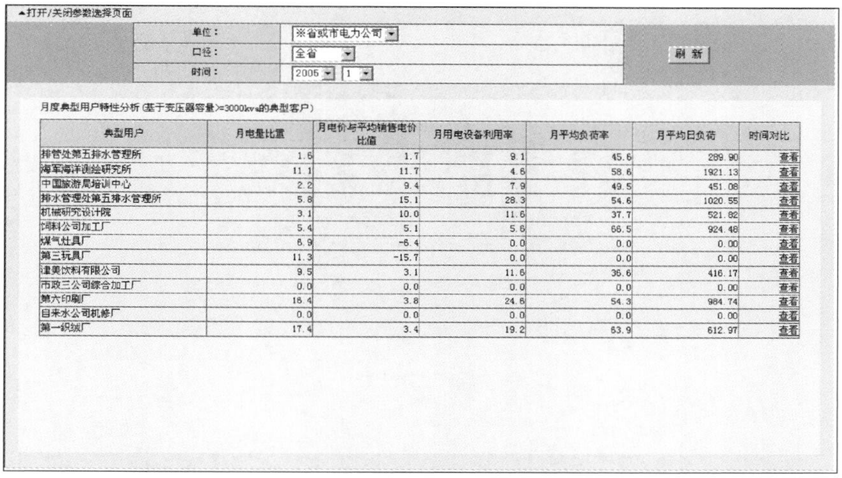

典型用户	月电量比重	月电价与平均销售电价比值	月用电设备利用率	月平均负荷率	月平均日负荷	时间对比
排管处第五排水管理所	1.6	1.7	9.1	45.6	289.90	查看
海军海洋测绘研究所	11.1	11.7	4.6	58.6	1921.13	查看
中国旅游局培训中心	2.2	9.4	7.9	49.5	451.08	查看
排水管理处第五排水管理所	5.8	15.1	28.3	54.6	1020.55	查看
机械研究设计院	3.1	10.0	11.6	37.7	521.82	查看
饲料公司加工厂	5.4	5.1	5.6	66.5	924.48	查看
煤气灶具厂	6.9	-6.4	0.0	0.0	0.00	查看
第三玩具厂	11.3	-15.7	0.0	0.0	0.00	查看
津美饮料有限公司	9.5	3.1	11.6	36.6	416.17	查看
市政三公司综合加工厂	0.0	0.0	0.0	0.0	0.00	查看
第六印刷厂	18.4	3.8	24.6	54.3	984.74	查看
自来水公司机修厂	0.0	0.0	0.0	0.0	0.00	查看
第一织绒厂	17.4	3.4	19.2	63.9	612.97	查看

图 14-11　大用户分析的典型界面

14.6.4 售电量分析

售电量分析主要完成各类售电量的趋势分析、历史对比等。典型的分析界面如图 14-12 所示。

14.6.5 市场占有率分析

市场占有率分析主要完成市场占有率的分析和对比。典型的分析界面如图 14-13 所示。

14.6.6 售电价格分析

售电价格分析主要完成售电价格的对比与分析。典型的分析界面如图 14-14 所示。

14.6.7 报装跟踪分析

报装跟踪分析主要完成报装情况的分析与跟踪。典型的分析界面如图 14-15 所示。

14.6.8 市场集中度分析

市场集中度分析主要完成市场集中度的分析与对比。典型的分析界面如图 14-16 所示。

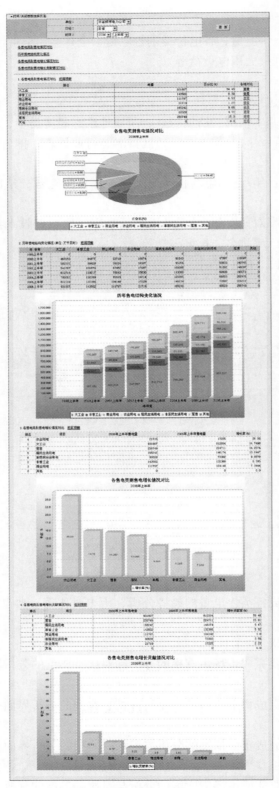

图 14-12　售电量分析

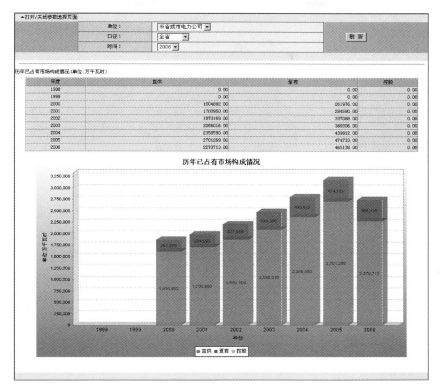

历年已占有市场构成情况（单位：万千瓦时）

年度	直供	直售	控股
1998	0.00	0.00	0.00
1999	0.00	0.00	0.00
2000	1604892.00	261976.00	0.00
2001	1700950.00	284590.00	0.00
2002	1870169.00	337088.00	0.00
2003	2086016.00	389306.00	0.00
2004	2359590.00	439912.00	0.00
2005	2701269.00	474733.00	0.00
2006	2270713.00	465138.00	0.00

图 14-13　历年市场占有率分析

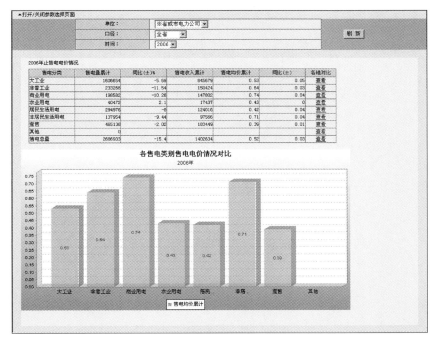

2006年止售电电价情况

售电分类	售电量累计	同比(±)%	售电收入累计	售电均价累计	同比(±)	各地对比
大工业	1606654	-5.69	845679	0.53	0.05	查看
非普工业	233266	-11.54	150424	0.64	0.03	查看
商业用电	198582	-10.26	147802	0.74	0.04	查看
农业用电	40472	2.1	17437	0.43	0	查看
居民生活用电	294976	-8	124016	0.42	0.04	查看
非居民生活用电	137954	-9.44	97566	0.71	0.04	查看
直售	465138	-2.02	183449	0.39	0.01	查看
其他	0					查看
售电总量	2686933	-15.4	1402634	0.52	0.03	查看

图 14-14　售电价格分析

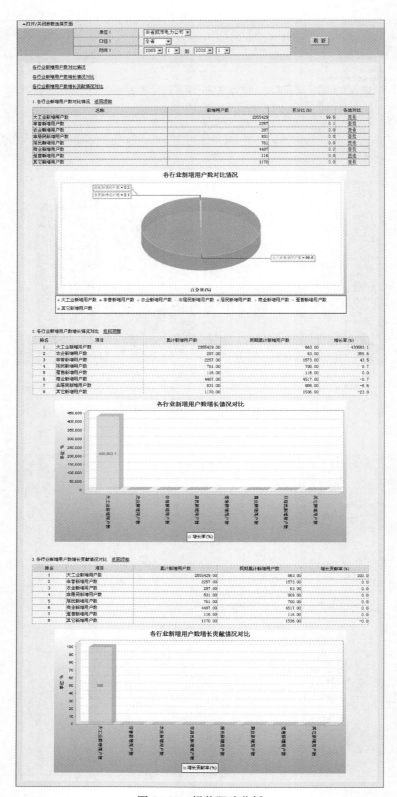

图 14-15　报装跟踪分析

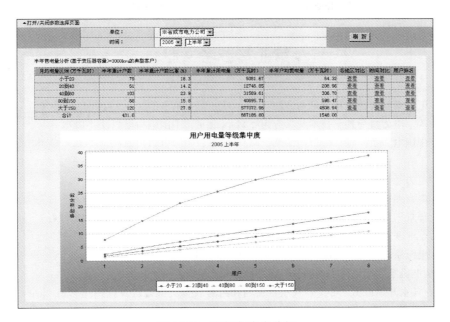

图 14-16　市场集中度分析

第Ⅱ篇参考文献

[1] 刘晨晖. 电力系统负荷预报理论与方法［M］. 哈尔滨：哈尔滨工业大学出版社，1987.

[2] 牛东晓，等. 电力负荷预测技术及其应用［M］. 北京：中国电力出版社，1998.

[3] 赵希正. 中国电力负荷特性分析与预测［M］. 北京：中国电力出版社，2002.

[4] 肖国泉，王春，张福伟. 电力负荷预测［M］. 北京：中国电力出版社，2001.

[5] 王锡凡. 电力系统规划基础［M］. 北京：水利电力出版社，1994.

[6] 孙洪波. 电力网络规划［M］. 重庆：重庆大学出版社，1996.

[7] 电力工业部规划计划司. 电力需求预测工作条例（试行）［M］. 北京：电力出版社，1995.

[8] 中国电力企业联合会调研室.《中国电力供需模型研究系列资料（一）（二）》. 1994.

[9] 清华大学电机系. 电力市场需求预测理论及其应用. 1997.

[10] 清华大学电机系. 用电需求预测软件包 TH-PSLF 用户手册. 1998.

[11] 唐小我，马永开，曾勇，等. 现代组合预测和组合投资决策方法及应用［M］. 北京：科学出版社，2003.

[12] 唐小我. 经济预测方法［M］. 成都：成都电讯工程学院出版社，1989.

[13] 唐小我. 经济预测与决策的新方法及其应用研究［M］. 成都：电子科技大学出版社，1997.

[14] Francis X. Diebold. 经济预测［M］. 张涛，译. 第 2 版. 北京：中信出版社，2003.

[15] 靳向兰，张桂喜. 经济预测、决策与对策［M］. 北京：首都经济贸易大学出版社，2003.

[16] 李宝仁. 经济预测：理论、方法及应用［M］. 北京：经济管理出版社，2005.

[17] 顾海兵. 实用经济预测方法（修订版）［M］. 北京：中国人民大学出版社，2005.

[18] 项静恰，林寅，王军. 经济周期波动的监测和预警［M］. 北京：中国标准出版社，2000.

[19] 陶靖轩. 经济预测与决策［M］. 北京：中国计量出版社，2004.

[20] 董承章. 经济预测原理与方法［M］. 大连：东北财经大学出版社，1992.

[21] 康重庆，夏清，相年德，等. 序列运算理论及其应用［M］. 北京：清华大学出版社，2003.

[22] 王其藩. 系统动力学［M］. 北京：清华大学出版社，1994.

[23] 陈希孺，王松桂. 近代回归分析—原理方法及应用［M］. 合肥：安徽教育出版社，1987.

[24] 邓聚龙. 灰色系统理论教程［M］. 武汉：华中理工大学出版社，1990.

[25] 清华大学应用数学系概率统计教研组. 概率论与数理统计［M］. 长春：吉林教育出版社，1987.

[26] 陈宝林. 最优化理论与方法［M］. 北京：清华大学出版社，1989.

[27] 李庆杨，王能超，易大义. 数值分析［M］. 武昌：华中理工大学出版社，1996.

[28] 康重庆. 综合资源规划的研究［D］. 北京：清华大学，1997.

[29] 刘梅. 用电需求预测的理论及应用［D］. 北京：清华大学，1998.

[30] 高峰. 负荷预测中自适应方法的研究［D］. 北京：清华大学，2003.

[31] 刘兵军，牛东晓，胡日聪，等. 电网时负荷周期比值灰色预测模型［J］. 华北电力大学学报，1997，(3)：23-26.

[32] 任新颜，周晖. 灰色理论在负荷预测中的应用与分析［J］. 华北电力技术，1998 (12)：34-37.

[33] 孙辉，陈继侠，刘青汉. 基于灰色系统理论的中长期电力负荷预测新方法［J］. 东北电力技术，1997，(1)：11-13.

[34] 孙辉，姜梅，陈继侠. 负荷预测的灰色系统方法［J］. 东北电力学院学报，1997，17 (2)：18-23.

[35] 王文莉，魏晓云. 负荷预测的灰色系统方法［J］. 东北电力学院学报，1997，17 (2)：37-43.

[36] 袁明友，肖先勇，杨洪耕，等. 基于灰色理论的供电系统负荷中长期预测模型及其应用［J］. 四川大学学报（工程科学版），2002，34（4）：121-123.

[37] 周平，杨岚，周家启. 电力系统负荷灰色预测的新方法［J］. 电力系统及其自动化学报，1998，10（3）：45-50.

[38] 朱芸，乐秀璠. 可变参数无偏灰色模型的中长期负荷预测［J］. 电力自动化设备，2003，23（4）：25-27.

[39] 王大成，程浩忠，奚珣，等. 灰参数 GM（1，1）模型及其在电力负荷预测中的应用［J］. 华东电力，2004，32（8）：4-6.

[40] 牛东晓，陈志业，谢宏. 组合灰色神经网络模型及其季节性负荷预测［J］. 华北电力大学学报，2003，27（4）：2-6.

[41] 李宝仁. 产品市场占有率的马尔柯夫预测［J］. 北京商学院学报（社会科学版），2000，15（5）：57-59.

[42] 夏文汇. 运用灰色和马尔柯夫模型预测企业素质要素［J］. 重庆工业管理学院学报，1999，13（5）：34-38.

[43] 宁波，康重庆，夏清. 中长期负荷预测模型的扩展策略［J］. 中国电力，2000，33（10）：36-38.

[44] 康重庆，夏清，刘梅，等. 应用于负荷预测中的回归分析的特殊问题［J］. 电力系统自动化，1998，22（10）：38-41.

[45] 康重庆，夏清，相年德. 灰色系统参数估计与不良数据辨识［J］. 清华大学学报，1997，37（4）：72-75.

[46] 仇新宇. 一种根据经济主导行业进行用电预测的新方法［J］. 电网技术，1998，22（7）：45-48.

[47] 童其慧. 主成分分析方法在指标综合评价中的应用［J］. 北京理工大学学报（社会科学版），2002. 4（1）：59-61.

[48] Soliman S. A., Al-Hamadi H. M. Long-term/mid-term electric load forecasting based on short-term correlation and annual growth［J］. Electric Power Systems Research，2005，74（3）：353-361.

[49] 孙珂，林弘，郑瑞忠，等. 用电量发展变化规律的影响因素分析［C］. 全国高校电自专业第20届学术年会论文集（下册）. 郑州：郑州大学，2004：1629-1632.

[50] 吴安平. 产业电力弹性系数的意义及其在负荷预测中的应用［J］. 中国电力，1998，31（12）：41-44.

[51] 韦钢，贺静，张一尘. 中长期电力负荷预测的盲数回归方法［J］. 高电压技术，2005，31（2）：73-75.

[52] 刘遵雄. 最小概率最大化回归方法在电力负荷中期预测中的应用［J］. 中国电力，2004，37（9）：50-54.

[53] 崔旻，顾洁. 基于数据挖掘的电力系统中长期负荷预测新方法［J］. 电力自动化设备，2004，24（6）：18-21.

[54] 陈柔伊，张尧，武志刚，等. 改进的模糊聚类算法在负荷预测中的应用［J］. 电力系统及其自动化学报，2005，17（3）：73-77.

[55] 黄伟，费维刚，王炳革，等. 模糊理论在中长期负荷预测中的应用［J］. 电力系统及其自动化学报，1999，11（4）：25-29.

[56] 吴娟，费维刚，黄伟，等. 模糊聚类预测法在电网负荷中的应用［J］. 河北电力技术，1998，17（2）：41-45.

[57] 伍力，吴捷，叶军. 负荷中长期预测中一种改进的模糊聚类算法［J］. 电网技术，2000，24（1）：36-38.

[58] 顾洁. 电力系统中长期负荷预测的模糊算法［J］. 上海交通大学学报. 2002，36（2）：255-258.

[59] 顾洁. 基于物元模型的电力系统中长期负荷预测 [J]. 电力系统及其自动化学报，2004，16（6）：68-71.

[60] Alsayegh O. A. , Al-Matar O. A. , Fairouz F. A. , et al. Electric peak power forecasting by the year 2025. Proceedings of the Fifth IASTED International Conference on Power and Energy Systems, 15-17 June 2005, ACTA Press, pp. 406-10.

[61] Kermanshahi B. , Iwamiya H. Up to year 2020 load forecasting using neural nets [J]. International Journal of Electrical Power & Energy Systems, 2002, 24（9）：789-97.

[62] Mamun M. A. , Nagasaka K. Artificial neural networks applied to long-term electricity demand forecasting. Fourth International Conference on Hybrid Intelligent Systems, 2004，204-209.

[63] Piotrowski P. Neural network with genetic algorithms for the monthly electric energy consumption and peak power middle-term forecasting. Journal of Applied Computer Science, Vol. 10, Iss. 1, 2002, Tech. Univ. Lodz, pp. 105-115.

[64] 史德明，李林川，宋建文. 基于灰色预测和神经网络的电力系统负荷预测 [J]. 电网技术，2001，25（2）：14-18.

[65] 柯贤波，周啸波，惠华. 中长期负荷预测中一种改进的人工神经网络方法 [J]. 西北电力技术，2004：17-19，22.

[66] 雷镇，阮萍，王华. 基于人工神经网络的中长期负荷预测算法 [J]. 微机发展，2005，15（2）：78-80.

[67] 赵杰辉，葛少云，刘自发. 基于主成分分析的径向基函数神经网络在电力系统负荷预测中的应用 [J]. 电网技术，2004，28（5）：35-39.

[68] 崔旻，顾洁. 电力系统中长期负荷预测的改进决策树算法 [J]. 上海交通大学学报，2004，38（8）：1246-1249.

[69] 李子奈. 计量经济学—方法和应用 [M]. 北京：清华大学出版社，1996.

[70] 林少宫，王安兴. 计量经济与计量金融 [J]. 数量经济技术经济研究，1997，（3）.

[71] 杨宗麟，吴德伟. 利用"计量经济模型"预测电力负荷 [J]. 华东电力，1997（3）：1-5.

[72] 韦凌云，吴捷，刘永强. 基于系统动力学的电力系统中长期负荷预测 [J]. 电力系统自动化，2000，24（16）：44-47.

[73] 钟庆，吴捷，伍力，等. 基于系统动力学的分区负荷预测 [J]. 电网技术. 2001，25（3）：51-55.

[74] Douglas A. P. , Breipohl A. M. , Lee F. N. , et al. Risk due to load forecast uncertainty in short term power system planning [J]. IEEE Transactions on Power Systems，1998，13（4）：1493-1499.

[75] Charytoniuk W, Chen M S, Kotas P, Van Olinda P. Demand forecasting in power distribution systems using nonparametric probability density estimation [J]. IEEE Transactions on Power Systems, 1999, 14（4）：1200-1206.

[76] 刘健，徐精求，董海鹏. 配电网概率负荷分析及其应用 [J]. 电网技术，2004，28（6）：67-75.

[77] 杨高峰. 不确定性市场环境下电网规划方案的适应性评估 [D]. 北京：清华大学，2005.

[78] 康重庆，杨高峰，夏清. 电力需求的不确定性分析 [J]. 电力系统自动化，2005，29（17）：14-19，39.

[79] 杨高峰，康重庆，徐国新，等. 多维序列运算理论及其在不确定性电力需求分析中的应用 [J]. 中国电机工程学报，2005，25（25）：12-17.

[80] 谢敬东，唐国庆，徐高飞，等. 组合预测方法在电力负荷预测中的应用 [J]. 中国电力，1998，31（6）：3-5.

[81] 康重庆，夏清，沈瑜，等. 电力系统负荷预测的综合模型 [J]. 清华大学学报，1999，39（1）：8-11.

[82] 辛开远. 基于 AHP 的实用中长期电力负荷预测最优综合 [J]. 中国电力, 2005, 38 (3): 18-22.

[83] 李媛媛, 牛东晓. 基于最优可信度的月度负荷综合最优灰色神经网络预测模型 [J]. 电网技术, 2005, 29 (5): 16-19.

[84] 顾洁. 电力系统中长期负荷的可变权综合预测模型 [J]. 电力系统及其自动化学报, 2003, 15 (6): 56-60.

[85] 虞瑁, 程浩忠, 王旭, 等. 基于相关分析的中长期电力负荷综合预测方法 [J]. 继电器, 2005, 33 (15): 49-52.

[86] 王衍东, 顾洁, 胡斌. 基于 AHP 的实用中长期电力负荷预测综合模型 [J]. 华东电力, 2005, 33 (1): 28-31.

[87] 余健明, 燕飞, 杨文宇, 等. 中长期电力负荷的变权灰色组合预测模型 [J]. 电网技术, 2005, 29 (17): 26-29.

[88] 王吉权, 赵玉林. 组合预测法在电力负荷预测中应用 [J]. 电力自动化设备, 2004, 24 (8), 92-96.

[89] 赵海清, 牛东晓. 负荷预测的交叉式自适应优选组合预测模型 [J]. 华北电力大学学报, 2000, 27 (4): 13-17.

[90] 郭金, 曹福成, 杨尚东. 基于 Shapley 值的组合预测方法 [J]. 华东电力, 2005, 33 (2): 7-10.

[91] 谢开贵, 李春燕, 周家启. 基于神经网络的负荷组合预测模型研究 [J]. 中国电机工程学报, 2002, 22 (7): 82-89.

[92] 高峰, 康重庆, 夏清, 等. 负荷预测中多模型的自动筛选方法 [J]. 电力系统自动化, 2004, 28 (6): 11-13, 40.

[93] 康重庆, 夏清, 相年德, 等. 中长期日负荷曲线预测的研究 [J]. 电力系统自动化, 1996, 20 (6): 16-20.

[94] 康重庆, 相年德, 夏清. 负荷持续曲线的神经网络模型 [J]. 电力系统及其自动化学报, 1997, 9 (1): 1-7.

[95] S. Rahman, R inaldy. An efficient load model for analyzing demand side management impacts [J]. IEEE Transactions on Power Systems, 1993, 8 (3): 1219-1226.

[96] S. kahman, J. Pan, A. R. O sareh. A simplified technique for screening utility DSM options for their capacity and operational benefits [J]. Energy, 1996, 21 (5): 401-406.

[97] 赵海青, 牛东晓. 灰色优选组合预测模型及其应用 [J]. 保定师范专科学校学报, 2002, 15 (2): 12-15.

[98] 蒋平, 鞠平. 应用人工神经网络进行中期电力负荷预报 [J]. 电力系统自动化, 1995, 19 (6): 11-17.

[99] 邓志平, 陈旭升. 城市民用电月耗量的统计分析及预测 [J]. 哈尔滨理工大学学报, 1997, 2 (6): 63-67.

[100] 于渤, 于浩. 基于随动思想的月度用电量时间序列预测模型 [J]. 电力系统自动化, 2000, 24 (7): 42-44.

[101] 朱韬析, 江道灼, 汪泉. 一、二月份用电量的预测模型 [J]. 继电器, 2005, 33 (6): 62-65.

[102] Kandil M. S., El-Debeiky S. M., Hasanien N. E. Overview and comparison of long-term forecasting techniques for a fast developing utility [J]. I. Electric Power Systems Research, 2001, 58 (1): 11-17.

[103] C. W. Fu, T. T. Nguyen. Models for Long-Term Energy Forecasting [J]. IEEE Power Engineering Society General Meeting, 2003, 1: 235-239.

[104] 毛弋, 刘特夫. 负荷预测的有限自动机模型 [J]. 电力系统及其自动化学报, 1998, 12 (4):

50-54.

[105] 杨实俊，牛东晓. 基于预测模型库关联优化的电力负荷预测模型［J］. 华北电力大学学报，2005，32 (1)：42-44.

[106] 徐光虎. 运用遗传规划法进行电力系统中长期负荷预测［J］. 继电器，2004，32 (12)：21-24.

[107] Khoa T. Q. D., Phuong L. M., Binh P. T. T., et al. Application of wavelet and neural network to long-term load forecasting. 2004 International Conference on Power System Technology-POWERCON (IEEE Cat. No. 04EX902), Vol. 1, Iss. 2, February 2005, IEEE, pp. 840-4.

[108] T. Q. D. Khoa, L. M. Phuong, P. T. T. Binh, N. T. H. Lien. Application of Wavelet and Neural Network to Long-Term Load Forecasting. 2004 International Conference on Power System Technology, Singapore, November 21-24：840-844.

[109] 倪明，高晓萍，单渊达. 证据理论在中期负荷预测中的应用. 中国电机工程学报，1997，17 (3)：199-203.

[110] Kandil M. S., El-Debeiky S. M., Hasanien N. E. Long-term load forecasting for fast developing utility using a knowledge-based expert system［J］. IEEE Transactions on Power Systems，2002，17 (2)：491-6.

[111] Kandil M. S., El-Debeiky S. M., Hasanien N. E. The implementation of long-term forecasting strategies using a knowledge-based expert system. II. Electric Power Systems Research, Vol. 58, Iss. 1, 21 May 2001, Elsevier, pp. 19-25

[112] 冯丽，邱家驹. 离群数据挖掘及其在电力负荷预测中的应用［J］. 电力系统自动化，2004，28 (11)：41-45.

[113] Kwak N., C. -H. Cho. Input feature selection for classification problems［J］. IEEE Transactions on Neural Networks，2002. 13 (1)：143-159.

[114] Hong X., P. M. Sharkey, K. Warwick. A robust nonlinear identification algorithm using PRESS statistic and forward regression. IEEE Transactions on Neural Networks，2003. 14 (2)：454-458.

[115] Akaike, H. A New Look at the Statistical Model Identification［J］. IEEE Transactions on Automatic Control，1974. 19 (6)：716-723.

[116] Setiono R., H. Liu. Neural-network feature selector［J］. IEEE Transactions on Neural Networks，1997. 8 (3)：654-662.

[117] 顾洁，崔旻. 电力系统中长期负荷预测的参数抗差估计研究［J］. 电力自动化设备，2003，23 (6)：13-15.

[118] 马晓光，孟伟. 残差修正法在电力负荷预测中的应用［J］. 电网技术，2001，24 (4)：21-24.

[119] 康重庆，夏清，张伯明. 电力系统负荷预测研究综述与发展方向的探讨［J］. 电力系统自动化，2004，28 (17)：1-11.

[120] 康重庆，夏清，胡左浩，等. 电力市场中预测问题的新内涵［J］. 电力系统自动化，2004，28 (18)：1-6.

[121] 何耀耀，闻才喜，许启发，等. 考虑温度因素的中期电力负荷概率密度预测方法［J］. 电网技术，2015，01：176-18.

[122] 王继业，季知祥，史梦洁，等. 智能配用电大数据需求分析与应用研究［J］. 中国电机工程学报，2015，08：1829-1836.

[123] 牟涛. 多级协调的电力需求预警与预测理论研究：［D］. 北京：清华大学，2008.

[124] 康重庆，牟涛，夏清. 电力系统多级负荷预测及其协调问题（一）研究框架［J］. 电力系统自动化，2008，32 (7)：34-38.

[125] 牟涛，康重庆，夏清，等. 电力系统多级负荷预测及其协调问题（二）基本协调模型［J］. 电力系

统自动化，2008，32（8）：14-18.

[126]　牟涛，康重庆，夏清，等. 电力系统多级负荷预测及其协调问题（三）关联协调模型［J］. 电力系统自动化，2008，32（9）：20-24.

[127]　牟涛，康重庆，夏清. 电力系统多级负荷预测及其协调问题（四）约束最小二乘可信度［J］. 电力系统自动化，2010，34（2）：43-47.

[128]　王鹏，陈启鑫，夏清，等. 应用向量误差修正模型的行业电力需求关联分析与负荷预测方法［J］. 中国电机工程学报，2012，32（4）：100-107.

系统级短期负荷预测

第15章

基于时序分析的正常日预测

15.1 短期负荷预测的基本思想

15.1.1 短期负荷预测的基本描述

短期负荷预测是负荷预测的重要组成部分，它对于机组最优组合、经济调度、最优潮流、电力市场交易等都有着重要的意义。负荷预测精度越高，越有利于提高发电设备的利用率和经济调度的有效性。短期负荷预测的研究已有很长历史，国内外的许多专家、学者在预测理论和方法方面作了大量的研究工作，取得了很多卓有成效的进展。由于负荷的随机因素太多，非线性极强，而有些传统方法理论依据尚存在局限性等问题，因此，新理论和新技术的发展一直推动着短期负荷预测的不断发展，新的预测方法层出不穷。

短期负荷预测的最大特点是其具有明显的周期性，包括：

(1) 不同日之间 24 时整体变化规律的相似性。

(2) 不同周、同一星期类型日的相似性。

(3) 工作日/休息日各自的相似性。

(4) 不同年度的重大节假日负荷曲线的相似性。

在具备上述周期性的同时，短期负荷的另外一个特点是其明显受到各种环境因素的影响，如季节更替、天气因素突然变化、设备事故和检修、重大文体活动等，这使得负荷时间序列的变化出现非平稳的随机过程。

短期负荷预测中，节假日的预测方法明显区别于一般工作日、休息日（统称为"正常日"）。因此，这里首先讨论正常日负荷预测，节假日的预测方法将在后面专门分析。

同时，与中长期负荷预测类似，这里首先讨论正常日短期负荷预测的时序分析方法，其基本特征是，仅仅根据负荷发展的时间趋势和周期特性进行预测，暂时不考虑相关因素对负荷的影响，其中最基本的一类预测方法是基于同类型日思想的正常日预测方法；其次，还有一类预测方法的思路是，将负荷序列看成一组输入信号，然后基于时间信号分析的思想进行预测。

对于短期负荷预测而言，一般意义上有如下几个特殊的日期：

(1) 预测当日：一般是指负荷预测被执行的当天。只有当天完成负荷预测，才能给发电计划决策等环节提供依据。该日的特点是，截止预测时的负荷信息已知，而此后的负荷信息未知。记预测当日为第 C 日（取 Current，"当前的"之意），某种意义上可以看做"标记日"。以该日为日期"原点"，对于其他的不同日期，则可通过时标的正负来进行区分，日期往前为负，往后为正。例如，前一天记为第 $C-1$ 日，后一天记为第 $C+1$ 日。

(2) 基准日：一般取为预测当日的前一天，因此通常基准日为第 $C-1$ 日。基准日的负荷信息全部为已知。

(3) 历史日期：以预测当日的前 N 天作为历史日期，其负荷信息均为已知，则时间顺序为第 $C-N$ 日（历史起始日）至第 $C-1$ 日（基准日），共 N 天。

（4）待预测日：设待预测日位于预测当日之后的第 F 天，则待预测日记为第 $C+F$ 日。通常，预测当日之后的第一天可以是待预测日，此时 $F=1$，待预测日为第 $C+1$ 日。

以上日期的相互关系如图 15-1 所示。

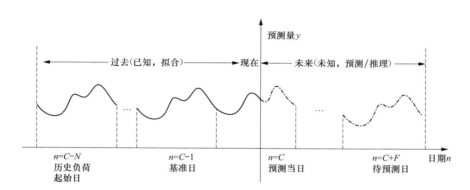

图 15-1　短期负荷预测的基本思想描述

以 n 表示日期序号，t 表示时刻序号，T 为每天的采样点数，则可设第 n 日第 t 时刻的负荷为 $P_{n,t}$，每日的负荷曲线以一个向量表示为：$\boldsymbol{P}_n=[P_{n,1}，P_{n,2}，\cdots，P_{n,T}]$。对于历史负荷有 $n=C-N，\cdots，C-1$ 这些天的负荷为已知，则所有 $\boldsymbol{P}_n$ 的集合称为历史样本集合。

一般地，在进行正常日预测时，历史样本集合中不应该包含重大节假日。如果按照时间顺序恰好遇到了重大节假日，则需要进行必要的处理。

15.1.2　基于同类型日思想的正常日预测的整体描述

正常日负荷预测一般是指预测一周以内的日负荷曲线，即基准日与待预测日的间隔不超过一周，包括工作日和普通休息日（非重大节假日）。

在进行预测时，首先需要确定基准日。在不考虑最新信息的情况下，为了保证整日曲线的完整性，如前所述，基准日一般取为预测当日的前一天（截止基准日 24 时的信息作为历史数据）。

取基准日之前的若干周为历史样本，则示意图如图 15-2 所示。

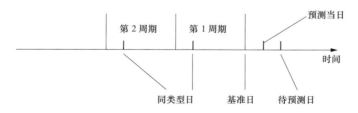

图 15-2　基于同类型日思想的正常日预测的整体描述

以基准日为起点，以 7 天为周期，可对历史样本分出第一周期、第二周期、……。每一周期中，必有一个与待预测日相同类型的负荷日（即同为星期一，或同为星期二，……），称为"同类型日"（或者"相似日"）。这些同类型历史日的负荷与待预测日的负荷具有较高的相关性。相反地，历史日中那些与待预测日具有不同星期类型的日期称为"不同类型日"。

以 $N=14$ 为例，历史样本集合可以被分为 2 个周期，第一周期的负荷依次为 $\boldsymbol{P}_{C-1}$，$\boldsymbol{P}_{C-2}$，$\cdots$，$\boldsymbol{P}_{C-7}$，第二周期的不同类型日的负荷依次为 $\boldsymbol{P}_{C-8}$，$\boldsymbol{P}_{C-9}$，$\cdots$，$\boldsymbol{P}_{C-14}$。因为正常日负荷预测一般是指预测一周以内的日负荷曲线，故 $F \leqslant 6$，则 $\boldsymbol{P}_{C+F-7}$ 为第一周期中的同类型日的负荷，$\boldsymbol{P}_{C+F-14}$ 为第二周期中的同类型日的负荷。比较常见的是 $F=1$，此时待预测日为预测当日的后一日。

下面的各种预测方法均以 $\boldsymbol{P}_n$ 的集合（相关负荷集合）进行。

由于 $\boldsymbol{P}_n=[P_{n,1}，P_{n,2}，\cdots，P_{n,T}]$，令第 n 天的特征参数为：

（1）日最大负荷：$P_{n,\max}=\max(P_{n,1}，P_{n,2}，\cdots，P_{n,T})$。

（2）日最小负荷：$P_{n,\min}=\min(P_{n,1}，P_{n,2}，\cdots，P_{n,T})$。

（3）日平均负荷：$P_{n,\mathrm{mean}}=\mathrm{mean}(P_{n,1}，P_{n,2}，\cdots，P_{n,T})$。

可以分别以 $P_{n,\max}$，$P_{n,\min}$ 和 $P_{n,\mathrm{mean}}$ 为基值对该日负荷曲线作标幺化处理，为各类预测提供基础数据。

15.2 基于同类型日思想的正常日负荷预测基本方法

这里首先介绍基于同类型日思想预测正常日负荷曲线的基本方法。

15.2.1 正常日点对点倍比法

点对点倍比法的预测思路是：待预测日某时刻的负荷预测值可由与其相关的近期各日同一时刻的负荷值的一次指数平滑结果得到。所谓点对点，是指逐时刻进行。

取 $N=14$，$F=1$，则历史样本集合包含 2 个周负荷，待预测日为预测当日的后一日。$\boldsymbol{P}_{C-6}$（因为 $C+F-7=C+1-7=C-6$）和 $\boldsymbol{P}_{C-13}$（因为 $C+1-14=C-13$）分别为第一周期和第二周期的同类型日负荷。

设预测 t 时刻，取第一周期的不同类型日（即不含第 $C-6$ 日）t 时刻的值作平滑，得到

$$A_{1,t}=\alpha P_{C-1,t}+\alpha(1-\alpha)P_{C-2,t}+\cdots+\alpha(1-\alpha)^4 P_{C-5,t}+\alpha(1-\alpha)^5 P_{C-7,t} \tag{15-1}$$

取第二周期的不同类型日 t 时刻的值作平滑，得到

$$A_{2,t}=\alpha P_{C-8,t}+\alpha(1-\alpha)P_{C-9,t}+\cdots+\alpha(1-\alpha)^4 P_{C-12,t}+\alpha(1-\alpha)^5 P_{C-14,t} \tag{15-2}$$

式中：α 为逐点负荷的平滑系数，可在 $(0,1)$ 区间上取值。

另取第一周期中同类型日 t 时刻的值 $P_{C-6,t}$，则有

$$\frac{\hat{P}_{C+1,t}}{A_{1,t}}=\frac{P_{C-6,t}}{A_{2,t}} \tag{15-3}$$

于是，待预测日 t 时刻的值为

$$\hat{P}_{C+1,t}=\frac{A_{1,t}}{A_{2,t}} \cdot P_{C-6,t} \tag{15-4}$$

如此对 $t=1$，$\cdots$，T 依次进行，即得该日的预测曲线。

15.2.2 正常日倍比平滑法

倍比平滑法将预测过程分为标幺曲线预测和基值预测 2 个部分，其预测思路是：待预测日的标幺负荷曲线可由历史负荷集合的标幺曲线的逐点平滑结果得到，而相应的基值由其前一周期的倍比关系预测。

取 N 天的相关负荷 $\boldsymbol{P}_{C-1}$，$\boldsymbol{P}_{C-2}$，$\cdots$，$\boldsymbol{P}_{C-N}$，历史负荷集合中 $\boldsymbol{P}_n$ 的负荷曲线的标幺化基值设为 $P_{n,\mathrm{b}}$（可以是 $P_{n,\max}$，$P_{n,\min}$ 和 $P_{n,\mathrm{mean}}$ 之一），其中下标 b 表示基值，相应的标幺曲线记为 $\boldsymbol{P}_n^* = [P_{n,1}^*，P_{n,2}^*，\cdots，P_{n,T}^*]$，这里

$$P_{n,t}^* = P_{n,t}/P_{n,\mathrm{b}}, t = 1,2,\cdots,T \tag{15-5}$$

设待预测日 $F=1$，预测分 3 步进行：

1. 标幺曲线预测

取 N 天的历史负荷（N 可以不等于 14），待预测日第 t 时刻的曲线标幺值可以用其历史负荷集合中各日同一时刻标幺值的一次指数平滑值来计算。需要注意的是，历史负荷与待预测日越相关，其指数平滑权重就应越大。一般可以认为，第一周期的同类型日最相关，其次是第二周期同类型日，接下来按照离待预测日远近来排序，离待预测日越近，越相关。对于 $t=1$，$\cdots$，T，有

$$\hat{P}_{C+1,t}^* = \alpha P_{C-6,t}^* + \alpha(1-\alpha)P_{C-13,t}^* + \alpha(1-\alpha)^2 P_{C-1,t}^* + \alpha(1-\alpha)^3 P_{C-2,t}^* + \cdots \tag{15-6}$$

由此形成待预测日的标幺曲线 $\hat{\boldsymbol{P}}_{C+1}^* = [\hat{P}_{C+1,1}^*，\hat{P}_{C+1,2}^*，\cdots，\hat{P}_{C+1,T}^*]$，这里 α 为标幺曲线预测的平滑系数，可在（0，1）区间上取值。

2. 基值预测

取 14 天的相关负荷，分别计算第一、二周期中不同类型日的基值的平滑值

$$A_{1,\mathrm{b}} = \alpha P_{C-1,\mathrm{b}} + \alpha(1-\alpha)P_{C-2,\mathrm{b}} + \cdots + \alpha(1-\alpha)^4 P_{C-5,\mathrm{b}} + \alpha(1-\alpha)^5 P_{C-7,\mathrm{b}} \tag{15-7}$$

$$A_{2,\mathrm{b}} = \alpha P_{C-8,\mathrm{b}} + \alpha(1-\alpha)P_{C-9,\mathrm{b}} + \cdots + \alpha(1-\alpha)^4 P_{C-12,\mathrm{b}} + \alpha(1-\alpha)^5 P_{C-14,\mathrm{b}} \tag{15-8}$$

式中：α 为基值预测的平滑系数，可在（0，1）区间上取值。

于是，对于待预测日，近似成立如下关系

$$\frac{\hat{P}_{C+1,\mathrm{b}}}{A_{1,\mathrm{b}}} = \frac{P_{C-6,\mathrm{b}}}{A_{2,\mathrm{b}}} \tag{15-9}$$

即

$$\hat{P}_{C+1,\mathrm{b}} = \frac{A_{1,\mathrm{b}}}{A_{2,\mathrm{b}}} P_{C-6,\mathrm{b}} \tag{15-10}$$

这是一种线性倍比的方式。如果有必要，可以考虑样条插值再做倍比。

3. 预测曲线的有名化

由上述两步，得到待预测日，标幺曲线为 $\hat{\boldsymbol{P}}_{C+1}^* = [\hat{P}_{C+1,1}^*，\hat{P}_{C+1,2}^*，\cdots，\hat{P}_{C+1,T}^*]$，基值为 $\hat{P}_{C+1,\mathrm{b}}$，则预测曲线为

$$\hat{P}_{C+1,t} = \hat{P}_{C+1,\mathrm{b}} \hat{P}_{C+1,t}^*, t = 1,\cdots,T \tag{15-11}$$

$$\hat{\boldsymbol{P}}_{C+1} = [\hat{P}_{C+1,1}，\hat{P}_{C+1,2}，\cdots，\hat{P}_{C+1,T}] \tag{15-12}$$

由上述三步完成预测。

按照基值的选取不同，本方法可以有 3 种情况：

（1）日最大负荷方式——正常日倍比平滑法（峰荷方式）。

（2）日最小负荷方式——正常日倍比平滑法（谷荷方式）。

（3）日平均负荷方式——正常日倍比平滑法（均荷方式）。

15.2.3 正常日重叠曲线法

由于人们用电行为的规律性，各日负荷标幺曲线的形状的相似程度很高，因此，标幺曲线的预测效果一般较好。可否充分利用这个特征建立新的预测方法呢？

受这个思路的启发，建立了重叠曲线法。其基本思路是，如果将原来每日的负荷曲线分别从左右两边延伸出几个时刻，则各日的负荷曲线就有一段重叠区。这样，由于基准日的后几个时刻为已知，而这几个时刻恰巧又是下一日的前几个时刻，根据标幺曲线预测效果较好的特点，可以由标幺曲线的预测结果更加准确地估计其他时刻的有名值，如此逐日重叠预测，得到待预测日结果。

这个过程可以如图 15-3 所示。

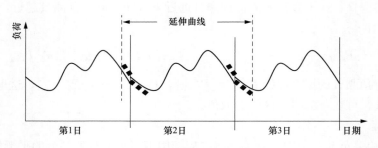

图 15-3　重叠曲线法的图示

从图 15-3 中可以看出，对当日来说，上一日的整体曲线为已知，故当日的前端重叠点均已知。根据这个规律，重叠曲线法的预测分 4 步进行：

1. 曲线的延伸处理

设原来第 n 日的负荷曲线为 $\boldsymbol{P}_n = [P_{n,1}, P_{n,2}, \cdots, P_{n,T}]$。现在取其前一日的后 i 个点以及其后一日的前 j 个点，构成延伸曲线为

$$\boldsymbol{L}_n = [P_{n-1,T-(i-1)}, \cdots, P_{n-1,T-1}, P_{n-1,T}, P_{n,1}, P_{n,2}, \cdots, P_{n,T}, P_{n+1,1}, P_{n+1,2}, \cdots, P_{n+1,j}]$$

$$(15\text{-}13)$$

则延伸后的曲线为 $k = i + T + j$ 个点，记为 $\boldsymbol{L}_n = [L_{n,1}, L_{n,2}, \cdots, L_{n,k}]$，其中 k 应大于 T，即 i 与 j 中至少有一个为非 0，否则 i 与 j 均为 0 值，意味着曲线无重叠，此法就无法进行。

2. 各日标幺曲线的预测

重叠曲线法需要预测从基准日到待预测日之前各日的标幺曲线，可以取 N 天的相关负荷（N 可以不等于 14），各日采用与倍比平滑法中同样的手段进行。

设预测得到各日的标幺曲线为 $\hat{\boldsymbol{L}}_n^* = [\hat{L}_{n,1}^*, \hat{L}_{n,2}^*, \cdots \hat{L}_{n,k}^*]$。这里 $n = C-1$，C，$C+1$，$C+2$，…，$C+F$。其中 $n = C-1$ 意味着基准日（由于基准日的延伸曲线的后 j 个点未知，故也需要预测），$n \geqslant C$ 表示基准日的后几日，其中 $n = C+F$ 为待预测日。

3. 重叠曲线的有名化

设预测曲线为 $\hat{\boldsymbol{L}}_n = [\hat{L}_{n,1}, \hat{L}_{n,2}, \cdots \hat{L}_{n,k}]$。

（1）对于 $n = C-1$，即基准日，显然该日延伸曲线的前 $i+T$ 个点 $\hat{L}_{C-1,1}, \hat{L}_{C-1,2}, \cdots,$

$\hat{L}_{C-1,i+T}$ 为已知（实际上是历史数据），则基值的估计值为

$$\hat{L}_{C-1,b} = \left(\sum_{t=1}^{i+T} \hat{L}_{C-1,t} \right) / \left(\sum_{t=1}^{i+T} \hat{L}_{C-1,t}^* \right) \tag{15-14}$$

因此后 j 个重叠点的预测值为

$$\hat{L}_{C-1,t} = \hat{L}_{C-1,b}\hat{L}_{C-1,t}^*, t = (i+T)+1, \cdots, (i+T)+j \tag{15-15}$$

注意，若 $j=0$，则基准日的延伸曲线为完全已知，无需预测。

（2）对于后面各未知日，即 $n \geq C$，每天都是首先根据延伸曲线的相邻两日"接缝处"的 $i+j$ 个点已知（即为上一日的后 $i+j$ 个点），即 $\hat{L}_{n,1}$，$\hat{L}_{n,2}$，…，$\hat{L}_{n,i+j}$ 为已知。则基值的估计值为

$$\hat{L}_{n,b} = \left(\sum_{t=1}^{i+j} \hat{L}_{n,t} \right) / \left(\sum_{t=1}^{i+j} \hat{L}_{n,t}^* \right) \tag{15-16}$$

因此 $n \geq C$ 时后续点的预测值为

$$\hat{L}_{n,t} = \hat{L}_{n,b}\hat{L}_{n,t}^*, t = (i+j)+1, \cdots, (i+j)+T \tag{15-17}$$

4. 重叠点的扣除

对于第 $C+F$ 日，只需取 $\hat{L}_{C+F} = [\hat{L}_{C+F,1}, \hat{L}_{C+F,2}, \cdots \hat{L}_{C+F,k}]$ 中的中间 T 个点，即为待预测日的真正预测曲线。

与倍比平滑法相似，按标幺曲线基值选取的不同，分为 3 种预测思路：

（1）日最大负荷方式——重叠曲线法（峰荷方式）。

（2）日最小负荷方式——重叠曲线法（谷荷方式）。

（3）日平均负荷方式——重叠曲线法（均荷方式）。

15.3 基于同类型日思想的正常日新息预测方法

15.3.1 新息的概念、特点及其对预测的影响

前面描述的常规短期负荷预测方法，一般是提前一天或多天完成预测，为了保证整日曲线的完整性，基准日一般取为预测当日的前一天（截至基准日 24 时的信息作为历史数据），因此，其所用的历史负荷数据至少和待预测日期间隔了一天。而在实际工作中，预测当日的实际负荷，虽然还没有完全发生，但是已经发生的部分对次日的负荷预测也有着重要的影响，如果不考虑当日的负荷变化规律，就会造成"信息损失"。

例如，假定实际工作中要求每天下午 15 时进行次日 96 点（每 15 分钟一个点）的负荷预测。此时，当日 0~15 时总共 60 个数据点的负荷数据已经可以采集得到。但是，在常规的短期负荷预测方法中，并不使用当天已知的这部分信息，而只利用昨日 24 时以前的负荷信息。我们有理由相信，如果在做次日负荷预测的时候能够利用这部分已知的信息，其预测结果会比仅仅利用昨日 24 时以前负荷信息所做的预测结果更准确。

因此，必须对预测当日的实际负荷（已经获取数据的那部分）进行加工和充分利用。由此产生了"新息"预测的思想。所谓新息，就是最新的负荷信息。

新息预测的突出特点是改变了原有基准日的概念，基准点的选取不再是实际中每天的 24 时，而是选择已知最新信息的时刻作为新息算法的基准点。图 15-4 中描述了新息预测方

法的基准点的选择方式，并和常规的预测方法进行了比较。

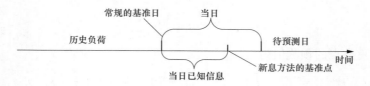

图 15-4　新息预测与常规预测的比较

实际上，为了满足应用需求，当日的最新信息不仅可以包括负荷信息，还可以包括相关因素等信息（包括实时气象信息、实时电价信息等）。

当然，短期负荷预测的新息方法和常规的短期负荷预测，在概念和原理都有类似之处。可以认为，新息预测方法只不过改变了基准日的概念，或者认为，前者是在基准点选取方式上对后者的扩展。在实际的预测应用中，采用新息预测方法往往能够获得比较新的电力负荷信息，实践证明，最新的信息可以使得建模效果更好。

15.3.2　新息预测的实现技术

常规的正常日短期负荷预测中的若干算法，均可以利用这种思想修改，将系统采集到的最新信息加入建模序列，以改善预测效果。

实际上，新息预测的实现技术非常简单和直观，其根本的一点是：打破了原有的"天"的概念。

根据常规的正常日短期负荷预测方法，假定在预测当日已知 $\tau(\tau \leqslant T)$ 点的负荷数据。这样，我们可以从最后一个已知点开始，向前取 T 个点（T 为日采样点个数），作为新的"虚拟天"。依此类推，连续向前取 NT 个负荷值，作为新的历史日负荷数据。

此时，可以由这些新息数据形成的历史日，完全按照正常日预测方法，对未来的连续 2 天作出预测。

但是，这里需要注意的是，在新息预测方法中，每个"虚拟天"的概念不再是日历中的"日"的含义，它对应于从某一天的第 $\tau+1$ 个负荷点到第二天的第 τ 个负荷点。因此，在计算得到 2 天的连续预测结果后，应该进行相应的转换，将负荷值对应到实际的日期时刻上。当待预测日为预测当日后一天时，这种对应关系可表示为表 15-1。

表 15-1　　　　　　　　　　　新息预测结果的对应关系

负荷段	对应的预测结果	负荷段	对应的预测结果
预测当日 $[1, \tau]$	无需预测，属于已知新息数据	待预测日 $[\tau+1, T]$	第 2 "虚拟天" 预测结果
预测当日 $[\tau+1, T]$	第 1 "虚拟天" 预测结果	待预测日后一天 $[1, \tau]$	第 2 "虚拟天" 预测结果
待预测日 $[1, \tau]$	第 1 "虚拟天" 预测结果		

15.4　基于时段相似性原理的简单推理法

正常日短期负荷预测的时序分析方法中，除了基于同类型日思想的预测方法外，还可以根据各日负荷在时段上的对应关系和相似性，直接进行预测。

这里介绍 2 种预测方法。

15.4.1 变化系数法

变化系数法所遵循的原理是，在各日负荷波动不大的情况下，待预测日的各时段负荷可以直接根据前期若干日负荷的某种平均效果而计算。

设第 n 天第 t 时刻的负荷为 $P_{n,t}(n=C-1,C-2,\cdots,C-N;t=1,\cdots,T)$，则预测步骤为：

（1）求历史各日各时的负荷均值

$$P_{\text{mean}} = \frac{1}{NT}\sum_{n=C-N}^{C-1}\sum_{t=1}^{T}P_{n,t} \tag{15-18}$$

（2）求各日的平均负荷

$$P_{n,\text{mean}} = \frac{1}{T}\sum_{t=1}^{T}P_{n,t}, n=C-1,C-2,\cdots,C-N \tag{15-19}$$

（3）求各时段的周期系数

$$\rho_t = \frac{1}{N}\sum_{n=C-N}^{C-1}\frac{P_{n,t}}{P_{n,\text{mean}}}, t=1,\cdots,T \tag{15-20}$$

（4）进行预测。待预测日第 $C+F$ 天第 t 时刻的负荷预测值等于负荷均值乘以周期系数

$$\hat{P}_{C+F,t} = P_{\text{mean}}\rho_t, t=1,\cdots,T \tag{15-21}$$

变化系数法非常简单直观，但是也存在缺点：周一至周五与周六周日混淆，可能使正常工作日预测的结果偏小，而休息日的预测结果偏大（在气象因素平稳的条件下）。

15.4.2 一元线性回归法

一元线性回归法的基本假设是：连续若干日的日平均负荷的变化规律可以利用一元线性回归模型逼近。

已知各日每一时刻的负荷值 $P_{n,t}(n=C-1,C-2,\cdots,C-N;t=1,\cdots,T)$。由于需要利用一元线性回归进行外推，用 $C+F$ 表示待预测日，则待预测日各点的负荷预测值可表示为 $\hat{P}_{C+F,t}(t=1,\cdots,T)$。

预测步骤如下：

（1）计算历史各日的平均负荷：$P_{n,\text{mean}}=\frac{1}{T}\sum_{t=1}^{T}P_{n,t}$，$n=C-1,C-2,\cdots,C-N$。

（2）根据历史数据，利用一元线性回归模型：$P_{n,\text{mean}}=an+b$，求得回归模型系数的估计值 $\hat{a}$，$\hat{b}$。

（3）计算待预测日的日平均负荷：$\hat{P}_{C+F,\text{mean}}=\hat{a}(C+F)+\hat{b}$，即待预测日的基值。

（4）求待预测日的标幺值。

首先，对历史各日的数据进行标幺化

$$P_{n,t}^* = P_{n,t}/P_{n,\text{mean}}, n=C-1,C-2,\cdots,C-N,\quad t=1,\cdots,T \tag{15-22}$$

其次，计算待预测日的标幺值

$$\hat{P}_{C+F,t}^* = \frac{1}{N}\sum_{n=C-N}^{C-1}P_{n,t}^*,\quad t=1,\cdots,T \tag{15-23}$$

（5）计算待预测日各点负荷

$$\hat{P}_{C+F,t} = \hat{P}_{C+F,t}^*\hat{P}_{C+F,\text{mean}},\quad t=1,\cdots,T \tag{15-24}$$

15.5 频域分量预测法

15.5.1 基本分析

在第 I 篇 3.2 节中，已经提到了电力负荷序列具有规律性，并且使用时间序列的频域分析方法对负荷进行了分析。本节进一步建立基于"频域分解"的预测方法，称为频域分量预测法。

根据第 3.2.2 节的分析，对负荷序列 $P(t)$ 做傅立叶分解得到

$$P(t) = a_0 + \sum_{i=1}^{NT-1} (a_i \cos\omega_i t + b_i \sin\omega_i t) \tag{15-25}$$

式中：N 为历史天数；T 为每日时段数；NT 为负荷序列的长度。

通过对角频率的适当组合，并依据负荷变化周期性的特点，可将 $P(t)$ 重构成式（15-26）

$$P(t) = a_0 + D(t) + W(t) + L(t) + H(t) \tag{15-26}$$

式中：$D(t)$ 的周期为 T，它是负荷中以 24 时为周期变化的分量；$a_0 + D(t)$ 为负荷的日周期分量；$W(t)$ 的周期为 $7T$，是负荷的周周期分量；扣除 a_0、$D(t)$、$W(t)$ 之后，剩余分量可分为 $L(t)$ 和 $H(t)$。$L(t)$ 是剩余分量中低频分量的总和，它反映了气象因素等变化较慢的相关因素对负荷的影响；$H(t)$ 是剩余分量中高频分量的总和，主要体现了负荷变化的随机性。

为了便于表示短期负荷的周期性，这里采用 n 表示日期序号，t 用来表示日内时段序号，于是有

$$P_{n,t} = a_0 + D_{n,t} + W_{n,t} + L_{n,t} + H_{n,t} \tag{15-27}$$

如果通过频域分解得到的日周期分量、周周期分量的比例很高，当其大于一定的阈值条件（如 98%），则此时我们完全可以忽略剩余分量的影响，采用直接外推的方法，用日周期分量、周周期分量之和直接作为未来日负荷预测的基础数据

$$\hat{P}_{n,t} = a_0 + D_{n,t} + W_{n,t}, n = C-1, C-2, \cdots, C-N; t = 1, 2, \cdots T \tag{15-28}$$

式中：N 为历史天数。

如果预测对象是第 $C+F$ 天，则取式（15-28）中与第 $C+F$ 天的星期类型一致的连续 T 个点作为该日的预测结果。需要强调的是，上面的条件只有在剩余分量的比例很小，可以忽略的情况下才能满足。

在一般情况下，剩余分量是不能忽略的。尽管如此，日周期分量和周周期分量仍然可以直接外推获得，预测过程比较简单；因此，在频域分解后，主要的问题是对剩余分量中低频分量和高频分量的估计和预测。

15.5.2 4 种预测方法

这里给出剩余分量的 4 种预测方法：

（1）低频分量平均方式的频域分量法。待预测日的低频分量取值为同一时刻历史负荷低频分量的平均，同时忽略较难预测的高频分量。于是，历史日期中第 n 天的近似负荷可以用式（15-29）逼近

$$\hat{P}_{n,t} = a_0 + D_{n,t} + W_{n,t} + \hat{L}_{n,t} = a_0 + D_{n,t} + W_{n,t} + \frac{1}{N} \sum_{n=C-N}^{C-1} L_{n,t} \tag{15-29}$$

如果预测对象是第 $C+F$ 天，则取上式中与第 $C+F$ 天的星期类型一致的连续 T 个点作

为该日的预测结果

$$\hat{P}_{C+F,t} = \hat{P}_{C+F-7,t} \qquad (15\text{-}30)$$

式中：第 $C+F$ 天与第 $C+F-7$ 天的星期类型一致。

（2）低频分量平滑方式的频域分量法。待预测日的低频分量取值为同一时刻历史负荷低频分量的平滑结果。这种方法用近大远小思想处理低频分量，但同样忽略了高频分量的影响。

取平滑系数为 α，$\alpha \in [0,1]$，历史上第 n 天的近大远小权重为 $\alpha^{-(n-C)}$，$n=C-1$，$C-2$，…，$C-N$，各日权重用权重总和 $\Delta = \sum_{n=C-N}^{C-1} \alpha^{-(n-C)}$ 进行归一化。于是，待预测日的低频分量可用式（15-31）预测

$$\hat{L}_{C+F,t} = \sum_{n=C-N}^{C-1} \frac{\alpha^{-(n-C)}}{\Delta} L_{n,t} \qquad (15\text{-}31)$$

那么，如果预测对象是第 $C+F$ 天，则取历史日期中与第 $C+F$ 天的星期类型一致的第 $C+F-7$ 天的日周期分量、周周期分量与待预测日的低频分量叠加，作为该日的预测结果

$$\hat{P}_{C+F,t} = a_0 + D_{C+F-7,t} + W_{C+F-7,t} + \hat{L}_{C+F,t} \qquad (15\text{-}32)$$

式中：第 $C+F$ 天与第 $C+F-7$ 天的星期类型一致。

（3）低频分量线性相关方式的频域分量法。仍然忽略高频分量的影响，假设第 n 天的低频分量可以用其前两日的线性组合来建模

$$L_{n,t} = \varphi_1 L_{n-1,t} + \varphi_2 L_{n-2,t} \qquad (15\text{-}33)$$

于是，对于历史负荷进行分析，则参数 φ_1、φ_2 可以通过历史数据的最小二乘估计而获得。

如果预测对象是第 $C+F$ 天，则待预测日的低频分量可用式（15-34）预测

$$\hat{L}'_{C+F,t} = \varphi_1 L_{C+F-1,t} + \varphi_2 L_{C+F-2,t} \qquad (15\text{-}34)$$

那么，取历史日期中与第 $C+F$ 天的星期类型一致的第 $C+F-7$ 天的日周期分量、周周期分量与待预测日的低频分量叠加，作为该日的预测结果

$$\hat{P}_{C+F,t} = a_0 + D_{C+F-7,t} + W_{C+F-7,t} + \hat{L}'_{C+F,t} \qquad (15\text{-}35)$$

式中：第 $C+F$ 天与第 $C+F-7$ 天的星期类型一致。

（4）剩余分量线性相关方式的频域分量法。该方法的思想是：低频分量和高频分量都通过线性相关建模来获得。计算公式略。

频域分量法同样可以引入新息的概念，将基准日已知的若干个负荷点加入历史负荷序列，进行频域分析。具体的实践中，依然可以分为新息低频分量平均方式、新息低频分量平滑方式、新息低频分量线性相关方式和新息剩余分量线性相关方式。

15.6 基于小波分析的预测方法

在电力系统的负荷预测中，由于电力负荷主要是以离散序列为主，而且我们能够分析的也只能是负荷的离散频谱，因此在应用时主要是应用离散小波变换，即根据一定的规则取小波参数中 a、b 的离散值，得到一系列离散小波，然后将待分析的负荷信号函数 $f(t)$ 用分解得到的离散小波来线性组合得到，即小波级数的展开

$$f(t) \approx f_N(t) = f_J + \sum_{j=J}^{N-1} W_j \tag{15-36}$$

小波级数是按照子小波不同的伸缩尺度，即不同的分析频率来进行区别的，其中 f_J 中含有低于尺度 J 的频率成分，而 W_j 中含有单一尺度 j 的频率成分。这样就可以根据我们的需要，分出不同尺度的各个频率，而且各频带内的信息是相互正交的。一般可以将部分周期性负荷分量、非周期分量以及低频随机负荷分量投影到 f_J 中，其他周期分量和随机分量则分别投影到不同的尺度上。各个尺度上的子序列分别代表不同的"频域分量"，从而以完全解列的方式，在不同的缩放尺度上表现出负荷序列各种频率的特性。

将负荷分解到不同的尺度频率分量后，需要根据各个尺度上负荷波动的方式，选择不同的预测方法进行预测，例如对于随机信号较多的尺度分量，可以采用 ARMA 模型，预测其中的规律部分，忽略噪声，或者利用 Kalman 滤波的方法进行频域的分析；对于周期性较强的部分，可以利用周期类比或者傅立叶分析的方法进行，然后根据各个尺度上分析的结果再进行序列重构，从而得到负荷预测的结果。

此外，电力系统中的偶然因素会对负荷产生影响，甚至产生大量偏离内在规律的非正常数据，而小波分析通过对模极大值的识别，不但能够有效地剔除部分非正常数据，而且还可以将它们记录下来，作为调度员进行人工分析、干预处理的重大依据。

关于小波分析在负荷预测中的应用，可参考文献 [2, 43-46]。

15.7　基于混沌理论的预测方法

15.7.1　混沌理论的引入

从数学上讲，确定性系统中给定确定的初始值，就可以推知系统的长期行为，甚至追溯其过去的性态。但大量的实例表明，有很多系统，当初值产生极其微小的变化时，其系统的长期性态有很大变化，即系统对初值的依赖十分敏感，这就是所谓的混沌。混沌现象不同于随机现象，随机系统在短期内也是不可预测的，而对于确定性系统，它的短期行为是完全确定的，只是由于对初值依赖的敏感，使得确切运行在长期内不可预测，这种现象只会发生在非线性系统中。

电力系统负荷在一定程度上呈现出混沌的特点，很难建立精确的数学模型来对其进行描述。利用混沌理论的一系列方法，可以对电力系统负荷序列的混沌特征量进行计算，从而对系统负荷做出预测。

在利用混沌理论进行短期负荷预测之前，必须先要分析并且验证负荷序列的混沌性。混沌性识别的方法很多，既可以从相空间图形以及谱特征等定性的角度来分析，也可以从定量的角度来识别，例如 Lyapunov 指数法。但不论用何种方法，将混沌分析引入到负荷时间序列中，都必须通过负荷序列的相空间重构。具体来说，如果有电力负荷序列 x_1，x_2，x_3，$\cdots$，x_n，重构后空间向量表示为

$$\boldsymbol{Y}_1 = \left[x_1, x_{1+\tau}, \cdots, x_{1+(m-1)\tau} \right]^{\mathrm{T}}$$
$$\boldsymbol{Y}_2 = \left[x_2, x_{2+\tau}, \cdots, x_{2+(m-1)\tau} \right]^{\mathrm{T}}$$
$$\cdots$$
$$\boldsymbol{Y}_N = \left[x_N, x_{N+\tau}, \cdots, x_{N+(m-1)\tau} \right]^{\mathrm{T}}$$

式中：m 为嵌入维数；τ 为延迟时间；$N = n - (m-1)\tau$ 为向量序列的有效长度。

τ，m 的选择是相空间重构的关键，确定的方法有很多，最终还需结合最优嵌入维数和嵌入窗

宽 $\tau_m = \tau(m-1)$ 来综合确定，使嵌入窗宽接近轨道的平均周期，这样综合定出的嵌入参数才能保证重建相空间中轨道充分展开。各嵌入坐标间相关性较小，能保证原吸引子的集合及拓扑结构。

通过上面的相空间的重构，相当于把单变量时间序列嵌入到了 m 维的相空间中，而 m 维相空间中各个相点的变化描述了系统在相空间中的演化轨迹。

对于电力负荷序列，可用定量方法 Lyapunov 指数法来进行负荷序列的混沌性判断。混沌系统对于初始条件的敏感性也可以描述为吸引子上相邻两点随时间的演化将产生指数规律的分离，而最大 Lyapunov 指数则刻画了这种分离的程度，如果时间序列的最大 Lyapunov 指数 $\lambda_1 > 0$，则说明该时间序列具有混沌特性。由于吸引子在相空间中产生折叠、回转、拉伸等过程，使得混沌系统在短期内是可以预测的。

15.7.2 预测思路和方法

首先介绍 Lyapunov 指数预测法，其关键在于提取最大 Lyapunov 指数 λ_1，提取 λ_1 的方法很多，较为著名的有 A. Wolf 提出的算法，但是该算法对数据的要求较高，这里简述 Michael. T. Rosenstein 的方法，其大致步骤如下：

(1) 由给定数据估计延迟时间 τ，并且重构序列的相空间。

(2) 在相空间中，选定 1 个初始点 $\boldsymbol{X}_i$，计算与 $\boldsymbol{X}_i$ 最临近点 $\boldsymbol{X}_j$，并求出初始距离 $C_j = |\boldsymbol{X}_i - \boldsymbol{X}_j|$。

(3) 系统演化时间 $k\Delta t$ 后，假设 $\boldsymbol{X}_i \to \boldsymbol{Y}_i$，$\boldsymbol{X}_j \to \boldsymbol{Y}_j$。求出演化后的 2 点间距离 $d_j(i) = |\boldsymbol{Y}_i - \boldsymbol{Y}_j|$。

(4) 由 $d_j(i) \approx C_j e^{\lambda_1 k\Delta t}$ 得 $\ln d_j(i) = \ln C_j + \lambda_1 k\Delta t$，进而得 $\lambda_1(k) = \frac{1}{k\Delta t} < \ln d_j(i) >$。式中的 $< \cdot >$ 代表对所有的 j（X_i 的邻近点）利用最小二乘法拟合，结果就是所求的最大 λ_1。

(5) 然后可以利用提取的最大 Lyapunov 指数进行预测，设 L_k，L_{k-1} 分别为第 k 步和经过步长 k 演化后的两最近邻态间的距离，设在不同步长发展过程中 L_k/L_{k-1} 近似为一常数，则有

$$LE_1 = \frac{1}{k} \log_2 \frac{L_k}{L_{k-1}}$$

设参考态为 $Y[t_n - (m-1)\tau]$，其最近邻态为 $Y_{nbt}(t_i)$，则有

$$Y_{nbt}(t) = \min[|| Y(t_n - (m-1)\tau) - Y(t_i) ||], i = 1, 2, \cdots, p-1 \qquad (15\text{-}37)$$

如果 $Y[t_n - (m-1)\tau]$ 经过提前预报时间 k 后演化为 $Y[t - n(m-1)\tau + k]$，显然只要 $k \leqslant \tau$，则 $Y[t_n - n(m-1)\tau + k]$ 中只有一个分量是未知的，而其余（$m-1$）个分量都是已知的。则有

$$2^{LE_1 k} = \frac{|| Y(t_n - (m-1)\tau + k) - Y_{nbt}(t_i + k) ||}{|| Y(t_n - (m-1)\tau) - Y_{nbt}(t_i) ||} \qquad (15\text{-}38)$$

从而可以对需要预报的状态给出预测。

其次，可以构造混沌相空间的相似点预测法，由于历史出现的重复性和相似性，该预测方法是在相空间的历史相点中，以欧氏距离最小为原则寻找与预测起始相点邻近的 k 个相点，以相似点的加权平均值作为预测相点的值，从而对相点轨道演化规律进行预测。

还可以构造混沌相空间的线性回归法。在相空间轨道的短期演化中，假设预测点和它的邻近相点遵循相同的线性演化规律，虽然混沌相空间相点轨道具有非线性特性，但在局域范围短期演化可进行线性拟合，在全域范围来看仍是非线性的。线性回归参数可根据已知的历史数据，由最小二乘法估计。

关于混沌理论在负荷预测中的应用，可参考文献 [47-54]。

第16章

气象因素对短期负荷的影响分析

上一章中介绍了短期负荷预测的时序分析方法，主要根据负荷发展的时间趋势和周期特性进行预测。与中长期预测类似，短期负荷的变化也受到许多因素的影响，因此，为了达到更好的预测效果，就必须识别这些因素对预测对象的影响规律，并应用于预测过程之中。

16.1 短期预测中气象因素分析与处理的总体理念

16.1.1 对气象因素的认识

气象是指大气中所发生的物理现象和物理过程，它主要研究空气压力的垂直变化和水平变化，空气的水平运动和垂直运动，空气温度的变化，辐射能和热能在大气中的传递、吸收过程以及大气中水的相变过程。从电力气象学的角度来看，在进行电力规划、电力工程设计（如发电厂、变电站选址）、电力生产调度等工作时，必须考虑气象因素。

一个地区在某一段时间内的气象要素（即大气物理状况，如温度、湿度等）的综合就是该地区的天气。天气预报是根据气象观测资料，应用天气学、动力气象学、统计学原理的方法对某区域和某地点未来一定时段内的天气状况进行定性和定量的分析和判断后作出。用数学方程式描写大气中发生的力学和热学过程，从而研究这些力学和热学状况的发展与变化，称之为动力气象学，在动力气象学的研究成果上，才可以进行数值天气预报。我国气象科学研究发展很快，目前的状况是用气象卫星遥测广大地区的状况，用雷达监测局部地区的天气变化，各地观测到的气象资料借助于现代通信技术经过传递处理，用大规模计算机求解描述天气温度发展的流体力学、热力学方程，对天气状况做出客观的定量预报。随着计算机技术的应用，我国气象预报系统已经逐步地形成了完整的城乡观测网络，积累了大量的数据，能对天气状况进行比较精确的预测，并将信息服务于社会。

研究表明，气象因素是影响短期负荷的主要因素。在一些气象条件下，用电负荷及电量会急剧攀升，这使得电力负荷与气象关系的定量分析成为研究人员的研究重点。简要分析气象要素对短期负荷变化的影响，可以发现，气温的影响最为显著，当天气剧烈变冷/变热时，将有大量采暖/降温负荷投入运行；而当平均温度持续过高或过低时，与以前年份的相同日期相比，日负荷将有较大的变化，如某年夏季某地持续高温，空调负荷在七、八月份居高不下，日用电量大幅度提高。其他天气状况也直接影响到电力负荷，如降雨会直接影响到农机灌溉负荷和其他用电，在某地区一场大雨之后，总共近 300MW 的负荷骤降了近 70MW 灌溉用电负荷，可见气象因素影响之大。因此，在短期负荷预测中考虑气象因素已经成为人们的共识。

为了摸清用电负荷随气象状况变化的规律，做好电力负荷预测，保证电力供需的平衡，本章在分析电力负荷变化特点的基础上，结合季节性气象变化的特征，定量地分析负荷与气象等各类相关因素之间的关系。

16.1.2 气象因素作用于电力负荷的分析思路

我们认为，气象因素作用于电力负荷的分析思路，可以分为如下 4 个层次：

（1）首先认为各个气象因素独立作用于电力负荷，分析其影响，包括 2 类：单因素分析（即单个气象因素与单个电力指标的关系分析）和多因素分析（即多个气象因素与单个电力指标的关系分析，但是各气象因素之间不产生耦合效果）。

（2）考虑气象因素对负荷影响的多日累积效应，例如，对于某日的负荷而言，连续三天高温与当日突然高温 2 种情况下，当日负荷可能有明显差别。

（3）在分析气象因素独立作用于电力负荷的基础上，进一步认为多个气象因素产生某种耦合效果后才作用于电力负荷，分析其影响，这种耦合效果可称为气象综合指数。气象综合指数的构成可以有多种方式，如本章研究的人体舒适度分析方法，就是先寻找温度、湿度等因素所构成的综合效果——人体舒适度，再分析其对电力指标的作用。

（4）在分析当日气象综合指数对电力负荷影响的基础上，进一步考虑气象综合指数的多日累积效应。如本章研究的加权温湿指数分析方法，就是先寻找温度和湿度的综合效果——温湿指数，再考虑指标的多日累积效应，分析其对电力指标的作用。

四个层次的关系如图 16-1 所示。

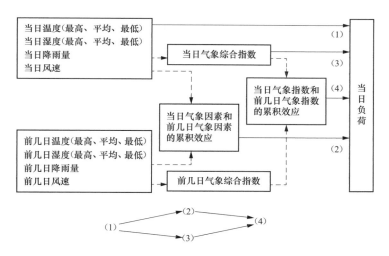

图 16-1　气象因素作用于电力负荷的分析思路及其相互关系

16.1.3 气象因素应用于负荷预测的启示和设想

通过以上的分析，可以得到许多启示，特别是有益于我们思考短期负荷预测中考虑相关因素（主要是气象因素）的处理方法，大致可以将处理策略分为 5 个类型，分别对应 5 个阶段。

（1）第一阶段，完全不考虑气象因素。在负荷预测发展的初期，完全不考虑气象因素，只根据负荷的历史规律进行预测，其中最典型的预测方法是基于同类型日的预测方法和时间序列分析法。这些内容已经在上一章进行了详细分析。

（2）第二阶段，气象因素校正。由于人们对负荷预测的精确性要求逐步提高，必须能够利用更多的气象信息，采用更加合理的数学模型与算法，进一步的提高预测的精度，减小误差。于是，发展到第二阶段，根据人的经验，估计气象对负荷影响的灵敏度，然后进行适当的气象因素影响的修正。修正的方式多种多样，既可以人工估计每一度温度所影响的当地负荷的大小，也可以采用一些敏感分析的数学方法进行计算和修正。这种分析方法将在 17.1 节中进行分析。

（3）第三阶段，在预测模型中直接考虑日特征气象因素的影响。人们并不能事先充分地掌握未来各种可能引起负荷发生变化的因素。某些复杂的因素，虽然明明知道其必将对电力系统的负荷发生影响，但要定时和定量地准确判定其影响是困难的，因为这些因素的彼此关联的规律是无法掌握的，这使负荷预测问题的研究变得更复杂。因此，单纯的经验"修正"是不够的。

由于气象因素的影响具有"隐含性"，即气象因素对日负荷曲线的影响分别由 2 个部分体现出来。一部分是隐含于历史数据当中的，当我们采用回归等其他时间序列方法时就已经引用了这部分的气象信息，这就是为什么当天气没有剧烈变化时我们仅仅采用历史数据就可以取得较好的预测结果的原因；而另一部分是无法从历史数据中体现出来的，必须另外考虑气象因素的影响。于是，在第三阶段，人们开始在预测模型中直接考虑日特征气象因素的影响，包括采用神经网络、支持向量机等手段进行处理的方法。这些方法将在 17.2～17.3 节中进行分析。

（4）第四阶段，建立规范化的处理日特征相关因素的方法。由于负荷预测考虑的相关因素不仅仅是气象因素，而是包括了各类因素，如日分类（正常日、国庆、春节等）；星期类型（周一～周日）；日期差（两日之间相距的天数）；日天气类型（晴、阴等）；日最高温度、日平均温度、日最低温度；日降雨量；湿度；风速等。随着科学技术的发展，有可能新增加其他相关因素。因此，需要一种规范化的策略，使得研究人员可以在一个统一框架下考虑各种相关因素。该策略既可以指导预测人员构造新的短期负荷预测方法，也可以对各种现有的预测方法进行改造，使之可以计及各种因素的影响。这方面的研究还在持续之中。这类方法将在第 18 章中进行分析。

（5）第五阶段，在预测模型中直接考虑实时气象因素的复杂影响。从目前的发展水平来看，气象因素的处理绝大多数是仅仅依据每天的特征因素，如日平均温度，日最高温度，日最低温度，日天气类型，日平均湿度等。一方面，气象因素对负荷的影响具有"相似性"特点，即同一地区相同或相近的气象因素下对每日各点的短期负荷影响是类似的，这是我们应用日特征气象因素的出发点；同时，气象因素的影响还具有"实时性"特点，即当天气因素发生剧烈变化时，对发生时段的负荷有较大的影响，例如发生高温、降雨等。实际上，考虑日特征气象因素的方法，一般只能对全天的逐点进行整体的修正，无法体现不同气象因素在不同时段上的不同作用效果。因此，直接在预测模型中考虑各种因素对不同时段的影响，是一种较好的思路。这方面的研究刚刚起步。这种分析方法将在 17.4 节中进行分析。

16.2　从供应侧和需求侧分析气象因素的影响

16.2.1　气象因素对供应侧和需求侧的影响

根据我国现行的调度体制，网省电网需要预测的是"统调负荷"，实际上就是需要由网省电网调度部门统一调度来满足的负荷；而地市电力部门作为省级电网的下级单位，需要预测"网供负荷"并上报给省级电网。虽然人们认为气象因素会影响电力负荷，但是，从机理上分析，气象因素并不是直接影响"统调负荷"或"网供负荷"，而是首先对总用电负荷和非统调负荷产生影响，而后由"总用电负荷＝网供/统调负荷＋非统调负荷"这样的关系式，对"统调负荷"或"网供负荷"产生作用。这个过程如图 16-2 所示。

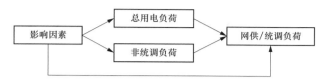

图 16-2　气象因素对供应侧和需求侧的影响

那么，气象因素究竟如何对总用电负荷和非统调负荷产生影响呢？这需要分别从供应侧和需求侧角度分析气象因素的影响，可大致表示如图 16-3 所示。

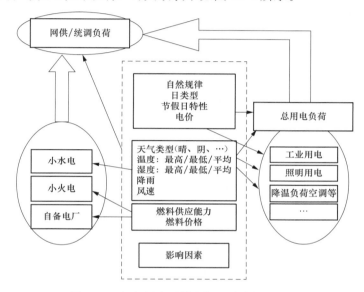

图 16-3　气象因素对供应侧和需求侧的影响

从图 16-3 中可以看出：

（1）从需求侧来看，负荷波动的原因主要有：气象因素造成的负荷变化（冬季采暖负荷、夏季降温负荷最为突出），大用户用电的非计划性造成负荷的变化等。此时，气象因素直接影响了总用电负荷中的某些部分，从而由"总用电负荷＝网供/统调负荷＋非统调负荷"这样的关系式，间接地对"统调负荷"或"网供负荷"产生影响。

（2）从供应侧来看，小水电、小火电、自备电厂等类型发电资源对电网造成的影响较大。如小电厂非计划性开停机或发电上网的随意性，直接导致"统调负荷"或"网供负荷"的大幅度波动；又如地方小水电靠天吃饭，有了降雨，就可以发电上网，没有来水就不发电。此时，天气突然变化而产生的降雨量直接影响了小水电的发电出力，从而将间接地由"总用电负荷＝网供/统调负荷＋非统调负荷"这样的关系式，间接地对"统调负荷"或"网供负荷"产生影响。

通过如图的电力系统供需平衡分析，我们可以设计关于气象因素处理的两大类处理方式：

（1）隐性考虑影响因素的方式。这种处理方案的思路是，直接建立网供/统调负荷关于影响因素的相关关系，进行分析。

（2）显性考虑影响因素的方式。这种处理方案的思路是，首先分别建立总用电负荷关于影响因素的相关关系；其次建立非统调负荷关于影响因素的相关关系；然后，按照"总用电负荷＝网供/统调负荷＋非统调负荷"的关系式，分析网供/统调负荷的变化规律。

如果采用第二种处理方式，为了更好地提高预测精度，还可以采取针对大用户用电情况分析的如下措施：

（1）从负荷控制系统获取大用户用电特性。

（2）深入大用户，了解用户生产过程，收集大用户用电计划。

（3）对于用电峰值负荷较大的用户，对其用电负荷曲线进行监视，分析异动情况。

（4）统计其规律性，生成大用户用电修正曲线。

16.2.2 不同级别电网对气象因素的处理策略

根据以上分析，我们认为，网省电网和地市电力部门处理气象因素及其他因素的策略将有所区别。

可以将网省电网和地市电力部门在负荷预测方面的特点对比见表16-1。

表 16-1　　　　　　　　　　网省电网和地市电网在负荷预测方面的特点对比

比较角度	网/省电网	地市电网
负荷规模	大	中/小
可预料的规律性	中/强	弱/中
气象等因素的影响程度	不定，需综合考虑，下属各地市可能差别较大	气象影响突出，特别是小水电较多的地区
负荷特征曲线稳定度	强	弱/中
大用户用电的影响度	弱/中	大用户影响突出，特别是钢铁等冲击负荷

地市电力部门在负荷预测中应重点分析如下特点：

（1）地区电力系统通常是一个容量较小、波动较大的电力系统，有上级电网和地区内小电厂这样的两类电源供电，满足"总用电负荷＝网供负荷＋地区内发电负荷"这样的关系式，运行调度人员所关心的是网供负荷的大小。

（2）该系统中一般有若干个负荷容量相对较大的大用户，其用电行为极大地影响总负荷。

（3）多变的气象条件对小水电的发电行为影响很大，从而影响网供负荷；在雨量不足时，地方小水电发电不足，主要依靠上级电网供电；而雨量充沛时，地方小水电发电大增，甚至会出现网供负荷为负的情况，这是因为地方小水电发电出力已经高于地区总用电负荷，造成地方小水电发电出力倒送到上级电网的情况出现。

（4）以上特点对地市负荷预测提出了特殊的要求，必须建立针对性强的负荷预测方法，特别是妥善处理小水电等因素对地方负荷的影响。

网省电力部门在负荷预测中应重点分析如下特点：

（1）根据负荷的构成规律，可以考虑两类途径，一类途径是网省电力部门直接根据自身的负荷规律进行预测；另一类途径是网省电力部门直接汇总下级电网的预测结果，并且在适当考虑负荷同时率的情况下进行修正。

（2）网省电力部门如果考虑气象因素，则必须注意气象因素的获取方式。因为天气预报一般是针对地市范围而作出的，没有直接针对网省的天气预报，因此，可以考虑以下级电网的最高负荷或日电量作为权重，对下级电网对应地区的气象因素进行加权平均，然后再按照各类气象因素的处理策略进行分析和预测。

16.3　气象因素直接作用于短期负荷的规律分析

本节将以日电量的分析为例，分析各个气象因素直接作用于电力负荷时的影响规律。日最高负荷、平均负荷等的分析过程与此类似。

搜集到重庆电网 2003 年 7 月 1 日～10 月 31 日的各类数据，包括日电量、日最高温度、日最低温度和日平均温度。考虑到需要用一部分数据进行模型的检验，所以在每个月的数据中各保留一天或者两天，总共 7 天的数据不参与模型求解过程，而用于对模型结果的检验。这 7 天是：2003 年 7 月 7 日周一，7 月 29 日周二，8 月 6 日周三，8 月 28 日周四，9 月 12 日周五，9 月 27 日周六，10 月 5 日周日。

16.3.1　数据的直观分析

首先，通过图像来观察随着时间变化时日电量与温度之间的关系。由于直接的日电量数据与温度数据不具有可比性，所以取它们的标幺值

$$x^* = \frac{x}{x_{\max}} \tag{16-1}$$

然后作出日电量标幺值和最高温度、最低温度、平均温度标幺值的关系曲线，如图 16-4 所示。

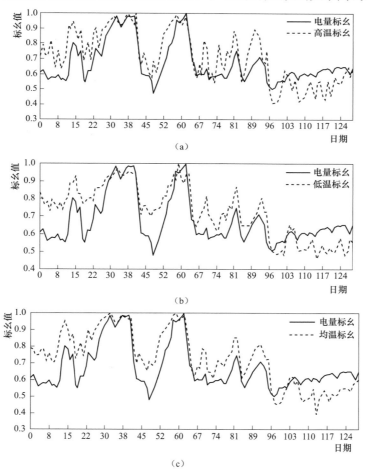

图 16-4　时间变化时日电量与最高、最低、平均温度标幺曲线的对比
(a) 日电量曲线与最高温度曲线；(b) 日电量曲线与最低温度曲线；(c) 日电量曲线与平均温度曲线

从图 16-4 中的夏季到初秋的变化规律可以看出:

(1) 在夏季,日电量与日最高温度、最低温度、平均温度的变化趋势都非常相似。当温度升高时,日电量也处于升高的阶段;当温度降低时,日电量也呈现降低的趋势。值得注意的是,两者变化曲线上的峰点和谷点所出现的日期也基本上重合。从图中可以判断日电量与温度应该具有比较大的相关性。这为进一步的负荷预测提供了依据。

(2) 某些日期的日电量和温度的变化情况并不完全一致,这是因为影响日电量的因素并不仅仅是温度,还包括其他的多种因素。

(3) 在对比曲线的后端,日电量与温度的变化趋势出现了一些不同。这也说明,两者在夏季的相关关系最为明显,其中空调和其他降温负荷尤为突出。进入秋季以后,温度对日电量的影响明显有所减弱。

其次,进一步探寻日电量与平均温度、最高温度、最低温度之间的直接联系。可做出如图 16-5 所示的曲线。

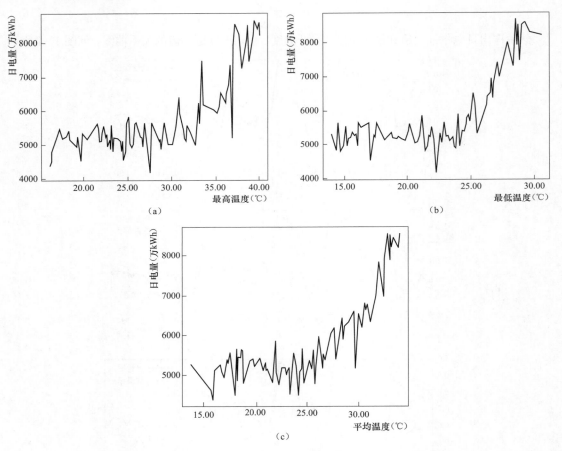

图 16-5　日电量与最高、最低、平均温度的直接关系曲线
(a) 日电量与最高温度的直接关系曲线;(b) 日电量与最低温度的直接关系曲线;
(c) 日电量与平均温度的直接关系曲线

从图 16-5 中可以看出,日电量与最高温度、最低温度、平均温度之间的关系接近于二次曲线的形状,这对后续的分析是非常重要的启示。

以上是针对日电量受日最高温度、最低温度、平均温度的影响关系作出的分析。实际上，同样也可以分析日最大负荷受日最高温度、日平均温度、日最低温度的影响关系，并得到类似的结论。而这正是短期负荷预测中考虑气象因素的出发点，基于这样的分析，可以构造相应的分析和预测方法。

16.3.2 主要影响因素的识别与回归分析

本节的目标是在多个气象因素并存的情况下，识别其中对电力指标影响最大的因素并加以利用。本节分别使用相关分析法和距离分析法进行主要影响因素的识别，由此建立基于主要影响因素的回归分析模型，并进行敏感性分析。

16.3.2.1 相关分析法识别主要影响因素

对 4 个指标进行偏相关分析的结果见表 16-2。

表 16-2　　　　　　　　　　　偏 相 关 分 析 结 果

指标	日电量	最高温度	最低温度	平均温度
日电量	1.0000	0.7578	0.7256	0.7713
最高温度	0.7578	1.0000	0.8890	0.9713
最低温度	0.7256	0.8890	1.0000	0.9630
平均温度	0.7713	0.9713	0.9630	1.0000

由偏相关分析的结果可以看出，各温度指标之间的相关性很强，这符合实际情况。日电量与几个温度指标之间的相关性也较好，比较日电量与各温度指标之间的相关系数，可以看出日电量与平均温度之间的相关系数最大，它们的相关性最强。所以能够在此基础上进行进一步的分析。

考虑到日电量与温度之间并不完全是线性的关系，还可能存在二次关系，所以再对日电量与各温度指标的平方值作偏相关分析，得到如下结果，见表 16-3。

表 16-3　　　　　　　考虑温度平方关系的偏相关分析结果

指标	日电量	最高温度平方	最低温度平方	平均温度平方
日电量	1.0000	0.8024	0.7752	0.8215
最高温度平方	0.8024	1.0000	0.8932	0.9739
最低温度平方	0.7752	0.8932	1.0000	0.9639
平均温度平方	0.8215	0.9739	0.9639	1.0000

从表 16-3 中可以看出，日电量与温度的平方之间具有较强相关性，特别是与平均温度平方的相关系数最大。

综合可见，平均温度是影响日电量的主要因素。由于日电量与平均温度的相关系数最大，且与平均温度和平均温度的平方都有比较大的相关性，所以在下面的回归分析中考虑以平均温度的二次曲线模型为基础。

16.3.2.2 距离分析法识别主要影响因素

距离分析是对变量之间不相似程度（或者称为差异度）的一种测度，它计算一对变量之间的广义距离。这里对负荷指标与温度指标作差异度分析。差异度分析中采用欧氏距离

$$d = \left[\sum_{i=1}^{n} (x_i - y_i)^2 \right]^{\frac{1}{2}} \tag{16-2}$$

由于各变量的量纲不同，直接进行距离分析缺乏可比性，因此在分析之前预先对数据作标准化处理。

表 16-4 给出了采用欧氏距离的差异度分析结果，表中列出的是各个变量归一化后的欧氏距离。

表 16-4　　　　　　　　　　　　采用欧氏距离的差异度分析结果

指标	日电量	最高温度	最低温度	平均温度
日电量	0.000	1.334	1.312	1.308
最高温度	1.334	0.000	0.880	0.469
最低温度	1.312	0.880	0.000	0.502
平均温度	1.308	0.469	0.502	0.000

从表 16-4 中可以看出，各个变量与自身的欧氏距离都为 0。同时，日电量与最高温度、最低温度、平均温度之间的欧氏距离显示出它们之间具有比较大的相关性。其中，日电量与平均温度的欧氏距离最小，即表示它们之间的关系最密切。这与相关性分析中的结果相同，换言之，平均温度是影响日电量的主要因素。

16.3.2.3　基于主要影响因素的回归分析

根据偏相关分析和距离分析的结果，选取其中与日电量相关性最强、距离最短的平均温度数据进行分析。

从日电量与平均温度的关系曲线中可以看出，日电量与平均温度的关系曲线形状类似抛物线，所以在回归模型中选择日电量与平均温度的关系为二次函数关系。

由于工作日、休息日的电量差别较大，模型中应尽可能反映"星期"类型；同样，不同月份的电量差别也可能较大，需要设法考虑月份的影响。为了避免建立多个模型，选择如下的模型进行回归分析

$$E_n = aTemp_{n,\mathrm{mean}}^2 + bTemp_{n,\mathrm{mean}} + \sum_{i=1}^{7}\sum_{m=7}^{10} s(i,m,n)c_{i,m} + dn \qquad (16\text{-}3)$$

式中：m 为月份，n 为日期；i 为星期几；E_n 为日电量；$Temp_{n,\mathrm{mean}}$ 为平均温度；dn 反映的是电量随时间的线性增长趋势。

这里特别引入了符号函数 $s(i, m, n)$ 来表征不同星期类型、不同月份的影响，当且仅当第 n 日的星期类型恰好等于 i、月份恰好等于 m 时，$s(i, m, n)$ 的函数值才取 1，否则，函数值一律为 0。$c_{i,m}$ 表示星期类型为 i、月份为 m 时的回归常数项。

通过数据分析和参数估计，可以得到回归参数 a、b、d 的估计值分别为 15.819、570.68、7.5283，而回归常数项 $c_{i,m}$ 的估计值见表 16-5。

表 16-5　　　　　　　　　　　　回归常数项的估计值

星期	7 月	8 月	9 月	10 月
1	8916.4	9495.4	9525.6	9564.5
2	9278.0	9130.7	9293.2	9630.6
3	9279.3	9143.9	9265.4	9541.0
4	9374.6	9303.5	9248.3	9510.0
5	9475.8	9476.6	9468.3	9602.4
6	9045.5	9224.4	9306.6	9435.5
7	8634.8	9360.4	9216.1	9440.5

该回归模型的拟合曲线如图 16-6 所示。

表 16-6 给出了回归模型的误差分布情况，经计算得到拟合的平均相对误差为 4.48%，在可接受的范围内。

用保留的数据可以对模型精度进行检验。已知待检验日的日期、星期类型、月类型以及温度数据，把它们代入所建立的模型中，计算即可得到对该日电量的估计结果，将估计结果与实际日电量比较，通过它们之间的误差便可以检验模型的精度。采用预留的共 7 天的温度数据，根据已经建立的模型对这 7 天的日电量进行计算，得到表 16-7。

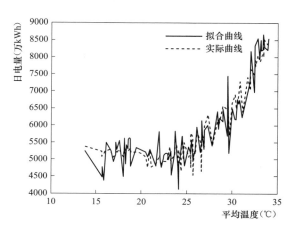

图 16-6　拟合曲线与实际曲线的比较图

表 16-6 拟合误差的分布情况

误差范围	小于 2%	2%～4%	4%～6%	大于 6%
点数	34	24	29	28

表 16-7 回归模型的检验效果

检验日期	日电量实际值（MWh）	模型计算值	相对误差
2003 年 7 月 7 日，周一	5044	4994.1	0.99%
2003 年 7 月 29 日，周二	7790	7875.3	1.09%
2003 年 8 月 6 日，周三	8571	7993.7	6.73%
2003 年 8 月 28 日，周四	8544	8079.9	5.43%
2003 年 9 月 12 日，周五	5253	5399.5	2.79%
2003 年 9 月 27 日，周六	6174	6253.5	1.29%
2003 年 10 月 5 日，周日	4811	5060.7	5.19%

可见，相对误差基本上在可接受的范围内，说明该模型具有一定的应用价值。当然，由于该模型中仅考虑平均温度这一主要影响因素，因此，模型的效果还有待改善。

根据回归分析得到的模型，可以进行敏感性分析。通过日电量与平均温度的敏感性分析得到：平均温度每升高 1℃，日电量增加的函数关系为 $31.638Temp_{n,\text{mean}} - 570.68$。具体地，可以计算：

（1）当平均温度在 20℃时，平均温度每增加 1℃，日电量增加 62.08 万 kWh。

（2）当平均温度在 25℃时，平均温度每增加 1℃，日电量增加 220.27 万 kWh。

（3）当平均温度在 30℃时，平均温度每增加 1℃，日电量增加 378.46 万 kWh。

16.3.3　同时考虑多个指标的混合回归模型

前面分析过程的特点是首先识别主要影响因素，再单独考虑它的影响。而在各个因素的影响差别不大的情况下，就需要将各个因素的综合考虑到模型中。为此，这里综合考虑平均温度、最高温度、最低温度对日电量的影响，同时也考虑了星期类型与月类型的影响，建立模型如下

$$E_n = a_1 Temp_{n,\text{mean}}^2 + b_1 Temp_{n,\text{mean}} + a_2 Temp_{n,\text{max}}^2 + b_2 Temp_{n,\text{max}}$$

$$+ a_3 Temp_{n,\text{min}}^2 + b_3 Temp_{n,\text{min}} + \sum_{i=1}^{7} \sum_{m=7}^{10} s(i,m,n)c_{i,m} + dn \qquad (16\text{-}4)$$

式中：$Temp_{n,\text{mean}}$、$Temp_{n,\text{max}}$、$Temp_{n,\text{min}}$ 分别为第 n 日的平均温度、最高温度、最低温度；a_1、b_1、a_2、b_2、a_3、b_3 分别为平均温度、最高温度、最低温度的回归系数；其余符号的含义同前。

利用历史数据进行拟合，得到模型参数的估计值，从而绘制拟合曲线如图 16-7 所示。

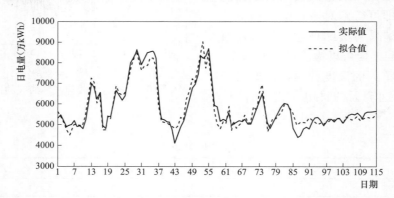

图 16-7　日电量实际曲线与多因素回归模型拟合曲线的比较

表 16-8 是拟合误差的分布情况。

表 16-8　　　　　　　　　　混合模型拟合的相对误差的分布情况

误差范围	小于 2%	2%～4%	4%～6%	大于 6%
点数	27	32	23	23

拟合的平均相对误差为 3.96%，比前面单独使用平均温度这个主要影响因素的模型有所改善。

16.4　短期负荷中考虑累积效应的气象特征选择

16.4.1　概述

上一节主要考虑当日气象因素对电力负荷的直接作用，同时，通过相关分析和距离分析等简单方式筛选出主要的影响因素。

本节考虑两个方面的改善：一是不仅考虑当日气象因素，而且考虑前几日的气象因素，这样综合考虑气象因素的累积效应；二是在相关分析和距离分析这些简单判断技术的基础上，利用成熟的特征选择技术来完成主要影响因素的筛选。

为了叙述的简便，暂时只考虑当日和昨日的气象信息。更多日的累积效应可以采取类似的方法进行分析。

特征选择是进行因素筛选的有效方法，其中最典型的方法是采用多项式对复杂的函数关系进行逼近，由此进一步确定各个因素的影响程度（以模型的阶次和模型参数来表征）。这里，一个特征就是一个因素，因此，短期负荷预测中特征选择的含义是，在众多影响电力负荷的各个因素中，选择出若干种对电力指标影响最大的因素。其特点是，可以体现出每一个输入特征变量的变化对输出变量的具体影响。采用多项式形式进行逼近,需要面对两个问题:一是如何确定多项式所应该包含的项;二是如何确定多项式所应该具有的阶次。多项式的阶数太低,将无法逼近复杂的非线性关系;多项式的阶数太高,又会使模型中变量间的关系过于复杂,使得整个模型失去较为合理的物理含义。特征选择的具体描述请参考第 I 篇第 2 章。

这里将通过下面两方面的研究,并结合具体的数值分析,分析短期负荷分析和预测中的特征选择方法。

(1)输入变量全部为连续变量。

(2)输入变量既有连续变量,也有非连续变量。

16.4.2 仅包含连续变量时的特征选择

这里以负荷与当日温度、昨日温度之间的关系为例进行分析,目标是试图发现温度因素对最高负荷的具体影响方式。由于温度数据的统计类别划分很细,有最高、最低和平均温度等多种类别,在进行负荷预测时,究竟应该使用哪种统计口径的温度数值来进行分析预测工作,是值得我们关注的问题。

搜集南京市 2001 年夏季 7、8 月份日最高负荷和温度数据,表 16-9 列出了部分数据。

表 16-9　　　　　　　　　南京夏季各日最高负荷与温度数据(部分)

日期	日最高负荷(MW)	日最高温度(℃)	日最低温度(℃)	日平均温度(℃)
2001 年 7 月 10 日	2439	37.1	29.9	32.6
2001 年 7 月 11 日	2473	38.1	28.1	32
2001 年 7 月 12 日	2036	29.5	24.9	26.8
2001 年 7 月 13 日	2097	32.1	24.8	28.5
2001 年 7 月 14 日	1799	29.2	23.5	26
2001 年 7 月 15 日	1723	29.5	25.2	26.7
2001 年 7 月 16 日	1929	30.5	22.7	26.4

如果认为日最高负荷和温度数据之间具有某种函数关系如下

$$P_{C,\max} = f_{\max P}(Temp_{C,\max}, Temp_{C-1,\max}, Temp_{C,\mathrm{mean}}, Temp_{C-1,\mathrm{mean}}) \qquad (16-5)$$

式中:C 为当日;$C-1$ 为昨日。

将当日最高温度 $Temp_{C,\max}$ 用 x_1 表示,昨日最高温度 $Temp_{C-1,\max}$ 用 x_2 表示,当日平均温度 $Temp_{C,\mathrm{mean}}$ 用 x_3 表示,昨日平均温度 $Temp_{C-1,\mathrm{mean}}$ 用 x_4 表示。这里希望从这四个特征中选取出与日最高负荷关系最紧密的特征子集。

首先将全部特征自变量通过简单的线性变换变换到 $[-1,1]$ 区间,这样,所有自变量将在同一尺度下度量,以保证不会由于度量尺度的不同造成某些特征变量的"重要程度"不同。采用最小化 PRESS 方法(具体过程见第 I 篇第 5 章)可以得到结果见表 16-10。

表 16-10　　　　　　　　　选择不同特征得到的数值结果

选择特征数	所选择的特征	PRESS	选择特征数	所选择的特征	PRESS
1	x_1	7.32e+005	3	x_1,x_2,x_4	5.87e+005
2	x_1,x_2	5.73e+005	4	x_1,x_2,x_3,x_4	6.18e+005

根据表 16-10 所示的结果，按照最小 PRESS 准则，选择最佳的自变量子集为当日最高温度 x_1，昨日最高温度 x_2。进而得到整个拟合结果见式（16-6）

$$f = 2132.845 + 276.55869x_1 + 166.14935x_2 \qquad (16\text{-}6)$$

进一步观察式（16-6），可以将整个结果分成三个部分，其中常数项代表负荷的基荷部分，是不随温度变化而改变的。后两项分别与当日最高温度和昨日最高温度相关，表示了温度对负荷的累积效应。

可以进一步计算出最高负荷受最高温度影响的灵敏度，由于式（16-6）中的自变量是经过线性变换处理过的数值，反变换到原始区间内可以得到：在当日最高温度升高 1℃ 时，当日最高负荷相应增大 36.87MW，次日最高负荷预计增大 22.15MW。

以上特征选择是针对 2001 年夏季（7、8 月）的数据进行的。用式（16-6）对南京市 2001 年 9 月 1～7 日的最高负荷作预测并与实际情况比较结果见表 16-11。

表 16-11   **南京市 2001 年 9 月 1 日～7 日的最高负荷预测结果**

日期	该日实际最高负荷（MW）	该日预测最高负荷（MW）	预测结果的相对误差（%）
2001 年 9 月 1 日	1786	1855.4	3.885
2001 年 9 月 2 日	1783	1924	7.909
2001 年 9 月 3 日	1979	1932.9	−2.3298
2001 年 9 月 4 日	1928	1937.3	0.4829
2001 年 9 月 5 日	2017	1988.2	−1.4276
2001 年 9 月 6 日	1907	1948.4	2.1718
2001 年 9 月 7 日	1944	1912.2	−1.6344

从表 16-11 的结果可以看出，预测相对误差最大值为 7.909% 和 3.885%，而这两天恰好是周日和周六。如果单独分析工作日，则周一～周五的平均值为 1.6% 左右，预测精度比较满意。

通过这个简单例子可以看出，经过特征选择后，能够在多个可能的连续特征变量中选出一部分自变量对因变量做出解释或预测。

16.4.3　同时包含连续变量和离散变量时的特征选择

上节考虑的特征因素都是连续变量，而在实际问题中还不可避免地会遇到离散变量，比如负荷预测时我们要考虑星期类型，考虑天气类型等，这些特征因素都是以离散的状态出现在数学模型中的。一个自然而然的问题是，如果特征变量中同时出现连续变量和离散变量时，是否还能应用特征选择算法对两种变量同时进行筛选。

为了直观起见，这里通过一个同时考虑连续变量和离散变量的例子，来进一步说明短期负荷预测中同时包含连续变量和离散变量时的特征选择问题及其解决方案。

搜集重庆市 2003 年 7～8 月每日最高负荷以及温度、气象条件、星期类型等，表 16-12 中列出了部分数据。

表 16-12   **重庆市 2003 年 7～8 月最高负荷和气象数据（部分）**

日期	日最高负荷（万 kW）	日最高温度（℃）	日最低温度（℃）	天气情况	星期类型
2003 年 7 月 10 日	267	30	24	阴转小雨	4
2003 年 7 月 11 日	267	26	24	阴转小雨	5

日期	日最高负荷（万 kW）	日最高温度（℃）	日最低温度（℃）	天气情况	星期类型
2003 年 7 月 12 日	246	26	24	晴间多云	6
2003 年 7 月 13 日	257	26	24	晴间多云	7
2003 年 7 月 14 日	325	37	24	晴间多云	1
2003 年 7 月 15 日	343	37	27	晴	2
2003 年 7 月 16 日	343	38	25	晴转雷阵雨	3

对数据的预处理过程如下：

（1）基于上节的分析结果，仍然可以认为日最高负荷与当日最高温度和昨日最高温度相关度最大，因此在特征选择时仍然引入这 2 个特征因素。

（2）为了量化地考虑天气情况，将气象条件大致分成 4 种情况：晴、多云、阴、雨，分别对应 1、2、3、4 四个映射数值。一天中天气情况有变化时，以映射数值较大的天气情况为准，如某天的天气是"晴转雷阵雨"，其中天气为"晴"的映射值为 1，天气为"雨"的映射值为 4，于是认为该天天气为映射值 4；注意，这里只是一个示例性的过程，更加严密的映射思想将在下章介绍。同时，还要注意将 [1，4] 区间映射为 [−1，1] 区间。

（3）星期类型只分为两种类型：周一～周五为工作日，取值为 1，周六和周日为休息日，取值为 2。同时，还要注意将 [1，2] 区间映射为 [−1，1] 区间。

经过以上数据预处理过程，认为日最高负荷与当日最高温度、昨日最高温度、当日天气类型、当日星期类型四个特征相关联，如式（16-7）所示

$$P_{C,\max} = f(Temp_{C,\max}, Temp_{C-1,\max}, Weather_C, Weekday_C) \tag{16-7}$$

将当日最高温度 $Temp_{C,\max}$ 用 x_1 表示，昨日最高温度 $Temp_{C-1,\max}$ 用 x_2 表示，当日天气类型 $Weather_C$ 用 x_3 来表示，当日星期类型 $Weekday_C$ 用 x_4 来表示。这里希望从这四个特征中选择出与日最高负荷关系最紧密的特征子集。

对不同特征数的计算结果见表 16-13。

表 16-13　　　　　　　　选择不同特征得到的数值结果

选择特征数	选择特征	PRESS	选择特征数	选择特征	PRESS
1	x_1	3.52e+004	3	x_1，x_2，x_4	2.22e+004
2	x_1，x_2	3.01e+004	4	x_1，x_2，x_3，x_4	1.94e+004

从表 16-13 中可以看出，包含离散变量的特征子集（后面 2 种）其 PRESS 值都要小于没有包含离散变量的特征子集（前面 2 种），这说明在本问题中引入当日天气类型、当日星期类型等离散变量可以提高模型精度。根据最小化 PRESS 准则，选择当日最高温度 x_1，昨日最高温度 x_2，当日天气类型 x_3 和当日星期类型 x_4 4 个变量为特征子集，进而得到预测表达式如下

$$f = 272.8129 + 40.23x_1 + 36.08x_2 - 15.59x_3 - 14.23x_4 \tag{16-8}$$

进一步分析式（16-8），结果仍然可以分成几个部分来考虑：

（1）常数项代表每日负荷的基荷部分。

（2）负荷的温度敏感部分，仍然同时受到当日最高温度和昨日最高温度的影响，当日最高温度升高 1℃，当日最高负荷相应增大 4.023 万 kW，次日最高负荷预计增大 3.608

万 kW。

（3）第三项与当日气象类型有关，注意到这里将气象类型的 $[1，4]$ 区间映射为 $[-1，1]$ 区间，当晴天或多云时，气象类型因素对应的 x_3 取值为负值，而当天气为阴或有雨时 x_3 取值为正值，一般晴天时日的最高负荷较高，而当雨天时的日最高负荷较低，因此，x_3 前面的系数为负数是合理的。

（4）对星期类型也可以做类似分析。注意到这里将星期类型的 $[1，2]$ 区间映射为 $[-1，1]$ 区间，对于工作日，星期类型的映射值 x_4 取值为负值，而当休息日时，星期类型的映射值 x_4 取值为正值，工作日的日最高负荷较高，休息日的最高负荷较低，因此，x_4 前面的系数为负数是合理的。

16.5　多个气象因素形成的气象综合指数对短期负荷的影响（以人体舒适度为例）

前文的分析中认为，各个气象因素直接作用于电力指标。实际上，气象因素对于电力负荷的影响规律是非常复杂的，而且往往存在着不同气象因素的交互影响，这就需要进一步分析多个气象因素产生的耦合效果（气象综合指数）及其对电力负荷的影响规律。

本节首先立足于寻求多个气象因素所产生的耦合效果，用一个气象综合指数来衡量该效果，进而分析其对电力指标的影响。气象综合指数的构成可以有多种方式，这里的分析从人体舒适度这个在气象分析中常用的指标入手。

16.5.1　人体舒适度概述

所谓"人体舒适度"，就是在不特意采取任何防寒保暖或防暑降温措施的前提下，人们在自然环境中是否感觉舒适及其达到何种程度的具体描述。

在自然环境中，气象因素是影响人体舒适度的主要因子，包括人体对自然环境中温度、湿度、风、太阳辐射、气压等要素及其变化过程的生理适应程度和感觉。从研究和应用的角度来讲，舒适度是一类生物气象学指标或群体性感觉指标，它以气象环境及其变化为因子，以人体生理过程和主观感受为主要依据和研究对象，分析和研究外界环境及其变化对人体产生的影响。

影响人体舒适度的最主要因子是气象因素，而气象因素中又以气温、湿度和风的影响最为突出。但是，它们对于人的舒适感来说并不处于同等重要的地位。人体舒适度指数就是为了从气象角度来评价在不同气象条件下人的舒适感，根据人类机体与大气环境之间的热交换而制定的生物气象指标。

一般而言，气温、相对湿度、风速这几个气象要素对人体感觉影响最大，人体舒适度指数就是根据这些要素而建成的非线性方程。一般地，可描述为

$$Comf = f(Temp) + g(Hmd) + h(Wsp) \tag{16-9}$$

式中：$Comf$ 为人体舒适度指数；$Temp$ 为日平均气温，℃；Hmd 为日平均相对湿度，百分数；Wsp 为日平均风速，m/s。

不同地区气象差异较大，因此人体舒适度指数的具体计算方法也有多种形式。据报道[8,66-69]，在南京、杭州地区使用了如下的人体舒适度指标计算方法

$$Comf = 1.8Temp + 0.55(1 - Hmd) - 3.2\sqrt{Wsp} + 27 \tag{16-10}$$

根据人体舒适度指标计算结果，可以将人体舒适度指数划分为若干等级，从而反映人体对环境因素的感觉。由于不同地区气象差异较大，因此人体舒适度指数的划分也有所不同。

以上海地区为例，人体舒适度指数划分为十一级。一般而言，指数越低，人体感觉越冷、越不舒适；指数越高，人体感觉越热、越不舒适。或者说，环境对人体的影响有一个舒适或适宜的范围，超出该范围则感觉不舒适，偏离舒适范围越远则舒适感越差。

电力系统中研究人体的舒适度，主要是通过引入人体舒适度的概念，分析气象因素对系统负荷的影响，例如夏季闷热天气导致人体不舒适，从而使得空调负荷上涨。研究表明，相比温度、湿度等单一因素和负荷的相关关系，人体舒适度对负荷特征量的变化有更好的跟随和描述效果。

16.5.2 人体舒适度影响规律的分析方法

这里首先直接应用南京、杭州地区的人体舒适度指标计算方法，对北京地区 2005 年 8 月 10 日～9 月 27 日一共 7 周 49 天的负荷进行分析，目的是发现人体舒适度对电力指标的影响规律。主要分析日最大负荷和相应人体舒适度的关系，应用的相关气象因素为温度、湿度和风速。在分析日特性时，代入的气象因素都是当日温度、湿度和风速的平均值。

首先，做出日最大负荷和日人体舒适度之间的散点图，容易看出两者之间呈二次曲线的变化关系，因此为了描述两者之间的变化规律，这里采用了二次曲线进行拟合，如果用 $P_{\max}$ 代表日最大负荷，用 $Comf$ 代表日人体舒适度，则

$$P_{\max} = aComf^2 + bComf + c \tag{16-11}$$

具体的拟合图像如图 16-8 所示。

可以计算拟合效果，得到拟合的相对平均残差为 4.8212%，同时拟合的相关系数为 0.8674。可以看到，直接利用南京、杭州地区的人体舒适度指标计算方法对北京地区进行分析，虽然可以得到一定的拟合效果，但是拟合效果不佳。这个结果是可以理解的，因为我国地域辽阔，南北的气候差异确实较大。

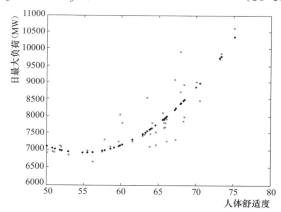

图 16-8　人体舒适度对负荷的影响

那么，如何针对一个地区，提出适合自身特点的人体舒适度指标计算方法呢？我们可以对气象因素影响日最大负荷变化的过程进行分析，将人体舒适度的分析抽象为如下的优化过程。

首先，引入待定参数 α、β、γ、η，可将人体舒适度表示为

$$Comf = \alpha Temp + \beta Hmd + \gamma\sqrt{Wsp} + \eta \tag{16-12}$$

其次，同样引入待定参数 a，b，c，则负荷拟合公式为 $P_{\max} = aComf^2 + bComf + c$。实际上，两部分叠加的效果等同于如式（16-13）

$$P_{\max} = f(a, b, c, \alpha, \beta, \gamma, \eta) \tag{16-13}$$

即相当于针对 a，b，c，α，β，γ，η 的多元非线性优化问题。

采用简单的扫描试探法，即多维空间的步长搜索算法，可以求解上述优化问题，具体分析时仍然可以考虑包括周末和不包括周末两种情况，具体如下：

（1）正常日和周末统一分析的情况。

1）人体舒适度的优化系数

$$Comf = 0.1Temp + 0.5Hmd + 0\sqrt{Wsp} + 72 = 0.1Temp + 0.5Hmd + 72 \tag{16-14}$$

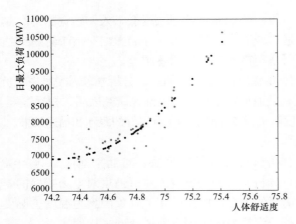

图 16-9 优化方案的拟合效果图

可以看到北京地区人体舒适度的构成系数和南京、杭州计算方法差别很大。其中风速的系数为零，说明对于北京的负荷和 8、9 月的气象状况而言，风速的影响不明显。

2）从人体舒适度到负荷的拟合系数

$$P_{max} = 2417.26Comf^2 - 358845.78Comf + 13324732.42 \qquad (16-15)$$

3）拟合的图像结果如图 16-9 所示。

4）结果比较。本次计算的相关系数为 0.9585，相对残差为 2.9596%。可以对优化前后的结果进行比较，列表 16-14 如下。

表 16-14　　　　　　　　　　　　　优化前后的结果对比

比较结果	优化前的结果	优化后的结果
相对平均残差	4.8212%	2.9596%
相关系数	0.8674	0.9585

可以看到，优化后主要指标残差明显减小，相关系数也有了明显的提高，拟合结果较好。

（2）不包含周末的情况。

1）人体舒适度的优化系数

$$Comf = 0.1Temp + 0.65Hmd + 0 \sqrt{Wsp} + 84 = 0.1Temp + 0.65Hmd + 84 \qquad (16-16)$$

2）从人体舒适度到负荷的拟合系数

$$P_{max} = 2112.57Comf^2 - 364441.04Comf + 15724484.69 \qquad (16-17)$$

3）拟合的图像结果如图 16-10 所示。

（3）结果对比见表 16-15。

可以看到，去掉周末后，模型精度有了明显的提高。当然，此时人体舒适度的计算公式及数值已经有了明显的差异，这可以通过对比式（16-14）和式（16-16），并观察图 16-9 和图 16-10 的横坐标数值范围得到验证。

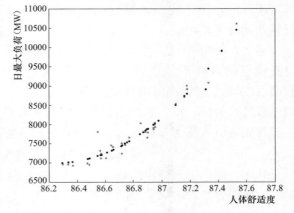

图 16-10　优化方案的拟合效果图

表 16-15　　　　　　　　　　　　　三种情况的计算结果对比

比较结果	优化前的结果	包含周末的优化结果	不包含周末的优化结果
相对平均残差	4.8212%	2.9596%	1.7716%
相关系数	0.8674	0.9585	0.9805

16.6 气象综合指数对短期负荷的累计效应（以加权温湿指数为例）

16.6.1 温湿指数与加权温湿指数

前文已经提到，气象综合指数的构成可以有多种方式。温湿指数（Temperature and Humidity Index，THI）也是其中比较常见的一种分析指标，通过该指标，可以将温度、湿度信息引入负荷分析中。同时，为了考虑气象因素的累积效应，还可以考虑连续若干日的温湿指数对某日负荷的综合影响。美国 PJM 市场就采用了 THI 和加权温湿指数（Weighted Temperature and Humidity Index，WTHI）指标，描述天气状况中的温度和湿度因素对电力负荷的影响，取得了很好的效果。

THI 的定义方式也有多种，这里主要考虑目前比较常见的两类。

（1）定义方式 A。这是由俄国学者所建立的有效温度的计算公式演变而来的计算方法，在美国 PJM 市场中温湿指数便采用了这种计算公式

$$THI = Temp_F - (0.55 - 0.55 Hmd) \times (Temp_F - 58) \tag{16-18}$$

（2）定义方式 B。这是一种比较复杂的计算方法，美国国家气象局等机构就使用了这样的温湿指数

$$THI = Temp_C + \frac{1450.8(Temp_C + 235)}{4030 - (Temp_C + 235)\ln Hmd} - 43.4 \tag{16-19}$$

式中：$Temp_F$ 为华氏温度；$Temp_C$ 为摄氏温度；Hmd 为百分比湿度。

通过对温度和湿度变量进行计算，可得到一个 THI 指标值，在此基础上，再将当天、昨天、前天的 THI 指标进行加权，就可以得到一个考虑温度和湿度累积效应的 WTHI 指标，它使得温度和湿度对负荷的影响效果体现得更明显。下面的分析都围绕 WTHI 展开，应用 WTHI 对日最大负荷值进行分析。

由 THI 得到 WTHI 实际上是个线性加权的过程，目前常用的公式也有 2 个，对于不同的加权系数意味着对历史影响因素考虑的程度不一样。具体公式如下：

（1）WTHI 加权方案 P

$$WTHI_C = (10\, THI_C + 4\, THI_{C-1} + THI_{C-2})/15 \tag{16-20}$$

（2）WTHI 加权方案 Q

$$WTHI_C = (10\, THI_C + 5\, THI_{C-1} + 2\, THI_{C-2})/17 \tag{16-21}$$

式中：THI_C，THI_{C-1}，THI_{C-2} 分别为当天 C、昨天 $C-1$、前天 $C-2$ 的温湿指数。这样，由 THI 到 WTHI 的加权组合，就体现了历史气象因素对负荷的影响。

对于分析而言，考虑上面所述的计算 THI 的 A、B 两种方案，以及计算 WTHI 的 2 种加权方案 P、Q，则可以有 4 种组合：

表 16-16   4 种组合情况

THI 计算方式 ＼ WTHI 加权方式	P 方案	Q 方案
A 方案	AP	AQ
B 方案	BP	BQ

16.6.2 温湿指数的直观分析

设定温度、湿度变化范围分别为：温度：[20，40]℃，湿度：[10%，100%]。根据前

述 THI 的两种计算方式，可以绘制温湿指数的三维曲线——不同温度、湿度情况下温湿指数的数值。

利用北京地区 2005 年夏季的数据，可以计算 THI 在 A、B 两种定义方式下的曲线分别如图 16-11 和图 16-12 所示。

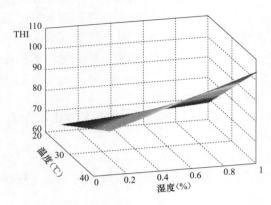

图 16-11　THI 的效果图（定义方式 A）

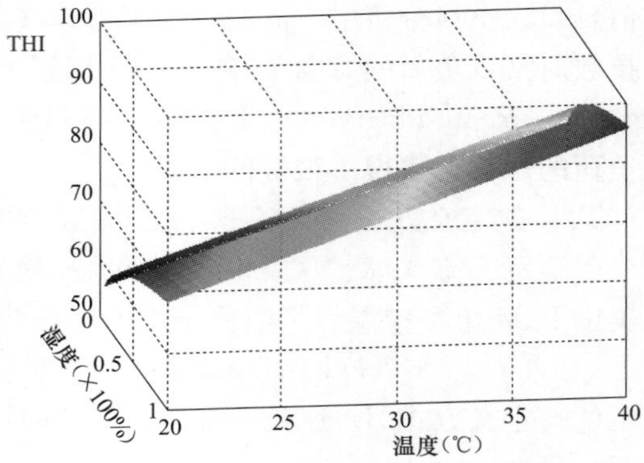

图 16-12　THI 的效果图（定义方式 B）

16.6.3　加权温湿指数与负荷的相关性分析和有效性检验

这里采用回归分析法完成对加权温湿指数与日最高负荷的相关性分析和有效性检验。

利用北京地区 2005 年夏季的数据，可以绘制四种情况下的拟合曲线，列举其中 2 个拟合曲线分别如图 16-13 和图 16-14 所示：

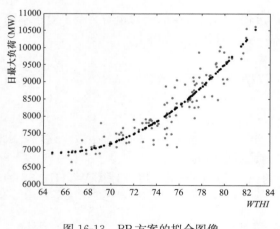

图 16-13　BP 方案的拟合图像

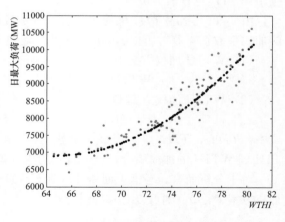

图 16-14　BQ 方案的拟合图像

从图 16-13 和图 16-14 中可以看到，日最高负荷和 WTHI 的关系大致成二次曲线，因此在后面的拟合过程中都采用二次曲线进行拟合。实际上，对日平均负荷和日最低负荷的分析结果也与上述情况相似，都呈二次曲线关系。

对于北京地区 2005 年夏季的数据，4 种情况下的拟合效果见表 16-17。

表 16-17 　　　　　　　　　　　　　　　　　　　4 种情况下的拟合效果

THI 计算方式 ＼ WTHI 加权方式	P 方案	Q 方案
A 方案	相关系数 $R=0.9234$ 相对平均残差：4.1448%	相关系数 $R=0.9199$ 相对平均残差：4.2244%
B 方案	相关系数 $R=0.9181$ 相对平均残差：4.2999%	相关系数 $R=0.9150$ 相对平均残差：4.3463%

可见，4 种情况下的拟合效果比较接近，没有本质性的差别。

16.6.4　加权温湿指数的优化模型

为了得到更好的拟合效果，需要对于 WTHI 的加权权重进行优化。

引入待定参数 α，β，γ，可将加权温湿指数表示为

$$WTHI_C = \alpha THI_C + \beta THI_{C-1} + \gamma THI_{C-2} \tag{16-22}$$

同时，由于日最高负荷和 WTHI 之间的关系基本为二次函数关系，因此，引入待定参数 a，b，c，则负荷拟合公式为

$$P_{\max} = a WTHI_C^2 + b WTHI_C + c \tag{16-23}$$

上述两式进行简单的推导，即可得到针对 a，b，c，α，β，γ 的多元非线性函数

$$\begin{aligned} P_{\max} = f(a,b,c,\alpha,\beta,\gamma) &= a\alpha^2 THI_C^2 + a\beta^2 THI_{C-1}^2 + a\gamma^2 THI_{C-2}^2 \\ &+ 2a\alpha\beta THI_C THI_{C-1} + 2a\alpha\gamma THI_C THI_{C-2} + 2a\beta\gamma THI_{C-1} THI_{C-2} \\ &+ b\alpha THI_C + b\beta THI_{C-1} + b\gamma THI_{C-2} + c \end{aligned} \tag{16-24}$$

由于 $P_{\max}$ 和 THI_C，THI_{C-1}，THI_{C-2} 均为已知，因此可以通过 6 元的非线性优化来进行，这里使用了多维搜索的非线性优化方法。

由于前文发现 AP、AQ、BP、BQ 4 种情况下的拟合效果比较接近，因此，这里仅针对其中的 THI 定义方式 A 进行分析。为了得到最适合北京地区的 WTHI 优化模型，这里针对北京地区 2005 年 6 月 8 日～9 月 27 日的实际日最高负荷和气象数据，同时计算 4 种情况，从中选择最佳方案：

（1）温度采用"日最高温度"，处理过程中周末不剔除。

（2）温度采用"日最高温度"，处理过程中剔除周末。

（3）温度采用"日平均温度"，处理过程中周末不剔除。

（4）温度采用"日平均温度"，处理过程中剔除周末。

将四种情况的拟合效果分析见表 16-18。

表 16-18 　　　　　　　　　　　　　　　　　　　4 种情况的计算结果

方案序号	温度选择方案	周末处理方案	WTHI 构成系数	负荷 $P_{\max}$ 拟合系数	拟合相关系数	相对残差
1	最高	包含周末	$\alpha=0.421$ $\beta=0.342$ $\gamma=0.237$	$a=10.912$ $b=-1566.2$ $c=63086$	0.8927	4.8076%
2	最高	剔除周末	$\alpha=0.485$ $\beta=0.273$ $\gamma=0.242$	$a=9.4988$ $b=-1337.3$ $c=53970$	0.9243	4.0677%

方案序号	温度选择方案	周末处理方案	WTHI 构成系数	负荷 P_{max} 拟合系数	拟合相关系数	相对残差
3	平均	包含周末	$\alpha=0.735$ $\beta=0.147$ $\gamma=0.118$	$a=11.636$ $b=-1515.7$ $c=56274$	0.9267	4.0147%
4	平均	剔除周末	$\alpha=0.769$ $\beta=0.128$ $\gamma=0.103$	$a=10.265$ $b=-1306.3$ $c=48464$	0.9632	2.8209%

这里拟合的相对残差是最主要的考察指标，相关系数是辅助参考指标。从表 16-18 的分析中可以看到，方案 4（选用日平均温度，同时剔除周末）的拟合效果是最好的。该模型就是这种情况下加权温湿指数的优化模型。

第17章

直接考虑相关因素的短期负荷
预测方法

在第 16 章分析气象因素对电力负荷的影响规律的基础上，需要建立直接考虑相关因素的短期负荷预测方法。根据考虑因素的不同，分为 3 种类型：

（1）先使用某种不考虑气象因素的预测方法作出预测，然后根据气象因素的影响程度进行补偿或校正，称为气象校正法。

（2）将每日的日最高温度、日平均温度、日最低温度、降雨量、湿度等引入预测模型。为了叙述方便，下文中称上述相关因素在某日的取值为该日的特征量。只考虑每天的特征相关因素，这是一种常见的处理方式。

（3）考虑到每天不同时段气象因素对负荷的影响有所不同，引入实时气象因素，提出相应的处理策略。

本章分别讨论上述 3 类方法。其中气象校正方法（第 1 类）在 17.1 节介绍；实时气象因素处理策略（第 3 类）在 17.4 节介绍；其余方法属于第 2 类，在 17.2～17.3 节介绍。

17.1 气象校正法

气象校正法的基本思想是：

（1）气象因素作为影响短期负荷的主要因素，具有强相关性，必须强化其影响。在处理气象因素和其他相关因素时，应加大其权重或单独就气象因素进行校正。

（2）气象因素所产生的影响，体现为在基本负荷上所叠加的一些波动。

（3）由于气象因素具有隐含性，在历史数据中已经包含了相应的气象信息，对这种影响应进行相应的恢复和补偿。

根据上面的分析，气象校正法的具体算法由以下步骤实现。为了叙述的方便，这里以温度指标为核心因素：

（1）气象因素的敏感度分析。按照 16.3 节的分析过程，根据所分析的地区的历史数据，可以分析如表 17-1 所示的气象因素敏感度函数。

表 17-1 气象因素敏感度函数表

	日最高温度 $Temp_{max}$	日最低温度 $Temp_{min}$	日平均温度 $Temp_{mean}$
日最大负荷 P_{max}	$Pmax(Temp_{max})$	$Pmax(Temp_{min})$	$Pmax(Temp_{mean})$
日平均负荷 P_{mean}	$Pmean(Temp_{max})$	$Pmean(Temp_{min})$	$Pmean(Temp_{mean})$
日最小负荷 P_{min}	$Pmin(Temp_{max})$	$Pmin(Temp_{min})$	$Pmin(Temp_{mean})$

表 17-1 中的每个函数表示了某个负荷指标对某个温度指标的敏感度函数。各个函数的表达式及参数均根据历史数据统计求得。据此，可以求出不同温度值对应的负荷变化率。

（2）选择历史基准日。一般来说，可以在前几周的同类型日、本周的前几天之间作出综合判断，选择与待预测日的条件最为相似的历史日作为基准日。

（3）根据气象因素的差异，估计待预测日的负荷特征值。比较历史基准日与待预测日的气象因素的差异，以历史基准日的气象因素为基准，根据表 17-1 中的敏感度函数，从综合意义上判断，计算待预测日的最大负荷 P_{max}、平均负荷 P_{mean}、最小负荷 P_{min} 的估计值。

（4）以历史基准日的负荷曲线为基础，根据待预测日的负荷特征值，进行曲线校正。以历史基准日的负荷曲线为修正对象，对其进行修正，使得修正结果能够最大程度地接近待预测日的最大负荷 P_{max}、平均负荷 P_{mean}、最小负荷 P_{min} 的估计值。

需要强调说明的是，由于第（3）步中比较的是"历史基准日与待预测日的气象因素的差异"，因此这是一种增量修正方式，历史基准日的温度所导致的负荷水平并没有直接体现在修正过程之中，修正过程关注的是两日气象因素的差别所导致的负荷变化量。

17.2 考虑日特征气象因素的人工神经网络法

人工神经网络（Artificial Neural Networks，ANN）具有很强的自学习和复杂的非线性函数拟合能力，很适合于电力负荷预测问题，是在国际上得到认可的实用预测方法之一。ANN 用于短期负荷预测的研究很多，其突出优点是对大量非结构性、非精确性规律具有自适应功能，具有信息记忆、自主学习、知识推理和优化计算的特点，特别是其自学习和自适应功能是传统算法望尘莫及的。

这里总结和讨论利用神经网络进行短期负荷预测几个方面的关键问题。

17.2.1 短期负荷预测的 ANN 构成

由于电力系统负荷的运行规律非常复杂，合理选择应用于短期负荷预测的神经网络结构至关重要，它是决定神经网络能否体现负荷变化规律的关键。目前的 ANN 预测模型大部分都采用前馈 ANN 模型，此结构的 ANN 有很好的函数逼近能力，而不必预先知道输入变量和预测值之间的数学模型，可以方便地计入温度、天气情况、湿度等这些对电力负荷有重要影响的因素的作用。其预测模型结构（网络的层数和神经元的个数）的选取则大多凭借经验。合理的网络结构，不但要使用尽可能多的有效信息，又要使网络不至于过于庞大。

一般在短期负荷预测中使用的网络是三层前馈网络，即只含一个隐含层。隐含层的神经元数目的选取与 ANN 模型的训练效果是密切相关的。隐含层神经元过少会使得隐含层神经元负担加重，可能不收敛且无法反映非线性的输入输出关系；相反如果隐含层节点数的过大，收敛速度变慢，隐含层神经元数目再大一些，便不收敛。关于隐含层神经元数目尚未有明确的理论指导选择，只能通过不断的试验来寻找较好的数目。有些专家指出，ANN 的隐含层节点数约为输入层节点数的 2 倍左右比较合适。在实际应用中，可以在此基础上适当增加或减少神经元数目，根据训练结果选择一个比较合适的神经元数目。

在神经网络的构成方面，研究的重点大都在于如何构成预测样本、如何构成输入层数据等。实际上，把前馈神经网络应用于短期负荷预测，就是要利用人工神经网络的高度非线性映射特性，来找出电力负荷中输入与输出的映射关系。输入样本的选取对前馈神经网络经过训练是否能够体现电力负荷的运行规律有很重要的作用。合理地选择输入量，能达到事半功倍的效果。输入量不能取得过少，否则会影响模型的精确性；也不应该取得过多，否则会影响神经网络的收敛速度与收敛性。

这里分析两类常见的网络构成方式：

（1）多输入单输出网络。这种网络的典型结构如图 17-1 所示。

典型的应用方式是：输出层为当日最高负荷，输入层为昨日最高负荷、昨日最高温度、今日预测最高温度。此网络一旦训练成功，则可以用于每日最高负荷的预测。

当然，此网络也可以用于时段负荷的预测，但输入层神经元将多于 3 个。其应用方式是：输出层为今日 t 时段负荷，输入层为昨日 t 时段负荷、昨日 $t-1$ 时段负荷、上周同类型日 t 时段负荷、昨日最高温度、上周同类型日最高温度、今日预测最高温度。此网络一旦训练成功，则可以用于每日每时段负荷的预测。

（2）多输入多输出网络。这种网络的典型结构如图 17-2 所示。

以 24 时负荷预测为例，该网络典型的应用方式是：

1）输出层为预测日 24 时负荷曲线，共 24 个神经元。

2）输入层共有 88 个神经元，其中前 84 个分成三组，每一组对应一天的数据。考虑到同一类型日的负荷模式具有一定的相似性，前两组的神经元分别对应预测日一周前和两周前的数据，而第三组的神经元与预测日前一天的数据对应。在每天的 28 个神经元中，前 24 个是对应日 1～24 时的负荷值，第 25～28 个分别是对应日的最高温度、最低温度、天气情况和星期类型。输入层的第 85～88 个神经元分别代表预测日的最高温度、最低温度、天气情况和星期类型。

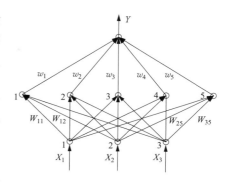

图 17-1 以多输入单输出方式构成的短期负荷预测网络

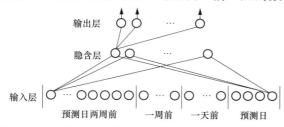

图 17-2 以多输入多输出方式构成的短期负荷预测网络

此网络一旦训练成功，则可以用于每日负荷曲线的预测。

（3）可以简单比较上述两类网络构成方式：

1）以多输入单输出方式构成的短期负荷预测网络，网络构成相对简单，神经网络的连接权重（优化变量）较少，但是，用于训练的样本数量非常大。

2）以多输入多输出方式构成的短期负荷预测网络，网络构成比较复杂，神经网络的连接权重（优化变量）很多，但是，用于训练的样本数量比较少。

在实际应用中，可以根据当地特点，慎重选择适合的神经网络结构。

17.2.2 ANN 的训练算法

神经网络的训练算法，直接决定了其学习速度及预测精度。必须很好地设计神经网络的训练算法。

对于前馈神经网络，广泛使用的训练方法为 BP 算法及其各种变种或改进方法。由于 BP 算法存在着学习速度慢和存在局部极小点等问题，为克服该缺陷，已提出了不少改进方法，如对 ANN 神经元连接权重进行修正时采用加入惯性项和变步长技术；引入共轭梯度进行 ANN 的训练；利用遗传算法进行 ANN 的训练；基于拟牛顿法优化技术的学习算法等。

这方面的具体过程，可参考相应的专著和论文。

17.2.3 应用 ANN 过程中的数据处理方法

输入输出数据处理：这里的模糊神经网络是指把每天的相关因素值经过相关因素库映射到（0，1）区间上，这里的映射过程实际上是一种模糊数学里的隶属函数的概念，相当于对输入进行一次模糊映射的预处理。每天的负荷值需要标幺化到区间（0，1）上，为了避免神经元的饱和现象，需要对原始数据进行预处理，这样做将有利于训练过程的收敛，否则可能网络无法收敛。主要的预处理方式是：对训练样本集中的每类数据，如数据 x，统计其最大值 x_{max} 和最小值 x_{min}，然后，用式（17-1）将该类数据映射到 [−1，1] 区间

$$y = \frac{x - \frac{1}{2}(x_{max} + x_{min})}{\frac{1}{2}(x_{max} - x_{min})} \tag{17-1}$$

式中：x 为映射前取值，y 为映射后取值。

在训练结束后，可以通过式（17-2）计算各类数据的还原值

$$x = \frac{1}{2}(x_{max} - x_{min})y + \frac{1}{2}(x_{max} + x_{min}) \tag{17-2}$$

17.3 基于日特征气象因素的支持向量机预测方法

在 EUNITE（European Network on Intelligent Technologies for Smart Adaptive System）于 2001 年 8 月 1 日宣布举行的全球性的网上负荷预测竞赛中，台湾大学计算机系的 Chih-Jen LIN 获得最佳成绩，所采用的方法正是支持向量机。这个事件一方面验证了支持向量机的方法在负荷预测方面所具有的优势；另外一方面，也使得目前支持向量机在负荷预测中的应用研究得到蓬勃发展。

类似神经网络法，我们可以将 SVM 应用于电力系统短期负荷预测，可以按以下步骤进行：

（1）将历史负荷按一定规律排序，并且将一些相关因素量化得到输入矢量 x。

（2）根据问题本身的特性或者根据试算选择核函数，这相当于对输入数据的映射预处理，其对负荷预测的精度有直接的影响。

（3）利用合适的优化算法计算 α_i、α_i^*。

（4）将得到的参数带入拟合式

$$f(x, \alpha_i, \alpha_i^*) = \sum_{i=1}^{M} (\alpha_i - \alpha_i^*)k(x, x_i) + b \tag{17-3}$$

（5）校验拟合结果。

许多学者的研究结果表明，应用 SVM 进行电力系统负荷预测，具有精度高、速度快等优点，明显改善了负荷预测的效果。由于 SVM 的训练等价于解决一个线性约束的二次规划问题，有利于我们对训练过程的理解，并增强了训练的可控性。这使得利用 SVM 方法进行短期负荷预测成为当前负荷预测研究的一个热点。

当然，尽管研究表明 SVM 具有突出优点，但是 SVM 在应用中也存在一些问题，特别是如何设置一些关键参数，如权重参数 c、不敏感损失参数和核函数中的形状参数等。这些参数的选取将直接影响算法的性能和预测的效果。随着 SVM 在负荷预测方面的研究应用不

断深入，许多学者提出了一系列基于 SVM 的改进方法，或者与其他算法相结合的方法，尝试进一步改善预测模型的效果和精度，包括将神经网络与支持向量机方法相结合的混合负荷预测方法；利用免疫算法优化 SVM 的参数，建立基于免疫支持向量机的负荷预测模型等。

17.4 基于实时气象因素的短期负荷预测方法

17.4.1 考虑实时气象因素的必要性

在考虑气象因素的影响时，目前所研究的绝大多数预测方法都只处理每日的特征气象因素，包括日平均温度、日最高温度、日最低温度、日天气类型、湿度等。这些方法在负荷预测中发挥了重要作用。但是，仅仅考虑日特征气象因素，显然还无法得到更加精细化的分析结果。

随着气象部门预测手段的完善和技术的发展，为电力部门或其他行业提供实时（需要特别说明的是，这里的"实时"一词指的是"分时段"）气象因素的历史信息和预测结果已经成为可能。这些宝贵的实时信息也为电力部门提高其负荷预测的精度奠定了基础。那么，如何利用这些实时气象信息？在此，我们提出考虑实时气象因素的短期负荷预测的一种新模型，并结合实际应用情况进行了方法的有效性分析。

17.4.2 负荷预测中实时气象因素的研究现状

在分析气象因素的影响时，我们需要考虑两个方面的特点。一方面，气象因素对负荷的影响具有"相似性"特点，即同一地区相同或相近的气象因素下对每日各点的短期负荷影响是类似的，这是我们做日特征气象因素应用的出发点；同时，气象因素的影响还具有"实时性"特点，即当天气因素发生剧烈变化时，对发生时段的负荷有较大的影响，例如发生高温、降雨等。实际上，考虑日特征气象因素的方法，一般只能对全天的逐点进行整体的修正，无法体现不同气象因素对不同时段上的不同作用效果。因此，直接在预测模型中考虑各种因素对不同时段的影响，是一种较好的思路。

以前，短期负荷预测需要的主要气象相关信息，如天气类型、日平均温度、日最高温度、日最低温度的预测值，都可以由各地气象局以网络信息有偿服务的方式来提供。但是，很少有气象局能够提供实时的气象信息。限于气象部门所能提供的数据，"直接在预测模型中考虑各种因素对不同时段的影响"这样的设想以前一直未能实现。不仅我国的现状如此，国外也长期处于如文献［114］所述的"Weather services, however, do not usually supply temperature profile forecasts, but only predictions of maximum and minimum values（但是，气象服务通常也不提供气温变化曲线，而仅给出气温的最高和最低值）"的状况。

因此，国外甚至出现了由电力工作者来预测实时温度等气象因素的做法，其中，由美国电科院（EPRI）所支持开发、在北美地区广为使用的 ANNSTLF 软件尤为突出。该软件从 1992 年开发，到 1998 年升级到第三代，用户数（电力公司）达 35 个。其中设计了专门的气温预测环节。但是，天气预报是非常困难的。在缺少实时预报信息的情况下仅依靠电力工作者所掌握的信息进行天气预报，是不得已而为之。

近年来这个状况有所改变。如 2005 年起国网北京市电力公司经过与气象部门协商，可以每日定期获取气象部门的小时气象预报数据和实时气象采样数据（含温度、湿度），这为进一步提高负荷预测的精度打下了良好的基础。

17.4.3 实时气象因素的影响分析

搜集北京市 2005 年 8 月 1 日的实时温度、湿度及比例变化后的负荷数据，可作曲线对比如图 17-3 所示。

其中，负荷数据按照式（17-4）进行变换

$$P_t^* = \frac{P_t}{P_{\max}} * 100, \quad t = 1, 2, \cdots, T$$

$$(17\text{-}4)$$

式中：t 为时段下标；P_t 为 t 小时的实际负荷；P_t^* 为比例变换后的负荷数据。

该变换可使得负荷数据介于 [0，100] 区间（无量纲），从而便于与对应时

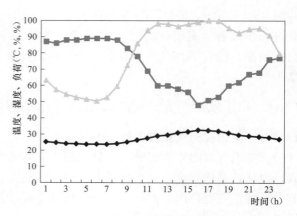

图 17-3 实时气象信息与负荷曲线的对比

━◆━温度；━■━湿度；━▲━负荷（比例变换）

段的实时温度 Temp_t（℃）、相对湿度 Hmd_t（％）进行对比。

由图 17-3 可见：

（1）实时温度对于负荷的影响非常明显，温度高则负荷高，温度低则负荷低。温度对负荷呈现正向影响的关系。

（2）实时湿度对负荷呈现反向影响的关系，湿度低时负荷高，湿度高时负荷低。

（3）以上结果是对照总负荷曲线分析得到的。实际上，这样的分析是有偏差的，因为负荷曲线的峰、谷及其他形式的波动要受到工厂和企事业单位的上下班及工作时间、公用及居民的照明时间等的综合影响，气象因素只是影响总负荷中的一部分，称为气象敏感负荷。在不同地区，气象敏感负荷所占的比例可能有较大的差异。如果能够直接得到各时段的气象敏感负荷，则分析气象敏感负荷与实时温度、湿度之间的关系，应该得到更为确切的结论。但遗憾的是，目前的技术手段还达不到这个要求。

（4）温度与湿度实际上在综合影响负荷的变化。第 16 章中曾经采用了"人体舒适度"指标来确切地衡量气象因素对人体的影响。在实际应用中，应该同时考虑这些因素的综合影响，而要尽量避免单个因素的孤立分析。

以上分析结果，正是在短期负荷预测中考虑实时气象因素的依据。

17.4.4 考虑实时气象因素的神经网络模型

针对短期负荷预测，这里建立了考虑实时气象因素的短期负荷预测新模型，该模型基于神经网络，力图寻求温度、湿度等实时气象因素与负荷曲线之间的相关关系和变化规律。实际应用表明，基于实时气象信息的预测模型和处理策略可以得到更加精确的预测结果。

在短期负荷预测中考虑实时气象因素，不能简单按照时段进行相关分析。实际上，实时气象因素与负荷的变化是有"时差"的，气象因素领先，负荷变化滞后，这在以 15min 为间隔的 96 点负荷预测中尤为明显。可是，这种"时差"究竟是多少？还不能明确回答，需要在预测过程中寻找。

同时，也不能仅仅分析实时气象因素与负荷的变化关系，还要继续借鉴"同类型日"的思想，将负荷的周期性特征完全体现出来。

由此，将会形成一个多影响因素的分析模型。如果用因果关系来描述，则输入量会非常

多。比较典型的方法是利用人工神经网络（ANN）。ANN 的构成方式和训练算法等等已经为人们所熟知，这里不再赘述，在此主要讨论输入输出量的构成。

模型的目标是，按照每日 96 点计算，用一个神经网络来形成 96 点的预测模型。由于气象因素只能提供 24 时的数据，因此，需要对气象因素进行插值处理，成为 96 点曲线，与负荷曲线相匹配。

在使用前向 ANN 网络进行基于实时相关因素的负荷预测之前，需要设计一个合理的网络结构，不但要使用尽可能多的有效信息，又要使网络不至于过于庞大。这里使用的网络是三层的前馈网络，即：只含一个隐含层。输出层只有 1 个神经元，即待预测日某时刻的负荷值。

模型的输入层由如下变量构成，共 19 个神经元，它们是：

（1）当日的星期类型（用于识别"同类型日"）。

（2）当前时段。

（3）当日当前时段的前一时段的负荷。

（4）当日当前时段的前一小时（4 时段）的负荷。

（5）当日当前时段的温度。

（6）当日当前时段的前一时段的温度。

（7）当日当前时段的前一小时（4 时段）的温度。

（8）当日当前时段的湿度。

（9）当日当前时段的前一时段的湿度。

（10）当日当前时段的前一小时（4 时段）的湿度。

（11）上周同类型日的当前时段的负荷。

（12）上周同类型日的当前时段的前一时段的负荷。

（13）上周同类型日的当前时段的前一小时（4 时段）的负荷。

（14）上周同类型日的当前时段的温度。

（15）上周同类型日的当前时段的前一时段的温度。

（16）上周同类型日的当前时段的前一小时（4 时段）的温度。

（17）上周同类型日的当前时段的湿度。

（18）上周同类型日的当前时段的前一时段的湿度。

（19）上周同类型日的当前时段的前一小时（4 时段）的湿度。

由此建立的预测模型的特点是：

（1）采用实时气象因素对每天每时段的负荷进行精细化分析，从而更加精确地反映实时相关因素的影响。

（2）网络结构采用了各时段统一模型（包含了时段作为输入变量），这样省去了类似文献［90］那样进行的烦琐的时段特征分析，同时，依靠神经网络自身的学习和训练，自动识别时段的特征。

（3）在引入实时气象因素的同时，保留了原来的基于"同类型日"预测的思想，继承了"同类型日"预测方法的优点，使得预测思路更加全面。

17.4.5 应用实例

所建立的考虑实时气象因素的神经网络短期负荷预测方法，已率先在国网北京市电力公司得到应用。国网北京市电力公司每日定期获取气象部门的小时气象预报数据和实时气象采样数据（含温度、湿度），具备了应用该方法的必备条件。

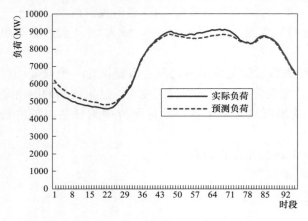

图 17-4　负荷预测的效果分析

图 17-4 表示了 2005 年 8 月 1 日的预测效果，其 96 点负荷预测的绝对值平均误差为 2.8%。在夏季最热的时间，同时又是负荷变化最剧烈的时期，能取得这样的预测精度，已经比较理想。

同时，还可以看到考虑实时气象因素时负荷预测的特点：对高峰负荷时段的跟踪效果非常好。这正是其他预测方法难以实现的一点，也说明了考虑实时气象因素的必要性。如果有必要，还可以将该方法与其他方法结合起来，进行综合预测，达到更好的效果。

总之，该方法以历史数据中小时气象因素的分析结果为依据，通过神经网络训练，获取小时气象因素对负荷的影响规律，并据此作出更为准确的预测。实际运行表明，目前北京市夏季降温负荷比重非常大，引入实时气象因素后，预测效果明显改善。

第18章

日特征相关因素的规范化处理
策略与预测方法

前面两章主要集中讨论了气象因素等对于短期负荷的影响，以及直接考虑相关因素的短期负荷预测方法。

经过深入分析，负荷预测中可以考虑的影响因素应该包括：日分类（正常日、国庆、春节等）；星期类型（周一～周日）；日期差（两日之间相距的天数）；日天气类型（晴、阴等）；日最高温度、日平均温度、日最低温度；日降雨量；湿度；风速等。随着科学技术的发展，还可能新增加其他相关因素。

本章讨论一种规范化的处理日特征相关因素的策略，可以在一个统一框架下考虑各种相关因素（不仅是气象因素）。该策略既可以指导预测人员构造新的短期负荷预测方法，也可以对各种现有预测方法进行改造，使之可以考虑各种因素的影响。

18.1 各日相关因素的衡量方法

为了统一考虑每日的气象因素、星期类型以及其他一些对日负荷有较大影响的因素的作用，拟采用模式识别的方法，分类并区别各因素对各日负荷的影响。

18.1.1 不同日的差异度与相似度

这里首先引入不同日之间"差异度"的概念，它描述两个由于星期类型（周一～周日）、气象信息（温度、风速等）等因素的差别而表现出的差异程度。

抽象地，设有 i、j 两天，其各日的因素量化指标分别为 x_{ik}，x_{jk}（$k=1\sim M$），这里 M 为每天所考虑的量化因素的数目，x_{ik}、x_{jk} 均为非负数。可以使用下述指标之一描述两天之间的差异度 d_{ij}。

（1）Minkowski 距离

$$d_{ij} = \sqrt[q]{\sum_{k=1}^{M} \mid x_{ik} - x_{jk} \mid^{q}} \tag{18-1}$$

当 $q=2$ 的时候，称为 Euclid 距离。

（2）Lance-Williams 距离

$$d_{ij} = \sum_{k=1}^{M} \frac{\mid x_{ik} - x_{jk} \mid}{\mid x_{ik} + x_{jk} \mid} \tag{18-2}$$

类似地，可以引入"相似度"的概念，描述两天之间的接近程度。相似度 r_{ij} 可用下述指标之一来计算。

（1）夹角余弦

$$r_{ij} = \sum_{k=1}^{M} (x_{ik} \cdot x_{jk}) / \sqrt{\left(\sum_{k=1}^{M} x_{ik}^{2} \right) \cdot \left(\sum_{k=1}^{M} x_{jk}^{2} \right)} \tag{18-3}$$

（2）最大最小相似系数

$$r_{ij} = \sum_{k=1}^{M} (x_{ik} \wedge x_{jk}) / \sum_{k=1}^{M} (x_{ik} \vee x_{jk}) \tag{18-4}$$

式中：$\wedge$ 和 $\vee$ 为取小、取大运算符。

相似度与差异度可以用一定的尺度进行相互转换，如

$$r_{ij} = 1 - \beta d_{ij}^{\alpha} \tag{18-5}$$

式中：α、β 为适当的参数。

18.1.2 差异度与相似度计算的实际处理

任意 i、j 两天，其差异度 d_{ij} 越小（对应的相似度 r_{ij} 越大），表示两天之间的星期类型、天气类型、气象状况等各种因素"综合"意义上更接近。

一般情况下，应将所有的 x_{ik}、x_{jk} 映射到 [0，1] 区间上做比较，这样才有可比性。但是，为了体现其中某些因素的"主导"差异，可以将其在 [0，a] 上作映射，这里 $a>1$。从而使该分量的差异在 d_{ij} 中显得比较强烈。

对于常规的直接量化气象指标，如日平均温度、日最高温度、日最低温度、降雨量、平均风速和湿度等，应采取线性映射，或分段线性映射（按几个域值分段）；对于近大远小的日期差 $i-j$，采用线性映射，对于星期类型（周一、周二、……、周日）可采用分组映射，如周一~周五映射为 0.1~0.5，周六、日分别为 3.2、3.5，从而加大正常日和工作日之间的差别；对于天气类型（晴、多云、阴等）可按分类做映射，但应有一个排序，以表明负荷的递增和递减特性，使相邻的天气类型有较相同的负荷特性。

通过以上分析，任意两天的 i、j，无论其星期类型如何（工作日、休息日），无论其气象类型如何（阴、晴等），无论其日期差如何，也无论各种气象指标的差异如何，总可以通过 d_{ij}（或者 r_{ij}）衡量两天之间的差异度（或者相似度），从而为相似日的选取打好基础。这是基于聚类分析的一种手段，并可以为综合模型的建立提供数据。

18.2 映射函数与映射数据库

由于各个特征量的量纲不同，因此需要把各个物理量做相应的映射，把不同量纲的值映射到一个特定的区间，使各个量之间可以有数值上的可比性，从而方便相似度和差异度的定量计算。为此，需要建立映射函数和映射数据库。对每个相关因素，可以具有各自的映射函数；所有映射函数的离散化表示（分段函数），集合在一起，则形成映射数据库。

18.2.1 映射数据库的构成

需要考虑的特征量包括两类：

（1）原始定量指标：温度（最高温度、最低温度、平均温度等），降雨量，风速，相对湿度等。

（2）化分类为定量的指标：气象类型（阴、晴、多云、雨、雪、风等），星期类型（周一、周二、……、周日），日期差（历史日与预测日相差天数，1 天、2 天等），日分类（正常日、元旦、国庆、春节等）等。

当需要考虑新的特征量时，预测人员可自行加入。建立指标映射数据库见表 18-1。需要指出的是，该表是示例性的。

表 18-1   指 标 映 射 数 据 库

特征量名称	特征量描述	映射前取值	映射后取值	特征量名称	特征量描述	映射前取值	映射后取值
日分类	正常日	1	0	…	…	…	…
日分类	元旦前一天	2	0.4	天气类型	晴	1	0.10
日分类	元旦	3	0.45	天气类型	阴	2	0.45
日分类	元旦后一天	4	0.7	天气类型	…	…	…
日分类	国庆	5	0.9	日最高温度	温度38℃	38	1.5
日分类	春节	6	1.2	日最高温度	温度37℃	37	1.2
日分类	…	…	…	日最高温度	温度36℃	36	1.1
…	…	…	…	日最高温度	温度35℃	35	1.0
星期类型	周一	1	0.1	日最高温度	温度34℃	34	0.8
星期类型	周五	5	0.5	日最高温度	温度33℃	33	0.6
星期类型	周六	6	3.2	日最高温度	温度32℃	32	0.4
星期类型	周日	7	3.5	日最高温度	…	…	…
日期差	昨天	1	0.1	其他因素	…	…	…

18.2.2 原始定量指标的映射函数

以最高温度为例。假设本地区高温阈值有两个，分别为 30℃和 35℃。则在 0～30℃之间可以采用线性映射，映射值有变化，但变化不大；而在 30～35℃之间采用另外一组线性映射，映射值相互之间的差别比较明显；35℃以上采用非线性映射，气温每增加 1℃，其映射值变化很大。低温区域类似。

若日最高温度为主导气象因素，则其映射区间可以超过［0，1］的区间限制，而对于非主导气象因素，则其映射区间应该限制在［0，1］区间之中。

18.2.3 化分类为定量的指标的映射函数

此类指标已经在表 18-1 给出了示例。进一步讨论以下两个指标：

（1）星期类型。由于星期类型在短期负荷预测中是占主导作用的影响因素（这在基于"同类型日"思想的预测技术中已经做过具体分析），故可以将其映射到［0.1，3.5］的区间中，以加大星期因素的作用，且周一～周五的映射值很接近，而周六和周日比较接近，表明周一～周五是负荷类型相似的正常工作日，而周六和周日是休息日。这两组之间有比较大的差别，表明工作日和休息日之间的区别，从而在聚类分析的时候比较有利。

（2）日分类属性。日分类属性在短期预测中的作用是很大的，特别对于重大节假日当日以及重大节假日前后几天的影响比较大，如果不加考虑，必然会对预测结果产生比较大的负面影响。

如何区别对待正常日与节假日？表 18-1 列出了具体的做法，其特点是：正常日编号可以编为 1，均映射为 0。节假日的编号从 2 开始连续编号，顺序如何并无关系，但要进行分组映射。负荷特性比较接近的节假日可以分为一组，映射的取值也较接近。通过这种处理，当预测日分别为正常日或节假日时，其寻找最佳历史匹配的结果会有较大的差别，而且还可以自动识别最相近的节假日，因此可以将正常日/节假日统一在一起进行预测。

事实上，这种方法还可以实现一种历史数据的自动选择。如预测 10 月 8 日的负荷时，10 月 1 日在"星期类型"上是最匹配的（恰好相差一周），但是在"日分类"上是有明显区别的，其综合结果可能是：10 月 1 日负荷特性对 10 月 8 日负荷的影响很小。

18.2.4 "规范化"在映射数据库中的体现

映射函数和映射数据库的思想是一种规范化的处理策略，主要表现在如下方面：

（1）映射函数的灵活性和适应性。用数据库的方式保存映射函数，实际上是一种分段映射。这里的分段点可以非常灵活，可以分散程度较大，也可以比较密集。对于映射前取值不匹配的值，可以采用最临近两点的线性插值。如温度为 32.5℃，而映射数据库并没有该数据，则可以找到最为接近的分段点 32℃ 和 33℃，其对应的映射值为 0.4 和 0.6，然后据此进行线性插值。

（2）选取气象因素的灵活性。在初始建立映射数据库时，如果气象数据类型较少，则可以暂时仅考虑为数不多的几个相关因素。在以后的工作过程中，若有新的气象因素指标，可以直接在映射数据库中加入并进行配置，而不用修改计算程序，大大减轻了工作量，提高了程序的灵活性。

（3）映射数据库中参数灵活可调。一方面，预测人员可以根据自身的经验修改映射数据库；另外一方面，可以通过自适应的训练达到优化的目的（后文将介绍这个过程）。如预测人员可以通过反复预测，反复修改映射数据库的值，摸索出适合本地区的映射关系，直到满意为止。那么，在以后的预测时，这个值就可以不变了，认为已经适合本地区的映射关系。当然在不断的预测中，各地区的负荷特性也有可能改变。不过这种改变不是很剧烈，以后预测人员仍然可以根据负荷特性的变化来修改为更适应的映射关系。

（4）映射数据库的灵活性和适应性：因时而异。不同季节可以分别建立相应的合适的映射表，如在冬季，风速和温度可能是主导的气象因素，而在夏季，主要的影响因素又可能变成了温度和湿度。总之，主导的气象因素是有可能不相同的，而且相同因素的映射值在不同季节也有可能不相同，这些改变都可以通过数据库灵活地调整。

（5）映射数据库的灵活性和适应性：因地而异。不同地区的相关因素影响特征可能各不相同，因此，不同地区可以设计自己的映射数据库及其映射方式。每个可以根据本地区特点添加或删除日分类，视各地区的情况而定。但一般增加一个日分类后无须删除，只须在实际日特征库中将该日置为 1 即可，即当作正常日处理。

不同地区认定的日分类不同，故表 18-1 可以包含地区索引。如有些地区认为端午节与其他正常日差别较大，可将其列入重大节假日，但有些地区却不将其列入。

总之，建立映射数据库的作用是：使预测人员通过输入数据可以灵活改变和建立复杂的映射模型，而不是在程序中固化一段"死"的代码。这样，若需要修改映射方程关系，只需要修改数据库中的映射关系就可以了。

18.3 基于映射数据库的短期预测的规范化描述

在第 I 篇中，分析了负荷预测中的一些基本概念。那么，这些概念在短期负荷预测中如何体现？特别是结合相关因素的映射数据库这一新的思想，如何给出更加具体的规范化描述？这里首先对此进行分析。

18.3.1 短期负荷预测中关键概念的分析

如图 18-1 所示，整个时间轴上有历史起始日，历史基准日和预测终止日 3 个分界点，由此得到两个时间区间 A 和 B，下面参照该图进一步分析几个概念。

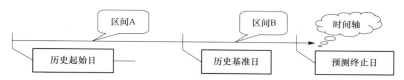

图 18-1　短期负荷预测的时序关系图

18.3.1.1　短期负荷预测中的参数辨识

首先，认为区间 A 上的条件均已知，通过自变量与因变量的分析，得到待定量。如果令 X 表示所有自变量，Y 表示因变量，S 表示待定量，则

$$Y = f(X, S) \tag{18-6}$$

以 S 作为待定参数，X、Y 作为已知量。求式（18-6）的最小二乘解，即得参数辨识的结果。后续的预测过程为

$$\hat{Y} = f(X, \hat{S}) \tag{18-7}$$

18.3.1.2　短期负荷预测中的虚拟预测

将图 18-1 中时间区间 A 分为 A1 和 A2 两个部分。其中，A1 占 A 的绝大部分，认为仍然是已知量；A2 占 A 的很小部分，看成是未知量，因而成为待预测部分。一般，A1 为 A 的前面部分，A2 为 A 的后面部分。两者在时间轴上不产生间隔排列。即以最近期的若干时段做虚拟预测。但是这也不是绝对的。如今天是周四，已知周三以前的所有数据，很有可能选定的虚拟预测日期为本周三、二和上周四。此时，A1 和 A2 在时间轴上有交错。

以 A1 中所有已知条件，参数辨识后，对 A2 中的所有时段做出预测，其预测结果可以与实际数据作分析对比，因此是一种假定的预测，故对 A2 中各时段的预测属于虚拟预测。

18.3.1.3　短期负荷预测中的反馈调整

虚拟预测给出了以 A1 中参数辨识结果预测 A2 中已知数据的效果，如果将这个预测结果与实际数据的差异作一个分析，将分析结果作为调整方向应用到 A1 的参数辨识中去，则形成一个反馈调整过程。显然，这个反馈使预测成为闭环的过程。

一般，A2 应取最近的若干时段。这时，反馈调整等于是以最新时段的信息对原来的参数辨识做出调整。因此是一种"新息预测"，它及时反映了电力系统近期的最新变化，克服了静态预测的不足。

18.3.1.4　短期负荷预测中的滚动训练

这是一种等维递补的思想（如图 18-2 所示）。首先设定一个数据窗的宽度，认为这个数据窗内的数据对后期的预测是有效的，这个窗以前的数据已不起作用。这样，随着"新息"的不断加入，数据窗不断移向时间轴的右侧。每次训练总是以当前窗中的有效数据为依据，从而实现滚动训练。

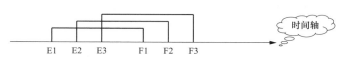

图 18-2　滚动训练示意图

18.3.2　短期负荷预测的抽象化分析与描述

本节在映射数据库思想的基础上，对短期负荷预测方法的共性环节进行抽象化的描述与分析[28,120]。

18.3.2.1　符号体系与映射函数

为方便起见，定义如下几个变量：

(1) 相关因素下标为 i，相关因素数目为 M，$i=1,2,\cdots,M$。

(2) 日期下标 n，$n\in[C-N,C+F]$，其中第 $C-N\sim C-1$ 天（按照图 18-1，可记为集合 A）为历史日，数据均已知，其中第 $C-1$ 日为基准日。第 C 日为预测当日，第 $C+1\sim C+F$ 天为待预测日（可记为集合 B），仅已知其相关因素，负荷值待预测。

(3) 时段下标 t，每天负荷的点数为 T，$t=1,2,\cdots,T$。

(4) 映射表的分段序号 j。

第 i 个相关因素的映射表描述如下：

$$\boldsymbol{a}_i=[a_{i,1},a_{i,2},\cdots,a_{i,j},\cdots,a_{i,q_i}]$$

$$\boldsymbol{b}_i=[b_{i,1},b_{i,2},\cdots,b_{i,j},\cdots,b_{i,q_i}]$$

或者简化使用 $\begin{cases}[a_{i,1},\ a_{i,2},\ \cdots,\ a_{i,j},\ \cdots,\ a_{i,q_i}]\\[b_{i,1},\ b_{i,2},\ \cdots,\ b_{i,j},\ \cdots,\ b_{i,q_i}]\end{cases}$ 表示第 i 个相关因素的映射表，这里的 q_i 为第 i 种相关因素映射表的分段点数。

$x_{n,i}$：第 n 天第 i 种相关因素映射前的取值。

$y_{n,i}$：第 n 天第 i 种相关因素映射后的值。

$P_{n,t}$：第 n 天第 t 点负荷的实际值。

$\hat{P}_{n,t}$：第 n 天第 t 点负荷的预测值。

18.3.2.2　各类数据之间的关系

基于上述符号体系，就可以通过表 18-2 描述已知数据和待求数据之间的关系和计算过程。

其中，映射后取值向量 $\boldsymbol{b}_i$ 的各元素 b_{ij} 要求均大于 0，但不一定单调于 a_{ij}。因此，以 a_{ij} 为自变量，b_{ij} 为因变量画出的曲线，有可能出现拐点。两种典型情况如图 18-3 和图 18-4 所示。

18.3.2.3　映射过程

映射过程如下：

(1) 对于正常点：直接得到映射值。

(2) 对于中间点（没有直接的映射值）：进行插值，如线性插值。

(3) 对于端点外：通过级比方式延伸或者线性延伸。

仍然将 $C-N\sim C-1$ 天记为集合 A，$C+1\sim C+F$ 天记为集合 B。则有：①$\boldsymbol{X}=[\boldsymbol{X}_\mathrm{A},\ \boldsymbol{X}_\mathrm{B}]$ 为相关因素原始值矩阵；②$\boldsymbol{Y}=[\boldsymbol{Y}_\mathrm{A},\ \boldsymbol{Y}_\mathrm{B}]$ 为相关因素映射值矩阵；③$\boldsymbol{U}=[\boldsymbol{a}_1,\boldsymbol{a}_2,\cdots,\boldsymbol{a}_i,\cdots,\boldsymbol{a}_M]$ 为映射表自变量；④$\boldsymbol{V}=[\boldsymbol{b}_1,\boldsymbol{b}_2,\cdots,\boldsymbol{b}_i,\cdots,\boldsymbol{b}_M]$ 为映射表因变量；⑤$\boldsymbol{Y}=g(\boldsymbol{X},\boldsymbol{U},\boldsymbol{V})$ 为映射过程的函数抽象，且 $\boldsymbol{Y}_\mathrm{A}=g(\boldsymbol{X}_\mathrm{A},\boldsymbol{U},\boldsymbol{V})$，$\boldsymbol{Y}_\mathrm{B}=g(\boldsymbol{X}_\mathrm{B},\boldsymbol{U},\boldsymbol{V})$；⑥$\boldsymbol{P}_\mathrm{A}=h(\boldsymbol{Y}_\mathrm{A},\boldsymbol{S})$ 为拟合过程的函数抽象；⑦$\boldsymbol{P}_\mathrm{B}=h(\boldsymbol{Y}_\mathrm{B},\hat{\boldsymbol{S}})$ 为预测过程的函数抽象。这里 $\boldsymbol{S}$ 为模型的内在参数。

表 18-2　　　　　　　　　　　　　　已知数据和待求数据计算关系

第 $C-N$ 天…第 $C-1$ 天	第 $C+1$ 天…第 $C+F$ 天	查表	映射对
$x_{C-N,1}\cdots x_{C-1,1}$	$x_{C+1,1}\cdots x_{C+F,1}$		$\left\{ \begin{array}{l} [a_{1,1},\ a_{1,2},\ \cdots,\ a_{1,j},\ \cdots,\ a_{1,q_1}] \\ [b_{1,1},\ b_{1,2},\ \cdots,\ b_{1,j},\ \cdots,\ b_{1,q_1}] \end{array} \right\}$
$\vdots$	$\vdots$		$\vdots$
$x_{C-N,i}\cdots x_{C-1,i}$	$x_{C+1,i}\cdots x_{C+F,i}$		$\left\{ \begin{array}{l} [a_{i,1},\ a_{i,2},\ \cdots,\ a_{i,j},\ \cdots,\ a_{i,q_i}] \\ [b_{i,1},\ b_{i,2},\ \cdots,\ b_{i,j},\ \cdots,\ b_{i,q_i}] \end{array} \right\}$
$\vdots$	$\vdots$		$\vdots$
$x_{C-N,M}\cdots x_{C-1,M}$	$x_{C+1,M}\cdots x_{C+F,M}$		$\left\{ \begin{array}{l} [a_{M,1},\ a_{M,2},\ \cdots,\ a_{M,j},\ \cdots,\ a_{M,q_M}] \\ [b_{M,1},\ b_{M,2},\ \cdots,\ b_{M,j},\ \cdots,\ b_{M,q_M}] \end{array} \right\}$
$y_{C-N,1}\cdots y_{C-1,1}$	$y_{C+1,1}\cdots y_{C+F,1}$		
$\vdots$	$\vdots$	⇨	
$y_{C-N,i}\cdots y_{C-1,i}$	$y_{C+1,i}\cdots y_{C+F,i}$		
$\vdots$	$\vdots$		
$y_{C-N,M}\cdots y_{C-1,M}$	$y_{C+1,M}\cdots y_{C+F,M}$		
$P_{C-N,1}\cdots P_{C-1,1}$	$\hat{P}_{C+1,1}\cdots \hat{P}_{C+F,1}$		
$\vdots$	$\vdots$		
$P_{C-N,t}\cdots P_{C-1,t}$	$\hat{P}_{C+1,t}\cdots \hat{P}_{C+F,t}$		
$\vdots$	$\vdots$		
$P_{C-N,T}\cdots P_{C-1,T}$	$\hat{P}_{C+1,T}\cdots \hat{P}_{C+F,T}$		

图 18-3　单调的相关因素映射函数

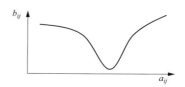

图 18-4　非单调的相关因素映射函数

可得：$P=f(X,\ U,\ V,\ S)$ 为完整的描述模型。其含义是：当给定了映射库参数（U，V）后，已知相关因素 X 的取值后，其预测值便可以确定。而改变一组（U，V）取值，在 X 不变的情况下，$\hat{P}$ 就有可能发生变化。那么，当（U，V）不断变化时，预测值 $\hat{P}$ 就有可能得到优化。

18.3.2.4　映射函数的优化

通过上述分析，可以得出两种思路，对相关因素映射库的映射函数进行训练，使之得到优化：

（1）认为映射库（U，V）中，U 是不用改变的，只需改变映射后取值 V。这是有实际意义的，即认为某因素映射的分段数目、分段点取值均已确定，只需优化调整其对应的映射后取值 V。

（2）认为 U 和 V 均可变，这是一种相对比较复杂的优化过程，适用于单独调整 V 效果不明显的情况。当单独调整 V 的效果不好时，应该想到，可能是由于某相关因素的映射表的分段数目不够细化，或关键的分段点不够合理，从而需要将 U 也纳入调整范畴。但是这明显会增加优化过程的难度。

这两种思路分别可以用人工神经网络模型（ANN）来类比：

第一种思路相当于已知 ANN 的结构（隐含层数目、各层神经元数目、连接方式等），只调整连接权重。

第二种思路相当于 ANN 的结构与连接权重均处于待优化状态，这样就需要不断训练 ANN 网络，然后在训练结果的基础上调整网络结构，如此反复调整。显然这样的调整训练难度要远远大于第一种思路。

下面以第一种思路为主，具体讨论映射数据库的训练方法。

18.4 映射数据库自适应训练算法——摄动法

18.4.1 问题的提出

在映射数据库的思想中，映射函数的设计和取值是核心问题。简单起见，各种相关因素的映射表长度可由用户根据经验自行定义，各个映射对（相关因素取值←→映射后的取值）也可以是用户自己摸索的经验性结果。如果可能的话，用户还可以根据经验，先设计多种映射方案，然后进行虚拟预测，从中挑选效果比较满意的一种方案作为本地区的映射表。但是，这样做的工作量很大，而且列举的映射方案总是有限的，容易丢弃许多较优的方案。

因此，对映射表的自适应训练是很有必要的。这里"自适应"的含义是：针对任何一个地区的历史资料，不论用户设定的原始映射表如何，此训练过程总是可以找到一个比较合理和优化的新映射表，在效果上明显优于原始映射表。

本节首先介绍训练相关因素映射数据库的摄动算法。该方法思路清晰，且很容易编程实现。

18.4.2 摄动算法描述

对于只调整映射值的情况，待优化的变量（决策变量）是 V。

摄动法的基本思想是每次迭代让 V 的每个分量产生正向、负向摄动，然后判断在摄动之后的映射表的预测效果。在正向摄动、不摄动和负向摄动三者中，取预测效果最佳者为下一次的解向量，依此类推。

算法流程可以描述如下：

（1）设定映射后取值 V 的初值 $V^{(0)}$，可按某种规则产生，也可从用户的数据库中读出，即：$b_{1,1}^{(0)}$，$b_{1,2}^{(0)}$，…，$b_{1,q_1}^{(0)}$，$b_{2,1}^{(0)}$，$b_{2,2}^{(0)}$，…，$b_{2,q_2}^{(0)}$，…，$b_{M,1}^{(0)}$，$b_{M,2}^{(0)}$，…，$b_{M,q_M}^{(0)}$；取搜索步长系数 $\delta > 1$，$\lambda > 1$。

（2）令训练次数计数器 $k=0$，求 $V^{(0)}$ 的预测效果，暂时计为 f_{opt}。

（3）相关因素计数器 $i=1$。

（4）第 i 个相关因素映射表分段计数器 $j=1$。

（5）令 $\begin{aligned}\Delta V' &= (0,\ 0,\ \cdots,\ b_{i,j}^{(k)} \cdot \delta,\ \cdots 0) \\ \Delta V'' &= (0,\ 0,\ \cdots,\ b_{i,j}^{(k)} / \lambda,\ \cdots 0)\end{aligned}$，分别求取 $V' = V^{(k)} + \Delta V'$ 和 $V'' = V^{(k)} + \Delta V''$ 的预测效果 f'，f''，记录 f'，f'' 和 f_{opt} 中最优的为新的 f_{opt}，所对应的决策变量为 $V^{(k+1)}$。

（6）判断是否 $j \geqslant q_i$，是则 $j=1$，去（7）；否则，$j=j+1$，去（5）。

（7）判断是否 $i \geqslant M$，是则 $i=1$，$k=k+1$，去（8）；否则，$i=i+1$，去（4）。

（8）精度目标值是否足够小，是，则程序结束；否则，去（9）。

（9）判断是否 $k > k_{\max}$（最大训练迭代次数），是则程序结束；否则，去（3）继续迭代。

　　算法可以用图 18-5 流程图表示。显然，这种算法很容易编程实现，而且思路清晰，相当于在由映射表中所有因素的映射后取值所构成的高维空间中，每次沿其中一个轴产生正、负方向的扰动。若某个方向的扰动是有效的（优于原解），则接受该扰动，再试探下一个数轴；若该扰动无效，则在原来解的基础上再试探下一个数轴。这是一种"坐标轮换"的思想。

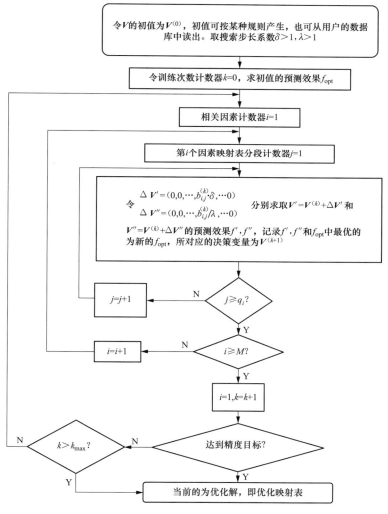

图 18-5　摄动法训练相关因素库的算法流程图

　　关于算法的一些说明：

　　（1）框图中"求 V（可以是 $V^{(0)}$、V' 和 V''）的预测效果 f"这句话，包含了复杂预测过程，既可以用来单独训练对某种方法的最佳映射表，也可以使用"多种方法＋综合模型"的策略优化整体最优的预测表。因此，这里需要针对某一组映射表取值，反复调用各种单一预测方法和综合模型，计算量很大，训练速度可能会很慢。因此可以考虑每隔较长一段时间训练一次（如半个月）。

（2）相邻两次训练，后一次可以用前一次训练的结果作为初始解。即上次训练完成后连续预测了几天，到某日发现有必要对映射库作进一步的训练，此时，则可以以上次训练的结果为初始解进行训练，从而加快训练过程的收敛速度。

（3）框图中有两个给定的搜索步长系数 δ，λ，都大于 1。可以根据需要，改进为变步长摄动。开始时两个数可能会大一些，当迭代到一定程度时，需要细化各个分量，此时这两个数可小一些，当接近收敛的时候，趋近于 1。

（4）这种摄动的优点是：如果映射表中某些分段没有涉及，则调整不影响预测效果，无论如何改变映射值，不会对结果有影响。而对于涉及的分段，一旦映射改变，预测结果就会有所改变，从而可以找出主要的影响因素。

（5）如此的摄动方法，无论映射后取值的初始解如何，其收敛后所形成的映射函数均有可能单调或非单调。当然，如果要强行让某个因素的映射函数单调，可在循环摄动时，限定各分段点的摄动量不能超出其相邻区间的上一次取值，这样可保证单调。

（6）由于要反复调用各种预测方法，需要在算法效率上改进，以使训练的复杂度降低到最小。

18.4.3 应用举例

本算例只考虑星期类型因素，其他因素可用类似的方法考虑。

表 18-3 显示了训练前后相关因素库映射值的变化情况，映射库未训练的取值是人工经验设定的值，映射库训练后取值是用相关因素库训练算法优化调整后的取值。

表 18-3 　　　　　　　　　　　相关因素库训练前后映射值的变化

相关因素名	映射前取值	映射后未训练取值（人工给定的初值）	映射后训练后取值
星期类型	星期一	0.08	0.001000
星期类型	星期二	0.15	0.099034
星期类型	星期三	0.14	0.259083
星期类型	星期四	0.15	0.185585
星期类型	星期五	0.19	0.279358
星期类型	星期六	0.80	0.648445
星期类型	星期日	0.90	0.758000

表 18-4 显示的是相关因素库训练前后综合模型的预测效果对比。

表 18-4 　　　　　　　　　相关因素库训练前后综合模型预测精度

日期	训练前综合模型预测误差 MAPE（%）	训练后综合模型预测误差 MAPE（%）
2000 年 9 月 1 日	1.5	1.4
2000 年 9 月 2 日	2.0	1.9
2000 年 9 月 3 日	1.9	1.7
2000 年 9 月 4 日	2.3	2.0
2000 年 9 月 5 日	1.6	1.7
2000 年 9 月 6 日	2.8	2.1

日期	训练前综合模型预测误差 *MAPE*（%）	训练后综合模型预测误差 *MAPE*（%）
2000 年 9 月 7 日	2.5	2.0
2000 年 9 月 8 日	1.3	1.5
2000 年 9 月 9 日	2.4	2.1
2000 年 9 月 10 日	0.9	1.1
2000 年 9 月 11 日	1.2	0.7
2000 年 9 月 12 日	1.5	2.0
2000 年 9 月 13 日	2.3	2.1
2000 年 9 月 14 日	2.6	1.9
2000 年 9 月 15 日	2.5	1.5
2000 年 9 月 16 日	2.3	0.7
2000 年 9 月 17 日	1.8	1.7
2000 年 9 月 18 日	1.8	2.0
2000 年 9 月 19 日	0.7	1.1
2000 年 9 月 20 日	2.1	1.8
2000 年 9 月 21 日	2.3	1.4
2000 年 9 月 22 日	1.6	1.2
2000 年 9 月 23 日	2.1	1.7
2000 年 9 月 24 日	2.3	0.9
2000 年 9 月 25 日	2.4	1.7
2000 年 9 月 26 日	1.4	0.6
2000 年 9 月 27 日	1.6	1.3
2000 年 9 月 28 日	2.0	1.0
2000 年 9 月 29 日	1.3	1.5
2000 年 9 月 30 日	1.9	1.3
30 天平均	1.896667	1.52

通过以上的数据可以看出：

（1）人工设定的映射库初值具有一定的合理性，因此即使不经过训练，其预测效果也是较好的。

（2）经过训练后，相关因素的量化映射值更加合理，从而使得预测效果和稳定性进一步得到提高。

（3）训练后的工作日（周一～周五）、休息日（周六、周日）的映射值确实存在"分组"的特征，组内数值比较接近，组间数值差别较大。

（4）进一步搜集更加齐全的影响负荷的相关因素，通过基于虚拟预测思想的综合模型以及相关因素库训练算法，可以根据不同地区不同月份的相关因素的情况调整映射库取值，从而提高预测精度。

18.5　映射数据库自适应训练算法——遗传算法

摄动算法采用了"坐标轮换"的思想，在步长较小的情况下，这种方法的效率有时比较低。为了进一步改善计算结果，研究利用遗传算法实现相关因素映射数值的训练。

18.5.1　算法的关键环节

这里采用遗传算法的标准计算过程，由于遗传算法在许多文献中都有详细的描述，因此这里只描述其中几个关键环节的处理方式。

18.5.1.1 编码方式

根据处理相关因素的策略，映射后向量 $\boldsymbol{b}_i$ 中的各元素 b_{ij} 均要求大于 0，一般在区间 $(0，1)$ 中。因此，遗传算法的编码方式采用实数编码，这样的优点在于可以直接对解的数值进行遗传操作，在种群规模为 S 的情况下，某一代个体中第 α 个染色体（η_α）中的第 β 个基因（$\eta_{\alpha\beta}$）与相关因素映射后的取值一一对应，即 $b_{ij} \leftrightarrow \eta_{\alpha\beta}$，其中：$\alpha \in [1，S]$（$\alpha$ 是正整数）。

18.5.1.2 评价函数

采用虚拟预测精度作为评价染色体优劣的依据。评价过程实质是一次虚拟预测的过程。首先调用各种单一预测方法对历史上某段日期进行虚拟预测，然后根据不同方法的权重调用综合模型对同一段日期进行虚拟预测，最终得到该段日期的虚拟预测负荷。通过比较虚拟预测负荷与历史负荷，判断染色体的优劣。

这里取虚拟预测负荷与真实历史负荷的平均偏差率作为优化的目标函数。即

$$z = \frac{1}{TF_v} \sum_{n=C-F_v}^{C-1} \sum_{t=1}^{T} (|P_{n,t} - \hat{P}_{n,t}| / P_{n,t}) \tag{18-8}$$

式中：$[C-F_v，C-1]$ 是虚拟预测区间；F_v 为虚拟预测天数。

18.5.1.3 交叉与变异算子

在遗传算法中，交叉算子的设计是关键一步，这里采用算术交叉方式。步骤如下：首先生成一个 $[0，1]$ 内随机数 ρ，设两个父代染色体是 $\eta_u^{(g)}$、$\eta_v^{(g)}$；两个子代染色体是 $\eta_u^{(g+1)}$、$\eta_v^{(g+1)}$（g 代表进化代数；$u，v$ 代表种群中染色体的下标），则两个子代染色体的第 β 个基因可以表示为

$$\left.\begin{array}{l} \eta_{u\beta}^{(g+1)} = \rho \cdot \eta_{u\beta}^{(g)} + (1-\rho) \cdot \eta_{v\beta}^{(g)} \\ \eta_{v\beta}^{(g+1)} = \rho \cdot \eta_{v\beta}^{(g)} + (1-\rho) \cdot \eta_{u\beta}^{(g)} \end{array}\right\} \tag{18-9}$$

在变异算子的设计中，采用一致性变异方式，便于考虑各个基因的突变可能性。

18.5.2 自适应训练算例

下面通过算例说明遗传算法的有效性，并且与摄动训练算法进行对比，分析它们各自的特点。

为了分析的方便，以一周连续 7 日负荷预测的结果为例。这里采用某省 2001 年 12 月~2002 年 1 月的负荷数据，对 2002 年 1 月 12 日~2002 年 1 月 18 日的负荷进行预测，每日预测点数为 96 点。算例中映射库训练目标函数和实际预测的精度均以平均偏差率这一指标表示。综合模型采用的单一方法包括：ARIMA 模型法、模式识别法、点对点倍比法、变化系数法、相似度外推法、一元线性回归法六种方法。

两种算法在分别计算 20min 的情况下，目标函数值比较见表 18-5（初始目标值均为 0.046011，计算机 CPU：PII233，内存：256M）。

表 18-5　　两种算法训练后的目标函数值比较（CPU 时间相同的条件下）

算法	计算次数	计算时间（s）	目标函数值	目标函数改善率（%）
摄动算法	摄动约 5000 次	1200	0.026848	41.6
GA 算法	进化约 2000 代	1200	0.019643	57.3

图 18-6 给出 GA 算法训练 20min（2000 代，种群规模 30）目标函数的下降曲线。

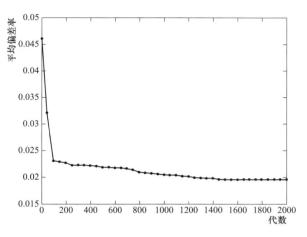

图 18-6　GA 算法目标函数变化曲线

在三种情况下（未训练、摄动算法训练 20min 后和 GA 算法训练 20min 后），分别进行实际预测，各种预测结果的对比情况见表 18-6（其中使用平均偏差率进行比较）。

表 18-6	各种条件下预测平均偏差率的比较		（%）
日期	未训练	摄动算法训练	GA 算法训练
2002 年 1 月 12 日	2.128	2.082	1.986
2002 年 1 月 13 日	2.575	2.023	1.554
2002 年 1 月 14 日	2.677	2.366	2.197
2002 年 1 月 15 日	2.481	2.252	2.149
2002 年 1 月 16 日	1.836	2.074	1.656
2002 年 1 月 17 日	2.035	1.249	1.134
2002 年 1 月 18 日	1.959	2.196	2.281
累积平均偏差率	2.241	2.034	1.851

从表 18-6 的第 2 列与第 3 列、第 4 列的对比中可以看到，在相同条件下经过训练后的预测效果普遍优于未经训练的预测效果；从第 3 列与第 4 列的对比中可以看到，采用遗传算法训练后的预测效果要优于摄动算法。训练精度的提高，意味着实际预测的精度更高，这正是虚拟预测策略的体现。

通过算例可以看出，遗传算法训练相关因素库的效率更高、精度更好。经过训练，相关因素的量化映射值更加合理，预测效果和稳定性进一步得到提高。

18.6　基于映射数据库的正常日预测新方法

本章所讨论的规范化的处理日特征相关因素的策略，其价值在于：

（1）可以用于对各种现有预测方法进行改造，使之可以计及各种相关因素的影响。如果某种预测方法原来无法考虑相关因素，那么，可以用这种策略作为预处理过程，从而引入相关因素的分析技术，提高预测精度。

（2）该策略还可以指导预测人员构造新的短期负荷预测方法，其中可以直接考虑各种相关因素的影响。

本章前面几节对于处理日特征相关因素的过程已经做了详细描述，本节主要根据相关因素的处理策略，尝试构造新的预测方法。

18.6.1 模式识别法

对历史上的若干天，取近期 N 天的数据作为预测样本集。

已知条件为：

（1）历史上各日的特征量：$x_{n,i}(n=C-1，C-2，\cdots，C-N；i=1，\cdots，M)$，已经是量化值，并且做了映射变换。

（2）历史上各日的负荷：$P_{n,t}(n=C-1，C-2，\cdots，C-N；t=1，\cdots，T)$，$T$ 为每日的负荷采样点数。

（3）待预测日的特征量：$x_{C+F,i}(i=1，\cdots，M)$。

待求解的量是：$\hat{P}_{C+F,t}(t=1，2，\cdots，T)$。则预测的步骤为：

（1）求历史上各日与待预测日的相似度 $r_{n,C+F}(n=C-1，C-2，\cdots，C-N)$。可以直接求取 $r_{n,C+F}$，也可求差异度后再变换为 $r_{n,C+F}$。

（2）相似度归一化。可以采用式（18-10）进行归一化处理

$$r'_{n,C+F}=r_{n,C+F}\Big/\Big(\sum_{j=C-N}^{C-1}r_{n,C+F}\Big) \tag{18-10}$$

（3）待预测日是历史上各日负荷的加权平均（这里无须区分周一～周日，因为这个因素已经体现在 $r'_{n,C+F}$ 中）

$$\hat{P}_{C+F,t}=\sum_{n=C-N}^{C-1}r'_{n,C+F}P_{n,t}，\quad t=1,\cdots,T \tag{18-11}$$

18.6.2 相似度外推法

前述的模式识别法非常直观，但只适用于气象因素不出现奇异变化的情况。若待预测日温度高于历史上 $C-N\sim C-1$ 天的温度，则其预测结果仍是历史上负荷的加权平均，因此不会超过历史上的最高负荷，这可能会造成预测负荷偏低。

但是，受到模式识别预测方法的启发，可仍然沿用相似度概念，但对直接量化后的气象因素与负荷之间的变化关系采用线性外推，从而可以处理气象因素奇异变化的情况。

已知条件及待解条件与前一方法相同。

预测步骤为：

（1）求历史上各日与待预测日的相似度 $r_{n,C+F}$（$n=C-1，C-2，\cdots，C-N$）。

（2）对于每个直接量化的气象因素 i 和每个时刻 t，进行下述计算。

已知：

1）自变量：$x_{C-N,i}，\cdots，x_{C-2,i}，x_{C-1,i}，\Rightarrow，x_{C+F,i}$

2）因变量：$P_{C-N,t}，\cdots，P_{C-2,t}，P_{C-1,t}，\Rightarrow，P_{C+F,t}$

3）相似度：$r_{C-N,C+F}，\cdots，r_{C-2,C+F}，r_{C-1,C+F}\Rightarrow$

由此做一元加权线性回归，得 $\hat{P}_{C+F,t}^{(i)}$，即在第 i 种气象因素的直接影响下，待预测日 t 时刻的负荷预测值为 $\hat{P}_{C+F,t}^{(i)}$（这里同样无须区分周一～周日，因为这个因素已经体现在加权

回归中)。

(3) 根据气象因素的主导程度,即每个气象因素 i 所对应的变化,求出各因素的影响权重 w_i(与 $n=C-1$,$C-2$,$\cdots$,$C-N$ 无关),并可在此基础上对未来日的负荷进行加权预测

$$\hat{P}_{C+F,t} = \sum_{i=1}^{M} w_i \hat{P}_{C+F,t}^{(i)}, \quad t=1,\cdots,T \tag{18-12}$$

如此得到的 $\hat{P}_{C+F,t}$ 即为待预测的日负荷曲线。

第19章

预测误差分布特性统计分析与
概率性短期负荷预测

19.1 问题的提出

通过分析现有的短期负荷预测方法可以发现，大量方法所得的都是确定性的负荷预测结果，即，仅能给出一组确定的负荷预测序列。实际上，由于电力系统中蕴含了各种不确定性因素，决策工作必然面临一定程度的风险，因此，在决策时，必须考虑电力需求的不确定性。如果能够分析得到负荷预测误差的分布概率，并进一步给出概率性负荷预测结果，则可使电力系统决策人员更好地了解其历史上预测误差的统计规律，使其在进行生产计划、系统安全分析等工作时能够更好地认识到未来负荷可能存在的不确定性和面临的风险因素，从而及时做出更为合理的决策。因此，研究负荷预测误差的分布概率和负荷的概率性预测具有重要的意义。有少量文献从不同的侧重点展开了概率性负荷预测的研究，但关于负荷预测误差及负荷的概率分布函数的定量描述并不多见。

本章从基于特性分类的负荷预测误差的统计分析入手来分析概率性负荷预测的问题。首先从时段与负荷水平两个联合维度上建立了对预测误差的分布规律进行统计分析的模型，并提出了检验该统计规律有效性的原则和方法；将验证后的预测误差统计分布规律与确定性的负荷预测结果相结合，即可得到概率性的负荷预测结果。基于该结果，还能求取某一置信水平下的预测负荷曲线的包络线。

19.2 总体思路

一般来说，求取某随机事件发生的概率密度分布函数有一种较为常用的方法，即首先假设一种特定的密度分布函数，然后根据历史数据的信息求得该函数中的参数，再用该参数对应的密度分布函数作为其历史数据的概率密度分布函数。但是这种方法的前提就已经设定其分布满足某种特性，具有主观性。因此，为了能更客观地反映出历史数据中隐藏的真实一面，这里采用直接统计的方法对历史负荷预测误差进行归类统计，可以得到其自身的统计规律意义上的离散分布函数，而且这些概率分布函数能够更客观地反映随机事件的规律性。

19.2.1 负荷预测误差的特征分析

负荷预测的误差是通过对历史上负荷预测值及其相应的实际值比较而得到的，对长时间的负荷值进行统计分析，可以发现其具有规律性，且其规律会因地域和时段而异，例如：

（1）A地区工业负荷占主导地位，白天为正常上班时段，负荷曲线有明显的规律可遵循，因而预测误差会比较小。而非正常上班的时间段内有可能因为赶工期等原因需要加班，诸如此类的突发事件导致负荷预测难度加大，其误差很有可能会偏大一些。

（2）B地区居民负荷比较多，则晚高峰时段误差可能会比较大，不易预测准确。而凌晨低谷时段为休息时段，较容易预测，一般误差变化比较小。

（3）C地区夏季天气常发生骤变，则导致负荷预测难度比较大，特别是在日间时段，因而其预测误差也会相应增大。

负荷预测误差的规律从另一个侧面反映了该地区相应季节负荷波动的剧烈情况，对实际工作有着很好的指导意义。

19.2.2　负荷预测误差的影响因素及其描述模型

设第 n 日负荷的预测值和实际值分别为 $\hat{\boldsymbol{P}}_n = [\hat{P}_{n,1},\ \hat{P}_{n,2},\ \cdots,\ \hat{P}_{n,T}]$ 及 $\boldsymbol{P}_n = [P_{n,1},\ P_{n,2},\ \cdots,\ P_{n,T}]$，容易得到各时段的负荷预测相对误差 $v_{n,t}$ 为

$$v_{n,t} = \frac{\hat{P}_{n,t} - P_{n,t}}{P_{n,t}} \times 100\%, n = C-1, C-2, \cdots, C-N; t=1,2,\cdots,T \quad (19\text{-}1)$$

其中，n 为日期标号，$n = C-1$，$C-2$，$\cdots$，$C-N$ 为样本日，N 为负荷样本的总天数，t 表示时段点号，T 表示每日的时段数。将负荷样本分为两个子集，$[C-N,\ C-F_v-1]$ 作为子集 I，$[C-F_v,\ C-1]$ 作为子集 II，子集 I 用于统计预测误差的分布特性，子集 II 用于验证统计规律的有效性，F_v 为验证天数。经验证后，即可对未来的某日进行概率性短期负荷预测。为了简便，下文提到的负荷预测误差均指相对误差。

由于不同地区不同季节的负荷预测误差会随着时段、负荷值等因素变化而有较大的不同，因而这里的分析过程将针对特定区域和季节的情况进行。当地区、季节变更时，需要重新进行统计和分析，这样才能保证误差分布规律的准确性和有效性。

根据短期负荷的变化规律和预测误差的分布特点，有两个因素可以作为影响预测误差的主要因素：一是负荷所处时段，例如，高峰和低谷的预测误差往往呈现不同的特点；二是负荷水平及其波动性，例如，连续几天的负荷持续走高，则预测效果往往较差，误差较大。当然，还可以引入许多其他影响因素，其分析思路可以在此基础上扩展。

根据以上分析，这里用二维概率分布 $f(J_k, P_j)$ 来描述负荷预测误差特性随着时段和负荷的变化规律：

（1）J_k 代表时段分区。不同时段负荷的波动情况有可能会相差较远，因此可以对该季度的典型日负荷曲线的变化趋势进行分析，根据某种原则将一天负荷段划分为若干个时段分区。

（2）P_j 是描述负荷水平及其波动性的特征量，这里采用的负荷特征量有两种，分别是负荷有名值以及负荷增量，即，这里将会通过分析得到两套二维的概率分布函数，应用于不同的情况。

19.2.3　思路分析

实现负荷预测误差的概率分布以及概率性短期负荷预测的总体框架如图 19-1 所示。

从图 19-1 中容易看出主要思路为：首先分别以两种不同的方法对某地区所记录的历史负荷数据及预测值进行统计后，即可得到历史预测误差统计的二维离散概率分布。在验证该概率分布对未来负荷的有效性之后，就可以对从常规的负荷预测方法得出的确定性负荷预测值进行分析。根据总结得出的

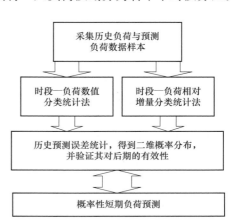

图 19-1　预测误差分布统计以及概率性短期负荷预测的思路

预测误差分布规律，就可以得到概率性负荷预测，并能给出不同置信度下的负荷预测的带状分布。

19.3 预测误差分布特性的统计方法

这里采用的数据是以 15min 为间隔的 96 点负荷数据作为样本，因此能够得到大量的负荷样本。根据概率统计原理可知，当样本充分多时，事件发生的频度函数（经验分布）与总体分布密度只有微小的差别，从而可以作为概率密度来使用。

这里提出两种关于预测误差分布特性的统计方法，下面分别介绍。

19.3.1 负荷值法

负荷值法统计的具体思路如下：

（1）由于不同时段下负荷预测误差的波动情况有可能会相差较远，因此可以对该地区该季度的典型日负荷曲线进行分析，根据某个设定的规则将一天负荷段划分为 M 段，每段记为 $J_k(k=1, 2, \cdots, M)$，J_k 中含有 Q_k 个时段点。

（2）将第 J_k 类的预测误差数据按负荷值的大小进行分类，由于对负荷值的划分需要考虑到预测误差样本的分配，因而需要进行二重划分。

首先，以某一负荷值步长 ΔL 作为分类尺度，对日负荷从最小值到最大值之间作等间隔划分，而日负荷最大值及最小值附近可能由于预测误差样本过少，不能反映其偏差的变化趋势，即数据样本呈现中间大、两头小的趋势，因此，需要对预测误差样本集进行再划分。样本再划分要兼顾两条原则：第一条原则是设置一个恰当的样本数参考区间 $[l-\delta, l+\delta]$（l 表示合适的样本个数，δ 为波动范围），从负荷值两侧向中间方向对初步划分的等间隔区间进行合并，尽量使得每个负荷区间的预测误差样本数量满足要求，同时记录下每个负荷区间段的界值；第二条原则是，若在合并过程中出现了不增加分区样本数达不到要求、增加分区又超出参考区间范围的情况，则选择与参考区间相差较小情况作为区间划分的方案。这个过程如图 19-2 所示。

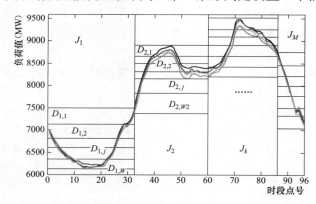

图 19-2 负荷的横向和纵向划分

通过上述方法对数据进行处理后，最后可以得到 W 层负荷分区 $D_{k,j}(j=1, 2, \cdots, W)$，$D_{k,j}$ 中含有 $R_{k,j}$ 个负荷样本。

从图 19-2 中可以清晰地看到，该方法实际上是分别从横向、纵向的角度对历史负荷样本进行归纳分类，得到的统计规律能够更好地反映出各时段下不同负荷水平的预测误差分布情况。

（3）计算第 $D_{k,j}(j=1, \cdots, W)$ 层的负荷预测误差样本 $v_r(r=1, 2, \cdots, R_{k,j})$。

图 19-3 中横坐标为预测误差百分

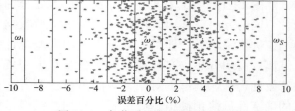

图 19-3 负荷误差段的划分示意图

比，选取一个合适的误差步长作为预测误差区域间隔的宽度，根据预测误差 v_r 将样本点集中到相应的间隔内，图中所示为负荷预测误差样本点的分布情况，经统计可得到每个预测误差区域间隔内的样本个数分别为 ω_1，…，ω_s，…，ω_S，且 $\sum\limits_{s=1}^{S}\omega_s = R_{k,j}$，因而可以根据预测误差区域间隔内的样本个数得到

$$f_s = \frac{\omega_s}{R_{k,j}} \tag{19-2}$$

当 $R_{k,j}$ 充分大时，即可将 f_s 视为第 J_k 时段的第 $D_{k,j}$ 层负荷分区的预测误差的离散确切概率分布情况。

（4）对全体历史负荷遍历一遍，即可得到 $M \times W$ 个预测误差的离散确切概率分布函数，也就是以负荷值为分类标准的误差统计表。图 19-4 是在某一时间区段内不同负荷水平分区下的概率分布曲线簇。

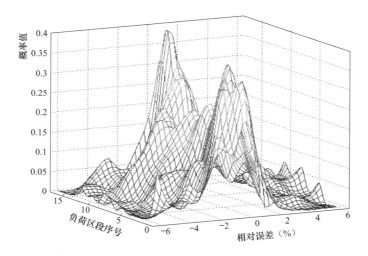

图 19-4　某时间区段下不同负荷段的误差概率分布

19.3.2　负荷增量法

负荷增量法中的增量指的是负荷移动平均数的相对增量，由于每日负荷序列的数值受周期变动和不规则变动的影响，起伏较大，不易显示出发展变化趋势，所以采用移动平均法，消除这些因素的影响。

日负荷一般以一周 7 天作为一个周期，所以移动平均项数选为 7 比较合适，可知

$$B_{n,t} = \frac{P_{n,t} + P_{n-1,t} + \cdots + P_{n-6,t}}{7} \tag{19-3}$$

$B_{n,t}$ 表示从第 n 日算起前 7 日 t 时段负荷的移动平均数，简称为第 n 日 t 时段的移动平均数。

负荷移动平均相对增量 $\Delta B_{n,t}$ 可定义为

$$\Delta B_{n,t} = \frac{B_{n,t} - B_{n-1,t}}{B_{n,t}} \tag{19-4}$$

$\Delta B_{n,t}$ 是第 n 日 t 时段的移动平均数与第 $n-1$ 日同一时段的移动平均数之差的相对值，这是一种直观的增量表示方法，也有利于统计。

负荷增量法的整体统计思路与负荷值法很类似，只是在步骤（2）中负荷数据的分类标

准是按照 $\Delta B_{n,t}$ 的大小来划分区间，对每一类的样本数的处理也可以采取前文所述的方法，最后同样可以得到 $M \times W$ 个预测误差的离散概率分布函数，得到负荷增量误差统计表。

19.3.3　两种分类统计方法的比较分析

两种不同的分类统计方法适用于不同的场合，因为二者是基于不同的原理统计得到的。其中，负荷值法是直接以历史负荷样本的数值大小（即负荷水平的高低）作为分类标准，对负荷误差进行统计得出的一套分析方法；负荷增量法则是以当日当前时段的动平均值与前一日同一时段的动平均值的相对偏差作为分类标准，对负荷误差进行统计得出的另一套分析方法。

二者的主要区别在于：负荷值法是对历史上已经出现的负荷水平数值进行统计分析，统计得到的规律很直观，应用时比较方便；但是由于负荷会随着气象等因素不断变化，假如在待分析和预测的后期负荷曲线中出现了以往未出现过的负荷值（例如，在负荷趋势连续走高的情况下），则负荷值法就不再适用，因此引入负荷增量法作为补充方法。负荷增量法是从历史负荷增量的角度进行统计分析，同样能够反映出误差的变化情况，但由于应用时不如负荷值法方便，因而作为补充方法。

19.4　误差分布统计规律的有效性检验

通过对预测误差进行统计，可以得到负荷预测误差的历史统计概率性分布情况。但是在利用该统计规律进行概率性短期负荷预测之前，需要检验求得的统计分布是否具有实用价值。因而提出一种检验思路如下：

（1）假设历史统计样本的后 7 天的负荷数据为未来一周的负荷样本，仿照上节的统计方法对未来一周的预测误差离散概率分布进行统计，需要注意的是对负荷段的合并需要考虑到 7 天的负荷样本个数以及分布的均匀性问题，并将相应的负荷段与统计规律中的负荷段一一对应起来，因而负荷段的划分很有可能会与原始统计规律有差别，此时需要对原始的统计规律做适当修改，以确保有效性检验是在同一时段的同一负荷段内进行的。

（2）从离散确切概率分布和累积概率两个角度对有效性进行检验，离散确切概率分布可以直接从上文得到，累积概率 $F(x)$ 则可以通过下式计算得到

$$F(x) = \text{Prob}(X \leqslant x) \tag{19-5}$$

累积概率表征了 X 落在 $(-\infty, x]$ 上的概率，从这个意义上说，用累积概率可以完整地描述误差分布的统计规律性。然后分别对二者的离散确切概率分布及累积概率计算相应的相关系数，验证统计得到的离散概率分布的有效性。

假设统计规律某负荷段的概率为 x，后 7 天的相应负荷段的概率为 y，则可计算相关系数。分别对二者的离散确切概率分布及累积概率计算相应的相关系数，验证统计得到的离散概率分布的有效性。若相关系数越大，说明统计规律对未来 7 天负荷值波动的模拟效果就越好，具有较好的实用价值，同时该预测误差规律对未来单日的负荷预测同样有效。

统计规律得到的确切离散概率分布的相关系数表明了二者离散概率分布的相似程度，反映了一一对应的独立误差段的相似程度，但容易出现由于样本量不足而导致较大差异的情况；累积概率分布的相关系数则表明了误差分布的统计规律性的相似程度，该指标是从整体的角度去描述概率的相似情况，较好地反映了各段误差的概率在整个区间上出现的频度。

19.5　误差分布的 t 分布特性

在统计学中，除了采用离散确切概率分布对误差的不确定性进行描述，还可以应用多种

解析式描述的概率分布函数，包括广义极值分布（generalized extreme value distribution，GEV）、逻辑分布（logistic distribution）以及 t 分布，对实际的分布进行拟合，求出最优的模型参数，就可以使用解析的概率分布函数实现预测误差建模。

这里涉及到几个概念。

（1）峰态：指概率密度分布曲线在平均值处峰值的高低。

（2）峰度：又称峰态系数。表征概率密度分布曲线在平均值处峰值高低的特征数。直观看来，峰度反映了概率密度分布曲线尾部的厚度，峰度高则尾部越厚，意味着方差增大是由低频度的大于或小于平均值的极端差值引起的。可由 $K = u_4/\sigma^4 - 3$ 计算，其中 $u_4 = E\big[(X - E[X])^4\big] = \int_{-\infty}^{+\infty} (x - u)^4 f(x) \mathrm{d}x$，是概率密度分布 $f(x)$ 的四阶中心矩，σ 为 $f(x)$ 的标准差。该公式之所以还要减去 3，是要使得正态分布的峰度为 0，作为比较基准。

（3）尖峰态：峰度大于 0，即为尖峰态，表征概率密度分布与正态分布相比，峰值更高，尾部更厚。

（4）低峰态：峰度小于 0，即为低峰态，表征概率密度分布与正态分布相比，峰值更低，尾部更细。

基于上述分析，这里分析对比了多种概率分布函数对实际预测误差分布的拟合适应度。测试数据包含 2011 年中国各省市的短期负荷预测值和实际值（每日 96 时段），数据量大面广，取自于国家电力调度中心的历史运行数据库，数据质量高。

通过对实际预测误差的大数据分析，我们发现预测误差分布具有显著的尖峰态特征。预测误差的尖峰态特征，意味着预测误差大多数情况下在很窄的范围内波动，而只有少数情况下才会变得很大。实际情况也确实如此，在大多数时候，短期负荷预测误差总是比较小的，而当一些极端事件（如极端天气、重大经济事件等）发生时，它们会对预测的准确性产生显著影响，大幅度提高预测误差。采用具有尖峰态特征的分布函数将能够更好地描述预测误差的分布特性。

19.5.1　分布函数

正态分布不能很好地描述预测误差，因为其峰度为 0。为了找到一种更好的分布，我们对比了多种分布函数拟合效果，并详细阐述其中效果较好的。

1. 广义极值分布

广义极值分布包含 Freshet 分布（$\xi > 0$），Weibull 分布（$\xi < 0$）以及 Gumbel 分布（$\xi = 0$）。ξ 是其重要参数，决定其分布形态。

广义极值分布的公式表达如下：

当 $1 + \xi\left(\dfrac{x - u}{\sigma}\right) > 0$ 且 $\xi \neq 0$，其概率密度函数为

$$f(x; u, \sigma, \xi) = \frac{1}{\sigma} \mathrm{e}^{-\left[1 + \xi\left(\frac{x-u}{\sigma}\right)\right]^{-1/\xi}} \left[1 + \xi\left(\frac{x - u}{\sigma}\right)\right]^{-1-\frac{1}{\xi}} \tag{19-6}$$

当 $1 + \xi\left(\dfrac{x - u}{\sigma}\right) > 0$ 且 $\xi = 0$，其概率密度函数为

$$f(x; u, \sigma, 0) = \frac{1}{\sigma} \mathrm{e}^{-(x-u)/\sigma - \mathrm{e}^{-(x-u)/\sigma}} \tag{19-7}$$

其中 u 和 σ 分别代表分布的位置和尺寸参数。

2. 逻辑分布

逻辑分布与正态分布相似，均为对称钟形。不同之处在于逻辑分布的峰度不为 0，而是常数 1.2。这代表逻辑分布是一种尖峰态分布。

概率密度表达式如下

$$f(x;u,\sigma) = \frac{e^{-\frac{x-u}{\sigma}}}{\sigma(1+e^{-\frac{x-u}{\sigma}})^2} \quad\quad (19-8)$$

3. t 分布

与逻辑分布相似，t 分布同为尖峰态分布。不同之处在于其峰态可随参数变化。

t 分布的概率密度函数如下

$$f(x;u,\sigma,\lambda) = \frac{\Gamma\left(\frac{\lambda+1}{2}\right)}{\sqrt{\pi\lambda}\,\Gamma\left(\frac{\lambda}{2}\right)\sigma}\left[1+\frac{1}{\lambda}\left(\frac{x-u}{\sigma}\right)^2\right]^{-\frac{\lambda+1}{2}} \quad\quad (19-9)$$

其中 λ 代表分布的自由度参数。

19.5.2 分布函数拟合效果对比

与其他分布相比，t 分布的最大优势在于其自由度参数可以控制其峰态。自由度越小，其峰态越高，自由度越大，其峰态越趋近于 0，当自由度超过 30 时，t 分布与正态分布的峰态差异就微乎其微了。

图 19-5 显示了不同概率分布函数的拟合结果，与其他概率分布函数相比，t 分布对实际预测误差分布明显具有最好的拟合适应度。

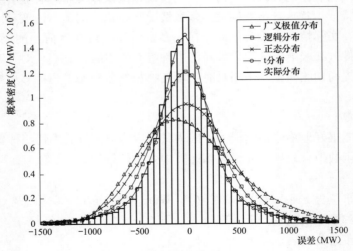

图 19-5 不同概率分布函数拟合结果

19.6 概率性短期负荷预测

概率性短期负荷预测是常规确定性负荷预测工作的延伸。在验证了预测误差离散概率分布具有实用价值之后，即可利用该误差统计规律分析其负荷总体的确定性预测值的各个负荷值的可能分布情况，以给出未来负荷可能取值的概率性结果，反映了预测工作中隐含的风险因素，为将来对企业经营中遇到的风险问题和可靠性研究提供了前提条件和依据。

19.6.1 短期负荷预测曲线的概率分布

目前短期负荷预测发展得已经比较成熟，利用现有的方法容易得到预测日（设为第 $C+$

F 日）各点的负荷预测值。每个负荷点值表示为 $P_{C+F,t}$（$t=1$，2，…，T），若 $P_{C+F,t}$ 的负荷值在历史统计的负荷值的范围之内，查负荷值误差统计表可以找到该类型负荷的预测误差离散概率分布，然后将相对误差转化为负荷值，容易得到类似图 19-6 所示的接近正态分布的概率密度曲线。

但若 $P_{C+F,t}$ 是历史统计的负荷值的范围之外的负荷值，则需要计算该时段前 7 天的动平均值 $B_{C+F,t}$ 及其前一日的动平均值 $B_{C+F-1,t}$，并计算其相对差值 $\Delta B_{C+F,t}$，然后再查找对应的负荷增量统计表中相应类型的负荷误差概率密度，亦可得到与图 19-6 类似的概率密度曲线。

对全天的负荷点遍历一遍，即可得到短期负荷预测的概率密度估计结果，且通过前述的验证方法，可推知该密度估计预测是否有效。

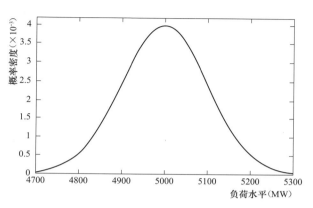

图 19-6 t 时段负荷值概率密度曲线

19.6.2 短期负荷预测的区间估计

上文分析得到了短期负荷预测可能取值的概率分布结果，但是由于结果是离散的，只是反映出了每个负荷值可能出现的概率，不易直观反映整体的波动情况。因此希望能够估计出负荷变化的范围，并希望知道这个范围包含负荷值真值的可信程度。采用区间估计来代替点估计，能够更好地反映出负荷可能波动的区域。

对于给定值 α（$0<\alpha<1$），根据置信区间[10]的定义，对于任意负荷值 P 满足

$$\text{Prob}(\hat{P}_{\min} < P < \hat{P}_{\max}) \geqslant 1-\alpha \tag{19-10}$$

则称随机区间（$\hat{P}_{\min}$，$\hat{P}_{\max}$）是 P 的置信水平为 $1-\alpha$ 的置信区间，$\hat{P}_{\min}$ 和 $\hat{P}_{\max}$ 分别为置信水平为 $1-\alpha$ 的双侧置信区间的置信下限和置信上限。但由于统计规律是离散概率分布，所以在寻找 $\hat{P}_{\min}$ 和 $\hat{P}_{\max}$ 时可以采取插值的办法。

给定一个 α 值，遍历 96 点负荷可以得到 96 个置信区间 $[\hat{P}_{t,\min}, \hat{P}_{t,\max}]$（$t=1$，2，…，96），将其首尾相连即可得到 α 置信度下的负荷曲线的上下两条置信区间的包络线。

19.7 实例分析

19.7.1 基于离散确切概率分布的短期负荷预测结果

以北京市夏季负荷（2005 年 6 月 15 日～8 月 31 日）作为历史数据样本（即子集Ⅰ），以 9 月 1～7 日作为假设的未来负荷样本（即子集Ⅱ），并以 9 月 8 日作为短期负荷预测的对象，介绍所提出的短期负荷预测误差的统计方法及概率性短期负荷预测方法的全过程及其结果。

（1）采用负荷值法与负荷增量统计法，分别对 78 个样本日的负荷数据进行统计整理。通过对该地区夏季负荷数据的分析，其典型日负荷曲线如图 19-7 所示，根据峰平谷的特征将负荷时段划分为 3 段：1～32 时段为谷段，41～84 时段为峰段，其余时段作为平段。需要注意的是，不同地区和季节的峰谷段有较大的区别，需要根据具体的典型日负荷曲线而变化。

（2）根据统计方法，即可得到 3 个时间区段中不同负荷区间段与不同的动平均相对增量

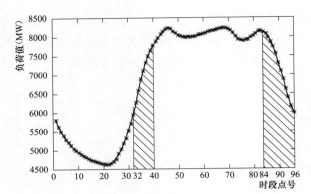

图 19-7　北京市夏季典型日负荷曲线

下的预测误差离散概率分布，即可得到 6 个概率分布曲线簇。

（3）对概率分布曲线进行未来一周的有效性验证。以 9 月 1～7 日为未来一周的数据，由于负荷样本均在规律中出现，因而采用负荷值统计法进行检验，将每个时段的负荷段分为三段。

首先对统计规律与未来一周的误差概率分布进行相关系数分析，可以得到如表 19-1 所示的结果。

表 19-1　未来一周误差确切概率分布相关系数检验结果

峰段负荷段（MW）	6300～7100	7100～7400	7400～8100
相关系数	0.449381	0.957753	0.63427
平段负荷段（MW）	4800～5900	5900～6600	6600～8000
相关系数	0.491485	0.755211	0.772978
谷段负荷段（MW）	4000～4400	4400～4900	4900～6100
相关系数	0.530693	0.906777	0.696432

表 19-1 中的各时段，中、高负荷段的相关系数均能达到 70％左右，最高的甚至达到了 95％，证明其统计规律还是比较有效的；但是低负荷段的相关系数相对不甚理想，主要原因是由于在一般情况下，峰、平时段低负荷段的样本数较少，难以反映出其变化的规律，仅用误差概率分布的相关性还不能完全说明问题。

所以还需要对统计规律与未来一周的误差累积概率进行相关系数分析，同理可以得到如表 19-2 和图 19-8 所示的结果。

表 19-2　未来一周误差累积概率分布相关系数检验结果

峰段负荷段（MW）	6300～7100	7100～7400	7400～8100
相关系数	0.929380	0.995181	0.974659
平段负荷段（MW）	4800～5900	5900～6600	6600～8000
相关系数	0.978204	0.992576	0.969570
谷段负荷段（MW）	4000～4400	4400～4900	4900～6100
相关系数	0.992488	0.993484	0.986089

图 19-8 所示为谷段 4400～4900MW 负荷段的预测误差统计规律与检验规律的累积概率图，从图中易看出两者的累积概率曲线很相似。表 19-2 的数据反映了统计规律与未来一周在各时段下各负荷段的累积概率相关度都很高。以上均说明了其误差概率分布的统计规律性很相似，对未来的短期负荷预测具有实用价值。

综合以上结果容易得出：该误差概率分布的统计规律对未来一周的验证是有效且具有实用价值的。

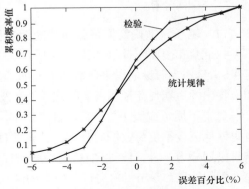

图 19-8　累积概率曲线的比较

（4）以 9 月 8 日的短期负荷预测曲线作为分析对象，应用上文所述的方法，首先查找相应时段和负荷段（或者相应时段和负荷动平均的相对增量）的离散概率分布曲线，得到每个时段点的负荷可能的分布情况，再利用区间估计的原理求取每个时段点的置信区间上下限值。

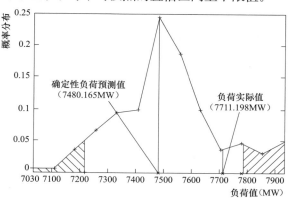

图 19-9　t 时段负荷值概率分布曲线

1）首先以短期负荷预测的某一时段点为例进行分析，图 19-9 所示为 9 月 8 日第 67 个时段点的负荷预测结果的概率性分布图，图中标明了该时段原始的确定性负荷预测的结果（7480.165MW），根据此数据查阅预测误差分布特性统计规律，即可得到在该预测值附近的概率性短期负荷预测结果，如图中折线所示。当给定某一置信度为 85％时，即可得到折线内阴影以外的负荷预测区域，因此只要给定不同的置信度，即可得到不同大小的区域，可以很直观地比较负荷可能出现的概率大小。此外，图中还标注了历史当日该时段的负荷实际值，以作比较。

2）将 1）中得到的每个时段的置信区间上限和下限分别连接即可形成上下两条包络线，负荷预测结果的置信区间的大小随着置信度取值的不同而变化。区间负荷预测结果如图 19-10 所示。

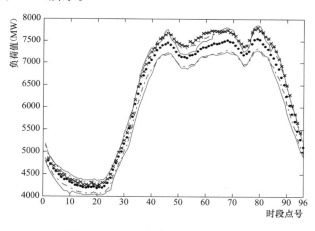

图 19-10　区间负荷预测结果示意图

值得注意的是，这里的置信区间包络线与传统的区间包络线完全不同。传统所说的包络线是在确定性负荷预测的基础上，上下浮动相同的百分比例得到；而这里的置信区间包络线是根据预测误差的概率统计分布的概率置信度绘制得到的，因此置信区间包络线与确定性负荷预测曲线之间不是等间隔的。

通过以上的分析可以得到如下结论：①该地区夏季谷段与峰段的置信区间上、下限值之间差距较大，说明面临的负荷预测风险比较大；②对比确定预测值与实际值，容易发现在中午至下午时段相差较大，而概率性区间估计预测反应出该时段内负荷变化程度剧烈，需要引起注意，其效果是确定性预测结果所不能揭示的。③置信区间的包络线能从概率的角度反映了负荷真值出现的范围，更好地反映出负荷变化的可能性，同时由于置信区间是某一置信度下的负荷包络线，因而出现了少部分负荷值不在置信区间内的情况，这是可以接受的。

19.7.2　不同月份分省预测误差的 t 分布建模

这里利用中国多省长期积累的海量预测误差数据，从不同月份、时段、省份，多角度全面地验证 t 分布对短期负荷预测误差的拟合适应性。分布建模方法采用的是极大似然估计法。

1. 不同月份的负荷预测误差

随着季节变化，负荷特征也会随之变化。因此，不同月份的负荷预测误差可能有着不同的分布特性。图 19-11 显示的是安徽省 2011 年 1～12 月的预测误差。由图可以看出，t 分布的拟合效果要远远优于正态分布，尤其是在 1、2、5、6、7、8、9 月。对数似然值是一种定量描述拟合效果的指标，其值越大则拟合效果越好。以 1 月为例，t 分布的对数似然值为－22285，而正态分布为－22488。

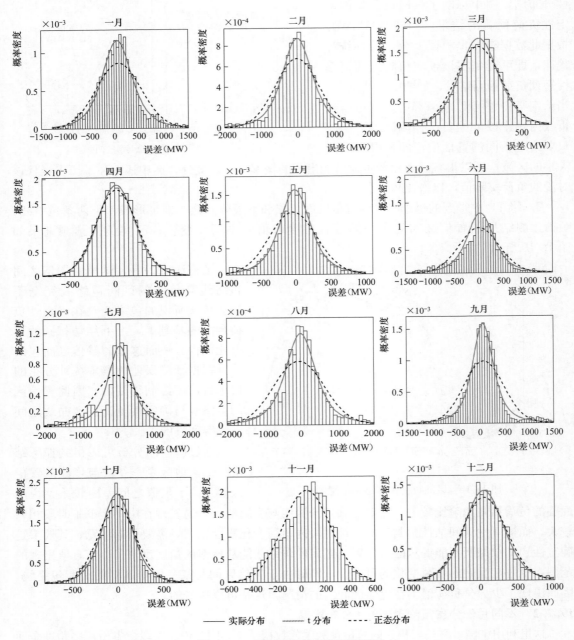

图 19-11　不同月份的负荷预测误差

2. 不同时段的负荷预测误差

不同时段的负荷特性也存在差异，因此也必须对不同时段的负荷预测误差的分布特性单独验证。图 19-12 显示了安徽省四个典型时段（$t=16$、$t=45$、$t=60$、$t=88$，一天 96 个时段，每个时段 15min）的负荷预测误差。由图可以看出，t 分布的拟合效果最优。以时段 60 为例，t 分布的对数似然值为 -2703.08，而正态分布为 -2744.93。

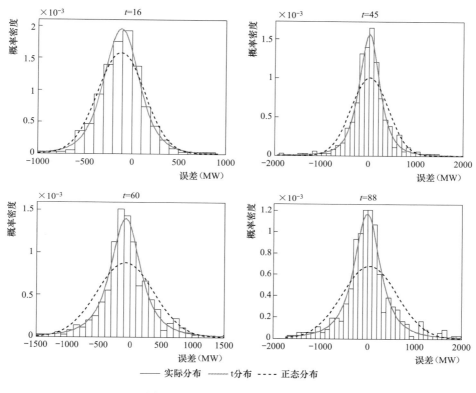

图 19-12 不同时段的负荷预测误差

3. 不同省份的负荷预测误差

不同省份的负荷预测误差的分布特性也可能存在显著差异。图 19-13 显示了 6 个不同省份的误差分布图。由图可以看出，t 分布的拟合效果更优。以湖北省为例，t 分布的对数似然值为 -237608，而正态分布为 -249494。

表 19-3 显示了不同省份的 t 分布参数。其中大多数省份的自由度参数均小于 4，这意味着各省预测误差的尖峰态特征均十分显著。

19.7.3 基于 t 分布的概率性短期负荷预测效果验证

19.7.3.1 置信区间验证

图 19-14 显示了中国某省的短期负荷预测误差分布函数，以及采用其他分布假设拟合形成的分布函数。从图中看可以看到 t 分布是最接近于实际分布的。表 19-4 给出了基于不同分布假设估计的置信区间，以及实际分布的负荷置信区间。不难发现，t 分布是置信区间估计最为精准的。取 0.01 作为置信度，实际分布的置信区间为 $[-1518, 1674]$，而正态分布、

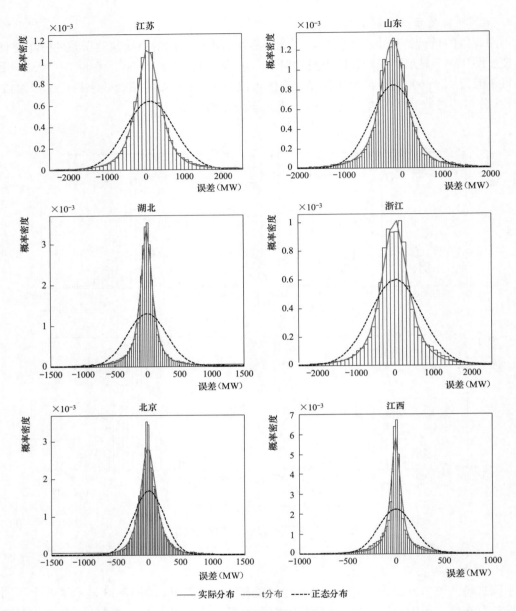

图 19-13　不同省份的负荷预测误差

表 19-3　　　　　　　　　　　　　　　不同省份的 t 分布参数

省份	负荷水平（MW）	位置参数（MW）	尺寸参数（MW）	自由度参数
江苏	45319	71.5	320.6	2.5
山东	37184	15.5	279.7	2.7
上海	15225	8.9	12.6	0.4
宁夏	8358	3.5	110.3	3.8

省份	负荷水平（MW）	位置参数（MW）	尺寸参数（MW）	自由度参数
福建	17149	−12.1	180.4	3.5
湖北	15322	−2.1	99.9	1.4
辽宁	18504	9.9	145.0	2.0
四川	16447	−2.1	219.9	3.6
山西	17113	−17.4	265.9	4.2
吉林	6784	9.8	116.5	9.0
浙江	31464	10.8	358.0	2.8
河北	16858	−20.5	168.0	2.0
江西	8492	0.2	56.4	1.3
天津	7514	2.8	106.4	3.4
河南	28798	−14.7	108.6	1.4
陕西	9541	13.1	125.1	2.3
新疆	7668	−4.7	146.2	3.1
北京	9204	8.1	127.7	2.4
黑龙江	7660	5.9	114.7	2.0
重庆	6500	0.5	83.9	1.4
安徽	12695	−35.0	241.9	2.5

逻辑分布、广义极值分布的置信区间分别为［−1109，1070］、 ［−1126，1069］和［−1042，1530］，与实际分布的置信区间差异达到 30%～40%。而 t 分布的置信区间为［−1738，1668］，差异只有 1%～10%。因此，采用 t 分布估计负荷预测置信区间，能够显著降低电力系统运行风险。

图 19-15 是表 19-4 更直观的显示方式。其中色块深浅表示了置信区间的宽度，颜色越浅，宽度越大。容易看到，t 分布与实际分布的色块之间的色差是最小的，也意味着 t 分布是最准确的。

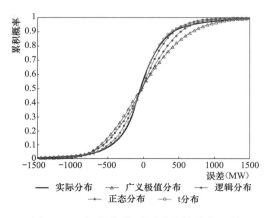

图 19-14　短期负荷预测误差的分布函数

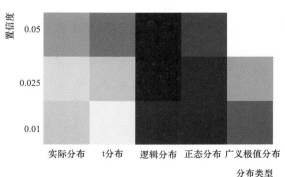

图 19-15　置信区间热图

表 19-4　　　　　　　　　　　　在不同分布不同置信度下的置信区间

置信度	实际分布	t 分布	逻辑分布	正态分布	广义极值分布
0.01	[−1518, 1674]	[−1738, 1668]	[−1126, 1069]	[−1109, 1070]	[−1042, 1530]
0.025	[−1164, 1217]	[−1196, 1126]	[−935, 877]	[−967, 929]	[−936, 1310]
0.05	[−870, 915]	[−891, 821]	[−788, 731]	[−848, 810]	[−842, 1124]

19.7.3.2　概率性短期负荷预测结果

图 19-16 和图 19-17 分别展示了基于 t 分布和正态分布的概率性短期负荷预测结果。

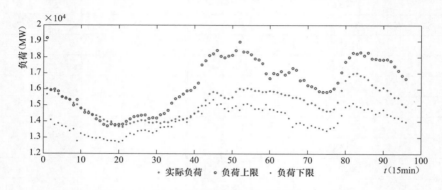

图 19-16　基于 t 分布的概率性短期负荷预测结果

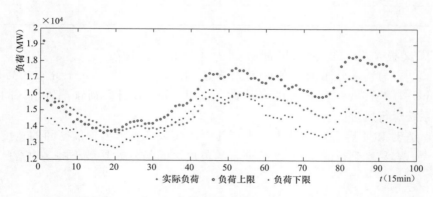

图 19-17　基于正态分布的概率性短期负荷预测结果

对于 t 分布,一天之中有 88% 时刻点的负荷位于事先预估的负荷波动区间内,而对于正态分布则仅有 61%。这充分说明了采用 t 分布将有助于提高概率性短期负荷预测方法的精确性和可靠性。

第20章

短期负荷预测的综合模型

20.1　短期负荷预测综合模型的特点分析

在中长期负荷预测中，详细分析了建立在多个单一预测方法基础上的综合预测模型。在短期负荷预测中，基于多个单一预测方法建立综合预测模型，仍然是非常重要的环节。

深入分析可以发现，短期负荷预测的综合预测过程体现出如下两个明显的特点，使得其综合模型的建立难度远大于中长期负荷预测的综合模型：

（1）短期负荷预测每天的预测结果是一整条具有波动性的负荷曲线（例如，以 15min 为间隔的 96 点负荷曲线），这个特点在中长期负荷预测中是不具备的，因为中长期负荷预测中每个时段（年、月等）的预测结果是一个特定的数值。正是这个特点，使得在中长期负荷预测中可以给每个单一预测方法赋予一个权重，参与到综合模型之中，而短期负荷预测在这个环节上则要复杂得多。

（2）在中长期负荷预测中，许多方法都是以历史序列的拟合为前提进行未来时刻的预测。由于在预测未来的同时，对历史时刻做出了拟合，故可以用拟合效果的评价结果得到综合预测模型中该方法应取的权重。而在短期负荷预测中，许多方法并不具备这种"历史序列拟合"的特性，最典型的是基于"同类型日"思想的一系列预测方法，它们都用历史数据直接作出预测，而不是先"拟合"后"预测"。

对上述两个关键特征的思考，恰好形成了短期负荷预测综合模型解决方案中的关键步骤：

（1）针对短期负荷预测每天的预测结果是一整条具有波动性的负荷曲线的特点，可以考虑"全天统一权重"和"分时段变权重"两个方案，建立两类综合预测模型体系。

（2）针对短期负荷预测中许多方法不具备"历史序列拟合"的特性，可以借鉴"虚拟预测"的理念（参见第Ⅰ篇第1章1.6.3节），以"虚拟预测误差最小化"为目标，建立综合预测模型。

需要着重分析的是，在中长期负荷预测的综合模型中，根据综合模型的构成究竟是以追求综合预测模型的拟合效果较好为目标，还是以概率意义上的预测效果较好为目标，建立了4种模型（参见第Ⅱ篇第10章）：平均权重综合模型、综合最优拟合模型、综合次优拟合模型（方差分析综合模型）、综合最优预测模型。而在短期负荷预测中，由于许多方法失去了这种"历史序列拟合"的特性，因此，都依据"虚拟预测"效果进行分析，可以考虑建立3种模型：平均权重综合模型、方差分析综合模型、最优虚拟综合模型，其目标都是追求综合预测模型的虚拟预测效果尽可能最小化，然后将此模型用于真正的预测过程。

下面首先按照"全天统一权重"和"分时段变权重"两个思路，在不考虑相关因素的情况下，分别介绍其综合预测模型。此后，还将对考虑相关因素情况下建立综合预测模型的方法进行讨论。

20.2 全天统一权重的综合预测模型

中长期负荷预测的综合模型是很直观的，按照单一预测方法选择权重的过程也是顺理成章的。而在短期负荷预测中，既可以按各方法的预测结果对全天各点取相同的权重，也可以对全天各点取不同的权重，即，可以考虑"全天统一权重"和"分时段变权重"两个方案，建立两类综合预测模型体系。其中，"全天统一权重"的短期负荷预测综合模型与中长期负荷预测综合模型的形式比较接近，因此，这里先讨论"全天统一权重"的短期负荷预测综合模型。

顾名思义，"全天统一权重"就是对于每个单一预测方法，取一个确定的数值作为全天的统一权重，该数值不随着时段变化而变化。显然，这种综合模型中，各权重的选定只依赖于方法，不依赖于各日各点。当确定了各种单一预测方法在综合模型中的权重后，在每个点均取这一权重进行加权。

20.2.1 综合预测模型的基本假定

按照"虚拟预测"的理念，可以设定如下的条件：对历史上的若干天，取近期 n 天的数据作为虚拟预测样本集。规定 i 为预测方法下标，n 为日期下标，t 为时段下标。

已知条件为：

(1) 历史上第 n 日 t 时段的实际负荷为 $P_{n,t}(n=C-1,C-2,\cdots;t=1,2,\cdots,T)$，这里 T 为每日负荷采样点数。

(2) 对于真正的"待预测日"而言，假定总共使用了 M 种单一预测方法对"待预测日"F 的负荷作了预测。设其中第 i 种预测方法对"待预测日"的预测结果为 $\hat{P}_{i,C+F,t}(i=1,2,\cdots,M;t=1,2,\cdots,T)$，现在需要对这 M 种单一预测方法的预测结果进行分析与综合，也就是说，必须合理设定每个单一预测方法的权重，然后进行加权，即可得到最终的唯一一组预测结果——负荷曲线。

(3) 为了较好地得到每个单一预测方法在综合预测模型中的权重，在上述条件下，尝试使用这 M 种方法，对历史上近期 N 天的虚拟预测样本集进行虚拟预测（此时，每次虚拟预测都需要用到更早期的历史数据）。设其中第 i 种预测方法对第 n 日的虚拟预测结果为 $\hat{P}_{i,n,t}$ $(i=1,2,\cdots,M;n=C-1,C-2,\cdots,C-N;t=1,2,\cdots,T)$，现在需要根据虚拟预测结果的优劣来确定每个单一预测方法在综合预测模型中的权重。

20.2.2 综合预测模型的构成

按照"全天统一权重"的基本思路，设 $w_i(i=1,2,\cdots,M)$ 为第 i 种方法在综合预测模型中的权重，则最终待预测日的负荷曲线预测结果是

$$\hat{P}_{C+F,t} = \sum_{i=1}^{M}(w_i\hat{P}_{i,C+F,t}), \quad t=1,2,\cdots,T \qquad (20\text{-}1)$$

w_i 的取值只取决于方法的不同。

在这样的条件下，这一组权重也决定了虚拟预测的效果。分析如下：

(1) 第 i 个单一预测方法在第 n 日 t 时段的虚拟预测残差为

$$v_{i,n,t} = \hat{P}_{i,n,t} - P_{n,t}, \quad i=1,2,\cdots,M;n=C-1,C-2,\cdots,C-N;t=1,2,\cdots,T$$

$$(20\text{-}2)$$

（2）第 i 个单一预测方法在所有 N 天 T 时段的虚拟预测残差平方和为

$$h_{ii} = \sum_{n=C-N}^{C-1} \sum_{t=1}^{T} v_{i,n,t}^2, \quad i = 1,2,\cdots,M \tag{20-3}$$

（3）对于某两个单一预测方法 i、j 的虚拟预测结果，设其第 n 日 t 时段的虚拟预测残差分别为 $v_{i,n,t}$、$v_{j,n,t}$，则类似地定义两种虚拟预测结果的协方差为

$$h_{ij} = \sum_{n=C-N}^{C-1} \sum_{t=1}^{T} v_{i,n,t} v_{j,n,t}, \quad i,j = 1,2,\cdots,M \tag{20-4}$$

（4）显然，利用综合模型对第 n 日 t 时段的虚拟预测结果为

$$\hat{P}_{n,t} = \sum_{i=1}^{M} (w_i \hat{P}_{i,n,t}), \quad n = C-1,C-2,\cdots,C-N; t = 1,2,\cdots,T \tag{20-5}$$

（5）因此，利用综合预测模型进行虚拟预测所得到的总体残差平方和为

$$z = \sum_{n=C-N}^{C-1} \sum_{t=1}^{T} \Big(\sum_{i=1}^{M} w_i \hat{P}_{i,n,t} - P_{n,t} \Big)^2 \tag{20-6}$$

于是，从一般意义上看，综合预测模型应该追求式（20-6）的最小化。

20.2.3 平均权重方式的综合模型

平均权重方式的综合模型对所有的单一预测方法不加区别地取相同的权重，于是该方式下的权重取为

$$w_i = 1/M, \quad i = 1,2,\cdots,M \tag{20-7}$$

这是最简单的综合模型的生成方式。

20.2.4 方差分析方式的综合模型

虚拟预测的结果和实际的历史数据肯定是有差距的。采用 Euclid 距离来计算各种单一预测方法相对于实际历史值的虚拟预测误差，误差越大，所取的权重应该越小，所以对误差取倒数然后再做归一化处理，就可以得到各个方法相应的权重。这就是方差分析方式确定权重的基本思想。

借鉴中长期负荷预测中方差分析方式的综合模型，可以得到

$$w_i = \frac{1}{h_{ii} \sum_{j=1}^{M} \dfrac{1}{h_{jj}}}, \quad i = 1,2,\cdots,M \tag{20-8}$$

20.2.5 最优虚拟预测方式的综合模型

根据虚拟预测的思想，综合预测模型应该追求虚拟预测残差平方和的最小化，于是，形成下述优化问题

$$\begin{aligned} \min_{w_i} \quad & z = \sum_{n=C-N}^{C-1} \sum_{t=1}^{T} \Big(\sum_{i=1}^{M} w_i \hat{P}_{i,n,t} - P_{n,t} \Big)^2 \\ s.t. \quad & \sum_{i=1}^{M} w_i = 1 \\ & w_i \geqslant 0, i = 1,2,\cdots,M \end{aligned} \tag{20-9}$$

严格求解这个优化问题，即可确定最优权重模型。

与中长期负荷预测综合模型类似，这也是一个以 w_i 为决策变量的优化模型，属于非线性规划中的二次规划问题。但是，由于多重求和号的存在，使得该模型比中长期负荷预测综

合模型复杂一些。

借鉴中长期负荷预测综合模型的分析过程，应首先分析此问题的特征，用矩阵形式表示。

按照综合预测模型的定义，目标函数可做如下的转化

$$
\begin{aligned}
z &= \sum_{n=C-N}^{C-1}\sum_{t=1}^{T}\Big(\sum_{i=1}^{M}w_i\hat{P}_{i,n,t}-P_{n,t}\Big)^2 = \sum_{n=C-N}^{C-1}\sum_{t=1}^{T}\Big[\Big(\sum_{i=1}^{M}w_i\hat{P}_{i,n,t}\Big)-\Big(\sum_{i=1}^{M}w_i\Big)P_{n,t}\Big]^2 \\
&= \sum_{n=C-N}^{C-1}\sum_{t=1}^{T}\Big[\sum_{i=1}^{M}w_i(\hat{P}_{i,n,t}-P_{n,t})\Big]^2 = \sum_{n=C-N}^{C-1}\sum_{t=1}^{T}\Big(\sum_{i=1}^{M}w_i\cdot v_{i,n,t}\Big)^2 \\
&= \sum_{n=C-N}^{C-1}\sum_{t=1}^{T}\Big[\sum_{i=1}^{M}(w_i v_{i,n,t})^2 + 2\sum_{i\neq j}(w_i v_{i,n,t})(w_j v_{j,n,t})\Big] \\
&= \sum_{i=1}^{M}\Big[w_i^2\Big(\sum_{n=C-N}^{C-1}\sum_{t=1}^{T}v_{i,n,t}^2\Big)\Big] + 2\sum_{i\neq j}\Big[(w_i\cdot w_j)\Big(\sum_{n=C-N}^{C-1}\sum_{t=1}^{T}v_{i,n,t}v_{j,n,t}\Big)\Big]
\end{aligned}
\tag{20-10}
$$

根据虚拟预测残差平方和与虚拟预测协方差的定义，记

$$
\boldsymbol{H}=\begin{bmatrix} h_{11} & h_{12} & \cdots & h_{1M} \\ h_{21} & h_{22} & \cdots & h_{2M} \\ \vdots & \vdots & \ddots & \vdots \\ h_{M1} & h_{M2} & \cdots & h_{MM} \end{bmatrix}, \boldsymbol{W}=\begin{bmatrix} w_1 \\ w_2 \\ \vdots \\ w_M \end{bmatrix}, \boldsymbol{e}=\begin{bmatrix} 1 \\ 1 \\ \vdots \\ 1 \end{bmatrix}
\tag{20-11}
$$

则

$$
z = \boldsymbol{W}^{\mathrm{T}}\boldsymbol{H}\boldsymbol{W}
\tag{20-12}
$$

其中 $\boldsymbol{H}$ 为非负定对称矩阵。

于是问题的矩阵表述形式为

$$
\begin{aligned}
\min \quad & z = \boldsymbol{W}^{\mathrm{T}}\boldsymbol{H}\boldsymbol{W} \\
s.t. \quad & \boldsymbol{e}^{\mathrm{T}}\boldsymbol{W} = 1 \\
& \boldsymbol{W} \geqslant 0
\end{aligned}
\tag{20-13}
$$

可见，基于虚拟预测残差平方和最小化所建立的"全天统一权重"的短期负荷预测综合模型，与中长期负荷预测中的综合最优拟合模型的矩阵形式完全一致。因此，模型的求解方法完全可以套用中长期综合最优拟合模型的过程，请参见第Ⅱ篇第 10 章 10.3.2 节。

20.3 分时段变权重的综合预测模型

"分时段变权重"的短期负荷预测综合模型的出发点是区别对待"每天各点"，分别建立综合模型，如此，各种方法的预测结果在每个时刻的权重均不同。这是一种比较复杂的情况。

这种思路的基本思想是：对于许多单一预测方法而言，可能在不同时段呈现出不同的预测精度，例如，A 方法可能在高峰负荷时段预测比较准确，而 B 方法可能在低谷负荷时段预测比较准确。这样，在形成综合预测模型时，A、B 两种方法在高峰、低谷不同时段的权重应该有所不同，以体现各自在不同时段的预测效果。由此很自然地提出"分时段变权重"的短期负荷预测综合模型。

当然，如果每天的时段数为 T，则需要建立总共 T 个综合预测模型，其中第 t 个称为"t 时段综合预测模型"。其综合预测模型的基本假定与"全天统一权重"方式相同，这里不再赘述。

下面以 t 时段为例，分析 t 时段综合预测模型的构成及求解方法。

20.3.1 t 时段综合预测模型的构成

按照"分时段变权重"的基本思路，设 $w_{i,t}$ 为第 i 种方法在 t 时段综合预测模型中的权重。对于 $t(t=1, 2, \cdots, T)$ 个时刻分别建立上述模型，求出各时刻的权重 $w_{i,t}$（$i=1, 2, \cdots, M$）。于是，在这种模式下，最终 t 时刻的负荷预测结果是

$$\hat{P}_{C+F,t} = \sum_{i=1}^{M} (w_{i,t}\hat{P}_{i,C+F,t}) \tag{20-14}$$

即权重不但取决于方法的不同，还取决于时段的不同。

在这样的条件下，这一组权重也决定了虚拟预测的效果：

（1）第 i 个单一预测方法在第 n 日 t 时段的虚拟预测残差为

$$v_{i,n,t} = \hat{P}_{i,n,t} - P_{n,t}, i=1,2,\cdots,M; n=C-1,C-2,\cdots,C-N \tag{20-15}$$

（2）对于 t 时段而言，第 i 个单一预测方法在所有 N 天的虚拟预测残差平方和为

$$h_{ii,t} = \sum_{n=C-N}^{C-1} v_{i,n,t}^2, \quad i=1,2,\cdots,M \tag{20-16}$$

（3）对于某两个单一预测方法 i、j 的虚拟预测结果，设其第 n 日 t 时段的虚拟预测残差分别为 $v_{i,n,t}$、$v_{j,n,t}$，则对于 t 时段而言，两种虚拟预测结果的协方差为

$$h_{ij,t} = \sum_{n=C-N}^{C-1} v_{i,n,t}v_{j,n,t}, \quad i,j=1,2,\cdots,M \tag{20-17}$$

（4）显然，利用综合模型对第 n 日 t 时段的虚拟预测结果为

$$\hat{P}_{n,t} = \sum_{i=1}^{M} w_{i,t}\hat{P}_{i,n,t}, \quad n=C-1,C-2,\cdots,C-N \tag{20-18}$$

（5）因此，对于 t 时段而言，利用 t 时段综合预测模型进行虚拟预测所得到的总体残差平方和为

$$z_t = \sum_{n=C-N}^{C-1} \left(\sum_{i=1}^{M} w_{i,t}\hat{P}_{i,n,t} - P_{n,t} \right)^2 \tag{20-19}$$

于是，从一般意义上看，t 时段综合预测模型应该追求式（20-21）的最小化。

20.3.2 t 时段平均权重方式的综合模型

t 时段平均权重方式的综合模型对所有的单一预测方法不加区别地取相同的权重，于是该方式下的权重取为

$$w_{i,t} = 1/M, \quad i=1,2,\cdots,M \tag{20-20}$$

这是最简单的综合模型的生成方式。

20.3.3 t 时段方差分析方式的综合模型

借鉴中长期负荷预测中方差分析方式的综合模型，可以得到 t 时段方差分析方式的综合模型为

$$w_{i,t} = \frac{1}{h_{ii,t}\sum_{j=1}^{M} \dfrac{1}{h_{jj,t}}}, i=1,2,\cdots,M \tag{20-21}$$

20.3.4 t 时段最优虚拟预测方式的综合模型

根据虚拟预测的思想，综合预测模型应该追求 t 时段虚拟预测残差平方和的最小化，于是，形成下述优化问题

$$\min_{w_{i,t}} \quad z_t = \sum_{n=C-N}^{C-1} \left(\sum_{i=1}^{M} w_{i,t} \hat{P}_{i,n,t} - P_{n,t} \right)^2$$

$$s.t. \quad \sum_{i=1}^{M} w_{i,t} = 1 \tag{20-22}$$

$$w_{i,t} \geqslant 0, \quad i = 1, 2, \cdots, M$$

严格求解这个优化问题即可确定最优权重模型。

与中长期负荷预测综合模型类似，这也是一个以 $w_{i,t}$ 为决策变量的优化模型。仿照中长期负荷预测综合模型的推导过程，可以将目标函数做如下的转化

$$
\begin{aligned}
z_t &= \sum_{n=C-N}^{C-1} \left(\sum_{i=1}^{M} w_{i,t} \hat{P}_{i,n,t} - P_{n,t} \right)^2 \\
&= \sum_{i=1}^{M} \left[w_{i,t}^2 \left(\sum_{n=C-N}^{C-1} v_{i,n,t}^2 \right) \right] + 2\sum_{i \neq j} \left[(w_{i,t} w_{j,t}) \left(\sum_{n=C-N}^{C-1} v_{i,n,t} v_{j,n,t} \right) \right]
\end{aligned} \tag{20-23}
$$

根据虚拟预测残差平方和与虚拟预测协方差的定义，记

$$\boldsymbol{H}_t = \begin{bmatrix} h_{11,t} & h_{12,t} & \cdots & h_{1M,t} \\ h_{21,t} & h_{22,t} & \cdots & h_{2M,t} \\ \vdots & \vdots & \ddots & \vdots \\ h_{M1,t} & h_{M2,t} & \cdots & h_{MM,t} \end{bmatrix}, \boldsymbol{W}_t = \begin{bmatrix} w_{1,t} \\ w_{2,t} \\ \vdots \\ w_{M,t} \end{bmatrix}, \boldsymbol{e} = \begin{bmatrix} 1 \\ 1 \\ \vdots \\ 1 \end{bmatrix} \tag{20-24}$$

则

$$z_t = \boldsymbol{W}_t^{\mathrm{T}} \boldsymbol{H}_t \boldsymbol{W}_t \tag{20-25}$$

其中 $\boldsymbol{H}_t$ 为非负定对称矩阵。

于是问题的矩阵表述形式为

$$\min \quad z_t = \boldsymbol{W}_t^{\mathrm{T}} \boldsymbol{H}_t \boldsymbol{W}_t \tag{20-26}$$

$$s.t. \quad \boldsymbol{e}^{\mathrm{T}} \boldsymbol{W}_t = 1$$

$$\boldsymbol{W}_t \geqslant 0$$

可见，基于虚拟预测残差平方和最小化所建立的"分时段变权重"的短期负荷预测综合模型，仍然与中长期负荷预测中的综合最优拟合模型的矩阵形式完全一致。因此，模型的求解方法完全可以套用中长期综合最优拟合模型的过程，请参见第Ⅱ篇第 10 章 10.3.2 节。

20.4 考虑"近大远小"原则并引入相关因素后的短期负荷预测综合模型

前面几节的分析，都是对各日的虚拟预测误差同等对待的情况。如果采用类似于中长期负荷预测中的"近大远小"原则，则需要区别对待各日的虚拟预测误差，主要的处理方式是：可以用虚拟预测结果中各日与待预测日的相似度对虚拟预测的残差进行加权。

为什么要进行如此的处理呢？这是因为，如果能够形成以相似度为加权的优化模型，则其物理意义将非常明确：在所有进行虚拟预测的 N 天中，与待预测日的特征量相似程度较高的那些虚拟预测日的预测误差应该在总体的虚拟预测残差平方和中占据较大的权重，而与待预测日的特征量相似程度较低的虚拟预测日的预测误差应该在总体的虚拟预测残差平方和中占据较小的权重。如此处理之后，权重的优化自然地将更加看重与待预测日的特征量相似程度较高的那些虚拟预测日的预测效果，这对于突出反映同类型日思想、气象因素影响模式

等都有很好的体现。

　　具体的处理方式是：引入变量 $r_{n,C+F}$，表征虚拟预测的第 n 日与待预测日 $C+F$ 的特征量的相似度（这是一个非负的数值），然后重新分析并建立综合预测模型。这里，根据第 18 章的相关因素的规范化处理策略，$r_{n,C+F}$ 中已综合考虑了星期类型、日期差、气象参数等各种因素。

　　在引入特征量相似度后，仍然需要分别分析"全天统一权重"和"分时段变权重"两个方案，它们都将有一些变化，分别分析如下。

20.4.1　全天统一权重的综合预测模型

　　实际上，在引入了表征虚拟预测的第 n 日与待预测日的特征量的相似度 $r_{n,C+F}$ 之后，第 i 个单一预测方法在所有 N 天 T 时段的虚拟预测加权残差平方和为

$$h_{ii}^{(r)} = \sum_{n=C-N}^{C-1} \left[r_{n,C+F} \left(\sum_{t=1}^{T} v_{i,n,t}^2 \right) \right] = \sum_{n=C-N}^{C-1} \sum_{t=1}^{T} (r_{n,C+F} v_{i,n,t}^2), \quad i=1,2,\cdots,M \quad (20\text{-}27)$$

　　对于某两个单一预测方法 i、j 的虚拟预测结果，设其第 n 日 t 时段的虚拟预测残差分别为 $v_{i,n,t}$、$v_{j,n,t}$，则类似地定义两种虚拟预测结果的加权协方差为

$$h_{ij}^{(r)} = \sum_{n=C-N}^{C-1} \left[r_{n,C+F} \left(\sum_{t=1}^{T} v_{i,n,t} v_{j,n,t} \right) \right] = \sum_{n=C-N}^{C-1} \sum_{t=1}^{T} (r_{n,C+F} v_{i,n,t} v_{j,n,t}), \quad i,j=1,2,\cdots,M$$

$$(20\text{-}28)$$

　　按照"全天统一权重"的基本思路，根据虚拟预测的思想，综合预测模型应该追求虚拟预测加权残差平方和的最小化，于是，形成下述优化问题

$$\min_{w_i} \quad z = \sum_{n=C-N}^{C-1} \left[r_{n,C+F} \sum_{t=1}^{T} \left(\sum_{i=1}^{M} w_i \hat{P}_{i,n,t} - P_{n,t} \right)^2 \right]$$

$$s.t. \quad \sum_{i=1}^{M} w_i = 1 \quad\quad\quad\quad\quad\quad\quad\quad\quad (20\text{-}29)$$

$$w_i \geqslant 0 \quad (i=1,2,\cdots,M)$$

　　按照综合预测模型的定义，目标函数可做如下的转化

$$z = \sum_{n=C-N}^{C-1} \left[r_{n,C+F} \sum_{t=1}^{T} \left(\sum_{i=1}^{M} w_i \hat{P}_{i,n,t} - P_{n,t} \right)^2 \right] = \sum_{n=C-N}^{C-1} \sum_{t=1}^{T} r_{n,C+F} \left[\left(\sum_{i=1}^{M} w_i \hat{P}_{i,n,t} \right) - \left(\sum_{i=1}^{M} w_i \right) P_{n,t} \right]^2$$

$$= \sum_{n=C-N}^{C-1} \sum_{t=1}^{T} r_{n,C+F} \left[\sum_{i=1}^{M} w_i (\hat{P}_{i,n,t} - P_{n,t}) \right]^2 = \sum_{n=C-N}^{C-1} \sum_{t=1}^{T} r_{n,C+F} \left[\sum_{i=1}^{M} (w_i v_{i,n,t}) \right]^2$$

$$= \sum_{n=C-N}^{C-1} \sum_{t=1}^{T} r_{n,C+F} \left[\sum_{i=1}^{M} (w_i v_{i,n,t})^2 + 2 \sum_{i \neq j} (w_i v_{i,n,t})(w_j v_{j,n,t}) \right]$$

$$= \sum_{i=1}^{M} \left[w_i^2 \left(\sum_{n=C-N}^{C-1} \sum_{t=1}^{T} r_{n,C+F} v_{i,n,t}^2 \right) \right] + 2 \sum_{i \neq j} \left[(w_i \cdot w_j) \left(\sum_{n=C-N}^{C-1} \sum_{t=1}^{T} r_{n,C+F} v_{i,n,t} v_{j,n,t} \right) \right] \quad (20\text{-}30)$$

　　根据虚拟预测加权残差平方和与虚拟预测加权协方差的定义，记

$$\boldsymbol{H}^{(r)} = \begin{bmatrix} h_{11}^{(r)} & h_{12}^{(r)} & \cdots & h_{1M}^{(r)} \\ h_{21}^{(r)} & h_{22}^{(r)} & \cdots & h_{2M}^{(r)} \\ \vdots & \vdots & \ddots & \vdots \\ h_{M1}^{(r)} & h_{M2}^{(r)} & \cdots & h_{MM}^{(r)} \end{bmatrix}, \boldsymbol{W} = \begin{bmatrix} w_1 \\ w_2 \\ \vdots \\ w_M \end{bmatrix}, \boldsymbol{e} = \begin{bmatrix} 1 \\ 1 \\ \vdots \\ 1 \end{bmatrix} \quad (20\text{-}31)$$

则

$$z = \boldsymbol{W}^{\mathrm{T}} \boldsymbol{H}^{(\mathrm{r})} \boldsymbol{W} \qquad (20\text{-}32)$$

其中 $\boldsymbol{H}^{(\mathrm{r})}$ 为非负定对称矩阵。

于是问题的矩阵表述形式为

$$\begin{aligned}
\min \quad & z = \boldsymbol{W}^{\mathrm{T}} \boldsymbol{H}^{(\mathrm{r})} \boldsymbol{W} \\
s.t. \quad & \boldsymbol{e}^{\mathrm{T}} \boldsymbol{W} = 1 \\
& \boldsymbol{W} \geqslant 0
\end{aligned} \qquad (20\text{-}33)$$

可见，在引入相关因素之后，基于虚拟预测加权残差平方和最小化所建立的"全天统一权重"的短期负荷预测综合模型，与中长期负荷预测中的综合最优拟合模型的矩阵形式完全一致。因此，模型的求解方法完全可以套用中长期综合最优拟合模型的过程，请参见第 II 篇第 10 章 10.3.2 节。

同理，可以得到在此条件下方差分析方式的综合模型

$$w_i = \frac{1}{h_{ii}^{(\mathrm{r})} \sum\limits_{j=1}^{M} \dfrac{1}{h_{jj}^{(\mathrm{r})}}}, \quad i = 1, 2, \cdots, M \qquad (20\text{-}34)$$

平均权重方式的综合模型保持不变。

20.4.2 分时段变权重的综合预测模型

在引入了相似度 $r_{n,C+F}$ 之后，第 i 个单一预测方法在所有 N 天 t 时段的虚拟预测加权残差平方和为

$$h_{ii,t}^{(\mathrm{r})} = \sum_{n=C-N}^{C-1} (r_{n,C+F} v_{i,n,t}^2), \quad i = 1, 2, \cdots, M; t = 1, 2, \cdots, T \qquad (20\text{-}35)$$

对于某两个单一预测方法 i、j 的虚拟预测结果，设其第 n 日 t 时段的虚拟预测残差分别为 $v_{i,n,t}$、$v_{j,n,t}$，则类似地定义 t 时段两种虚拟预测结果的加权协方差为

$$h_{ij,t}^{(\mathrm{r})} = \sum_{n=C-N}^{C-1} (r_{n,C+F} v_{i,n,t} v_{j,n,t}), \quad i, j = 1, 2, \cdots, M; t = 1, 2, \cdots, T \qquad (20\text{-}36)$$

按照"分时段变权重"的基本思路，设 $w_{i,t}$ 为第 i 种方法在 t 时段综合预测模型中的权重，根据虚拟预测的思想，综合预测模型应该追求 t 时段虚拟预测加权残差平方和的最小化，于是，形成下述优化问题

$$\begin{aligned}
\min_{w_{i,t}} \quad & z_t = \sum_{n=C-N}^{C-1} \left[r_{n,C+F} \left(\sum_{i=1}^{M} w_{i,t} \hat{P}_{i,n,t} - P_{n,t} \right)^2 \right] \\
s.t. \quad & \sum_{i=1}^{M} w_{i,t} = 1 \\
& w_{i,t} \geqslant 0, \quad i = 1, 2, \cdots, M
\end{aligned} \qquad (20\text{-}37)$$

按照综合预测模型的定义，目标函数可做如下的转化

$$\begin{aligned}
z_t &= \sum_{n=C-N}^{C-1} \left[r_{n,C+F} \left(\sum_{i=1}^{M} w_{i,t} \hat{P}_{i,n,t} - P_{n,t} \right)^2 \right] \\
&= \sum_{i=1}^{M} \left[w_{i,t}^2 \left(\sum_{n=C-N}^{C-1} r_{n,C+F} v_{i,n,t}^2 \right) \right] + 2 \sum_{i \neq j} \left[(w_{i,t} w_{j,t}) \left(\sum_{n=C-N}^{C-1} r_{n,C+F} v_{i,n,t} v_{j,n,t} \right) \right]
\end{aligned} \qquad (20\text{-}38)$$

根据虚拟预测加权残差平方和与虚拟预测加权协方差的定义，记

$$\boldsymbol{H}_t^{(r)} = \begin{bmatrix} h_{11,t}^{(r)} & h_{12,t}^{(r)} & \cdots & h_{1M,t}^{(r)} \\ h_{21,t}^{(r)} & h_{22,t}^{(r)} & \cdots & h_{2M,t}^{(r)} \\ \vdots & \vdots & \ddots & \vdots \\ h_{M1,t}^{(r)} & h_{M2,t}^{(r)} & \cdots & h_{MM,t}^{(r)} \end{bmatrix}, \boldsymbol{W}_t = \begin{bmatrix} w_{1,t} \\ w_{2,t} \\ \vdots \\ w_{M,t} \end{bmatrix}, \boldsymbol{e} = \begin{bmatrix} 1 \\ 1 \\ \vdots \\ 1 \end{bmatrix} \tag{20-39}$$

则

$$z_t = \boldsymbol{W}_t^{\mathrm{T}} \boldsymbol{H}_t^{(r)} \boldsymbol{W}_t \tag{20-40}$$

其中 $\boldsymbol{H}^{(r)}$ 为非负定对称矩阵。

于是问题的矩阵表述形式为

$$\begin{aligned} \min \quad & z_t = \boldsymbol{W}_t^{\mathrm{T}} \boldsymbol{H}^{(r)} \boldsymbol{W}_t \\ s.t. \quad & \boldsymbol{e}^{\mathrm{T}} \boldsymbol{W}_t = 1 \\ & \boldsymbol{W}_t \geqslant 0 \end{aligned} \tag{20-41}$$

可见，在引入相关因素之后，基于虚拟预测残差平方和最小化所建立的"分时段变权重"的短期负荷预测综合模型，仍然与中长期负荷预测中的综合最优拟合模型的矩阵形式完全一致。因此，模型的求解方法完全可以套用中长期综合最优拟合模型的过程，请参见第 II 篇第 10 章 10.3.2 节。

同理，可以得到在此条件下方差分析方式的综合模型

$$w_{i,t} = \frac{1}{h_{ii,t}^{(r)} \sum\limits_{j=1}^{M} \frac{1}{h_{jj,t}^{(r)}}}, \quad i = 1, 2, \cdots, M \tag{20-42}$$

平均权重方式的综合模型保持不变。

20.5 短期负荷预测综合模型的讨论

首先需要说明，20.4.1 节和 20.4.2 节给出的是考虑相似度时综合预测模型的构成，在其所有公式中，如果令所有相似度 $r_{n,C+F}$ 均等于 1，则退化成为不考虑相似度的情况，其表达式分别对应于 20.2 节和 20.3 节中的相应公式。或者说，20.2 节和 20.3 节中的相应公式是 20.4.1 节和 20.4.2 节给出的公式在相似度 $r_{n,C+F}$ 均等于 1 情况下的特例。

其次，由于历史日可能有很多，如果对于太多的历史日做虚拟预测，则需要的计算时间可能很长。因此，可以考虑以下两种方式：

（1）只对最近期的若干日（例如，3～7 天）做虚拟预测，其余日不做虚拟预测，这样可以大大减少计算量。

（2）对历史日中与待预测日特征量的相似度最大的若干日（例如，3～4 天）做虚拟预测，其余日不做虚拟预测，这样也可以大大减少计算量。

分析可知，上述两种方式中，由于相似度概念的广义性，后一种方式中事实上包含了前一种方式中的信息；但是，前一种方式则是对后一种方式中"日期差"信息的强化。因此，两种方式均可以保留，且在预测时可以由预测人员进行控制。

20.6 应用举例

使用上述综合模型方法对某电网实际数据进行了模拟预测。这里列出一天的预测结果。

在本例中，使用了 6 种单一的短期负荷预测方法对该日进行了模拟预测，然后采用"分时段变权重"的计算方式进行综合模型求解，得到了综合结果。限于篇幅，"全天统一权重"的计算结果从略。

各种单一方法的预测结果及综合模型的预测结果与历史数据的对比如图 20-1 所示。

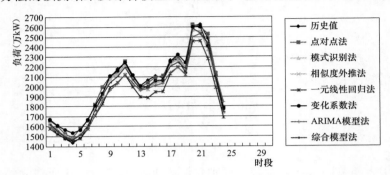

图 20-1　6 种预测曲线及综合模型与实际负荷曲线的对照

为图示清楚起见，图 20-2 表示了考虑相似度的一元线性回归及综合模型与实际负荷曲线的对比效果。

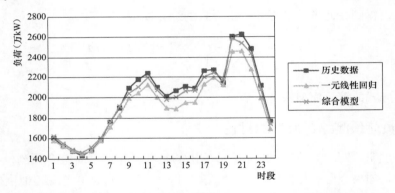

图 20-2　一元线性回归及综合模型与实际负荷曲线的对比效果

通过上述预测结果，可以计算各种方法的预测相对误差，计算结果如图 20-3 所示。

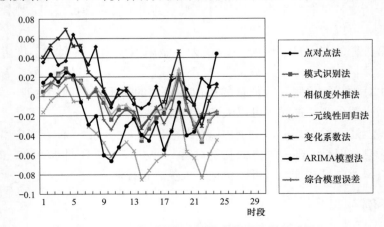

图 20-3　6 种预测方法及综合模型的误差对照

同样，为图示清楚起见，图 20-4 只表示了其中一种单一方法的误差及综合模型的误差。

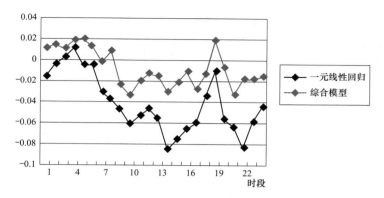

图 20-4 一元线性回归与综合模型的误差比较

对计算结果作简单分析，可以看出，综合预测模型的预测结果是令人满意的，相对误差绝对值小于 1% 者有 3 个点，在 1%～2% 之间者有 14 个点，大于 2% 者有 7 个点，最大误差为 3.41%，平均的绝对值相对误差为 1.75%。由此可见，综合预测模型的预测曲线明显接近于实际的负荷曲线，而单一方法的预测结果则有可能出现较大的偏离。综合预测模型的预测结果优于单一预测模型，这说明综合预测模型可以得到更好的预测效果。

第21章

其他短期预测问题及其预测方法

21.1 节假日负荷预测方法

21.1.1 节假日负荷预测的特点及基本思路

节假日是指国家法定的重大节日或假日，我国的节假日包括农历节假日（春节、端午节、中秋节）和公历节假日（国庆、元旦、五一节）等。随着人们生活水平的提高，对节假日的生活、工作观念发生了较大的变化，因此节假日的负荷与正常工休日相比呈现出独特的变化规律。

总结起来，节假日负荷预测具有以下特点：

（1）节假日期间的负荷变化规律与正常日明显不同。

（2）与正常工作日相比，节假日的负荷一般会明显降低，例如春节期间负荷曲线会出现长时间、大幅度的下降和变形。

（3）由于节假日期间的负荷数据较少，负荷容易受到各种随机波动因素和潜在干扰因素的影响，使得一些对于正常日有良好精度的预测算法也很难得到较为满意的结果。

（4）一般需要提前多日（例如 15 天）进行节假日负荷预测。

（5）一般要求连续预测节假日期间若干日（例如，春节预测可能长达 15 天）。

（6）虽然节假日与正常日的负荷呈现出较大的差异，但是，对同一节假日而言，如除夕，由纵向比较可知，各年除夕的负荷曲线都十分相似，只是负荷水平有所不同。这为节假日负荷预测提供了较好的依据。

图 21-1 比较了北京市 2004 年 10 月～2005 年 7 月的几个节假日和正常日，有助于直观理解节假日期间的负荷形状与正常日的明显差异。

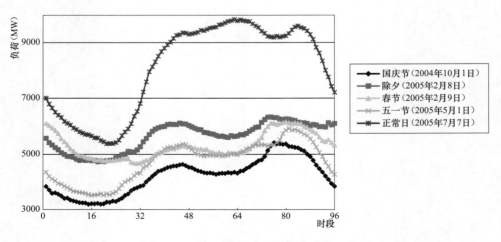

图 21-1 节假日与正常日的负荷曲线比较

从图 21-1 中可以看出，除了负荷水平的差异以外，节假日与正常日之间的负荷形状差异非常显著，这也要求预测人员在构造节假日负荷预测方法的时候，必须体现节假日的特点。

节假日负荷预测的特点与正常日不同，在选择历史样本的时候也是有差别的，具体的选择方式如图 21-2 所示。

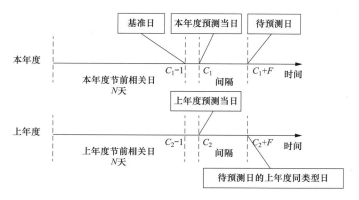

图 21-2　节假日负荷预测中历史样本的选取方法

在图 21-2 中，设本年度预测当日 C_1 与待预测日之间的间隔天数为 F 天，此前的 N 天（从 C_1-N 到 C_1-1）为本年度节前相关日。待预测日的上年度同类型日是指已经发生的同一节假日，例如，待预测日为即将到来的除夕，则同类型日是指去年的除夕。类似地，可以获得上年度预测当日 C_2 和上年度节前相关日（从 C_2-N 到 C_2-1）。

根据上述分析，可以形成一些简单实用的节假日负荷预测方法，分别介绍如下。

21.1.2　节假日点对点倍比法

节假日点对点倍比法与正常日点对点倍比预测的思路基本相同。所谓点对点，是指按逐时刻进行。

假设计算 t 时刻。分别计算本年度和上年度节前相关日 t 时刻的平滑值 $A_{1,t}$、$A_{2,t}$

$$A_{1,t} = \sum_{n=C_1-N}^{C_1-1} \alpha(1-\alpha)^{C_1-1-n} P_{n,t}^{(1)} \tag{21-1}$$

$$A_{2,t} = \sum_{n=C_2-N}^{C_2-1} \alpha(1-\alpha)^{C_2-1-n} P_{n,t}^{(2)} \tag{21-2}$$

式中，$P_{n,t}^{(1)}$ 为本年度节前所选取的 N 个相关日中第 n 天 t 时刻的负荷；$P_{n,t}^{(2)}$ 为上年度节前所选取的 N 个相关日中第 n 天 t 时刻的负荷；α 为逐点负荷的平滑系数，一般可取 $\alpha \in [0.1, 0.9]$。

另取上年度同类型日的 t 时刻的值，设为 $P_{C_2+F,t}^{(2)}$，设本年度待预测日 t 时刻的值为 $\hat{P}_{C_1+F,t}^{(1)}$，则有如下关系

$$\frac{\hat{P}_{C_1+F,t}^{(1)}}{A_{1,t}} = \frac{P_{C_2+F,t}^{(2)}}{A_{2,t}} \tag{21-3}$$

于是，待预测日 t 时刻的值为

$$\hat{P}_{C_1+F,t}^{(1)} = \frac{A_{1,t}}{A_{2,t}} \cdot P_{C_2+F,t}^{(2)} \tag{21-4}$$

如此对每个时刻依次进行，即得该日的预测曲线。

21.1.3 节假日倍比平滑法

与正常日预测的思路类似，节假日倍比平滑法中，将本年度节前相关日视为正常日预测中的第一周期，上年度节前相关日看作正常日预测中的第二周期，则待预测节假日的标幺负荷曲线可直接使用上年度同类型日的标幺曲线，而相应的基值由不同周期之间的倍比关系预测。预测分三步进行：

（1）标幺曲线选取。这里一般可以直接使用上年度同类型日的标幺曲线作为本年度待预测日的标幺曲线，这一点与正常日预测非常不同。之所以这样做，是因为节假日的负荷曲线特殊性非常突出，形状比较独特，其他日期的负荷曲线没有太多的可借鉴性。直接复制上年度同类型日的负荷曲线，实际上是强化了重大节假日的曲线特征。

（2）基值预测。在第一、二周期中 N 天的相关负荷中，选取各日的负荷基值，本年度第 n 天数值记为 $P_{n,b}^{(1)}$，上年度第 n 天数值记为 $P_{n,b}^{(2)}$（基值的选取非常灵活，既可以是日最高负荷、日平均负荷，也可以是日最低负荷）。分别计算第一、二周期中节前相关日的基值的平滑值

$$A_{1,b} = \sum_{n=C_1-N}^{C_1-1} \alpha(1-\alpha)^{C_1-1-n} P_{n,b}^{(1)} \tag{21-5}$$

$$A_{2,b} = \sum_{n=C_2-N}^{C_2-1} \alpha(1-\alpha)^{C_2-1-n} P_{n,b}^{(2)} \tag{21-6}$$

式中，α 为逐点基值预测的平滑系数，一般可取 $\alpha \in [0.1, 0.9]$。

于是，取上年度同类型日的基值为 $P_{C_2+F,b}^{(2)}$，设本年度待预测日的基值为 $\hat{P}_{C_1+F,b}^{(1)}$，则有如下关系

$$\frac{\hat{P}_{C_1+F,b}^{(1)}}{A_{1,b}} = \frac{P_{C_2+F,b}^{(2)}}{A_{2,b}} \tag{21-7}$$

因此，可用下式进行基值预测

$$\hat{P}_{C_1+F,b}^{(1)} = \frac{A_{1,b}}{A_{2,b}} \cdot P_{C_2+F,b}^{(2)} \tag{21-8}$$

（3）预测曲线的有名化。由上述两步，得到待预测日的基值为 $\hat{P}_{C_1+F,b}^{(1)}$，标幺曲线记为 $[\hat{P}_{C_1+F,1}^*, \hat{P}_{C_1+F,2}^*, \cdots, \hat{P}_{C_1+F,T}^*]$，则所预测的节假日的负荷曲线为

$$\hat{P}_{C_1+F,t} = \hat{P}_{C_1+F,b}^{(1)} \hat{P}_{C_1+F,t}^* \tag{21-9}$$

由上述三步完成预测。按照基值的选取不同，本方法可以有三种情况：日最大负荷方式、日最小负荷方式、日平均负荷方式。

21.1.4 节假日逐点增长率法

节假日逐点增长率法的预测思路是：取前若干年的节前及节假日历史数据，计算节假日当天 t 时刻与节前若干天 t 时刻平均值的比值系数，各年 t 时刻的比值系数构成一个点序列，由该序列预测本年的比值系数，从而由本年度节前若干天 t 时刻的平均值计算节假日 t 时刻的值。

对于 t 时刻，预测包括以下步骤：

（1）计算各年节前相关日的平均值。设共有 Y 年的相关历史数据，每年节前的相关日期数目为 N，第 $i(i=1,2,\cdots,Y)$ 年第 $n(n=C_i-1,C_i-2,\cdots,C_i-N)$ 日 t 时刻的负荷为 $P_{n,t}^{(i)}$，于是，对第 i 年的各日求平均

$$P_{t,\text{mean}}^{(i)} = \frac{1}{N}\sum_{n=C_i-N}^{C_i-1} P_{n,t}^{(i)}, \quad i=1,2,\cdots,Y; t=1,2,\cdots,T \tag{21-10}$$

（2）求各年的比值系数。对于待预测日，设历史年份中第 i 年同类型日 t 时刻的负荷为 $P_{C_i+F,t}^{(i)}$，则第 i 年 t 时刻的比值系数为

$$q_{i,t} = P_{C_i+F,t}^{(i)}/P_{t,\text{mean}}^{(i)}, \quad i=1,2,\cdots,Y; t=1,2,\cdots,T \tag{21-11}$$

（3）各年的比值系数构成序列 $q_{1,t}$，$q_{2,t}$，$\cdots$，$q_{Y,t}$，由此预测本年度的比值系数 $\hat{q}_t$。可以采用各种序列预测方法，例如：

1）线性外推：$\hat{q}_t$ 是 $q_{1,t}$，$q_{2,t}$，$\cdots$，$q_{Y,t}$ 的线性外推值。

2）灰色外推：按灰色系统理论预测 $\hat{q}_t$。

（4）求本年度节前 N 日的负荷平均值，设为 $\bar{P}_t$。

（5）则本年度待预测日 t 时刻的预测值为

$$\hat{P}_{C+F,t} = \bar{P}_t \hat{q}_t \tag{21-12}$$

由上述五步完成 t 时刻的预测。对于所有时刻 $t=1\sim T$，均进行上述步骤，即可得到待预测日的负荷曲线。

21.2 超短期负荷预测

超短期负荷预测的特点是在线运行，并将获取的最新负荷信息用于预测下一时刻的负荷。超短期负荷预测周期短，要求预测方法的计算速度非常快，同时，一般都不考虑气象条件的影响，这是因为，相对于超短期负荷预测的时间间隔而言，气象变化是不明显的。

超短期负荷预测一般追求算法的实用化，因此，从所发表的研究论文来看，许多算法都是围绕简单快捷的要求而建立的具有针对性的预测方法，复杂的数学方法在超短期负荷预测中比较少见。

以下介绍超短期预测的几种方法。

21.2.1 线性外推法

超短期负荷预测的线性外推方法，就是根据已知的过去时间段的负荷曲线来进行拟合，得到一条确定的曲线，使得这条曲线能反映负荷本身的变化趋势，然后按照这个变化趋势，利用曲线上未来时刻对应的值，估计出该时刻的负荷预测值。

其模型可以表示为

$$y = a + bt + \varepsilon \tag{21-13}$$

式中，y 为 t 时刻的负荷值；a，b 为模型的待定系数；ε 为随机干扰，对于全过程来说，干扰总和为零。

由已知的历史数据，利用最小二乘法得到 a、b 的估计值为 $\hat{a}$、$\hat{b}$，那么对应于给定时刻 t，y 的估计值为 $\hat{a}+\hat{b}t$，记作 $\hat{y}$。

在实际计算中，如果当前时刻为 t_0，则实际负荷 y_0 为已知数，那么 t_1 时刻的负荷值是在 y_0 基础上的一种随机变化，这样 $\hat{a}$ 值就可以认为是 y_0，则 t_1 时刻的负荷 y_1 可以表示为

$$y_1 = y_0 + \hat{b}t_1 \qquad (21\text{-}14)$$

21. 2. 2 基于负荷趋势的超短期预测方法

有些研究人员提出了基于负荷趋势的超短期负荷预测方法。

已知历史日的负荷为 $P_{n,t}$，其中，$n = C-1$，$C-2$，$\cdots$，$C-N$；$t = 1$，$\cdots$，T。

首先求历史日的样本变化率。具体计算各点负荷变化率的方法可以按下式计算

$$\Delta P_{n,t} = (P_{n+1,t} - P_{n,t})/P_{n,t}, \quad n = C-2, C-3 \cdots C-N \qquad (21\text{-}15)$$

根据每日各点的负荷变化率，可对其进行统计，求取平均负荷变化率为

$$\Delta P_{t,\text{mean}} = \frac{1}{N-1} \sum_{n=C-N}^{C-2} \Delta P_{n,t} \qquad (21\text{-}16)$$

在得到用于预测的平均日负荷变化率的基础上，利用负荷数据的当前值，即可进行未来时刻的超短期负荷预测，具体预测公式为

$$\hat{P}_{n+1,t} = P_{n,t}(1 + \Delta P_{t,\text{mean}}) \qquad (21\text{-}17)$$

基于负荷趋势的超短期负荷预测方法计算速度快，具有一定的预测精度。

21. 2. 3 基于多项式插值的超短期预测方法

基于多项式插值的超短期预测方法，主要利用了数值分析中插值方法对函数近似逼近的思想。

首先对超短期预测问题进行建模。已知 t 时刻以及 t 时刻以前各个时刻的负荷值，需要求 $t + \Delta t$ 时刻的负荷。设负荷曲线函数为

$$P = f(t) \qquad (21\text{-}18)$$

于是，问题转化为求解函数 $f(t)$ 的解析表达式。由于历史采样值已知，于是可以使用函数插值的办法。取 t 时刻以及 t 时刻以前各个时刻的负荷值，用插值的方法求出 $f(t)$ 的近似表达式，从而求出在 $t + \Delta t$ 时刻的函数值，即为待测时刻负荷的预测值。

由此可见，基于多项式插值的超短期预测方法的基本思路是利用已知条件，求出在区间 $[t_0, t + \Delta t]$ 上 $f(t)$ 的近似表达式。可以利用的插值方法主要有：拉格朗日插值、牛顿插值、样条插值等等。文献 [145] 从工程计算简便化的角度出发，建议采用二阶牛顿插值。如果在实际应用中认为精度不够，可以提高插值的阶数或者采用分段插值的办法。

21.3 扩展短期负荷预测

21. 3. 1 问题的提出

考察电力系统的实际运行情况可以发现，电力部门在完成日短期负荷预测、确立日前用电计划后还需要监视当日负荷预测的实际偏差情况，在原预测结果与实际负荷发生严重偏离（>3%）的情况下，要及时完成该日剩余时段负荷的重新预测和计划调整。然而，现有的短期负荷预测及超短期负荷预测都无法完成这项工作。

同时，常规的短期负荷预测的做法是：每天某时刻（例如上午 11 点），预测第二日（或以后连续多天）全天 96 点的负荷值，当天余下小时的负荷不做预测。如果从某日某时刻起，该日实际负荷曲线开始偏离其预测曲线，而且其偏离有变大趋势，此时，若不对该日负荷预测进行修正，将可能造成很大的负荷预测误差。而利用最新获得的信息，对该日后半日负荷进行重新预测，调整后半日的预测曲线，则可以最大可能地挽回预测与实际的偏差，减少负

荷预测误差。扩展短期负荷预测概念满足了上述的应用需求，利用当前可以获得的最新信息（包括负荷信息、气象信息等），预测当日当前时刻以后多时段的负荷。

从预测周期上看，扩展短期负荷预测介于超短期、短期负荷预测之间。扩展短期负荷预测与短期负荷预测的概念和原理都有类似之处。可以认为，前者是对后者在预测周期上的扩展，这也是其命名的由来。当然，它们的应用方式不同，因此，它们的实现方式也必然存在差异。表 21-1 对照了这两者间的主要差异（以每日采样 96 点为例）。

表 21-1　　　　　　　短期负荷预测与扩展短期负荷预测差异对照表

比较项目	短期负荷预测	扩展短期负荷预测
功能描述	预测未来 1～7 日全日 96 点的负荷	预测当日当前时刻以后多时段负荷
参考信息	主要是历史负荷信息、实况及预报气象信息等	历史信息，最新负荷、气象、故障、计划信息等
预测点数	固定，96 点/日	不固定，1～96 点
算法优化目标	相似日全日 96 点负荷均方误差最小	当日已知多点负荷均方误差最小

21.3.2　扩展短期负荷预测的原理和实现

扩展短期负荷预测的目标在于充分利用最新获取的负荷及其他相关信息，对负荷预测结果进行重新评估和修正。在不同的已知条件下，针对不同的应用方式，其实现方法可以不同。以下介绍一种在引入最新负荷信息基础上实现的、简单实用的扩展短期负荷预测方法。

对于一个实际的电力系统，每日采样 96 点负荷数据。记某日 96 点负荷向量为

$$\boldsymbol{X}_{96\times1} = (x_1, x_2, \cdots, x_{96})^{\mathrm{T}} \tag{21-19}$$

式中，$\boldsymbol{X}_r = (x_{r_1}, x_{r_2}, \cdots, x_{r_i})^{\mathrm{T}}$ 的数值为已知，要求准确估计（预测）其余未知的 $\boldsymbol{X}_e = (x_{e_1}, x_{e_2}, \cdots, x_{e_j})$ 的数值，其中，$i+j=96$。

扩展短期负荷预测的方法如下：

（1）完成该日的短期负荷预测。按常规的负荷预测模式，在考虑负荷相关因素（如气象因素等）的影响下，参考历史负荷数据样本，采用多种（设为 K 种）短期负荷预测算法，分别完成该日全日 96 点负荷值的预测。记各种算法预测结果为

$$\boldsymbol{Y}_{96\times K} = \begin{bmatrix} y_{(1,1)} & y_{(1,2)} & \cdots & y_{(1,K)} \\ y_{(2,1)} & y_{(2,2)} & \cdots & y_{(2,K)} \\ \cdots & \cdots & \cdots & \cdots \\ y_{(96,1)} & y_{(96,2)} & \cdots & y_{(96,K)} \end{bmatrix} \tag{21-20}$$

每一列对应于一种方法的预测结果，每列有 96 点数据。将 96 点预测结果按下标向量 $(r_1, r_2, \cdots, r_i)$、$(e_1, e_2, \cdots, e_j)$ 分为两部分

$$\boldsymbol{Y}_r = \begin{bmatrix} y_{(r_1,1)} & y_{(r_1,2)} & \cdots & y_{(r_1,K)} \\ y_{(r_2,1)} & y_{(r_2,2)} & \cdots & y_{(r_2,K)} \\ \cdots & \cdots & \cdots & \cdots \\ y_{(r_i,1)} & y_{(r_i,2)} & \cdots & y_{(r_i,K)} \end{bmatrix} \tag{21-21}$$

$$Y_e = \begin{bmatrix} y_{(e_1,1)} & y_{(e_1,2)} & \cdots & y_{(e_1,K)} \\ y_{(e_2,1)} & y_{(e_2,2)} & \cdots & y_{(e_2,K)} \\ \cdots & \cdots & \cdots & \cdots \\ y_{(e_j,1)} & y_{(e_j,2)} & \cdots & y_{(e_j,K)} \end{bmatrix} \qquad (21-22)$$

（2）求解算法的权重 $\boldsymbol{W}_{K \times 1}$。采用综合预测模型，以已发生的负荷 $\boldsymbol{X}_r$ 为优化目标，通过不同方法预测出 $\boldsymbol{Y}_r$，求解各算法的权重 $\boldsymbol{W}$。目标函数如下

$$\min_{W} \quad F(\boldsymbol{W}) = (\boldsymbol{X}_r - \boldsymbol{Y}_r\boldsymbol{W})^{\mathrm{T}}(X_r - Y_r\boldsymbol{W})$$
$$s.t. \quad \mathbf{1}^{\mathrm{T}}\boldsymbol{W} = 1, \quad \mathbf{1} = (1,1,\cdots,1)^{\mathrm{T}} \qquad (21-23)$$

不同的预测方法应以不同的比例参与预测，使综合得到的预测值与实际值误差最小。应用拉格朗日乘子法求解得

$$\left.\begin{aligned} \boldsymbol{W} &= \lambda \boldsymbol{A}^{-1}\mathbf{1} \\ \lambda &= \frac{1}{(\mathbf{1}^{\mathrm{T}}\boldsymbol{A}^{-1}\mathbf{1})} \end{aligned}\right\} \qquad (21-24)$$

其中，$\boldsymbol{A} = (\boldsymbol{X}_r\mathbf{1}^{\mathrm{T}} - \boldsymbol{Y}_r)^{\mathrm{T}}(\boldsymbol{X}_r\mathbf{1}^{\mathrm{T}} - \boldsymbol{Y}_r)$。

（3）计算预测结果 $\boldsymbol{X}_e^*$。应用优化后的权重 $\boldsymbol{W}$，通过各算法的预测结果 $\boldsymbol{Y}_e$，计算出该日未知负荷量 $\boldsymbol{X}_e$ 的预测值

$$\boldsymbol{X}_e^* = \boldsymbol{Y}_e\boldsymbol{W} \qquad (21-25)$$

通过以上步骤，完成了对 $\boldsymbol{X}_e$ 数据点的扩展短期负荷预测，其预测结果为 $\boldsymbol{X}_e^*$。

21.4 连续多日负荷曲线预测

21.4.1 问题描述

目前，国内外对负荷曲线预测的研究已经有许多成果。但是，在短期负荷预测中，往往实现的是一天至几天的曲线预测；而在中长期的负荷预测中，研究的重点则是日典型负荷曲线的预测。可以看出，目前对进行连续若干日、一个月乃至一年的完整的曲线预测的研究仍是空白，尽管可以用典型日负荷曲线进行简单的扩展来取代整个预测周期的负荷曲线，但这种做法在电力市场、电力规划的实际应用中很难得到令人满意的结果。

本节针对连续多日负荷曲线预测这一新问题，研究了其数学模型和预测方法。

假定待预测的时间区间为 Q。

（1）可利用中长期负荷预测方法，比较准确地预测区间 Q 上的最大负荷 $P_{\max}$、最小负荷 $P_{\min}$ 以及电量 E，为下一步的曲线预测做准备。

（2）根据已有的历史负荷曲线的数据，可挑选出历史上与待预测负荷曲线中各天负荷特征相似的负荷数据构成样本数据，并在此基础上进行未来负荷曲线的预测。

21.4.2 二次规划模型

借鉴中长期负荷预测中的处理方式，这里可以采用二次规划模型。假定待预测负荷曲线持续 N 天、每天 T 时段，则待预测负荷曲线的点数为 $\tau = N \cdot T$。通过寻找类型相似的历史数据的方式，采集 N 天总共 τ 点的样本数据，记为 $P_1, P_2, \cdots, P_\tau$，并通过以下步骤对样本数据进行处理，最后得到数学模型。

（1）用样本数据中的最大负荷对样本数据进行标幺化，并由大到小进行排序得到序列

y_1，y_2，$\cdots$，y_τ，显然满足 $1=y_1>y_2>\cdots>y_\tau$。

（2）进行差数处理。将上述序列相邻两项求差值得到差值序列 Δy_1，Δy_2，$\cdots$，$\Delta y_{\tau-1}$，其中

$$\Delta y_j = y_j - y_{j+1}(j=1,\cdots,\tau-1) \tag{21-26}$$

（3）用最大负荷 P_{max} 求待求预测区间 Q 上的平均负荷（也可以代表电量）和最小负荷的标幺值，即 $\rho=\dfrac{E}{(N\cdot T)}\cdot\dfrac{1}{P_{max}}$，$\beta=\dfrac{P_{min}}{P_{max}}$，其中 N 为负荷曲线持续天数。设预测结果的差值序列为 Δy_1^*，Δy_2^*，$\cdots$，$\Delta y_{\tau-1}^*$，则其应满足等式

$$\rho = \frac{1}{\tau}\left[\tau - \sum_{i=1}^{\tau-1}(\tau-i)\Delta y_i^*\right] \tag{21-27}$$

$$\beta = 1 - \sum_{i=1}^{\tau-1}\Delta y_i^* \tag{21-28}$$

（4）通过以上处理，为使待预测负荷曲线与样本曲线的特征尽量相似，问题转化为使 Δy_i 与 Δy_i^* 的差别尽可能小，但同时满足最小负荷与平均负荷的约束，数学模型为

$$\begin{aligned}
\min \quad & Z = \frac{1}{2}\sum_{i=1}^{\tau-1}(\Delta y_i - \Delta y_i^*)^2 \\
s.t. \quad & \sum_{i=1}^{\tau-1}(\tau-i)\Delta y_i^* = \tau(1-\rho) \\
& \sum_{i=1}^{\tau-1}\Delta y_i^* = 1-\beta \\
& \Delta y_i^* \geqslant 0, \quad i=1,2,\cdots,\tau-1
\end{aligned} \tag{21-29}$$

求出最优解后，将差值序列还原成实际值序列，再将其还原成有名值即可得到预测结果。

上述问题是一个典型的二次规划问题。问题的求解方法至关重要。

能否构造简单迭代方法呢？不妨作如下的分析：在连续多日的短期预测中，假定需要预测未来一个月每日 96 点的负荷曲线，则 $N=30$，$T=96$，此时决策变量数为 $30\times96-1=2879$ 个；即便是一周内连续 7 日的预测，决策变量也将达到 $7\times96-1=671$ 个，超过了简单迭代方法的处理能力。

另外一个比较直观的思路是利用现成的优化方法——二次规划法求精确解。但是，经过用 Matlab 实验发现，对上述的二次规划问题，用现成的优化方法虽然可以得到精确解，但计算时间较长，代价较大。

基于以上分析，提出两种基于样本曲线进行调整的预测思路，在保证一定预测精度的情况下达到很高的计算速度。

21.4.3　基于样本曲线调整的预测方法

21.4.3.1　基本思路

设经过排序的历史负荷曲线样本数据为 a_1，a_2，$\cdots$，a_τ（均为已知），又设经过排序的预测结果为 b_1，b_2，$\cdots$，b_τ，其中预测得到最小负荷 $b_1=P_{min}$，最大负荷 $b_\tau=P_{max}$。因此可构造一个从 a 到 b 的映射，使其达到前述模型的约束条件的要求。但是这样得到的 b 序列虽然能完整地反映样本曲线的特征，其积分电量却并不一定能满足预测值。此时可设法通过调

整序列 b 使其满足积分电量的约束。

从直观的几何分析和代数推导的角度去解决序列的调整问题，提出了两种调整方法，并能取得较好的结果。

21.4.3.2 分段函数法

利用图 21-3 描述从原始样本曲线 a 到待预测曲线 b 之间的映射关系。显然，由于待预测曲线上的最高点和最低点必须满足最大负荷、最小负荷的约束条件，因此，(a_1, b_1) 和 (a_τ, b_τ) 两个点是固定的。现在需要调整 (a_1, a_τ) 区间上的映射关系使其满足映射值 b 的积分电量要求。

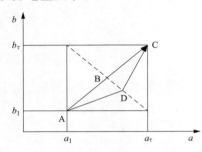

图 21-3 序列 a 与序列 b 的映射关系

图 21-3 中线段 ABC 表示的是由最大负荷与最小负荷点确定的 a 到 b 线性映射关系，但通过这样简单的映射得到的序列 b 可能不满足积分值要求，可对 a 到 b 的线性映射进行如图 21-3 所示的调整，将由线段 ABC 对应的映射变为由折线 ADC 所对应的映射，通过调整 BD 之间的距离改变 b 对时间的积分。若 ABC 对时间的积分值小于电量预测值，则把 D 点沿虚线向上移动，否则向下移动，最终可以找到合适的 D 点，使预测结果序列的积分值等于预测值。

21.4.3.3 等比调整法

等比调整法的算法流程如下：

(1) 将样本序列 a 复制到序列 b。

(2) 寻找点 k 使得

$$|(b_1 - b_k) - (b_k - b_\tau)| = \min_{1 \leqslant i \leqslant \tau} |(b_1 - b_i) - (b_i - b_\tau)| \tag{21-30}$$

(3) 构造序列 d，设

$$d_i = \begin{cases} b_\tau - b_i, & i > k \\ b_i - b_1, & i \leqslant k \end{cases} \tag{21-31}$$

(4) 通过调整序列 d 令其增长或减少若干百分比 $p(-1 < p < 1)$，并令

$$b_i = \begin{cases} b_\tau - (1+p) \times d_i, & i > k \\ b_1 + (1-p) \times d_i, & i \leqslant k \end{cases} \tag{21-32}$$

这样可在保持样本负荷曲线特征的前提下，对负荷曲线进行修正，直到找到合适的 p，使得序列 b 的积分值等于预测电量值。于是便可得到待预测负荷曲线。

上述两种方法得到的是待预测曲线的排序结果，还原后可得实际的负荷曲线。

21.4.4 算例分析

下面将用算例分析，证实两种简便方法的有效性，并在计算速度上与利用二次规划求解的方法进行对比，证实其高效性。

为了分析的方便和图形的清晰，以一周连续 7 日负荷曲线的预测为例。这里采用河南省 2001 年 12 月 1～7 日的负荷数据为样本（共 672 点数据），预测 12 月 8～14 日的 96 点负荷曲线，分别使用成熟的二次规划法和本节提出的两种方法进行预测，预测结果和实际数据的对比分别如图 21-4～图 21-6 所示，各种预测结果的各项统计指标的对比情况见表 21-2。

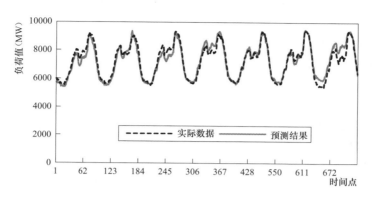

图 21-4 等比调整法的预测结果

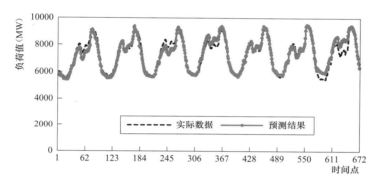

图 21-5 分段映射法的预测结果

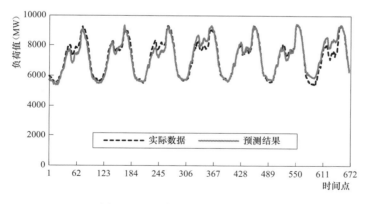

图 21-6 二次规划法的预测结果

表 21-2   不同方法预测结果的比较

	等比预测	分段函数	二次规划
CPU 时间	0.33s	<0.01s	>300s
各点误差绝对值平均值	3.11%	3.09%	3.07%
误差<3%的点数百分比	56.25%	56.25%	56.55%
3%～5%误差点数百分比	23.36%	23.07%	23.36%
误差>5%的点数百分比	20.39%	20.68%	20.09%
二次规划目标函数$\frac{1}{2}\sum_{i=1}^{n-1}(\Delta y_i - \Delta y_i^*)^2$	1340×10^{-8}	894×10^{-8}	9.68×10^{-8}

从最后一项指标可以看出，将通过构造优化问题得出的预测结果代入优化问题目标函数得到的函数值明显优于其他两种方法的结果。这是因为，二次规划是一种严格求解方法，而本节提出的两种调整手段是近似方法。但对第一项指标 CPU 时间的考察可以看出，构造优化问题进行二次规划预测所耗费的计算时间却远远超过其他两种方法。那么二次规划法花费这么多时间所取得的效果又是如何呢？通过对表 21-2 的分析表明：三种方法预测精度基本一致。从表格的第三项指标可以看出，误差小于＜3％的点数均超过了总点数的 56％。由于本节讨论的是对未来若干天负荷曲线的连续预测，这样的结果是可以接受的。

显然，二次规划的结果最能反映样本数据特征，但二次规划的运算时间过长，计算效率低。而本节提出的两种简便方法虽然在目标函数指标上较二次规划有一些差异，但预测效果差别不大，而计算时间更是较二次规划减少了几个数量级。因此，这种调整思路是令人满意的。

第22章

短期/超短期负荷预测系统

22.1 研究背景

短期/超短期负荷预测工作量大，需要反复滚动进行。利用计算机系统将大量的、多种类型的数据资料进行收集、整理和分析，建立网络数据库，记录和分析气象资料等预测相关因素的历史和未来数据、电力系统内部有关的技术数据，探索电力负荷与天气情况等预测相关指标的相关关系，已成为提高数据收集的时效性、提高工作效率、提高预测准确度的必然发展方向。

短期/超短期负荷预测不但为电力系统的安全、经济运行提供保障，也是市场环境下编排调度计划、供电计划、交易计划的基础。与此同时，电力市场的引入对负荷预测的准确性、实时性、可靠性和智能性提出了更高的要求，目前电力企业都已将短期/超短期负荷预测列为各地工作的一项重要考核内容。

22.2 研究思路与关键技术

22.2.1 功能框架设计

各级电网的功能是有所区别的。以省级电网为核心，得到系统的功能框架如图 22-1 所示。

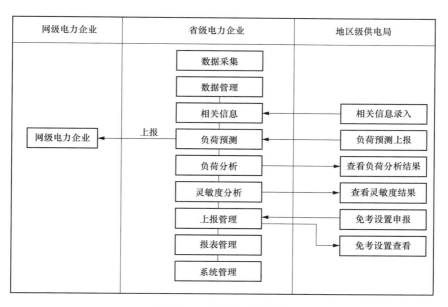

图 22-1　系统的功能框架

22.2.2 预测方法库

系统提供多种预测模型与方法，如图 22-2 所示。

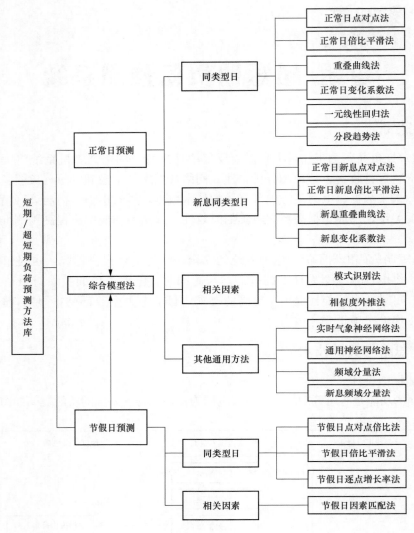

图 22-2　预测方法库

22.2.3　自适应预测技术

各种预测方法，如何根据其所应用的地区，或者最新的实际数据，进行模型参数的自动调整，达到更好的预测效果，这就提出了自适应与自学习的预测问题。

系统提供的解决方法如下：

（1）通过历史虚拟预测技术来实现如下目标：

1）自动搜索和优化模型的参数，自动保存；

2）自动统计每个模型的累积平均预测精度；

3）模型的自动筛选和过滤；

4）综合模型中模型权重的自动优化。

（2）自适应技术的应用方式包括如下几种情况：

1）初装系统时，自动启动，一次性摸索当地的负荷发展规律；

2）预测精度持续较差时，自动启动，重新训练和学习；

3）负荷发展规律发生重大变化时（例如，大用户的投入、跨季节等），人工启动，重新训练和学习。

22.3 短期负荷预测功能

22.3.1 短期负荷预测内容

对于短期负荷预测，能够预测网供负荷、供电负荷等负荷数据。

对每种负荷，都可以进行逐日正常日（工作日/休息日）负荷曲线预测；可以用节假日算法预测各典型节假日（元旦、春节、五一、十一）负荷曲线。

可以考虑预报日的类型，如工作日、假日、节日等，也可以考虑气象因素，如：预测日最高温度、最低温度、平均温度、晴雨云、降雨量、降雪量、湿度、风向、风速等。

22.3.2 数据预处理

（1）系统通过模糊识别算法，提供参照曲线，可以通过指定与参照值的误差率的范围来自动修正误差比较大的负荷数值。

（2）可以通过在数据表格中直接修改数值的办法修改某一个时段点的负荷数据。

（3）可以通过增量、比率增量、替换等方式，批量修改一段时间范围的负荷数据。

（4）可以通过鼠标拖拽，直接改变曲线形状的方式，修改一个或一段时间的负荷数据。

22.3.3 短期负荷预测（以正常日预测为例）

利用正常日算法预测某一个预测日的负荷曲线。可以指定预测时使用的方法、参数，如果认为预测效果比较好，在预测后可以把所选择的方法、参数保存为方案。如果某个方案使用一段时间一直效果很好，可以保存为默认方案。这样，下次进入该模块预测时，可以直接使用保存好的默认方案，不需要重新设置。

22.3.3.1 相关因素设置

在预测中用到了许多参数，在"相关因素设置"中，可以对这些参数进行增加、删除和修改，如图 22-3 所示。

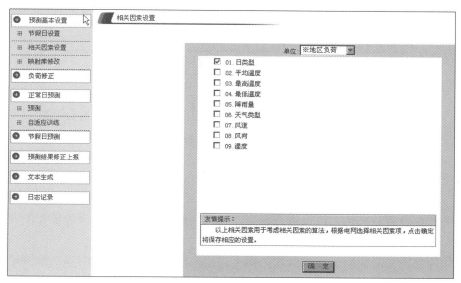

图 22-3　相关因素设置

基于映射库思想，这里需要设置"映射匹配对"，如图 22-4 所示。

图 22-4　映射匹配对设置

22.3.3.2　预测参数设置

许多预测模型需要设置一些参数。系统提供了默认的参数，但是用户可以进行修改。一些公共的预测参数如图 22-5 所示。

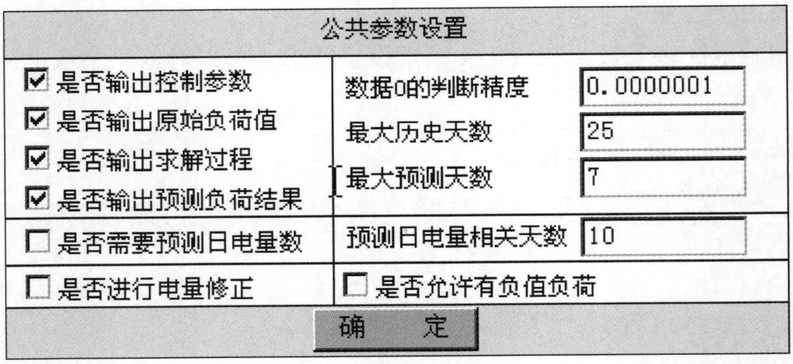

图 22-5　公共预测参数设置

综合模型的参数设置界面如图 22-6 所示。

22.3.3.3　进行预测

所有的参数设置完成后，可以进行预测。预测完毕，出现预测结果界面如图 22-7 所示。

22.3.3.4　修正上报

如果认为预测结果需要进一步处理，则可以进入修正上报界面，对本次预测结果进行修正，如图 22-8 所示。

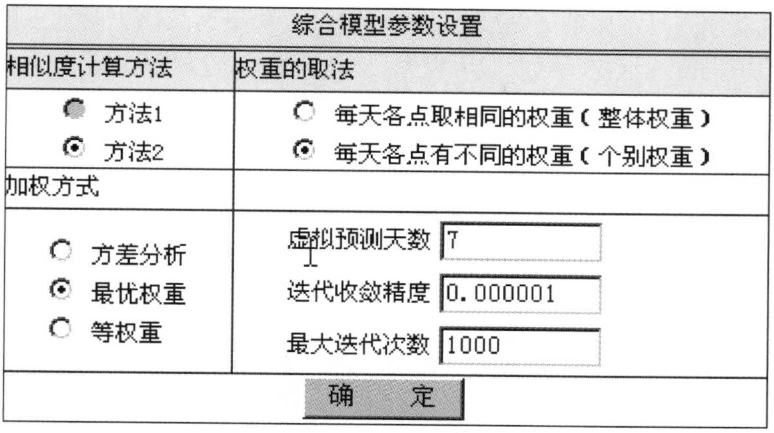

综合模型参数设置

相似度计算方法	权重的取法
○ 方法1	○ 每天各点取相同的权重（整体权重）
◉ 方法2	◉ 每天各点有不同的权重（个别权重）

加权方式

○ 方差分析　　虚拟预测天数 [7]
◉ 最优权重　　迭代收敛精度 [0.000001]
○ 等权重　　　最大迭代次数 [1000]

[确　定]

图 22-6　综合模型的参数设置

图 22-7　预测结果及其分析

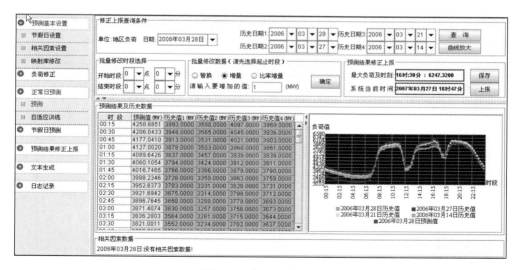

图 22-8　修正上报界面

22.4　超短期负荷预测功能

超短期预测系统是一个实时预测系统，系统在启动后便开始进行自动预测。

系统进行自动预测时，如果历史数据缺失（即没有采集到某历史时刻点的数据），系统会以前次预测的结果值，来补充缺失的历史值，从而继续进行预测。

系统会将当时缺失后进行补充的值记录下来，以后定时去检测这些记录，如果实际的历史值采集到，系统会自动重新用实际的历史值去预测某一段时间内的负荷值，并把该缺失的记录删除。

图 22-9 是实时预测结果与若干历史负荷的对比图。

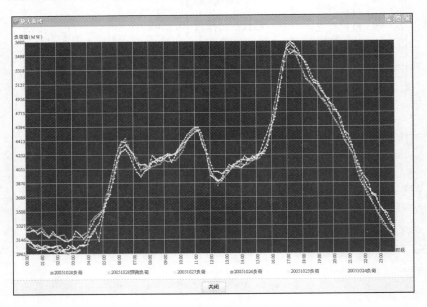

图 22-9　实时预测结果与若干历史负荷的对比图

在预测过程中，可以随时进行准确率统计，从而也可以随时查看系统当前时间及其以前的准确率，如图 22-10 所示。

超短期负荷预测系统
Ultra Short-term Load Forecasting System

>> 首页 | 预测结果 | 实时曲线 | 数据采集 | 批量预测 | 系统管理

超短期预测准确率查询

单位：※淄博电厂列表

时间：2006-04-03

确定

日准确率为:99.3%

时刻	负荷	准确率	时刻	负荷	准确率	时刻	负荷	准确率	时刻	负荷	准确率	时刻	负荷	准确率	时刻	负荷	准确率
00:00	8340.37	99.86%	04:00	7801.61	99.64%	08:00	11089.45	98.92%	12:00			16:00			20:00		
00:05	8226.52	99.83%	04:05	7823.42	99.69%	08:05	11120.44	99.02%	12:05			16:05			20:05		
00:10	8227.43	99.37%	04:10	7841.76	99.97%	08:10	11221.19	99.17%	12:10			16:10			20:10		
00:15	8282.43	98.82%	04:15	7778.23	99.57%	08:15	11413.91	99.6%	12:15			16:15			20:15		
00:20	8169.25	99.81%	04:20	7844.6	99.66%	08:20	11530.37	99.35%	12:20			16:20			20:20		
00:25	8169.13	99.07%	04:25	7787.89	99.66%	08:25			12:25			16:25			20:25		
00:30	8196.42	99.69%	04:30	7848.91	99.77%	08:30			12:30			16:30			20:30		
00:35	8176.83	99.75%	04:35	7841.45	99.98%	08:35			12:35			16:35			20:35		
00:40	8171.16	99.97%	04:40	7797.51	99.33%	08:40			12:40			16:40			20:40		
00:45	8175.62	99.75%	04:45	7834.36	99.74%	08:45			12:45			16:45			20:45		
00:50	8211.39	99.03%	04:50	7886.76	99.43%	08:50			12:50			16:50			20:50		
00:55	8212.62	98.88%	04:55	7810.04	98.96%	08:55			12:55			16:55			20:55		
01:00	8209.4	99.18%	05:00	7845	99.7%	09:00			13:00			17:00			21:00		
01:05	8123.76	100.0%	05:05	7964.65	99.03%	09:05			13:05			17:05			21:05		
01:10	8073.4	99.28%	05:10	7936.96	99.7%	09:10			13:10			17:10			21:10		
01:15	8035.29	99.72%	05:15	7995.53	99.69%	09:15			13:15			17:15			21:15		

图 22-10　准确率查询界面

22.5 主要的管理与分析功能

22.5.1 负荷及气象数据的采集与管理

负荷数据主要提供如下模式：

（1）自动采集。这是主要的数据采集方式，系统每 15min 自动采集数据。

（2）手动采集。作为自动采集的一个必要的补充，在接口服务器出现故障或者因为其他问题导致自动采集无法进行，或者自动采集程序虽然运行但没有取到历史数据时，可以在消除掉导致历史数据无法自动采集的因素之后，手动采集没有采集到的历史数据，从而尽可能地保证历史数据的质量。

（3）指标统计。在数据采集完成之后，系统自动启动指标统计的程序，自动计算昨日、当月和当年的负荷特性。如果该日为某个月的第一天，同时计算上个月的负荷特性；如果该日为 1 月的第一天，同时计算去年的负荷特性。

所管理的气象信息包括：天气类型、最高温度、最低温度、降雨量、湿度、风向、风速等。可以与气象部门建立联系，自动获取历史数据及每日气象预报结果。

22.5.2 负荷分析功能

22.5.2.1 日负荷分析

（1）日负荷曲线分析：显示连续一段时间内的负荷数据和曲线，并进行曲线对比及时序负荷曲线的查看。

（2）日负荷曲线对比分析：选择任意两天的日负荷曲线进行对比分析。

（3）日负荷曲线对比分析：计算一段连续时间内每天的负荷特性，并显示出来，主要包括日最大负荷、日最大负荷时刻、日最小负荷、日最小负荷时刻、日负荷率、日峰谷差、日峰谷差率等内容。

（4）时段点趋势分析：分析一段时间内，某一个时刻点负荷的变化规律。

（5）日负荷特性趋势分析：分析一段时间内，某一个或者某些负荷特性的变化规律。

典型的分析界面如图 22-11 和图 22-12 所示。

22.5.2.2 周负荷分析

（1）周负荷曲线分析：显示一段时间内，各个周每天最大负荷形成的曲线。

（2）周负荷特性分析：显示一段时间内，每周的周最大负荷、周最小负荷、周负荷率、周最大峰谷差、周最大峰谷差率、周平均峰谷差、周平均峰谷差率等内容。

（3）周负荷特性趋势分析：显示一段时间内，某个或者某些周负荷特性的发展变化规律。

（4）典型工作日曲线分析：显示一段时间内，每周的五个工作日的各点平均值构成的曲线。

（5）典型休息日曲线分析：显示一段时间内，每周的两个休息日的各点平均值构成的曲线。

22.5.2.3 月负荷分析

（1）月负荷特性分析：显示一段时间内，每个月的月最大负荷、月最小负荷、月负荷率、月最大峰谷差、月最大峰谷差率、月最小峰谷差、月最小峰谷差率。

（2）增加月不均衡系数分析：月不均衡系数是指月的平均负荷与该月内最大负荷日平

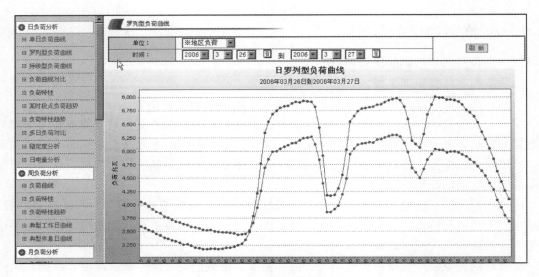

图 22-11　日负荷曲线分析界面

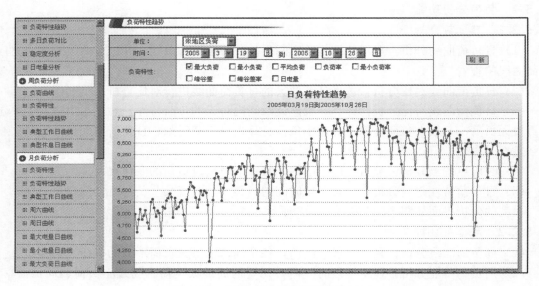

图 22-12　连续多日负荷曲线分析界面

均负荷的比值。

（3）月负荷特性趋势：显示一段时间内，每个月某个或者某些负荷特性的发展变化规律。

（4）典型工作日曲线分析：显示一段时间内，每个月的典型工作日曲线。

（5）周六负荷曲线分析：显示一段时间内，每个月的周六曲线各个点的平均值。

（6）周日负荷曲线分析：显示一段时间内，每个月的周日曲线各个点的平均值。

（7）最大电量日曲线分析：显示一段时间内，每个月最大电量日的曲线。

（8）最小电量日曲线分析：显示一段时间内，每个月最小电量日的曲线。

（9）最大负荷日曲线分析：显示一段时间内，每个月最大负荷日的曲线。

(10) 最小负荷日曲线分析：显示一段时间内，每个月最小负荷日的曲线。

(11) 最大峰谷差曲线分析分析：显示一段时间内，每个月最大峰谷差日曲线。

(12) 最小峰谷差曲线分析分析：显示一段时间内，每个月最小峰谷差日曲线。

22.5.2.4 年负荷分析

(1) 年负荷曲线分析分析：显示一段时间内，每年各月最大负荷组成的曲线。

(2) 年负荷特性分析：显示一段时间内，每年的年最大负荷、年最小负荷、年负荷率、年最大峰谷差等内容。

(3) 增加季不均衡系数分析：季不均衡系数是指全年各月最大负荷的平均值与年最大负荷的比值。季不均衡系数反映一年内月最大负荷变化的不均衡性。

(4) 负荷特性趋势分析：显示一段时间内，每年的某个或者某些负荷特性的发展变化规律。

(5) 负荷持续曲线分析：显示一段时间内，每年的年负荷持续曲线。

(6) 负荷概率分布分析：显示某一年，负荷在最大负荷的各个百分比范围内的数量。

典型的分析界面如图 22-13 和图 22-14 所示。

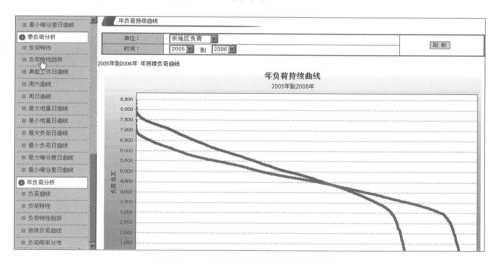

图 22-13　年负荷持续曲线分析界面

22.5.3　气象数据及其对负荷的影响度分析

研究电网的用电负荷与气象条件之间的变化关系，以把握电力负荷预测随气象的变化规律。由于这是一个学科间相互交叉的研究问题，因此采取深层调查方法，同时收集电力系统的运行管理数据及气象部门、统计部门的数据，采用统计分析软件作为定量分析工具，结合定性分析的结果，建立起相应的灵敏度分析模型。

主要内容包括：探索日最大负荷、最小负荷、平均负荷、负荷率等日负荷特性指标与日最高温度、最低温度、平均温度、降雨量等气象指标之间的变化关系函数，从数学上找出最佳的拟合函数，并对其中的待定参数作出最优的估计，给出相关程度的度量值（相关系数或相关指数）；在此基础上，分析日最高温度变化对日最高负荷的灵敏度。

可以对日气象数据如"降雨量""最高温度""最低温度""平均温度""相对湿度"等进行分析，显示分析结果如图 22-15 所示。

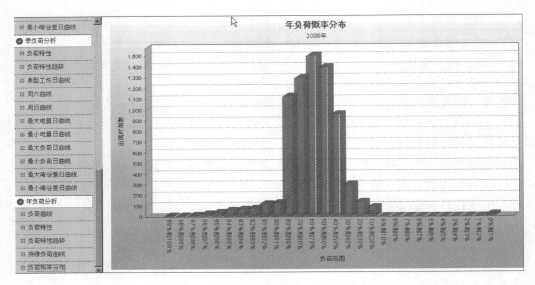

图 22-14　年负荷概率分布分析界面

日期	降荷量	最高温度	最低温度	平均温度	相对湿度	湿球温度	日最大负荷	日电量
20060123	33	34	28	30.2		54	1330.894	30449
20060124	33	36	28	30.6		55	1331.481	30079
20060125	33	24	17	20.3		55	1307.017	29936
20060126	34	24	18	21.3		56	1301.182	29425
20060127	34	21	19	20		56	1289.489	29118
20060128	34	24	26	27.6		57	1276.199	27784
20060129	35	31	25	28.3		57	1214.025	27049
20060130	35	38	25	32.4		58	1217.94	26503
20060131	35	27	18	23.4		58	1212.168	26567
20060201	36	38	27	31.3		59	1213.629	23493
20060202	36	36	28	30.5		59	1223.367	23808
20060203	36	38	27	32		60	1258.269	24503
20060204	36	23	19	21.2		60	1273.977	24989
20060205	37	39	27	32.3		61	1317.728	25700
20060206	37	38	27	31.8		61	1328.529	28991
20060207	37	34	19	26.5		62	1329.51	29165
20060208	38	27	21	23.2		62	1357.765	30029
20060209	38	27	14	20.3		63	1359.942	30181
20060210	38	25	14	19.1		63	1359.309	30059

图 22-15　气象因素分析界面

　　进一步可以自动对气象因素与负荷数据的相关性做出分析，显示分析结果如图 22-16 所示。

22.5.4　统计查询

1. 日准确率统计

统计某一个单位某一天的日准确率。

日准确率的分布情况也就是日准确率排名，原来按超欠率排名，现在改为可以按照准确率、超欠率、考核标准、与考核标准的差进行排名。

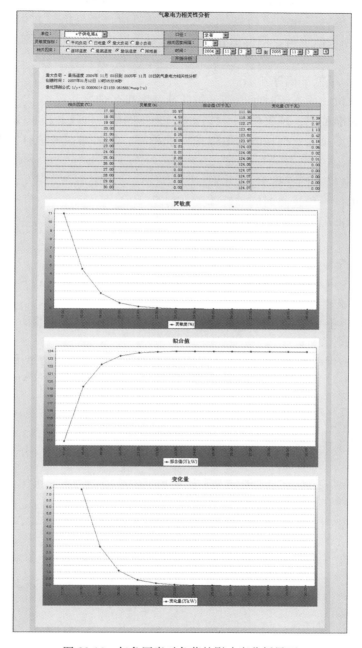

图 22-16　气象因素对负荷的影响度分析界面

2. 多日准确率统计（可以按照月、年进行统计）

（1）多日准确率统计。

1）统计某个单位一段连续时间的准确率。

2）显示每天的准确率，最后一行为这些天的平均准确率。

（2）多日最高最低准确率统计。

1）统计某个单位一段连续时间的最高、最低准确率。

2）显示内容为每天的预测最高负荷、实际最高负荷、最高值相对误差、最高准确率、预测最低负荷、实际最低负荷、最低值相对误差、最低准确率、合成相对误差、最高最低准确率。

（3）多日最高、最低准确率排名。

1）统计所有单位一段连续时间最高、最低准确率排名情况。

2）显示内容为准确率、超欠率、考核标准、去年同期、同比、传送率。

3）原来按超欠率排名，现在改为可以按照准确率、超欠率、考核标准、与考核标准的差进行排名。

（4）多日各供电局准确率排名。

1）统计所有单位一段连续时间准确率排名情况。

2）显示内容为准确率、超欠率、考核标准、去年同期、同比、传送率。

22.5.5 上报管理

1. 供电局上报查询

可以查看所有供电局某一天的上报情况。包括上报时间、上报方式等内容。

2. 供电局月上报查询

可以查看某个单位一个月的所有日上报情况。包括上报时间、上报方式等内容。

3. 供电局上报流量查询

查询某一天所有供电局中上报成功的单位数量和上报不成功的单位数量分别占的百分比。用饼图显示。

4. 省中调负荷上报网调查询

显示中调预测结果上报到网调的情况。

5. 预测与实际负荷查询

包括曲线对比、数据对比。

可以看到某个单位某一天的预测结果和历史负荷曲线及数据。

第Ⅲ篇参考文献

[1] 刘晨晖. 电力系统负荷预报理论与方法 [M]. 哈尔滨：哈尔滨工业大学出版社，1987.

[2] 牛东晓，曹树华，赵磊，等. 电力负荷预测技术及其应用 [M]. 北京：中国电力出版社，1998.

[3] 赵希正. 中国电力负荷特性分析与预测 [M]. 北京：中国电力出版社，2002.

[4] 肖国泉，王春，张福伟. 电力负荷预测 [M]. 北京：中国电力出版社，2001.

[5] 于尔铿，刘广一，周京阳，等. 能量管理系统 [M]. 北京：科学出版社，1998.

[6] 孙洪波. 电力网络规划 [M]. 重庆：重庆大学出版社，1996.

[7] 孔玉寿，章东华. 现代天气预报技术 [M]. 第二版. 北京：气象出版社，2005.

[8] 谢静芳，秦元明. 气象因素与舒适度及健康 [M]. 北京：气象出版社，2004.

[9] 陈新宇，康重庆，陈敏杰. 极值负荷及其出现时刻的概率化预测 [J]. 中国电机工程学报，2011，31（22）：64-72.

[10] 唐小我，马永开，曾勇，等. 现代组合预测和组合投资决策方法及应用 [M]. 北京：科学出版社，2003.

[11] Robert S. Pindyck，Daniel L. Rubinfeld. 计量经济模型与经济预测 [M]. 钱小军，等，译. 第4版. 北京：机械工业出版社，1999.

[12] 傅毓维，张凌编著. 预测决策理论与方法 [M]. 哈尔滨：哈尔滨工程大学出版社，2003.

[13] 陈玉祥，张汉亚. 预测技术与应用 [M]. 北京：机械工业出版社，1985.

[14] 孙明玺. 现代预测学 [M]. 杭州：浙江教育出版社，1998.

[15] 徐国祥，胡清友. 统计预测和决策 [M]. 第2版. 上海：上海财经大学出版社，2005.

[16] 常学将，陈敏，王明生. 时间序列分析 [M]. 北京：高等教育出版社，1993.

[17] 田铮. 动态数据处理的理论与方法——时间序列分析 [M]. 西安：西北工业大学出版社，1995.

[18] 杨青云. 数据处理方法 [M]. 北京：冶金工业出版社，1993.

[19] 吴喜之，王兆军. 非参数统计方法 [M]. 北京：高等教育出版社，1996.

[20] 程相君，王春宁，陈生潭. 神经网络原理及其应用 [M]. 北京：国防工业出版社，1995.

[21] 蔡自兴，徐光祐. 人工智能及其应用 [M]. 第2版. 北京：清华大学出版社，1996.

[22] 胡广书. 数字信号处理：理论、算法与实现 [M]. 北京：清华大学出版社，1997.

[23] 盛骤，谢式千，潘承毅. 概率论与数理统计 [M]. 北京：高等教育出版社，1990.

[24] Marques de sa, J. P.. 模式识别——原理、方法及应用 [M]. 吴逸飞，译. 北京：清华大学出版社，2002：56-64.

[25] V. N. Vapnik. 统计学习理论的本质 [M]. 张学工，译. 北京：清华大学出版社，2000：1-26.

[26] Mitchell. 机器学习 [M]. 曾华军，张银奎，等，译. 北京：机械工业出版社，2003.

[27] 柳焯. 最优化原理及其在电力系统中的应用 [M]. 哈尔滨：哈尔滨工业大学出版社，1988.

[28] 程旭. 基于模式识别的短期负荷预测自适应理论的研究 [D]. 北京：清华大学，2001.

[29] 高峰. 负荷预测中自适应方法的研究 [D]. 北京：清华大学，2003.

[30] 许征. 电力系统中基于学习理论的特征选择方法研究 [D]. 北京：清华大学，2004.

[31] 刘梅，许洪强，李真，等. 基于周期性分析的短期负荷预测 [C]. 全国高校电自专业第20届学术年会论文集（下册）. 郑州：郑州大学，2004：1633-1636.

[32] 姜勇，卢毅. 基于相似日的神经网络短期负荷预测方法 [J]. 电力系统及其自动化学报，2001，13（6）：35-38.

[33] 金海峰，熊信良，吴耀武. 基于相似性原理的短期负荷预测方法 [J]. 电力系统自动化，2001，23：45-48.

[34] 张明理，赵瑞. 短期负荷预测中相似日选择的判别方法 [J]. 吉林电力，2005，1：19-21.

[35] 赵宏伟，任震，黄雯莹. 考虑周期性的短期负荷预测 [J]. 中国电机工程学报，1997，17（3）：211-216.

[36] 李良根. 电力负荷预测与新息法 [J]. 能源研究与信息，1995，11（2）：52-59.

[37] 徐进东，丁晓群，邓勇. 基于相似日的线性外推短期负荷预测 [J]. 继电器，2005，33（7）：37-40.

[38] Hong-Tzer Yang, Chao-Ming Huang. A new short-term load forecasting approach using self-organizing fuzzy ARMAX models [J]. IEEE Transactions on Power Systems, 1998, 13 (1): 217-225.

[39] 刘亚，张国忠，何飞. 基于 ARIMA 模型和 BP 网络的电力负荷预测 [J]. 湖北电力，2003，27（2）：13-15.

[40] 田忠林. 短期负荷预测自回归动平均模型的辨识方法 [J]. 东北电力技术，1999，11：6-9.

[41] 叶瑰昀，罗耀华，刘勇，等. 基于 ARMA 模型的电力系统负荷预测方法研究 [J]. 信息技术，2002，6：74-76.

[42] Shyh-Jier Huang, Kuang-Rong Shih. Short-term load forecasting via ARMA model identification including non-Gaussian process considerations [J]. IEEE Transactions on Power Systems, 2003, 18 (2): 205-215.

[43] 宋超，黄民翔，叶剑斌. 小波分析方法在电力系统短期负荷预测中的应用 [J]. 电力系统及其自动化学报，2002，14（3）：8-12.

[44] 顾洁. 应用小波分析进行短期负荷预测 [J]. 电力系统及其自动化学报，2003，15（2）：40-65.

[45] 牛东晓，邢棉，谢宏，等. 短期电力负荷预测的小波神经元网络模型的研究 [J]. 电网技术，1999，23（4）：21-24.

[46] 王家红，黄阿强，熊信良. 基于小波网络的短期负荷预测方法 [J]. 电力自动化设备，2003，23（3）：11-12.

[47] 梁志珊，王丽敏，付大鹏. 应用混沌理论的电力系统短期负荷预测 [J]. 控制与决策，1998，13（1）：87-94.

[48] 蒋传文，权先璋，李承军，等. 混沌理论在电力负荷预测中的应用 [J]. 武汉交通科技大学学报，1999，23（6）：608-611.

[49] 李天云，刘自发. 电力系统负荷的混沌特性及预测 [J]. 中国电机工程学报，2000，20（11）：36-40.

[50] 李眉眉，丁晶. 电网短期负荷预测的混沌方法 [J]. 四川电力技术，2005（4）：7-10.

[51] 杨正瓴，张广涛，陈红新，等. 短期负荷预测"负荷趋势加混沌"法的参数优化 [J]. 电网技术，2005，29（4）：27-31.

[52] 雷绍兰，孙才新，刘凡，等. 电力短期负荷的混沌局域关联性预测 [J]. 重庆大学学报（自然科学版），2005，28（5）：24-28.

[53] 杨红英，叶昊，王桂增. 混沌理论在电力系统负荷预测中的应用 [J]. 继电器，2005，33（16）：26-30.

[54] 许涛，贺仁睦，王鹏，等. 基于输入空间压缩的短期负荷预测 [J]. 电力系统自动化，2004，28（6）：51-56.

[55] 谢宏，陈志业，牛东晓，等. 基于小波分解与气象因素影响的电力系统日负荷预测模型研究 [J]. 中国电机工程学报，2001，21（5）：5-9.

[56] 杨正瓴，田勇，林孔元. 短期负荷预测"双周期加混沌"法中的多步法与气象因子的使用 [J]. 电网技术，2004，28（12）：21-24.

[57]　胡江林，陈正洪，洪斌，等. 基于气象因子的华中电网负荷预测方法研究 [J]. 应用气象学报，2002，13（5）：600-608.

[58]　张宏刚，蒋传文，王承民，等. 基于气象因素粗糙集理论的负荷预测方法 [J]. 电力系统及其自动化，2004，8：60-64.

[59]　朱晟，蒋传文，侯志俭. 基于气象负荷因子的 Elman 神经网络短期负荷预测 [J]. 电力系统及其自动化学报，2005，17（1）：23-26.

[60]　刘运红，姜铁兵，陈丰华，等. 基于气象因素的短期电力负荷 ANN 预报模型 [J]. 水电能源科学，2001，19（4）：51-55.

[61]　Satish B.，Swarup K. S.，Srinivas S. Hanumantha Rao A. Effect of temperature on short term load forecasting using an integrated ANN [J]. Electric Power Systems Research，2004，72（15）：95-101.

[62]　Hippert H. S.，Pedreira C. E. Estimating temperature profiles for short-term load forecasting：Neural networks compared to linear models. IEE Proceedings：Generation，Transmission and Distribution [J]. 2004，151（4）：543-547.

[63]　Al-Hamadi H. M.，Soliman，S. A. Short-term electric load forecasting based on Kalman filtering algorithm with moving window weather and load model [J]. Electric Power Systems Research，2004，68（1）.

[64]　孙珂，林弘，郑瑞忠，等. 用电量发展变化规律的影响因素分析 [C]. 全国高校电自专业第20届学术年会论文集（下册）. 郑州：郑州大学，2004：1629-1632.

[65]　Sun Ke，Kang Chongqing，Xu Ruilin，et al. Analyzing the Impact of Weather Factors on Daily Electrical Demand [C]. Proceedings of the 5th International Conference on Power Transmission & Distribution Technology. Beijing，2005：310-316.

[66]　程其云. 基于数据挖掘的电力短期负荷预测模型及方法的研究 [D]. 重庆：重庆大学，2004.

[67]　周巍，陈秋红，肖晶，等. 人体舒适度指数对用电负荷的影响 [J]. 电力需求侧管理，2004，6（3）：54-56.

[68]　秦海超，王玮，周晖，等. 人体舒适度指数在短期电力负荷预测中的应用 [J]. 电力系统及其自动化学报，2006，18（2）：63-66.

[69]　王凯军，刘强，江琳，等. 杭州市缺电指数预报系统的研究 [J]. 电力需求侧管理，2004，6（5）：14-16.

[70]　汪洋. 气象因素影响负荷预测效果的机理分析 [D]. 北京：清华大学，2006.

[71]　胡阳. 考虑气象因素短期负荷预测的理论与算法的研究 [D]. 北京：清华大学，1998.

[72]　Alsayegh O. A. Short-term load forecasting using seasonal artificial neural networks [J]. International Journal of Power and Energy Systems，2003，23（3）：137-142.

[73]　Baczynski D.，Parol M. Influence of artificial neural network structure on quality of short-term electric energy consumption forecast [J]. IEE Proceedings-Generation，Transmission and Distribution，2004，151（2）：241-245.

[74]　Chang-il Kim，In-keun Yu，Song Y. H. Kohonen neural network and wavelet transform based approach to short-term load forecasting [J]. Electric Power Systems Research，2002，63（2）：169-176.

[75]　Charytoniuk W.，Chen M. -S. Very short-term load forecasting using artificial neural networks [J]. IEEE Transactions on Power Systems，2000，15（1）：263-268.

[76]　岑文辉、雷友坤、谢恒. 应用人工神经网与遗传算法进行短期负荷预测 [J]. 电力系统自动化，1997（3）：29-32.

[77] 陈耀武，汪乐宇，龙洪玉. 基于组合式神经网络的短期电力负荷预测模型 [J]. 中国电机工程学报，2001，21 (4)：79-82.

[78] 丁坚勇，刘云. 基于负荷特征提取的神经网络短期负荷预测 [J]. 高电压技术，2004，30 (12)：47-49.

[79] 丁智华，金海峰，吴耀武，等. 大波动地区级系统短期负荷预测方法研究 [J]. 继电器，2001，3：13-16.

[80] D. C. Park，M. A. El-Sharkawi，R. J. Marks. Electric load forecasting using artificial neural network [J]. IEEE Trans. on Power Systems，1991，6 (2)：442-449.

[81] Hippert H. S.，Pedreira C. E.，Souza R. C. Neural networks for short-term load forecasting：a review and evaluation [J]. IEEE Transactions on Power Systems，2001，16 (1)：44-55.

[82] 甘文泉，胡保生. 用自适应神经元网络进行短期电力负荷预测 [J]. 电网技术，1997，21 (3)：28-31.

[83] 高山，单渊达. 神经网络短期负荷预测输入变量选择新方法 [J]. 电力系统自动化，2001，22：41-44.

[84] 贺蓉，曾刚，姚建刚，等. 天气敏感型神经网络在地区电网短期负荷预测中的应用 [J]. 电力系统自动化，2001，17：32-35.

[85] 胡晖，杨华，胡斌. 人工神经网络在电力系统短期负荷预测中的应用 [J]. 湖南大学学报，2004，31 (5)：51-54.

[86] 金海峰，熊信艮，吴耀武. 基于级联神经网络的短期负荷预测方法 [J]. 电网技术，2002，26 (3)：49-56.

[87] 王民量，张伯明，夏清. 电力系统短期负荷预测的共轭梯度 ANN 方法 [J]. 电力系统自动化，1999，1：34-36.

[88] 吴宏晓，侯志俭，刘涌，等. 基于免疫聚类径向基函数网络模型的短期负荷预测 [J]. 中国电机工程学报，2005，25 (16)：53-56.

[89] Kalaitzakis K.，Stavrakakis G. S.，Anagnostakis E. M. Short-term load forecasting based on artificial neural networks parallel implementation [J]. Electric Power Systems Research，2002，63 (3)：185-196.

[90] Khotanzad A，Afkhami-Rohani，R Maratukulam D. ANNSTLF artificial neural network short-term load forecaster generation three [J]. IEEE Transactions on Power Systems，1998，13 (4)：1413-1422.

[91] 张小平、王伟. 短期电力负荷预报的自适应模糊神经网络方法 [J]. 电力系统自动化，1998，(1)：30-32.

[92] 张雪莹，管霖，谢锦标. 采用谱分析建模和基于人工神经网络的短期负荷预测方案 [J]. 电网技术，2004，28 (11)：49-53.

[93] 张智晟，孙雅明，王兆峰，等. 优化相空间近邻点与递归神经网络融合的短期负荷预测 [J]. 中国电机工程学报，2003，23 (8)：44-49.

[94] Lee K. Y.，Cha Y. T.，Park J. H. Short Term Load Forecasting Using an Artificial Neural Network [J]. IEEE Trans on Power Systems，1992，7 (1)：124-130.

[95] Marin F. J.，Garcia-Lagos F.，Joya G.，et al. Global model for short-term load forecasting using artificial neural networks [J]. IEE Proceedings-Generation, Transmission and Distribution，2002，149 (2)：121-125.

[96] Mori H.，Yuihara A. Deterministic annealing clustering for ANN-based short-term load forecasting [J]. IEEE Transactions on Power Systems，2001，16 (3)：545-551.

[97] 赵剑剑，张步涵，程时杰，等. 一种基于径向基函数的短期负荷预测方法 [J]. 电网技术，2003，27（6）：22-25.

[98] 周佃民，管晓宏，孙婕，等. 基于神经网络的电力系统短期负荷预测研究 [J]. 电网技术，2002，26（2）：10-18.

[99] 邹政达，孙雅明，张智晟. 基于蚁群优化算法递归神经网络的短期负荷预测 [J]. 电网技术，2005，29（3）：59-63.

[100] Saksornchai, Titti, Lee, et al. Improve the unit commitment scheduling by using the neural-network-based short-term load forecasting [J]. IEEE Transactions on Industry Applications, 2005, 41 (1)：169-179.

[101] Swarup K. S., Satish B. Integrated ANN approach to forecast load [J]. IEEE Computer Applications in Power, 2002, 15 (2)：46-51.

[102] Vellasco M. M. B. R., Pacheco M. A. C., Neto, et al. Electric load forecasting: evaluating the novel hierarchical neuro-fuzzy BSP model [J]. International Journal of Electrical Power & Energy Systems, 2004, 26 (2)：131-42.

[103] 吴军基，倪黔东，孟绍良，等. 基于人工神经网络的日负荷预测方法的研究 [J]. 继电器，1999，27（3）：27-46.

[104] 占勇，程浩忠，丁屹峰. 自适应神经网络在短期负荷预测中的应用 [J]. 上海交通大学学报（增刊），2005，39：14-17.

[105] 张步涵，赵剑剑，刘小华，等. 一种基于小波神经元网络的短期负荷预测方法 [J]. 电网技术，2004，28（7）：15-18.

[106] 潘峰，程浩忠，杨镜非，等. 基于支持向量机的电力系统短期负荷预测 [J]. 电网技术，2004，38（21）：39-42.

[107] 李元诚，方廷健，于尔铿. 短期负荷预测的支持向量机方法研究 [J]. 中国电机工程学报，2003，23（6）：55-59.

[108] 赵登福，王蒙，张讲社，等. 基于支撑向量机方法的短期负荷预测 [J]. 中国电机工程学报，2002，22（4）：26-30.

[109] 黄训诚，庞文晨，赵登福，等. 基于支撑向量机在线学习方法的短期负荷预测 [J]. 西安交通大学学报，2005，39（4）：412-416.

[110] 刘遵雄，钟化兰，张德运. 最小二乘支持向量机的短期负荷多尺度预测模型 [J]. 西安交通大学学报，2005，39（6）：620-623.

[111] 龚灯才，李训铭，李林峰. 基于模糊支持向量机方法的短期负荷预测 [J]. 电力自动化设备，2005，25（7）：41-43.

[112] 吴宏晓，侯志俭. 基于免疫支持向量机方法的电力系统短期负荷预测 [J]. 电网技术，2004，28（23）：47-50.

[113] 康重庆，周安石，王鹏，郑广君，刘一. 短期负荷预测中实时气象因素的影响分析及其处理策略. 电网技术，2006，30（7）：5-11

[114] Khotanzad A, Afkhami-Rohani R, Lu Tsunliang, et al. ANNSTLF-a neural-network-based electric load forecasting system [J]. IEEE Transactions on Neural Networks, 1997, 8 (4)：835-846.

[115] Khotanzad A, Davis M H, Abaye A, et al. Artificial neural network hourly temperature forecaster with applications in load forecasting [J]. IEEE Transactions on Power Systems. 1996, 11 (2)：870-876.

[116] Khotanzad A., Enwang Zhou, Elragal H. A neuro-fuzzy approach to short-term load forecasting in a price-sensitive environment [J]. IEEE Transactions on Power Systems, 2002, 17 (4)：1273-82.

[117] Ruzic S.，Vuckovic A.，Nikolic N. Weather sensitive method for short term load forecasting in Electric Power Utility of Serbia [J]. IEEE Transactions on Power Systems，2003，18（4）：1581-1586.

[118] 汪峰，于尔铿，阎承山，等. 基于因素影响的电力系统短期负荷预报方法的研究 [J]. 中国电机工程学报，1999，19（8）：54-58.

[119] 张国江，邱家驹，李继红. 基于模糊推理系统的多因素电力负荷预测 [J]. 电力系统自动化，2002，5：49-53.

[120] 康重庆，程旭，夏清，等. 一种规范化的处理相关因素的短期负荷预测新策略 [J]. 电力系统自动化，1999，23（18）：32-35.

[121] Sfetsos A. Short-term load forecasting with a hybrid clustering algorithm [J]. IEE Proceedings-Generation，Transmission and Distribution，2003，150（3）：257-262.

[122] 冯丽，邱家驹. 基于电力负荷模式分类的短期电力负荷预测 [J]. 电网技术，2005，29（4）：23-27.

[123] A. S. Dehdashti，J. R. Tudor，M. C. Smith. Forecasting of hourly load by pattern recognition——a deterministic approach [J]. IEEE Trans. on Power Apparatus and Systems，1982，101（9）：3290-3294.

[124] 高峰，康重庆，程旭，等. 短期负荷预测相关因素的自适应训练 [J]. 电力系统自动化，2002，26（18）：6-10.

[125] Keydt G，Khotanzad A，Farahbakhshian N. Method for the Forecasting of the Probability Density Function of Power System loads [J]. IEEE Transactions on Power Apparatus and Systems，1981，PAS-100（12）：5002-5010.

[126] 卫志农，王丹，孙国强，等. 基于级联神经网络的短期负荷概率预测新方法 [J]. 电工技术学报，2005，20（1）：95-98.

[127] 穆钢，侯凯元，杨右虹，等. 负荷预报中负荷规律性评价方法的研究 [J]. 中国电机工程学报，2001，21（10）：96-101.

[128] Charytoniuk W，Chen M S，Kotas P，et al. Demand Forecasting in Power Distribution Systems Using Nonparametric Probability Density Estimation [J]. IEEE Trans on Power Systems，1999，14（4）：1200-1206.

[129] 赵希人，李大为. 电力系统负荷预报误差的概率密度函数建模 [J]. 自动化学报，1993，19（5）：562-568.

[130] 刘健，徐精求，董海鹏. 配电网概率负荷分析及其应用 [J]. 电网技术，2004，28（6）：67-70，75.

[131] 杨文佳，康重庆，夏清，等. 基于预测误差分布特性统计分析的概率性短期负荷预测 [J]. 电力系统自动化，2006，30（19）：47-52.

[132] 程旭，康重庆，夏清，等. 短期负荷预测的综合模型 [J]. 电力系统自动化，2000，24（9）：42-44.

[133] Chongqing Kang，Xu Cheng，Qing Xia，et al. Novel Approach Considering Load-relative Factors in Short-Term Load Forecasting [J]. Electric Power Systems Research，2004，70（2）：99-107.

[134] 陈丰华，姜铁兵，刘运红，梁年生，杨立常. 电力系统短期负荷综合预测模型研究. 水电能源科学. 2002，20（1）：71-74

[135] 朱成骥，孙宏斌，张伯明. 基于最大信息熵原理的短期负荷预测综合模型 [J]. 中国电机工程学报，2005，25（19）：1-6.

[136] Kwang-Ho Kim，Hyoung-Sun Youn，Yong-Cheol Kang. Short-term load forecasting for special days in anomalous load conditions using neural networks and fuzzy inference method [J]. IEEE Transactions on Power Systems，2000，15（2）：559-565.

[137] 丁怡，张辉，张君毅. 考虑气象信息的节假日负荷预测 [J]. 电力系统自动化，2005，29（17）：93-97.

[138] 冯丽，邱家驹. 基于模糊多目标遗传优化算法的节假日电力负荷预测 [J]. 中国电机工程学报，2005，25（10）：29-34.

[139] 高山，张凌浩，李军红，等. 节假日短期负荷预测的一种实用算法 [J]. 江苏电机工程，2002，21（2）：19-21.

[140] 刘亚，张国忠，何飞. 节气负荷预测方法研究 [J]. 电力自动化设备，2003，23（7）：39-42.

[141] 汪峰，谢开，于尔铿，等. 一种简单实用的超短期负荷预报方法 [J]. 电网技术，1996，20（3）：41-48.

[142] 张锋，吴劲晖，张怡，等. 基于负荷趋势的新型超短期负荷预测法 [J]. 电网技术，2004，28（19）：64-67.

[143] 吴劲晖，王冬明，黄良宝，等. 一种超短期负荷预测的新方法——负荷求导法 [J]. 浙江电力，2000，（6）：1-4.

[144] 吴劲晖. 负荷求导法在电网超短期负荷预测中的实践 [J]. 中国电力，2003，36（3）：81-82.

[145] 包丹. 一种简单易行的超短期负荷预报方法 [J]. 东北电力技术，2000，（3）：50-52.

[146] Trudnowski D. J., McReynolds W. L., Johnson J. M. Real-time very short-term load prediction for power-system automatic generation control [J]. IEEE Transactions on Control Systems Technology, 2001, 9 (2): 254-260.

[147] 刘健，勾新鹏，徐精求，等. 基于区域负荷的配电网超短期负荷预测 [J]. 电力系统自动化，2003，27（19）：34-37.

[148] 谢开，汪峰，于尔铿，等. 应用 Kalman 滤波方法的超短期负荷预报 [J]. 中国电机工程学报，1996，16（4）：245-249.

[149] 周劼英，张伯明，尚金成，等. 基于日周期多点外推法的超短期负荷预测及其误差分析 [J]. 电力自动化设备，2005，25（2）：15-18.

[150] 闫冬，赵建国. 一种实用化的配电网超短期负荷预测方法 [J]. 电力系统自动化，2001，22：45-48.

[151] 莫维仁，张伯明，孙宏斌，等. 扩展短期负荷预测方法的应用 [J]. 电网技术，2003，27（5）：6-9.

[152] 莫维仁. 面向电力市场的自动运行短期负荷预测系统 [D]. 北京：清华大学，2002.

[153] 赵傲，康重庆，葛睿，等. 电力市场中多日负荷曲线的预测 [J]. 电力自动化设备，2002，22（9）：31-33.

[154] 程其云，孙才新，周湶，等. 粗糙集信息熵与自适应神经网络模糊系统相结合的电力短期负荷预测模型及方法 [J]. 电网技术，2004，28（17）：70-74.

[155] 张民，鲍海，晏玲，等. 基于卡尔曼滤波的短期负荷预测方法的研究 [J]. 电网技术，2003，27（10）：39-42.

[156] 李明干，孙健利，刘沛. 基于卡尔曼滤波的电力系统短期负荷预测 [J]. 继电器，2004，32（4）：9-12.

[157] 赵世伟，吴捷，刘永强，等. 基于点模式匹配的电力系统短期负荷预测 [J]. 电力系统自动化，2003，27（16）：62-66.

[158] 孙英云，何光宇，翟海青，等. 一种基于决策树技术的短期负荷预测算法 [J]. 电工电能新技术，2004，23（3）：55-58.

[159] Abdel-Aal R. E. Short-term hourly load forecasting using abductive networks [J]. IEEE Transactions on Power Systems, 2004, 19 (1): 164-173.

[160] Amjady N. Short-term hourly load forecasting using time-series modeling with peak load estimation

capability [J]. IEEE Transactions on Power Systems，2001，16（3）：498-505.

[161] El Desouky A. A., Aggarwal R., Elkateb M. M., et al. Advanced hybrid genetic algorithm for short-term generation scheduling [J]. IEE Proceedings-Generation, Transmission and Distribution，2001，148（6）：205-215.

[162] Espinoza M., Joye C., Belmans R., et al. Short-term load forecasting, profile identification, and customer segmentation: a methodology based on periodic time series [J]. IEEE Transactions on Power Systems，2005，20（3）：1622-1630.

[163] Reis, A. J. R., da Silva, A. P. A. Feature extraction via multiresolution analysis for short-term load forecasting [J]. IEEE Transactions on Power Systems，2005，20（1）：189-198.

[164] Senjyu T., Mandal P., Uezato K., et al. Next day load curve forecasting using hybrid correction method [J]. IEEE Transactions on Power Systems，2005，20（1）：102-109.

[165] Singh D., Singh S. P., Malik O. P. Numerical taxonomy method for STLF [short-term load forecasting [J]. Electric Power Components and Systems，2002，30（5）：443-456.

[166] Singh D., Singh S. P. Self organization and learning methods in short term electric load forecasting: a rev [J]. Electric Power Components and Systems，2002，30（10）：1075-1089.

[167] Villalba S. A., Bel C. A. Hybrid demand model for load estimation and short term load forecasting in distribution electric systems [J]. IEEE Transactions on Power Delivery，2000，15（2）：764-769.

[168] Metaxiotis K., Kagiannas A., Askounis D., et al. Artificial intelligence in short term electric load forecasting: a state-of-the-art survey for the researcher [J]. Energy Conversion and Management，2003，44（9）：1525-1534.

[169] 王志勇，郭创新，曹一家. 改进范例推理在短期负荷预测中的应用 [J]. 电力系统自动化，2005，29（12）：33-37.

[170] Sfetsos A., Siriopoulos C. Time series forecasting of averaged data with efficient use of information [J]. IEEE Transactions on Systems, Man & Cybernetics, Part A (Systems & Humans)，2005，35（5）：738-745.

[171] 陈亚红，穆钢，段方丽. 短期电力负荷预报中几种异常数据的处理 [J]. 东北电力学院学报，2002，22（2）：1-5.

[172] A. A. Mohamed, S. K. Naresh. Short-term load demand modeling and forecasting: a review [J]. IEEE Trans. on Systems, man, and cybernetics. 1982，12（3）：370-382.

[173] Hyde O., Hodnett P. F. An adaptable automated procedure for short-term electricity load forecasting [J]. IEEE Transactions on Power Systems，1997，12（1）：205-215.

[174] AlFuhaid A. S., El-Sayed M. A., Mahmoud M. S. Cascaded artificial neural networks for short-term load forecasting [J]. IEEE Transactions on Power Systems，1997，12（4）：1524-1529.

[175] 李邦云，丁晓群，程莉. 基于数据挖掘的负荷预测 [J]. 电力自动化设备，2003，23（8）：52-55.

[176] 李秋丹，迟忠先，王大公. 基于数据挖掘技术的负荷预测模型 [J]. 大连理工大学学报，2003，43（6）：845-848.

[177] 吴小明，邱家驹，张国江，等. 软计算方法和数据挖掘理论在电力系统负荷预测中的应用 [J]. 电力系统及其自动化学报，2003，15（1）：1-4.

[178] 许涛，贺仁睦，徐东杰，等. 数据挖掘与电力系统负荷预测 [J]. 电力信息化，2004，2（2）：42-44.

[179] 冯丽，邱家驹. 离群数据挖掘及其在电力负荷预测中的应用 [J]. 电力系统自动化，2004，28（11）：41-45.

[180] 赵磊，李媛媛，李金超，等. 基于数据挖掘技术的电力日负荷优选组合预测 [J]. 2005，32（3）：

19-22.

[181] 廖志伟，孙雅明. 数据挖掘技术及其在电力系统中的应用 [J]. 电力系统自动化，2001. 25（11）：62-66.

[182] 严华，吴捷，马志强，等. 模糊集理论在电力系统短期负荷预测中的应用 [J]. 电力系统自动化，2000：67-72.

[183] 邵莹，高中文. 基于模糊集理论的短期电力负荷预测 [J]. 信息技术，2005，5.

[184] 张昊，吴捷，郁滨. 电力负荷的模糊预测方法 [J]. 电力系统自动化，1997，21（12）：11-15.

[185] Ruey-Hsun Liang，Ching-Chi Cheng. Short-term load forecasting by a neuro-fuzzy based approach [J]. International Journal of Electrical Power & Energy Systems，2001，24（2）：103-111.

[186] Al-Kandari A. M.，Soliman S. A.，El-Hawary M. E. Fuzzy short-term electric load forecasting [J]. International Journal of Electrical Power & Energy Systems，2004，26（2）：111-122.

[187] 吕志来，张保会. 基于 ANN 和模糊控制相结合的电力负荷短期预测方法 [J]. 电力系统自动化，1999，23（22）：37-39.

[188] 谢宏，牛东晓，张国立，等. 一种模糊模型的混合建模方法及在短期负荷预测中的应用 [J]. 中国电机工程学报，2005，25（8）：17-22.

[189] 雷绍兰，孙才新. 电力负荷的模糊粗糙集预测方法研究 [J]. 高电压技术，2004，30（9）：58-61.

[190] 吴斌，陈章潮，包海龙. 基于人工神经元网络及模糊算法的空间负荷预测 [J]. 电网技术，1999，23（11）：2-4.

[191] 苟旭丹. 电力系统母线负荷预测研究 [D]. 四川：四川大学，2004.

[192] 余贻鑫，吴建中. 基于事例推理模糊神经网络的中压配电网短期节点负荷预测 [J]. 中国电机工程学报，2005，25（12）：18-23.

[193] 焦建林，芦晶晶. 基于改进时间序列法的配电网短期负荷预测模型 [J]. 电工技术杂志，2002（5）：25-28.

[194] 康重庆，赵燃，陈新宇，等. 多级负荷预测的基础问题分析 [J]. 电力系统保护与控制，2009，37（9）：1-7.

[195] EUNITE network. Competitions [EB/OL]. [2001-08-01]. http：// www. eunite. org/knowl-edge/Competitions/index _ main. htm

[196] 周建中，张亚超，李清清，等. 基于动态自适应径向基函数网络的概率性短期负荷预测 [J]. 电网技术，2010，34（3）：37-41.

[197] 方仍存，周建中，张勇传，等. 短期负荷概率性预测的混沌时间序列方法 [J]. 华中科技大学学报（自然科学版），2009，37（5）：125：128.

[198] R. Ramanathan，R. F. Engle，C. W. J. Granger，et al. Short-run forecasts of electricity loads and peaks [J]. Int. J. Forecast.，1997，13：161-174.

[199] S. J. Huang，K. R. Shih. Short-term load forecasting via ARMAmodel identification including non-Gaussian process considerations [J]. IEEE Transactions on Power Systems，2003，18（2）：673-679.

[200] 卢建昌，韩红领. 基于灰色神经网络组合模型的日最高负荷预测 [J]. 华东电力，2008，36（2）：60-66.

[201] P. E. McSharry，S. Bouwman，G. Bloemhof. Probabilistic forecast of the magnitude and timing of peak electricity demand [J]. IEEE Transactions on Power Systems，2005，20（2）：1166-1172.

[202] 徐玮，罗欣，刘梅，等. 用于小水电地区负荷预测的两阶段还原法 [J]. 电网技术，2009，33（8）：87-92.

[203] Hoverstad B. A.，Tidemann A.，Langseth H.，et al. Short-Term load forecasting with seasonal de-

composition using evolution for parameter tuning ［J］. IEEE Transactions on Smart Grid，2015，6 (4)：1904-1913.

［204］ 苗键强，童星，康重庆. 考虑相关因素统一修正的节假日负荷预测模型 ［J］. 电力建设，2015，36 (10)：99-104.

［205］ Xing Tong，Qixin Chen，Jie Fan，et al. Adaptability Verification and Application of the t-distribution in Short-term Load Forecasting Error Analysis ［C］. 2014 International Conference on Power System Technology，Article number：CP1114，Chengdu，China，2014：1-6.

［206］ 李野，康重庆，陈新宇. 综合预测模型及其单一预测方法的联合参数自适应优化 ［J］. 电力系统自动化，2010，34 (22)：36-40.

［207］ Wang Yang，Xia Qing，Kang Chongqing. Secondary forecasting based on deviation analysis for short-term load forecasting ［J］. IEEE Transactions on Power Systems，2011，26 (2)：500-507.

母线负荷预测

第23章

母线负荷预测框架与基本预测方法

23.1　什么是母线负荷

母线负荷定义为由变电站的主变压器供给的终端负荷的总和。通过母线负荷预测可以获得未来潮流计算中各母线上的负荷类注入量，物理上表现为与下级电网的线路关口、主变压器关口量测。母线负荷预测对于电网运行分析、优化调度和稳定控制有重要意义，广泛使用在需要进行潮流计算的电网高级应用中，包括发电计划、安全校核、检修计划、无功优化等。

如图 23-1 所示，下级电网通过母线从变压器获得电能，母线下接的用户负荷 $P1$、$P2$、$P3$ 的总和即为母线负荷。

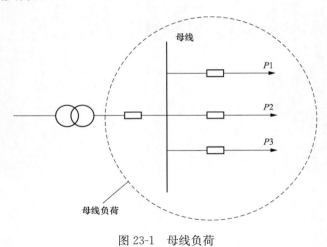

图 23-1　母线负荷

23.2　母线负荷特点及其规律

母线负荷预测首先具有负荷预测的共性特征，遵守负荷预测的延续性原则、类推原则、相关原则、概率推断原则和反馈原则。国内外对母线负荷预测的研究已经进行了多年，但是，在母线负荷预测技术方面的进展明显落后于系统负荷预测。究其原因，是因为与系统负荷预测相比，母线负荷预测具有如下的突出特点：

（1）系统中母线数目众多，量大面广，各个母线的变化规律有其各自的特点，预测人员无法一一深入分析其特点。图 23-2（a）～（d）所示为河北南网 2011 年 7 月 1 日 4 个不同站点的母线负荷曲线，不难看出，这 4 条曲线的形状迥异。其中，大河变电站工业负荷比例较大，全天负荷曲线比较平稳，没有显著的峰谷特性；赵店变电站的负荷曲线与系统负荷曲线相似，有明显的早高峰、午高峰、午低谷、晚低谷；牟庄变电站与赵店变电站相似，不同的是其午低谷特性非常显著，这揭示了当地产业生产计划具有明显的午休特点；连轧变电站的负荷最不规律，负荷波动十分剧烈，这与当地产业以炼钢、轧钢企业为主的特征相符。

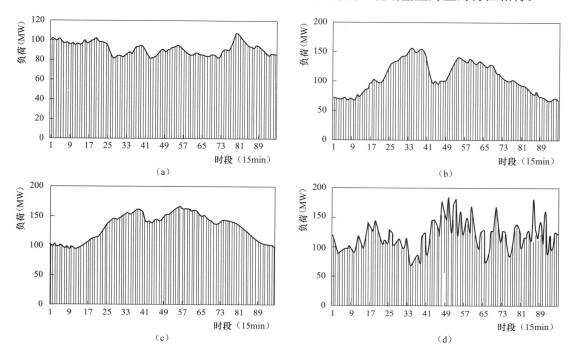

图 23-2 母线日负荷曲线

(a) 大河变电站；(b) 牟庄变电站；(c) 赵店变电站；(d) 连轧变电站

(2) 母线负荷预测的基数比较小，远小于系统负荷。图 23-3 为东寺变电站 2011 年 5 月 8 日负荷曲线，该日平均负荷为 25.3MW；图 23-4 为河北南网同一日的系统负荷曲线，平均负荷为 15379.7MW，可见母线负荷与系统负荷水平差距之大。

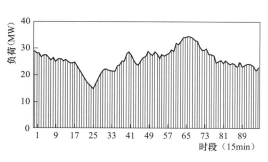

图 23-3 东寺变电站 2011 年 5 月 8 日负荷曲线

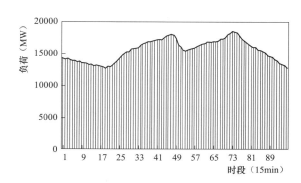

图 23-4 河北南网 2011 年 5 月 8 日系统负荷曲线

(3) 由于供电区域内用户行为的影响，母线负荷容易产生突变，稳定性比较差，有较多"毛刺"。图 23-2 (d) 很好地说明了这一点，由于母线负荷水平较低，惯性较弱，因此单个企业或者用户的行为对整体负荷的影响较大，导致负荷"毛刺"较多。

(4) 所积累的数据不精确，且常含有异常数据（误差很大的离群值）。由于通信信道故障、计划性的调度操作或者用户用电行为的突变，使得母线负荷容易出现异常数据，这些异

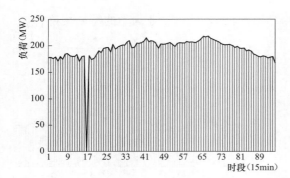

图 23-5　金店变电站 2011 年 1 月 7 日负荷曲线

常数据违背了负荷的正常变化规律，对负荷预测的准确性影响极大。图 23-5 所示为零点异常数据情况，图中第 17 个时段负荷记录为零点，而该零点前后的点均为正值，这显然违背了负荷变化的物理规律。如果不剔除这一零点，将会导致母线负荷预测在该时段的预测偏低，误差较大。

（5）负荷变化的趋势性不明显。母线负荷由于负荷水平较低，负荷惯性较小，变化趋势不稳定。图 23-6 为高阳变电站 2011 年 9 月 12 日和 13 日连续两天的负荷曲线，时间仅相隔一天，负荷水平及曲线形状就有极大的差异。

（6）受电网计划操作的相关因素影响比较大。母线负荷受到电网拓扑变化的影响较大。电网线路检修、负荷转供都会对母线负荷产生影响。如图 23-7 所示，2011 年 1 月 10 日的第 81 个时段（20 时 15 分）发生负荷转供，东寺变电站负荷从 116.6MW 骤降至 92.9MW，下降了 20.3%，东寺变电站正常的负荷曲线形状应如图中虚线所示。

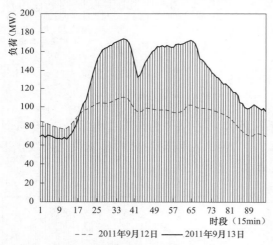

图 23-6　高阳变电站前后两日负荷曲线差异

--- 2011年9月12日　—— 2011年9月13日

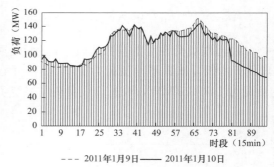

--- 2011年1月9日　—— 2011年1月10日

图 23-7　东寺变电站 2011 年 1 月 10 日
第 81 时段发生负荷转供

23.3　母线负荷预测的技术路线

面对特性显著的母线负荷，直接套用系统负荷预测的思路是无法得到理想的预测精度的，必须从原始数据的智能化检测与处理、多元化的母线负荷预测模型、母线负荷预测的自适应机制、系统负荷与母线负荷预测的多级协调方法等方面进行深入研究，提出全套的解决方案。

本书关于母线负荷预测的总体技术路线如图 23-8 所示，分为 3 个阶段，即预测前阶段、预测中阶段以及预测后阶段。

下面对 3 个阶段逐一进行分析。

23.3.1　预测前阶段

母线负荷数据量大面广，属于海量数据管理的范畴，依靠人工逐一分析母线负荷几乎是不可能的。在面对海量数据的同时，母线负荷中出现异常数据的情形比较常见。如何对海量

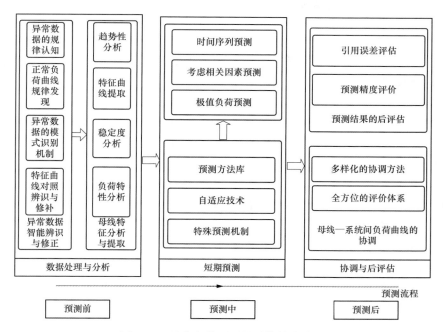

图 23-8　母线负荷预测的总体技术路线

数据中的异常数据进行智能辨识，并提出行之有效的修正技术，是母线负荷预测中必须攻克的难关。本篇第 24 章将介绍母线负荷的特征提取技术，智能化地识别不同母线负荷的不同变化规律和发展模式，由此辨识和修正历史数据中的异常数据，为后续进行有效的母线负荷预测奠定基础。

负荷的变化主要取决于人们生产和生活的规律性，并受到一些相关因素（如日类型、温度等）的影响。母线负荷预测的关键在于充分发掘负荷历史数据中的规律性，从而降低预测的误差。然而，负荷变化中的随机因素是客观存在的，负荷变化的规律性如何，在某种程度上决定并限制了预测所能达到的最佳效果。因此，必须将历史数据、建模方法和误差分析结合起来研究，分析历史负荷的稳定度。应用第Ⅰ篇第 3.2 节中负荷的频域分解和稳定度分析方法，可对历史母线负荷进行频域分析并分解，最终用量化指标给出各母线某个时间区间内的负荷稳定度，并据此判断母线负荷的可预测性。

23.3.2　预测中阶段

传统的分布因子法已经无法适应现有母线负荷预测以及安全校核的要求，因此，必须针对不同母线负荷自身变化的特点，建立具有较强适应性的预测模型及相关算法，以适应大量母线多时段的预测需求。必须研究并建立母线负荷预测的模型/方法库，以适应母线负荷规律多样对预测方法多样性的要求，本篇后面若干章将集中讨论母线负荷预测方法。

由于母线负荷的异常数据较多，受气象因素影响较大，以及负荷基数较低等特点，使得其预测思路与系统级负荷预测有较大差别。针对母线负荷的这些特点，本篇提出了三种有效应对的预测机制，分别为规避异常数据的母线负荷预测策略（第 25 章）、基于偏差反馈二次预测的母线负荷预测策略（第 26 章）以及虚拟母线预测策略（第 29 章）。

由于母线负荷规律复杂、模式多样，需要研究一套闭环训练、自动识别的机制，由此将变化频繁、模式复杂的母线负荷进行自动分类，针对每条母线、各个时段的特点，找到最适应的预测方法，这是提高母线负荷预测精度的关键。因此，本篇第 28 章将深入研究如何针对所预测的母线，利用最新的实际数据，一方面自适应地训练各种单一预测方法及综合模型，另一方面，自适应地进行模型参数的自动调整，选择历史相似日，以达到更好的预测效果。

23.3.3 预测后阶段

系统负荷预测与母线负荷预测可以看作不同的级别，当分别对这两类对象独立地做出预测时，两者之间很可能存在明显的差异。母线负荷预测中常见的负荷分布因子法，实际上是完全承认了系统负荷预测的准确性，忽略各母线预测的准确性差异，通过按比例分配上级预测值来调整下级各母线的预测结果。然而，任何负荷预测模型都是对实际负荷变化规律的近似，预测结果难免会有误差。对于不同的预测对象（时间、空间、属性等的不同），由于负荷自身变化规律的不同，预测误差也不同，必须尽量充分利用和挖掘高预测精度母线的预测结果，因此需要在系统负荷预测与所有母线负荷预测结果之间进行协调，最终达到上下级负荷平衡、整体误差最小的目标，实现母线负荷预测与系统安全校核的平稳衔接。

母线负荷预测工作量大，影响因素较多。要得到准确可靠的预测结果，除了拥有优良的预测算法外，及时准确的经验反馈也尤为重要。在预测后评估环节，与系统负荷预测不同，由于基数较低，直接采用真实负荷作为分母通常会极度放大相对误差，有时相对误差甚至超过 100%，影响了对预测精度的评价判断，因此母线负荷预测的精度评价通常采用引用误差的评价方式，基于引用误差进而设计出合格率、准确率等指标作为预测效果的评价方式，在本章将予以阐述。

23.4 母线负荷基本预测方法

母线负荷预测常用方法，主要包括基于系统负荷配比的预测方法和基于母线负荷自身变化规律的预测方法两类。

23.4.1 基于系统负荷配比的正常日预测方法

由于母线负荷量大面广的特性，逐一预测所有母线负荷，在过去信息与通信技术不发达的年代，十分耗时。在这一背景下，基于系统负荷的预测结果进行分配，是应用较普遍的母线负荷预测方式。该类方法的思路是：首先由系统负荷预测取得某一时刻系统负荷值，然后将其按一定比例分配到每条母线上，可以实现母线负荷的快速预测。此类预测方法在国内常称为"分布因子法""配比因子法"。

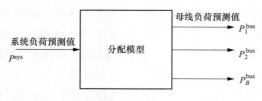

图 23-9 基于系统负荷配比的正常日预测方法

如图 23-9 所示，以该思路进行母线负荷预测的步骤是：

（1）预测系统负荷 P^{sys}；

（2）确定母线负荷预测用的分配模型，维护配比因子；

（3）利用系统负荷（预测值）计算各母线负荷 $P_1^{bus} \sim P_B^{bus}$，B 为母线负荷个数。

常用的负荷预测分配模型有：

（1）树状常数负荷分配模型。在该模型中，将上一级负荷按比例（在各时段为常数）分配即可得到下一级负荷。该模型的最顶层为系统负荷，最底层为母线负荷，层级数可大于

2。图 23-10 为最简单的两级树状常数负荷分配模型，先对各母线负荷 P_b^{bus} $(b=1\sim B)$ 设置一个标准负荷值 $P_{b,0}^{\text{bus}}$ $(b=1\sim B)$（通常取为日或周的峰荷），将各母线标准负荷值加总即为系统负荷的标准负荷，按照各母线占系统标准负荷的比例 w_b，分配系统负荷预测值 P^{sys}，即可得到各母线负荷预测值 P_b^{bus}。

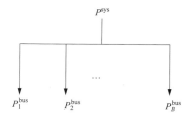

图 23-10　两级树状常数负荷分配模型

$$w_b = \frac{P_{b,0}^{\text{bus}}}{\sum\limits_{b'=1}^{B} P_{b',0}^{\text{bus}}} \quad (b=1\sim B) \qquad (23\text{-}1)$$

$$P_b^{\text{bus}} = w_b P^{\text{sys}} \quad (b=1\sim B) \qquad (23\text{-}2)$$

树状常数模型通常只适用于上下级负荷曲线变化较一致的场合，因而一般用在较小系统的母线负荷预测中。

（2）考虑负荷区域不一致性的模型。电力系统分布辽阔，不同区域的母线负荷曲线的形状存在较大的差别，因而不同区域母线负荷所占上级负荷的比例会随时间发生变化。如果按照树状常数模型处理，难免会带来误差。如图 23-11 所示，本模型在系统负荷和母线负荷之间增加了区域负荷这一级，在系统负荷到区域负荷之间采用随时间变化的配比因子，在区域负荷到母线负荷之间仍采用常数型的配比因子。如式（23-3）所示，$K_v^{\text{area}}(t)$ 是从系统负荷 $P^{\text{sys}}(t)$ 到区域负荷 $P_v^{\text{area}}(t)$ 的时变配比因子，其中 t 是时间变量，v 是区域变量。

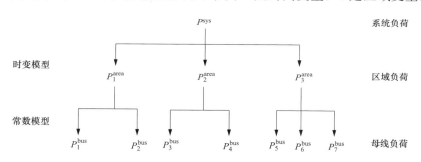

图 23-11　考虑负荷区域不一致性的模型

$$P_v^{\text{area}}(t) = K_v^{\text{area}}(t) P^{\text{sys}}(t) \qquad (23\text{-}3)$$

计算得到区域负荷之后，即可按照前述的常数型配比因子计算母线负荷。

（3）考虑负荷类型差异的模型。系统中大型工厂、居民区、商业区、行政区都有独特的负荷变化规律，其规律性往往与地区无关。地区不同但类型相同的母线负荷的规律相似，因此可采用根据负荷类型划分的树状模型。在这一模型中，最高层为系统负荷，第 2 层为类型负荷，第 3 层为母线负荷，如图 23-12 所示。在系统负荷到类型负荷之间采用随时间变化的分配系数，在类型负荷到母线负荷之间仍采用常数型的分配系数。该模型与考虑负荷区域不一致性的模型相似，不同处仅在于中间层为类型负荷。

（4）混合负荷模型。大型电力系统中的母线负荷，同时存在着区域差异性和类型差异性这两种情况，因此有必要建立同时考虑这两种差异的混合模型。如图 23-13 所示，在这一模型中，第 1 层为系统负荷、第 2 层是类型负荷、第 3 层是区域负荷、第 4 层是母线负荷。在系统负荷到类型负荷之间和在类型负荷到区域负荷之间采用随时间变化的配比因子；在区域

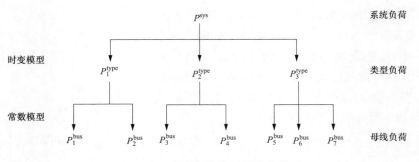

图 23-12   考虑负荷类型差异的模型

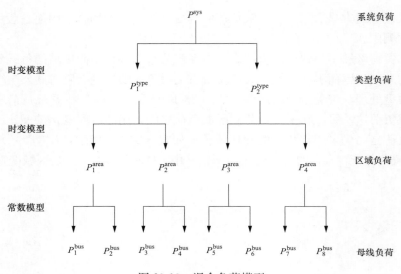

图 23-13   混合负荷模型

负荷到母线负荷之间一般采用常数配比因子。

23.4.2   基于母线负荷自身变化规律的正常日预测方法

分布因子法是母线负荷预测中最常见、最基本的预测模型。但基于母线负荷量大面广的特点，只应用分布因子法，不能很好地适应对所有母线的预测，它的适用条件有 2 个：系统负荷预测效果比较好和各个母线的配比因子比较稳定。显然，许多母线负荷预测并不满足这样的条件。

不同母线不同时段负荷的变化规律都不一样，这就要求针对母线负荷的变化特点，研究尽可能多的适应性强的预测模型，以满足大量母线不同时段的预测需要。母线负荷与系统负荷具有相似的变化规律，因此可以将系统负荷预测的某些方法应用于母线负荷预测并进行适当修正，由此可以提炼、改造系统负荷预测方法库中的方法，形成母线负荷预测方法库，如图 23-14 所示。

其中，同类型日倍比法、近日平滑仿重叠曲线法、一元线性回归法等预测方法，均直接借鉴系统负荷预测的方法。下面对其他一些方法进行简要说明。

23.4.2.1   新息点对点倍比法

基于新息思想的点对点倍比法预测母线负荷，打破了原有的"日"的概念，由于在预测

当日已知 τ（$\tau \leqslant T$）点的母线负荷数据，可以从最后一个已知点开始，向前取 T 个点（T 为日采样点个数），作为新的"虚拟日"。依此类推，连续向前取 N 天共 $N \times T$ 个负荷值，作为新的历史日负荷数据，并基于这一新的历史母线负荷数据应用点对点倍比法，对未来的连续 2 天母线负荷作出预测。

基于新息的预测方法之所以有效，是因为母线负荷变化迅速，规律性弱，而新息的加入有利于及时把握负荷的最新变化规律，从而降低负荷预测误差。

23.4.2.2 负荷近日平滑法

由于相当一部分母线负荷变化迅速，负荷惯性较小，其未来负荷与其近期历史负荷的相关性较大，而与远期历史负荷的相关性较小。基于这一特性，形成了负荷近日平滑法，主要利用近日的历史母线负荷数据，预测待预测日的标幺负荷曲线和母线负荷基值。

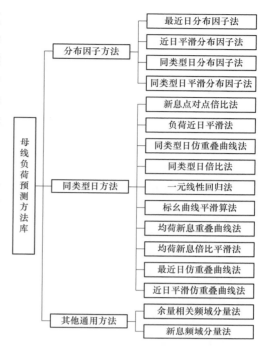

图 23-14　母线负荷预测方法库的构成

该方法与 15.2.2 节中系统级短期负荷预测中正常日倍比平滑法的差异在于：

（1）正常日倍比平滑法在预测标幺曲线时，同类型日的负荷权重最大，其次为近日；而负荷近日平滑法的权重分配完全按照历史负荷日距离待预测日的远近程度来衡量，越近则权重越大。

（2）在预测基值时，正常日倍比平滑法参照上一个同类型日的基值经过倍比得到待预测日的基值；而负荷近日平滑法直接采用最近日的母线负荷基值作为待预测日基值。

23.4.2.3 均荷新息重叠曲线法

顾名思义，均荷新息重叠曲线法采用新息方式重新组织历史母线负荷数据，以日平均负荷作为基值进行预测得到标幺负荷曲线。

均荷新息重叠曲线法沿用原来系统级预测中重叠曲线法的基本预测思路，只是引入了前文的"虚拟日"的理念。将取得的每"日"母线负荷曲线分别从左右两边延伸出几个时刻，就可以继续利用重叠曲线法的预测过程。可参照正常日日平均方式的重叠曲线法，分四步进行新息预测：

（1）母线负荷曲线的延伸处理；

（2）各日标幺曲线的预测，这一步采用均荷方式的倍比平滑法，使用日平均母线负荷作为基值；

（3）重叠曲线的有名化；

（4）重叠点的扣除，得到待预测日的母线负荷预测曲线，最后再把修改后的"虚拟日"变换到实际意义上的"日"即可。

以上过程实现了均荷新息重叠曲线法。

23.4.2.4 均荷新息倍比平滑法

均荷新息倍比平滑法沿用原来系统级负荷预测中倍比平滑法的预测思路，只是引入了前文的"虚拟日"的理念。取 N 天的母线负荷 $\boldsymbol{P}_{C-1}$，$\boldsymbol{P}_{C-2}$，…，$\boldsymbol{P}_{C-N}$，历史负荷集合中负荷曲线的标幺化基值设为平均值 $P_{n,\mathrm{mean}}$，于是得到相应的标幺曲线为 $\boldsymbol{P}_n^* = [P_{n,1}^*$，$P_{n,2}^*$，…，$P_{n,T}^*]$。

仍然按原来倍比平滑法的三步进行预测：

(1) 标幺曲线预测；

(2) 母线负荷基值预测；

(3) 预测曲线的有名化。

得到"待预测日"的母线负荷基值 $\hat{P}_{C+F,b}$ 之后，即可转换出预测母线负荷 $\hat{\boldsymbol{P}}_{C+F} = [\hat{P}_{C+F,1}$，$\hat{P}_{C+F,2}$，…，$\hat{P}_{C+F,T}]$，最后再把"虚拟日"变换到实际意义上的"日"即可。

23.4.2.5 余量相关频域分量法

将母线历史负荷序列分解为：

(1) 日周期分量 $a_0 + D(t)$；

(2) 星期周期分量 $W(t)$；

(3) 低频分量 $L(t)$；

(4) 高频分量 $H(t)$。

利用日周期分量和星期周期分量直接取得母线负荷基准值，然后对剩余分量（高频、低频分量之和）采用相关方式进行外推预测，最后叠加得到整体的母线负荷预测结果。

23.4.3 节假日母线负荷预测方法

节假日是指国家法定的重大节日或假日。与系统级短期负荷预测类似，由于节假日期间的负荷变化规律与正常日明显不同，为了突出这一特点，需要专门建立节假日母线负荷预测方法，体现节假日的负荷变化特点。由于母线负荷在不同年份的变化可能非常大，因此21.1节的系统级节假日预测思路不一定适用。这里采用在不同年份之间对比预测修正的思路实现节假日母线负荷预测，可按照以下流程实现：

(1) 采用某一种正常日预测方法先对本年度节假日母线负荷进行预测。这里的预测算法可以是前述的任意一种正常日母线负荷预测方法。

(2) 选择类比时段，通常选择上年度同期进行类比。但是考虑到母线负荷预测数据质量有可能较差，也可以适当灵活选择。例如预测本年度国庆节母线负荷，在缺失上年度同期数据的情况下，可以选择本年度的其他重大节假日作为参考数据。

(3) 用上年度同期的节前负荷数据进行虚拟预测，然后对比虚拟预测结果和正常日结果，记录两者之间的比例差异。

(4) 在采用正常日预测方法得到的节假日母线负荷预测结果的基础上，按比例差异进行叠加修正，由此形成本年度的节假日母线负荷预测结果。

23.5 母线负荷预测的精度评估

母线负荷与系统负荷不同，由于其负荷基数较小，如果采用以负荷真实值作为负荷基准值计算相对误差，会导致相对误差过大（甚至有可能超过100%）。因此，通常根据母线负荷所处电压等级的不同，设置不同的常数作为母线负荷基准值，如表 23-1 所示。

表 23-1 母线负荷基准值

电压等级（kV）	母线负荷基准值（MVA）	电压等级（kV）	母线负荷基准值（MVA）
500	1082	220	305
330	686	110	114

（1）单母线负荷 b 时段 t 的误差。

$$e_{b,t} = \frac{预测值 - 实际值}{负荷基准值} \times 100\% \qquad (23\text{-}4)$$

（2）日母线负荷预测准确率（%）。

$$日母线负荷预测准确率(\%) = \left(1 - \sqrt{\frac{1}{T}\sum_{t=1}^{T}\sigma_t^2}\right) \times 100\% \qquad (23\text{-}5)$$

其中：$\sigma_t = \sqrt{\frac{1}{B}\sum_{b=1}^{B}e_{b,t}^2}$ 为时段 t 的所有母线误差的均方根；B 为所评价的母线负荷总数；T 为日预测总时段数。单个母线的准确率可按 $B=1$ 进行计算。

（3）月（年）平均母线负荷预测准确率。

$$月（年）平均母线负荷预测准确率 = \frac{\sum 日母线负荷预测准确率}{月（年）日历天数} \qquad (23\text{-}6)$$

（4）日母线负荷预测合格率（%）。

$$日母线负荷预测合格率(\%) = \frac{1}{T}\sum_{t=1}^{T}r_t \qquad (23\text{-}7)$$

其中，时段 t 合格率

$$r_t = \frac{母线负荷预测合格数}{母线负荷总数} \times 100\% \qquad (23\text{-}8)$$

式中：母线负荷预测合格数是指误差<5%的母线负荷数。

（5）月（年）平均母线负荷预测合格率。

$$月（年）平均母线负荷预测合格率 = \frac{\sum 日母线负荷预测合格率}{月（年）日历天数} \qquad (23\text{-}9)$$

由于系统中母线负荷众多，可以根据所有母线负荷预测精度的评估结果，对其进行排序和分析，帮助改进预测方法，促进母线负荷预测精度的不断提高。

第24章

母线负荷异常数据辨识与修复方法

上一章已经分析，相比系统负荷而言，母线负荷的重要特点是其数据质量较差，含有异常数据较多。因此，对母线负荷预测而言，正确辨识异常数据是准确预测的前提。本章将首先介绍母线负荷异常数据的分类及常见模式，针对异常数据的基本模式，提出具有针对性的粗辨识方法；之后通过分析母线负荷特性及其变化规律，形成基于特征提取的精细辨识方法；最后进行数据的修复。本章提出的粗、细两阶段异常数据辨识机制对各类异常数据点具有较好的辨识效果，可以据此提高母线负荷预测精度。图 24-1 为异常数据辨识与修复的总体框架。

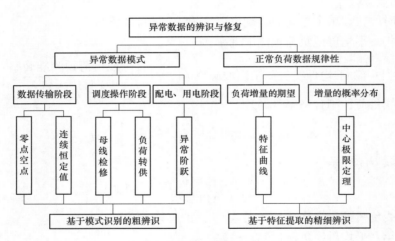

图 24-1　异常数据辨识与修复的总体框架

24.1　母线负荷异常数据分类

从预测的角度讲，如果一些数据点不满足负荷曲线的一般规律，会对预测结果产生误导，那么这些数据被称为异常数据。

在这一定义下，不仅量测和数据传输的错误导致异常数据点的产生，而且用户侧负荷的异常波动也会被认为是异常数据点。异常数据点通常在以下 3 个阶段中产生：调度操作阶段、数据传输阶段和配电、用电阶段。

（1）数据传输阶段。所有由二次侧故障（包括量测失效和通信故障）导致的异常数据点都属于数据传输阶段故障。这一阶段产生的异常数据所占比例最高，对预测的干扰最大，但其异常数据的主要模式也最容易辨识。常见模式主要有：

1）空数据点和零数据点。空数据点和零数据点为系统中所占比例最高的异常数据点，其特征为该点的数据记录为空或为零。

2）连续恒定值。连续恒定值的表现为：负荷曲线上连续时间内的负荷值相同，通常由通信通道工作不正常导致输出不随输入变化产生。这是负荷序列中又一常见的异常数据类型。

（2）调度操作阶段。虽然调度命令对母线负荷的影响是暂时的，但其对负荷曲线的影响是显著的，且并不反映负荷变化的规律。因此调度命令导致的负荷曲线的变形同样属于异常数据点的范畴。在这一阶段中，主要的异常数据模式为母线检修和负荷转供两种。

1）母线检修。当母线检修时，该母线的有功为零，但是由于传感器的灵敏度和偏置，导致遥测得到的有功量连续变化在一个十分接近零的范围内。

2）负荷转供。负荷转供时，母线的部分负荷被暂时转移至其他母线，导致母线负荷的连续性被破坏。

（3）配电、用电阶段。一般表现为异常阶跃。母线负荷的异常波动可以由用户侧产生，即由于某种用电行为而导致负荷曲线出现显著的尖峰脉冲。这样的负荷点根据定义同样属于异常数据。异常阶跃并非仅由用户侧产生，传感器异常和系统暂态过程也可能产生部分异常阶跃点，这里并不区分它们缘何产生。

母线负荷异常数据常见类型如图 24-2 所示。

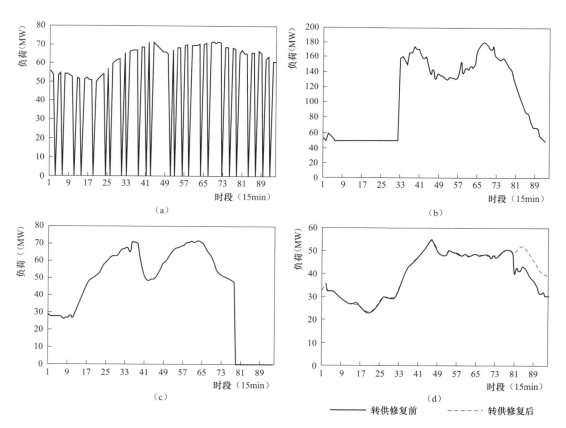

图 24-2　母线负荷异常数据常见类型（一）

（a）零值和空值；（b）连续恒定值；（c）母线检修；（d）负荷转供

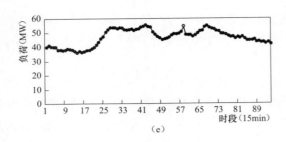

图 24-2　母线负荷异常数据常见类型（二）

（e）异常阶跃

24.2　两阶段异常数据辨识方法

上述五种异常数据模式的辨识方法是不同的：前三种异常数据模式可以依据异常数据所特有的模式进行检测和修复，后两种中，部分显著的异常阶跃数据可以通过其特有模式识别，而负荷转供与非显著的异常阶跃值并不具有很强的独特模式，因此对其进行判别需要依赖于对正常数据统计特性的认知。然而正常数据的统计特性却又隐藏在异常数据的背后，因此，这里提出了从易到难、由粗到精、分步辨识的流程。

根据数据属性的不同，将负荷数据分为正常数据 S0、显著异常数据 S1、非显著异常数据 S2 三类。如表 24-1 所示，S1 是显著异常数据，包括零值、空值、连续恒定值、近零值、显著异常阶跃等模式明显的异常数据，这些数据可以通过简单的模式判据检测出来。S2 为非显著异常数据，包括非显著的异常阶跃以及转供模式的异常数据，这些数据难以找到有效的模式判据，但可以通过对正常数据的统计特性分析进行甄别和修复。

表 24-1　母线负荷中的异常数据

数据类型	数据属性
S0	正常数据
S1	零值、空值、连续恒定值、近零值、显著异常阶跃
S2	非显著异常阶跃、转供

如图 24-3 所示，将异常数据辨识与修复分为粗辨识、细辨识两个阶段。在阶段 I 进行粗辨识，根据模式判据甄别 S1 数据，采用线性插值的方法对其作简单修复，得到修复后数据 S1′；阶段 II 为精细辨识阶段，该阶段将对正常数据 S0、修复后显著异常数据 S1′ 以及非显著异常数据 S2 组成的负荷曲线进行频域分解，从分解结果中提取特征曲线，利用特征曲线对异常数据进行修正。

24.2.1　基于模式识别的粗辨识

S1 数据的特征是比较明显的，比较容易辨识和修复。因为这些显著异常数据点的存在对母线负荷曲线的统计特性和特征曲线的提取有严重的影响，因此需要先剔除这些明显的异常数据点，此过程为粗辨识。下面分别介绍每类数据的模式判据，其中母线负荷曲线以 P_t 表示，t 为时段。

（1）零值、空值以及近零值。对于空值，以 $P_t = \text{null}$ 作为判据；对于零值和近零值，以 $|P_t| \leqslant \varepsilon$ 作为判据，ε 为一较小的数值，取决于传感器的灵敏度。

（2）连续恒定值。连续恒定值的判定，可通过相邻点的母线负荷差值大小进行判别，判据如下

$$\sum_{t=i}^{i+r} |\Delta P_t| < \varepsilon \qquad (24\text{-}1)$$

$$\Delta P_t = P_t - P_{t-1} \qquad (24\text{-}2)$$

式中：ΔP_t 是相邻两点的母线负荷差值；r 是检测窗宽，例如可取为 1；i 为当前检测位置；ε 为一较小的数值。

（3）显著异常阶跃。对于显著异常阶跃的检测，一种思路是对相邻两个时刻的母线负荷作差得到母线负荷增量，

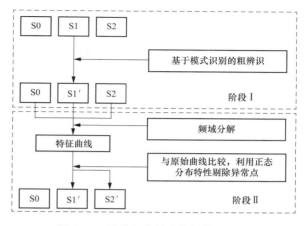

图 24-3　母线负荷异常数据辨识流程

假设母线负荷增量服从正态分布，以 3σ 原则作为判据得到那些增量大于 3σ 的显著异常阶跃点。这种思路是建立在母线负荷增量服从正态分布的基础上的，而实际上因为母线负荷异常数据隐藏在母线负荷曲线之中，使得负荷增量不一定服从正态分布。这里介绍一种不依赖于任何分布假定的检测方法——切比雪夫不等式法，如下所示

$$prob(|\Delta P_t - E| < kD) > 1 - \frac{1}{k^2} \qquad (24\text{-}3)$$

式中：$prob(\ )$ 是概率函数；E 是 ΔP_t 的期望；D 是其标准差；k 代表样本偏离期望的程度。

该式的意义为样本偏离期望 k 倍标准差的概率小于 $1/k^2$。例如取 $k=5$，可以得知，至少 96% 的样本应该分布在均值附近的 $\pm 5D$ 区间之内。那些偏离增量均值在 $\pm 5D$ 区间之外的点，被视为显著异常阶跃点，即可剔除。

对根据上述各类判据检测出的显著异常数据进行简单的修复。一个简单的方式是：对每个母线负荷异常数据点，找到离其最近的两端正常数据，采用线性插值的方法即可修复该异常数据。修复后的显著异常数据被记为 S1′。如果连续的异常数据较多，则可考虑样条插值等方式。

24.2.2　基于特征提取的精细辨识

接下来对正常数据 S0、修复后的显著异常数据 S1′以及非显著异常数据 S2 组成的新的母线负荷序列进行特征提取。特征提取过程中，首先将连续几周的母线负荷序列进行频域分解，得到母线负荷序列的傅立叶频谱；然后将频谱按周期的长度进行组合，得到以日、周为周期的时域分量，低频分量以及高频分量。将日分量和周分量相加，作为母线负荷特征曲线，用于与原始母线负荷曲线进行对比，并依据二者之差的统计特性对非显著异常数据 S2 甄别并修复。

频域分解的方法在 3.2.2 中已经详细介绍过，这里不再赘述；下面主要阐述如何根据特征曲线进行精细辨识。

对于大多数母线负荷（除去个别高耗能企业如钢厂供电的母线）而言，其负荷是由大量的用户负荷单元（包括工业、商业、居民、政府等）共同组成的；相对于总体负荷而言，每个负荷单元的负荷都足够小。根据中心极限定理，由许多个随机事件共同影响的随机事件，

服从正态分布，可知母线负荷 $P_t \sim N(u_t, \sigma_t)$，$P_{t-1} \sim N(u_{t-1}, \sigma_{t-1})$，其中 t 为时段。假设两时段的母线负荷相互独立，对其作差，可得到

$$(\Delta P_t - \Delta u_t) \sim N(0, \Delta \sigma_t) \tag{24-4}$$

因为母线负荷曲线的四个分量中，低频分量前后两时段变化极小，高频分量接近于高斯分布，期望为 0，因此只有日分量和周分量对相邻时段的负荷期望之差 Δu_t 有贡献。令特征曲线为 $F(t)$，有

$$\Delta u_t = F(t) - F(t-1) \tag{24-5}$$

这意味着，原始母线负荷曲线和母线特征曲线之差的增量（定义为曲线 ID）服从期望为 0 的正态分布。对于期望为 0 的正态分布，99.7% 的样本分布在 3σ 范围之内，超过此范围的即为非显著异常数据 S2′。因此，精细辨识的流程可表述如下：

（1）采用 S0、S1′、S2 组成的母线负荷序列作频域分解，提取日分量和周分量，组成母线负荷特征曲线；

（2）将原始母线负荷曲线和母线负荷特征曲线作差，得到差值曲线；

（3）计算差值曲线前后两个时段的增量，得到差值增量曲线 ID；

（4）计算 ID 的标准差 σ，超过 3σ 范围的点，即为非显著异常点，进入 S2′ 集合。

24.3 异常数据修复

因为 S1′ 仅为简单插值修复的结果，未利用到母线负荷特征曲线的信息。因此，需要对两阶段检测出的异常数据 S1 和 S2 统一进行修复。修复的原则如下：

（1）修复的数据应该与邻近的母线负荷正常数据保持连续性；

（2）修复的数据应该在形状上与母线负荷特征曲线相似。

根据上述两条原则，对每一段异常数据，找到其对应的特征曲线片段，对该特征曲线片段作线性变换，并保持片段两端端点与其相邻的正常数据匹配。变换之后的特征曲线值即为异常数据的最终修复值。

24.4 算例分析

24.4.1 两阶段辨识判据

采用福建电网某变电站某日的母线负荷数据进行数值分析。

图 24-4 和图 24-5 分别为粗辨识阶段和精细辨识阶段辨识判据展示图。从图 24-4 可以看到，粗辨识阶段主要对零值、空值、连续恒定值以及显著异常阶跃进行辨识。显著异常阶跃的辨识是通过切比雪夫不等式来判断的，由于切比雪夫不等式是不基于任何分布假设的，因此其评估的结果往往过于保守，从图中可以看到，该不等式得到的判据的带宽较大，只能检测到显著的阶跃点。

进入到精细辨识阶段后，如图 24-5 所示，由特征曲线确定的判据带宽缩小了很多，能够检测到非显著的阶跃点，这是因为利用了正态分布的假设。

24.4.2 正态分布的假设检验

在精细辨识阶段，假设原始曲线与特征曲线之差的增量服从正态分布，现在采用 Kolmogorov-Smirnov（K-S 检验）检验这一点。定义四条曲线如下：

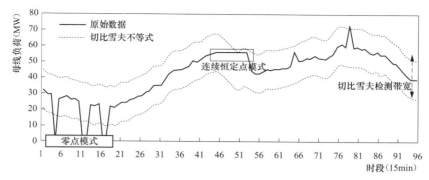

图 24-4　粗辨识阶段辨识判据

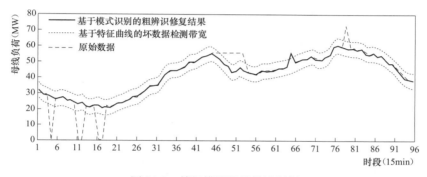

图 24-5　精细辨识阶段辨识判据

L1：原始母线负荷曲线与未修复显著异常数据 S1 情况下的母线负荷特征曲线；

L2：原始负荷曲线与修复显著异常数据 S1 后的特征曲线；

L3：L1 相邻两点的增量曲线；

L4：L2 相邻两点的增量曲线。

选取福建省某变电站 2009 年连续 14 天的数据，计算上述四条曲线，统计其分布，并进行 K-S 检验，得到结果如图 24-6 所示。L1 和 L3 中含有显著异常数据 S1，因此其标准差非常大，3σ 达到了 130MW 和 197MW；而 L2 和 L4 中修复了显著异常数据 S1，标准差缩小了很多，3σ 分别为 16.8MW 和 2.63MW。这一结果说明粗辨识阶段的重要性，没有粗辨识阶段，即使采用正态假设，3σ 依然非常大，无法检出非显著异常数据 S2。而四条曲线中，唯一通过 K-S 正态性检验的只有 L4，说明精细辨识阶段中采用的正态分布假设是正确的。

24.4.3　各类异常数据修复结果

图 24-7 为含有 30％的零值/空值的母线负荷及其修复结果。原始母线负荷曲线因为零值/空值的原因出现了阶跃式的上升和下降。修复结果显示，本方法可以很好地修复这些零值/空值，使得相邻两个时刻的母线负荷维持连贯性。

图 24-8 为对负荷转供的修复结果。可以看到，由于电网拓扑变化，在第 80 时段，有将近 10MW 的负荷被瞬间转移到了其他母线上，转供前后的负荷水平差异巨大。本方法修复阶段由于采用了特征曲线，因此能够还原原始母线负荷曲线本来的形状。

图 24-9 为对异常上升阶跃点的修复结果。可以看到，在修复后的母线负荷曲线中，阶跃点被抹平。图 24-10 为对异常阶跃下降点的修复结果。

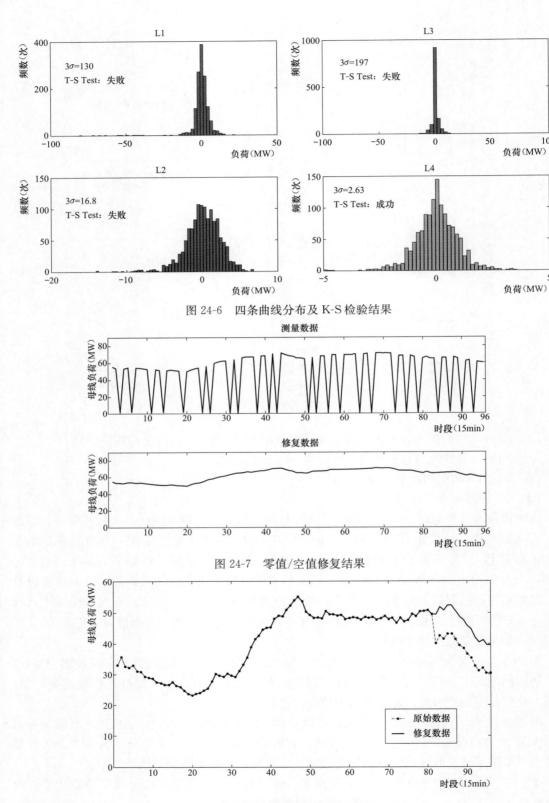

图 24-6　四条曲线分布及 K-S 检验结果

图 24-7　零值/空值修复结果

图 24-8　负荷转供修复结果

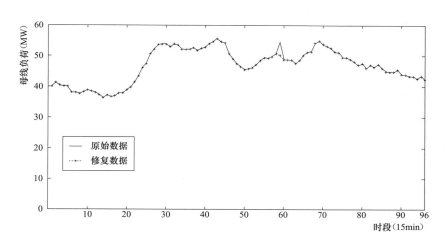

图 24-9 异常阶跃上升点修复结果

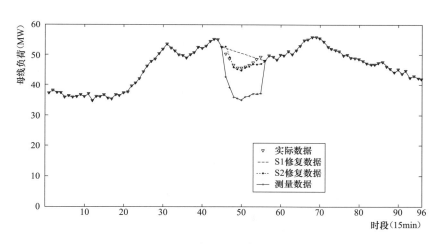

图 24-10 异常阶跃下降点修复结果

与图 24-9 情况不同的是，母线负荷曲线阶跃下降之后，维持在低负荷水平下 10 个时段，之后阶跃上升回到其原本的负荷水平上，这一阶跃下降是人为制造的。图中含有四条曲线，分别为正常母线负荷曲线、人工制造阶跃下降异常的母线负荷曲线、粗辨识修复结果、精细辨识修复结果。可以看到，粗辨识阶段由于只是进行线性插值修复，修复结果并不理想。而经过精细辨识阶段后，最终修复结果与正常母线负荷曲线非常接近，修复效果理想。

第25章

规避异常数据的母线负荷预测策略

25.1 概述

修复异常数据后，传统的预测机制是使用修补后的数据进行预测。然而，在实际工程中，一些母线的异常数据较多，修复结果有可能不理想，以至于修补结果与历史母线负荷相比会产生较大偏差。这种情况下，传统的预测机制体现出明显的不足。本章针对这一不足，提出了一种新的规避异常数据影响的预测机制。本章首先提出了完全可信信息集的概念，在这一概念下将历史母线负荷进行合理划分，并分析了相互之间的横向联系和纵向联系。由此提出了以完全可信信息集为基础的预测机制，避免将修补后数据直接用于预测，妥善处理了异常数据对于预测效果的影响。

该策略的基本思路是：在异常数据辨识之后，将历史数据分成完全可信信息集和不完全可信信息集；选用特征提取技术生成母线负荷特征曲线，表征负荷信息间的横向联系；将倍比关系作为负荷间的纵向联系，选用倍比平滑法预测完全可信时刻的母线负荷值。最后以完全可信时刻的预测值为依据，将母线负荷特征曲线进行线性变换，外推出不完全可信时刻的预测值。由于在完全可信时刻上，母线负荷特征曲线线性变换之后的数据和原始数据相差无几，简便起见，将完全可信时刻的预测结果也用母线负荷特征曲线线性变换之后的值来代表。因此，最终经过线性变换后的曲线即为母线负荷的最终预测结果。

25.2 规避坏数据影响的预测策略分析

25.2.1 传统预测策略中的异常数据处理机制

常见的预测策略，一般遵循图 25-1 中的异常数据处理机制。针对原始数据，首先进行异常数据辨识，对于辨识为异常数据的点，依据正常数据点对其进行修补，最后将修补后的数据与正常数据等效看待，采用各种预测方法进行预测，得到最终的预测结果。

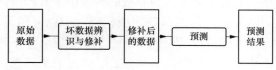

图 25-1 传统负荷预测中异常数据的处理机制

这样的处理异常数据的机制为预测方法搭建了一个统一的平台，为预测方法提供了标准接口，使得所有预测方法都能嵌套到这一流程中。但这一机制导致的一个必然后果是：预测算法无法对修补后的修补数据和没有修补的正常数据进行区分。事实上，正常数据与修补数据的可信程度是不同的。正常数据一般是历史情况的真实反映，可信程度较高；经过修补后的修补数据则仅仅是对历史负荷的一个估计值，可信程度通常会低一些。理想的预测策略应当充分挖掘历史数据中可靠信息的作用，即尽可能依赖正常数据，尽可能避免修补数据的影响。

25.2.2 历史信息可信程度的划分

为了区分正常数据与修补后的修补数据可信程度的不同，给出如下定义。

定义 25-1：给定一个时刻，如果历史负荷集中每一天在这个时刻的负荷均为正常数据，那么称这个特定的时刻为完全可信时刻。如果一个时刻在某天的历史负荷中存在异常数据，那么称这个时刻为不完全可信时刻。

定义25-2：完全可信时刻上的所有历史负荷值组成完全可信信息集，不完全可信时刻的所有历史负荷组成不完全可信信息集。

例如，在做某日母线负荷预测时，从前一天起连续取14天的历史数据。经过辨识，发现其中只有某日从0：00～8：00的数据为空值，其余没有任何异常数据点，那么0：00～8：00为不完全可信时刻，8：15～23：45为完全可信时刻。相应地，所有在8：15～23：45的母线负荷数据组成完全可信信息集，其他时刻的负荷数据组成不完全可信信息集。

25.2.3　预测过程的横向联系与纵向联系

在历史负荷被划分成完全可信信息集与不完全可信信息集的同时，预测负荷也可以被划分为不完全可信时刻预测值和完全可信时刻的预测值。于是，历史数据和预测负荷被划分为4个象限。

如图25-2所示，这4个象限是相互联系的。上下两个相邻象限之间的联系被称为纵向联系，代表不同日期同一时刻之间的联系。左右两个相邻象限之间的联系被称为横向联系，主要代表同一日期、不同时刻之间的关系。

通过纵向联系，不完全可信时刻的预测值与不完全可信信息集直接联系在了一起；通过横向联系，不完全可信时刻预测值与完全可信时刻预测值联系在了一起，而完全可信时刻预测值又通过纵向联系与完全可信信

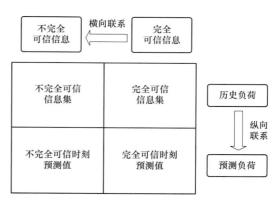

图 25-2　负荷划分及其联系

息集联系在了一起。这样，就得到了对不完全可信时刻进行预测的两条途径：依据整体历史负荷进行预测，无论是否存在不完全可信信息集；仅依据历史负荷中完全可信信息集进行预测，得到完全可信时刻的负荷预测值，并根据横向联系得出不完全可信时刻的预测值。

第一种思路即是传统预测思路。在这种思路下，象限之间的联系仅运用了一次，历史数据和预测值之间的联系较为紧密，但是当不完全可信信息集中数据修补误差过大时，运用这一途径，可能会产生较大的预测误差。相比之下，第二种途径利用了负荷之间的横向联系，规避了异常数据的影响，预测效果将得以改善。

25.2.4　利用横向联系规避坏数据影响的预测策略

这一预测策略中，首先提取经过修补后的不完全可信信息与完全可信信息之间的横向关系，然后仅用完全可信信息通过纵向联系对完全可信时刻作出预测，最后通过横向联系，运用完全可信时刻的预测值预测出不完全可信时刻的负荷值，如图25-3所示。可见，这种预测策略并没有直接运用修补后的数据点对不完全可信时刻进行预测。

25.2.5　不同预测机制的误差传导方式比较

为了更深刻地比较两种策略的不同，进一步分析两种策略的误差传导方式。在传统策略

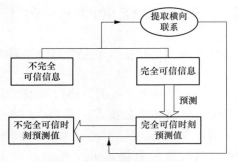

图 25-3　利用横向联系规避异常
数据影响的预测策略

中，误差的传导分为两个阶段。首先，在修补异常数据的过程中，修补后的结果会与真实历史负荷存在差别，称为修补误差；其次，基于修补后的数据进行预测时，会产生预测误差，由于这个预测是基于纵向联系的，因此称为纵向预测误差。相比之下，规避异常数据的预测策略中不存在修补误差，但是由于存在两步预测，因此这一策略的误差由横向和纵向预测误差两部分组成。

当修补误差较大时，第一种策略的预测误差较大，当修补误差较小时，两者的误差应当是可比的。

25.3　规避坏数据影响的预测方法

25.3.1　完全可信时刻的负荷预测

完全可信时刻的负荷预测流程是：根据异常数据辨识的结果区分完全可信时刻和不完全可信时刻；然后将完全可信时刻的所有历史负荷值抽取出来，形成完全可信信息集的负荷 P'；接着，用某种预测方法预测出完全可信时刻的负荷 $\hat{P}'$；最后将完全可信时刻负荷对应到完全可信时刻的位置上，形成与历史负荷长度相同的负荷曲线。但在这一曲线上，不完全可信时刻的负荷尚待预测，整个流程如图 25-4 所示。

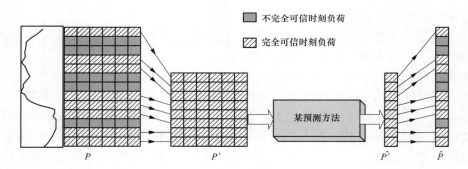

图 25-4　完全可信时刻的负荷预测步骤

25.3.2　完全可信时刻及完全可信信息集

设待预测母线的历史负荷集中含有 N 天数据，每天的数据有 T 个点（例如 $T=96$），那么修补后的历史负荷集可以表示为如下形式

$$\boldsymbol{P} = \begin{bmatrix} P_{1,1} & \cdots & P_{1,t} & \cdots & P_{1,T} \\ \vdots & & \vdots & & \vdots \\ P_{n,1} & \cdots & P_{n,t} & \cdots & P_{n,T} \\ \vdots & & \vdots & & \vdots \\ P_{N,1} & \cdots & P_{N,t} & \cdots & P_{N,T} \end{bmatrix} \tag{25-1}$$

相应地，标识历史数据 $\boldsymbol{P}$ 可信程度的矩阵 $\boldsymbol{I}$ 表示为

$$\boldsymbol{I} = \begin{bmatrix} I_{1,1} & \cdots & I_{1,t} & \cdots & I_{1,T} \\ \vdots & & \vdots & & \vdots \\ I_{n,1} & \cdots & I_{n,t} & \cdots & I_{n,T} \\ \vdots & & \vdots & & \vdots \\ I_{N,1} & \cdots & I_{N,t} & \cdots & I_{N,T} \end{bmatrix} \tag{25-2}$$

其中，如果 $I_{n,t}$ 为正常数据，则 $I_{n,t}=0$，否则 $I_{n,t}=1$。

根据标识矩阵 $\boldsymbol{I}$，容易对完全可信时刻和不完全可信时刻进行区分。令

$$\boldsymbol{Q} = \begin{bmatrix} Q_1 & \cdots & Q_t & \cdots & Q_T \end{bmatrix} \tag{25-3}$$

表示完全可信时刻标识数组，其中

$$Q_t = 1 - \prod_{n=1}^{N}(1 - I_{n,t}), t = 1,2,\cdots,T \tag{25-4}$$

该元素的含义是：若 $\forall n$，满足 $I_{n,t}=0$，则 $Q_t=0$；若 $\exists n$，使 $I_{n,t}=1$，则 $Q_r=1$。

所以，$Q_t=0$ 代表在 t 时刻负荷没有任何异常数据，这说明 t 为完全可信时刻。将 $\boldsymbol{P}$ 中所有满足 $Q_t=0$ 的列取出，假设共有 τ（$\tau \leqslant T$）列，在原始 $1 \sim T$ 时刻中的序号依次为 k_1，k_2，$\cdots$，k_τ，就组成了完全可信信息集

$$\boldsymbol{P}' = \begin{bmatrix} P_{1,k_1} & \cdots & P_{1,k_2} & \cdots & P_{1,k_\tau} \\ \vdots & & \vdots & & \vdots \\ P_{n,k_1} & \cdots & P_{n,k_2} & \cdots & P_{n,k_\tau} \\ \vdots & & \vdots & & \vdots \\ P_{N,k_1} & \cdots & P_{N,k_2} & \cdots & P_{N,k_\tau} \end{bmatrix} \tag{25-5}$$

其中，τ 为完全可信时刻数。

25.3.3　利用完全可信信息集进行预测

完全可信信息集 $\boldsymbol{P}'$ 相当于将原始母线负荷曲线从 T 个点缩短为 τ 个点，因此理论上讲，系统级的任何短期负荷预测方法都可以用来进行完全可信信息集的外推预测。这里选取倍比平滑法作为外推预测的方法。倍比平滑法将预测过程分为标幺曲线预测和基值预测两个部分，其预测思路是：待预测日的标幺曲线可由相关负荷集的标幺曲线的逐点平滑结果得到，而相应的基值由前一周期的倍比关系预测。由于需要对基值进行外推预测，倍比平滑算法的历史负荷集一般取连续两个星期的负荷。

在用这一方法进行预测时，输入变量为完全可信负荷集 $\boldsymbol{P}'$，天数为 N，每日采样点数为 τ，经过运算，输出负荷预测序列 $\hat{\boldsymbol{P}}' = [\hat{P}'_{k_1}, \ \hat{P}'_{k_2}, \ \cdots, \ \hat{P}'_{k_\tau}]$。自然地，$\hat{\boldsymbol{P}}'$ 的长度也为 τ。

25.3.4　依据完全可信时刻预测序列对应全序列

将 $\hat{\boldsymbol{P}}'$ 中完全可信时刻的预测值与其相应的完全可信时刻进行一一对应，就得到了总长度为 T 的序列 $\hat{\boldsymbol{P}} = [\hat{P}_1, \ \hat{P}_2, \ \cdots, \ \hat{P}_T]$。例如，如果历史负荷集 $\boldsymbol{P}$ 中第 j 列为第 t 个完全可信时刻，那么这一列在完全信息集中为第 t 列，由这一列预测得到 $\hat{P}'_t$，最后 $\hat{P}'_t$ 被对应到 $\hat{P}'_j$ 上，即令 $\hat{P}_j = \hat{P}'_t$。如果历史负荷集 $\boldsymbol{P}$ 中第 j 列为不完全可信时刻，那么 $\hat{P}_j = 0$。

25.3.5　特征曲线及其线性变换

根据第 24 章，对相关负荷集简单修补异常数据后进行特征分解，得到日分量 $d(t)$、周

分量 $w(t)$、低频分量 $l(t)$ 和高频分量 $h(t)$。令特征曲线为

$$f(t) = d(t) + w(t) \tag{25-6}$$

特征曲线与负荷序列长度相同（总长 N 天），以 7 天为一个周期。其中，截取出待预测日星期类型的曲线段（截取出的曲线共 T 点），形成最终用于预测的特征曲线，表示为 $F(t)$。

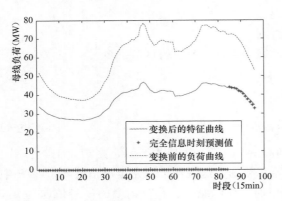

图 25-5　线性变换前后特征曲线对比

对特征曲线 $F(t)$ 做线性变换，使得该曲线到完全可信信息时刻的预测值的距离平方和最小。令

$$F_c(t) = \hat{a} + \hat{b}F(t) \tag{25-7}$$

取 $\hat{a}$、$\hat{b}$ 满足

$$\min z = \sum_{t=1}^{T}(1-Q_t)(F_c(t)-\hat{P}_t)^2 \tag{25-8}$$

估计出 $\hat{a}$、$\hat{b}$ 的取值后，将 $F_c(t)$ 作为最终的预测曲线。线性变换前后结果如图 25-5 所示。

25.4　完全可信信息集内涵的拓展

实际工程应用时，异常数据是分类标出的，对于某些类型的异常数据而言，修补效果会比较理想，而对于其他类型的异常数据点，修补效果容易出现较大偏差。因此，当异常数据点过多，而导致完全可信信息集接近空集的时候，可以进一步对完全可信信息集的内涵进行扩展。认为完全可信信息集是包含全部正确数据或可以被精确修补的异常数据类型的历史数据集合。

在前文的策略中，生成完全可信信息集时，加入判断环节，如图 25-6 所示。其中，τ_{min} 表示完全可信时刻的最少数目。在线性变换的限制下，τ_{min} 需要大于 2，一般取 τ_{min} 为 5 左右。

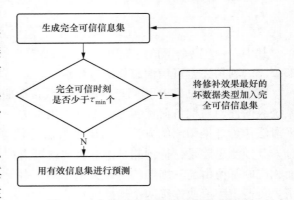

图 25-6　完全可信信息集的进一步扩展

25.5　算例分析

采用福建电网 5 个变电站的母线负荷数据，取 2009 年 1 月的数据作为历史数据，对比 2 种预测策略：①先修补，再用倍比平滑法进行预测；②本章提出的基于完全可信信息集的预测策略。

25.5.1　数据质量较差情况下两种策略的对比

在 1 月的数据中，发现这五条母线 22 日 0：00～20：15 所有历史数据缺失，为了比较两种策略在异常数据问题较严重情况下的预测结果，对 22 日的同类型日（即 29 日）进行预

测，结果如表 25-1 所示。

表 25-1　　　　　　　　异常数据严重干扰下的预测准确度对比

母线名称	原策略	改进后策略	有效点数
安兜	0.9760	0.9866	12
白花	0.9511	0.9904	12
岚后	0.9541	0.9928	9
黎明	0.9785	0.9871	10
荔城	0.9850	0.9898	10

其中，预测准确度按照式（23-5）评估，取基值为 305MW，T 为每日时段数。

结果表明，在有严重异常数据干扰，且修补效果不好的情况下（一般来讲，如果存在超过半日以上的异常数据，则修补效果不会十分理想），本章提出的预测策略的效果明显优于原有策略。

25.5.2　连续多日预测结果对比

为了说明本章方法的有效性，执行连续多日预测，对比五条母线的平均预测精度。对上述五条母线进行连续一周预测，7 天的平均预测准确度如表 25-2 所示。

表 25-2　　　　　　　连续多日预测时两种策略精度平均值对比

母线名称	原策略	改进后策略	母线名称	原策略	改进后策略
安兜	0.9648	0.9766	黎明	0.9819	0.9852
白花	0.9777	0.9900	荔城	0.9828	0.9855
岚后	0.9828	0.9905			

这一结果表明，在连续多日预测结果上，改进后策略的平均精度高于原策略。

第26章

考虑气象等相关因素影响的
母线负荷预测方法

26.1 概述

　　相比系统负荷，母线负荷基数较低，受气象等相关因素波动的影响更大，体现在负荷预测的误差构成上，由气象预测偏差引发的误差的占比一般较大。例如，主要成分为商业楼宇负荷的母线，在温度波动较大的夏季，商业楼宇内的空调负荷随着温度变化而有较大的变化，对于这类对气象因素较为敏感的母线，其负荷预测的精度很大程度上取决于气象因素的预测准确度；又如，对于挂接有小水电的母线，其实际负荷等于母线下接的用户用电负荷减去小水电发电出力，由于母线负荷基数较小，而如果此时小水电的装机比例较大，且多数为径流式水电，那么其发电出力受到当地降雨量的影响较大，从而导致降雨量预测的偏差对该地区母线负荷预测精度的影响极为明显。对于此类规律性差的母线负荷，如果用常用的负荷预测方法进行预测，预测准确率将会较低。

　　综上所述，相对于系统负荷预测，母线负荷预测受到气象等相关因素的影响更大，影响的方式更为复杂，仅仅简单、直接地将气象因素纳入 ANN、SVM 等预测算法中的做法，已经不能满足母线负荷预测的需求。对此，本章突破研究负荷预测的传统思维方式，深入研究母线负荷预测误差产生机理及其受到气象因素预测偏差影响的方式与程度，从系统论的角度分析了负荷预测的流程及偏差形成和反馈机制，提出了基于原始预测偏差进行二次预测的新策略；针对负荷构成较为特殊的小水电富集地区，提出了母线负荷预测的两阶段还原法，将母线负荷分解为小水电出力与常规用户用电负荷分别预测再还原，由此提高预测精度。

26.2 基于偏差反馈二次预测的母线负荷预测策略

26.2.1 基于偏差补偿的二次预测的基本原理

　　通过长期的研究发现，负荷的变化主要取决于人们生产和生活的规律性，同时受到一些相关因素（如日类型、温度、湿度）的影响。传统的负荷预测方法主要是以平滑和回归为主要手段的时间序列方法，称这类方法为负荷的一次预测方法。一次预测如果不考虑气象等相关因素的变化，则只是历史母线负荷中规律性成分的外推。因此，当气象等相关因素发生变化时，必然造成一次预测结果的偏差，而相关因素的变化量和一次预测偏差应该是强相关关系。

　　如果定义第 n 日 t 时刻实际母线负荷为 $P_{n,t}$，某个一次预测方法的预测结果为 $P_{n,t}^{(1)}$，那么 $\Delta P_{n,t} = P_{n,t} - P_{n,t}^{(1)}$ 为一次预测偏差。设 $\boldsymbol{X}_{n,t}$ 为第 n 日 t 时刻该母线负荷的相关因素向量（一般可取母线所在变电站最邻近的气象测点的数据），用一次预测方法同样可以得到该时刻 $\boldsymbol{X}_{n,t}$ 的一次估计值为 $\boldsymbol{X}_{n,t}^{(1)}$，那么 $\Delta \boldsymbol{x}_{n,t} = \boldsymbol{X}_{n,t} - \boldsymbol{X}_{n,t}^{(1)}$ 为相关因素一次预测的偏差量。因此，通过建立 $\Delta P_{n,t}$ 与 $\Delta \boldsymbol{x}_{n,t}$ 之间的相关关系 $\Delta P_{n,t} = f(\Delta \boldsymbol{X}_{n,t})$ 可以实现对一次预测偏差量的建模，

从而提高整体的预测精度。把 $\Delta P_{n,t} = f(\Delta X_{n,t})$ 定义为母线负荷的二次预测过程，如图 26-1 所示。

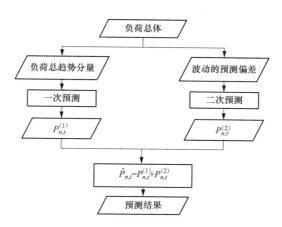

图 26-1　母线负荷的一次预测和二次预测

26.2.2　相关因素选择

影响母线负荷的相关因素很多，应根据实际情况灵活选择，但是，至少应选择以下相关因素：

（1）气象因素。一般考虑温度和湿度。借鉴美国 PJM 市场引入 WTHI 做负荷预测的经验，这里考虑气象的累积效应，即当日的母线负荷变化不仅与当日的气象因素有关，还与昨天、前天的相关气象因素有关。这种累积效应是由人们的用电习惯决定的。

（2）母线负荷的一次预测结果 $P_{n,t}^{(1)}$。一次预测偏差与对应时刻的负荷水平密切相关。

（3）日类型。用以区别不同日类型负荷特性之间的差异。

由于各个相关因素的量纲不同，需要进行标幺化处理，映射到 $[0，1]$ 区间，实现无量纲化。各个相关因素对预测结果影响的差异度可以由拟合系数确定。

综上所述，在实现母线负荷的二次预测过程中，至少应该引入以下相关因素：日类型、前日平均温度、昨日平均温度、今日平均温度、当日最高温度、当日最低温度、一次预测负荷值、前日平均湿度、昨日平均湿度、今日平均湿度、当日最高湿度以及当日最低湿度。其中，温度、湿度等指标，均采集于对所预测的母线负荷影响最大的气象测点。

26.2.3　偏差建模和二次预测

由上所述，可将母线负荷的一次预测结果作为基础预测值，记为 $P_{n,t}^{(base)} = P_{n,t}^{(1)} = g(P_{n-1,t}，P_{n-2,t}，\cdots，P_{n-k,t})$，其中 $g(\cdot)$ 表示母线负荷的一次预测方法，k 是用于预测的历史天数。一次预测偏差为 $\Delta P_{n,t} = P_{n,t} - P_{n,t}^{(base)}$。采用同样预测过程，第 l 个相关因素的基础预测值为

$$(x_{n,t}^{(base)})_l = g((x_{n-1,t})_l，(x_{n-2,t})_l，\cdots，(x_{n-k,t})_l) \tag{26-1}$$

其偏差为 $(\Delta x_{n,t})_l = (x_{n,t})_l - (x_{n,t}^{(base)})_l$。因此，二次预测建模过程即为

$$\Delta P_{n,t} = f((\Delta x_{n,t})_1，(\Delta x_{n,t})_2，\cdots，(\Delta x_{n,t})_m) = f(\boldsymbol{\Delta X}_{n,t}) \tag{26-2}$$

式中：m 为相关因素数目。

分析可知，如果设母线负荷和相关因素之间的多元非线性关系如下

$$P_{n,t} = F((x_{n,t})_1，(x_{n,t})_2，\cdots，(x_{n,t})_m) = F(\boldsymbol{X}_{n,t}) \tag{26-3}$$

则 $\Delta P_{n,t}=f(\Delta \boldsymbol{X}_{n,t})$ 相当于 F 局部特性的拟合。因此，f 具有以下特性：

（1）考虑到 $g(\cdot)$ 是对近期历史母线负荷数据的回归或者平滑，因此 $\Delta P_{n,t}$ 和 $\Delta \boldsymbol{X}_{n,t}$ 是局部微增量，从而 f 具有近似线性的特性，实现了对母线负荷和相关因素之间多元非线性相关分析的降阶。

（2）如果相关因素选择合理，$\Delta P_{n,t}=f(\Delta \boldsymbol{X}_{n,t})$ 为齐次方程，没有常数项。

（3）存在其他无法量化的由相关因素产生的随机波动。

上述偏差建模的意义在于实现了对母线负荷和相关因素之间非线性关系的降阶处理，简化了非线性拟合的难度。以北京和江西两地总计 182 天的负荷数据作为测试对象，利用上述流程进行滚动测试表明，所有负荷偏差模型均经过了线性检验，并且 92% 以上的数据均具有较好的线性性能，可以直接利用线性回归实现二次预测。

上述偏差建模的过程可以由图 26-2 来表示，偏差反馈二次预测控制框图如图 26-3 所示。

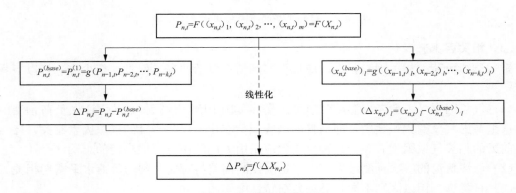

图 26-2　偏差建模过程

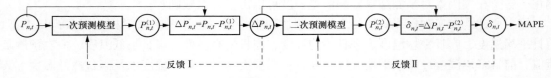

图 26-3　偏差反馈二次预测控制框图

26.2.4　自适应的非线性局部回归预测策略

本节从前面的分析出发，综合考虑多种数学方法，提出一套能够自适应地兼顾母线负荷的历史变化规律和系统的外推性能的预测策略。具体流程图如图 26-4 所示。

该预测流程首先通过历史上母线负荷的一次预测结果和母线负荷实际值的比较，获得一次预测的偏差；然后对一次预测偏差进行线性建模，分析其线性程度，根据线性程度的强弱，分别选择不同的数学方法，分析相关因素偏差和母线负荷偏差之间的多元相关关系。最后，一、二次预测结果叠加，得到最终的母线负荷预测结果。该预测流程中各模块功能如下：

（1）获取偏差。如前节所述，通过一次预测获得母线负荷预测偏差和相关因素预测偏差。

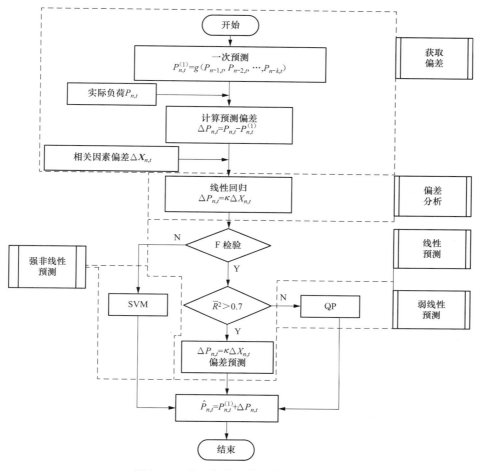

图 26-4　基于偏差反馈二次预测流程图

（2）偏差分析。利用历史数据对 $\Delta P_{n,t} = f(\Delta \boldsymbol{X}_{n,t})$ 进行线性回归，得到线性拟合算式 $\Delta P_{n,t} = \boldsymbol{\kappa} \Delta \boldsymbol{X}_{n,t}$，其中各展开项的拟合系数为 $\boldsymbol{\kappa} = \{\alpha_j^{(0)}, j = 1, 2, \cdots, m\}$。

（3）模型线性性能检验及相应处理。分为两步：F 检验用以判定线性程度；在通过 F 检验的基础上，用调整后的复相关系数 $\bar{R}^2$ 判定模型线性化的强弱。根据判断结果的不同，有以下 3 种情况：

1）当通过 F 检验、且线性程度较强时，直接用线性回归预测，对应图中"线性预测"。

2）当通过 F 检验、但线性程度不够强的情况下，历史数据整体线性规律不明显，需要根据最近日的负荷特性进行修正，以提高偏差预测模型外推的精度，对应图中"弱线性预测"。

此时引入虚拟预测的机制。根据近大远小的原则选取历史日中最近的 v 天作为虚拟预测日。为了兼顾历史规律，要求拟合系数 $\{\alpha_j\}$ 的虚拟预测寻优范围在 $\boldsymbol{\kappa}$ 的邻域内，即 $\forall j = 1, \cdots, m$，$\alpha_{j,\min} \leqslant \alpha_j \leqslant \alpha_{j,\max}$ 成立，其中 $\alpha_{j,\max}$ 和 $\alpha_{j,\min}$ 由 $\alpha_j^{(0)}$ 的正、负小幅波动得到。则虚拟预测过程相当于求解以下优化问题

$$\min \sum_{n=1}^{v} \sum_{t=1}^{T} \frac{|\hat{P}_{n,t} - P_{n,t}|}{P_{n,t}}$$
$$s.t. \quad \alpha_{j,\min} \leqslant \alpha_j \leqslant \alpha_{j,\max}, j = 1, \cdots, m \tag{26-4}$$

由于是绝对值加和，相当于求虚拟预测日中每一时刻的虚拟预测值和实际值的误差绝对值最小，可分解为 T 个子问题。对于 t 时段，子问题表述为

$$\min \quad \sum_{n=1}^{\nu} \frac{|\hat{P}_{n,t} - P_{n,t}|}{P_{n,t}}$$

$$s.t. \quad \alpha_{j,\min} \leqslant \alpha_j \leqslant \alpha_{j,\max}, j = 1, \cdots, m \tag{26-5}$$

该问题可转而求取

$$\min \quad \sum_{n=1}^{\nu} (\hat{P}_{n,t} - P_{n,t})^2$$

$$s.t. \quad \alpha_j \leqslant \alpha_{j,\max}, j = 1, \cdots, m$$

$$\quad -\alpha_j \leqslant -\alpha_{j,\min}, j = 1, \cdots, m \tag{26-6}$$

该时段的优化问题，相当于求虚拟预测日中该时段的虚拟预测值和实际值的误差平方和最小。而由 $\Delta \hat{P}_n = \kappa \Delta \boldsymbol{X}_n$，代入上式，可转化为形式如下的二次规划问题

$$\min \quad \frac{1}{2} \boldsymbol{\eta}^T \boldsymbol{H} \boldsymbol{\eta} + \boldsymbol{c}^T \boldsymbol{\eta} + K$$

$$s.t. \quad \boldsymbol{A}\boldsymbol{\eta} \leqslant \boldsymbol{b} \tag{26-7}$$

式中：$\boldsymbol{\eta} = [\alpha_1, \alpha_2, \cdots, \alpha_m]^T$。

对于不等式约束的二次规划问题，可以直接用有效集方法求解。

3）当 F 检验不通过时，说明模型呈非线性特性，因此选用当前非线性拟合性能较好的 SVM 方法进行拟合，对应图中"强非线性预测"。

与传统的 ANN 相比，SVM 实现了结构风险最小化，使得拟合结果具有较好的泛化性能。此外，SVM 具有完备的理论基础，训练过程等价于解决一个线性约束的二次规划问题，过程相对严谨和透明。然而，本节并没有对所有情况都直接利用 SVM 建模，而是仅在 F 检验不通过时调用，这主要是由母线负荷特性以及 SVM 的特点决定的：核函数及 SVM 拟合参数的选择会极大影响 SVM 的性能，而核函数的构造过程和参数选择相对困难；母线负荷波动较大，母线负荷特性随时间和负荷结构的不同而差异极大，受随机因素的影响较大，因此，如果不加分析地对任何情况都直接套用 SVM，容易造成拟合关系畸变，适应性较差。

26.2.5 小结

这里首先分析了常规母线负荷预测方法产生预测偏差的原因，将实际母线负荷与一次预测之间的偏差作为负荷波动量，剖析了相关因素波动产生预测偏差的机理，据此形成偏差预测的方法，实现了对一次预测结果的补偿，进一步提高了母线负荷预测的精度。考虑到母线负荷模型的复杂性和多样性，摒弃了以往采用单一数学方法求解上述偏差模型的思路，以多元回归模型的线性度为主要评估指标，整合了线性回归、二次规划虚拟预测以及 SVM 等数学模型，构造了能够兼顾负荷变化历史规律和模型外推预测性能的自适应、非线性局部回归求解策略，从而形成偏差反馈、二次预测的新型母线负荷预测方法。

26.3 小水电富集地区母线负荷预测的两阶段还原法

影响负荷预测精度的因素较多，比如地理条件、气象条件、大用户、周末与节假日效应等。其中，对于小水电富集地区，小水电发电出力的不确定性对母线负荷的影响极为明显。

这里将分析小水电发电出力的特性，提出小水电发电出力的预测方法，并基于此提出含有小水电发电出力的母线负荷预测的两阶段还原法，从而有效提高小水电富集地区母线负荷预测的准确度。

26.3.1　总体思想

对于挂接有小水电的母线，其实际负荷由两部分叠加而成：母线下接的用户用电负荷减去小水电发电出力。影响不同成分变化的相关因素不尽相同，不同成分发展变化的模式也各有特征。为此，需要将不同成分予以区别对待，根据各自特点选择有针对性的预测方法，以提高母线负荷预测的准确性。

基于这个思想，提出小水电富集地区母线负荷预测的两阶段还原法，其核心是将母线负荷分解为小水电发电出力与母线下接的常规用户用电负荷，对两个部分分别进行预测，然后再叠加（相减）。对于常规用户用电负荷，相对来说规律性较强，可利用常规的方法，如模式识别法、重叠曲线法等进行预测；对于小水电发电出力，通过分析小水电发电出力的规律性，利用特殊方法单独预测，然后将两部分预测结果合成并还原出母线负荷预测结果，这种"分解→预测→还原"的总体思想见图 26-5。

通过对小水电发电出力的特性进行研究发现，其基值的变化比较有规律性，这是负荷延续性原理的外在表现。为此，小水电发电出力的预测思路是首先预测出基值，然后按照降雨模式与相似性原理，适当选取若干相关日，预测出标幺曲线，再根据降雨模式影响小水电发电出力的规律，对标幺曲线与基值的预测值分别进行相应修正，最后得到小水电发电出力预测曲线。

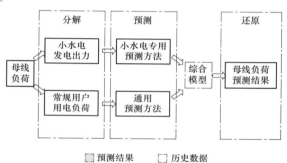

图 26-5　两阶段还原法的总体思想

母线负荷预测的两阶段还原法的预测过程为：

（1）首先根据母线负荷与小水电发电出力历史数据，分解出常规用户用电负荷的历史数据；

（2）以日最大出力为基值将小水电历史出力曲线标幺化，利用指数平滑法预测出待预测日小水电出力曲线的基值；

（3）通过虚拟预测，建立降雨量与小水电出力预测偏差之间的自适应多元回归分析模型，通过偏差分析修正待预测日基值；

（4）以降雨量为相关因素，根据连续多日降雨量确定的降雨模式相似度，初步选择出历史相似日；

（5）按照标幺曲线相似度，在初选出的相似日中作再次筛选；

（6）根据相似日标幺曲线作加权平均，预测出待预测日小水电标幺曲线，然后可利用步骤（3）中偏差修正后基值得到小水电预测出力曲线；

（7）建立平均出力预测偏差分析模型，利用修正后的平均出力对曲线作调整，得到最终的小水电发电出力预测曲线；

（8）选择各种适合的常规方法预测该母线常规用户用电负荷；

（9）将常规用户用电负荷与小水电发电出力两个预测结果合成，还原该地区的母线负荷，然后利用综合模型得到母线负荷的预测结果。

26.3.2 小水电发电出力特性分析

准确掌握小水电发电出力的变化规律，是做好小水电富集地区母线负荷预测工作的前提条件。然而，小水电发电出力的不确定性较强，表现出的规律性往往并不理想。图 26-6 给出了无/弱降雨、有降雨及持续强降雨条件下的小水电日发电出力曲线。由图中可以看出，不同情况下发电出力大小及曲线形状的差别相当明显，这使小水电发电出力预测工作较困难。因此，有必要深入分析小水电发电出力特性，为研究有效的预测方法提供参考。

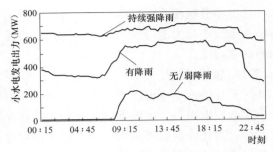

图 26-6   小水电日发电出力曲线

26.3.2.1   气象相关性

分析气象相关性的目的是揭示气象条件与小水电发电出力之间的相关关系，为负荷预测方法的选择提供参考。我国各地小水电大部分是径流式电站，调节能力较差，出力大小决定于河流的流量变化。因此小水电发电出力与降雨量之间的相关性非常明显，且有一定的滞后效应，如图 26-7 所示，而温度、湿度、风速、风向等其他气象因素对小水电发电出力基本无影响。

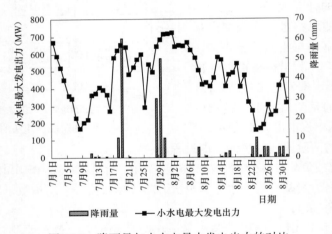

图 26-7   降雨量与小水电最大发电出力的对比

表 26-1 分析了福建省龙岩地区的各条母线平均负荷和日平均降雨量之间的相关性指标排序。

表 26-1   龙岩地区的母线负荷与降雨量相关性排序

次序	母线名称	相关系数	次序	母线名称	相关系数
1	曹溪 1 号主变压器 23A	−0.32	7	旧县 1 号主变压器 29A	−0.14
2	曹溪 2 号主变压器 23B	−0.31	8	莲冠变电站 1 号主变压器高压侧 27A	0.04
3	园田塘 1 号主变压器 26A	−0.28	9	漳电 1 号变压器 101	0.00
4	园田塘 2 号主变压器 26B	−0.27	10	漳电漳铁 181	0.00
5	旧县 2 号主变压器 29B	−0.18	11	王庄变电站 2 号主变压器 22B 断路器	0.00
6	王庄变电站 1 号主变压器 22A 断路器	−0.14			

可见，龙岩地区的母线负荷和气象变化有直接关系，其中，和气象相关性稍强的母线有4条：曹溪1号主变压器23A、曹溪2号主变压器23B、园田塘1号主变压器26A、园田塘2号主变压器26B，占地区负荷比例的47%。可以认为，龙岩地区负荷受降雨量的波动主要由这些母线构成。因此在具体预测时，对于其他受降雨量影响不明显的母线，可以直接用外推以及整体负荷修正的方法进行预测，而对于受降雨量影响强的母线，预测时应考虑降雨量的影响，通过降雨量和母线负荷的非线性相关分析，在原有负荷预测基础上加上气象因素的修正项，得到更为准确的预测结果。

一般而言，降雨量不足2mm时，降雨量对小水电发电出力的影响不明显。因此，在预测小水电发电出力时，应该将降雨量作为主要相关因素予以考虑。

26.3.2.2 累积效应

累积效应（cumulative effect，CE）是指某一段时期内某一因素的持续作用或多种因素协同作用到一定程度后产生的累积或叠加现象，使物理系统出现明显变化。小水电发电出力的累积效应主要是持续大量降雨影响的结果，表现为：

（1）小水电发电出力出现长时间、大幅度增长，时间跨度最长甚至可达1个月；

（2）发电出力曲线趋于平直，峰谷差减小，负荷率较高，其数值甚至可达95%；

（3）持续降雨停止后，累积效应的影响将逐步减弱直至消失，这表现在小水电发电出力将逐步降低，回到持续大量降雨之前的水平。

综上可知，滞后效应与累积效应的存在，使小水电发电出力预测方法与一般的负荷预测方法有所不同。选择降雨量作为相关因素时，不仅仅是选择当天降雨量，还需要考虑之前若干天的降雨模式。

26.3.3 小水电发电出力预测方法

（1）负荷曲线标幺化。假设第n日第t时刻的小水电发电出力为$P_{n,t,h}$，其中$t=1\sim T$，T为每天的采样点数；下标h表示小水电发电出力。该日的小水电发电出力曲线为$\{P_{n,1,h}$，$P_{n,2,h}$，…，$P_{n,T,h}\}$。

取该日小水电最大发电出力$P_{n,\max,h}$为基值，对该日小水电发电出力曲线作标幺化处理，相应的标幺曲线记为$\boldsymbol{P}_{n,h}=[P_{n,1,h}^*$，$P_{n,2,h}^*$，…，$P_{n,T,h}^*]$，有

$$P_{n,t,h}^* = P_{n,t,h}/P_{n,\max,h}, \quad t=1,2,\cdots,T \tag{26-8}$$

（2）基值预测。令C为预测当日，第$C+1$日为待预测日，则第$C-1$日为基准日，由于第C日基值未知，可以利用指数平滑法滚动预测得到第C日基值。

（3）基值修正。根据指数平滑预测基值，其原理是利用了延续性规则的外推法。当出现强降雨时，无法及时反映小水电发电出力的增长与变化情况。为此，在基值预测中应该考虑到降雨对小水电发电出力的影响。下面用虚拟预测建立降雨量与预测偏差之间的自适应多元回归分析模型，通过偏差分析修正待预测日基值，具体步骤如下：

1）降雨最大相关日的选择。假设影响某日小水电发电出力的历史降雨天数，即降雨相关日为m，选择降雨最大相关日为M，可知$1\leqslant m\leqslant M$。

2）回归样本集的筛选。令$m=1$，逐一搜索历史样本日，第n日之前的第$1\sim m$日是否有降雨，假如该日有降雨，则将该日归入回归样本集$\boldsymbol{R}=\{R_1, R_2, \cdots, R_r\}$中，其中$r$为样本数量。

3）虚拟预测。对回归样本集$\boldsymbol{R}$中各个历史日的基值$\hat{P}_{n,\max,h}$进行预测，并计算预测值与

实际基值之间的偏差 $e_{n,\max,h}$，即

$$e_{n,\max,h} = \hat{P}_{n,\max,h} - P_{n,\max,h}(n \in \mathbf{R}) \tag{26-9}$$

4）偏差分析。根据指数平滑预测得到最大出力与实际最大出力之间的偏差，该偏差实际上反映了降雨对出力的影响。假设第 n 日降雨量为 d_n，以预测偏差为因变量，以第 n 日之前总共 m 日的降雨量向量 $\mathbf{D}_n$（m 维）为自变量，建立降雨量与预测偏差之间的多元回归模型为

$$e_{n,\max,h} = f(\mathbf{S}, \mathbf{D}_n) = a_0 + \sum_{k=1}^{m} a_k d_{(n-k)} \tag{26-10}$$

式中：$\mathbf{S} = [a_0, a_1, \cdots, a_m]^{\mathrm{T}}$，根据回归分析结果计算残差平方和，即

$$Q_m = \sum_{n \in \mathbf{R}} (e_{n,\max,h} - \hat{e}_{n,\max,h})^2 = \sum_{n \in \mathbf{R}} [e_{n,\max,h} - f(\mathbf{S}, \mathbf{D}_n)]^2 \tag{26-11}$$

5）基值修正。令 $n = m+1$，重复步骤 1）～4）直至到达降雨最大相关日 M，选择残差平方和最小，即 $Q_m = \min Q$ 时对应的降雨相关日 m，该降雨相关日即确定了降雨量影响小水电发电出力的模式。利用该降雨相关日对应的多元回归偏差分析模型，可计算出待预测日的偏差估计值，即

$$\hat{e}_{C+1,\max,h} = f(\mathbf{S}, \mathbf{D}_{C+1}) = a_0 + \sum_{k=1}^{m} a_k d_{(C+1-k)} \tag{26-12}$$

利用偏差 $\hat{e}_{C+1,\max,h}$ 对基值作修正，则有

$$\tilde{P}_{C+1,\max,h} = \hat{P}_{C+1,\max,h} + \hat{e}_{C+1,\max,h} \tag{26-13}$$

（4）相似日选择。选择相似日的目的是筛选出历史上若干相似日，并利用相似日的标幺曲线预测出待预测日标幺出力曲线，因此，该环节直接关系到预测的标幺曲线的形状。下面分两轮选择相似日：

1）第一次筛选。以某一日前面 m 日降雨量作为该日的相关因素，并以此计算待预测日与历史日之间的相似度，m 可选择为前文中偏差分析的结果。计算相似度的方法较多，可根据需要选择。另外，当该地区雨量充沛，单日降雨量相对较大时，可考虑在偏差分析及相似日选择中，将当日降雨量作为相关因素，然后将相似度由高至低排序，选取相似度最大的若干日作为相似日。

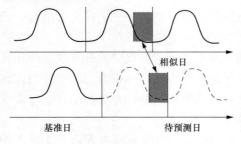

图 26-8　标幺负荷曲线相似度

2）第二次筛选。引入标幺曲线相似度进行判断，其原理见图 26-8。受降雨影响，小水电出力的规律性较差，为避免单纯利用降雨量作为相关因素产生的不利影响，利用延续性原理，在第一次筛选出的相似日中，计算相似日前一日的标幺曲线与待预测日前一日的预测标幺曲线后端部分的相近程度，如图 26-8 中阴影部分所示。

计算标幺曲线相似度时，可以根据需要确定选择的出力点数。将相似度由高至低排序，选出最相近的若干天作为最终相似日。

（5）负荷曲线预测。假设前面最终选择 l 个相似日，将相似日的标幺曲线加权平均，加权系数可取为以上归一化之后的相似度，得到的第 $C+1$ 日的预测标幺曲线为

$$\hat{P}^*_{C+1,t,h} = \beta_1 P^*_{1,t,h} + \beta_2 P^*_{2,t,h} + \cdots + \beta_l P^*_{l,t,h} \tag{26-14}$$

然后，利用（3）中经偏差修正后的基值，可得到第 $C+1$ 日预测负荷曲线，即

$$\hat{P}_{C+1,t,h} = \tilde{P}_{C+1,\max,h} P^*_{C+1,t,h} \qquad (26\text{-}15)$$

（6）预测结果调整。当出现持续强降雨时，不仅小水电最大发电出力出现较大增长，而且曲线形态将发生显著变化，峰谷差趋于减小。如果不考虑降雨对曲线的影响，预测出的曲线中最大出力之外的其余部分将低于实际曲线。因此，需要对预测结果进行调整，本节用平均出力实现这一目标。

1）平均出力预测。采用指数平滑法滚动预测得到待预测日的平均出力。

2）修正平均出力。降雨将使小水电平均发电出力增长，因此需按照式（26-7）建立相同的平均出力预测偏差分析模型，根据降雨量影响平均出力的规律，修正平均出力预测值。

3）调整出力预测曲线。利用修正后的平均出力对前面预测出的出力曲线作调整，使其平均出力等于修正后的平均出力，并保持出力曲线基值（最大出力）不变。根据上述原则，可按照下式中的系数 $\eta_{C+1,t}$ 调整各点出力，得到最终的小水电发电出力曲线

$$\eta_{C+1,t} = 1 + \left(\frac{\tilde{P}_{C+1,\mathrm{mean},h}}{\hat{P}_{C+1,\mathrm{mean},h}} - 1 \right) \frac{\hat{P}_{C+1,\max,h} - \hat{P}_{C+1,t,h}}{\hat{P}_{C+1,\max,h} - \hat{P}_{C+1,\mathrm{mean},h}} \qquad (26\text{-}16)$$

式中：$\eta_{C+1,t}$ 为调整系数；$\hat{P}_{C+1,\mathrm{mean},h}$ 为第 $C+1$ 日小水电平均出力预测值；$\tilde{P}_{C+1,\mathrm{mean},h}$ 为第 $C+1$ 日小水电平均出力作偏差修正后预测值；则 $\tilde{P}_{C+1,t,h} = \eta_{C+1,t} \hat{P}_{C+1,t,h}$ 为调整后的小水电发电出力预测值。

26.3.4 小水电富集地区母线负荷综合预测方法

假设某地区小水电装机比例较高，第 $C+1$ 日母线负荷为 $P_{C+1,t}$，常规用户用电负荷为 $P_{C+1,t,s}$，则可将母线负荷分解为小水电发电出力与常规用户负荷分别预测：

（1）根据母线负荷与小水电发电出力历史数据，分解出常规用户用电负荷历史数据，即

$$P_{C+1,t,s} = P_{C+1,t} + P_{C+1,t,h} \qquad (26\text{-}17)$$

（2）利用常规的模式识别法、重叠曲线法、点对点法等预测该地区常规用户用电负荷 $\hat{P}^{(k)}_{C+1,t,s}$，其中上标 k 表示第 k 种方法的预测结果；

（3）按照 26.33 中的方法预测出该地区小水电发电出力 $\hat{P}_{C+1,t,h}$；

（4）根据常规用户负荷及小水电发电出力的预测结果，还原出单一方法预测下的母线负荷，即

$$\hat{P}^{(k)}_{C+1,t} = \hat{P}^{(k)}_{C+1,t,s} - P_{C+1,t,h} \qquad (26\text{-}18)$$

（5）利用综合预测模型，将单一预测方法的预测结果赋予不同权重，实现对母线负荷的综合预测，从而得到更好的预测效果。

26.3.5 小结

由以上预测过程可以看出，利用两阶段还原法预测母线负荷，其优点在于：体现了母线负荷成分多样化的特点，针对不同的负荷成分，分别选择相应的预测方法，实现了精细化的母线负荷预测，小水电发电出力与常规用户负荷的预测彼此不相影响，常规用户负荷预测可以充分利用各种成熟预测方法，如正常日与节假日预测方法，而小水电发电出力基本不受节假日影响，可以利用专用方法预测，极大地简化了预测逻辑，充分利用了综合模型的优点。

既可按照本节方法，利用小水电发电出力预测结果还原出单一方法下母线负荷的预测结果，再以综合模型实现最优预测，也可以直接在综合最优预测结果的基础上还原出母线负荷，这有利于充分利用不同原理预测方法的优点，提高预测精度。

在实际应用中，两阶段还原法的预测效果可能受以下因素的影响：

（1）小水电发电出力采集比例。限于各种原因，目前某些地区水调系统并不能采集到全部的当地小水电发电出力，实际覆盖程度各不相同。因此，在实际应用两阶段还原法时，可以将可采集的小水电发电出力作为样本，利用采集比例估算出小水电的实际出力。但是，如果小水电发电出力采集比例较低时，仍将在一定程度上影响方法的预测精度。

（2）小水电占常规用户用电负荷的比例。本方法的核心思想之一是通过准确预测小水电发电出力改进母线负荷预测精度。某些地区虽然为小水电富集地区，但是常规用户用电负荷较高，相对而言，小水电所占比例较小，母线负荷的预测精度与小水电发电出力预测的准确性关系不大，这势必影响两阶段还原法的应用效果。

第27章

母线极值负荷的概率化预测

27.1 概述

对于母线负荷预测而言，其难点在于如何准确地把握负荷波动过程中的一些关键点，例如：最高负荷、最低负荷。不妨将日最高负荷、日最低负荷的预测统称为"极值负荷预测"。一方面，利用全天负荷曲线预测技术，直接得到极值负荷的预测结果；另一方面，还需要研究直接预测母线极值负荷的特殊方法。

同时，常规的极值负荷预测结果一般都是确定性预测，仅给出一个确切的数值，既无法估计该负荷值可能出现的概率，又无法确定预测结果可能的波动范围，忽视了预测结果本身的概率特性。实际上，由于预测问题的超前性，实现不确定性的预测更符合客观需求，根据预测结果的概率特性，有助于决策者在风险分析、可靠性评估等方面更好地把握研究对象的客观规律，实现更为可靠和科学的分析与评估。因此，引入不确定性的分析思想，实现母线极值负荷的概率化预测，具有重要意义。

与一般的概率性负荷预测不同，母线极值负荷的概率密度具有非正态性——多个具有正态分布的随机变量最大值的概率密度是非高斯分布的。因此不能沿用一般的概率密度预测思路，而需要建立根据多个随机变量的任意概率密度形成其最大值概率密度的数学方法。

本章利用序列运算理论建立母线极值负荷的概率性预测方法。为了表述方便，以日最高负荷为例进行分析，日最低负荷的预测方法与之类似。

27.2 母线日最高负荷预测思路分析

27.2.1 母线日最高负荷幅值变化的特点

一般而言，母线日最高负荷序列不仅具有长期趋势性，还具有显著的季节特性。以北京市某220kV母线为例，全年的日最高负荷序列如图27-1所示，其中，母线日最高负荷分别在大约第220日（8月）与第350日（12月）达到局部极大值，在第120日（4月）与第280日（10月）达到局部极小值，由此形成了4个明显的增减阶段。同时，母线日最高负荷在工作日明显高于休息日，具有显著的周特性。

27.2.2 母线日最高负荷预测的总体思路

现有的概率性负荷预测方法包括基于预测误差和基于幅值统计的概率性预测方法等。基于预测误差的概率性预测方法的预测精度取决于确定性预测方法精度的高低，而基于幅值统计值的预测方法则要求该序列是平稳的，即待预测序列与历史序列的统计特性相同，这一假设在母线极值负荷预测中是不一定能满足的。

考虑母线日最高负荷的预测，除了将其作为单独的随机变量进行研究以外，还可解构为多个随机变量之和，例如其预测值与预测误差之和、前一日负荷与两日间负荷增量之和等。针对以上情况，提出了基于历史负荷增量的统计预测方法。该方法将待预测日的母线负荷解

363

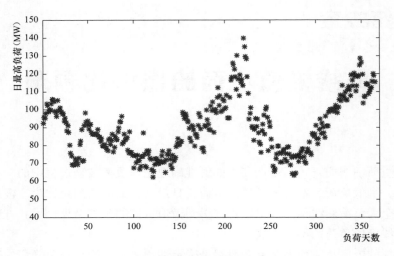

图 27-1　全年的母线日最高负荷序列

构为"前一日负荷"与"相邻两日负荷增量"之和。由于前一日母线负荷已知，因此待预测日负荷与负荷增量具有相同的分布特性。同时，负荷增量的分类统计结果可以自动涵盖负荷的周期性与趋势性，通过适当的变换可以形成平稳序列，故可将其分类统计结果用于对母线日最高负荷的预测中。

在母线日最高负荷的预测中，必须考虑其"多峰"特性；同时，各子高峰的幅值直接决定了日最高负荷的幅值。因此，基于各子高峰的分析与预测，提出如下的预测流程：

（1）在历史负荷曲线中找出每日母线负荷的各子高峰幅值，进行统计分析；

（2）根据统计信息，分别预测各个子高峰幅值的概率密度，并运用序列运算得到日最高负荷幅值的概率密度；

（3）根据各子高峰幅值的概率密度预测值，运用序列运算得到日最高负荷出现于各个子高峰的概率分布。

27.3　母线日最高负荷幅值的概率性预测

本节基于对负荷增量的分类统计，通过对各子高峰幅值的预测，运用序列运算得到日最高负荷的概率密度。在各子高峰幅值的预测过程中运用基于负荷增量的预测方法：通过对负荷增量区分季节、星期类型进行统计，预测负荷增量的概率分布，从而得到各子高峰幅值的概率分布。

27.3.1　负荷增量的分类统计

日最高负荷的波动性、趋势性与周期性是幅值预测面临的主要困难。由于负荷的惯性，相邻两天间的日最高负荷不易突变，通过对相邻两天间负荷增量的分析，消除趋势性的影响；通过对负荷增量的分类统计，可以体现出日最高负荷的周期性，从而统一最高负荷幅值的概率表达式。假设前 N 天为历史日，历史负荷向量为

$$\boldsymbol{P} = \begin{bmatrix} P_1 & P_2 & \cdots & P_N \end{bmatrix} \tag{27-1}$$

定义负荷增量序列为

$$\boldsymbol{\Lambda} = \begin{bmatrix} \Delta_1 & \Delta_2 & \cdots & \Delta_{N-1} \end{bmatrix} \tag{27-2}$$

其中

$$\Delta_n = P_{n+1} - P_n, n = 1, 2, \cdots, N-1 \tag{27-3}$$

取 $N=365$，按照季节的不同将 Λ 划分为 4 个分量，对每个分量按照所属星期类型的不同，重组为二维数组，剔除节假日因素，统计结果如图 27-2 所示。

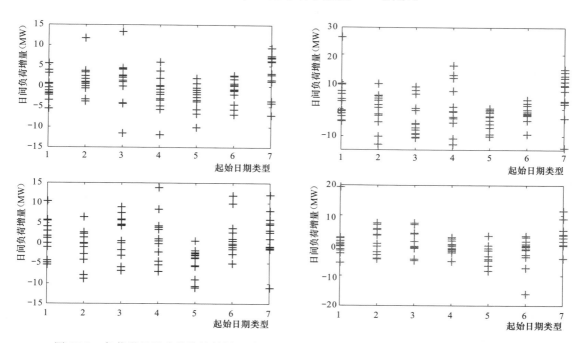

图 27-2 负荷增量的分类统计结果（从左到右、从上到下依次为春、夏、秋、冬 4 个季节）

从图中可以看出，周六相对于周五的负荷增量均值明显为负数，周一相对于周日的负荷增量均值为正数，这是工作日负荷水平较高、周末负荷水平较低的直接体现。同时，夏季负荷增量的离散性要明显大于其他季节。

对不同季节、不同星期类型的结果分别进行统计分析，可得到 7×4 的增量期望矩阵 $\boldsymbol{E}$ 和增量方差矩阵 $\boldsymbol{S}$。

增量期望矩阵

$$\boldsymbol{E} = \begin{bmatrix} u_{11} & u_{12} & u_{13} & u_{14} \\ u_{21} & u_{22} & u_{23} & u_{24} \\ \vdots & \vdots & \vdots & \vdots \\ u_{71} & u_{72} & u_{73} & u_{74} \end{bmatrix} \tag{27-4}$$

增量方差矩阵

$$\boldsymbol{S} = \begin{bmatrix} \sigma_{11} & \sigma_{12} & \sigma_{13} & \sigma_{14} \\ \sigma_{21} & \sigma_{22} & \sigma_{23} & \sigma_{24} \\ \vdots & \vdots & \vdots & \vdots \\ \sigma_{71} & \sigma_{72} & \sigma_{73} & \sigma_{74} \end{bmatrix} \tag{27-5}$$

其中，μ_{ij}，σ_{ij} 分别为在季节 j 中星期 i 到 $i+1$ 相邻两天负荷增量的统计均值和方差。

增量期望矩阵 E 和增量方差矩阵 S 通过其中元素取值的不同体现负荷增量的不同星期类型与季节特性,自动蕴含峰值负荷幅值变化的周期性,简化和统一了概率密度的形成方法。

27.3.2 各个高峰幅值的概率性预测

根据增量期望矩阵与增量方差矩阵,可以得到各个子高峰出现幅值的概率密度预测结果。以双峰情况为例,设第一、第二子高峰的历史序列分别为

$$\boldsymbol{P}' = \begin{bmatrix} P_1' & P_2' & \cdots & P_N' \end{bmatrix} \tag{27-6}$$

$$\boldsymbol{P}'' = \begin{bmatrix} P_1'' & P_2'' & \cdots & P_N'' \end{bmatrix} \tag{27-7}$$

对应的增量序列为

$$\boldsymbol{\Lambda}' = \begin{bmatrix} \Delta_1' & \Delta_2' & \cdots & \Delta_{N-1}' \end{bmatrix} \tag{27-8}$$

$$\boldsymbol{\Lambda}'' = \begin{bmatrix} \Delta_1'' & \Delta_2'' & \cdots & \Delta_{N-1}'' \end{bmatrix} \tag{27-9}$$

分别对 $\boldsymbol{\Lambda}'$、$\boldsymbol{\Lambda}''$ 按季节与星期进行拆分与重组,得到对应的增量期望矩阵、增量方差矩阵分别为 $\boldsymbol{E}'$、$\boldsymbol{S}'$、$\boldsymbol{E}''$、$\boldsymbol{S}''$。设待预测日对应的增量 Δ_N'、Δ_N'' 满足正态分布,期望和方差分别为 μ_{ij}'、σ_{ij}'、μ_{ij}''、σ_{ij}'',则待预测日的第一、第二子高峰幅值的概率密度可以分别表示为

$$p'(x) = \frac{1}{\sqrt{2\pi}\sigma_{ij}'} e^{-\left(\frac{x - P_N' - \mu_{ij}'}{\sigma_{ij}'}\right)^2} \tag{27-10}$$

$$p''(x) = \frac{1}{\sqrt{2\pi}\sigma_{ij}''} e^{-\left(\frac{x - P_N'' - \mu_{ij}''}{\sigma_{ij}''}\right)^2} \tag{27-11}$$

27.3.3 母线日最高负荷幅值的概率性预测

以下考虑母线日最高负荷幅值的概率性预测。由于母线日最高负荷是各子高峰取值的最大值,故可借助序列运算理论,由各子高峰的概率密度直接计算得到最高负荷幅值的概率密度函数。

对日最高负荷可能出现的取值空间进行离散化,令

$$\underline{P} = \min(P_N' + \mu_{ij}' - 3\sigma_{ij}', P_N'' + \mu_{ij}'' - 3\sigma_{ij}'') \tag{27-12}$$

$$\overline{P} = \max(P_N' + \mu_{ij}' + 3\sigma_{ij}', P_N'' + \mu_{ij}'' + 3\sigma_{ij}'') \tag{27-13}$$

则可认为 $\begin{bmatrix} \underline{P} & \overline{P} \end{bmatrix}$ 为所有可能的取值空间,将其等分成 K 段,第 k 段代表取值在子区间 $[a_k, b_k]$ 内,其中

$$\begin{cases} a_k = \underline{P} + \dfrac{\overline{P} - \underline{P}}{K}(k-1) \\[3mm] b_k = \underline{P} + \dfrac{\overline{P} - \underline{P}}{K}k \end{cases} \tag{27-14}$$

则第一、第二子高峰出现在各子区间的概率序列为

$$\boldsymbol{p}'(k) = \begin{bmatrix} p_1' & p_2' & \cdots & p_K' \end{bmatrix} \tag{27-15}$$

$$\boldsymbol{p}''(k) = \begin{bmatrix} p_1'' & p_2'' & \cdots & p_K'' \end{bmatrix} \tag{27-16}$$

其中

$$p_k' = \int_{a_k}^{b_k} p'(x)\,\mathrm{d}x, \quad p_k'' = \int_{a_k}^{b_k} p''(x)\,\mathrm{d}x \tag{27-17}$$

日最高负荷在区间 $[a_k, b_k]$ 内,当且仅当第一、第二子高峰的最大值在区间 $[a_k, b_k]$

内。根据序列运算理论中并积运算的性质，两个随机变量的分布序列的并积是这两个随机变量最大值的分布序列，因此设日最高负荷落在 $[a_k, b_k]$ 的概率值为 $p_{\max}(k)$，对于多个子高峰的情形，只需要对这多个子高峰的概率密度进行并积运算即可，如下式所示。

$$p_{\max}(k) = p'(k) \odot p''(k) \tag{27-18}$$

27.4 算例分析

27.4.1 母线负荷增量分段统计结果

对北京市某母线 2011 年的负荷数据进行分析，形成负荷增量矩阵，从不同季节、不同星期对负荷增量进行重组，分别统计均值和方差，结果如表 27-1 和表 27-2 所示，其中数据量纲均为 MW。从表 27-1 可以看出，周五至周六的负荷增量均值为负，表明有较大的下降。而周日～周一的负荷增量显著为正，第二子高峰周五、周日的增量的均值显著小于第一子高峰对应星期类型增量的均值，夏季高峰负荷的方差值要远大于其他季节的方差，表明夏季负荷的波动程度要高于其他季节。

表 27-1 不同星期类型、不同季节负荷增量的均值

季节 星期	早高峰— 春季	早高峰— 夏季	早高峰— 秋季	早高峰— 冬季	晚高峰— 春季	晚高峰— 夏季	晚高峰— 秋季	晚高峰— 冬季
周一～周二	−1.274	2.9525	−0.0112	1.1159	−0.1521	3.8148	1.218	1.2442
周二～周三	2.1705	−2.0345	−1.3352	4.2981	1.3338	−0.3902	−0.7628	1.5324
周三～周四	0.9441	0.4754	3.2828	−5.5029	1.2255	−4.396	1.9278	0.8472
周四～周五	−0.0611	0.3412	0.7204	0.5543	−1.6111	0.7315	0.9439	−0.3499
周五～周六	−5.2171	−2.1889	−4.1289	−1.8785	−3.1306	−3.4094	−4.786	−3.2833
周六～周日	0.7932	−2.9786	1.1003	−4.8607	−1.0192	−1.5416	1.2543	−1.8097
周日～周一	2.4871	4.0321	2.4186	3.7728	2.916	5.859	2.1295	2.0936

表 27-2 不同星期类型、不同季节负荷增量的方差

季节 星期	早高峰— 春季	早高峰— 夏季	早高峰— 秋季	早高峰— 冬季	晚高峰— 春季	晚高峰— 夏季	晚高峰— 秋季	晚高峰— 冬季
周一～周二	12.003	30.918	20.558	26.085	9.085	68.913	21.799	35.186
周二～周三	10.782	28.344	11.465	16.389	13.331	39.446	18.528	20.286
周三～周四	10.938	22.442	10.187	14.747	33.310	55.652	26.56	16.534
周四～周五	13.789	19.789	21.042	5.795	20.060	76.953	35.529	5.483
周五～周六	7.842	31.184	8.041	5.686	11.732	12.676	12.362	9.964
周六～周日	7.613	20.864	14.729	15.605	9.095	10.503	23.838	24.571
周日～周一	20.055	51.833	28.061	13.111	25.934	64.197	31.681	21.185

27.4.2 母线日最高负荷的幅值预测

通过以上增量的均值和方差确定各个子高峰的概率密度函数的参数，形成相应的概率密度预测结果，并通过对两者的并积运算，形成母线日最高负荷幅值的概率密度。图 27-3 展现了北京市某母线的极值负荷预测过程。

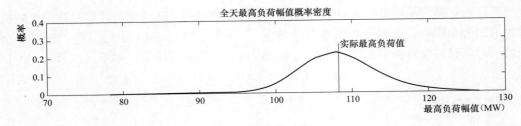

图 27-3　母线最高负荷的概率密度

为了便于比较，用竖线画出了当天的实际最高负荷值。由图可见，当天实际最高负荷出现在全天最高负荷幅值概率密度的幅值附近，说明这样的概率预测具有实用价值。

第28章

母线负荷预测模型的自适应训练与综合预测

提高母线负荷预测精度的途径之一是研究自适应与自学习的预测策略。随着对母线负荷预测研究的不断深入，迄今为止，已提出了多种各具特点的预测方法，各种预测方法如何根据其所应用的母线负荷最新数据，进行模型参数的自动调整，以达到更好的预测效果，这就提出了自适应和自学习的预测问题。

本章把自适应思想引入到母线负荷预测的一般性预测方法及综合模型中。这里"自适应"的含义是：各种预测方法，针对任何一个母线负荷的历史资料和最新的实际数据，通过滚动训练过程总可以找到一套合理的预测参数，在效果上优于固定参数估计。同时，综合预测模型中，各个模型权重的优化，也通过自适应的方法来实现。实践证明，通过自适应技术，母线负荷预测的精度进一步得到提高。

28.1 母线负荷预测方法库的应用分析

预测方法库的引入，是母线负荷预测自适应训练的基础。

选择预测方法库中的 16 种母线负荷预测方法进行分析。下面以福建母线负荷预测系统为例，通过两个算例来分析母线负荷预测方法库的效果。

首先，搜集福建电网 194 个 220kV 母线负荷，统一对 2008 年 7 月 1 日进行虚拟预测，将虚拟预测结果与实际负荷对比，计算预测精度，筛选出每个母线所对应的预测精度最优的预测方法，进而统计出每个预测方法所适用的母线个数。表 28-1 列出了该日的统计结果。

表 28-1　　　　　　　　　　最优预测方法所适用的母线负荷统计结果

精度最优的预测方法	适用母线个数
近日平滑仿重叠曲线法	36
标幺曲线平滑算法	27
近日平滑分布因子法	19
负荷近日平滑法	19
均荷新息重叠曲线法	17
同类型日平滑分布因子法	16
余量相关新息频域分量法	16
最近日分布因子法	13
同类型日仿重叠曲线法	9
一元线性回归	8
同类型日分布因子法	7
均荷新息倍比平滑法	5
同类型日倍比法	2
新息频域分量法	0
新息点对点法	0
最近日仿重叠曲线法	0

从表中的数据可以看出，各种预测方法适用的次数并不一致，甚至有 3 种预测方法没有出现在任何一个母线负荷的最优预测方法中。同时，也不存在某一种预测方法"一枝独秀"

的现象，即使是适用次数最多的"近日平滑仿重叠曲线法"，也只是在 36 个母线负荷的预测过程中作为最优预测方法出现，占全部母线个数的 18.56%。这就从空间维度印证了母线负荷预测方法库中预测方法的多样性是非常必要的。结合福建省母线负荷特点可以推断，福建省 220kV 母线的负荷模式复杂，应采用更精细的母线负荷模式的分类方式，利用预测方法的多样性去适应母线负荷模式的复杂性。

其次，选择某一给定母线（以黎明变电站 1 号节点为例）作为测试对象，对 2008 年 7 月 1～31 日这一个月的每天进行虚拟预测，对比各种预测方法的虚拟预测结果与实际负荷，计算虚拟预测精度，从而找出这个母线在这段时间内精度最优的预测方法的使用次数（每天一次）。统计结果如表 28-2 所示。

表 28-2　　　　　　　黎明变电站 1 号母线的最优预测方法使用次数统计

方法名称	使用次数
近日平滑仿重叠曲线法	10
余量相关新息频域分量法	7
最近日分布因子法	6
均荷新息倍比平滑法	4
均荷新息重叠曲线法	4

从表中可以看出，即使针对同一条母线负荷，在不同日的最优预测方法也不尽相同，这就从时间维度印证了研究提出丰富的母线负荷预测方法库的必要性，并且可以预期，进一步结合自适应预测技术会取得更佳的预测效果。

28.2　自适应预测技术概述

28.2.1　时间区间的若干定义

以预测当日 $n=C$ 为依据，将时间区间作如下定义，见图 28-1。

$$H = \{n \mid C-N \leqslant n \leqslant C-1\} \tag{28-1}$$

$$V = \{n \mid C-N_{v,2} \leqslant n \leqslant C-1\} \tag{28-2}$$

$$VF1 = \{n \mid C-N_{v,2} \leqslant n \leqslant C-N_{v,1}\} \tag{28-3}$$

$$VF2 = \{n \mid C-N_{v,1} \leqslant n \leqslant C-1\} \tag{28-4}$$

$$G = \{n \mid C-N \leqslant n \leqslant C-N_{v,2}\} \tag{28-5}$$

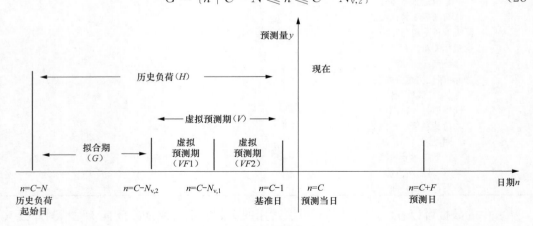

图 28-1　预测时间序列关系图

其中：H 为历史母线负荷日期集合；V 为整个虚拟预测期，被分为 VF1 和 VF2，VF1 代表虚拟预测期 1，VF2 代表虚拟预测期 2；G 为拟合期；$C+F$ 为待预测日。用 $y_{n,t}$ 表示各日实际负荷，$t=1，2，\cdots，T$，T 为每日时段数。

28.2.2 一般母线负荷预测中的参数估计策略

对于母线负荷预测而言，一种预测模型代表了某类负荷特性的发展变化规律。而预测模型中参数的选择，对预测结果有很大的影响。

一般的母线负荷预测问题，通常是根据 H 区间的所有历史母线负荷直接预测待预测日 $C+F$ 的母线负荷。通常，母线负荷预测模型可以抽象地表达为

$$\boldsymbol{y}_{C+F} = f(\boldsymbol{y}_H, \boldsymbol{S}_H) \tag{28-6}$$

式中：H 区间的 $\boldsymbol{S}_H$ 作为参数向量；H 区间的历史母线负荷 $\boldsymbol{y}_H$ 作为原始数据。

以 $\boldsymbol{S}_H$ 为待定参数，$\boldsymbol{y}_H$ 为已知量，进行参数估计，可得到参数估计结果 $\hat{\boldsymbol{S}}_H$。后续的预测过程为

$$\hat{\boldsymbol{y}}_{C+F} = f(\boldsymbol{y}_H, \hat{\boldsymbol{S}}_H) \tag{28-7}$$

其中，$\hat{\boldsymbol{y}}_{C+F}$ 为待预测日的母线负荷预测结果。

在这种预测模式下，通常参数选择方式有以下三种：①默认参数，一般为算法调试后配置的默认值，这类参数通用性较强，但在预测效果上走中庸路线，无法达到预测效果的最佳；②经验参数，即应用通过大量实例得出的归纳性数据，其缺点主要是经验提取过程中采样的随机性较大，在预测中可能出现因经验失效而带来的精度大幅下降；③继承参数，即延用前一次或前几次预测中的参数，这种方式强调了惯性而忽略了适应性，在预测中可能表现为持续的精度不稳定。

可以看出，上述的参数选择方法都有其明显弊端，如何对母线负荷预测模型的参数进行充分的潜力挖掘与寻优，使其进一步适应母线负荷变化规律的时变性，有效提高预测精度，成为必须研究的课题。

28.2.3 自适应技术中的参数估计策略

引入虚拟预测的思路。图 28-1 中的时间区间 G 占 H 的绝大部分，仍然认为是母线负荷已知量；V 占 H 的很小部分，暂时视为待预测母线负荷的未知量。以 G 作为已知条件，经参数辨识后，对 V 中的所有时段作出虚拟预测。

利用虚拟预测原理，母线负荷自适应预测过程可以抽象地表达为

$$\hat{\boldsymbol{y}}_V = f(\boldsymbol{y}_G, \boldsymbol{S}_G) \tag{28-8}$$

其中，$\hat{\boldsymbol{y}}_V$ 为 V 区间的预测结果；$\boldsymbol{y}_G$ 为 G 区间的历史母线负荷；$\boldsymbol{S}_G$ 为 G 区间的参数估计向量。

母线负荷自适应预测的目的，是通过调整和优化预测模型的参数 $\boldsymbol{S}_G$，使得虚拟预测结果与集合 V 中的母线负荷数据尽可能地接近，即虚拟预测误差尽可能小，然后利用调整后的模型及其优化参数 $\hat{\boldsymbol{S}}_G$，实现对未来母线负荷 $\hat{\boldsymbol{y}}_{C+F}$ 的预测。母线负荷预测模型可表达为

$$\hat{\boldsymbol{y}}_{C+F} = f(\boldsymbol{y}_H, \hat{\boldsymbol{S}}_G) \tag{28-9}$$

如此进行参数估计及其反馈调整，使母线负荷预测成为一个闭环优化的过程，达到自适应预测的效果。

由上述过程可知，母线负荷自适应预测与一般预测的区别主要在于：

（1）对于某个预测模型，在确定模型参数时，一般预测的原则是追求历史时段 H 的整

体拟合误差最小；而自适应预测则以历史时段中比较近期的若干时段为假定的预测对象，追求这段已知数据的预测误差最小。

（2）一般预测模型试图将历史拟合效果最佳的模型及其参数应用于对未来时段的预测；而自适应预测则选取了对最近一段历史数据进行假定预测时效果最好的模型及其参数，应用于对未来时段母线负荷的预测。

总之，自适应预测利用虚拟预测原理，可以将其分为参数辨识和反馈调整两个部分，并结合滚动预测与滚动训练，使母线负荷预测策略的自适应与自学习成为可能，该方法比一般的参数估计方式更加有效。

28.3 母线负荷预测单一模型参数自适应训练

28.3.1 自适应训练的计算量

自适应预测的目标是针对每一条母线，通过自动扫描各种预测模型，一方面，自适应地选择各种预测方法，另一方面，自适应地进行模型参数的自动调整，从而自动地将具有最优参数的最优模型应用于下一次预测。

从实现过程来看，自适应预测技术包括 2 个主要环节：自适应训练环节和预测环节。其中，自适应训练过程是最复杂、最耗时的环节。

母线负荷预测过程中，由于母线数量多、预测模型及其参数组合复杂等原因，使自适应训练的计算量与实现难度大大增加。决定计算量的关键因素包括电网中的母线数量、自适应预测天数、预测方法库中预测模型的数量、各个模型的参数数量以及参数组合优化次数等。以某省 220kV 的母线负荷预测为例，对其自适应训练计算量的保守估计如表 28-3 所示。

表 28-3　　　　　　　　　　　自适应训练计算量的保守估计

关键因素	数目
母线数量	200
训练天数	3
预测模型数量	15
模型的平均参数数量	3
参数组合优化次数	5
整体计算次数	135000

由上表可见，按保守估计每次自适应训练的整体计算次数达 13.5 万次，并且可以推断，随着预测母线数量的增加，自适应训练的计算量也会成比例增长。对于如此庞大的计算量，人工计算根本无法处理，必须建立母线负荷预测软件平台，才是解决该问题的有效途径。同时，在母线负荷预测软件平台中，一般自适应训练是在服务器负荷较轻时（如凌晨）在后台自动启动运行，得到的训练结果，即每条母线的最优预测模型及其最优参数组合，将被应用到正常预测过程中。当然，根据实际情况，训练的启动时间、训练策略（如训练天数等），还可以由预测人员加入人工经验进行定制，使得自适应技术的应用更加具有针对性。

28.3.2 单一预测模型的参数自适应训练

假设共有 M 种单一预测模型（或称个体预测模型），其中第 i 种单一预测模型的参数自适应模型可以抽象表达为

$$\hat{\boldsymbol{Y}}_V^{(i)} = f_i(\boldsymbol{Y}_G^{(i)}, \boldsymbol{S}_V^{(i)}) \tag{28-10}$$

式中：$\hat{Y}_V^{(i)}$ 表示第 i 种方法在 V 区间上的预测结果向量；$Y_G^{(i)}$ 表示预测用到的相关历史母线负荷数据；$S_V^{(i)}$ 则表示方法 i 对虚拟预测区间 V 预测时所估计得到的参数。

虚拟预测就是对参数 $S_V^{(i)}$ 实现如下优化过程

$$\min_{S_V^{(i)}} \quad (Y_V^{(i)} - Y_V)^{\mathrm{T}}(Y_V^{(i)} - Y_V)$$

$$s.t. \quad \hat{Y}_V^{(i)} = f_i(Y_G^{(i)}, S_V^{(i)}) \tag{28-11}$$

基于虚拟预测的模型参数训练方法的基本原理是：在默认参数初值的基础上，对各种参数在其取值范围内做出试探性的调整，如果调整是有效的，即可以促使虚拟预测的结果得到改善，则接受这个调整方向；否则，拒绝这个调整。如此循环，直至没有更好的参数出现为止。

基于虚拟预测的自适应理念的提出，从根本上解决了预测的滚动优化问题。其预测逻辑如图 28-2 所示。

由于母线负荷预测模型的参数优化是典型的组合优化算法，难以或无法给出最坏误差界，而实际问题又迫切需要求解的方法，在实际的工程应用中，摄动算法和遗传算法被广泛采用。这两种算法的特点分别是：摄动算法思路简单清晰，计算效率较高，易于编程实现，但是容易陷入局部最优解；遗传算法优化深度大，搜索空间广，但是编程的工作量较大，算法开销较大，而且初始种群具有随机性。

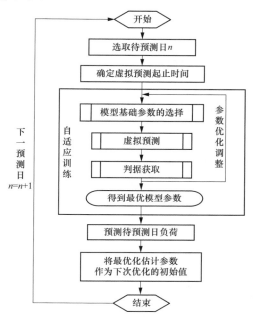

图 28-2　基于虚拟预测的自适应预测逻辑

28.4　母线负荷综合预测模型权重的自适应优化

当采用多种单一预测方法进行母线负荷预测之后，需要进行分析与综合，也就是说，必须合理设定每个单一预测方法的权重，然后进行加权，才可得到最终唯一的母线负荷曲线预测结果。

与系统级短期负荷预测类似，母线短期负荷预测的综合模型也可以分为全天统一权重方式和分时段变权重方式。

28.4.1　全天统一权重的综合预测模型

全天统一权重的母线负荷预测综合模型，就是对于每个单一预测方法，取一个确定的数值作为全天的统一权重，该数值不随时段的变化而变化。各权重的选定只依赖于方法，不依赖于各日各点。

按照全天统一权重的基本思路，设 T 为每日负荷采样点数；规定 i 为单一预测方法下标，n 为日期下标，t 为时段下标；假定总共使用了 M 种单一预测方法作预测，w_i 为其中第 i 种单一预测方法在综合预测模型中的权重，$i=1, 2, \cdots, M$。则综合模型抽象表达为

$$\hat{Y}_{0V} = \sum_{i=1}^{M} w_i \hat{Y}_V^{(i)} \tag{28-12}$$

$\hat{\pmb{Y}}_{0V}$表示对 M 种单一预测方法的综合预测结果，$\pmb{W}=\begin{bmatrix} w_1 & w_1 & \cdots & w_M \end{bmatrix}$ 表示待定的综合模型权重；$\hat{\pmb{Y}}_V^{(i)}$ 表示第 i 种单一预测方法对虚拟预测区间 V 上母线负荷的预测结果。综合模型对参数 W 进行如下优化过程

$$\min_{\pmb{W}} \quad (\hat{\pmb{Y}}_{0V} - \pmb{Y}_V)^{\mathrm{T}}(\hat{\pmb{Y}}_{0V} - \pmb{Y}_V)$$

$$s.t. \quad \hat{\pmb{Y}}_{0V} = \sum_{i=1}^{M} w_i \hat{\pmb{Y}}_V^{(i)} \tag{28-13}$$

其中，$\pmb{W}$ 作为优化决策变量，得到的优化结果记作 $\hat{\pmb{W}}$。

28.4.2 分时段变权重的综合预测模型

分时段变权重的母线负荷预测综合模型，要求在综合模型中区别对待每天的各个时刻，也就是针对每个时刻分别独立建立各自的综合预测模型，各种单一预测方法的预测结果在每个时刻的权重均不同。

此时，如果每天的时段数为 T，则需要建立总共 T 个综合预测模型，其中第 t 个称为"t 时段综合预测模型"。

下面以 t 时段为例进行分析。借鉴系统级短期负荷预测的 t 时段综合预测模型和母线负荷预测的全天统一权重综合模型，母线负荷预测在 t 时段的综合预测模型可以直接写为如下形式

$$\hat{\pmb{Y}}_{0V,t} = \sum_{i=1}^{M} w_{i,t} \hat{\pmb{Y}}_{V,t}^{(i)} \tag{28-14}$$

式中：$\hat{\pmb{Y}}_{0V,t}$ 表示 t 时段 M 种单一预测方法的综合预测结果；$\pmb{W}_t = \begin{bmatrix} w_{1,t} & w_{2,t} & \cdots & w_{M,t} \end{bmatrix}$ 表示 t 时段的综合预测模型的待定权重；$\hat{\pmb{Y}}_{V,t}^{(i)}$ 表示 t 时段第 i 种单一预测方法对虚拟预测区间 V 上母线负荷的预测结果。

对于 t 时段的综合预测模型，其综合模型参数 $\pmb{W}_t$ 采用如下优化过程

$$\min_{\pmb{W}_t} \quad (\hat{\pmb{Y}}_{0V,t} - \pmb{Y}_{V,t})^{\mathrm{T}}(\hat{\pmb{Y}}_{0V,t} - \pmb{Y}_{V,t})$$

$$s.t. \quad \hat{\pmb{Y}}_{0V,t} = \sum_{i=1}^{M} w_{i,t} \hat{\pmb{Y}}_{V,t}^{(i)} \tag{28-15}$$

28.5 综合模型联合参数自适应训练算法

从前述两节内容可知：

（1）对于母线负荷预测的各个单一预测模型而言，其参数自适应的具体训练方法是：通过对历史上某日的虚拟预测结果和历史上该日的母线负荷实际数据进行比较，以误差平方和最小为目标进行优化，得到该模型的最优参数。

（2）而对于由多种单一预测模型构成的综合预测模型而言，则主要通过调整各种单一预测方法的权重进行加权综合来达到自适应优化的效果。更进一步，为了更加有效地将个体预测方法引入综合模型中，可以进行模型的初步筛选。

由此可见，母线负荷预测自适应训练的综合模型，其整个预测过程涉及两部分的参数优化：个体预测方法的参数变量与综合模型中各方法的权重。然而，对于最终的综合预测模型而言，若个体预测方法采用参数自适应训练方法确定，而综合模型权重采用等权重等简单方

式，则显然无法达到最优预测的效果；若综合模型中的个体预测方法采用固定参数而不涉及参数自适应问题，只有综合模型的权重采用自适应方法来确定，也无法实现最优预测。因此，有必要探索个体预测方法的参数自适应与综合模型权重的自适应过程的协调配合技术，可称为综合预测模型及其个体预测方法的联合参数自适应优化问题。

综上所述，综合模型联合参数自适应的重点在于个体方法和综合权重两部分参数自适应过程的互相配合，而不仅仅是各自独立的自适应训练。本节对综合模型联合参数自适应的整体过程进行了建模与分析，并且提出了两种具体的联合参数自适应策略，利用参数自适应的互相配合，可以进一步提高预测精度。

28.5.1 联合参数自适应优化模型

由前述分析可知，利用综合模型进行预测需要确定的参数分为两部分：个体预测方法自身的参数和综合模型中的权重系数。一般的综合模型参数生成办法是先进行单一方法预测，然后得出综合模型的预测结果，其实质是对这两个步骤分别建立优化模型进行求解。

下面将这两个优化模型进行联立，形成联合参数自适应模型。

基于以上对个体预测方法和综合模型权重的独立优化模型，将这两个优化模型联合起来，以 $S_V^{(i)}$ 和 W 为优化决策变量，得到联合参数自适应优化模型

$$\min_{W,S_V^{(i)}} \quad (\hat{Y}_{0V} - Y_V)^{\mathrm{T}}(\hat{Y}_{0V} - Y_V)$$

$$s.t. \quad \hat{Y}_{0V} = \sum_{i=1}^{M} w_i \hat{Y}_V^{(i)} \tag{28-16}$$

$$\hat{Y}_V^{(i)} = f_i(Y_G^{(i)}, S_V^{(i)})$$

相比传统的将自适应过程与综合模型分别独立优化的思想，联合参数自适应的模型将两类变量同时做优化，可以取得更好的预测效果。但随着变量维数的增加，优化模型也变得更加复杂，因此必须研究这一模型的简化求解过程。

28.5.2 联合参数自适应优化模型的求解

联合参数自适应模型中，有 2 个向量作为决策变量，求解较复杂。根据电力系统母线负荷的变化特点，母线负荷的时间序列中存在同类型日，同类型日对待预测日的影响较大，相关性也较大，因而可将优化求解限制在同类型日的选取方式上，这样可以简化优化过程。搜寻最优解的过程又可以根据所选同类型日的不同而体现出不同的特点。

将 $S_V^{(i)}$ 和 W 的优化过程分别进行，针对 $S_V^{(i)}$ 进行优化的虚拟预测时间区间记为 V_s，而针对 W 进行优化的虚拟预测时间区间记为 V_w。

先在时间区间 V_s 上进行虚拟预测，确定 $S_{V_s}^{(i)}$，模型如下

$$\min_{S_{V_s}^{(i)}} \quad (\hat{Y}_{V_s}^{(i)} - Y_{V_s})^{\mathrm{T}}(\hat{Y}_{V_s}^{(i)} - Y_{V_s})$$

$$s.t. \quad \hat{Y}_{V_s}^{(i)} = f_i(Y_G^{(i)}, S_{V_s}^{(i)}) \tag{28-17}$$

将由此确定的 $\hat{S}_{V_s}^{(i)}$ 作为已知量。

然后在时间区间 V_w 上做虚拟预测，从而对 W 进行优化，模型如下

$$\min_{W} \quad (\hat{Y}_{0V_W} - Y_{V_W})^{\mathrm{T}}(\hat{Y}_{0V_W} - Y_{V_W})$$

$$s.t. \quad \hat{Y}_{0V_W} = \sum_{i=1}^{M} w_i \hat{Y}_{V_W}^{(i)} \tag{28-18}$$

这样，在两步分开的优化过程中，都是单一向量作为变量的优化过程，而两步中对相关同类型日 V_s 和 V_w 的不同选取方式，则代表了不同的优化过程。在真正预测时，针对不同的 V_s 和 V_w 选取方法确定的 $\boldsymbol{W}$，将个体预测方法结果代入综合模型中的时候，个体预测方法的优化参数也不相同，应与 $\boldsymbol{S}_{V_s}^{(i)}$ 相配合。

在此，提出两种简化后的联合参数自适应策略，并用于真正的预测环节。

（1）同期平均策略。所谓同期平均，是指 V_s 和 V_w 均选为同一虚拟预测期 V，流程如下：

第一步，取 $V_s = V$，利用式（28-17）进行优化得到 $\hat{\boldsymbol{S}}_{V_s}^{(i)}$。

第二步，取 $V_w = V$ 由式（28-18）确定综合权重 $\hat{\boldsymbol{W}}$。

第三步，将 $\hat{\boldsymbol{S}}_{V_s}^{(i)}$ 代入个体预测方法，即可得到真实预测结果。

第四步，将上一步结果代入综合模型，获得最终预测结果。

该策略的特点在于：在联合参数自适应过程中，单一方法参数自适应和综合模型权重自适应都利用对同一时间区间（一般选择上一周期的同类型日）的虚拟预测获得，因而该策略实际上是使得各种预测方法在平均意义上预测结果的误差最小。该策略充分发挥了各种单一方法自身的优势，各自优化之后，又考虑不同方法间的优劣差异，将其加权平均。这样，当各种单一方法对母线负荷预测的精度不是十分稳定时，依靠多模型组合实现概率意义上的最佳预测。

（2）跨期平均策略。跨期平均策略的核心是时间区间 V_s 和 V_w 采用不同虚拟预测期，流程如下：

第一步，如图 28-1 所示，取 $V_s = VF1$，利用式（28-17）进行优化得到 $\boldsymbol{S}_{V_s}^{(i)}$。

第二步，取 $V_w = VF2$，由式（28-18）确定综合权重 $\hat{\boldsymbol{W}}$。

第三步，将参数代入个体预测方法，即可得到真实预测结果。但与同期平均策略不同的是，此时该单一方法需同样根据 $VF2$ 确定参数。因而利用式（28-17），取 $V_s = VF2$，得到参数 $\hat{\boldsymbol{S}}_{VF2}^{(i)}$，预测结果为 $\hat{\boldsymbol{Y}}_{VF2}^{(i)} = f_i(\boldsymbol{Y}_{G+VF1}^{(i)}, \hat{\boldsymbol{S}}_{VF2}^{(i)})$。

第四步，将上一步结果代入综合模型，获得最终预测结果。

该策略的特点在于：在联合参数自适应过程中，单一方法参数自适应和综合模型权重自适应来自对不同日的虚拟预测。单一方法参数的确定过程，保证了对 $VF1$ 区间预测精度最高，理想情况下，负荷特性完全按照一定的模式进行演变，则该参数也会使得实际预测达到最佳精度。但是由于负荷特性的变化规律不是固定的，虚拟预测最优并不等价于实际预测最优，两者之间会由于负荷变化规律的不稳定而产生差异。在确定综合模型权重时，利用在 $VF1$ 区间上优化而确定的单一方法参数，对 $VF2$ 区间进行虚拟预测，从而确定权重 $\boldsymbol{W}$。如此确定权重的优化过程表征了负荷特性规律的周期性。因此，这一权重的跨期优化对虚拟预测与真实预测之间的差异进行了修正，因而对于负荷特性规律不够稳定的情况，该方法将更加有效。

值得注意的是，由于采用了跨期平均策略，权重表征了跨周期的变化规律，所以第三步各单一方法应该针对 $VF2$ 区间做预测，再将结果代入综合模型中。

28.6　算例分析

下面通过具体的算例对比，分析使用自适应预测技术前后的预测效果。

为了分析方便，算例以一周连续 7 日负荷预测的结果为例。采用某省 2008 年 8～9 月某条 220kV 母线负荷数据，对 2008 年 9 月 22～28 日的负荷进行预测，每日预测点数为 96 点。为了说明该策略的普适性，算例中分别选取倍比平滑法和重叠曲线法来对比预测效果。

　　如表 28-4 所示，通过对倍比平滑算法的自适应训练，平均预测精度提高了 1.57 个百分点，并且 7 天的预测精度都有不同幅度的提高，表明这种自适应训练方式的有效性。

表 28-4   倍比平滑法的母线负荷预测精度比较

日期	未训练（%）	经过自适应训练（%）
2008-9-22	96.53	96.56
2008-9-23	88.82	90.41
2008-9-24	87.42	90.89
2008-9-25	86.59	90.01
2008-9-26	94.68	95.59
2008-9-27	95.24	95.93
2008-9-28	95.34	96.22
平均精度	92.09	93.66

　　如表 28-5 所示，通过对重叠曲线法的自适应训练，平均预测精度提高了 3.47 个百分点。

表 28-5   重叠曲线法的母线负荷预测精度比较

日期	未训练（%）	经过自适应训练（%）
2008-9-22	90.93	91.54
2008-9-23	84.03	90.81
2008-9-24	89.32	93.38
2008-9-25	94.29	95.95
2008-9-26	88.36	95.49
2008-9-27	92.94	95.02
2008-9-28	93.67	95.67
平均精度	90.51	93.98

　　如图 28-3 所示，横坐标为时段（每 15min 一个点），图中为该母线 2008 年 9 月 28 日的 96 点实际负荷曲线以及两种预测方法训练前后的预测负荷曲线。从中可更为直观地看到自适应训练前后的预测效果对比情况。

　　预测算法的自适应训练可以解决单一算法的参数寻优问题，但参照表 28-4、表 28-5 和图 28-3 可以看出不同算法间的预测效果的差异，这就涉及到母线负荷预测中的综合模型优化问题。为此，按照联合参数自适应的过程，对上述 2 个预测方法进行 4 个情景的组合，结果如表 28-6 所示。

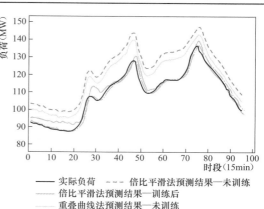

图 28-3　预测效果对比

日期	单一方法未训练 综合模型采用平均权重	单一方法自适应训练 综合模型采用平均权重	单一方法未训练 综合模型采用自适应权重	单一方法自适应训练 综合模型采用自适应权重
2008-9-22	93.73	94.05	94.21	91.85
2008-9-23	86.43	90.61	88.11	91.15
2008-9-24	88.37	92.14	90.23	93.79
2008-9-25	90.44	92.98	92.31	96.54
2008-9-26	91.52	95.54	91.97	95.89
2008-9-27	94.09	95.48	94.65	95.78
2008-9-28	94.51	95.95	95.13	96.71
平均精度	91.30	93.82	92.37	94.53

表 28-6　　　　　　　　　　　联合参数自适应的精度比较（%）

　　由上表可知，仅采用单一方法参数自适应或仅采用综合模型权重自适应，均无法达到最好的预测效果。特别是如果单一方法参数和综合模型权重均不采用自适应技术时，预测效果相对较差。联合参数自适应的预测精度最佳，这充分说明了自适应技术在负荷预测综合模型中的必要性。

第29章

虚拟母线技术及其预测方法

第 23 章已经介绍过，母线负荷预测方法包括基于系统负荷进行分配的预测方法和基于母线负荷直接预测的方法两类。基于系统负荷分配的预测方法首先由系统负荷预测得到某一时刻的系统负荷值，然后根据事先维护的配比模型分配到每一母线上，这类方法耗时短，但对单个母线负荷自身特性的考虑有所欠缺。基于母线负荷的直接预测方法则对每个母线单独建模、单独预测，考虑到大电网中母线数目众多，这类基于母线负荷的直接预测方法由于需要对大量母线负荷进行建模预测，计算耗时较长。此外，由于单个母线的负荷水平往往较低，波动性强、规律性弱，采用各自建模进行预测的方式也会制约母线预测精度的提高。

是否能在系统负荷和母线负荷之间构造出中间层——虚拟母线（满足一定条件的若干母线的组合）？通过对虚拟母线的负荷预测来代替对于各个单独节点的负荷预测，一方面，可以降低预测对象的数目，另一方面，由于虚拟母线的负荷水平更高、负荷结构更稳定，其内部各母线负荷的随机波动相互抵消，可预测性更强。因此，本章将介绍虚拟母线技术及其负荷预测方法。

29.1 簇集网络及其特性

29.1.1 簇集树状网络

簇集树状网络（cluster tree network）是无线传感器网络中为了降低数据通信量而设计的一种拓扑结构，通过簇头节点汇集和融合簇内信息流来减少信息的发送次数，同时也降低传感器节点的能源消耗。在采用分簇路由协议的无线传感器网络中，网络被划分为若干个簇（cluster）。所谓簇，是指具有某种关联的网络节点集合。每个簇由一个簇头（cluster head）和多个成员节点（cluster member）组成。簇头节点负责管理或控制整个簇内的成员节点，包括收集、融合以及转发成员节点的数据等。成员节点一般呈树状连接。具有上述特征的网络即为簇集树状网络，简称簇树网络，如图 29-1 所示。

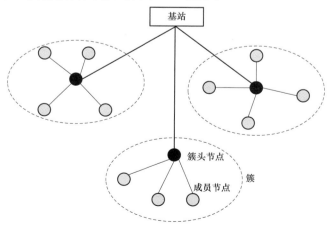

图 29-1 簇集树状网络示意图

图中黑色实心节点为簇头节点，空心节点为成员节点。簇头节点融合成员节点的数据之后再进行转发，减少了数据通信量，节省了网络资源。

29.1.2 簇集网状网络

与无线传感器网络类似，电网中也存在类似的簇集树状网络，其中的簇头节点汇聚了簇内的能量流。然而，与标准意义上的簇集树状网络相比，电网中的节点通常是网状连接（输电网为网状连接，配电网为闭环网络开环运行），这与簇集树状网络中标准的树状结构存在差异。为此，基于簇集树状网络的概念，定义了一个新的网络连接类型：簇集网状网络（cluster mesh network）。

簇集网状网络是指内部节点形成网状连接，并只能通过唯一的簇头节点与外部网络相连通的网络。如图 29-2 所示，节点 P_1 是簇头节点，节点 $P_2 \sim P_6$ 为簇内成员节点，成员节点之间为网状连接关系，且成员节点与外部网络节点之间的路径，必须经过簇头节点。

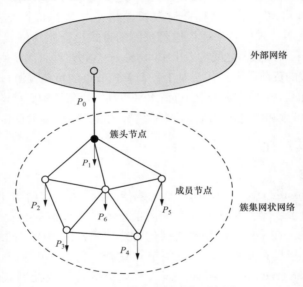

图 29-2　簇集网状网络示意图

潮流分布反映了电网的能量流分布，描述了电网运行最基本的特征。簇集网状网络概念的应用，可以在很大程度上简化电网的潮流计算（为了简化问题，本章将主要以直流潮流计算为例进行辅助说明）。这种简化主要体现在簇集网状网络的基态和断态特性上，下面将分别详述。

29.1.3 簇集网状网络的基态特性

基态特性是指在电网直流潮流计算模型中，一个簇集网状网络内部的所有成员节点所挂接的负荷，可以在加总之后，等效为簇头节点上的虚拟负荷，因此在成员节点之间的负荷转移和分配不会影响到外部网络潮流状态。

例如，对图 29-2，有

$$P_0 = \sum_{i=1}^{6} P_i \tag{29-1}$$

即该簇集网状网络可以被简化为一个挂接负荷为 P_0 的簇头节点。如果只关心外部网络的潮流分布，只需要获取 P_0 的负荷，而无需分析 $P_1 \sim P_6$ 每一个节点的负荷。这就意味着母线负荷预测对象数量的减少和可预测性的提高。

若关心簇集网状网络内部的潮流分布，则依然需要获得 $P_1 \sim P_6$ 的负荷。然而，通过配比模型（如分布因子法中的树状常数模型）分解 P_0 得到 $P_1 \sim P_6$，配比因子的误差只会影响到簇集网状网络内部潮流计算的精度，而不会传递到外部网络潮流计算的过程中。

29.1.4 簇集网状网络的断态特性

断态特性是指在保持簇集网状网络连通性的前提下，簇集网状网络内部成员节点之间连接关系的变化，如支路开断、重构等，不会改变簇头节点的虚拟负荷，也不会改变外部网络的潮流分布。这是因为簇集网状网络成员节点之间为网状连接，支路连接关系变化后，只要簇集网状网络仍保持连通，母线负荷就可以通过其他支路流向外部网络，虚拟负荷 P_0 维持不变，外部网络的潮流自然也不会改变。

这一特性在电网安全分析中具有重要应用。以静态安全校核为例，对于一个具有簇集网状网络特征的局部电网，当其内部支路发生开断故障时，可以不必对其外部网络的潮流分布进行校验，而只需关注其内部支路的潮流变化。如此，簇集网状网络内部故障所带来的安全约束数目将被大幅度削减，安全校核的速度将得以提升。

29.2 虚拟母线——虚拟的簇集网状网络

29.2.1 虚拟母线的定义

电网中也存在典型的簇集网状网络，如省间联络线及其连接的外省网络，以及闭环结构开环运行的配电网网络。在计算输电网潮流时，省间联络线及其连接的外省网络通常被等值，节点负荷为联络线上计划流过的潮流；配电网则被等效成上级变电站的母线负荷，其值等于通过该变电站下送给配电网的负荷，只需对该母线负荷进行预测，无需对配电网内部各个馈线负荷进行预测。静态安全校核时，外省网络和配电网内部的断线事故均被忽略。

除去省间联络线和配电网，如果能在输电网中找到更多的类似于簇集网状网络的情况，那么母线负荷预测和静态安全校核的问题都将得到简化。什么样的情况才算得上"类似于"簇集网状网络呢？下面进行分析。

发电机输出功率转移分布因子（generation shift distribution factor，GSDF）是电力网络分析中常用的概念，定义了由于母线负荷变化引起的支路潮流的变化。若节点 i 有功变化 ΔP_i 时引起支路 k 的有功功率变化为 ΔP_{k-i}，则两者的关系可通过发电机转移分布因子 G_{k-i} 表示为

$$\Delta P_{k-i} = G_{k-i} \Delta P_i \tag{29-2}$$

在直流潮流计算模型下，常规 GSDF 计算公式如下

$$G_{k-i} = \frac{1}{x_k} \boldsymbol{M}_k^T \boldsymbol{X} \boldsymbol{a}_i \tag{29-3}$$

其中，$\boldsymbol{X}$ 为电抗矩阵，$\boldsymbol{M}_k^T$ 为支路连接向量；$\boldsymbol{a}_i$ 为单位列矢量，只在节点 i 对应位置有非零元素 1，其余则为 0。

仔细分析簇集网状网络的基态特性，不难发现，对于电网而言，当一个局部网络的内部各个成员节点对外部网络相同支路的 GSDF 都相等时，其成员节点的负荷即可被加总等效为一个虚拟母线负荷，此时若采用配比模型预测，配比因子误差不会传递到外部网络之中。这个条件在断态特性上也有相同的体现，当支路开断后，若开断支路两端节点对外部网络支

路的 GSDF 相同，支路开断导致注入两端节点的功率变化量大小相同、方向相反，功率变化量对外部网络的影响可以相互抵消。

基于以上分析，如果将外部网络中的某些支路定义为电网的关键断面，只要将"局部网络的内部各个成员节点对外部网络相同支路的 GSDF 相等"的条件削弱为"局部网络的内部各个成员节点对外部网络相同支路的 GSDF 近似相等"，就可以找到对关键断面具有基态和断态特性的"类簇集网状网络"，称之为"虚拟母线"。

实际上，还可以进一步放宽该条件，只要"局部网络的内部各个成员节点对外部网络相同支路的 GSDF 正负号相同"且内部网络是连通的，即可归入虚拟母线，可称为"扩展虚拟母线"。

此外，为了提高虚拟母线负荷的可预测性，进一步要求各成员节点所挂接负荷的负荷曲线需要具有相似性或相关性，这将有利于提高虚拟母线负荷配比因子的规律性，降低配比误差。

下面给出虚拟母线及相关概念的定义：

定义 29-1　虚拟母线（virtual bus，VB）：在电网中存在一些紧密联系的连通的局部网络，其内部各母线对关键断面具有数值相等或相近的 GSDF，同时其内部母线的负荷曲线具有一定的相似性或相关性，则定义这些母线所组成的连通的局部母线组为虚拟母线。

定义 29-2　扩展虚拟母线（extended virtual bus，EVB）：在电网中存在一些紧密联系的连通的局部网络，其内部各母线对关键断面具有符号相同的 GSDF，同时其内部母线的负荷曲线具有一定的相似性或相关性，则定义这些母线所组成的连通的局部母线组为扩展虚拟母线。

定义 29-3　子母线（child bus，CB）：指虚拟母线或扩展虚拟母线的成员节点。

定义 29-4　虚拟母线基数（virtual bus cardinality）：指虚拟母线或扩展虚拟母线中所含有的子母线数量。

定义 29-5　虚拟母线负荷（virtual bus load）：指虚拟母线或扩展虚拟母线中所有子母线的负荷总和。

定义 29-6　虚拟母线内部线路（virtual bus internal line）：若线路两端节点均属于同一个虚拟母线或扩展虚拟母线，则该线路为该虚拟母线或扩展虚拟母线的内部线路。

定义 29-7　虚拟母线外部线路（virtual bus external line）：线路两端节点不属于相同的虚拟母线或扩展虚拟母线，则该线路为虚拟母线或扩展虚拟母线的外部线路。

为了表述的简洁性，下面的分析只针对虚拟母线，暂时不考虑扩展虚拟母线。

29.2.2　虚拟母线的基态特性

虚拟母线的基态特性表现为：采用配比模型预测虚拟母线内部子母线负荷，配比因子误差（配比模型预测的配比因子和真实配比因子之差），并不会传递到外部关键断面的潮流上，或者影响程度很小。

设 t 时刻网络中共有 B 个母线，记实际母线负荷向量为 $\boldsymbol{P}_t$，$\boldsymbol{P}_t = [P_{1,t}, P_{2,t}, \cdots, P_{B,t}]^T$。设线路 k 属于关键线路，该线路潮流为 $P_{k,t}$。B 个母线对线路 k 的 GSDF 向量为 $\boldsymbol{S}_k$，$\boldsymbol{S}_k = [S_{k,1}, S_{k,2}, \cdots, S_{k,B}]^T$。

现在对这 B 个母线 t 时刻的负荷进行预测，预测值分别为 $\hat{\boldsymbol{P}}_t = [\hat{P}_{1,t}, \hat{P}_{2,t}, \cdots, \hat{P}_{B,t}]$，与实际值的误差向量为 $\Delta\boldsymbol{P}_t$，$\Delta\boldsymbol{P}_t = [\Delta P_{1,t} \ \Delta P_{2,t} \cdots \Delta P_{B,t}]^T$，即有

$$\Delta P_{b,t} = \hat{P}_{b,t} - P_{b,t}, \quad b = 1, 2, \cdots, B \tag{29-4}$$

在直流潮流模型中，负荷预测误差 $\Delta\boldsymbol{P}_t$ 将反映到线路 k 的潮流变化 $\Delta P_{k,t}$ 上，影响幅度可以由 GSDF 反映。由 GSDF 的定义，可得

$$\Delta P_{k,t} = \boldsymbol{S}_k^T \Delta \boldsymbol{P}_t = \sum_{b=1}^{B} S_{k,b} \Delta P_{b,t} \tag{29-5}$$

将 GSDF 相同或相近且负荷曲线相似的子母线 v_1，v_2，$\cdots$，v_m（$v_j \in [1, B]$）聚合形成一个母线组 V，即虚拟母线，则对于虚拟母线 V，有 $\boldsymbol{S}_{k,v} = [S_{k,v_1}, S_{k,v_2}, \cdots, S_{k,v_m}]^T$，且

$$S_{k,v_1} \approx S_{k,v_2} \approx \cdots \approx S_{k,v_m}$$

令 $\boldsymbol{S}_{k,v}$ 中所有元素的算术均值为 $\bar{S}_{k,v}$，用其代替每一个单独的 GSDF 元素；则 V 的预测误差所造成的支路 k 的潮流误差 $\Delta P_{k,t,V}$ 可表示如下

$$\Delta P_{k,t,V} = \sum_{j=1}^{m} S_{k,v_j} \Delta P_{v_j,t} \approx \bar{S}_{k,V} \sum_{j=1}^{m} \Delta P_{v_j,t}$$

$$= \bar{S}_{k,V} \sum_{j=1}^{m} (\hat{P}_{v_j,t} - P_{v_j,t}) = \bar{S}_{k,V} \left(\sum_{j=1}^{m} \hat{P}_{v_j,t} - \sum_{j=1}^{m} P_{v_j,t} \right) \tag{29-6}$$

因为 $\sum_{j=1}^{m} \hat{P}_{v_j,t} = \hat{P}_{V,t}$ 且 $\sum_{j=1}^{m} P_{v_j,t} = P_{V,t}$，可见 $\Delta P_{k,t,V}$ 主要取决于虚拟母线整体负荷预测值 $\hat{P}_{V,t}$ 与实际值 $P_{V,t}$ 的误差。因此，如果采用配比模型预测虚拟母线内部的子母线负荷，配比因子误差（配比模型预测的配比因子和真实配比因子之差）并不会传递到关键断面的潮流上，或者影响程度很小。影响程度取决于 GSDF 的"近似相等"关系是否严格，近似相等程度越高，关键断面潮流的误差越小。

29.2.3　虚拟母线的断态特性

虚拟母线的断态特性表现为：虚拟母线内部线路的开断对于关键断面上的潮流变化是相对微小的。

定义外部关键线路 k，两端节点为（p_k，q_k），其电抗为 x_k；虚拟母线内部进行 N-1 开断的线路为 l，两端节点为（p_l，q_l），电抗为 x_l。记支路连接向量为 $\boldsymbol{M}^T$，对于 l 与 k，分别有

$$\boldsymbol{M}_l^T = \begin{bmatrix} 0 & \cdots & 1 & \cdots & -1 & \cdots & 0 \end{bmatrix}$$
$$\phantom{\boldsymbol{M}_l^T = \begin{bmatrix} 0 & \cdots & \end{bmatrix}} p_l q_l$$

$$\boldsymbol{M}_k^T = \begin{bmatrix} 0 & \cdots & 1 & \cdots & -1 & \cdots & 0 \end{bmatrix}$$
$$\phantom{\boldsymbol{M}_k^T = \begin{bmatrix} 0 & \cdots & \end{bmatrix}} p_k q_k$$

其中，向量中各元素下方为其序号。记基态电抗矩阵为 $\boldsymbol{X}_0$，$\boldsymbol{a}_i$ 为单位列矢量，在第 i 个位置取 1，其他位置取 0。对任意节点 i，其对线路 k 的 GSDF 为 G_{k-i}，则在基态下，有

$$G_{k-i} = \frac{1}{x_k} \boldsymbol{M}_k^T \boldsymbol{X}_0 \boldsymbol{a}_i \tag{29-7}$$

N-1 情况下，如果 l 为连支，因为 l 的开断，电抗矩阵 $\boldsymbol{X}_0$ 将产生一个增量 $\Delta\boldsymbol{X}$。增量 $\Delta\boldsymbol{X}$ 可通过支路追加法计算，$\Delta\boldsymbol{X}$ 相当于在 l 两端追加一条电抗为 $-x_l$ 的支路后电抗矩阵 $\boldsymbol{X}_0$ 的变化量。新的 GSDF 和增量 $\Delta\boldsymbol{X}$ 如式（29-8）式（29-9）所示。

$$G_{k-i}' = \frac{1}{x_k} \boldsymbol{M}_k^T (\boldsymbol{X}_0 + \Delta\boldsymbol{X}) \boldsymbol{a}_i \tag{29-8}$$

$$\Delta\boldsymbol{X} = -\boldsymbol{X}_0 \boldsymbol{M}_l (-x_l + \boldsymbol{M}_l^T \boldsymbol{X}_0 \boldsymbol{M}_l)^{-1} \boldsymbol{M}_l^T \boldsymbol{X}_0 \tag{29-9}$$

因此，开断前后 GSDF 的变化量 ΔG^l_{k-i} 可记为

$$\Delta G^l_{k-i} = G^l_{k-i} - G_{k-i}$$

$$= \frac{1}{x_k} \boldsymbol{M}_k^T \Delta \boldsymbol{X} \boldsymbol{a}_i \qquad (29\text{-}10)$$

$$= -\frac{1}{x_k} \boldsymbol{M}_k^T \boldsymbol{X}_0 \boldsymbol{M}_l (-x_l + \boldsymbol{M}_l^T \boldsymbol{X}_0 \boldsymbol{M}_l)^{-1} \boldsymbol{M}_l^T \boldsymbol{X}_0 \boldsymbol{a}_i$$

对 ΔG^l_{k-i} 进行标幺化，则有

$$\frac{\Delta G^l_{k-i}}{G_{k-i}} = r_{i-l-k}\beta_{kl} \qquad (29\text{-}11)$$

$$r_{i-l-k} = \frac{X_{ip_l} - X_{iq_l}}{(X_{p_ki} - X_{q_ki})\left[x_l - (X_{p_lp_l} + X_{q_lq_l} - 2X_{p_lq_l})\right]} \qquad (29\text{-}12)$$

$$\beta_{kl} = (X_{p_kp_l} - X_{q_kp_l}) - (X_{p_kq_l} - X_{q_kq_l}) \qquad (29\text{-}13)$$

其中，r_{i-l-k} 由网络的电抗参数表出，取决于网络的拓扑结构以及节点 i 与线路 l、k 的连接关系。通常，节点 i 与 l 的距离越近，与 k 的距离越远，则 r_{i-l-k} 就越大。当 l 为虚拟母线内部线路，即（p_l，q_l）为子母线，有

$$G_{k-p_l} \approx G_{k-q_l} \qquad (29\text{-}14)$$

$$X_{p_kp_l} - X_{q_kp_l} \approx X_{p_kq_l} - X_{q_kq_l} \qquad (29\text{-}15)$$

将式（29-15）代入式（29-13），可得

$$\beta_{kl} \approx 0 \qquad (29\text{-}16)$$

$$\frac{\Delta G^l_{k-i}}{G_{k-i}} \approx 0 \qquad (29\text{-}17)$$

即：虚拟母线内部线路 $N-1$ 开断对于关键线路的 GSDF 变化相对微小，因此关键线路潮流变化也相对微小。

这个特性可以从另一个角度来解释，线路 l 开断将导致注入其两端节点（p_l，q_l）的功率变化量分别为 P_l 和 $-P_l$，而 $G_{k-p_l} \approx G_{k-q_l}$，这两个节点负荷变化导致关键线路 k 潮流变化量大小相等，方向相反，从而关键线路的潮流变化不大。

29.3　虚拟母线辨识算法

根据虚拟母线的定义，虚拟母线应满足下列聚合判据：虚拟母线的子母线对关键线路或断面具有相同或相近的 GSDF；子母线挂接的负荷曲线具有相似性；子母线之间满足拓扑连通性。除此之外，存在负荷转供关系的母线也应被划分到同一个虚拟母线，这样能降低负荷转供对预测精度的影响。

显然，进行预测的前提是首先要识别网络中的虚拟母线。这里将提出一个高效的虚拟母线辨识算法，实现上述目标。该虚拟母线的辨识算法主要包括两个步骤：

（1）粗辨识阶段，采用层次聚类法将 GSDF 相似的母线初步筛选出来。

（2）精细辨识阶段，采用差异距离来衡量前一步的粗辨识环节所识别出的虚拟母线内部子母线的负荷曲线的相似程度，利用最小生成树聚类法，将具有相似负荷特性且拓扑上连通的母线聚为一类，以确保虚拟母线满足负荷相似性、拓扑连通性，并避免了转供母线被划分在不同的虚拟母线之中。

29.3.1 虚拟母线粗辨识

虚拟母线粗辨识包括以下 3 个步骤：从电网中筛选出关键断面；计算母线对关键断面的 GSDF；采用层次聚类法将 GSDF 相似的母线聚合成初步的虚拟母线。具体描述如下：

（1）关键断面选择。从电网中选择安全裕度紧张、对电网安全性有重要影响的关键断面 $\boldsymbol{K}=\begin{bmatrix} k_1 & k_2 & \cdots & k_u \end{bmatrix}$。关键断面可以通过电网运行实际经验或者关键断面搜索算法得到。

（2）GSDF 分析。计算不同母线对关键断面 $\boldsymbol{K}$ 的 GSDF，得到母线对关键断面的 GSDF 矩阵 $\boldsymbol{S_K}$。

$$\boldsymbol{S_K} = \begin{bmatrix} S_{1,k_1} & S_{1,k_2} & \cdots & S_{1,k_u} \\ S_{2,k_1} & S_{2,k_2} & \cdots & S_{2,k_u} \\ \vdots & \vdots & \ddots & \vdots \\ S_{B,k_1} & S_{B,k_2} & \cdots & S_{B,k_u} \end{bmatrix} \tag{29-18}$$

其中，元素 $S_{b,j}$ 表示母线 b 对关键线路 j 的 GSDF。

（3）GSDF 层次聚类。对于母线 b，其对于 u 个关键线路的 GSDF 向量 $\begin{bmatrix} S_{b,k_1} & S_{b,k_2} & \cdots & S_{b,k_u} \end{bmatrix}$ 定义了其在 u 维空间的位置。聚类的目标是将在 u 维空间中位置邻近的母线聚合形成粗辨识虚拟母线。

以欧氏距离作为距离测度方法，设置类间距离的计算方式为最远距离法，并设定最小类间距离的门槛值，采用层次聚类法对母线进行聚类。聚类完成后，得到 VB 个初步的虚拟母线。

29.3.2 虚拟母线精细辨识

精细辨识阶段包括 7 个计算步骤，具体描述如下：

（1）差异距离计算。差异距离计算的目标是判断粗辨识所得出的虚拟母线内子母线间负荷曲线的相似程度，差异距离越大，说明两母线负荷曲线差别越大，就越不应被划分到同一个虚拟母线。其计算步骤如下：

对第一阶段给出的 VB 个粗辨识虚拟母线，扫描各个粗辨识虚拟母线内部的拓扑连接关系，对存在支路关联的两个母线，计算这两个母线的负荷曲线的差异（距离）。该距离的定义为

$$d_{ij} = 1 - | r_{ij} | \tag{29-19}$$

r_{ij} 是两个母线 i 与 j 的负荷曲线的线性相关系数。设负荷曲线时段数为 T，母线 i、j 第 t 个时段负荷分别为 $y_{i,t}$、$y_{j,t}$，则

$$r_{ij} = \frac{\sum_{t=1}^{T}(y_{i,t} - \bar{y}_i)(y_{j,t} - \bar{y}_j)}{\sqrt{\sum_{t=1}^{T}(y_{i,t} - \bar{y}_i)^2 \sum_{t=1}^{T}(y_{j,t} - \bar{y}_j)^2}} \tag{29-20}$$

$$\bar{y}_i = \frac{1}{T}\sum_{t=1}^{T} y_{i,t} \tag{29-21}$$

$$\bar{y}_j = \frac{1}{T}\sum_{t=1}^{T} y_{j,t} \tag{29-22}$$

r_{ij} 衡量了母线 i 与 j 负荷曲线的相似程度，而 d_{ij} 衡量了母线负荷曲线的差异程度。d_{ij} 越大，母线负荷曲线的差异越大。d_{ij} 接近于 1 时，说明母线 i 与 j 负荷线性几乎完全不相关；而 d_{ij} 接近于 0 时，母线 i 与 j 负荷几乎完全线性相关。

（2）转供母线的处理。对于计划中的转供母线，应该做单独处理，具体方法是将两个转供母线的差异距离直接置零。从母线负荷的转供记录中读取存在转供关系的母线，将转供母线之间的差异距离暂时置为 0，原差异距离仍保存。这样做的目的是为了防止存在转供关系的母线被划分到两个不同的虚拟母线。

（3）计算最小生成树。计算了差异距离后，对每个粗辨识虚拟母线，可以得到一个拓扑图，以其子母线为节点，将差异距离作为存在连接关系的母线之间的边权。此时即可采用最小生成树算法生成其最小生成树 MST。可以看到，由于转供母线之间的差异距离为 0，因此最小生成树一定包含转供母线，从而确保转供母线被划分在同一个虚拟母线中。

（4）转供母线的还原处理。为了避免前面将转供母线间的差异距离处理为零所可能产生的影响，必须先将被置零的转供母线间边权恢复为原差异距离，并将转供母线之间的边设置为禁止删除边，防止在接下来的步骤中该边被删除。

再采用相对相容性判据和绝对相容性判据，判别生成树中各边的长度是否显著大于其周围边的长度或者最低的绝对距离门槛值，只要满足两个判据中的一个，该边就会被删除。

（5）相对相容性判别。对最小生成树 MST 的边长度 $length$，计算其相邻边的平均长度 ave_length，如果

$$length > 2 \times ave\_length \tag{29-23}$$

则认为该边不相容，将其从 MST 中删除。

（6）绝对相容性判别。对所有边完成相对相容性判别之后，对剩余边进行绝对相容性判别。如果剩余边中存在差异距离大于绝对距离门槛值 ε（意味着其相关系数小于 $1-\varepsilon$）的边，则将其删除。

（7）基数筛选。完成绝对相容性判别之后，MST 中形成了若干个孤岛，每个孤岛中的母线数量不一。为了防止母线数量极少的孤岛被划分为虚拟母线，设置一定的基数门槛值 MIN_NUM，将母线数量大于该基数门槛值的孤岛划分为最终的虚拟母线。

29.4 虚拟母线的负荷预测策略及其预测误差分析

29.4.1 基于虚拟母线技术的负荷预测方法

基于虚拟母线技术的负荷预测方法，本质上是对其内部子母线的历史负荷进行加总，以生成虚拟母线历史负荷样本，据此对虚拟母线未来时段的负荷进行预测；并将预测值代入子母线的配比模型，求解各个子母线的负荷预测值。为了简化后文描述，对基于虚拟母线技术的负荷预测方法，将一律采用其英文缩写 VBLF（virtual bus load forecasting）进行表述，而对基于母线负荷的预测方法称为独立预测（individual forecasting，IF）。

下面将详述该方法的实施步骤。

（1）虚拟母线辨识。通过虚拟母线的聚类判据，将全网的所有母线划分成 VB 个虚拟母线。

（2）生成虚拟母线的历史负荷数据。针对每个虚拟母线 $vb=1\sim VB$，将虚拟母线内所有子母线的历史负荷进行加总，得到虚拟母线历史负荷。

（3）虚拟母线负荷预测。基于虚拟母线历史负荷集，构造一定的负荷预测方法对虚拟母线 $vb=1\sim VB$ 进行负荷预测，得到预测结果 $\hat{P}_{vb,t}$，t 是预测时刻。可采用的预测方法包括常用的 ARIMA、ANN、SVM、Fuzzy System 等。

（4）配比模型。维护"虚拟母线—子母线"配比模型，根据虚拟母线预测结果 $\hat{P}_{vb,t}$，得到子母线的预测值。配比因子可通过近日配比因子的平滑值等手段计算得到。

本质上，上述的 VBLF 是一种通用的预测策略，针对每个母线负荷单独建模的独立预测是该策略下的一种极端情景，此时各个母线均自成为一个虚拟母线；而基于系统负荷分配的预测方法则是另一种极端情景，此时所有母线均被聚类于一个虚拟母线中。

29.4.2 VBLF 的误差分析

29.4.2.1 VBLF 的误差机理分析

误差分析是对 VBLF 预测误差形成机理的数学表征。比较 VBLF 与独立预测的误差组成（如图 29-3 所示），VBLF 的误差包括建模误差、外推误差以及配比误差三部分；而独立预测的误差则包括建模误差和外推误差两部分。

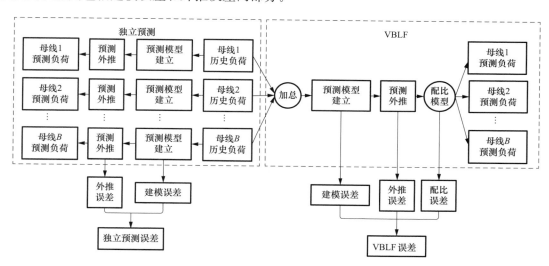

图 29-3 VBLF 与独立预测的误差组成

分别设 $P_{vb,t}$、$\hat{P}_{vb,t}$ 为虚拟母线 vb 在 t 时刻的实际负荷和预测负荷，$e_{vb,t}$、$e_{vb,t}^{\mathrm{mdl}}$、$e_{vb,t}^{\mathrm{etp}}$ 分别是虚拟母线 vb 预测负荷在 t 时刻的残差、建模误差和外推误差。对 $\hat{P}_{vb,t}$，有

$$\hat{P}_{vb,t} = P_{vb,t} + e_{vb,t}$$
$$= P_{vb,t} + (e_{vb,t}^{\mathrm{mdl}} + e_{vb,t}^{\mathrm{etp}}) \tag{29-24}$$

基于 $\hat{P}_{vb,t}$，通过配比模型即可得到子母线 i 的预测负荷 $\hat{P}_{vb-i,t}$

$$\hat{P}_{vb-i,t} = \hat{w}_{vb-i,t}\hat{P}_{vb,t} \tag{29-25}$$

$$\hat{w}_{vb-i,t} = w_{vb-i,t} + \Delta w_{vb-i,t} \tag{29-26}$$

$$w_{vb-i,t} = \frac{P_{vb-i,t}}{P_{vb,t}} \tag{29-27}$$

其中，$\hat{w}_{vb-i,t}$ 和 $w_{vb-i,t}$ 分别是母线 i 负荷在 t 时刻的预测配比因子和实际配比因子，$\Delta w_{vb-i,t}$ 则是配比因子的预测误差。

联合式（29-26）和式（29-24）代入式（29-25），化简可得

$$e_{vb-i,t} = w_{vb-i,t}e_{vb,t}^{\mathrm{mdl}} + w_{vb-i,t}e_{vb,t}^{\mathrm{etp}} + \Delta w_{vb-i,t}(P_{vb,t} + e_{vb,t}^{\mathrm{mdl}} + e_{vb,t}^{\mathrm{etp}}) \tag{29-28}$$

$e_{vb-i,t}$ 为母线 i 负荷在 t 时刻的 VBLF 残差。对式（29-28），因为 $e_{vb,t}^{\mathrm{mdl}}+e_{vb,t}^{\mathrm{etp}}$ 相比 $P_{vb,t}$ 较小，忽略此项并设 $\Delta w_{vb,t}=\alpha_{vb-i,t}w_{vb-i,t}$，其中 $\alpha_{vb-i,t}$ 为配比因子误差系数，其绝对值越大，代表配比因子的预测误差越大。于是式（29-28）可近似表达为

$$
\begin{aligned}
e_{vb-i,t} &\approx w_{vb-i,t}e_{vb,t}^{\mathrm{mdl}} + w_{vb-i,t}e_{vb,t}^{\mathrm{etp}} + \alpha_{vb-i,t}w_{vb-i,t}P_{vb,t} \\
&= w_{vb-i,t}e_{vb,t}^{\mathrm{mdl}} + w_{vb-i,t}e_{vb,t}^{\mathrm{etp}} + P_{vb-i,t}\alpha_{vb-i,t}
\end{aligned}
\tag{29-29}
$$

式（29-29）即为 VBLF 方式下母线负荷预测误差的表达式，可以看到，该误差可由建模误差 $e_{vb,t}^{\mathrm{mdl}}$、外推误差 $e_{vb,t}^{\mathrm{etp}}$ 以及配比因子误差系数 $\alpha_{vbi,t}$ 三部分线性表出。

29.4.2.2　VBLF 误差的矩阵表达

为了表征虚拟母线中各个子母线的 VBLF 误差，这里将采用更加简洁的矩阵形式予以表达。将式（29-29）转化为矩阵形式，则有

$$
E_{vb,t} = \begin{bmatrix} e_{vb-1,t} \\ e_{vb-2,t} \\ \vdots \\ e_{vb-i,t} \\ \vdots \\ e_{vb-g,t} \end{bmatrix} = \begin{bmatrix} w_{vb-1,t}e_{vb,t}^{\mathrm{mdl}} & w_{vb-1,t}e_{vb,t}^{\mathrm{etp}} & P_{vb-1,t}\alpha_{vb-1,t} \\ w_{vb-2,t}e_{vb,t}^{\mathrm{mdl}} & w_{vb-2,t}e_{vb,t}^{\mathrm{etp}} & P_{vb-2,t}\alpha_{vb-2,t} \\ \vdots & \vdots & \vdots \\ w_{vb-i,t}e_{vb,t}^{\mathrm{mdl}} & w_{vb-i,t}e_{vb,t}^{\mathrm{etp}} & P_{vb-i,t}\alpha_{vb-i,t} \\ \vdots & \vdots & \vdots \\ w_{vb-g,t}e_{vb,t}^{\mathrm{mdl}} & w_{vb-g,t}e_{vb,t}^{\mathrm{etp}} & P_{vb-g,t}\alpha_{vb-g,t} \end{bmatrix}\begin{bmatrix} 1 \\ 1 \\ 1 \end{bmatrix}
\tag{29-30}
$$

其中，$E_{vb,t}$ 为虚拟母线 vb 各子母线的预测误差列向量，g 为虚拟母线 vb 包含的子母线数。记式（29-30）等式右端的 $g\times 3$ 矩阵为 $J_{vb,t}$，称为 VBLF 预测误差的特征矩阵；记 3×1 向量为 I_3，则有：

$$
E_{vb,t} = J_{vb,t}I_3
\tag{29-31}
$$

由式（29-31），可将全网 VB 个虚拟母线的 VBLF 误差列向量 E 列写为

$$
E_t = \begin{bmatrix} E_{1,t} \\ E_{2,t} \\ \vdots \\ E_{vb,t} \\ \vdots \\ E_{VB,t} \end{bmatrix} = J_t I = \begin{bmatrix} J_{1,t} & & & & & \\ & J_{2,t} & & & & \\ & & \ddots & & & \\ & & & J_{vb,t} & & \\ & & & & \ddots & \\ & & & & & J_{VB,t} \end{bmatrix} I
\tag{29-32}
$$

同样的，J_t 表征预测误差特征矩阵。I 则为全 1 列向量。

实际上，对于时刻 t 的负荷预测，通常只能通过后验的方式计算残差 $e_{vb,t}$，而难以在事前预测时直接获得建模误差 $e_{vb,t}^{\mathrm{mdl}}$ 与外推误差 $e_{vb,t}^{\mathrm{etp}}$。但是可以通过历史的拟合残差和虚拟预测残差来估计 $e_{vb,t}^{\mathrm{mdl}}$、$e_{vb,t}^{\mathrm{etp}}$。具体估计方法从略。

29.4.3　虚拟母线聚类判据的有效性分析

虚拟母线应满足的 3 个聚类判据中，第一条判据确保了虚拟母线作为类簇集网状网络所具有的良好的基态特性与断态特性；第二条判据则有利于提高虚拟母线的预测精度。下面将对这些判据的有效性进行分析。

由式（29-29）可知，虚拟母线 vb 中母线 i 负荷预测的残差 $e_{vb-i,t}$ 由建模误差 $e_{vb,t}^{\mathrm{mdl}}$、外推误差 $e_{vb,t}^{\mathrm{etp}}$ 以及配比因子误差系数 $\alpha_{vb-i,t}$ 三部分线性表出。因此降低预测残差 $e_{vb-i,t}$ 的关键在于

降低建模误差、外推误差以及配比误差。下面将对虚拟母线负荷预测与独立预测的这三项误差分别进行对比分析。

（1）配比误差分析。对独立预测，配比因子误差系数 $\alpha_{vb-i,t}=0$。相比于独立预测，VBLF 误差组成中多了一项配比误差 $\alpha_{vb-i,t}\neq0$。如果 $\alpha_{vb-i,t}$ 过大，将会导致 VBLF 精度不增反降，因此如何降低 $\alpha_{vb-i,t}$ 是 VBLF 的关键。

直观地，归并到同一个虚拟母线的母线负荷规律越一致，曲线形状越相似，可想而知配比因子就越稳定，可预测性就愈强，$\alpha_{vb-i,t}$ 就愈低。

（2）建模误差和外推误差分析。预测模型固定时，$e_{vb,t}^{\mathrm{mdl}}$、$e_{vb,t}^{\mathrm{etp}}$ 主要取决于虚拟母线 vb 负荷的规律性，一般来说，规律性越好，$e_{vb,t}^{\mathrm{mdl}}$、$e_{vb,t}^{\mathrm{etp}}$ 越小。母线负荷由于基数较小，易受到大用户、气象因素、检修、转供等因素的影响，使得负荷的波动性大，规律性弱，模型拟合和外推误差大。虚拟母线 vb 负荷将多个母线负荷加总，由于负荷水平的上升，平抑了负荷的随机波动因素，负荷的规律性得到提高，能够有效降低建模误差和外推误差。

综上所述，将众多母线负荷聚合成一个虚拟母线，将提高预测对象的整体负荷水平，从而有利于降低预测的拟合误差和外推误差，但也会增加配比因子误差；而将负荷曲线形状相似的母线聚合成虚拟母线，则不仅有利于降低配比因子误差，同时将有效降低拟合误差和外推误差。

29.5 算例分析

29.5.1 虚拟母线辨识结果

基于河北南网的实际数据构造算例，河北南网的 220kV 及以上网络共有节点 165 个，其中带负荷的节点 123 个、支路 331 条。选取的关键断面为 500kV 网络中的清沧线（清苑—沧西）、集沧线（辛集—沧州）、廉北 I 线（石北—廉州）。应用虚拟母线辨识算法，辨识得到 5 个虚拟母线，如表 29-1 所示。

表 29-1　　　　　　　　　　　　　虚拟母线辨识结果

虚拟母线编号	基数	子 母 线
1	10	白石山变电站、易州变电站、雄州变电站、保北变电站、容城变电站、花庄变电站、满城变电站、保定热电厂、张丰变电站、前卫变电站
2	7	景县变电站、彭杜变电站、武邑变电站、建桥变电站、马奇变电站、故城变电站、苏村变电站
3	7	交河变电站、黄骅变电站、边务变电站、章西变电站、于庄变电站、陈屯变电站、长卢变电站
4	6	棋盘变电站、定洲电厂、固店变电站、清苑变电站、黄岸变电站、东杨变电站
5	6	宁晋变电站、柏乡变电站、彭村变电站、临泉变电站、北张变电站、户营变电站

图 29-4 为 5 个虚拟母线的地理信息图，其中每个实心圆点表示虚拟母线中的一个子母线。

图 29-5 为表 29-1 中编号为 1 的虚拟母线的变电站信息图，图中椭圆包围的站点组成虚拟母线 1。

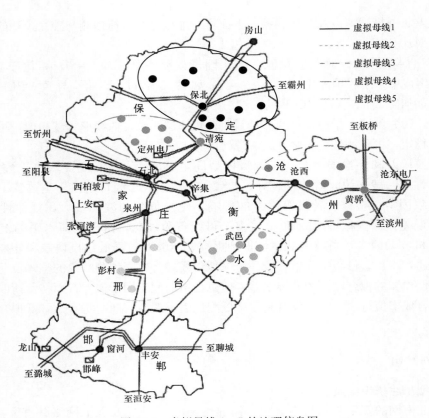

图 29-4　虚拟母线 1~5 的地理信息图

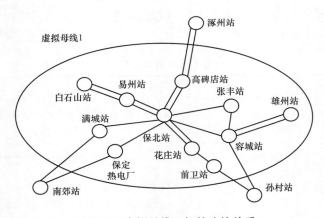

图 29-5　虚拟母线 1 拓扑连接关系

29.5.2　基态特性验证

以 29.5.1 识别出的虚拟母线 5 进行验证。虚拟母线 5 中的彭村变电站为 500kV 变电站的中压侧节点，不带负荷，其余 5 个站点（宁晋变电站、柏乡变电站、临泉变电站、北张变电站、户营变电站）均为带负荷 220kV 站点。对这 5 个站点，将虚拟母线 5 的负荷应用配比模型还原各站点负荷，当配比模型不同时，考察关键断面潮流的变化，以衡量配比模型误差对关键断面潮流的影响。另从 5 个不同的虚拟母线中各选取 1 个站点构成母线组，对此母线组负荷应用不同的配比模型时，考察关键断面潮流的变化。配比模型如表 29-2 所示。

表 29-2 五种不同的配比模型

模型	宁晋变电站	柏乡变电站	临泉变电站	北张变电站	户营变电站
模型 1	0.6	0.1	0.1	0.1	0.1
模型 2	0.1	0.6	0.1	0.1	0.1
模型 3	0.1	0.1	0.6	0.1	0.1
模型 4	0.1	0.1	0.1	0.6	0.1
模型 5	0.1	0.1	0.1	0.1	0.6

假设虚拟母线 5 的总体负荷预测误差为 1，将此误差按照五种配比模型分配给子母线。统计五种模型下关键断面的基态潮流标准差，并将此结果与随机选取的属于不同虚拟母线的 5 个站点（易州变电站、景县变电站、交河变电站、棋盘变电站、宁晋变电站）组成的随机母线组的结果进行对比，如表 29-3 所示。

表 29-3 关键断面潮流标准差

母线构成	清沧线潮流标准差	集沧线潮流标准差	廉北 I 线潮流标准差
虚拟母线 5	0.0008	0.0017	0.0062
随机母线组	0.0577	0.0361	0.0675

可以看到，随着虚拟母线 5 配比因子的变化，关键断面潮流标准差非常小。这意味着采用不同的配比模型，清沧线流过潮流几乎不变。因此，关键断面潮流对虚拟母线的配比模型误差并不敏感。但是对于随机母线组，关键断面的潮流标准差则较大，这说明关键断面潮流对于随机选取的母线组的配比模型误差非常敏感，随机母线组不具有基态特性。

29.5.3 断态特性验证

将线路分为两类，一类为虚拟母线内部线路，另一类为虚拟母线外部线路，分析这两类线路开断后关键断面的潮流变化情况。

首先计算基态潮流，得到关键断面在基态下的潮流，然后计算 $N-1$ 时虚拟母线内部线路和外部线路开断时关键断面潮流，分析相比于基态时的潮流变化率，统计平均值和标准差。

分析集沧线，其结果见表 29-4。在 $N-1$ 内部线路开断时，相比于基态，潮流变化率很小，平均值只有 0.27%，标准差也只有 0.83%。而 $N-1$ 外部线路开断时，潮流变化率较大，平均值达到了 2.57%，标准差则高达 6.31%，分别约是内部线路开断的 10 和 8 倍。对于其他关键线路有相同结论，这里不再赘述。

表 29-4 N－1 关键线路集沧线的潮流变化率

故障情形	平均值	标准差
$N-1$ 内部断线	0.27%	0.83%
$N-1$ 外部断线	2.57%	6.31%

29.5.4 虚拟母线负荷相似性

根据虚拟母线的聚类判据，同一虚拟母线的子母线负荷曲线形状应相似。图 29-6 展示了其中一个虚拟母线内各子母线日负荷曲线。从图中可以看到，虚拟母线内部各子母线的负荷曲线形状的相似度较好。

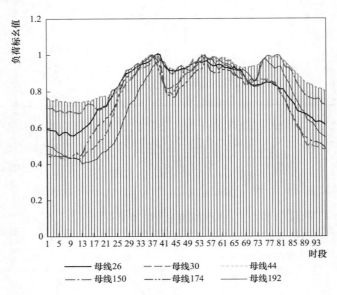

图 29-6　虚拟母线内各子母线日负荷曲线

29.5.5 虚拟母线负荷可预测性

分别对虚拟母线 1～5 负荷采用 SVM 方法进行预测，将预测误差（MAPE）与子母线负荷预测误差平均值进行比较，预测结果见表 29-5。可以看到，虚拟母线负荷的预测误差更低，相比于单独的子母线，虚拟母线负荷的可预测性更好。

表 29-5　　　　　　　　　　　　　　虚拟母线负荷预测误差

虚拟母线编号	虚拟母线负荷预测误差（MAPE）	子母线负荷预测误差（MAPE）平均值
1	0.0506	0.0603
2	0.1042	0.1232
3	0.0750	0.0919
4	0.0886	0.1205
5	0.0874	0.1279

29.5.6 VBLF 误差来源分析与精度验证

采用同一预测模型 SVM，在三种不同预测方式（VBLF、独立预测以及基于系统负荷的分布因子法）下，对母线负荷分别进行建模训练和虚拟预测，根据模型训练结果和虚拟预测误差得到误差的来源组成。模型训练期为 2013 年 1 月 15 日～7 月 1 日，虚拟预测期为 7 月 2～8 日。应用三种预测方式对虚拟母线 1～5 的所有子母线进行负荷预测，基于误差组成分析方法，计算得到每种方式下所有子母线的平均建模误差、平均外推误差以及平均配比误差，如表 29-6 所示。表中误差为有名值，单位为 MW。

误差	VBLF	独立预测	基于系统负荷的分布因子法
建模误差	5.0	8.1	2.8
外推误差	1.7	1.8	1.3
配比误差	2.4	0	6.1
总和	9.1	9.9	10.2

表 29-6 　　　　　　　　　　　　　三种预测方式的误差分析

　　从表中可以看到，VBLF 的建模误差、外推误差、配比误差均介于独立预测和基于系统负荷的分布因子法之间，但三项误差总和是三者中最小的；基于系统负荷的分布因子法的建模误差和外推误差最小，但配比误差过大，导致总误差大于 VBLF；独立预测的配比误差为0，但是建模误差和外推误差过大，导致总误差大于 VBLF；VBLF 方式下建模误差、外推误差、配比误差均处于折中的范围，在误差总和上取得了优势。

　　之所以 VBLF 方式的误差总和最小，是因为在 VBLF 方式下，虚拟母线聚类判据有效地对建模误差、外推误差、配比误差进行了综合分析，使得 VBLF 误差总体上低于独立预测以及基于系统负荷的分布因子法。

第30章

系统—母线负荷预测协调方法

系统负荷与母线负荷预测可以看作不同的级别，当分别对这两类对象独立预测时，两者之间很可能存在明显的差异。母线负荷预测可以提供各个母线的功率预测值，一般可理解为"下网"的负荷；而系统总负荷预测曲线则可用于制定发电计划，一般表征发电口径（含厂用电和线损）或供电口径（仅含线损）的负荷。在扣除厂用电和线损后，如果系统总负荷与各个母线负荷的加总值相差较大，那么在以潮流表征的系统功率平衡中就会出现较大的偏差。另外，从母线负荷预测的本质上来讲，负荷预测是对未来负荷状态的估计。理想的母线负荷与系统总负荷之间是满足上下级平衡关系的。如果预测结果未能满足这一点，则说明预测结果并没有正确估计出系统的真实状态，应该给出进一步的修正。

母线负荷预测中常见的负荷分布因子法，实际上是完全承认了系统负荷预测的准确性，忽略各母线负荷预测的准确性差异，通过按比例分配上级预测值来调整下级各母线的预测结果。然而，任何负荷预测模型都是对实际负荷变化规律的近似，预测结果难免会有误差。对于不同的预测对象（时间、空间、属性等的不同），由于负荷自身变化规律的不同，预测误差也不同，必须充分利用和挖掘那些高预测精度的母线的负荷预测结果。因此需要在系统负荷预测与所有母线负荷预测结果之间进行协调，最终达到上下级负荷平衡且整体误差最小的目标。

因此，在母线负荷预测与系统负荷预测之间进行协调时，其研究思路应体现如下特点：①在系统平衡环节，根据系统负荷预测结果的口径不同（发电口径或供电口径），决定在系统平衡中仅考虑线损修正还是同时考虑厂用电修正，解决母线负荷与系统负荷的口径不一致问题。②充分体现系统负荷预测结果与母线负荷预测结果的可信度的差异。③考虑母线负荷总加量与系统负荷平衡协调的问题，应充分利用母线负荷与系统负荷间的相关性，以及各自历史预测准确率的差异特性来协调分配偏差量。

在前面的叙述中，一般有以下 2 类数据：

（1）采用历史值或真实值表示已知的负荷数据。

（2）在中长期预测中，采用拟合值表示根据选定的预测模型对已知数据进行拟合的结果；在短期预测中，采用虚拟预测值表示根据某预测模型对历史区间进行虚拟预测的结果。

那么，在引入负荷预测的多级协调问题之后，将有第 3 类数据出现：

采用协调值表示根据多级协调模型得到的对原始预测结果进行调整的结果。对特定负荷曲线的协调结果则称为协调负荷曲线。

30.1 系统—母线负荷预测的协调模型

30.1.1 协调值的表示方法

系统—母线负荷预测的协调模型中，决策变量是待预测日所有母线和全系统所有时间点的负荷值，是对待预测日各时段负荷的估计，将其称为协调值。所有这些协调值含有两个维度，一个是空间维度，即该负荷属于全系统抑或是某条母线；另一个是时间维度，即该负荷发生在待协调日中的哪个时刻。于是，这些协调值形成一个二维数组，其标量表示和矩阵表示分别如下。需要说明的是，由于本章主要是从预测值出发去求解协调值，而几乎不涉及负荷的历史值，因此为了符号简单起见，仍以 $\hat{P}$ 表示预测值，而同时采用 P 表示协调值。

（1）标量表示。设待协调日的协调值为 $P_{b,t}$，其中 b 代表系统或母线序号，为了形式上的整齐，特别地用 $b=0$ 代表系统总负荷协调值，于是 $b=0，1，2，\cdots，B$，B 为系统中的母线总数；t 代表待协调日的某个时刻，$t=1，2，\cdots，T$。

（2）矩阵表示。令 $\boldsymbol{P}$ 为待协调日的协调值矩阵，则有

$$\boldsymbol{P} = \begin{bmatrix} P_{0,1} & P_{0,2} & \cdots & P_{0,T} \\ P_{1,1} & P_{1,2} & \cdots & P_{1,T} \\ \vdots & \vdots & & \vdots \\ P_{B,1} & P_{B,2} & \cdots & P_{B,T} \end{bmatrix} \tag{30-1}$$

$\boldsymbol{P}$ 是 $(B+1)\times T$ 维矩阵，其中每一行代表某条特定母线全天各时刻的所有负荷值，每一列表示某一特定时刻的全系统及所有母线的负荷值。记一维向量 $\boldsymbol{P}_b = \begin{bmatrix} P_{b,1} & P_{b,2} & \cdots，P_{b,T} \end{bmatrix}$ 为第 b 条母线的协调负荷曲线，同样，当 $b=0$ 时，$\boldsymbol{P}_0$ 表示系统总负荷的协调负荷曲线。

30.1.2 协调的基本条件

对于协调值矩阵 $\boldsymbol{P}$，理想情况下应满足上下级负荷平衡，即

$$\sum_{b=1}^{B} P_{b,t} = P_{0,t}，t=1,2,\cdots,T \tag{30-2}$$

考虑到各母线负荷之和与系统总负荷之间相差一定的网损（由于统计口径的不同，如果采用系统发电负荷，则还有厂用电的差异），因此需要修正式（30-2）。通常情况下，网损及厂用电占总负荷的比例可通过统计和估算得到，因此引入系数 λ（$0<\lambda\leqslant1$）来修正约束方程，称为协调方程，表示为

$$\sum_{b=1}^{B} P_{b,t} = \lambda P_{0,t} \tag{30-3}$$

其中，λ 表征扣除网损或厂用电之后母线负荷总加值占系统总负荷的比例，一般通过历史数据的统计或拟合来得到。例如，对历史上某日，可采用如下方法进行统计

$$\lambda = \frac{\sum_{b=1}^{B} \sum_{t=1}^{T} P_{b,t}}{\sum_{t=1}^{T} P_{0,t}} \tag{30-4}$$

如果有必要，也可细分地考虑每个时刻的系数的差异，此时统计上式中的 t 时段即可，系数将具有时段下标。

$$\lambda_t = \frac{\sum_{b=1}^{B} P_{b,t}}{P_{0,t}} \tag{30-5}$$

30.1.3 系统—母线负荷协调模型的分类

在系统—母线负荷协调问题中，历史预测准确度较高的母线，其调整量应尽量小；而历史预测准确度较低的母线，其调整量可以大一些，这是建立协调模型的基本原则。因此，如

何看待母线的预测精度就值得斟酌：是将每条母线各个时刻的协调结果看成一个整体去分析和评价，还是将每条母线的每个时刻区分开来，进行精细化的分析和评价？

另一个需要考虑的问题是，除了式（30-3）表示的显性约束关系，协调模型还要满足一个隐性约束条件，即协调之后的母线负荷曲线需要保持与其历史负荷曲线可比的平滑度，这就对相邻时段的协调提出了相关性要求。

通过以上分析可以看出，同一母线在不同时刻的预测误差间可能存在一定的相关性。相关性越强，就越应该将每条母线不同时刻的预测和协调作为一个整体去处理；反之，则可区别对待各个时段分别建立协调模型。因此，当不同时段的预测误差高度相关时，宜采取恒定可信度建立协调模型；而当预测误差相关性较弱时，宜采取分时可信度建立协调模型。

下面分别介绍这两类协调模型。

30.1.4 分时可信度协调模型

设 $\hat{P}_{b,t}$ 为第 b 条母线 t 时刻的负荷预测值，则 $\Delta = \sum\limits_{b=1}^{B} \hat{P}_{b,t} - \lambda_t \hat{P}_{0,t}$ 为 t 时刻母线负荷预测与系统负荷预测结果的不平衡量，如果该不平衡量的值为 0，则显然满足平衡条件，无需进行系统—母线之间的协调。只有当该不平衡量的值不为 0 时，才需要进行协调计算。记第 b 条母线 t 时刻的调整量为协调值与预测值之差，即 $\Delta_{b,t} = P_{b,t} - \hat{P}_{b,t}$，$b = 0, 1, 2, \cdots, B$。

对 t 时段各母线及系统负荷的调整量采用加权最小二乘方法进行描述，建立模型为

$$\min \quad f_t = \sum_{b=0}^{B} w_{b,t} \left(\frac{\hat{P}_{b,t} - P_{b,t}}{\hat{P}_{b,t}} \right)^2$$

$$s.t. \quad \sum_{b=1}^{B} P_{b,t} = \lambda_t P_{0,t} \tag{30-6}$$

式中：$P_{b,t}$ 为第 b 条母线 t 时刻的协调值，即决策变量；$w_{b,t}$ 为第 b 条母线 t 时刻预测值的可信度，它是模型中的重要参数，决定着不同时刻调整量的大小。

可信度表示模型中某条母线某时刻预测值的可信程度，如果历史上一条母线的预测值与实际值偏差很小，那么这条母线的可信度应当很高。显然，一条母线在某时刻的预测值可信度越大，该母线在此时的调整量 $\Delta_{b,t}$ 的绝对值也就越小。

30.1.5 恒定可信度协调模型

按照前述分析，有些情况下可认为同一条母线在不同时刻的可信度都相同，记做 w_b，则协调模型为

$$\min \quad f = \sum_{b=0}^{B} w_b \left[\sum_{t=1}^{T} \left(\frac{\hat{P}_{b,t} - P_{b,t}}{\hat{P}_{b,t}} \right)^2 \right]$$

$$s.t. \quad \sum_{b=1}^{B} P_{b,t} = \lambda_t P_{0,t}, \quad t = 1, 2, \cdots, T \tag{30-7}$$

式中其余符号均与式（30-6）相同。

30.1.6 两种模型的比较

两种协调模型的协调结果有以下不同点：

（1）从协调后负荷曲线的平滑性来看，恒定可信度协调模型由于其每个时段的可信度相

同，各个时段不平衡量在母线之间分配的比例是固定的，因此该模型比分时可信度协调模型具有更加平滑的协调效果。

（2）从不同时刻的处理方法来看，由于同一条母线在不同时刻的预测精度不尽相同，有可能某一母线的预测结果在负荷高峰低谷时刻的预测精度较差，而在中间水平预测精度较好。分时可信度协调模型可以体现不同时刻预测精度的差异，而恒定可信度协调模型则不能体现这种差异。

（3）在历史信息的利用方面，两种模型也不尽相同。分时可信度协调模型对历史不同时刻预测精度的差异进行了区分处理，但每个时刻所拥有的样本数相对较少，在统计每个时刻预测精度的过程中，容易受到随机干扰的影响；恒定可信度协调模型下，各条母线预测精度由所有时刻的样本统一计算得出，因而样本数增多，根据历史预测误差所得到的统计量更能可靠地反映出母线预测的准确程度。

（4）在计算的复杂度方面，分时可信度协调模型的决策变量（可信度）数目较多，但由于计算每一个可信度的样本较少，因而复杂程度较低；恒定可信度协调模型则相反。

上述分析结果，可列于表 30-1 进行对比。

表 30-1 分时可信度协调模型与恒定可信度协调模型的比较

比较的属性	分时可信度协调模型	恒定可信度协调模型
模型适用条件	时段不相关或弱相关	时段相关
是否区分时段特征	是	否
是否有利于协调结果的平滑	不定	是
每个可信度对应的历史样本数	少	多
计算可信度的复杂度	小	大
需确定的可信度数目	多	少

30.1.7 协调模型的矩阵表示

为了便于表示，下面分析协调模型的矩阵形式。

协调值矩阵 P 的第 b 行可写为（无上标时表示行向量）：

$$\boldsymbol{P}_b = [P_{b,1}, P_{b,2}, \cdots, P_{b,T}], \quad b = 0, 1, 2, \cdots, B$$

协调值矩阵 P 的第 t 列可写为（上标 c 表示列向量，"column"，下同）：

$$\boldsymbol{P}_t^{(c)} = \begin{bmatrix} P_{0,t} \\ P_{1,t} \\ \\ P_{B,t} \end{bmatrix}, \quad t = 1, 2, \cdots, T$$

对应地，第 b 条母线 t 时刻的负荷预测值 $\hat{P}_{b,t}$，可构成的行、列向量分别为：

$$\hat{\boldsymbol{P}}_b = [\hat{P}_{b,1} \hat{P}_{b,2}, \cdots, \hat{P}_{b,T}], \quad b = 0, 1, 2, \cdots, B$$

$$\hat{\boldsymbol{P}}_t^{(c)} = \begin{bmatrix} \hat{P}_{0,t} \\ \hat{P}_{1,t} \\ \vdots \\ \hat{P}_{B,t} \end{bmatrix}, \quad t = 1, 2, \cdots, T$$

在此基础上可用上述行向量构成 $(B+1) \times T$ 维的协调值矩阵和预测值矩阵：

$$\boldsymbol{P} = \begin{bmatrix} \boldsymbol{P}_0 \\ \boldsymbol{P}_1 \\ \vdots \\ \boldsymbol{P}_B \end{bmatrix}, \quad \hat{\boldsymbol{P}} = \begin{bmatrix} \hat{\boldsymbol{P}}_0 \\ \hat{\boldsymbol{P}}_1 \\ \vdots \\ \hat{\boldsymbol{P}}_B \end{bmatrix}$$

（1）分时可信度协调模型，考虑 t 时刻。t 时刻各母线及系统负荷的"等值"可信度可写为如下向量：

$$\boldsymbol{W}_t = \left[\frac{w_{0,t}}{\hat{P}_{0,t}^2}, \frac{w_{1,t}}{\hat{P}_{1,t}^2}, \cdots, \frac{w_{B,t}}{\hat{P}_{B,t}^2} \right]^{\mathrm{T}}$$

其元素可构成如下 $(B+1) \times (B+1)$ 维对角矩阵：

$$\boldsymbol{H}_t = diag(\boldsymbol{W}_t) = diag\left(\frac{w_{b,t}}{\hat{P}_{b,t}^2} \right)$$

再引入 $B+1$ 维系数列向量 $\boldsymbol{R}_t$，其首元素为 $-\lambda_t$（对应系统负荷的系数），其余 B 个元素均为 1（对应母线负荷的系数）：

$$\boldsymbol{R}_t = \begin{bmatrix} -\lambda_t & 1 & \cdots & 1 \end{bmatrix}^{\mathrm{T}}$$

则分时可信度协调模型所对应的矩阵形式可表述如下

$$\begin{aligned} &\min f_t = (\hat{\boldsymbol{P}}_t^{(c)} - \boldsymbol{P}_t^{(c)})^{\mathrm{T}} \boldsymbol{H}_t (\hat{\boldsymbol{P}}_t^{(c)} - \boldsymbol{P}_t^{(c)}) \\ &s.t. \quad \boldsymbol{R}_t^{\mathrm{T}} \boldsymbol{P}_t^{(c)} = 0 \end{aligned} \tag{30-8}$$

（2）恒定可信度模型。恒定可信度模型的目标函数可以变形为：

$$\min f = \sum_{b=0}^{B} w_b \left[\sum_{t=1}^{T} \left(\frac{\hat{P}_{b,t} - P_{b,t}}{\hat{P}_{b,t}} \right)^2 \right] = \sum_{b=0}^{B} \sum_{t=1}^{T} w_b \left(\frac{\hat{P}_{b,t} - P_{b,t}}{\hat{P}_{b,t}} \right)^2 = \sum_{b=0}^{B} \sum_{t=1}^{T} \frac{w_b}{\hat{P}_{b,t}^2} (\hat{P}_{b,t} - P_{b,t})^2$$

该目标函数是 $(B+1)T$ 个数值的求和，为此定义 2 个列向量，分别称为协调值全向量和预测值全向量：

$$\boldsymbol{P}_V = \begin{bmatrix} \boldsymbol{P}_0^T \\ \boldsymbol{P}_1^T \\ \vdots \\ \boldsymbol{P}_B^T \end{bmatrix}, \quad \hat{\boldsymbol{P}}_V = \begin{bmatrix} \hat{\boldsymbol{P}}_0^T \\ \hat{\boldsymbol{P}}_1^T \\ \vdots \\ \hat{\boldsymbol{P}}_B^T \end{bmatrix}$$

这 2 个全向量均为 $(B+1) \times T$ 维的列向量，下标 V 表示 vector（向量）。

虽然各母线及系统负荷的可信度不随时段而变化，但目标函数中的求和项的系数 $\frac{w_b}{\hat{P}_{b,t}^2}$ 却与各时段的预测值相关，因此形式上仍然引入带时段下标的"等值"可信度向量：

$$\boldsymbol{W}_t^{(e)} = \left[\frac{w_0}{\hat{P}_{0,t}^2}, \frac{w_1}{\hat{P}_{1,t}^2}, \cdots, \frac{w_B}{\hat{P}_{B,t}^2} \right]^{\mathrm{T}}$$

所有 T 个列向量 $\boldsymbol{W}_t^{(e)}$ 的所有元素可构成如下 $(B+1) \times T$ 维的列向量：

$$\boldsymbol{W}^{(e)} = \begin{bmatrix} \boldsymbol{W}_1^{(e)} \\ \boldsymbol{W}_2^{(e)} \\ \vdots \\ \boldsymbol{W}_T^{(e)} \end{bmatrix}$$

$W^{(e)}$ 的所有元素可构成如下 $[(B+1)T] \times [(B+1)T]$ 维对角矩阵：

$$\boldsymbol{H} = diag(\boldsymbol{W}^{(e)})$$

引入如下系数矩阵

$$\boldsymbol{R} = \begin{bmatrix} \boldsymbol{R}_1 & & & \\ & \boldsymbol{R}_2 & & \\ & & \ddots & \\ & & & \boldsymbol{R}_T \end{bmatrix} = \begin{bmatrix} -\lambda_1 & & & \\ 1 & & & \\ \vdots & & & \\ 1 & & & \\ & -\lambda_2 & & \\ & 1 & & \\ & \vdots & & \\ & 1 & & \\ & & \ddots & \\ & & & -\lambda_T \\ & & & 1 \\ & & & \vdots \\ & & & 1 \end{bmatrix}$$

则恒定可信度协调模型所对应的矩阵形式可表述如下

$$\min f = (\hat{\boldsymbol{P}}_v - \boldsymbol{P}_v)^{\mathrm{T}} \boldsymbol{H} (\hat{\boldsymbol{P}}_v - \boldsymbol{P}_v)$$
$$s.t. \quad \boldsymbol{R}^{\mathrm{T}} \boldsymbol{P}_v = \boldsymbol{0} \tag{30-9}$$

该模型中，约束方程右端是全零向量。

30.2 协调模型的求解及性质

30.2.1 协调模型的解析解

分时可信度协调模型属于标准的二次规划模型，并且可信度只取正数，这一问题是凸二次规划，K-T 点即为全局最优解。又因这一模型中仅有等式约束，故可以由拉格朗日乘子法解得如下解析解

$$\begin{cases} P_{b,t} = \hat{P}_{b,t} - \dfrac{\hat{P}_{b,t}^2/w_{b,t}}{\dfrac{\lambda_t^2 \hat{P}_{0,t}^2}{w_{0,t}} + \sum\limits_{b=1}^{B} \dfrac{\hat{P}_{b,t}^2}{w_{b,t}}} \left(\sum\limits_{b=1}^{B} \hat{P}_{b,t} - \lambda_t \hat{P}_{0,t} \right) \\[3em] P_{0,t} = \hat{P}_{0,t} + \dfrac{(\lambda_t \hat{P}_{0,t}^2)/w_{0,t}}{\dfrac{\lambda_t^2 \hat{P}_{0,t}^2}{w_{0,t}} + \sum\limits_{b=1}^{B} \dfrac{\hat{P}_{b,t}^2}{w_{b,t}}} \left(\sum\limits_{b=1}^{B} \hat{P}_{b,t} - \lambda_t \hat{P}_{0,t} \right) \end{cases} \tag{30-10}$$

其中，$\sum\limits_{b=1}^{B} \hat{P}_{b,t} - \lambda_t \hat{P}_{0,t} = \Delta$ 恰好为协调模型所面对的原始预测结果的不平衡量。因此，该最优解的含义是：对于各条母线，其调整量是在预测值的基础上按照一定的比例分配这个不平衡量，得到协调值；而对于系统负荷，其调整量则是反向修正这个不平衡量之后，与预测值进行叠加，得到协调值。若 $\Delta = \sum\limits_{b=1}^{B} \hat{P}_{b,t} - \lambda_t \hat{P}_{0,t} = 0$，则上式右端的修正量均为 0，协调值完全对应等于预测值，这也验证了"不平衡量为 0 时无需协调"的结论。

恒定可信度协调模型也属于标准的二次规划模型，可以由拉格朗日乘子法解得如下解析解

$$
\left.\begin{aligned}
P_{b,t} &= \hat{P}_{b,t} - \frac{\hat{P}_{b,t}^2/w_b}{\dfrac{\lambda_t^2\hat{P}_{0,t}^2}{w_0} + \sum_{b=1}^{B}\dfrac{\hat{P}_{b,t}^2}{w_b}}\left(\sum_{b=1}^{B}\hat{P}_{b,t} - \lambda_1\hat{P}_{0,t}\right) \\
P_{0,t} &= \hat{P}_{0,t} + \frac{(\lambda_t\hat{P}_{0,t}^2)/w_0}{\dfrac{\lambda_t^2\hat{P}_{0,t}^2}{w_0} + \sum_{b=1}^{B}\dfrac{\hat{P}_{b,t}^2}{w_b}}\left(\sum_{b=1}^{B}\hat{P}_{b,t} - \lambda_1\hat{P}_{0,t}\right)
\end{aligned}\right\}
\qquad(30\text{-}11)
$$

30.2.2 协调模型最优解的性质

以上给出了二次规划模型对应的两种协调问题全局最优解的解析表达式。

针对两种协调问题，对于任意给定的的一组协调结果，判定其是否为全局最优并不容易，以下给出协调问题的全局最优的 3 个必要条件，作为全局最优解的 3 条性质，可作为判定全局最优的参考。

(1) 同一时刻所有母线的调整量的符号必相同。

证明：采用反证法。

第 b 条母线 t 时刻的调整量为协调值与预测值之差，即 $\Delta_{b,t}=P_{b,t}-\hat{P}_{b,t}$。如果同一时刻至少存在两条母线，其调整量正负号相反，分别设其调整量为 $u>0>v$，总调整量为 $u+v$，可知其对目标函数的贡献之和为 u^2+v^2；显然可将前一条母线的调整量置为零，而后一条母线的调整量置为 $u+v$，此时调整量之和维持不变，仍然满足约束条件，但其对目标函数的贡献之和为 $0^2+(u+v)^2=u^2+v^2+2uv$，由于 $2uv<0$（u、v 异号），因而此时的目标函数值会小于原目标函数值。这与这组解为全局最优解矛盾。

故假设不成立，同一时刻所有母线的调整量的符号必相同。

(2) 系统负荷与所有母线负荷的调整量的符号必相反。

这一条是显然的。根据上一个性质，所有母线的调整量的符号必相同；若系统负荷的调整符号也与之相同，则显然会增大系统的不平衡量，更加不能满足协调方程的约束条件。

(3) 在最优解处，系统负荷调整量 $\Delta_{0,t}$ 与各母线负荷调整量 $\Delta_{b,t}$ 满足 $\sum_{b=1}^{B}\Delta_{b,t}-\lambda\Delta_{0,t}=-\Delta$。

这说明，系统及各个母线的调整量，恰好从相反方向去修正原始的不平衡量 Δ。这一条性质可以从上面得到的解析解得到验证。

这 3 条性质在实际应用中可以较为直观的检验，如果这 3 条性质未能满足任何 1 条，说明并没有达到模型的最优解，协调结果仍有改进的空间。

30.3 协调模型的评价指标

协调结果取决于许多因素。可信度的取值方式会导致协调结果的不同。为了统一比较不同协调结果的优劣，本节给出统一的评价标准。

30.3.1 必要性指标

必要性指标是指协调结果所必须达到的指标，当结果没能满足这些指标的要求时，协调结果被认为是不可接受的或失败的。必要性指标包括不平衡量和总调整量两个部分。

(1) 不平衡量指标。协调的最终目的是使系统负荷扣除网损（有些时候还含有厂用

电）后与各母线负荷之和平衡。因此，将协调后结果的不平衡量作为协调结果成败的评判依据。定义不平衡量指标为

$$\alpha = \frac{1}{T}\sum_{t=1}^{T}\left(\left|\sum_{b=1}^{B}P_{b,t} - \lambda_t P_{0,t}\right| / P_{0,t}\right)$$ (30-12)

当 $\alpha = 0$ 时，认为协调结果是成功的，当 $\alpha \neq 0$ 时，认为此次协调并没有达到协调的目的，是失败的。

（2）总调整量指标。总调整量指标是协调前后系统及所有母线负荷预测值的"加权"调整量与协调前预测值之间的总不平衡量之比。这里的"加权"方式按照系统协调方程的权重进行，表示为

$$\beta = \frac{1}{T}\sum_{t=1}^{T}\left(\frac{\sum_{b=1}^{B}|P_{b,t} - \hat{P}_{b,t}| + \lambda_t |P_{0,t} - \hat{P}_{0,t}|}{\left|\sum_{b=1}^{B}\hat{P}_{b,t} - \lambda_t \hat{P}_{0,t}\right|}\right)$$ (30-13)

成功的协调结果会使 $\beta = 1$；如果 $\beta > 1$，说明此解并未到达全局最优解，协调是失败的，如果 $\beta < 1$，说明协调量不够，此时协调结果将不满足协调方程约束条件。

30.3.2 参考性指标

参考性指标是在必要性指标满足之后，进一步评价协调结果的诸多指标的总称。

（1）系统负荷调整量指标。系统负荷预测曲线关系到发电计划的制定。如果系统负荷调整过大，则有可能导致发电计划与实际情况相差较悬殊，给电力系统的运行调度带来严重的后果。系统负荷调整量指标是衡量系统负荷调整量大小的判据，定义如下

$$S = \frac{1}{T}\sum_{t=1}^{T}|(P_{0,t} - \hat{P}_{0,t})/\hat{P}_{0,t}|$$ (30-14)

S 的数值越小，总负荷的调整量越小，协调结果更加满足发电计划的要求。

（2）母线最大相对调整量指标。一些协调方法可能会将不平衡量中相当大的比例全部加于一条可信度非常低的母线，导致这条母线出现过大的调整量，若该母线的负荷水平较低，则有时调整量甚至能够达到百分之几百，这样的结果是不太合理的。母线最大相对调整量指标可以衡量这方面的优劣。定义为

$$M = \max_{\forall b,t}(|P_{b,t} - \hat{P}_{b,t}| / \hat{P}_{b,t})$$ (30-15)

如果 M 值大于 1，则说明结果中出现了较为极端的调整量，需要斟酌协调效果。

（3）精度—调整量相关度指标。一个好的协调过程应当考虑可信度的作用，协调结果应当满足"预测精度高则调整量小、预测精度低则调整量大"这一基本思想。基于此，将历史预测精度与调整量的绝对值做回归分析，将这两个变量之间的相关系数作为精度—调整量相关度指标。表示如下：以 X 代表预测精度（可采取预测误差的方差的倒数），以 Y 表示绝对调整量，用每条母线每个时间点的 $x_{b,t} = 1/\sigma_{b,t}^2$ 和 $y_{b,t} = |P_{b,t} - \hat{P}_{b,t}|$ 作为样本，可求得相关系数如下

$$r = \frac{\mathrm{cov}(X,Y)}{\sqrt{\mathrm{D}X}\sqrt{\mathrm{D}Y}}$$ (30-16)

式中：DX 和 DY 表示 X 和 Y 各自的标准差；$\text{cov}(X，Y)$ 表示它们之间的协方差。

当相关系数接近 1 时，认为此协调结果充分运用了历史信息，减小了协调后带来的预测偏差，取得了较好的效果；当相关系数接近 0 时，认为该协调方法并没有充分利用可信度信息；当相关系数接近 -1 时，认为此次协调将精度较高的预测结果反而进行了较大的调整，是很不合理的。

这 3 项参考性指标，衡量了协调结果的 3 个不同方面，而这 3 个方面在现实中可能是相互矛盾的。当系统负荷的调整量指标变小，则必然导致母线最大相对调整量指标变大；精度—调整量相关度指标越大，可能会造成母线最大相对调整量指标变大。

因为这 3 个指标本身侧重于协调效果的不同方面，而这 3 个指标本身又可能是矛盾的，所以，一种好的协调方法需要兼顾这 3 个指标，并在其中寻求一种平衡。不同的场合，可能需要侧重于某一方面，去选取更加合适的评价方法。

30.4　不同可信度下的协调模型分析与评价

可信度作为协调模型中的唯一可控变量，确定可信度是协调过程中的关键环节。

30.4.1　影响可信度的因素

预测误差与可信度是直接相关的。预测误差越大，该预测值就越不"可信"，因而可信度应该越低。可见，预测误差应当与可信度呈负相关。一般来讲，量测和预测误差都满足正态性，因而无论是在状态估计中，还是在负荷预测的综合模型中，通常都可以选择历史误差的方差的倒数作为权重。因此，可以设计可信度的形式为

$$w_{b,t} = 1/\sigma_{b,t}^2 \tag{30-17}$$

其中，$\sigma_{b,t}^2$ 为第 b 条母线 t 时刻的负荷预测误差的方差。可采用绝对误差，也可以采用相对误差，后者更能区别不同负荷水平下预测精度的大小。

除预测误差之外，负荷水平也是一个需要考虑的因素；而负荷水平对可信度的影响，则需要辩证地看待。从预测机理来看，一方面，通常负荷水平越高，负荷的惯性就越大，负荷曲线就越容易预测准确，可信度应越高；另一方面，负荷水平本身也会影响到预测精度的高低，若已经选择了预测精度这一因素之后，后续可不必显式地将负荷水平引入可信度的表达式中，此时从协调模型来看，所有调整量在数学上应当是等权的。但有一个特殊情况是，在实际系统中，系统负荷曲线关系到发电计划的制定，如果系统负荷调整过多，带来的影响要远大于一条母线预测值的调整量，此时又确实需要区别对待负荷水平的差异。

由此可见，各种因素对协调结果的影响是复杂的，一种因素可能同时带来有利的和不利的影响。

30.4.2　分时可信度协调模型中不同可信度的构成方法

鉴于影响因素的复杂性，以下给出多种可信度的构成方法。

将可信度模型分为"与负荷水平无关的模型"（类别 A）和"与负荷水平相关的模型"（类别 B），在类别 A 中，可以产生平均权重可信度方案、与历史预测精度挂钩的可信度方案。在类别 B 中，按照由简单到复杂的方式，可以产生系统负荷的可信度远大于各母线、可信度与负荷水平正相关、可信度正比于负荷水平乘以方差倒数这三种模型。于是，最终形成 5 种可信度模型，如图 30-1 所示。

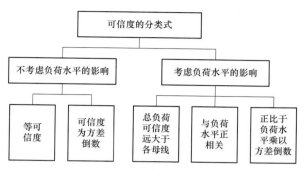

图 30-1 可信度的分类

30.4.2.1 可信度与负荷水平无关的模型

当可信度与负荷水平无关时，按照可信度是否与预测精度挂钩，可推导出如下两种模型。

（1）等可信度。在不考虑任何因素的影响下，最基本的可信度的选取方法是认为所有可信度相等并等于 1。即

$$w_{b,t} = 1, \forall b, t \tag{30-18}$$

在这样的可信度下，协调结果为

$$\left. \begin{aligned} P_{b,t} &= \hat{P}_{b,t} - \frac{\hat{P}_{b,t}^2}{\lambda_t^2 \hat{P}_{0,t}^2 + \sum\limits_{b=1}^{B} \hat{P}_{b,t}^2} \left(\sum_{b=1}^{B} \hat{P}_{b,t} - \lambda_t \hat{P}_{0,t} \right) \\ P_{0,t} &= \hat{P}_{0,t} + \frac{\lambda_t \hat{P}_{0,t}^2}{\lambda_t^2 \hat{P}_{0,t}^2 + \sum\limits_{b=1}^{B} \hat{P}_{b,t}^2} \left(\sum_{b=1}^{B} \hat{P}_{b,t} - \lambda_t \hat{P}_{0,t} \right) \end{aligned} \right\} \tag{30-19}$$

可见，在这样的可信度设计下，协调结果虽然没能与预测精度的高低联系起来，但是这一模型可以实现不平衡量较平均的分配，能够保证协调结果满足最基本的要求，是一种基本的协调方法。

（2）可信度为方差倒数。如果只考虑负荷预测精度的影响，而不考虑负荷水平的影响，认为可信度为预测方差的倒数，如式（30-17）所示，则协调结果表示为

$$\left. \begin{aligned} P_{b,t} &= \hat{P}_{b,t} - \frac{\hat{P}_{b,t}^2 \sigma_{b,t}^2}{\lambda_t^2 \hat{P}_{0,t}^2 \sigma_{0,t}^2 + \sum\limits_{b=1}^{B} \hat{P}_{b,t}^2 \sigma_{b,t}^2} \left(\sum_{b=1}^{B} \hat{P}_{b,t} - \lambda_t \hat{P}_{0,t} \right) \\ P_{0,t} &= \hat{P}_{0,t} + \frac{\lambda_t \hat{P}_{0,t}^2 \sigma_{0,t}^2}{\lambda_t^2 \hat{P}_{0,t}^2 \sigma_{0,t}^2 + \sum\limits_{b=1}^{B} \hat{P}_{b,t}^2 \sigma_{b,t}^2} \left(\sum_{b=1}^{B} \hat{P}_{b,t} - \lambda_t \hat{P}_{0,t} \right) \end{aligned} \right\} \tag{30-20}$$

可见，当某条母线预测精度较低时，调整量方差较大，因而调整量也较大。

30.4.2.2 可信度与负荷水平相关的模型

可信度与负荷水平相关的模型有以下三种。

（1）系统负荷的可信度远大于各母线。在考虑负荷水平的模型中，最简单的办法是只考

虑系统负荷与各母线负荷的负荷水平之间的数量级关系，一般可认为各母线负荷数量级相差不大，因而可信度相同；系统负荷的数量级远大于各母线，因而其可信度远大于各母线的可信度。鉴于系统负荷的重要性，可以进一步放大可信度的差别，将系统负荷的可信度视为无穷大，而将各母线的可信度定为 1。即

$$
\left.
\begin{aligned}
&w_{b,t} = 1, \forall\, t, 1 \leqslant b \leqslant B \\
&w_{0,t} \rightarrow \infty, \forall\, t
\end{aligned}
\right\}
\tag{30-21}
$$

则协调结果为

$$
\left.
\begin{aligned}
&P_{b,t} = \hat{P}_{b,t} - \frac{\hat{P}_{b,t}^2}{\displaystyle\sum_{b=1}^{B} \hat{P}_{b,t}^2}\left(\sum_{b=1}^{B}\hat{P}_{b,t} - \lambda_t \hat{P}_{0,t}\right) \\
&P_{0,t} = \hat{P}_{0,t}
\end{aligned}
\right\}
\tag{30-22}
$$

此时，原始预测结果的不平衡量按照各母线预测值的平方和的比例进行分配，而系统负荷不做调整。

如果进一步认为同一时刻不同母线负荷水平差别不大，可以得到式（30-22）的近似结果

$$
\left.
\begin{aligned}
&P_{b,t} = \hat{P}_{b,t} - \frac{1}{B}\left(\sum_{b=1}^{B}\hat{P}_{b,t} - \lambda_t \hat{P}_{0,t}\right) \\
&P_{0,t} = \hat{P}_{0,t}
\end{aligned}
\right\}
\tag{30-23}
$$

可见，此时的协调结果中系统负荷的调整量仍然为零，而各母线则需均分原始预测结果的不平衡量。

（2）可信度与负荷水平正相关。如果更加细致地考虑负荷水平的差异，令可信度与负荷水平线性相关，那么将可信度取为如下形式

$$
w_{b,t} = k_1 \hat{P}_{b,t}, \forall\, b, t
\tag{30-24}
$$

其中，k_1 为正数。协调结果为

$$
\left.
\begin{aligned}
&P_{b,t} = \hat{P}_{b,t} - \frac{\hat{P}_{b,t}}{\lambda_t^2 \hat{P}_{0,t}^2 + \displaystyle\sum_{b=1}^{B}\hat{P}_{b,t}}\left(\sum_{b=1}^{B}\hat{P}_{b,t} - \lambda_t \hat{P}_{0,t}\right) \\
&P_{0,t} = \hat{P}_{0,t} + \frac{\lambda_t \hat{P}_{0,t}}{\lambda_t^2 \hat{P}_{0,t} + \displaystyle\sum_{b=1}^{B}\hat{P}_{b,t}}\left(\sum_{b=1}^{B}\hat{P}_{b,t} - \lambda_t \hat{P}_{0,t}\right)
\end{aligned}
\right\}
\tag{30-25}
$$

如果令可信度与负荷水平的平方线性相关，那么将可信度取为如下形式

$$
w_{b,t} = k_2 \hat{P}_{b,t}^2, \forall\, b, t
\tag{30-26}
$$

其中，k_2 为正数。协调结果为

$$
\left.
\begin{aligned}
&P_{b,t} = \hat{P}_{b,t} - \frac{1}{\lambda_t^2 + B}\left(\sum_{b=1}^{B}\hat{P}_{b,t} - \lambda_t \hat{P}_{0,t}\right) \\
&P_{0,t} = \hat{P}_{0,t} + \frac{\lambda_t}{\lambda_t^2 + B}\left(\sum_{b=1}^{B}\hat{P}_{b,t} - \lambda_t \hat{P}_{0,t}\right)
\end{aligned}
\right\}
\tag{30-27}
$$

（3）可信度兼顾预测精度和负荷水平。如果认为可信度应当兼顾预测精度与负荷水平，那么可以将可信度写成如下形式

$$w_{b,t} = k_3 \hat{P}_{b,t} / \sigma_{b,t}^2, \forall b, t \tag{30-28}$$

其中，k_3 为正数。则协调结果为

$$\left.\begin{array}{l} P_{b,t} = \hat{P}_{b,t} - \dfrac{\hat{P}_{b,t} \sigma_{b,t}^2}{\lambda_t^2 \hat{P}_{0,t} \sigma_{0,t}^2 + \sum\limits_{b=1}^{B} \hat{P}_{b,t} \sigma_{b,t}^2} \left(\sum\limits_{b=1}^{B} \hat{P}_{b,t} - \lambda_t \hat{P}_{0,t}\right) \\[4mm] P_{0,t} = \hat{P}_{0,t} + \dfrac{\lambda_t \hat{P}_{0,t} \sigma_{0,t}^2}{\lambda_t^2 \hat{P}_{0,t} \sigma_{0,t}^2 + \sum\limits_{b=1}^{B} \hat{P}_{b,t} \sigma_{b,t}^2} \left(\sum\limits_{b=1}^{B} \hat{P}_{b,t} - \lambda_t \hat{P}_{0,t}\right) \end{array}\right\} \tag{30-29}$$

也可以将可信度写成如下形式

$$w_{b,t} = k_4 \hat{P}_{b,t}^2 / \sigma_{b,t}^2, \forall b, t \tag{30-30}$$

其中，k_4 为正数。则协调结果为

$$\left.\begin{array}{l} P_{b,t} = \hat{P}_{b,t} - \dfrac{\sigma_{b,t}^2}{\lambda_t^2 \sigma_{0,t}^2 + \sum\limits_{b=1}^{B} \sigma_{b,t}^2} \left(\sum\limits_{b=1}^{B} \hat{P}_{b,t} - \lambda_t \hat{P}_{0,t}\right) \\[4mm] P_{0,t} = \hat{P}_{0,t} + \dfrac{\lambda_t \sigma_{0,t}^2}{\lambda_t^2 \sigma_{0,t}^2 + \sum\limits_{b=1}^{B} \sigma_{b,t}^2} \left(\sum\limits_{b=1}^{B} \hat{P}_{b,t} - \lambda_t \hat{P}_{0,t}\right) \end{array}\right\} \tag{30-31}$$

30.4.3 恒定可信度协调模型的协调结果

采用恒定可信度模型时，同一母线各时段可信度将相同，每条母线的可信度由这条母线所有的历史预测结果共同生成。

简单分析可知，上述 5 种可信度选取方式中，前 3 种的协调结果与分时可信度协调模型所得到的表达式形式类似。这里从略。后 2 种的情况比较复杂，需要重新选取可信度的表达式，才能给出简洁的结果。

30.5 协调预测结果分析

30.5.1 基本协调结果

以河北某地区为例，进行系统—母线负荷预测结果的协调，采用最简单的等可信度模型，得到如图 30-2 所示计算结果。

在以下的讨论中，以 1，2，3，4，5 分别代表分时可信度协调模型中的 5 类可信度选取分时：等可信度模型，系统总负荷的可信度远大于各母线的模型、可信度正比于方差倒数的模型、可信度与负荷水平正相关的模型、可信度同时正比于负荷水平和方差倒数的模型。α、β 分别代表不平衡量指标和总调整量指标；S、M、r 分别代表系统负荷调整量指标，母线最大相对调整量指标，精度—调整量相关度指标。

30.5.2 分时可信度协调模型下的协调结果比较

不同可信度下协调结果对应的指标值如表 30-2 所示。

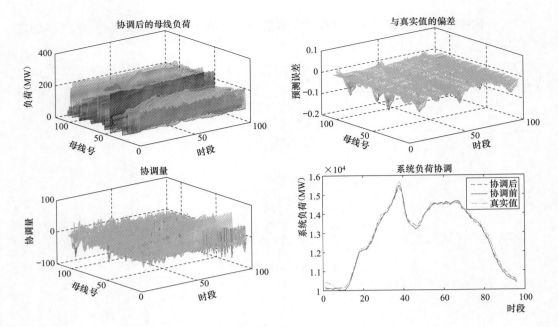

图 30-2　协调结果

表 30-2			分时可信度下不同可信度模型的比较		
可信度选取方式	α	β	S	M	r
1	0	1	0.0061	4.0938e-04	0.0687
2	0	1	0	5.6752	0.2149
3	0	1	0.0060	0.0025	0.1193
4	0	1	0.0031	0.0096	0.6318
5	0	1	0.0015	0.0592	0.5164

由表 30-2 可见，五种可信度模型下，必要性指标都能够满足，其中 $\alpha=0$，$\beta=1$，表示各个协调是成功的。

在参考性指标的比较中，五种模型则各有所长。

（1）等可信度模型的母线最大相对调整量指标最小，每条母线调整量较小，但是系统总负荷被进行了较大的调整，并且母线预测精度与最终调整量相关性较差。

（2）当系统负荷可信度为无穷大时，系统负荷调整量非常小，但每条母线的调整量都较大。

（3）当可信度为方差倒数的时候，母线负荷调整量较小，但系统负荷调整量较大，相关系数较低。

（4）当可信度只与负荷水平成正比时，精度—调整量相关度最高，系统负荷调整量、母线负荷最大调整量均较小。

（5）当可信度兼顾负荷水平及预测精度时，母线负荷最大调整量较高，结果并不理想。

30.5.3　恒定可信度模型下的比较

恒定可信度的模型下，后面 3 类可信度模型的计算结果将区别于分时可信度模型的协调结果，将其结果所对应的指标列入表 30-3 中。

表 30-3   恒定可信度模型结果

可信度选取方式	α	β	S	M	r
3	0	1	0.0060	0.0014	0.2479
4	0	1	0.0030	0.0109	0.6373
5	0	1	0.0015	0.0201	0.6543

可以看到，恒定可信度协调模型均满足必要性指标的要求。与分时可信度协调模型相比，恒定可信度模型下协调结果的参考性指标均得到了提升，尤其是精度—调整量相关性指标（r）和母线最大相对调整量指标（M）两项，改善程度较大。这是因为恒定可信度模型下，去除了一定的随机性，使得协调结果更加平滑。而在恒定可信度模型中，第 5 种方案的 r、S 两项指标最好，M 又在可接受的范围内，因此可以认为方案 5 是协调模型的最优方案。

第31章

母线负荷预测系统

母线负荷预测系统是以母线负荷分析和预测为核心，集数据管理平台、负荷分析平台、预测上报模块以及预测工作的管理和考核系统一体化的信息管理和预测系统。使用人员可按照系统的不同授权实现不同管理层级的数据管理、负荷分析、负荷预测、考核排名等工作。

整个系统从母线负荷数据及其规律性分析开始，在对母线负荷模式识别和聚类分析的基础上，以多种负荷预测方法组成的预测库以及考虑各种相关因素的偏差修正算法为核心，为预测工作人员提供了一套智能、高效的母线负荷预测解决方案，也为电网安全校核与节能发电调度工作提供了有力的技术支持。

系统应用基于网络化的构架设计，实现电网纵向各个层次母线预测工作的一体化，有助于建立一套信息共享、权责分摊的工作机制，不仅为母线负荷预测水平的稳步提高提供了技术保证，还为参与决策的人员提供一个完善的工作环境及科学决策工具。

31.1 研究思路与关键技术

31.1.1 研究思路

（1）先进的预测理论。在系统中应用当前母线负荷预测领域的先进技术成果，形成全面而丰富的预测模型方法库，包含多种正常日预测算法。这些预测模型与算法能够为获得高预测精度提供有效的技术保障。

为了更好的识别特性迥异的母线负荷特点，有的放矢制定预测策略，系统结合了新息、虚拟预测、综合最优预测模型等重要思想，提供了基于模式识别和聚类分析机制的专家系统，通过对近期已知数据的虚拟预测和模糊决策，利用自适应训练机制，实现预测方法与策略的自动寻优。

（2）以负荷的规律性分析作为基础。母线负荷可能会受到计划性因素的干扰，但其本质上还是主要由源自于负荷需求的非计划性负荷分量组成；因此，为取得更加准确的负荷预测效果，在母线负荷预测工作过程中要充分利用其规律性原理，进行系统而深入的负荷特性分析。

系统在构建母线负荷基础特性分析功能的基础上，还提供了各种高级负荷分析功能，包括负荷成分分析、稳定性分析、相关性分析、气象灵敏度分析等。利用这些分析功能，可以评估预测结果，优化预测模型，制订考核指标等工作，能够有效保证母线负荷预测工作的科学性与可控性。

（3）立足预测专家的理论高度，满足普通用户的应用设计。系统建立了以深层数据挖掘和负荷分析为基础的预测业务流程，如图 31-1 所示。

系统的功能丰富详尽，操作灵活。为了兼顾预测专家的分析研究工作及普通预测专责的日常工作需求，预测工作既可以全部由计算机自动完成（基于不同母线负荷特性的自适应训

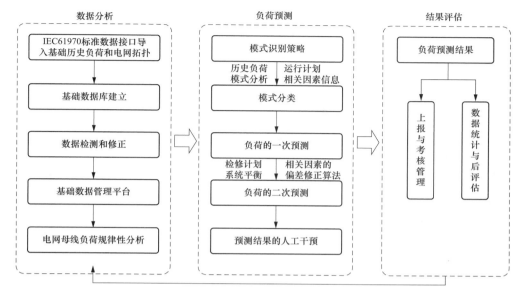

数据分析

IEC61970标准数据接口导入基础历史负荷和电网拓扑

基础数据库建立

数据检测和修正

基础数据管理平台

电网母线负荷规律性分析

负荷预测

模式识别策略

历史负荷 运行计划
模式分析 相关因素信息

模式分类

负荷的一次预测

检修计划 相关因素的
系统平衡 偏差修正算法

负荷的二次预测

预测结果的人工干预

结果评估

负荷预测结果

上报与考核管理

数据统计与后评估

图 31-1 母线负荷预测业务流程

练），同时，专家经验也可以作用于各个可控环节，从而形成结合专家经验的预测决策。

系统中应用了大量的基于多维可视化设计思路的高级图形交互技术，为相关专业人员的有序工作、重点定位、快速处理、灵活操作等方面提供了有力的技术保障。

（4）全面考虑计划因素的影响，先进的计划因素干预综合模型。考虑到母线负荷受计划因素影响大的特点，系统针对性地建立了涵盖设备检修、负荷转供、小发电影响（小水电、小火电、风电等）、需求侧管理、运行方式变化等计划相关因素综合影响模型，并提供了手工或自动的方式上报采集计划信息的功能，该模型区域普适性强，可为用户提供全面、灵活、专业的计划因素影响母线负荷问题的解决方案。

（5）局部区域的负荷预测。系统以母线负荷作为电网的基本预测单元，也可进一步实现区域化的负荷分组及虚拟母线定义。

31.1.2 关键技术

（1）母线负荷预测技术：

1）丰富的预测模型方法库；

2）"模式识别和聚类分析"专家系统；

3）基于自适应训练机制的预测算法寻优策略；

4）综合最优预测模型技术；

5）新息与虚拟预测技术；

6）气象因素偏差修正技术；

7）小地区预测结果校正；

8）超短期预测算法；

9）策略可配置化的自动预测机制。

（2）数据挖掘与分析技术：

1）多时间维度的母线负荷特性分析；

2）基于频域分解的母线负荷稳定性分析；

3）基于特征负荷相似度计算的负荷相关性分析；

4）基于灵敏度计算的气象电力指标相关性分析；

5）基于特征值提取的典型日特征曲线分析；

6）小电厂出力对母线负荷的影响性分析；

7）基于电网潮流分布的母线负荷阻塞贡献率分析；

8）基于自适应训练的预测方法寻优策略分析；

9）预测结果后评估分析与缺陷母线定位分析；

10）多级调度预测数据联动平衡分析。

（3）基础数据处理技术：

1）利用状态估计数据与 SCADA 数据的双数据源热备机制；

2）基于特征值提取的不良数据辨识与修补策略；

3）基于网络约束及电力平衡的数据检测与修补策略；

4）参考负荷转供历史纪录的数据规律性恢复机制；

5）基于插值与虚拟预测算法的数据修补方法。

（4）计划因素干预处理策略：

1）计划相关因素综合影响策略；

2）设备检修与负荷转供因素；

3）需求侧管理因素；

4）小电厂发电影响因素（小水电、小火电、风电等）。

31.2 母线负荷预测功能

预测平台是整个母线负荷预测系统的核心模块，包括正常日预测和节假日预测两部分，如图 31-2 所示。主要功能如下：

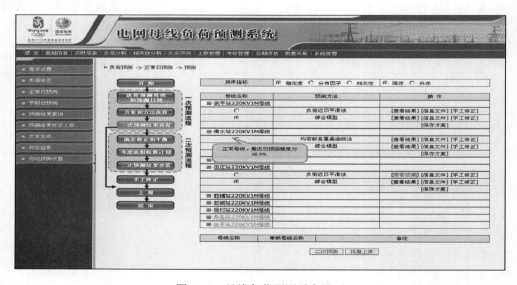

图 31-2　母线负荷预测平台界面

（1）节假日设置。

（2）计划信息设置：

1）设备检修及负荷转供计划设置；

2）需求侧管理设置；

3）小发电计划设置；

4）小电厂开环点设置；

5）母联开关变更设置。

（3）正常日预测。

（4）自适应训练。

（5）节假日预测。

（6）小地区预测。

（7）预测结果查询与修改。

（8）自动预测策略设置。

（9）预测日志记录。

31.3 主要的管理与分析功能

31.3.1 数据集成管理平台

系统自动收集基础数据，构建了集负荷、电量、气象环境、负荷特性、典型曲线、电网参数、拓扑信息等全方位的数据存储平台和数据管理体系，数据集成管理平台如图 31-3 所示。核心功能包括：

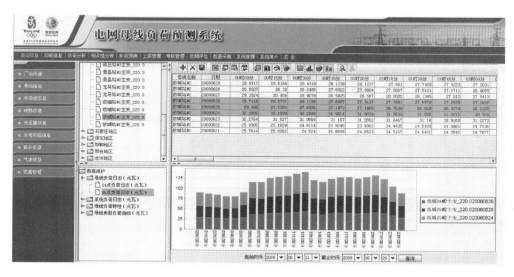

图 31-3 数据集成管理平台

（1）区域与厂站信息查询；

（2）母线信息查询；

（3）主变压器信息查询；

（4）线路信息查询；

(5) 机组信息查询；

(6) 负荷组信息查询；

(7) 断面 TOPO 关系信息查询；

(8) 气象数据维护；

(9) 小电厂信息维护；

(10) 综合负荷数据管理平台。

31.3.2 母线负荷数据挖掘及负荷特性分析平台

数据分析是了解电网实际运行规律，提高母线负荷预测精度的基础，负荷分析平台主要包括如下功能：

(1) 日、周、月、季、年负荷特性对比分析；

(2) 罗列型、持续型负荷曲线对比分析；

(3) 负荷概率分布；

(4) 负荷趋势分析；

(5) 典型工作日曲线；

(6) 典型休息日曲线；

(7) 持续负荷曲线；

(8) 母线负荷相关性分析；

(9) 母线与系统负荷相关性分析，其界面如图 31-4 所示；

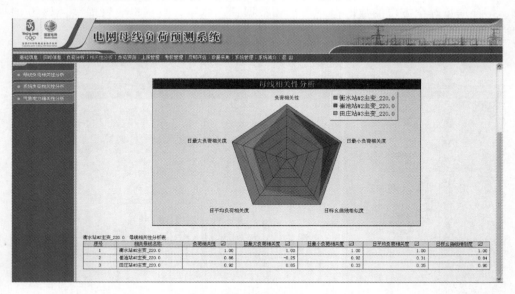

图 31-4 母线与系统负荷相关性分析界面

(10) 负荷稳定性分析，其界面如图 31-5 所示；

(11) 气象电力相关性分析；

(12) 典型负荷特征提取。

31.3.3 预测结果的后评估与评价管理

系统提供了基于工作流程的上报和下达的管理功能；对预测方法、预测方案的历史效果

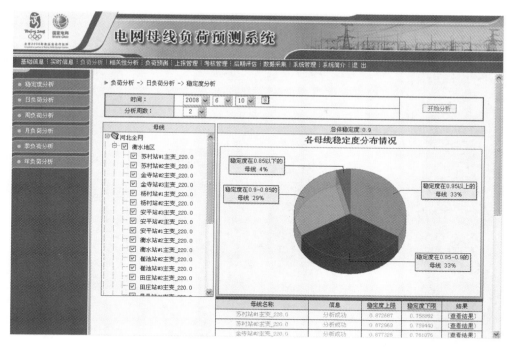

图 31-5　负荷稳定性分析界面

进行后评估分析功能，得到的分析结果将更好的指导和优化后面的预测工作。后评估分析功能包括：

（1）实时考核及超短期拟合。

（2）上报管理：

1）上报结果查询；

2）上报状态监控；

3）上报时限设置；

4）免考设置；

5）考核准确率设置。

（3）考核管理：

1）时段点准确率查询；

2）日、周、月、季、年预测准确率与合格率查询；

3）单母线准确率查询；

4）地区准确率查询。

（4）预测后评估，其界面如图 31-6 所示：

1）准确率后评估；

2）合格率后评估；

3）缺陷母线后评估；

4）预测方法后评估。

（5）不良数据评估分析。

（6）可视化评估分析。其界面如图 31-7 所示。

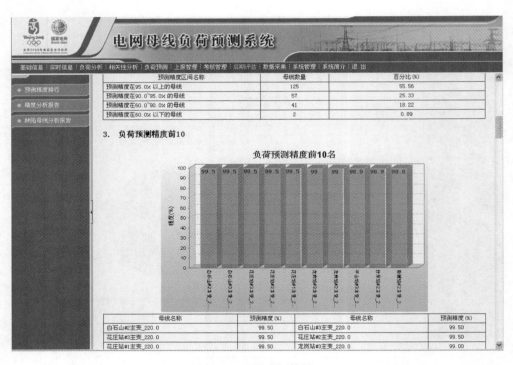

图 31-6　预测后评估界面

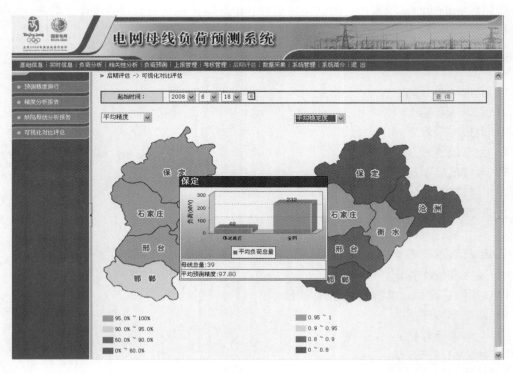

图 31-7　可视化评估分析界面

31.3.4　系统综合管理平台

完善的系统管理功能是提高系统安全性，规范系统使用方法，提高预测工作效率的前提，系统综合管理平台界面如图 31-8 所示。

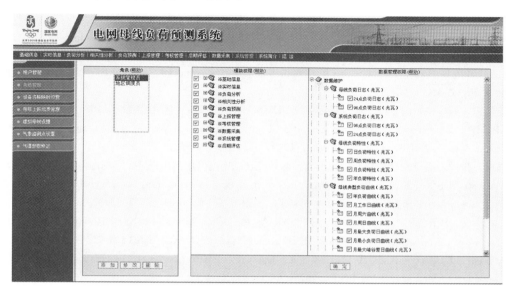

图 31-8　系统综合管理平台界面

系统管理功能包含以下功能：

（1）用户管理——给内网使用本系统的人员分配用户名和密码；

（2）角色管理——根据实际业务需要设置不同的角色，并根据角色不同的权限设定访问的模块；

（3）名称映射设置；

（4）考核上报成员设置；

（5）虚拟母线设置；

（6）虚拟地区设置。

第Ⅳ篇参考文献

[1] Handschin E, Dornemann C. Bus load modelling and forecasting [J]. Power Systems, IEEE Transactions on, 1988, 3 (2): 627-633.

[2] 于尔铿, 刘广一, 周京阳. 能量管理系统: EMS [M]. 北京: 科学出版社, 1998.

[3] Ma H, Shahidehpour S M. Unit commitment with transmission security and voltage constraints [J]. Power Systems, IEEE Transactions on, 1999, 14 (2): 757-764.

[4] 周勇, 张龙. 支持安全校核的母线负荷预测系统在湖南电网中的应用 [J]. 湖南电力, 2011, (S1).

[5] Marwali M K C, Shahidehpour S M. Integrated generation and transmission maintenance scheduling with network constraints [J]. Power Systems, IEEE Transactions on, 1998, 13 (3): 1063-1068.

[6] Lee K Y, Park Y M, Ortiz J L. A United Approach to Optimal Real and Reactive Power Dispatch [J]. Power Apparatus and Systems, IEEE Transactions on, 1985, PAS-104 (5): 1147-1153.

[7] Amidan B G, Ferryman T A, Cooley S K. Data outlier detection using the Chebyshev theorem [C]. Aerospace Conference, 2005 IEEE, 2005: 3814-3819.

[8] Bai J, Ng S. Tests for skewness, kurtosis, and normality for time series data [J]. Journal of Business & Economic Statistics, 2005, 23 (1): 49-60.

[9] 陈国良. 遗传算法及其应用 [M]. 北京: 人民邮电出版社, 1996.

[10] Chen G J, Li K K, Chung T S, et al. Application of an innovative combined forecasting method in power system load forecasting [J]. Electric Power Systems Research, 2001, 59 (2): 131-137.

[11] Petridis V, Kehagias A, Petrou L, et al. A Bayesian multiple models combination method for time series prediction [J]. Journal of intelligent and robotic systems, 2001, 31 (1-3): 69-89.

[12] Gupta S, Wilton P C. Combination of forecasts: An extension [J]. Management Science, 1987, 33 (3): 356-372.

[13] 康重庆, 夏清, 沈瑜, 等. 电力系统负荷预测的综合模型 [J]. 清华大学学报(自然科学版), 1999, 39 (1): 8-11.

[14] Kassaei H R, Keyhani A, Woung T, et al. A hybrid fuzzy, neural network bus load modeling and predication [J]. Power Systems, IEEE Transactions on, 1999, 14 (2): 718-724.

[15] Amjady N. Short-Term Bus Load Forecasting of Power Systems by a New Hybrid Method [J]. Power Systems, IEEE Transactions on, 2007, 22 (1): 333-341.

[16] 廖峰, 刘清良, 贺辉, 等. 基于改进灰色模型与综合气象因素的母线负荷预测 [J]. 电网技术, 2011, (10).

[17] Nose-Filho K, Lotufo A D P, Minussi C R. Short-Term Multinodal Load Forecasting Using a Modified General Regression Neural Network [J]. Power Delivery, IEEE Transactions on, 2011, 26 (4): 2862-2869.

[18] 沈波, 张世永, 钟亦平. 无线传感器网络分簇路由协议 [J]. 软件学报, 2006, (07).

[19] 袁柳生, 程良伦. 基于博弈论的无线传感器网络非均匀分簇路由算法 [J]. 计算机应用研究, 2009, (05): 1865-1867.

[20] 付华, 赵刚. 无线传感器网络中一种能量均衡的分簇策略 [J]. 计算机应用研究, 2009, (04): 1494-1496.

[21] 朱向庆, 陈志雄, 洪晖. 分级簇树结构无线传感器网络设计 [J]. 计算机工程, 2010, 36 (16).

[22] 张伯明，陈寿孙，严正. 高等电力网络 [M]. 北京：清华大学出版社，2007.

[23] 孙即祥. 现代模式识别 [M]. 北京：高等教育出版社，2008.

[24] 贾慧敏，何光宇，方朝雄，等. 用于负荷预测的层次聚类和双向夹逼结合的多层次聚类法 [J]. 电网技术，2007，(23).

[25] 刘健杨，文宇，余健明，宋蒙. 一种基于改进最小生成树算法的配电网架优化规划 [J]. 中国电机工程学报，2004，(10).

[26] 赵峰，孙宏斌，张伯明. 基于电气分区的输电断面及其自动发现 [J]. 电力系统自动化，2011，(5)：42-46.

[27] 方竹，白晓民，丁剑，等. 电力系统关键输电断面的动态搜索算法 [J]. 第十一届全国电工数学学术年会论文集，2007.

[28] 周德才，张保会，姚峰，等. 基于图论的输电断面快速搜索 [J]. 中国电机工程学报，2006，(12).

[29] Hagan M T，Behr S M. The time series approach to short term load forecasting [J]. Power Systems，IEEE Transactions on，1987，2（3）：785-791.

[30] Handschin E，Dornemann C. Bus load modelling and forecasting [J]. Power Systems，IEEE Transactions on，1988，3（2）：627-633.

[31] Hippert H S，Pedreira C E，Souza R C. Neural networks for short-term load forecasting：a review and evaluation [J]. Power Systems，IEEE Transactions on，2001，16（1）：44-55.

[32] Drezga I，Rahman S. Input variable selection for ANN-based short-term load forecasting [J]. Power Systems，IEEE Transactions on，1998，13（4）：1238-1244.

[33] Drezga I，Rahman S. Short-term load forecasting with local ANN predictors [J]. Power Systems，IEEE Transactions on，1999，14（3）：844-850.

[34] Chang C，Lin C. LIBSVM：A library for support vector machines [J]. ACM Trans. Intell. Syst. Technol.，2011，2（3）：1-27.

[35] 李元诚，方廷健，于尔铿. 短期负荷预测的支持向量机方法研究 [J]. 中国电机工程学报，2003，(06).

[36] 谢宏，魏江平，刘鹤立. 短期负荷预测中支持向量机模型的参数选取和优化方法 [J]. 中国电机工程学报，2006，(22).

[37] Zalewski W. Application of fuzzy inference to electric load clustering [C]. Power India Conference，2006 IEEE，2006：5.

[38] 冯丽，邱家驹. 基于模糊多目标遗传优化算法的节假日电力负荷预测 [J]. 中国电机工程学报，2005，(10).

[39] 余贻鑫，吴建中. 基于事例推理模糊神经网络的中压配电网短期节点负荷预测 [J]. 中国电机工程学报，2005，(12).

[40] SD 131-1984 电力系统技术导则.

[41] 汪洋，夏清，康重庆. 考虑电网 N-1 闭环安全校核的最优安全发电计划 [J]. 中国电机工程学报，2011，(10)：39-45.

[42] 夏叶，康重庆，宁波，等. 用户侧互动模式下发用电一体化静态安全校核 [J]. 电力系统自动化，2012，(9)：35-41.

[43] Qiming C，Chuanwen J，Wenzheng Q，et al. Probability models for estimating the probabilities of cascading outages in high-oltage transmission network [J]. Power Systems，IEEE Transactions on，2006，21（3）：1423-1431.

[44] Final Report on the August 14，2003 Blackout in the United States and Canada：Causes and Recommendations [R]. U. S. - Canada Power System Outage Task Force，2004.

［45］ 刘永奇，谢开. 从调度角度分析 8.14 美加大停电［J］. 电网技术，2004，（08）.

［46］ 印永华，郭剑波，赵建军，卜广全. 美加"8.14"大停电事故初步分析以及应吸取的教训［J］. 电网技术，2003，（10）.

［47］ Sung-Kwan J，Jang-Chul K，Chen-Ching L. Empirical Analysis of the Impact of 2003 Blackout on Security Values of U. S. Utilities and Electrical Equipment Manufacturing Firms［J］. Power Systems，IEEE Transactions on，2007，22（3）：1012-1018.

［48］ 李再华，白晓民，丁剑，等. 西欧大停电事故分析［J］. 电力系统自动化，2007，（1）：1-3.

［49］ 李春艳，孙元章，陈向宜，等. 西欧"11.4"大停电事故的初步分析及防止我国大面积停电事故的措施［J］. 电网技术，2006，（24）：16-21.

［50］ Chunyan L，Yuanzhang S，Xiangyi C. Analysis of the blackout in Europe on November 4，2006［C］. Power Engineering Conference，2007. IPEC 2007. International，2007：939-944.

［51］ Xiangyi C，Changhong D，Yunping C，et al. Blackout prevention：Anatomy of the blackout in Europe［C］. Power Engineering Conference，2007. IPEC 2007. International，2007：928-932.

［52］ 汤涌，卜广全，易俊. 印度"7.30"、"7.31"大停电事故分析及启示［J］. 中国电机工程学报，2012，（25）：167-174.

［53］ Qiming C，McCalley J D. Identifying high risk N-k contingencies for online security assessment［J］. Power Systems，IEEE Transactions on，2005，20（2）：823-834.

［54］ 龙丹丽，黎静华，韦化. 粗糙集法解多环境因素影响的母线负荷预测问题［J］. 电网技术，2013，37（5）：1335-1340.

［55］ Gang L，Zeng-Ping W，Jian-Wen R，et al. Power system transmission section security protection control program［C］. Machine Learning and Cybernetics（ICMLC），2010 International Conference on，2010：951-955.

［56］ Baohui Z，Linyan C，Zhiguo H，et al. Study on security protection of transmission section to prevent cascading tripping and its key technologies［C］. Transmission and Distribution Conference and Exposition：Latin America，2008 IEEE/PES，2008：1-13.

［57］ Linyan C，Baohui Z，Guanghui L，et al. Fast search for transmission section based on power component of line［C］. Innovative Smart Grid Technologies（ISGT Europe），2011 2nd IEEE PES International Conference and Exhibition on，2011：1-5.

［58］ 李博，门德月，严亚勤，等. 基于数值天气预报的母线负荷预测［J］. 电力系统自动化，2015，01：137-140.

［59］ Danli Long，Jinghua Li. Solution of Multi Environmental Factor-Influenced Bus Load Forecasting by Rough Set Method［J］. Power System Technology，2013，37（5）：1335-1340.

［60］ Chaojun Gu，Jirutitijaroen Panida. Dynamic State Estimation Under Communication Failure Using Kriging Based Bus Load Forecasting［J］. IEEE Transactions on Power Systems，2015，30：1-10.

［61］ 严剑峰，冯长有，鲁广明，等. 考虑运行方式安排的大电网在线趋势分析技术［J］. 电力系统自动化，2015，01：111-116.

［62］ Xinglu Yin，Xianyong Xiao，Xiaolu Sun. Bus load forecasting model selection and variable weights combination forecasting based on forecasting effectiveness and Markov chain-cloud model［J］. Electric Power Automation Equipment，2015.

［63］ 何耀耀，闻才喜，许启发，等. 考虑温度因素的中期电力负荷概率密度预测方法［J］. 电网技术，2015，01：176-181.

［64］ Ioannis P. Panapakidis，Geroge C. Christoforidis，Grigoris K Papagiannis. Hybrid computational intelligence model for Short-Term bus load forecasting［C］//Environment and Electrical Engineering

（EEEIC），2015 IEEE 15th International Conference on. IEEE，2015.

［65］ 尹星露，肖先勇，孙晓璐. 基于预测有效度和马尔科夫-云模型的母线负荷预测模型筛选与变权重组合预测［J］. 电力自动化设备，2015，03：114-119.

［66］ Ioannis P. Panapakidis, Geroge C. Christoforidis, Grigoris K Papagiannis. Bus load forecasting via a combination of machine learning algorithms ［C］//Power Engineering Conference （UPEC），2014 49th International Universities. IEEE，2014：1-6.

［67］ Panapakidis I P, Papagiannis G K. Enhancing the performance of Feed-Forward Neural Networks in the bus short-term load forecasting ［C］//Power Engineering Conference （UPEC），2014 49th International Universities. IEEE，2014.

［68］ 王继业，季知祥，史梦洁，等. 智能配用电大数据需求分析与应用研究［J］. 中国电机工程学报，2015，08：1829-1836.

［69］ Jingren Guo, Diansheng Luo, Yiming Cheng, et al. Bus load forecasting using improved chaotic neural network ［J］. Power Demand Side Management，2013.

［70］ 尹星露，肖先勇，孙晓璐. 母线负荷异常数据复杂不确定性检测与基于综合云的修正模型［J］. 电力自动化设备，2015，06：117-122.

［71］ Almassalkhi M, Simon B, Gupta A. A General Variable Neighborhood Search heuristic for Short Term Load Forecasting in Smart Grids Environment ［C］//Power Systems Conference （PSC），2014 Clemson University. IEEE，2014：1-8.

［72］ Yang Y, Yao M, Xia Y, et al. An Efficient Approach for Short Term Load Forecasting ［J］. Lecture Notes in Engineering & Computer Science，2013，2188 （1）：1-5.

［73］ Sun W, Liang Y. Research of least squares support vector regression based on differential evolution algorithm in short-term load forecasting model ［J］. Journal of Renewable & Sustainable Energy，2014，6 （5）：1-10.

［74］ 张莹. 母线负荷预测技术及负荷特性对电网影响的研究［J］. 电子技术与软件工程，2014，09：167.

［75］ Muñoz M P. Discussion on 'Electrical load forecasting by exponential smoothing with covariates' by Rainer Göb, Kristina Lurz and Antonio Pievatolo ［J］. Applied Stochastic Models in Business & Industry，2013，29 （29）：646-647.

［76］ 肖白，徐潇，穆钢，等. 空间负荷预测中确定元胞负荷最大值的概率谱方法［J］. 电力系统自动化，2014，21：47-52.

［77］ Xu Y, Milanovic J V. Accuracy of ANN based methodology for load composition forecasting at bulk supply buses ［C］//Probabilistic Methods Applied to Power Systems （PMAPS），2014 International Conference on. IEEE，2014：1-6.

［78］ 孙晓璐，肖先勇，尹星露，等. 基于模型有效度的地区电网母线负荷组合预测与系统实现［J］. 电力自动化设备，2014，12：106-110.

［79］ 孙谦，姚建刚，赵俊，等. 基于最优交集相似日选取的短期母线负荷综合预测［J］. 中国电机工程学报，2013，04：126-134.

［80］ Hosking J R M, Natarajan R, Ghosh S, et al. Short-term forecasting of the daily load curve for residential electricity usage in the Smart Grid ［J］. Applied Stochastic Models in Business & Industry，2013，29 （6）：604-620.

［81］ 郭精人，罗滇生，程义明，等. 使用改进混沌神经网络的母线负荷预测［J］. 电力需求侧管理，2013，01：15-19.

［82］ Palma W. Multivariate dynamic regression：modeling and forecasting for intraday electricity load ［J］.

Applied Stochastic Models in Business and Industry，2013，29（6）：579-598.

[83] Migon，Alves. Rejoinder：Multivariate dynamic regression：Modeling and forecasting for intraday electricity load，by Migon and Alves［J］. Applied Stochastic Models in Business & Industry，2013，29（6）：603-603.

[84] Xu Y，Cai J，Milanovic J V. On accuracy of demand forecasting and its extension to demand composition forecasting using artificial intelligence based methods［C］//Innovative Smart Grid Technologies Conference Europe（ISGT-Europe），2014 IEEE PES. IEEE，2015：1-6.

[85] Zhang K，Moerchen F，Chakraborty A. Short-term load forecast using support vector regression and feature learning：US，US9020874［P］. 2015.

[86] Ansari M R，Amjady N，Vatani B. Stochastic security-constrained hydrothermal unit commitment considering uncertainty of load forecast，inflows to reservoirs and unavailability of units by a new hybrid decomposition strategy［J］. Generation Transmission & Distribution Iet，2014，8（12）：1900-1915.

[87] Sharma R，Dutta S. Optimal storage sizing for integrating wind and load forecast uncertainties：IEEE Computer Society，US 20130024044 A1［P］. 2015.

[88] 颜宏文，李欣然. 基于差分进化的含分布式电源母线净负荷预测［J］. 电网技术，2013，06：1602-1606.

[89] Wang Q，Zhang P. Energy management system for multi-microgrid［C］//Electricity Distribution（CICED），2014 China International Conference on. IEEE，2014.

[90] Kalbat K，Tajer A. Learning-based distributed load forecasting in energy grids［C］//Global Conference on Signal and Information Processing（GlobalSIP），2013 IEEE. IEEE，2013：535-538.

[91] Salgado R M，Ballini R，Ohishi T. An Aggregate Model Applied To The Short-Term Bus Load Forecasting Problem［C］//Power Systems Conference and Exposition，2009. PSCE′09. IEEE/PES. 2009：1-8.

[92] 尹星露，肖先勇，孙晓璐. 基于预测有效度和马尔科夫-云模型的母线负荷预测模型筛选与变权重组合预测［J］. 电力自动化设备，2015，03.

[93] Salgado R M，Ohishi T，Ballini R. A short-term bus load forecasting system［C］//Hybrid Intelligent Systems（HIS），2010 10th International Conference on. IEEE，2010：55-60.

[94] Salgado R M，Ohishi T，Ballini R. An Intelligent Hybrid Model for Bus Load Forecasting in Electrical Short-Term Operation Tasks［J］. Handbook of Research on Industrial Informatics & Manufacturing Intelligence Innovations & Solutions，2012.

[95] Hong W C. Electric load forecasting by support vector model［J］. Applied Mathematical Modelling，2009，33（5）：2444-2454.

[96] Nose-Filho K，Lotufo A D P，Minussi C R. Short-term multinodal load forecasting in distribution systems using general regression neural networks［C］//PowerTech，2011 IEEE Trondheim. IEEE，2011：1-7.

[97] 黄帅栋，卫志农，丁恰，等. 基于层叠泛化策略的母线负荷预测模型［J］. 电力系统及其自动化学报，2013，03：8-12＋55.

[98] 孙谦，姚建刚，金敏，等. 基于特性矩阵分层分析的短期母线负荷预测坏数据处理策略［J］. 电工技术学报，2013，07：226-233.

[99] 韩勇，李红梅. 基于小波分解的支持向量机母线负荷预测［J］. 电力自动化设备，2012，04：88-91.

[100] 徐玮，罗欣，刘梅，那志强，吴臻，黄静，姜巍，孙珂. 用于小水电地区负荷预测的两阶段还原

法. 电网技术，2009，33（8）：87-92.

[101] 赵燃，康重庆，刘梅，成海彦，黄文英，陈志，王强. 面向节能发电调度的母线负荷预测平台. 中国电力，2009，42（6）：32-36.

[102] 陈新宇，康重庆，陈刚，程芸，杨军峰. 规避坏数据影响的母线负荷预测新策略. 中国电力，2009，42（9）：27-31.

[103] 赵燃，陈新宇，陈刚，程芸，杨军峰，刘梅，康重庆. 母线负荷预测中的自适应预测技术及其实现. 电网技术，2009，33（19）：55-59.

[104] 李野，康重庆，陈新宇. 综合预测模型及其单一预测方法的联合参数自适应优化. 电力系统自动化，2010，34（22）：36-40.

[105] Wang, Yang；Xia, Qing；Kang, Chongqing. Secondary forecasting based on deviation analysis for short-term load forecasting. IEEE Transactions on Power Systems，2011，26（2）：500-507.

[106] 陈新宇，康重庆，陈敏杰. 极值负荷及其出现时刻的概率化预测. 中国电机工程学报，2011，31（22）：64-72.

[107] 童星，康重庆，陈启鑫，杨军峰，范瑞祥，郑蜀江，辛建波. 虚拟母线技术及其应用（I）：虚拟母线辨识算法. 中国电机工程学报，2014，34（4）：596-604.

[108] 童星，康重庆，陈启鑫，杨军峰，范瑞祥，郑蜀江，辛建波. 虚拟母线技术及其应用（II）：虚拟母线负荷预测. 中国电机工程学报，2014，34（7）：1132-1139.

[109] 童星，康重庆，陈启鑫，杨军峰，范瑞祥，郑蜀江，辛建波. 虚拟母线技术及其应用（III）：静态安全校核方法. 中国电机工程学报，2014，34（10）：1592-1598.

[110] Xinyu Chen, Chongqing Kang, Xing Tong, Qing Xia, Junfeng Yang. Improving the Accuracy of Bus Load Forecasting by a Two-stage Bad Data Identification Method. IEEE Transactions on Power Systems，2014，29（4）：1634-1641.

索　　引